序

随着摩尔定律"趋向尽头",全球微电子器件发展开始进入后摩尔时代,异质异构集成技术进入核心发展阶段。与此同时,微电子器件和系统封装也进入2.5D和3D发展阶段,封装的摩尔定律开始崭露头角,并展现出巨大发展潜力。微电子器件和系统的封装不断涌现新结构、新材料、新工艺、新应用,共同推动着微电子技术继续向前发展,使微电子技术和相关产业成了当前各工业发达国家的经济发展基础和先进国防基础。近年来,我国的微电子器件和封装产业也有了飞速的发展,迫切需要更多掌握相关微电子器件和系统封装技术和应用的人才,长期从事微电子器件和系统封装的科研人员也需要更新和扩展相关知识。而微电子器件和系统封装涉及器件、封装结构设计、材料、工艺、电设计、热管理、热-机械性能、可靠性等多种学科,需要一批较好的有关微电子器件和系统封装的科研参考资料和教学参考书。本书的出版,将对我国高校微电子专业高年级本科生、研究生,尤其是从事微电子和系统封装技术研究的学生,以及从事微电子和系统封装相关制造、研究和从事微电子和系统器件应用的专业技术人员都将会有较大帮助。

本书由美国 Rao R. Tummala 教授主编,McGraw-Hill 公司出版,是 Tummala 教授主编的第四本有关微电子封装的书。本书共有22章,分为技术与应用两大部分,其中第一部分包括第1~16章为封装技术基础,第二部分包括第17~22章为新型封装技术应用。第一部分内容涉及封装设计,如结构设计、电设计、热设计、热-机械设计等;封装材料,如封装中的微米和纳米级封装材料,陶瓷、有机材料、玻璃和硅封装基板;封装技术:无源、有源元器件集成,互连和组装,三维堆叠等,射频和毫米波封装,光电封装,MEMS和传感器封装,系统和板级封装。第二部分内容包括封装技术新应用,如在汽车电子、生物电子、通信、计算机和智能手机等领域的应用。Tummala 教授在书中创新性地提出,摩尔定律亦可以用于封装领域。在这个概念中,封装意味着互连,尽管摩尔定律一直只适用于集成电路,但如今可以应用于封装领域。实际上,过去集成电路是单芯片集成化,现在是封装集成化。

本书由来自全球不同高校和公司的16位知名学者和专家编著,其中以美国佐治亚理工学院的教授和博士为主,具有一定权威性。另有德国、中国、韩国和日本的专家参与编写,保证了各章内容的完整性、实用性和新颖性。Rao R. Tummala 是美国工程院院士和印度工程院院士,前 IBM 会士,美国佐治亚理工学院封装研究中心(PRC)的教授和创立者,国际电气与电子工程师学会(IEEE)下的元器件封装与制造技术学会(CPMT)和国际微电子与封装协会(IMAPS)前主席、IEEE 会士、美国陶瓷学会会士。Tummala 博士获得过多项工业界、学术界和专业机构的奖项,其中包括作为全美50大杰出者之一获得工业周刊的奖项。他著有5本专业书籍，发表专业论文425篇，拥有72项专利和发明。

本书翻译以中国电子科技集团有限公司所属相关研究所的首席科学家、首席专家团队为核心，联合东南大学等高校相关领域的教授、学者、专家和工程师共同完成。

作为本书英文第1版的中文主译者之一，看到本书能够顺利出版，我感到十分高兴。正是中国电科团队的努力付出，才取得今天的成绩。相信本书对于我国第三代封装技术的发展大有意义！

黄庆安

东南大学教授，IEEE Fellow

2021 年 5 月

译者的话

本书翻译以中国电子科技集团有限公司所属相关研究所的首席科学家、首席专家团队为核心，联合东南大学等高校相关领域的教授、学者、专家和工程师共同完成。由于原书各位作者的写作风格不同，以及国际、国内物理量单位的变化沿革，同一物理量在不同作者撰写的章节中，甚至同一作者的同一章节在不同场合下也会使用不同的单位，如英制和美制、华氏温度和摄氏温度等。受制于图表数据转换的复杂性，本书仅把长度单位统一转换为公制，其余均按照原文翻译，以求表述准确。另外，原书内容丰富、前沿技术较新，且是多人合作编写，难免在文字、公式和符号等方面存在差错。对一些明显的差错，译、校者已做了订正和注释，以便读者对照原书进行参考，特别是对原书中值得商榷的地方，以"译者注"、"校者注"表明。同时，由于本书涉及内容较新、较广，有的专业词尚无统一的标准译名，不同译者在理解上存在差异，且专业内容跨度较大，本书虽然已经过多次审校，仍可能有错译、误译以及部分术语没有完全统一之处，恳请广大读者给予谅解并指正。

衷心感谢参与本书翻译、审校的各位译者和审校者，没有他们渊博的知识和忘我认真的工作，本书是很难达到目前水平的。衷心感谢在本书翻译过程中给予我们支持和帮助过的所有朋友和人士。如果本书对读者、对我国的微电子封装的教学和微电子封装产业的发展有所帮助，那将是我们的最大欣慰。

最后，感谢机械工业出版社电工电子分社对我们的信任，以及付承桂副社长认真细致的工作和良好的协同合作精神。在此要特别感谢中国电子学会电子封装专业委员会原副主任、电子封装丛书编辑委员会原副主任、清华大学微电子所原副所长贾松良教授花费很长时间对本书全部译文的审校，改正了译文和原文中的部分差错，订正了部分封装专业术语的译名，使本书得以按质按期出版。

中国电子科技集团有限公司

战略委员会　研究员

2021 年 5 月

关于编者

Rao R. Tummala 教授是美国佐治亚理工学院的杰出教授和终身名誉教授，他是著名的工业技术专家、技术先驱和教育家。

在加入佐治亚理工学院之前，他是 IBM 研究员和 IBM 公司先进系统封装技术实验室主任。他在 20 世纪 70 年代开创了等离子显示器等重大技术；并首先在 LTCC（低温共烧陶瓷）、HTCC（高温共烧陶瓷）和薄膜 RDL（再分布层）的基础上，开创了前三代 100 个芯片的 MCM（多芯片组件）封装集成，引入了现在服务器、大型机和超级计算机用 2.5D 封装背后最初的 MCM 概念。

作为一名教育家，Tummala 教授在佐治亚理工学院建立由 NSF（美国国家科学基金会）资助的最大学术中心——微系统封装研究中心方面发挥了重要作用，他担任该中心的主任。他率先提出了与美国、欧洲、日本、韩国、印度、中国的公司进行研究、教育以及产业合作的想法。该中心已经培养了 1200 多名博士和硕士封装工程师，为整个电子行业提供服务。

Tummala 教授发表了 850 篇技术论文，发明的技术获得了 110 多项专利。他是第一本也是最畅销的微电子封装参考书 *Microelectronics Packaging Handbook* 的作者，该书是该领域的权威性著作；第一本本科生教材 *Fundamentals of Microsystems Packaging* 的作者；以及引入 SOP 概念的 *Introduction to System-on-Package* 一书的作者。Tummala 教授曾获得 50 多个行业、学术和专业协会奖项。他先后成为 NAE 会员、IEEE 会士、IEEE EPS 和 IMAPS 的前任主席。

致　　谢

把本书献给我的父母。为了你们对我这个独生子的终身奉献，为了你们的爱和支持，为了你们教会我家庭的意义和教育的价值。

献给我的家人（Anne、Dinesh、Vijay 和 Suneel 以及孙子 Gracen、Mason 和 Cooper）。他们是我的爱、骄傲和快乐，让我每天都能为他们工作。

献给我的老师们，是他们教会我如何学好知识，并不惜一切代价坚持让我接受最好的教育。

献给我的学生们，让我和你们一起学习，并教给你们我所相信的原则，让你们做好准备，挑战自己，去达到自己的最优状态。

献给 IBM，它给我无限的机会去学习、奉献、成长，并成为 IBM 研究员，我的最终目标。

献给佐治亚理工学院，它允许我追求我的梦想，成为新一代技术学者的一个成员。

献给佐治亚理工学院封装研究中心（PRC）团队，他们助我实现了我教育跨学科学生的梦想，探索了系统级封装（SOP）的愿景并通过书籍和课程向世界传播。

献给国家自然科学基金（NSF）：它让我能够追求我的梦想，通过这些急需的前沿技术和受过良好教育的技术人员来促进电子行业。

献给我的学术同仁们：感谢你们接纳我进入你们的世界，感谢你们使用这本书，感谢你们努力让封装技术成为一个学术课程。

最后，感谢出版本书的协调人，佐治亚理工学院的 Karen May；感谢章节编辑，佛罗里达国际大学（FIU）的 Raj Pulugurtha 教授；感谢绘图人员 Reed Crouch、Karen May 和 Leonard Mendoza 的帮助。

目 录

第1章

器件与系统封装技术简介

Rao R. Tummala 教授

美国佐治亚理工学院

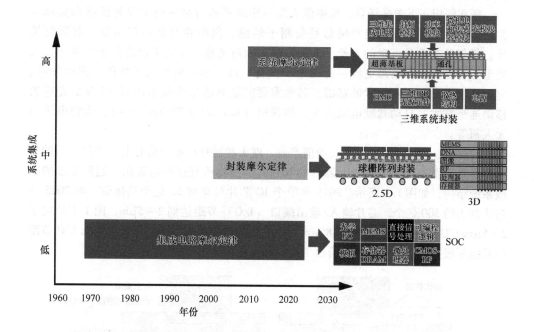

本章主题

- 封装定义及功能定义
- 系统三级封装介绍
- 器件及其演进
- 摩尔定律时代和后摩尔定律时代封装技术演进的说明
- 摩尔封装定律介绍

1.1 封装的定义和作用

想象一下如果没有智能手机，这个世界会是什么样子，智能手机能够将计算、通信、照相等功能，各种传感技术及许多其他技术集成在一起，让人们可以把这一切装进口袋，并且几乎人人都能买得起。如今，人们频繁地使用智能手机来交流、观影、聊天、支付、在线查询问题、监测健康状况等，其实它的功能远不止这些。另外，三项改变世界的发明分别是：1752 年，本·富兰克林发现电的存在；1949 年，贝尔实验室中晶体管的发明；以及 1963 年，IBM 推出的第一台数字计算机。其中每一项都为更进一步的技术探索奠定了基础。比如苹果公司 2007 年推出的智能手机就是进一步的佐证。

现在畅想一下未来场景。能够像人类一样思考和行动的电子设备虽然和实际人类还有很大差距，但人类的确总是受制于情感、判断和其他一些错误。有数据统计，每年总有数量可观的人死于人为失误。而避免这一切的关键就在于开发出比人类思考、交流和行动都更胜一筹的电子设备。这一领域将是人工智能、深度学习、虚拟现实和增强现实技术的基础。其他重要的新兴战略性技术还有 6G 及更先进的移动通信技术、自动驾驶电动汽车、物联网 （Internet of Things，IoT）、生物电子和无人机等。

计算机、消费领域、汽车、通信产业、航天和医疗行业中所有电子产品背后的技术都是基于微米-纳米器件、元器件和互连，以及将所有这些组装在一起所形成的三级系统结构，如图 1.1 所示。2015 年单个 IC 芯片可集成 50 亿个晶体管，到 2025 年将达到大约 500 亿个，芯片输入/输出端口 （I/O） 节距达到 2~5μm，图 1.1 给出了 2~5μm I/O 节距的芯片如何与 80μm I/O 节距的封装基板互连，再与 400μm I/O 节距的系统板级互连，此图还明确给出了集成和互连的这两个要点。

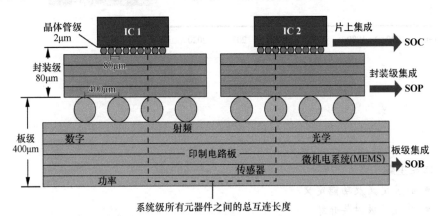

图 1.1　当前使用 IC、封装和板级的三级封装层级结构，从而形成电子系统，并以极长的互连线将板上的所有元器件互连

系统集成可以在图 1.1 所示系统的一级或三个以上级中实现。

1）芯片级集成即片上系统（System-on-Chip，SOC）；

2）封装级集成即系统级封装（System-on-Package，SOP）；

3）板级集成即板上系统（System-on-Board，SOB）。

如下所述，当前终端产品系统始于片上晶体管集成，绝大部分结束于由系统板级互连而形成的 SOB。

1）图 1.1 中的器件 IC1 和 IC2 分别独立地封装在封装基板 1 和封装基板 2 上，最后通过印制电路板（PWB）实现板级互连，导致芯片间存在冗长的互连通路。

2）系统集成，包含晶体管的有源集成电路和不含晶体管的无源元件，可在 IC 级集成，称为 SOC，在封装级集成称为 SOP，在板级集成称为 SOB。图 1.1 给出了这三级系统的构造过程。从系统设计开始，然后采用厚度为 750μm、直径为 300mm 的晶圆工艺制造。将每片晶圆切割成数以百计的 IC 芯片。切割后的单个芯片通过引线键合、倒装或载带自动焊组装技术封装到陶瓷、引线框、有机层压板、硅或玻璃封装基板上，将其与其他元件，如电容 C 或电感 L 组装到系统板上，这样就形成了系统，比如智能手机。

图 1.2 和图 1.3 给出了相关技术以及形成系统的制作流程。从图 1.2 可以看出，封装成一个系统有两个主要部分：

1）器件级封装，即单芯片独立封装或者采用 2D、2.5D 或 3D 结构的多芯片封装；

2）系统级封装，它包含了一个完整的系统所需的所有元器件。

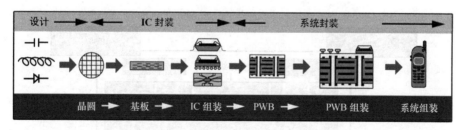

图 1.2　封装过程从设计开始，然后是器件和封装，最终成形为一个像智能手机一样的系统

1.1.1　封装的定义

本书是一本关于封装的书籍，如图 1.4 所示，自 20 世纪 60 年代的摩尔定律时代开始，封装被定义为用于器件的互连、供电、散热和防护。随着器件的发展、集成技术的进步以及类似智能手机这类终端产品系统的变革，封装的作用已经发生了变化。如同一台将所有的系统元器件互连的智能手机一样，封装的最终目标已经变成了一种复杂的异构系统。因此，封装的定义应更新为：实现整个系统中所有元器件的互连、供电、散热和保护。图 1.4 用这样的方式定义了封装，而图 1.5 则显示了封装的跨学科性，它涉及电、机械、热、材料、生物电子和化学等学科。

1）电学：用于实现信号传输和馈电。

2）机械学：用于实现热传输和保证热-机械可靠性。

图 1.3　系统包括许多技术，最开始是在器件层级形成器件所需的材料和结构，形成功能电路和架构所需的封装基板和无源元件，电路板上的系统元器件，以及在系统层级的软件

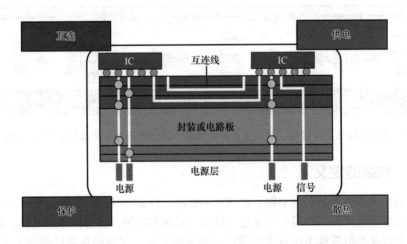

图 1.4　封装的定义：对整个系统中所有元器件的互连、供电、散热和保护

3）材料学：电介质、导体、电容、电感、焊点、包封料和导热材料等许多类型的材料实现不同的功能。

4）化学：对材料进行加工，形成功能材料，如电介质、电容、电感和包封料，以及采用光刻等技术形成布线层。

5）生物电子学：用于医疗设备，如听力植入设备、视觉电子视网膜等。

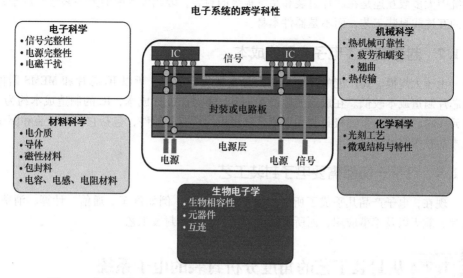

图1.5　电子系统的跨学科性：电气、机械、热、材料、生物电子和化学

1.1.2　封装的重要性

IC 不是一个电子系统，因为如果没有对所有系统元器件进行互连、供电、散热和保护，那么是无法形成系统的。然而，封装的重要性也因系统类型不同而异。下文将对封装重要性进行总结。

1.1.3　每个 IC 和器件都必须进行封装

目前，全球生产的集成电路和器件的产量大于 1000 亿块。所有这些都必须在 IC 级进行封装，形成封装的 IC，并在系统级进行封装以形成系统板。这两个级别的封装通常被认为是产业链中最大的瓶颈，因为它决定着系统的电气性能、成本、尺寸和可靠性。

1.1.4　封装制约着计算机的性能

形成处理器或中央处理器（Central Processing Unit，CPU）的 IC 数量及其互连决定了从 IC 通过封装互连确定的循环路径，从而制约着 CPU 的速度或时钟频率。

1.1.5　封装限制了消费电子的小型化

智能手机的 IC 数量和尺寸都比较小，然而智能手机中的元器件总数超过 100 个，电池和其他元器件占据绝大部分空间，因此，决定产品最终尺寸的是封装而不是器件本身。

1.1.6　封装影响着电子产品的可靠性

固态器件（如 IC 芯片）可靠性是很高的，失效率仅在 10^{-6}（ppm）量级，由于系统中大多数互连是在芯片封装和系统板级的封装，因此失效率的大小多数归因于器件的互连或封装工艺，而不是器件本身。

1.1.7 封装制约了电子产品的成本

由于大规模、高产能的晶圆厂量大且自动化程度高，所以 IC 芯片和 MEMS 器件的芯片制造成本较低。在成熟的生产水平下，不考虑设计成本，IC 的制造成本约为 4 美元/cm^2。然而，系统级封装和形成系统级板的所有元器件，包括它们的组装和测试成本却是很高的。

1.1.8 几乎一切都需要电子封装工艺

现在，电子产品几乎成了所有产业的重要部分，例如汽车、通信、计算、消费、医疗、航天以及军事应用，而所有的电子产品都需要封装工艺。

1.2 从封装工艺的角度分析封装的电子系统

图 1.6 示出了形成任何电子系统的一种三级结构。如图所示，用 300mm 大尺寸硅晶圆的晶体管技术制造器件，在工艺前端（Front End Of the Line，FEOL）实现晶体管的制造，在工艺后端（Back End Of the Line，BEOL）通过再布线技术（Redistribution Layer，RDL）实现互连。在 2018 年，典型的高端逻辑 IC 的 I/O 采用 80μm 节距凸点制成。晶圆厂制造这样的 IC 芯片通过倒装焊方式组装到同样 80μm 节距的封装基板表面。这些封装基板的材质通常为聚合物、陶瓷、硅或玻璃。将这些封装后的芯片和其他诸多封装的有源器件和无源元件一同组装到系统板上，最终形成整个系统。在 2018 年，这样的系统组装是通过节距内 400μm 的表面贴装技术（Surface-Mount Technology，SMT）完成。

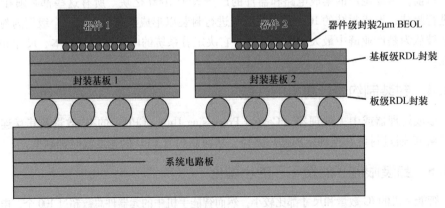

图 1.6 三级封装电子系统的剖析

1.2.1 封装的基本原理

如图 1.7a 和 b 所示，电子系统封装涉及两个主要功能：一个在 IC 级或器件级，另一个在系统板级。

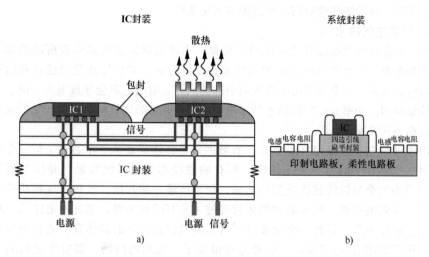

图1.7 a) 器件封装 b) 系统封装

IC封装涉及IC互连、供电、散热和防护。在这一级（通常称为层级1），封装起到IC"载体"的作用，这种IC"载体"通常被称为已封装的IC。它能允许承载着IC，由IC制造商进行产品"老炼"和电性能测试后通过"认证或鉴定"，"准备好"发货给终端产品制造方或合同制造方组装到系统板上。

一个典型的系统需要大量不同的有源器件和无源元件，所以单个IC芯片封装一般无法形成一个完整的系统。无论什么类型的元器件，系统级封装都需要将所有元器件互连并组装到系统板上。系统板也称为"主板"，不仅可以实现所有元器件在其正、反面组装，而且还通过导电线路将这些元器件连接在一起，从而形成一个互连的系统。系统级封装即是通常讲的封装层级中的第2级。

元器件组装中需要进行两次额外的互连，才能形成电路系统板。第一次，互连必须在IC级进行，IC上的输入/输出（I/O）焊盘连接到封装的第一级。通常是将元器件通过引线键合连接到已制成特定形状的基板（如引线框或陶瓷）上来完成，以使其可以与下一层级的封装完成互连，这称为IC封装。第二次互连通常是在一级封装的基板与一般是"卡"或"板"的二级封装的导电焊盘之间以焊料焊接的方式完成，这称为板级组装。在系统板的任一侧或两侧组装上元器件后，通常完成了系统。

有些产品（例如服务器和超级计算机）需要大量的IC，按照现行的标准，单个系统板可能无法容纳组成整个系统所需的所有元器件，因为其中一些组件需要多个处理器来提供极高的事务处理吞吐量。这些类型的系统可能用于管理大量数据，例如飞机订票系统或公司服务器网络；或用于处理高分辨率图像，例如某些类型的医疗设备。在这种情况下，通常使用连接器和电缆来连接系统板。

1.2.2 系统封装涵盖电气、结构和材料技术

在这种三级体系中，一个IC上的晶体管可以通过电或光信号与另一个IC进行通

信。这种信号通信会带来一整套电气、机械、热、化学和环境方面的挑战，如果设计和制造不当，则可能导致通信不良或根本无法通信。

1. 封装电气技术

电气问题既涉及晶体管之间的信号传播，也涉及运转这些晶体管所需的功率分配。诸如电阻、电容和电感之类的电气参数始终存在，并会导致信号延迟和信号失真。信号衰减是另一个主要由电路电阻引起的问题。电路电阻会导致电压下降，从而增加传输时间。功率分配问题源于给定电路中所有驱动晶体管同时切换产生的大量电流，这称为开关噪声。

由于一个电子系统包含多个 IC，有效的信号传输需要从一个芯片上的一个晶体管到另一个芯片上的另一个晶体管，所有的路径都通过系统级板，并保证信号质量。只有为每个晶体管提供适当的功率，信号传输才能开始，然而，这种功率分配带来了一系列的挑战，从电源到晶体管经过了所有的封装级，经过的电路长且电阻高，导致电压下降。另外一个挑战是同时关闭数以百万计的晶体管，来自电源的电流会产生所谓的 ΔI 电流噪声。信号分布带来了一系列的问题，如电路之间的"串扰"，以及信号的失真、反射和交替。另一个电气挑战是由所有这些辐射能量所导致的电磁辐射。

2. 封装材料技术

信号和功率分配需要合理地使用材料来形成系统封装层级结构。例如，功率分配需要具有高电导率的金属，以实现小的电压降，热传导则需要具有高热导率的材料。为了使 ΔI 电流噪声最小化，需要低电感和高电容的功率分配。高性能计算机需要高速信号传播，这要求使用低介电常数的电介质嵌入最佳的电导体。还需要用材料将 IC 连接到封装以形成 IC 封装，以及用连接材料以形成具有所需阻抗、电容、电阻和电感的精确电气结构。

3. 封装机械技术

通过所有层级的系统封装的功率分配以及使用和制造具有上述各种特性的材料，这些结合的结果会不可避免地导致在各个界面处出现热机械应力。这些应力不仅会在 IC 和系统封装的制造过程中产生，也会在炎热和寒冷气候条件下的运输过程中以及产品的实际使用过程中产生，并可能导致互连电路的电气故障。有效的热传输，以使 IC 和系统封装保持冷却，是应对这一挑战的一种方法。

机械问题通常与提供电气功能的封装结构的可靠性有关。在 IC 封装和系统板的加工和制造过程中，热应力问题多发生在焊料与芯片的界面和封装与板的界面上，它也会发生在终端电子产品的电气操作过程中。这两种情况都是由于各种界面间热膨胀系数不匹配和温度循环的综合作用产生了应力。

1.2.3 术语

3D 裸露的 IC 一层一层地堆叠在一起，并在一个基板上互连，区别于 POP 中封装好的芯片的堆叠。

嵌入（Embedding）：通常是指将有源芯片埋入基板内部，而不是将芯片装配在基板的顶部。

互连（Interconnect）：是两个有源或无源组件之间布线或连接接头的长度。

摩尔定律（Moore's Law）：是戈登·摩尔于 1968 年观察得到的由两部分内容组成的经验定律：每两年左右，晶体管的数量翻倍，而成本下降一半。

多芯片模块（Multi-Chip-Module，MCM）：是在单个载体上互连的两个或多个芯片，它与电路板一起组成一个系统。

叠层封装（Package-on-Package，POP）：是互连在一个封装基板上的。

印制电路板（Printed Wiring Board，PWB）：将所有元器件互连在一起以形成最终系统。

量子计算（Quantum computing）：量子计算有望凭借其背后的科学、技术和经济来改变人类生活的几乎所有方面。量子计算机是执行量子计算的设备。量子计算机与基于晶体管的二进制数字计算机有很大的不同。普通的数字计算要求将数据编码为二进制数字（位），每个数字始终处于两个确定状态（0 或 1）之一，而量子计算使用量子位，量子位可以是状态的叠加。

系统级封装（System-In-a-Package，SIP）：是两个或多个堆叠的或引线键合的 IC，可带或不带无源元件。需要系统板，SIP 也可以是一种功能性封装。

2.5D 板级系统（System-on-Board，SOB）：区别于采用厚膜技术制造的第一代 MCM，是采用薄膜技术制造的第二代 MCM。

片上系统（System-on-Chip，SOC）：是高度集成和混合信号的 IC，实现一个器件中的部分系统功能。

系统级封装（System-on-Package，SOP）：具有两个或多个射频、功率、数字、光学和生物功能的微米或纳米级小型独立封装系统。在成本、性能、尺寸和可靠性方面是最佳的片上或封装集成。（校者注：国内将 SIP 和 SOP 都俗称为系统级封装。）

1.3　器件与摩尔定律

器件是所有电子产品的大脑，摩尔定律则一直是器件发展的驱动力。

摩尔定律的表述分两个部分：当晶体管尺寸发展到下一节点时，①单片电路上的晶体管数量随尺寸的缩小而增加；②同时，其成本也随之降低。

摩尔定律是一个经验定律，它预测集成电路上的晶体管数约每隔 18~24 个月便会翻一番。图 1.8 证实了摩尔定律是单个芯片上从一个节点到下一个节点的晶体管数量的极佳预测手段。它是关于单个晶体管的尺寸持续减小的定律。Dennard 缩放比例定律预言了晶体管在尺寸减小时，其电性能会得到提升。关于摩尔定律的第一篇论文预测，摩尔定律将在 1980 年左右失效，但实际上摩尔定律又成功延续了几十年。

摩尔定律包含晶体管数量和成本两个部分，而大约从 14nm 节点开始，很多公司声称因为晶体管成本已经停止下降，故摩尔定律将不再有效，这一概念如图 1.9 所示。

然而，随着节点从 7nm 到 5nm 再到 3nm 发展，摩尔定律中 IC 集成的晶体管数目

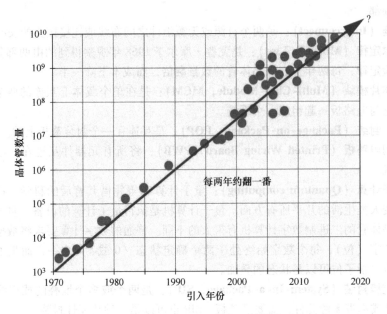

图 1.8　摩尔定律显示大约每过两年晶体管数量翻一倍

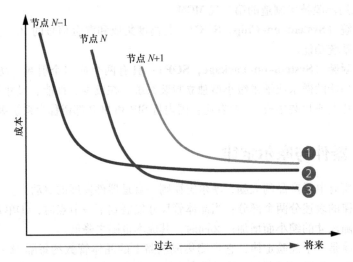

图 1.9　摩尔定律显示从一个节点到另一个节点的成本降低规律

继续增加，预计 2022 年会增长到 500 亿只量级。摩尔定律最终的延续受限于两方面：因高电场下的隧穿效应产生的漏电和较差的器件性能。以 FinFET 和 FD SOI 为代表的新一代器件在短期内被寄予厚望。

1.3.1　片上互连

众所周知，在 2017 年最先进的芯片包含超过 50 亿个晶体管，预计到 2025 年这个数量将增长到500亿。但我们是否知道，大规模集成芯片（约指甲的大小）通过叠层布线可以包含约30mile⊖的互连电路呢？类似于高速公路或输油管路的功能，这些互连线被用于传输电子，连接晶体管和其他元器件并使它们正常运转。正如驾车的速度取决于（至少部分取决于）高速公路的堵塞程度一样，芯片性能也取决于信号和功率在这些超细电路中的传输能力。实际上，随着特征尺寸的缩小（也称为按比例），互连正在成为今天大多数高端芯片快速发展的瓶颈。

芯片制造前道工序的第一部分是在晶圆上制造了诸如晶体管或电容器之类的分立元器件。在后道工序，这些元器件相互连接以分配信号，以及电源和接地。单层芯片表面根本没有足够空间创建所有连接，因此芯片制造商构建了垂直方向上的多层互连。虽然简单的IC可能只有几个金属层，但复杂IC可能会有10层或更多层的布线，如图1.10所示。

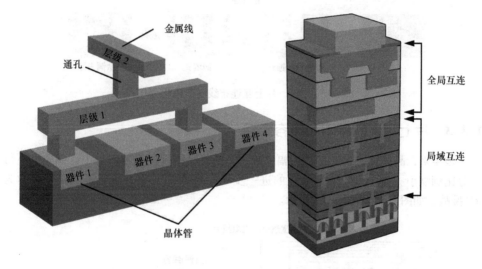

图1.10 片上互连：局域和全局（由 Larry Zhao 提供）

越靠近晶体管的互连尺寸必须越小，因为它们连接到本身已经很小的元器件上，并且通常紧密地挤在一起，如图1.10所示。这些较低层的布线称为局域互连，通常很薄并且长度很短。全局互连在较高的结构层上；它们在不同的电路块之间走线，因此通常较厚、较长，且互相隔开，电阻值更低。不同层级之间的垂直连接（称为通孔）用于将信号和功率进行层间传输。

1.3.2 互连材料

几十年来，铝互连一直被用作行业标准。为了创建这些互连，需要沉积一层铝。然后，对金属进行构图和蚀刻，并沉积绝缘材料以隔离导线。在20世纪90年代后期，芯片制造商改用铜互连，其导电性比铝更好。

⊖ 1mile（英里）=1609.344m。——编辑注

更高导电率的布线可提升 IC 的整体性能。另外, 铜线尺寸可以做得更小, 与晶体管尺寸的缩小保持同步, 铜线也更加耐用和可靠。但是, 采用铜互连要复杂得多, 必须针对这种新技术开发一种全新的制造方案, 如图 1.11 所示。铜互连工艺首先沉积绝缘的介电材料, 例如二氧化硅, 然后形成沟槽; 再使用化学/电镀技术在沟槽中填充铜, 并去除多余的部分以形成平坦的表面, 以便后续处理。

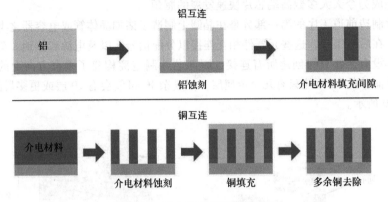

图 1.11　片上互连布线制造流程

1.3.3　片上互连的电阻和电容延迟

多年来, 晶体管的尺寸已经大幅度减小。随着晶体管变得越来越小, 互连也不得不等比例缩小。如今, 传统铜互连的进一步缩小正面临着重大障碍, 该障碍被称为 RC 挑战, 如图 1.11 和图 1.12 所示。

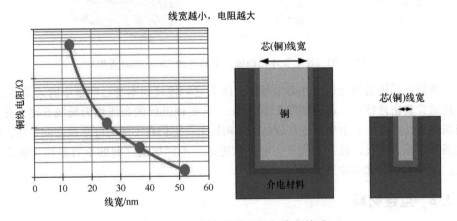

图 1.12　片上铜布线的电阻与线宽关系

材料的电阻 R 描述了电流流过该材料的特定横截面的困难程度, 它是材料中原子的取向和邻近距离的函数。电容 C 表征的是材料存储电荷的能力。电阻和电容的乘积 RC 必须足够小才能制造高速芯片, 因为器件的响应速度与 RC 的乘积成反比 (较低的 RC = 更高速的器件)。

先考虑 R 因素的影响，高电阻电路传输的电流较少，从而降低了器件工作速率。这是因为较高的电阻会减少电子流动，因此晶体管的栅极需要更长时间来聚集足够多的电荷（电子数）或达到阈值电压以使其导通。晶体管速度随着尺寸的缩小和电子必须移动距离的缩短而持续提高，互连缩小并未遇到瓶颈，也没有通过降低晶体管的电子流动而牺牲性能的提升。

再考虑 C 因素的影响，电容 C 是金属线周围的绝缘电介质材料及它们之间距离的函数。较高的电容会减慢电子的速度，并可能产生有害的串扰，即其中一条金属线中的信号会影响相邻线中的信号，并导致器件发生故障。除了互连线之间保持适当距离外，低 k 介质材料的发展（电容是材料 k 值的函数）可以大幅降低电容。如今介电材料的介电常数 k 平均约为 2.5，而纯二氧化硅的 $k = 3.8$。存在各种各样的方法来实现较低 k 值；然而，随着 k 值的降低，超低 k 薄膜材料变得越来越脆弱，给制造工艺带来了额外的挑战。

1.3.4　器件等比例缩小的未来

为了解决这些问题以进一步缩小尺寸，业界很多企业在持续寻找降低 RC 的方法，尤其是将重点放在金属材料的选择上。铜材料已成功用于多代器件，因此业内正投入大量精力开发新方法以扩展其应用范围。如图 1.13 所示，实现铜通孔涉及一系列的结构层——通常使用氮化钽作为阻挡层来防止金属扩散到电介质中，内衬钽金属可提高阻挡层对金属的附着力，铜种子层作为金属电镀的起镀层，最后是芯导电体铜金属。一个研究的关键领域是集中于确定进行下列工作的策略，如何改善阻挡层/内衬/种子层以降低整体电阻，并通过为铜金属体材料的填充创造空间来缩小电路尺寸。

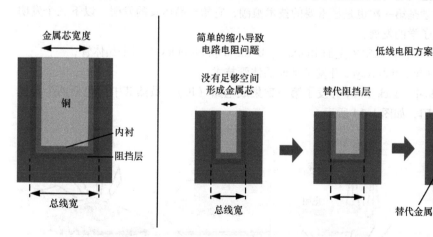

图 1.13　硅中的铜金属化需要内衬、阻挡层和种子层

一种方案是制造具备高阻值的阻挡层和更薄的内衬。但是，进一步减薄内衬层的机会是有限的。为获得良好的可靠性，阻挡层和内衬层的薄膜内都必须是连续的，没有缝隙和空洞。这要求每一层的最小厚度约为 1.5 ~ 2nm，从而导致沟槽结构两侧的

总厚度为 3～4nm。

正在研究的潜在替代方法是一种新型的自生成阻挡层，阻挡层在邻近铜导线的电介质表面发生反应并形成，从而为铜导线提供了更大的空间。此外，由钴和钌制成的新型内衬也正在开发中，用来替代钽内衬。它们与铜籽晶层的附着力更好，且使它更加保形，可消除空洞，尺寸更薄。已经有了新技术来实现小型沟槽的无空洞铜填充。然而，在 5nm 技术节点附近，作为主要导电金属的铜最终将被一种不需要为超薄内衬设置阻挡层的导电材料所取代。

虽然人们大部分的关注点在金属方面，但在提高电介质方面还有许多挑战需要攻克。在这方面的核心目标是尽可能降低介电常数，最终实现 $k=1$，即空气。的确，利用空气隙的新技术已经开发出来，但是制造和生产成本面临着巨大的挑战。因此，为实现互连缩小的许多想法正在探索中，其涉及新的金属材质、设计和工艺技术的开发。

1.4 电子技术浪潮：微电子学、射频/无线电、光学、微机电系统和量子器件

无论是个人计算机、DVD 播放器、智能手机，还是汽车安全气囊，所有电子产品背后的基础技术模块均为微电子、射频/无线电、光学和微机电系统这四项技术。如下所述，量子计算作为第五波技术浪潮也正在大规模兴起。

1.4.1 微电子学：第一波技术浪潮

微电子学是第一次也是最重要的技术浪潮，它始于晶体管的发明。以下三个发明推动了微电子学的发展：

1）1949 年，贝尔实验室的 Brattain、Bardeen 和 Shockley 发明了晶体管；

2）1959 年，Bob Noyce 开发了平面晶体管技术；

3）1959 年，Jack Kilby 开发了第一款集成电路（IC），虽然其中仅包括两个晶体管和一个电阻，如图 1.14 所示。

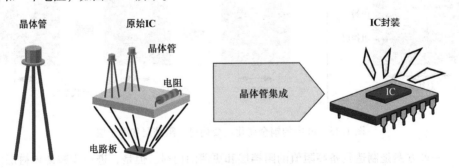

图 1.14　首个集成电路的发明

这些共同成果让他们赢得了 1972 年和 2000 年的诺贝尔奖。晶体管是所有现代电子

产品最重要的一个基本器件。超过 90% 的微系统产品都是在微电子学的基础上诞生的。

　　图 1.15 描述了著名的摩尔定律。1965 年，也就是戈登·摩尔与 Bob Noyce 共同创立英特尔公司的三年之前，摩尔在《电子学》杂志上发表了一篇文章，后来被证明是震惊世界的预言。摩尔写道，硅片上的器件数量将持续每年翻倍。随后，他将这一预言修正为每 18～24 个月翻一倍，这对过去几十年无数的产品周期做出了准确的预测。他还将降低成本描述为摩尔定律中的第二个重要因素。

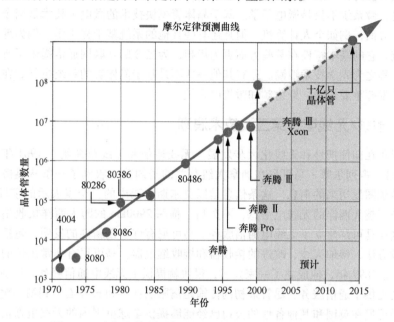

图 1.15　摩尔定律预测每 18～24 个月集成电路集成度翻倍

　　图 1.15 解释了摩尔定律的奥秘。每隔 18～24 个月左右，芯片制造商就可以将硅芯片上的晶体管数量加倍，而硅芯片只有指甲大小。他们通过使用紫外线照射在晶体硅上刻蚀微小的凹槽来实现此目的。在英特尔公司的奔腾芯片中，一根典型的导线宽度只有人类毛发的 1/500，其绝缘层只有 25 个原子厚。2018 年，这些尺寸又缩小为原来的 1/5。

　　但是物理学定律表明，这种倍增不可能永远持续下去。最终，晶体管将变得非常小，以至于其硅元器件将接近分子的大小。在这样极其微小的尺度上，量子力学的奇异规则发挥作用，使电子可以从一个位置跳到另一个位置而不会穿过它们之间的空间。就像漏水的消防水带里的水一样，电子会穿过原子大小的电线和绝缘体，从而导致致命的短路。

　　当晶体管组件的宽度达到 $0.1\mu m$，并且它们的绝缘层只有几个原子厚时，晶体管组件就会迅速接近可怕的 0.1 极限。英特尔工程师 Paul Pakan 曾在《科学》杂志上公开吹响警报，称摩尔定律可能失效。他写道："目前还没有已知的方法可以解决这些问题。"

　　"已知"是这句话的关键。寻找硅的替代品已成为一种潮流，这是计算领域的圣杯。物理学家们已经开始了为下个世纪创造另一个硅谷的竞赛。

在 2020 年后，基于硅的计算机技术还能否维持摩尔定律？这是一个决定整个国家经济命运和繁荣的问题。摩尔定律是拉动万亿美元产业的引擎。这就是为什么孩子们理所应当地认为，他们每个圣诞节都会获得一个电玩系统，而且新系统的功能几乎是去年的两倍。这就是为什么您可以随手扔掉一张刚收到的音乐生日贺卡，尽管这张贺卡的处理能力比二战时盟国部队的组合计算机还要强大。

但是，微系统不只是微电子学。基于晶体管模块技术的微电子技术是当今电子系统的一个方面，例如个人计算机。但是还有些其他的系统基于光子学，例如现代光纤通信系统。它的基本特性在某些方面更为优越，为当今的互联网通信提供了所需的更高带宽，称之为光学技术浪潮。还有其他一些不是基于晶体管的系统也开始在现代电子产品中发挥重要作用，即射频和微机电系统。

1.4.2 射频/无线电：第二波技术浪潮

世界正在向便携性和无线化大步发展。无线通信和无线革命始于 1901 年，这一年的 12 月，古列尔摩·马可尼在加拿大纽芬兰的圣约翰市收到了一条从英格兰康沃尔郡的波尔图发送来的消息，这条信息是以莫尔斯电码中的三个点表示的字母 S，这是第一条穿越大西洋的无线电信息，不久后，横跨 2900km 的跨大西洋接收站开始试运行，这让马可尼建立了无线电通信服务。马可尼有许多创新性的发明，包括一种连续波传输方法、接地天线、改进的接收器和接收继电器。马可尼有非常出色的营销和推广技巧。1897 年，他成立了一家公司，很快就提供了无线电通信服务，特别是还向航运公司提供了通信服务，尽管最初的传输距离限制在 240km 左右。到第一次世界大战时，马可尼在英国和其他各地的公司已经能够提供全球范围内的无线电通信，这使马可尼获得了诺贝尔物理学奖。现代手机产品背后的基本技术是一样的。如图 1.16 所示，一个全新的行业已经出现，其应用范围从 AM 和 FM 无线电广播到蜂窝电话、卫星通信，再到微波通信，遍及整个电磁频谱。

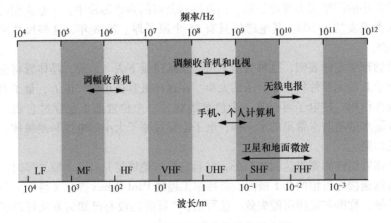

图 1.16 射频和无线电的波长及应用

　　无线的主要优点是它脱离了电缆的束缚，从而将用户从有线释放到网络，它允许随时随地进行通信。当然，只有在无线设备足够小到可以随处携带时，这才能实现，这正属于系统级封装的应用范畴。

　　无线技术也越来越多地用于非通信功能，例如，顶级的奔驰汽车现在配备了基于雷达的防撞系统，用于导航的全球定位系统（GPS）已被集成到更多的消费产品中，其中尺寸和成本至关重要，对所有这些产品而言，一个小型且低成本的射频模块都是必需的。桥梁和道路上的电子收费系统是射频/无线的另一个应用。

　　5G 技术始于 2018 年，是下一代大型无线通信技术。

1.4.3　光子学：第三波技术浪潮

　　1970 年，康宁公司展出了其研制的高透明纤维，同年贝尔实验室展示了可在室温下工作的半导体激光器，这些技术进步证明光纤通信的可行性，同样也是当今互联网技术的基石。

　　进入千禧年以后，随着互联网容量暴增和无限商机，人们自然会停下来思考如何应对这一挑战。不用说，已知的物理介质中没有比光纤更好的，也没有比光更好的信号源来满足这些新的要求，因此，光联网技术从每秒几兆发展到每秒几千兆，伴随着这种传输速率的指数级增长和它在服务水平上带来的升级，人们应该会感觉非常便利。幸运的是，要达到光纤的数据传输极限，还有很长的路要走，例如，在目前的设备技术状态下，一个好的激光光源可以发射 10^{16} 个光子/s，而一个可以探测到 10 个光子的优良探测器在单根光纤上可以探测到 1Pbit（10^{15} bit/s）。而且，随着时间的推移，设备技术将会变得越来越好，从而进一步提升光纤容量的极限。因此，光纤技术是一种面向未来的技术。现在可以利用波分复用原理在同一光纤上传输不同颜色的光，这为增加带宽容量和将原始数据容量分配到更小的带宽内提供了新思路。这一进步类似于一条自动扩展的高速公路，当通信量增加时，可以在不敷设新光纤的情况下开启另一条新通道。因此，除了其他功能，波分复用光联网还提升了灵活性、可扩展性和容量。当前系统能够在 100 信道系统上传送多个 Gbit/s 信道，如图 1.17 所示，到 2030 年，光互联将具备提供 100 信道的容量，每个信道的速率可达 10Gbit/s，光互联容量将超过太比特级。除了带宽增加之外，新技术还使光学设备具备更多功能。根据历史经验，这些功能会变得更好更完善，不仅骨干网络，区域、城域和接入网络都已经开始部署光联网了。因此，光学将在下一代网络模式和用户终端中发挥关键作用。

1.4.4　微机电系统：第四波技术浪潮

　　想象一下，一台机器小到肉眼无法察觉，那么它的微齿轮可能更小。想象一下，这些机器单批次产量就是上万台，而每台只需花费几分钱。想象一下这样一个领域：设计的世界被颠覆，看似不可能的事情突然变得容易。欢迎来到微领域世界——微机电系统（Micro Electro Mechanical System，MEMS），一个被爆炸性新技术占据的世界。微机电系统是硅革命中合乎逻辑的下一步，它将与简单地在硅片上封装更多的晶体管

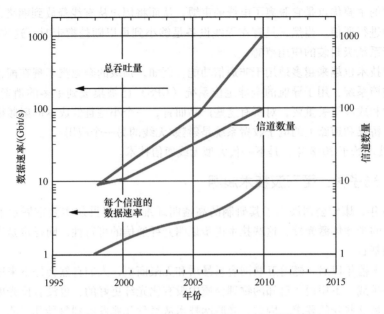

图1.17　光电子学技术的潜力达万亿比特每秒

所不同，且更加重要。

对科学家或技术人员而言，微机电系统就如同梦想成真。这是非常奇妙的，通过旋转、放大电子显微镜，就可以在微机械的世界中徜徉，在这里，你所构想、创造和理解的自然规律并非如常人那般理解。在这里，微机械师的制造现场只有米粒那样小，制造只有一根头发丝那样小，制造元素比一个红细胞还小，但平板印刷机却有一座城市那么大，所以可以同时制造一千个构件。从陀螺仪、微型电动机、齿轮系统、通信系统、液压泵、x-y工作台到全自动光学装配机，我们已经掌握了创造不可能的技术。

技术专家们都被这奇妙的前沿新技术所吸引，并且由于它与微电子学的相似性，微机电系统被认为是第四波技术浪潮和第二次半导体革命。我们认为摩尔定律和经济曲棍球棒曲线无条件适用，并且许多人深信微机电系统将很快会像今天的微处理器一样普及到日常生活的方方面面。

驱动摩尔定律在微电子领域发展有两个因素，即"尺寸越小越好"和"基本单元"的通用性越强越好。

然而，这两个因素对于微机电系统并不是特别有效，特别是它的第二个因素，即通用的"基本单元"。抽象地来讲，微电子技术发展的真正驱动力并不是其大规模、并行的制造模式，而是由于晶体管这样一种通用"基本单元"的存在，使得可以通过适当的互连方式将这些单元集合连接起来，从而实现各种各样的功能，这就是半导体经济与历史上其他经济模式存在巨大差异的原因。因此，将这种通用的"基本单元"沿着摩尔定律的曲线推进，所产生的影响是广泛的，适用于所有的应用领域。这种逻辑反过来又可以佐证巨额投资来持续推进摩尔定律的合理性，也正是由于这种基本单元的模式，经济上才能一直实现收益大于投资。

相比之下，微机电系统不具备这样一套基本单元，因为并不存在一种微机电晶体管单元。微机电系统在现实中有着复杂的应用，所以其定制化特征更强，这使得其在设计、建模、制造、封装等各个方面都不具备通用性。因此，想要像推进摩尔定律那样来保证收益大于投资就更具挑战性，而这正是关系一项技术前景如何的决定因素，也解释了为什么微机电系统技术的发展在经济层面并不像微电子技术那样快。图 1.18 给出了一个微机电系统的示例。

图 1.18　微机电系统产品的示例

1.4.5　量子器件与计算：第五波技术浪潮

什么是量子计算机？

量子计算机是执行量子计算的设备，量子计算有望从科学、技术和经济改变人类生活的各方面。

量子计算机与基于晶体管的二进制数字电子计算机有很大不同，普通的数字计算需要将数据编码成二进制数字（位），每位数字始终处于两个确定状态（0 或 1）中的一个，而量子计算则使用量子位，量子位可以处于多种状态的叠加。

"计算开始于 20 世纪 60 年代的模拟计算，但由于其准确度不够高，错误较多，所以一直未被采用。但大脑不会以 32 位的形式思考，而是以模拟的方式思考。大脑的能量非常有效。而量子计算可以像大脑一样启发一些概念，通过引入这样的概念能够将功耗降低几个数量级或者将效率提高几个数量级。"

量子图灵机就是这种计算机的理论模型，其也被称为通用量子计算机。量子计算领域是由 1980 年的 Paul Benuoff 和 Yuri Manin、1982 年的 Richard Feynman 和 1985 年的 David Deutsch 逐步开拓的，1968 年研制出的一台量子自旋计算机标识着进入了量子时代。

截至 2018 年，量子计算机的发展实际仍处于初级阶段，但已经进行了一些实验，在极少数量子位上执行量子计算操作。实践和理论研究仍在继续，许多国家政府和军事机构都在资助量子计算研究，致力于开发以民用、商业、贸易、环境和国家安全为目的的量子计算机，例如密码分析。2018 年，一台小型的 20 量子位量子计算机诞生了，其可通过"IBM 量子体验项目"进行实验。针对某些特定问题，比如整数因子分解，大型量子计算机理论上的求解速度比任何经典计算机都更加快速，尽管经典计算机使用了目前最佳算法。

1.5 封装与封装摩尔定律

正如许多人所预测的那样，包括摩尔定律的创始人戈登·摩尔在内，都认为摩尔定律将走到尽头，那么它的前路又在何方？Tummala 教授提出摩尔定律可以用于封装领域代替用于集成电路的摩尔定律。封装摩尔定律的概念如图 1.19 所示，与集成电路中摩尔定律的低性能高成本的特点相比，封装摩尔定律要求将更高密度的晶体管互连在更小的集成电路中，同时具有高性能低成本等优点。在这个概念中，封装意味着互连，尽管摩尔定律一直只适用于集成电路，但如今它的概念可以应用于封装领域，如图 1.20 所示。在这一概念中，封装意味着互连可由输入/输出端口 I/O 替代，I/O 端口数量每隔几年就会翻一番，20 世纪 60 年代采用引线框架的封装只有 16 个 I/O 端口，但到了 2015 年硅基转接板的 I/O 端口就有 20 万个。与集成电路一样，实现成本也是制约封装 I/O 端口发展的一个主要问题。非常类似于摩尔定律在集成电路中节点

集成电路摩尔定律   封装摩尔定律

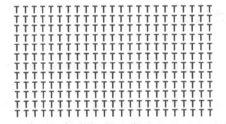 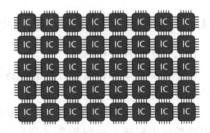

大面阵IC
具有最小晶体管的最大面阵集成
电路(性能低、成本高)

大面阵封装
具有晶体管和互连线的小型集成
电路的大型封装(性能高、成本低)

- 50~300亿只晶体管
- 30~50英里互连线
- 晶体管性能低
- 互连*RC*延迟高
- 设计和制造成本高

- 50~300亿只晶体管
- 小于30英里互连线
- 晶体管性能高
- 互连*RC*延迟低
- 设计和制造成本低

图 1.19 摩尔定律用于封装和集成电路示意图

到节点的发展轨迹，从引线框架到陶瓷管壳再到叠层，封装成本的降低与下一代封装体系节点相关。但事实上，封装成本会随着硅基转接板的发展而上升，解决封装成本问题的唯一途径是开发出兼容 Si 基转接板 I/O 基本规则的大尺寸板、可批量生产的封装方案。佐治亚理工学院开发了一种大尺寸的超薄玻璃板封装，用作承接硅基封装的下一代方案。

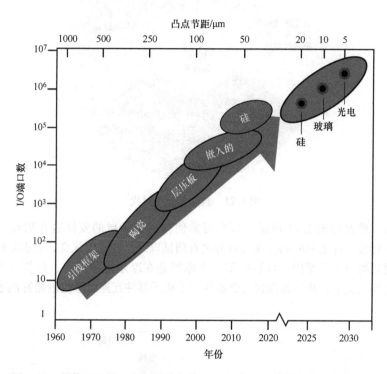

图 1.20　封装 I/O 端口摩尔封装定律，60 年中 I/O 数量变化 5 个数量级

1.5.1　三个封装技术时代

图 1.21 展示了自晶体管发明以来封装工艺和封装集成的三个时代。

1.5.2　摩尔定律时代或 SOC 时代（1960—2010）

在这个时代，计算机等电子系统按照摩尔定律向片上系统（SOC）发展，每 18 个月晶体管的数量就会增加一倍，最终进入整个 SOC 时代。

封装发展如图 1.22 所示，首先封装采用 I/O 端口数量小于 64 个的引线框架封装（也称为塑料封装），发展到 I/O 端口数量超过 500 个的单芯片和多芯片陶瓷封装，再发展到 I/O 大于 1000 个的聚合物层压板封装，或其他 I/O 大于 16000 个的以硅、玻璃或其他材料为材质的封装。在摩尔定律时代，人们关注的是从一个节点到另一个节点变化中的晶体管集成为 SOC，而不是封装。在这个时代，封装领域的发展集中在如何整体封装大型的 SOC 集成电路，在封装的性能、成本、大小或封装的器件可靠性上却

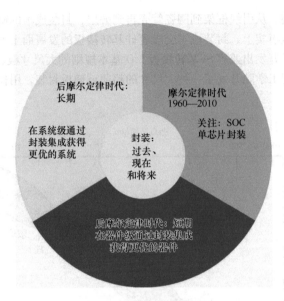

图 1.21　封装的三个时代

毫无进展。然而如图 1.23 所示，两个因素使得封装领域的发展迫在眉睫。除非将 SOC 器件封装，否则 SOC 器件无法百分之百测试以确保其性能优良，这也是任何器件都需要封装的第一个原因。封装的第二个原因是在摩尔定律时代，封装需要将 SOC 芯片组装到主板上，并与其他数百个器件和系统元器件互连以形成诸如智能手机之类的系统。

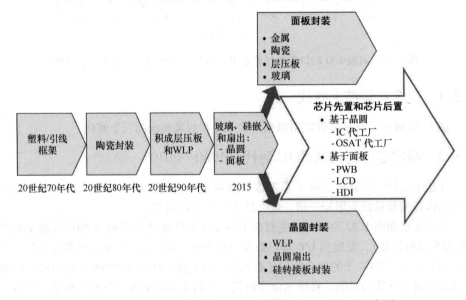

图 1.22　与封装摩尔定律相一致的封装系列 I/O 的发展示意图

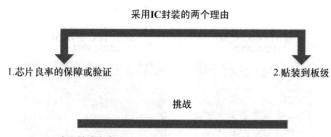

图 1.23　摩尔定律时代封装领域发展的两个因素

1.5.3　封装摩尔定律时代（2010—2025）

在后摩尔定律时代，封装的作用是为了提升器件性能，最终让整个封装系统能长期稳定运行。这是通过许多封装技术的集成来实现的，如图 1.24 所示。

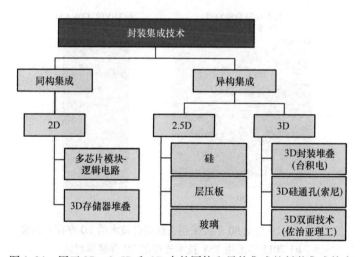

图 1.24　用于 2D、2.5D 和 3D 中的同构和异构集成的封装集成技术

图 1.25 展示了 20 世纪 80 年代的第一代集成封装，即两种逻辑器件在二维多芯片模块（MCM）中的同构集成。20 世纪 90 年代 3D 存储器通过引线键合来实现集成，2015 年通过 3D 硅通孔技术实现集成，如图 1.26 所示。在 20 世纪 80 年代，双极器件的片上集成度低于每芯片 2000 个电路，因此需要大约 100 个芯片才能形成单个处理器。第 6 章中描述的 35 层多层高温共烧陶瓷（High Temperature Co-fired Ceramic，HTCC）技术和 61 层低温共烧陶瓷技术都是由 IBM 开发出来，用来提升器件的性能。在存储设备的发展上也有类似的趋势，最初是使用引线键合芯片，最近则通过硅通孔 TSV 技术实现。在集成封装技术中，逻辑器件集成属于 2D 集成，而存储器集成属

于 3D 集成。

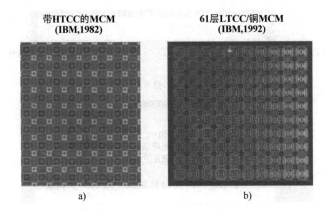

图 1.25　a）行业首个采用 HTCC 的 MCM
b）行业首个采用 LTCC 的所谓 2.5D 架构的 MCM

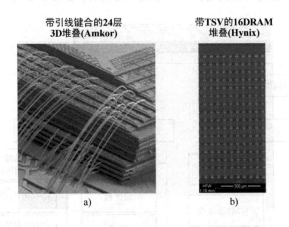

图 1.26　a) 20 世纪 90 年代采用引线键合技术的 3D 存储器封装
b) 2015 年采用 TSV 技术连接的 3D 存储器封装

　　第二代集成封装发展到了异构集成，这种集成无法在类似 SOC 器件上实现。这涉及以硅基转接板为主的 2.5D 转接，通过逻辑与存储器的互连在 2018 年实现了最高带宽。如上所述，转接板是在 300mm 的晶圆上使用 BEOL RDL 布线制作的。以这种方式制造的 2.5 D 的各种产品如图 1.27 所示。

　　下一代封装器件将基于嵌入式技术进行开发，如第 9 章所述。正如台积电公司（TSMC）所实现的，从苹果公司的 iPhone 8 开始，这是第一种将逻辑与存储器通过通孔互连的 3D 嵌入式封装，采用的是模塑料技术而不是应用在逻辑电路中的硅通孔技术，如图 1.28 所示。

2.5D 转接板方案(赛灵思)
　高带宽
　低时延连接
　微凸点
　TSV
　C4凸点
28nm FPGA
芯片堆栈
片1　片2　片3　片4
硅转接板
封装基板
BGA焊球

2.5D 转接板方案(英伟达)

高带宽显存的2.5D转接板方案(AMD)

嵌入式多芯片互连桥接
(英特尔)

图 1.27　由赛灵思、AMD、英伟达和英特尔公司制作的
用于异构逻辑存储器的 2.5D 硅转接板

InFO-PoP
处理器内存堆叠

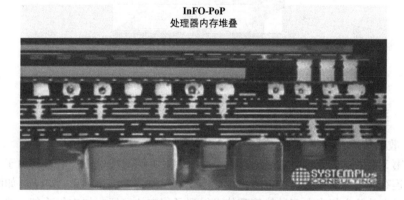

图 1.28　通过嵌入式晶圆扇出型封装实现的
第三代 3D 异构集成（由 TSMC 公司提供）

1.5.4　系统时代摩尔定律（2025—）

　　由于摩尔定律的系统级应用是将来才会出现的，故将在 1.7 节"未来展望"中
讨论。

1.6 电子系统技术的趋势

1.6.1 核心封装技术

图 1.29 给出了构成所有电子系统所需的 11 种核心封装技术，这些分别是：电子学、力学、热学、光学、基板材料和工艺、无源元件材料和工艺、互连材料和工艺、组装材料和工艺、包封材料和工艺、电子测试和可修复性、计量和封装特性。

图 1.29　构成电子系统所需的核心封装技术

1.6.2 封装技术及其发展趋势

1. 散热技术及其发展

如第 3 章所述，散热技术是所有电子产品中最关键的技术之一。这是由于上述的片上互连布线将形成相当高的电阻，由此产生的耗散功率将达到 4 ~ 100W。如图 1.30 所示，过去的几十年来，多种热管理技术得到了相应的发展，如空气冷却、热界面材料（Thermal Interface Materials，TIM）传导、先进的热沉到液态冷却等。

2. 互连和组装技术趋势

互连和组装是另一项关键的封装技术，它用于互连集成电路芯片与封装基板以及基板与系统电路板。如图 1.31 所示，随着由摩尔定律带来的晶体管集成度的提高，芯片组装技术从周边的引线键合开始，经历了带焊料的倒装回流焊技术，带焊料的铜柱回流焊技术，直至不带焊料的全铜互连技术。具体将在第 8 章进行介绍。

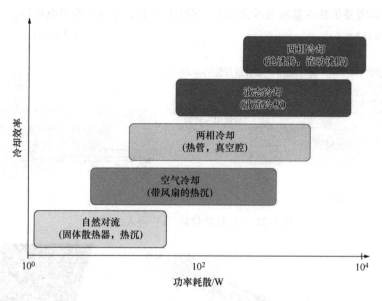

图 1.30　散热技术从空气冷却到液态冷却的演变

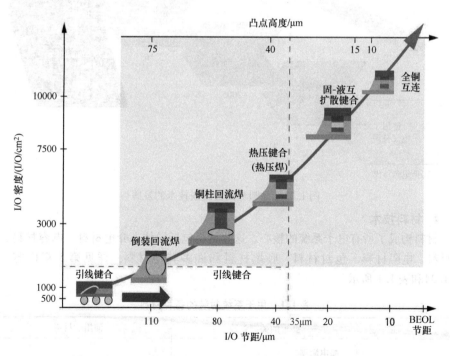

图 1.31　互连和组装的演化：从引线键合到倒装焊再到全铜

3. 嵌入式集成电路和无源元件趋势

如图 1.32 所示，作为一种战略技术，嵌入技术正迅猛发展，它的演变过程如图 1.33所示。使用嵌入技术的主要原因有：①减少整体封装的厚度；②不再需要装配；③不再需要单独的基板来承载芯片；④缩短互连长度从而改善电性能。

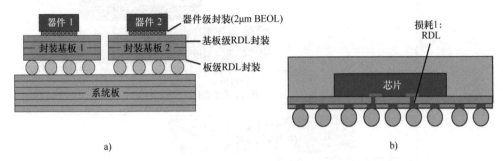

图1.32　a）传统封装　b）嵌入的概念

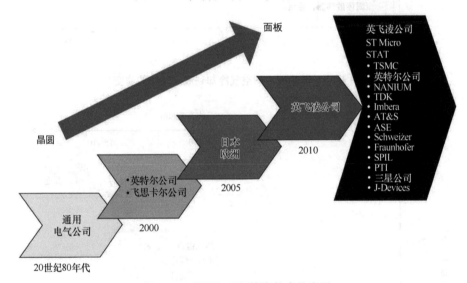

图1.33　晶圆与面板镶嵌技术的发展

4. 材料技术

材料构成了所有电子系统的核心。这些材料包括导体、介电材料、电容材料、电感材料、电阻材料、包封材料、底填材料和许多其他材料，详见第5章内容，如图1.34和表1.1所示。

表1.1　用于系统封装的各种材料

功　　能	要求的关键参数	使用的材料
基板（芯材）	高电阻率 低介电常数 高尺寸稳定性 良好的热导率 与硅相匹配的CTE	玻璃、硅 有机复合材料，如FR-4

（续）

功　能	要求的关键参数	使用的材料
介电材料	低介电常数 低损耗角正切	氟聚合物 环氧基聚合物
导体材料	低电阻	铜、钨
互连材料	高电导率 高热导率 低工艺温度	共晶焊料，如 Sn- Ag，Sn- Pb 纳米银浆料
底填料和包封料	低收缩率和低 CTE 合适的模量 低固化温度 良好的附着力	含填料的环氧基材料
热界面材料	高热导率 对基板及芯片有良好的附着力	相变材料 填银环氧树脂

注：1. 基板芯材：形成布线并提供 I/O 端口，从而为 IC 和电路板之间实现互连；

　　2. 介电材料：用于布线；

　　3. 导体材料：用于信号和电源分配；

　　4. 互连材料：用于芯片级和板级的互连，如焊料；

　　5. 底填料和包封料：底填料用于应力管理；包封料用于机械和化学防护；

　　6. 热界面材料和热沉：用于散热。

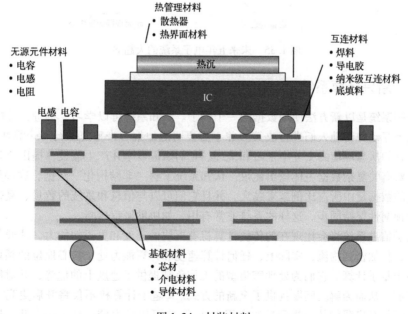

图 1.34　封装材料

1.7 未来展望

图 1.35 展示了截至 2018 年的大趋势，预测了未来主要的电子产品，包括：高带宽计算、人工智能和机器学习、自动驾驶电动汽车、智能手机、增强显示和虚拟现实、语音处理以及云计算大数据中心。此外还需要补充一些其他市场到这些领域中，如图 1.35 所示。

电子产品大趋势(2021)

4200亿美元
与4G相比：
带宽×100
延迟/100
5G

120亿美元
硬件市场价值

人工智能/机器学习

5000亿美元
市场价值
每年售出
25亿台

手机

85亿美元
3500万个市场
包括VR/AR/MR

增强型虚拟现实

16300亿美元
1亿交通工具
(包括25%
2级及更多)

自动驾驶

200亿美元
(传声器+音频集成电路
＋微扬声器)

语音处理

800亿美元
硬件价值

超大规模数据中心

图 1.35　未来五年电子系统的大趋势

1.7.1　新兴计算系统

认知系统是以新方法使用数据的一个例子。认知系统可以学习、推理，并能自然地与人类互动并帮助人们进行决策。并不需要明确地编程来重复执行一个算法任务，相反，它们从与环境的交互中学习和推理。它们赋值概率并产生假设，提出合理的论据，针对有关复杂数据主体提出建议。认知系统了解"非结构化"数据，这些数据在所生成的数据量中所占比例越来越大，并且它们可以与信息和系统的数量、复杂性以及不可预测性保持同步。这样的系统非常有用，如协助医疗诊断。

量子信息系统将会比现在的传统计算机有更快的速度和更强的能力。从通信到导弹探测，从加密到物流，实际上，任何计算速度和计算能力处于核心地位的领域都可能受益于量子计算。它们为处理密集型的工作负载提供了速度上的优势，并对能力进行了扩展，从而为解决问题提供了全新的方式。"量子计算机不仅将开启更高的处理速度，还将开启我们从未想到过的应用方式。"它可以像大脑一样工作，并且还可以达到人脑的功耗水平，即大约 20～30W。研究正在不断深入，但要实现具有类似大脑功能的计算机的目标还需要更多的进展。

1.7.2 新兴 3D 系统封装

1. 器件级 3D 封装

如第 10 章所述，由 TSV 互连的 3D 封装堆叠被认为是最终的封装形式。图 1.36 给出了用于实现超高带宽的逻辑和存储器的这种结构，并与 SOC 和 MCM 进行了互连长度的对比。使用这种 3D 结构的原因有很多，最终是为了在最低的功耗下获得带宽。然而，这种结构几乎是不可能实现的。其原因不是 TSV 的设计、制造复杂性或成本，而是以下两点：①逻辑电路中，电源和信号在逻辑上需要大量的通孔引线，会占据大量的空间，这意味着不会给逻辑 IC 中的晶体管留下多少空间；②高性能应用的逻辑 IC 会产生 100W 甚至更高的功耗，从而带来散热问题。

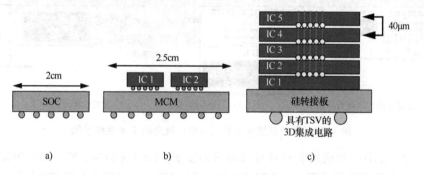

图 1.36 a) SOC b) MCM c) 3D 芯片堆叠的互连长度和带宽比较

佐治亚理工学院提出的另一种 3D 概念解决了这两个问题。例如，图 1.37 所示为一种带有超薄绝缘材料（如玻璃）的双面 3D 结构概念图。这个概念结构并不要求在逻辑集成电路中使用 TSV，但是提供了与使用 TSV 的原来 3D 逻辑和存储器堆叠相同的带宽。它将逻辑电路与存储器分开，直接连接先进的热界面材料和其他散热结构，从而解决了热问题。

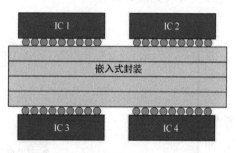

- 在超薄大尺寸在制板上的超短的、类似TSV的系统互连-信号通孔、电源通孔、光学通孔和大的散热通孔

图 1.37 终极系统性能、成本和可靠性的三维 SOP 双面系统架构概念图

2. 系统级 3D 封装

大多数 3D 架构都可以在器件级实现。但是，诸如智能手机的系统复杂度远超过这种简单的逻辑和存储电路的 3D 堆叠。如果仅采用器件级 3D 架构，那么最终的系统将不仅体积大、成本高，并且会产生很长的互连长度，如图 1.1 所示。解决此系统问题的唯一途径是通过 3D 双面封装集成来形成整个系统。如图 1.37 给出的这种系统级 3D 封装概念，描述了如何将器件级双面 3D 技术拓展到实现小的封装通孔（Through Package Via，TPV），这些通孔不仅应用于信号，

还应用于大体积电源，甚至用于更大的散热，以及光学、流体等。在这种情况下，佐治亚理工学院提出了使用厚度约为30μm的超薄玻璃作为系统封装。图1.38描述了一个具有更多细节的3D系统架构。它包括数字、光学、RF、MEMS和传感器等部分。

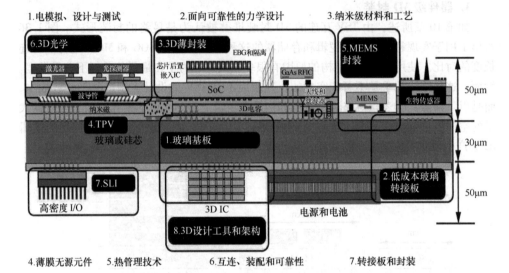

图1.38　基于系统级封装（SOP）概念的未来系统举例

　　总之，芯片上集成始于1949年晶体管的发明，1968年以来，它一直由摩尔定律驱动，一直到SOC的出现。这个时代持续了70多年，并且它正在向500亿只晶体管的量级发展（见图1.39）。

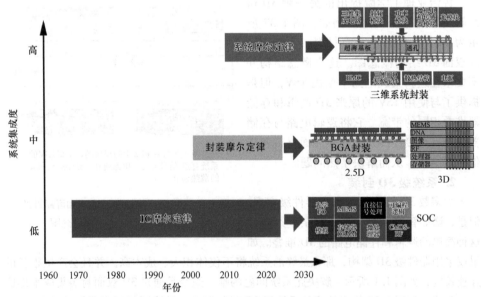

图1.39　电子系统的发展，从过去IC的摩尔定律发展到现在
封装摩尔定律，再到未来具有SOP概念的系统摩尔定律

随着摩尔定律因各种电气、物理和材料方面的限制而逐渐失效，现在可以考虑将摩尔定律用于更小封装的器件，根据 2D、2.5D 和 3D 封装的需求，这些器件保持了晶体管密度、特性、成本、互连及其他特征。

电子技术的最终目标是用所有可能的集成元器件构造出完整系统，这称为系统摩尔定律。

1.8 本书构架

根据图 1.2 中的系统，本书描述了各种系统级技术，从设计开始，包括了器件和器件封装、系统封装以及各种应用。前 16 章描述了涵盖器件封装及系统级封装的基本技术。

本书的第二部分——"封装技术的应用"，描述了封装技术正在或者即将进入的各个领域的应用，这些领域包括计算机、消费电子（如智能手机、有线和无线通信）、下一代汽车电子产品（如自动驾驶汽车）、柔性电子产品、生物医学电子产品等。这些技术将在 6 个技术章节中展开。

这本书是写给本科生和研究生的，内容涉及器件和系统级封装的所有核心技术、各种电子硬件架构、各种当前和未来应用的基础知识。

设计相关的章节
- 第 2 章：信号、电源和电磁干扰的电气设计基础
- 第 3 章：热管理技术基础
- 第 4 章：热-机械可靠性基础

器件封装相关的章节
- 第 1 章：器件与系统封装技术简介
- 第 5 章：微米与纳米级封装材料基础
- 第 6 章：陶瓷、有机材料、玻璃和硅封装基板基础
- 第 7 章：无源元件与有源器件集成基础
- 第 8 章：芯片到封装互连和组装基础
- 第 9 章：嵌入与扇出型封装基础
- 第 10 章：采用和不采用 TSV 的 3D 封装基础
- 第 11 章：射频和毫米波封装的基本原理
- 第 12 章：光电封装的基础知识
- 第 13 章：MEMS 原理与传感器封装基础
- 第 14 章：包封、模塑和密封的基础知识

系统级封装相关的章节
- 第 1 章：器件与系统封装技术简介
- 第 15 章：印制线路板原理
- 第 16 章：板级组装基本原理

应用相关的章节
- 第 17 章：封装技术在未来汽车电子中的应用
- 第 18 章：封装技术在生物电子中的应用
- 第 19 章：封装技术在通信系统中的应用
- 第 20 章：封装技术在计算机系统中的应用
- 第 21 章：封装技术在柔性电子中的应用
- 第 22 章：封装技术在智能手机中的应用

1.9 作业题

1. 什么是 SOC，它有哪些优点？
2. 什么是 MCM，为什么应用这种技术？
3. 什么是 SOP，为什么应用这种技术？
4. 为什么不能将全部功能集成到类似手机这样的单个芯片上？
5. 什么是摩尔定律？你看到了摩尔定律的尽头吗？
6. 什么是封装的摩尔定律？其背后的概念是什么？
7. 过去 70 年中形成的 5 波器件技术浪潮分别是什么？
8. 什么是量子计算？它与经典计算有何不同？
9. 为什么在学习和应用中跨学科那么重要？
10. 什么是互连？为什么它很重要？过去 50 年中这一技术是怎么变化的？
11. 什么是嵌入？它的价值是什么？这一技术被应用于哪些领域？

1.10 推荐阅读文献

Keys, R. W. "Physical limits of silicon transistors and circuits." Rep. Prog. Phys. vol. 68, pp. 2701–2746, 2005.

Khan, H. N., Hounshell, D. A., and Fuchs, E. R. H. "Science and research policy at the end of Moore's law." Nature Electronics, vol. 1, pp. 14–21, 2018.

Moore, G. "Cramming more components onto integrated circuits." Electronics, vol. 38, no. 8, 1965.

Nawrocki, W. "Physical limits for scaling of integrated circuits." Journal of Physics: Conference Series, vol. 248, no. 1, 2010.

Packan, P. "Pushing the limits." Science, vol. 285, no. 5436, pp. 2079–2081, 1999.

Sklar, B. *Digital Communications*. Englewood Cliffs: Prentice Hall, 1998.

Steele, R., ed. *Mobile Radio Communications*. Piscataway: IEEE Press, 1992.

Terman, F. E. *Radio Engineers Handbook*. New York: McGraw-Hill, 1943.

Tummala, R. *Microelectronics Packaging Handbook*. New York: Van Nostrand Reinhold, 1989.

Tummala, R. *Fundamentals of Microelectrosystems Packaging*. New York: McGraw-Hill, 2002. Electronics Engineers, 1995. 713.

Vardaman, J., ed. *Surface Mount Technology—Recent Japanese Developments*. New Jersey: IEEE Press, 1993.

Weisman, C. J. *Essential Guide to RF and Wireless*. New Jersey: Prentice Hall, 2000.

Wolf, W. *Modern VLSI Design*. Englewood Cliffs: Prentice Hall, 1998.

Wong, L., et al. *Electronic Packaging: Design, Materials, Process, and Reliability*. New York: McGraw-Hill, 1998.

第 2 章

信号、电源和电磁干扰的电气设计基础

Eakhwan Song 教授
韩国光云大学
Dong Gun Kam 教授
韩国亚洲大学

Joungho Kim 教授
韩国科学技术研究院
Madhavan Swaminathan 教授
美国佐治亚理工学院

Andrew F. Peterson 教授
美国佐治亚理工学院

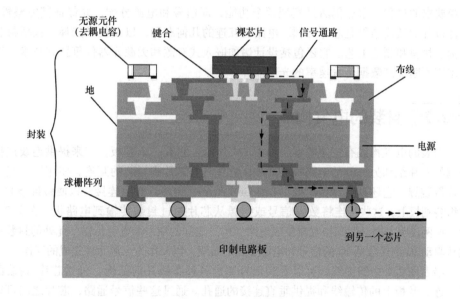

本章主题
- 介绍电气封装设计中信号完整性、电源完整性和电磁干扰的基本原理和概念
- 描述信号和电源布线的重要电气参数
- 提供计算设计参数的简单模型、方程和分析方法

2.1 电子封装设计及其作用

电子封装旨在为半导体集成电路提供信号和电源布线、机械支撑和化学环境保护。建立一个坚固耐用的封装对电性能至关重要，因为最终所有失效都是电性能表征。封装的电设计包括确定以最有效的方法将信号从集成电路输入和输出到外部世界。性能设计（Design For Performance，DFP）要求深入了解信号、电源完整性和电磁干扰（Electromagnetic Interference，EMI）等各种电气参数的基本原理和概念，这是本章的主题。信号完整性（Signal Integrity，SI）一词涉及电设计的两个方面，即信号的定时和质量。信号在预期的时刻到达目的地了吗？当它到达那里时，波形是否良好？信号完整性分析的目标是保证可靠的高速数据传输。电源完整性（Power Integrity，PI）是指为集成电路中的开关晶体管提供无干扰的直流电压以保证高速数据传输的过程。

电子封装设计是定义从芯片通过封装到系统板的电信号和电源路径，以满足整个系统要求的过程。重点仍然是实现两个功能，即信号和电源分配，并保证其完整性。设计过程的最终结果是芯片-封装-电路板互连的几何布局，以及技术选择，包括封装结构、材料和制造工艺。它还包括设计诸如嵌入式有源和无源元器件等新兴技术，以及用于不断提高数据传输速率的光电器件。

2.2 封装的电气构成

封装的电气构成有三个要素，如图 2.1 所示。它有一个基板，用来提供连线连接一侧的芯片组和另一侧的电路板。此外，它还具有芯片到封装的互连，使用键合线或芯片倒装焊。它还具有球栅阵列（Ball Grid Array，BGA）焊盘连接，以便将封装的器件组装到板上。这些互连将数据信号或电源从芯片通过封装传输到电路板。在图 2.1 中，举例说明了驱动器和接收器集成电路（IC）之间的信号和电源传输。此处的封装提供从驱动 IC 到接收器 IC 的信号和电源路径的布线，以及作为无源元件集成的互连。

沿着图 2.1 中的虚线，可以看到信号通过各种布线几何结构，包括芯片-封装的组互连、基板上的传输线和提供垂直连接的通孔。通过这些信号通路，芯片之间可以交换数据、地址时钟和控制信号。

为了产生和传输信号，集成电路需要外部电源通过封装提供给芯片的电源。供电网络（Power Delivery Network，PDN）提供互连框架，为集成电路晶体管提供足够的电压和电流，使其能够切换状态。晶体管电路工作的速度决定了封装和电路板中的电荷存储电容器需要提供的充放电速度。因此，需要使电源布线和封装中的键合结构的寄生电感最小化，以确保它们不会降低电源电平。这是通过在封装中使用能提供更大电容和更小电感的电源层结构来实现的。

尽管本章的重点是封装，但除非包括芯片、封装和印制电路板（Printed Wiring Board，PWB）的整个系统满足预期的电性能指标，否则总体设计将不会成功。从这

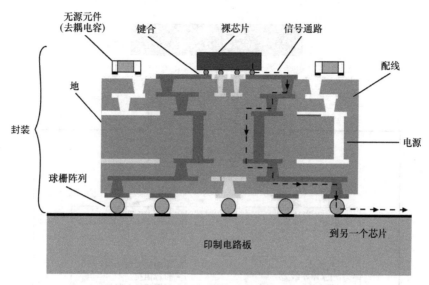

图 2.1　封装的电气构成

个角度来看，这三个部分的电设计都是相似的，因为人们无法从原理图上看出芯片的终端和封装或 PWB 的起点。然而，在实际应用中，各种环境（芯片、封装、PWB）中的参数范围是如此不同，以至于它们的设计传统上是相对独立的。

在较高频率下（1GHz 以上），实现相关互连更加困难。从图 2.1 可以清楚地看出，电设计有两个重要方面，即为信号提供适当的通信路径和为配电提供适当的通道。电设计的主要技术挑战是由信号的频谱带来的。在较低频率下，由于互连的物理几何结构对信号完整性的影响极小，所以信号和电源路径很容易实现。在高频下，互连结构的物理尺寸比沿着它们传输的能量包要长，其性能取决于材料的特性和构成信号的电磁场。传输延迟、互连结构相关的特性阻抗，以及寄生电抗等效应决定了信号的行为。因此，信号的失真和信号到达目的地所需的时间是互连参数的函数。由于信号的频谱通常决定了芯片所需电源的速率，因此类似的问题也适用于电源和接地路径。

2.2.1　封装电设计基础

封装的信号和电源完整性设计流程如图 2.2 所示。该过程从透彻理解与正在构建的应用相对应的设计规范开始。示例包括了定时和串扰裕度、插入损耗、回波损耗和阻抗匹配。这些知识被用来为封装堆叠、材料、信号拓扑，以及端接方案做出最佳选择。然后，根据设计指标和可制造性标准，创建封装互连的物理布局。在许多新兴的高速应用中，信号拓扑通常是在输入布局之前对其电磁（Electromagnetic，EM）性能进行建模和仿真。布局是使用专门为此目的而构建的复杂 CAD 工具创建的。一些行业标准工具包括 Cadence Allegro APD、Altium Designer、Mentor Graphics PADS PCB 和 Zuken Design Force。布局提供了进行信号和电源完整性分析的源文件。图 2.2 详细说明了封装性能评估的过程。本节将介绍主要设计参数、图解模型、简便的方程式和直观的设计指南。

37

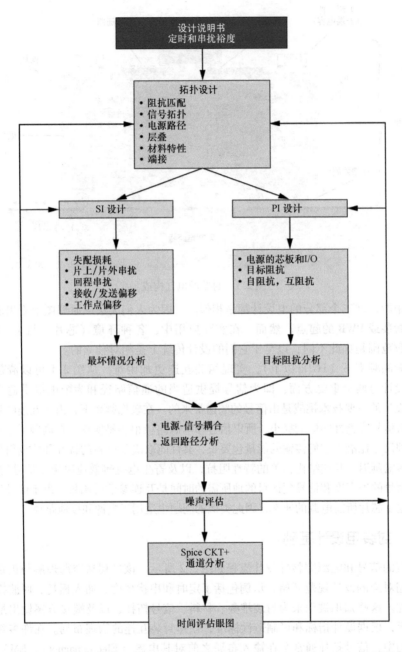

图 2.2 封装的信号和电源完整性设计流程（由 *Madhavan Swaminathan* 教授提供）

2.2.2 术语

1. 欧姆定律

电设计涉及电，即电子在导体中的运动。在封装应用中，电的基本形式有直流电

（Direct Current，DC）和交流电（Alternating Current，AC）。直流电是恒定的，而交流电是随时间变化的。提供给芯片的电源是直流电，而输入和输出芯片的信号随时间而变化（AC）。本章在初步设计中考虑了正弦信号的特性，尽管实际应用会遇到非正弦波形。

电包括电压和电流。电压是以 V 为单位测量的：在 1V 电压下移动 1C 电荷做的功，与 1N 作用力下移动 1m 距离相当。电流是电子的流动速度，用 A 来测量；1A 是 1C/s 的电荷流。欧姆定律指出，两点之间的电压与从一点流向另一点的电流之比被定义为电阻，电阻的测量单位为 Ω。图 2.3 是用电线连接电池电源的示意图，电线中的电流为 I。电阻上的电压方程式为 $V = IR$，其 I 中为电流，R 为电阻。电阻通过将电能转换成热能来耗散电能；因此，通常需要将电线和导电体的电阻降到最低。

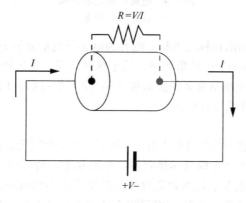

图 2.3 欧姆定律

2. 趋肤效应

流过导体的直流电流均匀地分布在导体的横截面上。电阻与横截面积成反比，厚导体的电阻比薄导体的电阻小，因为它允许电荷流过更大的横截面积，这类似于流过管道的水。在高频下，电流趋向于靠近导体的外表面流动，这种现象被称为趋肤效应，外表面和 63% 的电流流过的深度之间的距离称为趋肤深度 δ，如图 2.4 所示。由于趋肤效应，导体的交流电阻比直流电阻大得多，因为交流电流通过的面积减小了。此外，随着频率的增加，趋肤效应变得明显。趋肤效应引起的高交流电阻是微系统封装设计中的一个重大挑战。

3. 电容和电感

与耗散能量的电阻不同，电容和电感在系统中充当储能机构。本质上，它们在正弦周期的一部分捕获能量，并在周期的另一部分释放能量。电容的形式定义是导体系统每伏特能储存的电荷量。电容器上的电压与电流的关系是 $I = C dV/dt$，其中电容 C 的单位是 F，dV/dt 是电压的时间导数。电感是一种电路特性，电流的变化会在电路自身或在相邻电路中产生电动势 $V = L dI/dt$，其中 V 是电感上的电压，电感 L 的单位是 H，dI/dt 是电流的时间导数。

电容和电感也称为无功元件，它们导致上述电压和电流之间的微分关系。无功元

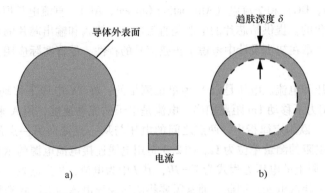

图 2.4   电路中的电流分布

a）直流   b）交流

件对交流电压或电流的阻抗称为电抗。电容和电感的电抗分别为 $X_c = (\omega C)^{-1}$ 和 $X_1 = \omega L$，其中 X 是电抗，$\omega = 2\pi f$ 是角频率。基于这些定义，电抗被视为频率相关参数。电阻 R 和电抗 X 分别构成阻抗 Z 的实部和虚部（$Z = R + jX$）。用阻抗 Z 代替电阻 R，欧姆定律也可以应用于交流分析。

4. 时延

电阻与电容或电感的结合给系统引入了时延。由于时间延迟，从电路的一部分传输到另一部分的信号不会立即到达接收器。电阻和电容的时间延迟是根据时间常数 $t = RC$ 给出的。RC 延迟是芯片和封装设计人员非常关心的问题，因为大多数互连电路都含有一些电阻和可观的电容。RC 延迟会成为系统速度的限制因素。电感和电阻的存在也会导致 $t = L/R$ 形式的时间延迟。L/R 延迟会影响芯片上电源对芯片电路不断变化的需求的即时响应能力，并导致该电路中的同步开关噪声（Simultaneous Switching Noise，SSN）。

5. 传输线

传输线决定了电信号的有限传播速度，以及不连续性导致的反射波。系统中任何一对传送信号或电源的导体都是传输线。传输线上的波可以用电压和电流来模拟。虽然芯片内部的互连通常可以建模为 RC 电路，但印制电路板和封装中的互连通常必须建模为传输线。在传输线上某一特定方向上的波的电压与电流之比是传输线的特性阻抗。传输线的特性阻抗是其材料和几何形状的函数。特性阻抗的不连续性（材料、导体形状等的变化）会导致波在电路中的部分反射。为了防止反射，传输线必须在其尾端正确地端接，即将其特性阻抗与终端电路的负载阻抗"匹配"。由于电容耦合和电感耦合，密排互连线会成为耦合传输线，容易受到串扰。

6. 电磁干扰

上述许多效应与系统内互连导线的杂散或寄生电容和电感有关。电设计必须估算这些参数并将其纳入系统仿真的程序。这通常涉及子系统的电磁仿真和建模，以及 SPICE 类型电路模型的提取，以便用真实的时变信号测试设计结果（见图 2.5）。干扰系统性能或干扰附近系统的不期望的电效应称为电磁干扰（Electromagnetic Interference，EMI)。本章末尾将介绍一些将电磁干扰降低到可接受水平的设计原则。

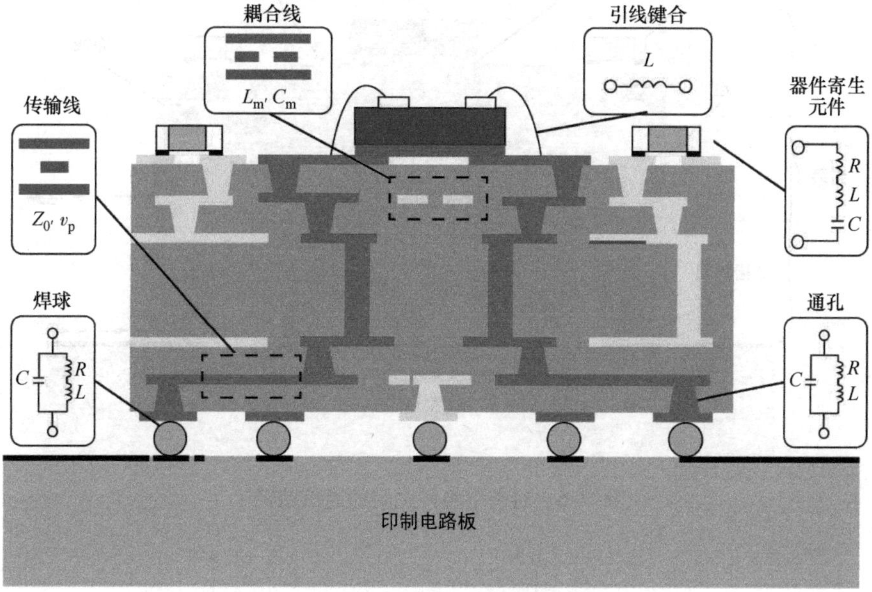

图 2.5　各种封装寄生电路

2.3　信号布线

2.3.1　器件及互连

　　信号在系统中传送，将指令或数据从一个点传送到另一个点。这些信号由一个芯片上的驱动电路产生，然后通过一个互连电路，在可能位于同一芯片或不同芯片上的接收器电路处终止。驱动器和接收器之间的通信路径通常借助于封装中的互连，如图 2.6 所示。互连可以是在芯片上、在封装上或在 PWB 上。电路和互连都需要完成通信路径。本节将讨论与电路和互连相关的一些基本概念。

　　集成电路由晶体管组成。目前最流行的晶体管是金属氧化物半导体场效应晶体管 (Metal Oxide Semiconductor Field Effect Transistor，MOSFET)，其功耗低且集成度高。这种晶体管已经被用于互补金属氧化物半导体 (Complementary Metal Oxide Semiconductor，CMOS) 技术，它结合了 P 沟道和 N 沟道 MOS 晶体管。NMOS 和 PMOS 晶体管都是由源极、栅极和漏极组成的三端器件，如图 2.7 所示。晶体管可以看作是一个开关，它根据栅极控制信号传递或截止被控信号。对于二进制数字逻辑，信号由两种状态组成：对应于高电平的二进制 1 状态和对应于低电平的二进制 0 状态。使用这些电平，PMOS 和 NMOS 晶体管可以分别表示为常闭开关和常开开关。晶体管的操作如图 2.7 所示，其中，输入栅极处的二进制状态 1 决定了两个晶体管的开关是断开还是闭合。

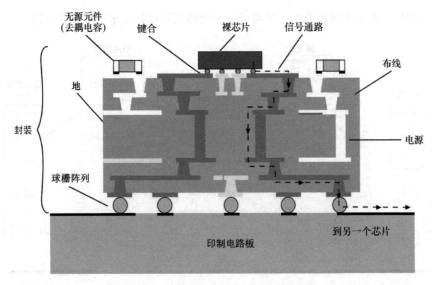

图 2.6　封装中组件之间的通信路径

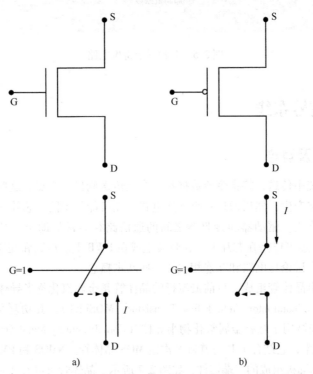

a)　　　　　　　　　　　　b)

栅极处的二进制1导致开关闭合，　　栅极处的二进制1导致开关断开，
开关初始为断开状态　　　　　　　开关初始为闭合状态

图 2.7　晶体管开关
a) NMOS　b) PMOS

CMOS 技术中的基本组成部分是反相器，它将 PMOS 和 NMOS 晶体管串联在一起，如图 2.8 所示，同时显示了一个晶体管及其一个开关电平的实现。输入端的二进制 1 导致 NMOS 晶体管闭合，PMOS 晶体管断开，而当输入端为二进制 0 时则相反。因此，根据输入信号，反相器的输出连接到电路的 GND 或 V_{dd} 连接。现在想象一下当两个这样的电路通过互连连接在一起时会发生什么，如图 2.9 所示。使用二进制 0 输入时，PMOS 晶体管闭合，NMOS 晶体管断开，导致电流从 V_{dd} 流入互连；使用二进制 1 输入时，PMOS 晶体管断开，NMOS 晶体管闭合，导致电流从互连流入 GND。电流的方向决定了是从 V_{dd} 充电还是向 GND 放电（这个概念将在后面解释），从而导致第二个晶体管的输入改变为二进制 1 或 0，进而导致第二电路的转换，这就完成了两个电路之间的通信路径。产生信号的电路称为驱动器，而接收信号的电路称为接收器。

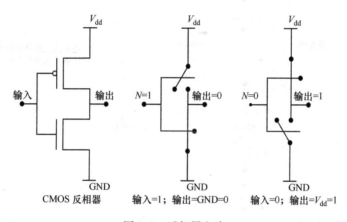

图 2.8　反相器电路

晶体管是通过电压 V 产生电流 I 的非线性器件。由于晶体管是非理想器件，所以它们有一个导通电阻 R_{on}。虽然本节中的信号被表示为二进制 1 和 0，但实际上它们是具有有限脉冲宽度和上升及下降时间的模拟信号。电路之间通过互连传输信号，互连的特性会影响信号的形状。

2.3.2　基尔霍夫定律与传输时延

在过去 200 年的大部分时间里，电路都是用基尔霍夫定律建模的：①电路回路上的各电压降之和为零；②流向一个电路节点的所有电流之和为零。基尔霍夫定律对于直流电路是准确的，对于低频电路是很好的近似，因为电路尺寸远小于感兴趣信号的波长。前一节中的 RC 模型是一个很好的例子，其中基尔霍夫定律被应用于推导延迟方程。然而，在更高的频率下，这些"定律"并不总是起作用，它们实际上只是电信号真实行为的近似值。

这些定律受到一个重要事实的限制：电信号以光速传播，光速在空气中约为 $3 \times 10^8 \mathrm{m/s}$，而且在典型的印制电路板、模块或半导体器件上的传播速度还要稍慢一些。基尔霍夫定律忽略了电信号的有限速度，因此当有限速度引起的时间延迟或相移变得

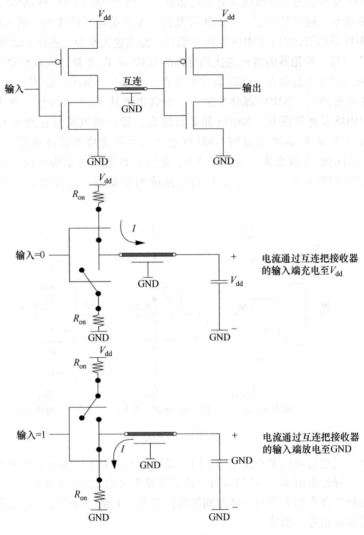

图 2.9　互连的充放电

显著时，基尔霍夫定律就失效了。在音频放大器、家用电器和许多其他设备中的低频情况下，这很少引起关注。然而，在更高的频率下，这种效应是明显的。

从时域角度来看，临界参数是信号相对于电路尺寸的传输时间（或飞行时间）。空气中 $3 \times 10^{8}\,\mathrm{m/s}$ 的速度大致相当于每英尺行程 1ns 的时间延迟。1ns 的时间间隔可能看起来很小，但如果电路的时钟频率是 1GHz，那么它就不一样了。在这种情况下，信号通过 6in 印制电路板可能需要一个完整的时钟周期，电路的一部分可能会滞后一个完整的时钟周期。基尔霍夫定律忽略了这个时间延迟。为了系统地将这种时延纳入到封装设计中，必须采用传输线理论，这是下一节的主题。

在频域方面，关键参数是信号相对于电路尺寸的波长。波长由以下公式给出：

$$波长 = 光速/频率，或者\ \lambda = c/f \tag{2.1}$$

随着频率的增加，波长减小。在 1GHz 下，空气中的波长是 30cm。一个波长对应 360° 的相移，基尔霍夫定律假定电路的所有部分具有相同的相位，如果信号在穿越电路时积累相移相对于 360° 不再是个小量，基尔霍夫定律就无法精确地描述传输线理论所能描述的情况了。

封装工程师很多情况下都会涉及电介质材料，这些材料用一个称为相对介电常数 ε_r 的参数来描述。在嵌入式电感器应用中最常遇到的磁性材料用相对磁导率 μ_r 来描述。参数 ε_r 和 μ_r 是没有单位的比例系数。在一般材料中，电信号的光速由式（2.2）给出

$$光速 = 2.998 \times 10^8 / \sqrt{\varepsilon_r \mu_r} \tag{2.2}$$

因此，在相对介电常数 $\varepsilon_r = 4.0$ 的电介质中的互连线上，信号将以 $1.5 \times 10^8\,\mathrm{m/s}$ 的速度传播。因此，信号在 6.67ns 的时间内传播 1m 的长度，这通常称为飞行时间或传播延迟，这个速度总是比空气中的光速慢。

在具有参数 ε_r 和 μ_r 的介质中，单一频率信号的波长由式（2-3）给出

$$\lambda = 2.998 \times 10^8 / (f\sqrt{\varepsilon_r \mu_r}) \tag{2.3}$$

式中，频率 f 的单位为 Hz；波长 λ 的单位为 m。常用电气设计术语见表 2.1。常用介质材料的传输延迟和波长见表 2.2。

表 2.1　电气设计术语

符号	术语	简　图	单位	说　　明
R	电阻		Ω	抵抗电流传输的能力，$R = \rho L/A$
R	电阻器		Ω	在电路中引入电阻的器件
ρ	电阻率		$\Omega \cdot \mathrm{m}$	单位长度单位截面积导体的电阻
C	电容		F	电场中能量储存的概念，受限于电容器板的物理尺寸和间距，以及介电材料的性能
C	电容器		F	在电路中引入电容的电子元件，$C = \varepsilon A/d$
	电介质			影响电流流动/传播的固体、液体或气体物质
ε	介电常数			给定介质的电容器与真空介质的电容器的电容之比
L	电感		H	磁场中能量储存的概念。受限于物理尺寸、间距和线圈数，以及磁材料的性能
M	互感		H	当两个载流导体的磁力线链接时，它们之间存在的性质
L	电感器		H	把电感引入电路的电子元件（通常是导体或金属）

（续）

符号	术语	简　图	单位	说　　明
	变压器			把交流电压和电流以基本恒定的功率和频率转换成不同电平的装置
Q	品质因数			电抗（电容和电感效应的组合）与其等效串联电阻（损耗）的比值
X	电抗		Ω	对电流的相位正交抵抗
Z	阻抗		Ω	对交流电流的总抵抗能力
Y	导纳		S	阻抗的倒数
H	磁场			由运动中的电荷（电流）产生的状态，并由施加在场中运动电荷上的力来体现
Φ	磁通量		Wb	磁力线的术语
B	磁通密度		T	给定点上磁场的强度和方向的量度
E	电场			带电体因其电荷而受力的区域的状态，强度为作用在单位正电荷上的力
	谐波频率		Hz	基频的整数倍，对于 50Hz，谐波频率包括 100Hz，150Hz，200Hz…
I	电流		A	电荷的时间变化率
DC	直流		A	恒定的电流
AC	交流		A	正弦电流
V	电压		V	两点之间的电位差
P	功率		W	能源输送到网络的能量的时间变化率，$P = VI$
	半导体			导电性介于金属和绝缘体之间的一组材料
	pn 结			一个半导体中两个区域的接合界面，其中一个区域产生正电荷载流子，另一个区域产生负电荷载流子
D	二极管			双端固态半导体器件，在一个方向上对电流是低阻抗，但在另一个方向上对电流是高阻抗
	整流器			一种只允许电流在一个方向上流动的装置（比如二极管）

（续）

符号	术语	简　图	单位	说　　　明
BJT	双极型晶体管			一种多结半导体器件，与其他电路元件一起，能够获得电流增益、电压增益和信号功率增益
MOSFET	金属氧化物半导体场效应晶体管			具有电压增益和信号功率增益的半导体器件
Tline	传输线			允许波/电流/电压传播并将能量从一点传输到另一点的结构
	微带线			由印刷或蚀刻在接地电介质基极上的导体条组成的平面传输线
	有源器件			一种器件，它的运行需要一个能量源，其输出是当前和过去输入信号的函数
	无源器件			一种不需要能量来源的器件
	放大器			有源二端口器件，其输出信号的幅度比输入信号的幅度大，并具有输入信号的基本信号特性，$G = P/P_i$
	理想滤波器			一种完全抑制 $x_t = A\cos(\omega t)$ 型正弦输入的系统，其中 t 在负无穷大和正无穷大之间，ω 在一定的频率范围内，并且不衰减频率在这些范围之外的正弦输入
IC	集成电路			包含大量电子器件（如晶体管）的小型电路，封装成一个单元，并从其引出引线用于输入、输出和电源连接
	天线			发射或接收传播波的物理装置
	振荡器			正弦电信号源
VFO	变频振荡器			能调谐频率的振荡器

（续）

符号	术语	简　图	单位	说　明
BFO	拍频振荡器			一种固定频率的振荡器
	混频器			把两种或多种输入波形组合成一个输出波形的物理装置
	超外差接收机			通过添加一个可变振荡器，以及另外的混频器和镜频抑制滤波器来解决固定滤波器通带问题的装置
	扬声器			一种把电信号转换成声音的装置，声音大到可以在远处听到

注：资料摘自：Dorf，Richard C.（1997），《电气工程手册》，纽约：IEEE 出版社。

表 2.2　器件和封装材料的相对介电常数（0.1GHz）及其传输延迟

电　介　质	介电常数	传输延迟/(ps/cm)
空气	1.0	33.3
氧化铝	9.4	102.0
A-35 陶瓷	5.6	78.9
釉面陶瓷	7.2	89.4
砷化镓	13.0	120.0
锗	16.0	133.0
玻璃环氧树脂	4.0	66.7
FR4	4.9	73.8
人造荧光树脂	2.6	53.7
云母	6.0	81.6
尼龙	3.5	62.4
树脂玻璃	2.6	53.7
聚乙烯	2.3	50.6
聚酰亚胺	3.5	62.4
聚苯乙烯	2.6	53.7
石英	3.5	62.4
交联聚苯乙烯 1422	2.5	52.7
硅	11.8	114.5
二氧化硅	3.9	65.8
聚四氟乙烯（商标名为铁氟龙）	2.1	48.3

2.3.3 互连电路的传输线特性

为了说明传输线理论，考虑图 2.10 所示的两种电缆截面。此图显示了一根同轴电缆，即一种广泛用于微波测量和有线电视（CATV）系统的传输线，以及一根平行带状传输线，这种传输线是封装或 PWB 中互连的简单结构。当电流在电缆中流动时，电荷载流子（比如电子），沿着一条导体运动，并在另一条导体上反向运动。因为运动，电荷会有一些动量，本质上，一旦开始，就希望电荷保持继续运动。这种效应实质上等同于一些串联电感，也有一些串联电阻，因为金属不是完美的导电体，因此随着电流的流动，一些电能被转换成热能。同时，在两个导体上瞬时存储等量相反的电荷，从而会产生一些并联电容。如果隔离导体的材料不是一个完美的绝缘体，那么也会有一些从一个导体到另一个导体的泄漏电流，这可以被建模为并联电导。

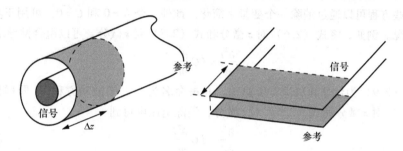

图 2.10　常用传输线

长度为 Δz 的一小截传输线的等效电路如图 2.11 所示，其中 Δz 远小于波长或等效飞行时间。根据电路理论，等效电路中的电感和电容提供了处理这些传输线时所需要的延时和相移，电路理论假设它们提供了从一端到另一端的直接连接。因此，这种等效电路可以用基尔霍夫电压电流定律来处理。

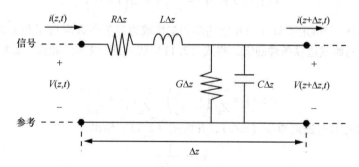

图 2.11　传输线等效电路

在图 2.11 中，$L\Delta z(\mathrm{H})$ 是等效电路的总串联电感，它取决于单位长度 $L(\mathrm{H/m})$ 的电感。$C\Delta z(\mathrm{F})$ 是总电容，取决于单位长度的并联电容 $C(\mathrm{F/m})$。串联总电阻 $R\Delta z$ 和并联电导 $G\Delta z$ 分别取决于单位长度电阻 $R(\Omega/\mathrm{m})$ 和单位长度电导 $G(\mathrm{S/m})$。

将基尔霍夫电压定律应用于图 2.11 中的等效电路，得出以下公式：

$$V(z + \Delta z, t) + (L\Delta z)\,\partial i / \partial t + (R\Delta z)\,i(z,t) = V(z,t) \tag{2.4}$$

并可以改写为

$$[\,V(z + \Delta z, t) - V(z,t)\,] / \Delta z = -Ri(z,t) - L\partial i / \partial t \tag{2.5}$$

在极限情况下，当 Δz 趋于零时，式（2.5）变为

$$\partial V / \partial z = -Ri - L\partial i / \partial t \tag{2.6}$$

将基尔霍夫电流定律应用于图 2.11 中的电路可得出

$$i(z + \Delta z, t) - i(z,t) = -(G\Delta z)V(z + \Delta z, t) - (C\Delta z)\,\partial V / \partial t \tag{2.7}$$

在极限情况下，当 Δz 趋于零时，得到

$$\partial i / \partial z = -GV - C\partial V / \partial t \tag{2.8}$$

式（2.6）和式（2.8）称为传输线方程。

式（2.6）和式（2.8）是电压 $V(z,\,t)$ 和电流 $i(z,\,t)$ 两个偏微分方程的耦合系统。这些方程可以通过消除一个变量来简化。此外，令 $R = 0$ 和 $G = 0$，可用于考虑无损的情况。例如，将式（2.6）对 z 微分和式（2.8）对 t 微分，可以组合推导出

$$\frac{\partial^2 i}{\partial z^2} = LC\frac{\partial^2 v}{\partial t^2} \tag{2.9}$$

式（2.9）为数学和科学界所熟知，并被命名为“一维波动方程”。同样地，将式（2.8）对 z 微分和式（2.6）对 t 微分，消除电压可得到

$$\frac{\partial^2 i}{\partial z^2} = LC\frac{\partial^2 i}{\partial t^2} \tag{2.10}$$

可见，电压和电流满足相同的二阶微分方程。

2.3.4 特性阻抗

式（2.9）的通解形式如下：

$$V(z,t) = V^+ f\left(t - \frac{z}{v_p}\right) + V^- g\left(t + \frac{z}{v_p}\right) \tag{2.11}$$

式中，V^+ 和 V^- 为待定系数（由互连端部的初始或边界条件确定）；f 和 g 为一元任意函数，也由初始或边界条件确定。将式（2.11）代入式（2.6）和式（2.8），得到的电流为

$$i(z,t) = \frac{V^+}{Z_0} f\left(t - \frac{z}{v_p}\right) - \frac{V^-}{Z_0} g\left(t + \frac{z}{v_p}\right) \tag{2.12}$$

式中的参数 v_p 具有速度单位（m/s），并由式（2.13）给出

$$v_p = \frac{1}{\sqrt{LC}} \tag{2.13}$$

而 Z_0 具有电阻单位（Ω），并由式（2.14）给出

$$Z_0 = \sqrt{\frac{L}{C}} \tag{2.14}$$

参数 Z_0 被称为特征电阻，或者更一般的，称为电路的特性阻抗。

为了证明式（2.11）和式（2.12）是式（2.9）和式（2.10）的解，只需将它们

代入方程即可。这是留给读者的练习。

式（2.11）和式（2.12）中的通解是一维波。为了理解波的行为，考虑图 2.12 中描述的函数 $f(u)$。波 $f(t+z/v_p)$ 可以根据空间和时间的特定值来构造，图 2.13 显示了在 $v_p = 300\text{m/s}$ 时，在三个特定时刻空间（z）的波形曲线。观察到 $f(t+z/v_p)$ 表示一个函数，该函数在时间前进时保持其形状，但在 z 中改变其位置；具体地说，它以恒定速度 v_p 沿 $-z$ 方向移动。同样在图 2.13 中的类似函数曲线 $f(t-z/v_p)$ 则在保持形状的同时，以恒定速度 v_p 沿 $+z$ 方向移动。

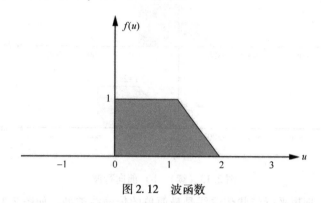

图 2.12   波函数

因此，一维波是以恒定速度传播而不改变其形状的函数，而满足无损耗传输线方程的电压和电流波形都是一维波。波函数自变量中的减号表示方向，加号表示波在 $-z$ 方向上传播，而减号表示波在 $+z$ 方向上传播。

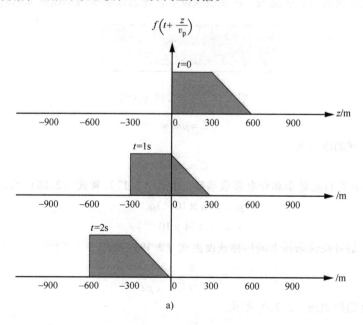

图 2.13   a）后向行波

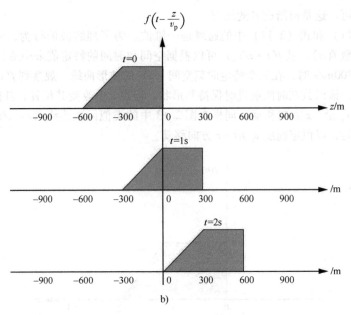

b)

图 2.13（续） b）前向行波

【例 2.1】 理想平行带状传输线是最简单的传输线类型，如图 2.14 所示。说这条线是"理想的"，是因为在开口边的场的边缘性质被忽略了。然而，在现实世界中，边缘场通常过于严重而不可忽略，更好的模型可以采用微带线和带状线传输线的形式，这将在后面的章节中提供。在无损假设下，理想带线的单位长度电感为

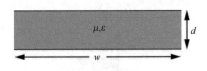

图 2.14 平行带状传输线

$$L = \mu d / w \tag{2.15}$$

单位长度的电容为

$$C = \varepsilon w / d \tag{2.16}$$

式中，μ 和 ε 为总磁导率和介电常数参数，由式（2.17）和式（2.18）给出

$$\mu = (4\pi \times 10^{-7}) \mu_r \tag{2.17}$$

$$\varepsilon = (8.854 \times 10^{-12}) \varepsilon_r \tag{2.18}$$

因此，信号在这条线上的传播速度由式（2.19）给出

$$v_p = \frac{1}{\sqrt{LC}} = \frac{1}{\sqrt{\mu\varepsilon}} \tag{2.19}$$

而特性阻抗由式（2.20）给出

$$Z_0 = \sqrt{\frac{L}{C}} = \frac{d}{w} \sqrt{\frac{\mu}{\varepsilon}} \tag{2.20}$$

注意到电信号在这条线上的传播速度与线的高度和宽度无关，并且与同一材料中的光速或任何其他电磁波的速度相同。如果线是由均匀（同样）的材料构成的，则始终如此。因此，金属条的尺寸对电路上电信号的速度没有影响。特性阻抗则取决于导线的几何结构、横截面尺寸以及材料。通过调整条带的高度和宽度，可以将 Z_0 设置为任何所需的值。

2.3.5 封装互连常用的典型传输线结构

尽管平行条带是一种易于设计的传输线，封装互连出于高频特性考虑，经常用一些其他的结构。如图 2.15 所示，它们可分为三大类，即微带、嵌入式微带和带状线。微带线是一种位于空气和电介质的界面上的互连结构，常用于封装的顶层。如表 2.3 所示，嵌入式微带线是嵌入在电介质中的微带线。这些互连通常用于封装的上面几层。最后，带状线由夹在两个金属层之间的互连组成，通常用作封装中的埋入互连。这些互连结构的阻抗 Z_0 和传播速度 v_p 见表 2.3。

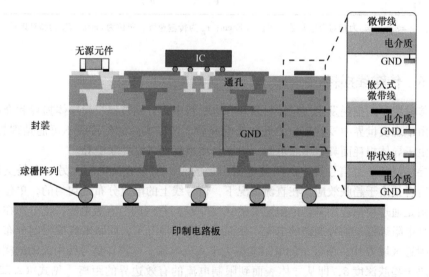

图 2.15 封装中的传输线结构

表 2.3 典型封装互连公式

微带线	（图示：ε_0、$\varepsilon_0\varepsilon_r$、$h$、$W$、$t$，地线层）	$\varepsilon_{\mathrm{eff}} = \varepsilon_0 \left[\dfrac{\varepsilon_r + 1}{2} + \dfrac{\varepsilon_r - 1}{2} \dfrac{1}{\sqrt{1 + 12b/a}} \right]$
		$V_p = \dfrac{1}{\sqrt{\mu \varepsilon_{\mathrm{eff}}}}$
		$Z_0 = \dfrac{1}{2\pi}\sqrt{\dfrac{\mu}{\varepsilon_{\mathrm{eff}}}} \ln\left(\dfrac{8b}{a} + \dfrac{a}{4b} \right), a < b$
		$Z_0 = \sqrt{\dfrac{\mu}{\varepsilon_{\mathrm{eff}}}} \dfrac{1}{\dfrac{a}{b} + 1.393 + 0.667\ln\left(\dfrac{a}{b} + 1.444\right)}, a > b$

（续）

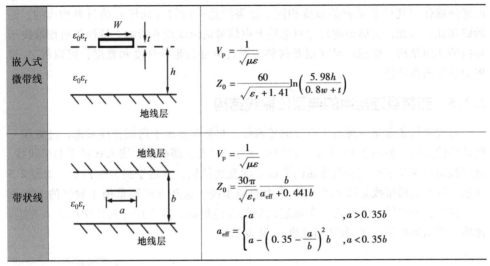

嵌入式微带线		$V_\text{p} = \dfrac{1}{\sqrt{\mu\varepsilon}}$ $Z_0 = \dfrac{60}{\sqrt{\varepsilon_\text{r}+1.41}}\ln\left(\dfrac{5.98h}{0.8w+t}\right)$
带状线		$V_\text{p} = \dfrac{1}{\sqrt{\mu\varepsilon}}$ $Z_0 = \dfrac{30\pi}{\sqrt{\varepsilon_\text{r}}}\dfrac{b}{a_\text{eff}+0.441b}$ $a_\text{eff} = \begin{cases} a & ,a>0.35b \\ a-\left(0.35-\dfrac{a}{b}\right)^2 b & ,a<0.35b \end{cases}$

注：$\varepsilon = \varepsilon_0\varepsilon_\text{r}$；$\varepsilon_\text{r}$ 为相对介电常数，单位为 F/cm；v_p 为传输速度，单位为 cm/s；Z_0 为特征阻抗，单位为 Ω。

2.3.6 传输线损耗

传输线中的损耗发生在导体材料和介电材料中，分别被建模为导体损耗和介电损耗。由于现实世界中没有理想的导体或电介质，所以实际的传输线不可能是理想的，它们由于导体损耗而具有串联电阻，由于介质损耗而具有并联电导。

导体损耗是由信号线中的两种电阻引起的。一个是直流电阻，另一个是交流电阻，后者是由于趋肤效应。在直流情况下，信号线上的电流分布是均匀的，单位长度的电阻是通过简单应用基于电阻定义的式（2.21）得到的。直流电流广泛分布在回路中，其电阻远低于信号通路的电阻。然而，在高频情况下，回路电流被限制分布在信号线附近区域 D 中，所经历的电阻变得大于直流电流。电流在信号线中流动的横截面积取决于趋肤深度 δ，即从导体表面到限制电流的有效边界的距离［见式（2.22）］。如图 2.16 所示，趋肤深度 δ 与频率的二次方根成反比。这意味着交流电阻与频率的二次方根成比例增加［见式（2.23）］。

$$R_\text{DC} = \rho\frac{1}{WT} \tag{2.21}$$

$$\delta = \sqrt{\frac{\rho}{\pi\mu f}} \tag{2.22}$$

$$R_\text{AC} \approx \rho\frac{1}{\delta}\left(\frac{1}{W}+\frac{1}{D}\right) = \sqrt{\pi\mu\rho}\left(\frac{1}{W}+\frac{1}{D}\right)\times\sqrt{f} \tag{2.23}$$

理想电容器中没有损耗机制。然而，在实际的电容器中，存在着与外加电压同相流动的交流电流。这种电流也存在于用于传输线的介质材料中，并导致介质损耗。它用损耗因子 $\tan\delta$ 表征，也称为损耗角正切，它是介电常数实部和虚部的比值。

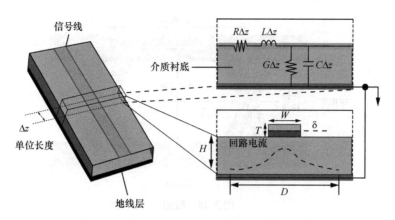

图 2.16　微带线和横截面的等效集总电路模型

式（2.24）中给出了模拟介电损耗的电导（G）方程。介质损耗随损耗因子和频率成比例增加。由于导体和介质损耗的频率依赖性，高速信号沿传输线传输时的质量将严重下降。

$$G = 2\pi f C \tan\delta \qquad (2.24)$$

图 2.17 显示了眼图，它常用作表征评估数字信号以不同数据速率通过 40in 传输线的传输质量的指标。眼图类似人眼的形状，用张开的大小表征信号质量的好坏，如图 2.18 所示。随着数据传输速率的增加，数字信号的高频分量由于频率相关损耗（包括导体损耗和介质损耗）而损坏，导致信号质量严重下降。高速数据传输的最新趋势意味着传输线的频率相关损耗已成为电子封装设计中的主要挑战之一。

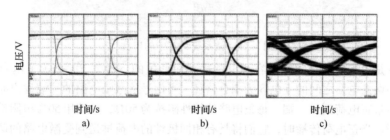

图 2.17　以不同数据速率通过 40in 传输线传输的数字信号的测量眼图
a) 200Mbit/s　b) 800Mbit/s　c) 3200Mbit/s

2.3.7　串扰

在微系统封装中，互连（包括印制线、连接线和通孔）通常高度集成在基板中。当两个互连由于这种高密度集成而距离靠近时，一个互连中的信号所携带的一些能量耦合到另一个互连中，从而导致串扰，这是两个互连之间不希望的电磁耦合，如图 2.19 所示。在现代电子封装设计中，由于封装尺寸的不断缩小，串扰成为一个非常具有挑战性的问题。

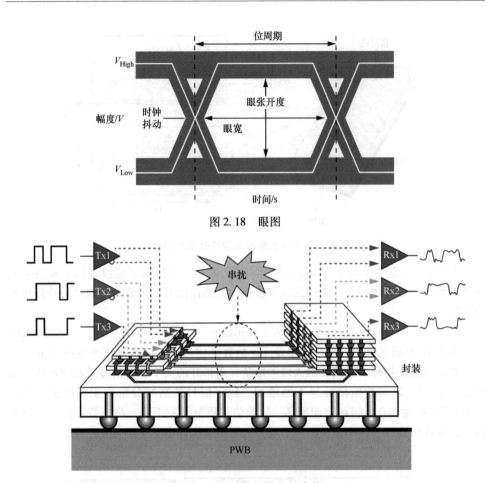

图 2.18　眼图

图 2.19　微系统封装中的串扰

　　串扰是由于互连之间的电容和电感耦合而产生的。图 2.20a 显示了电容耦合机制，其中两条电路之间的互电容为耦合路径。当信号从激励电路的一端发出时，电流流动，携带正电荷到另一端。每条电路的特性阻抗为 50Ω，两端用 50Ω 电阻端接，以避免反射。当正电荷传播时，它们将具有相同极性的电荷推送到受激电路的两端，从而产生电容耦合电流 I_{Cm}。电流的强度是由互电容决定的。同时，电路之间的互感产生感应耦合电流，如图 2.20b 所示。在感应耦合中，流过激励电路的电流在受激电路中诱导感应耦合电流 I_{Lm}。该电流与激励电流传播方向相反，以抵消由激励电流引起的时变磁场。电容耦合电流和电感耦合电流的强度分别与互电容和互电感成正比，并且都随着电路相互靠近而增大。因此，串扰在高度集成的微系统集成中是一个重要的设计问题。

　　图 2.21a 显示了电容和电感耦合组合机制在受激电路中感应的总电流。流入源侧节点 C 的受激电路上的电容耦合电流被加到电感耦合电流中，因为它们在同一方向上。流入节点 C 的电流称为近端串扰（NEXT），因为它是在靠近源的一侧观察到的。在图 2.22 中，近端串扰在信号沿激励线（$t = 0$）发送到耦合段的两倍传播延迟时间

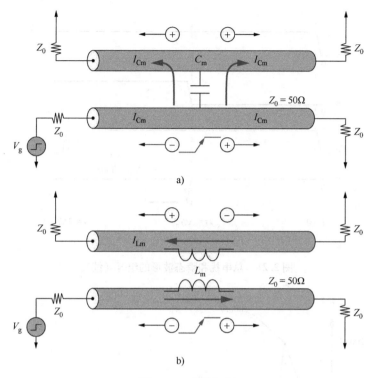

图 2.20 串扰机制

a) 电容耦合 b) 电感耦合

($t = 2\Delta l / v_\text{p}$) 内一直被激发，其中 Δl 是耦合段的长度，v_p 是传播速度。反之，由于电流方向相反，流向受激电路另一侧节点 D 的电容耦合电流和电感耦合电流相互抵消。流入节点 D 的电流称为远端串扰（FEXT），因为它是在远离源的一侧观察到的。远端串扰随激励线中的电流传播，并与该电流同时到达。远端串扰的强度取决于电容耦合和电感耦合效应之间的差异。如果这两个耦合对总串扰的贡献相等，则远端串扰为零。时序图如图 2.21b 所示。

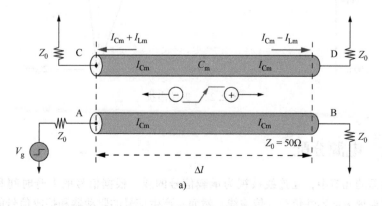

图 2.21 总串扰和瞬态波形的组合

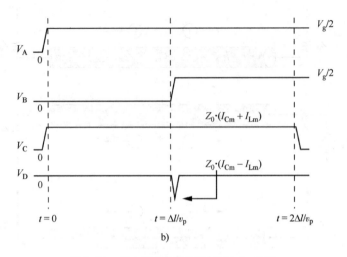

图 2.21　总串扰和瞬态波形的组合（续）

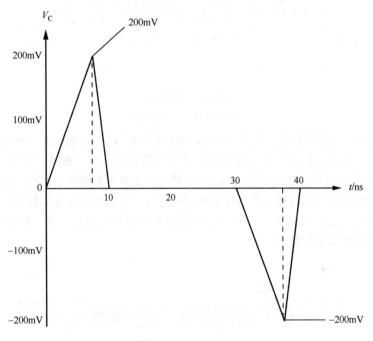

图 2.22　近端串扰

2.4　电源分配

在前面的几节中，互连线被视为承载信号的线。根据信号的上升时间和互连长度，它们被视为电容性负载或传输线。然而，产生信号的驱动器和接收信号的接收器都需要电压和电流才能工作，如图 2.9 所示。这一方面封装的电设计称为**电源分配**。

在**电源布线**系统中需要解决的两个重要问题是 *IR* 电压降和电感效应。当给电路提供直流电流 *I* 时，封装金属层的有限电阻 *R* 引起欧姆定律 *V* = *IR* 给出的电压降，其中 *I* 为电路中的电流。由于芯片两端的 *IR* 压降可能不同，因此所有电路的电源电压可能不相同。封装金属线上直流电源电压的这种变化，可能导致电路对杂散输入信号的错误转换。图 2.23 显示了一个简单的电路，用于估计封装 *IR* 电压降对芯片性能的影响。在电路中，*R* 是封装中金属化部分包括通孔、互连和导电层的电阻。

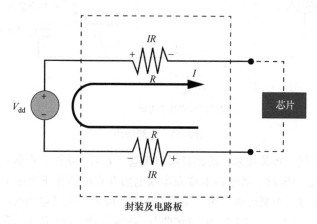

图 2.23　电阻性压降

当电路状态发生改变时，一个时变的电流会通过封装中的金属层，一个更为明显的影响就会出现。由于金属层具有固有的感应性，时变电流导致芯片上的电源电压随时间变化。因此，电源电压随时间在直流电平附近波动，这可能再次导致电路的错误动作。这两种影响都必须最小化，系统才能正常运行。

与电源分配相关的感应效应是未来系统的一个主要瓶颈，将在后面的几节中讨论。

2.4.1　电源噪声

每个系统都有噪声。本节将识别与电源分配网络相关的噪声源，并考虑该噪声对封装设计的影响。如前所述，芯片内的电路需要电压和电流来切换二进制状态。本章的前面讨论了 CMOS 晶体管，在 CMOS 晶体管中，晶体管的输入节点的行为类似于电容器，它充当前级的负载。因此，来自驱动电路的电流用于对负载电容充电或放电，从而提高或降低输入节点处的电压。这种转换导致下一级电路切换二进制状态。为负载充电的电流来自 V_{dd} 电源，同样，负载放电产生的电流被排入 GND 电源，这两种电流都是时变电流。供给芯片的电压和电流由主板上的电源通过封装和 PWB 上的金属层提供。如图 2.24 中的等效电路所示，其中封装层和 PWB 金属层向电源分配网络添加了电感。因此，电源电流遵循的路径可能相对较长且迂回。

图 2.24 显示了从理想电源抽取电流的已封装芯片。理想的电源可以提供无限大的电流，而实际的电源不能。芯片上的本地电源之所以是非理想电源，主要是因为电

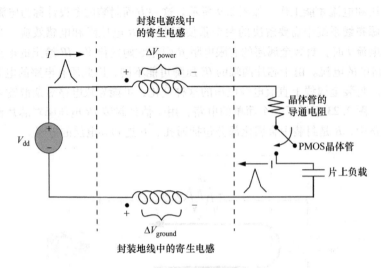

图 2.24　电源噪声

源电流通过电路板、封装和芯片的路径将串联电感 L 引入系统。在前一节中，考虑了与 IR 电路相关联的延时。当电源电流在串联电感存在的情况下发生变化时，电源电路中串联电感还有一个额外的、更严重的副作用，即由于流过电感的电流不能瞬间变化，本地 V_{dd} 电平将下降。因此，流过这些互连的瞬态电源电流将给芯片的电源引起电压波动，如式（2.25）所述

$$\Delta V = L_{\text{eff}}(\mathrm{d}I/\mathrm{d}t) \tag{2.25}$$

在式（2.25）中，L_{eff} 是电源分配系统的有效电感，$\mathrm{d}I$ 是一个时间段 $\mathrm{d}t$ 中电流的变化，而 ΔV 是由此产生的电压波动或电源噪声。如图 2.25 所示，这种噪声通常被称为同步开关噪声（SSN）、ΔI 噪声或 $\mathrm{d}I/\mathrm{d}t$ 噪声。在式（2.25）中，封装内的电源分配系统部分通常是电感的主要贡献者。

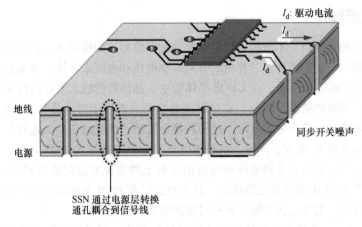

图 2.25　同步开关噪声（SSN）的传播

如前所述，L_{eff}表示从芯片上的电路到电路板上的理想电源的电流回路的电感。在一个包含数千个通孔和互连的封装中，找到电流走过的所有路径是很困难的。因此，需要使用软件工具来提取封装的L_{eff}。

随着电路速度的提高，电流切换的速率也在增加。因此，在实际系统中，芯片电流可能在短时间间隔内发生大幅变化（大的dI/dt），从而引起电源波动。由于电源波动可能是灾难性的，因此需要研究降低封装电感L_{eff}的方法。目前芯片设计的趋势是，根据 CMOS 的尺度规格，电压和信号电平也都在降低，因此未来系统的电源噪声预算也必须降低。对低电感的需求促使封装中的电源分配向垂直分布的方向发展，如多芯片模块（MCM）等具有相对较小的电源电感。

为了减轻电源噪声的影响，电气设计人员必须使用噪声预算来确定与电源和接地分配网络相关的最大允许电感L_{eff}。然后，设计者必须设计供电回路，以确保电感低于最大允许水平。下一节将讨论最小化电感和估计电源噪声的技术。

2.4.2　电感效应

与产品的电源和接地电路相关联的电感是很明显的，并且无法被一名认真的电气设计师忽略。考虑一个 PMOS 晶体管，其电源电压为V_{supply}去驱动一个负载。图 2.26 描绘了一个简单的等效电路，其中V_{supply}是理想电源。电感L_1和L_2分别表示封装中的电源和接地引线的电感。该开关代表零导通电阻的晶体管，并驱动一个具有电阻R的负载。因此，该电路描绘了一个通过封装电感供电的芯片。电感器的电压和电流与下列因素有关：

$$V = L \frac{di}{dt} \qquad (2.26)$$

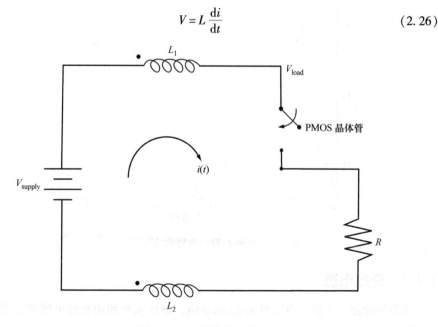

图 2.26　电源布线电感

通过应用基尔霍夫电压定律（Kirchhoff's Voltage Law , KVL），可以得到图 2.26 中电流回路的方程

$$V_{\text{supply}} = (L_1 + L_2)\frac{\mathrm{d}i}{\mathrm{d}t} + Ri(t) \tag{2.27}$$

参照电容一节给出的分析，令开关在时间 $t = 0$ 时闭合，可以得到

$$i(t) = V_{\text{supply}}\frac{(1 - \mathrm{e}^{-t/\tau})}{R} + u(t) \tag{2.28}$$

其中时间常数 τ 由式（2.29）确定

$$\tau = \frac{L_1 + L_2}{R} \tag{2.29}$$

将此结果与式（2.26）结合，得出负载电压为

$$V_{\text{load}}(t) = V_{\text{supply}}(1 - \mathrm{e}^{-t/\tau}) + u(t) \tag{2.30}$$

负载电压就是加到 PMOS 晶体管上的电源电压，它有一个相应的时间常数。

【例 2.2】 为便于说明，考虑具体数值 $V_{\text{supply}} = 5\mathrm{V}$，$R = 50\Omega$，$L_1 = 1\mathrm{nH}$ 和 $L_2 = 1\mathrm{nH}$。对于这些取值，与系统响应相关的时间常数为

$$\tau = L/R = (4 \times 10^{-11}) = 40\mathrm{ps} \tag{2.31}$$

图 2.27 显示了这些值的负载电压图。在此条件下，晶体管的电源电压以 40ps 的时间常数上升，而晶体管要求电源电压达到 V_{supply} 才能正常工作。电源响应中的任何延迟［标记为 $V_{\text{load}}(t)$］，都会导致晶体管的输出延迟。因此，封装电源分配网络的电感通过对电路的供电电压引入可观的延迟而导致电路减速。

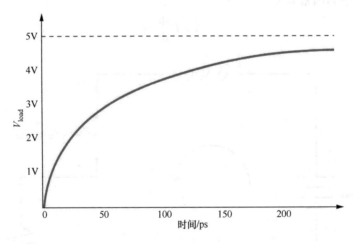

图 2.27　电感效应

2.4.3　有效电感

本节将介绍一个称为有效电感 L_{eff} 的术语，设计人员利用有效电感来评估封装的电源性能。

从式（2.27）考虑图 2.26，其中从晶体管看电源的电感为 $L = L_1 + L_2$。这是图中所示的电流回路，该电感表示电路的有效电感 L_{eff}。在图 2.26 中，需要注意的是，有效电感只能定义在一个电流环上，在没有这个电流环的情况下没有意义，这是封装设计师经常犯的错误。图 2.26 中，回路是通过电感、开关、负载电阻和电源完成的。例 2.2 的有效电感为 $L_{\text{eff}} = 2\text{nH}$。

如前所述，电感 L_1 和 L_2 是封装的电源和接地引线的电感。这些引线互相靠近会导致磁通链接，由此流过电感器 L_1 的电流会在电感器 L_2 中感应出电流，反之亦然。感应电流的方向受楞次定律（Lenz's Law）支配。这种效应可以用图 2.26 中两个电感之间的互感系数 M 来定义。

式（2.26）现在可以修改为包括互感，其对回路电感的贡献可以是加或减。如果两个电感器中的电流在同一方向，则该贡献是相加的，否则是相减的。在图 2.26 中，电流回路使电流在两个电感器中反向流动，从而导致回路电感减小。假设两个电感之间的互感系数 M，式（2.27）变为

$$V_{\text{supply}} = (L_1 + L_2 - M - M)\frac{\text{d}i}{\text{d}t} + Ri(t) \tag{2.32}$$

从而时间常数为

$$\tau = \frac{L_1 + L_2 - 2M}{R} \tag{2.33}$$

【例 2.3】　对于前面的例子，设 $M = 0.5\text{nH}$。对于这个互感值，时间常数 $t = 20\text{ps}$，有效电感 $L_{\text{eff}} = 1\text{nH}$。在此条件下，晶体管的电源电压上升得更快，并且提高了电路的速度。对于一个设计者来说，目标始终是要减少芯片到电路板上电源之间的封装有效电感。

2.4.4　封装设计对电感的影响

从式（2.32）可以明显看出，减小电感可以降低电源噪声。电感主要是由封装互连导致的。本节将仔细阐述封装的物理参数对电感的影响，以及电感最小化设计的技术方法。

前面讨论了封装的电源和地线之间的互感对降低有效电感的影响。电感量是由物理结构决定，由封装技术确定的。

在矩形扁平封装（Quad Flat Pack，QFP）等封装中，封装外围的引线用于向芯片供电。这些引线相当于直径 a 和间距 d 的导线，如图 2.28a 所示。向芯片提供电压 V_{dd} 和 GND 的两条相邻引线类似于承载相等和相反电流的导线。一对导线之间形成的回路产生有效电感，可以根据物理参数计算，如图 2.28 所示。一对导线的 L_{eff} 随导线间距 d 的减小而减小，因为这会导致导线之间的互感增加。例如，直径为 $1\text{mil}^{\ominus}$、长度为 1cm、间距为 0.8mm 的导线，电感为 4.14nH。对于相同的尺寸，在 0.4mm 的间距下电感可以减小到 3.45nH。由于 QFP 上的总引线数是有限的，因此可用于供电电源

$\ominus$　$1\text{mil} = 2.54 \times 10^{-5}\text{m} = 0.0254\text{mm}$。

和接地的引线很少，这会导致封装的有效电感增加。

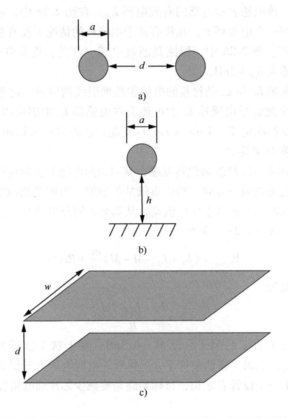

图 2.28　a) 两根平行线　b) 地平面上方的线　c) 两个平行平面

对于多层 BGA 封装，常用平面层提供 V_{dd} 和 GND，如图 2.28c 所示。对于一对平面，有效电感可以根据物理尺寸计算，如图 2.28 所示。对于一对金属平面，由于互感的增加，电感随着层间间隔 d 的减小而减小。例如，宽度为 1cm、长度为 1cm、间距为 6mil 的平面的有效电感为 0.19nH。当间距减小到 4mil 时，电感减小到 0.13nH。显然，一对平面的电感要比一对导线的电感低得多。对于高性能封装，封装中的平面绝对是为芯片供电所必需的。由平面引起的有效电感有时被称为扩展电感。

图 2.28 所示的三种结构是封装中使用的为电路提供电压和电流的基本结构。在这三种结构中，一对平面的电感总是最低的。通孔提供到平面层和层间的连接。通孔就像电线，它们的有效电感可以通过相邻层之间放置电源和接地通孔来降低，以确保存在相反的电流。此外，通孔可以并联以进一步降低电感。由于导线比球体具有更大的电感，因此使用焊锡球代替导线可以降低电感。根据不同的应用类型，封装设计可以选择不同的结构。表 2.4 总结了使用这些结构的封装和相应的近似电感。集成电路封装的发展有两种趋势，即提高 I/O 密度和降低有效电感。

表 2.4　电感比较

结　　构	电感/长度	封装形式	电　　感
平行线	$\mu/4\pi\cosh^{-1}(d/a)$	DIP, QFP	$3\sim15\text{nH}$
地平面上方的线	$\mu/4\pi\ln(4h/a)$	TAB, QFP	$1\sim10\text{nH}$
平行平面	$\mu d/w$	PGA, BGA, DCA	$0.25\sim1\text{nH}$

2.4.5　去耦电容器

前面强调了一个事实，即给负载电容器充电需要电荷。电荷由电源的电流提供。当电流流过封装电感时，会在电感两端产生一个电压降。图 2.24 中的电路对此进行了描述。电容器充电所需的额外电流也可以由电容器提供，这些电容器称为去耦电容器。

现在重温图 2.24 中的电路，在芯片端子上增加一个去耦电容器 C_d，如图 2.29a 所示。假设去耦电容器最初充电至电压 V_{dd}，当晶体管开关时，需要充电 $Q = CV_{dd}$ 来给负载电容器充电，这个电荷是由电路中流动的电流 ΔI 提供的。然而，该电流不是由电源提供的，而是由去耦电容器提供的，因此，电流回路改变了。由于图 2.29a 中的回路电流路径中没有电感，因此芯片端的电压保持在 V_{dd}。如果存储在去耦电容器中的电荷大于负载电容器所需的电荷并且可以在时间 Δt 内提供，那么这是可行的，时间 Δt 表示电路的开关速度。

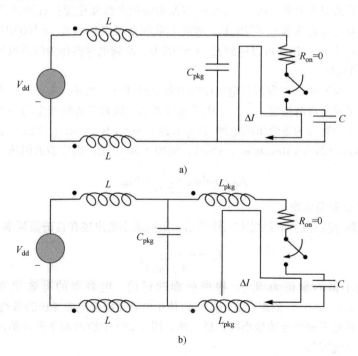

图 2.29　a）片上电容器　b）封装电容器

可见，电容器在电路空闲时作为电荷容器充电至电源电压，而在有需求时提供电流。如图 2.29a 所示，芯片上的电容器在电源供应之前向开关电路供电。因此，去耦电容器的作用是减小系统中电流回路的尺寸。例如，与图 2.24 相比，图 2.29a 中电流回路减小了。由于电流回路中没有任何电感，电源噪声也降低了。

在计算机系统中，需要电流 ΔI 的时间间隔 Δt 是电路开关速度的函数。例如，当处理器内核的电路正在切换时，在很短的时间间隔内可能需要很大电流。

然而，当处理器将数据传输到存储器时，时间间隔可能要长得多。因此，去耦电容器通常分布在整个系统中，以保证开关电路供电。接下来的目标是减小电流回路的尺寸，使电容器能够支持电流，从而保持芯片两端上的适当电压。根据这些电容器的位置，承载电容器电流的封装层的电感可能改变，从而改变电路中的有效电感。例如，考虑图 2.29b 所示的电路，其中电容器 C_{pkg} 安装在封装上。这个电容器通过封装电感给负载电容器提供充电电流。由于 $2L_{\text{pkg}}$ 的有效电感比图 2.24 中的有效电感小，因此电源噪声降低。然而，图 2.29b 中的有效电感 $2L_{\text{pkg}}$ 限制了电容器的最大工作频率。电容器 C_{pkg} 与电感 $2L_{\text{pkg}}$ 具有谐振频率

$$f_{\max} = \frac{1}{2\pi\sqrt{2L_{\text{pkg}}C_{\text{pkg}}}} \tag{2.34}$$

超过 $f_{\max}$ 后，图 2.29b 中的回路会呈现电感效应，因此无法抑制噪声电压。

根据式（2.34）中描述的谐振频率，电容器可分为高频、中频和低频电容器。这取决于电容器的安装位置。频率 $f_{\max}$ 是电容器能够把电源变化保持在要求范围内的最高频率。低频电容器安装在 PWB 上，最高有效频率可以达到 $f_{\max} = 100\,\text{MHz}$。中频电容器安装在封装上，MCM 可以达到 $f_{\max} = 500\,\text{MHz}$。高频电容器作为沟道电容器埋入芯片中，$f_{\max} > 1\,\text{GHz}$。

在式（2.34）中，电容器与电路中的有效电感共振。此外，电容器从来都不是理想的，并且呈现出自谐振频率。这是由于电容器的引线和安装垫产生的寄生电感和电阻。这些寄生参数称为等效串联电感（Equivalent Series Inductance，ESL）和等效串联电阻（Equivalent Series Resistance，ESR），如图 2.30 所示。电容器的阻抗为

$$f_{\text{SR}} = \text{j}\omega L_{\text{ESL}} + \frac{1}{\text{j}\omega C} + R_{\text{ESR}} \tag{2.35}$$

式中，$\omega = 2\pi f$ 是角频率。

阻抗随频率变化的曲线如图 2.30 所示。阻抗最小值出现在自谐振频率

$$f_{\text{SR}} = \frac{1}{2\pi\sqrt{L_{\text{ESL}}C}} \tag{2.36}$$

阻抗最小值的量值为 R_{ESR}。根据前面的讨论，电容器的有效频率可达 f_{SR}。式（2.34）和式（2.35）的组合决定了可以使用电容器降低电源噪声的最高频率。

前面提到过平面会导致最小的扩展电感。图 2.28c 中所示的平面还形成一个平行板电容器，其电容为

$$C = \varepsilon wl/d \tag{2.37}$$

式中，w 为平面的宽度；l 为平面的长度；ε 为绝缘体材料的介电常数；d 为介电体厚

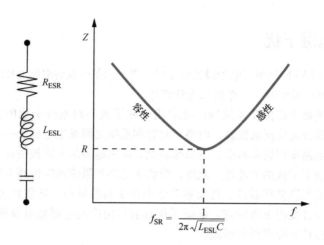

图 2.30 去耦电容器寄生现象

度。在式（2.37）中，通过大的平面面积和小的平面间距可以得到大电容。由于这些平面靠近芯片（沿垂直轴有一个很小的间距），它们充当了一个非常好的高频电容器。因此，平面是一种良好的电荷源，而且电感很小，这些是高速封装的理想特性。随着新技术的发展，介质层的电容会增加，从而增加封装中平面间的埋电容。此外，减薄两个平面之间的间隔会降低有效电感。随着这些技术的成熟，封装平面层之间的电容能够在频率高于 500MHz 时保持电源的低噪声特性。

【例 2.4】 考虑一个封装的电源电感为 10pH，需要支撑 1000 个片上电路的开关切换。这些电路在 0.25ns 的时间内抽取 10A 的电流。根据式（2.25），这将导致电源噪声电压为 400mV。假设目标是将噪声电压降低到 200mV。这可以通过使用去耦电容器来实现。所需电容计算：

$$C = \Delta I \Delta t / \Delta V \qquad (2.38)$$

对于 $\Delta I = 10A$，$\Delta t = 0.25ns$，$\Delta V = 200mV$，计算得到 12.5nF 的电容。该电容将电源噪声限制在不超过 200mV。沿电源路径流过电感的电流限制了电容器的最大频率 f_{max}。对于 5pH 的有效电感（电容器放置非常靠近芯片），$f_{max} = 637MHz$。因此，对于超过 637MHz 的频率，电容器无法将电源噪声保持在 200mV 以内。这里假设电容器的寄生电感和电阻可以忽略不计。

电容值也可以在频域内计算。在 10A 电流变化时，将电源噪声限制在 200mV 所需的阻抗为

$$Z = \frac{V}{I} = 20m\Omega \qquad (2.39)$$

这需要由电容器提供

$$C = \frac{1}{2\pi f\, 20 \times 10^{-3}} \qquad (2.40)$$

在 637MHz 的频率下，$C = 12.5nF$。对于 637MHz 的谐振频率，沿电流路径的有效电感为 5pH。

2.5 电磁干扰

电磁干扰（EMI）是指当电子设备处于另一电子设备生成的射频（Radio Frequency，RF）电磁（EM）场中时，工作状态遭到破坏。

射频和高速数字器件及系统的广泛应用引起了人们对电磁干扰的关注。随着器件、封装和电路板集成度的提高，电路、封装和系统之间发生电磁干扰的可能性也随之增加。随着电路变得越来越小，越来越复杂，越来越多的电路被挤在越来越小的空间里，从而增加了干扰的可能性。此外，当数字电路和系统的时钟频率超过 1GHz 时，基本时钟信号及其谐波在器件、封装和系统中产生高频噪声，导致显著的辐射发射，无电磁干扰的设计变得更加困难。电磁干扰具有自由空间电磁辐射及通过电源/地线和信号线的直接传导噪声两种形式。

为了保证附近电路的正常工作并满足电磁干扰的规定，必须从设计过程的早期阶段就对电磁干扰给予足够的重视。经济有效地控制数字系统的发射可能和逻辑设计本身一样复杂和困难。通常，实现产品的功能并不是满足产品时间表的主要困难，通过所需的电磁干扰发射测试才是挑战。

美国联邦通信委员会（Federal Communication Commission，FCC）对无线电和有线通信的使用规定了允许的辐射发射和传导发射，它的部分责任是控制相互干扰。FCC 规则和条例第 15 部分规定了射频设备的技术标准和操作要求。联邦通信委员会普遍关注的规则是第 15 部分 J 子部分，因为它几乎适用于所有的数字电子设备。该定义涵盖的数字设备分为两类，A 类设备是指在商业、工业或商业环境中销售的设备，B 类设备是指在住宅环境中使用的设备，满足这些技术标准是产品制造商和进口商的义务。图 2.31 表示在 3m 距离处测量时产品的辐射发射限值。从图中可以看出，在较高频率下，允许的辐射发射更大，这意味着更难控制较高频率的 EMI 发射。

传统上，电磁干扰问题主要局限于射频设备和高速数字系统的 PWB、电缆和机箱的设计。然而，随着频率的增加，器件和封装也必须被视为 EMI 的来源。

高频噪声电流由许多来源产生，包括沿信号线的反射和电源/地线上的瞬变。这些噪声电流可以流过封装内的寄生电抗，这些电抗在更高的频率下不再可以忽略。辐射发射或者说电磁场强度与噪声电流的频率、噪声电流路径的面积，以及噪声电流的总量成正比。因此，最主要的辐射结构是大尺寸的导线，如电路板内的印制线和电路板间连线，这些结构很有可能像天线一样辐射能量。除非封装比平均尺寸大得多，或者噪声频率足够高，否则封装本身通常不会成为实质性的辐射发射器。通常情况下，封装的尺寸比电路板或电缆的尺寸小得多。因此，封装设计师主要关心的 EMI 问题是噪声电流的频谱和振幅。

电磁干扰的控制是一个复杂的问题，涉及设计的方方面面，需要芯片、封装和系统设计者之间的紧密协作来解决。反射、去耦电容器的不当放置、大电流回路和接地电压波动都会导致不期望的辐射发射。必须避免由于阻抗不匹配而在信号线上反射，这尤其适用于暴露在 PWB 表面上的信号线，例如微带线的匹配。反射信号会使 PWB

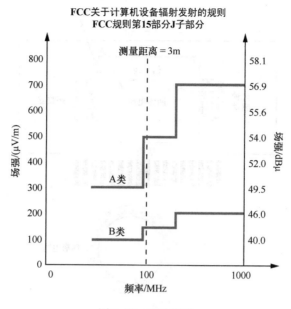

图 2.31　FCC 规则

的信号线上出现振铃，导致振铃频率处的强辐射发射。沿传输线的电容性不连续会导致信号波形的欠拍，而电感性不连续会导致波形的过拍。不连续产生的反射量取决于封装和键合结构的寄生特性和数字信号的上升时间。因此，随着数字信号的转换时间变短，更重要的是要严格控制封装的寄生参数和用于匹配传输线的终端电阻。

芯片、封装或电路板内去耦电容器的基本功能是提供芯片正常工作所需的电源电流。去耦电容器可以稳定电源线上的电压水平，从而将高频噪声降至最低。当封装的电源线中存在显著的电压波动，并且耦合到电路板的电源线或电源电缆时，会产生较大的辐射发射。因此，在封装内部提供足够的去耦电容是非常重要的。在 PWB 上，应在电源线和地线的每个交叉点放置去耦电容器，这些去耦电容器使电流路径的电流回路最小化。通过减小电流回路尺寸、电流强度和噪声频率可以减小电磁干扰。

当分配封装引脚时，接地引脚选择不当会导致电磁干扰问题。为了减少辐射，每个信号线和接地回路必须保持最小。最好将接地平面和引脚放置在非常靠近信号线的位置。图 2.32 显示了 PWB 上的电流回路。由于辐射量与回路面积成正比，因此 PWB 上的接地回路区域应靠近信号线，以构成尽可能小的回路电流路径。

如前几节所述，由于存在同步开关噪声，因此封装接地网络的电感会导致电压波动。从一个系统中的一个非理想接地点到另一个接地点的接地电位差可以产生较大的高频接地电流。如果接地电流构成回路，则该回路像回路天线那样工作，就会产生 EMI。如果电缆屏蔽层连接到电路板中有噪声的接地点，那么电缆屏蔽层就会变成偶极子天线，从而加剧问题。这种情况如图 2.33 所示。因此，通过减小接地系统的阻抗来控制接地电压波动是非常重要的。随着时钟频率的增加，这些问题会变得更加重要。

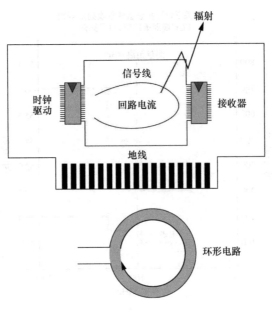

图 2.32　环形天线模型

在射频/数字混合系统的设计中，由于电路速度的加快和系统尺寸外形的减小，数字电路射频接收机的射频干扰（Radio Frequency Interference，RFI）变得越来越重要。例如，在移动设备中用于显示和照相机数据传输的千兆串行链路，可能导致与蜂窝或无线接收器天线的电磁耦合。据信，5G 移动通信设备使用毫米波频段，要求将相控阵天线与其他互连放置在一个小板上。这可能会导致无穷无尽的 RFI 问题。

在分析传统 EMI 问题时，RFI 问题通常有三个基本要素需要考虑，即噪声源、耦合路径和受害者。必须有一个电磁能量

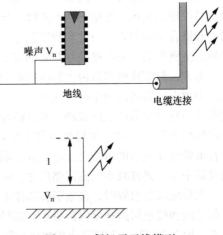

图 2.33　偶极子天线模型

源，一个由于射频干扰而无法正常工作的受害者，以及电磁能量从源到受害者的传播路径。这三个要素中的每一个都必须存在，但并非在每种情况下都能很容易地确定。EMI 问题通常通过识别其中至少两个因素，并消除或减弱其中一个因素来解决。在高度集成的混合信号系统中，射频干扰的主要来源是数字器件产生的开关电流。一个系统的数字器件即使在低频率下切换，其高次谐波也会延伸到千兆赫兹的无线电和数据通信频带，干扰邻近的射频天线和接收器。从数字噪声源到 RFI 受害者的噪声耦合有两种可能的机制。一种是辐射发射，开关发射的噪声通过自由空间或空气传播并直接

干扰射频接收器。另一种是传导发射，开关电流耦合到几种传导路径，如PWB和电缆上的导线，并干扰连接到它们的RF接收器。辐射噪声分布在三维空间中，只能通过屏蔽盒或吸收片等电磁屏蔽结构来控制，由于其成本和制造难度较大，故不宜采用。

2.6　总结和未来发展趋势

电设计要解决两个关键问题：信号分配和电源分配。信号布线是在芯片上的电路之间提供电气通信路径的过程。当然，如果没有供电，那么电路是不会工作的，而为芯片提供电压和电流的过程称为电源分配。

信号通信的质量受到互连线路寄生参数的影响。在20世纪80年代早期，由于当时设计的产品速度，互连在本质上主要是电容性的。与信号传输质量相关的最重要的影响是RC时间常数，它减慢了信号的上升时间。沿通信路径，电阻主要由器件主导，而电容的主要贡献者是互连线。电容较大是由于当时使用既宽又长的信号线和高介电绝缘材料。然而，在20世纪90年代，设计产品的速度急剧提高，这是由于晶体管的缩小导致了器件延迟变小。随着集成度的提高，连接电路的互连变得更短。晶体管缩小和集成度增加相结合，导致通信路径的RC时间常数变得微不足道。而电信号在绝缘介质中的有限传播速度出现了新特征。信号开始表现得更像电磁波，由于介质的特性，信号延迟时间在时钟周期中已不可忽略。因此，必须将互连视为传输线。

随着时钟频率的增加，低介电绝缘材料变得非常重要，因为它们能减少信号的延迟。为了保持信号质量，必须通过各种终端方案抑制反射。随着增加线密度以实现更高的集成度，线间距减小，将在线上产生串扰。控制串扰变得至关重要，因为它影响信号的质量和定时。尽管互连线表现为传输线，但由于它们是低损耗结构，信号的传输时延是唯一的关键参数。因此，互连可以被视为无损传输线。目前，互连的阻抗特性变得非常重要，这是因为对更快速度以及更高集成度的产品的需求，要求更窄线宽和间距，以及更低介电常数的材料。对于这些电路，随着频率的增加，互连电阻变得与频率有关。这是由趋肤效应（导体表面的电流集中）引起的，此外，随着时钟频率增加超过1GHz，绝缘材料的介电损耗变得非常重要。这两种损耗机制都会导致边沿的平滑和减慢，这是数字逻辑的一个主要问题。

因此，未来所有的互连将表现为有损传输线，而保持信号的质量和定时将成为一个主要问题。所以，未来有必要采用新的信号分配方法。

为芯片提供清洁电源将是未来的主要瓶颈。在20世纪80年代，DIP和QFP封装集成在一块板上，芯片只需要几瓦的功耗支持。时钟频率很低，因此有一个大的时间窗口可用。10~50nH范围内的电源电感足以确保电路不会在系统中产生过大的噪声。在20世纪90年代，供电电感明显需要降低了。芯片消耗了更多的能量，通过封装的电流急剧增加。此外，时钟频率增加，为晶体管工作提供的时间窗口变小了。通过引线框架和键合线提供电流的DIP和QFP封装由于电感太大而无法支持这些产品。因此采用具有面阵列引出端的BGA封装给芯片和封装提供连接。BGA封装为电流提供了一条垂直路径，从而降低了电感。封装和电路板中的平面成为支持低电感路径的必要手段。此外，芯片、封装和电路板必须提供大量的去耦电容器，用于芯片的瞬态电源供应。

2000 年伊始，采用最先进的封装和电路板的高性能产品的电源电感已降至 10pH。封装和电路板变得更薄，并包含大量平面结构，以支持系统中的大电流瞬变。在电感值如此之小的情况下，电源电感将不再是为芯片提供清洁电源的主要瓶颈。系统中的噪声将主要由平面层上的噪声反射产生，这是由于封装和电路板中的电源与接地平面之间的电磁波传播而产生的现象。为了避免由平面层反射引起的噪声耦合，需要将芯片内核和 I/O 区的电源隔离。这就需要新的高效的芯片供电方式。频率大于 1GHz 时，去耦将成为一个主要问题，这需要复杂的方法，例如在封装和电路板上进行整体去耦。芯片上的大部分资源被用于去耦，这可能是一个重大问题。

在更高的频率下，数字逻辑在本质上变得越来越模拟化。计算机工程师开始认识到电磁理论和微波理论在产品设计中的重要性。因此，电气工程师开始在计算机设计中发挥关键作用。

2.7 作业题

本章的作者鼓励学生使用 SPICE 来解决一些问题。SPICE 可用于确定简单网络的解析解，或在难以得到解析解时获取波形。SPICE 是一个电路模拟器，有些版本在公共领域可用。Micro-Cap 是一个具有原理图输入功能的 SPICE 模拟器，其教育版可从相关网站下载。

1. 在给定的互连中，$R_{on} = 40\Omega$，$C_g = 3pF$，已知互连贡献了 3pF 的附加电容。求解时间延迟 $T_{50\%}$。

2. 构造一个 RC 电路来展示 $R = 100\Omega$ 的互连。电容器的电容在 1~5pF 之间以 1pF 的步进变化。使用脉冲作为输入，计算电路产生的 50% 延迟。该响应相当于 CMOS 逆变器对容性负载充电的响应。

3. 本章讨论了用集中和分布式 RC 网络来表示互连。考虑 $R = 1000\Omega$ 和 $C_g = 5pF$ 的互连。使用 SPICE 用以下方式模拟互连：

1）作为集总 RC 网络；

2）作为一个五段分布式网络；

3）作为一个十段分布式网络。

在所有情况下，50% 的延迟是一样的吗？简要讨论你的结果。使用逻辑摆幅为 5V、上升和下降时间为 100ps、脉冲宽度为 50ns 的脉冲源。

4. 在聚酰亚胺基板布设长度为 4cm 的印制线。

1）确定与此互连相关的传输时间延迟。

2）如果所讨论的系统具有参数 $R_{on} = 50\Omega$，$C_g = 3pF$，那么是容性门延迟 $T_{50\%}$ 决定了延迟时间，还是传输时间决定延迟时间？

3）如果连线的宽度为 40μm，并且与固定的接地平面相隔 10μm，根据式

（2.16）确定其单位长度的电容。

5. 表 2.2 列出了绝缘体材料的介电常数。假设需要在封装互连上传播一个上升时间为 200ps 的信号，估计这些绝缘体材料互连的传输线特性变得重要的最小长度，并将结果制成表格（包括材料名称、介电常数和最小长度）。

6. 考虑驱动封装互连的驱动器，其电感 $L = 3.75\text{nH/cm}$，电容 $C = 1.5\text{pF}$，长度 $l = 100\text{cm}$。在互连上传输的信号上升时间为 100ps。

1）互连是否表现为传输线？给出理由。

2）计算互连的阻抗和延迟。

3）假设驱动器的电阻为 1000Ω，使用 SPICE 绘制互连远端的波形。使用逻辑摆幅为 5V、上升和下降时间为 100ps、脉冲宽度为 300ns 的脉冲源，瞬态分析持续时间为 300ns，互连使用传输线模型。计算 50% 的延迟并评论波形。这个电路有什么问题？

4）重做 3），驱动器电阻为 10Ω。计算 50% 的延迟并评论波形。这个电路有什么问题？

5）假设驱动器电阻为 10Ω，并且互连的远端以 50Ω 阻抗端接，使用 SPICE 绘制远端的波形。计算 50Ω 电阻消耗的功率（你可能需要绘制 50Ω 电阻器的电压和电流图，并使用该图计算功率）。

6）假设驱动器电阻为 10Ω，并且在互连的近端使用 40Ω 的串联电阻，使用 SPICE 绘制远端的波形。计算 40Ω 电阻消耗的功率（你可能需要绘制 40Ω 电阻的电压和电流图，并使用该图计算功率）

7）比较 5）和 6）中使用的两种端接方案。

7. 两个芯片通过封装中的 32 位宽总线相互通信，I/O 驱动器的电压转换为 2.5V/250ps，为驱动器供电的封装具有 50pH 的电感。作为设计师，你需要确定总线互连的特性阻抗，允许范围为 $Z_0 = 25 \sim 100\Omega$，以 5Ω 为步进。将电源上的噪声电压绘制为特征阻抗 Z_0 的函数，并解释选择特定阻抗的原因。

8. 通过一个封装给电源电压为 2.5V 的电路供电。封装有 $100\text{m}\Omega$ 的电阻和一定的电感 L。电路至少需要 2.25V 才能正常工作。如果在 1ns 的时间内需要该电压，计算封装的有效电感 L。

9. 表 2.4 列出了用于向电路供电的三种不同封装结构的电感表达式。

1）考虑一个引线框架封装，作为近似，可以假设引线是导线。导线直径 $25\mu\text{m}$，长度 1cm，导线间距 $100\mu\text{m}$。计算一对导线的有效电感：①如果相邻导线用于电源和地线；②如果电源线和接地导线之间有信号线；③如果电源线和接地导线之间有两条信号线。忽略导线之间的互感。

2）接下来考虑使用接地平面的封装引线结构。接地采用平面，而供电仍用导线。这些导线直径 $25\mu\text{m}$，长度 1cm。计算导线和接地平面之间的间距，以获得与 1）中相邻导线对值相似的有效电感。对于这种隔离方式，使用地平面与 1）相比有什么好处？忽略导线之间的互感。

10. 一个去耦电容器的 ESR 为 $10\text{m}\Omega$，ESL 为 60ph，电容为 32nF。

1）计算电容器的自谐振频率。

2）绘制电容器的频率响应（阻抗与频率的关系）曲线，并指出其表现为电容器的频率范围。

3）绘制并联电容器对的频率响应图。它与单个电容器的频率响应有何不同？

11. 一种封装技术的基本规则是：线宽 $100\,\mu m$，线厚 $25\,\mu m$，离最近的接地平面介质厚度 $150\,\mu m$。绝缘体的介电常数为 4.0。如果使用这些基本规则来构造微带线、嵌入式微带线和带状线，计算阻抗、传输速度和传输延迟。

2.8 推荐阅读文献

Bakoglu, H. B. *Circuits, Interconnections and Packaging of VLSI.* Boston: Addison Wesley VLSI Systems Series, 1990.

Brown, W. D., ed. Advanced Electronic Packaging—With Emphasis on Multichip Modules. Chapters 3 and 4. John Wiley & Sons, IEEE Press Series on Microelectronic Systems, 1999.

Johnson, H. W. and Graham, M. *High Speed Digital Design: A Handbook of Black Magic.* New Jersey: Prentice Hall, 1993.

Pozar, D. M. *Microwave Engineering.* Boston: Addison-Wesley Series in Electrical and Computer Engineering, 1990.

Rosenstark, S. *Transmission Lines in Computer Engineering.* New York: McGraw-Hill, 1994.

Senthinathan, R. and Prince, J. L. "Simultaneous Switching Ground Noise Calculation for Packaged CMOS Devices." IEEE Journal on Solid-State Circuits. Vol. 26, Issue 11, Nov. 1991, pp. 1724–1728.

Tummala, R., Rymaszewski, E., and Klopfenstein, A., eds. *Microelectronics Packaging Handbook.* Chapter 3. London, Chapman & Hall, 1997.

第 3 章

热管理技术基础

Kamal Sikka 博士
美国 IBM 公司

Yogendra Joshi 教授
美国佐治亚理工学院

Justin Broughton 先生
美国佐治亚理工学院

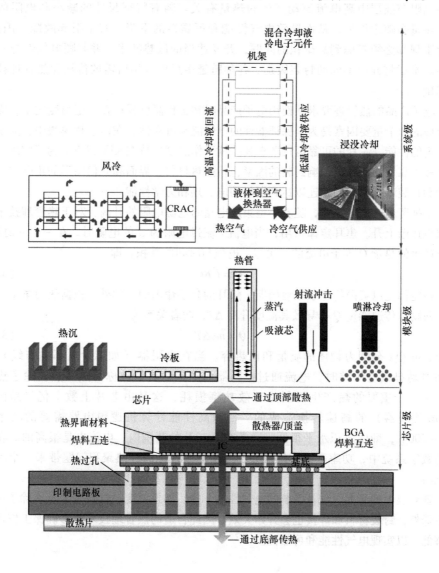

本章主题

- 讨论热管理的必要性
- 对传导、对流和辐射传热机制有基本的了解
- 描述各种应用中的热管理技术
- 描述从集成电路到系统级的多尺度热管理技术

3.1 热管理的定义及必要性

电子产品在运行过程中产生的热量来自于半导体器件的开关和焦耳定律，后者与高电阻布线层中高电流流动产生的热量有关。随着特征尺寸的减小和电阻的增加，热量会随之增加，从而导致电气性能和可靠性的下降，甚至引起故障。因此，设计工程师必须考虑到热聚积的问题，开发适当的散热技术，并兼顾电气性能和可靠性。本章将介绍不同的封装级别、各种跨越多尺度应用所需的传热和热管理技术的基础。

电子产品的热管理要求在使用电子产品时将工作温度保持在一定温度之下，需要热管理的两个重要因素是为了保证器件的电性能和可靠性。在硅芯片模块中，为了达到规定的性能，芯片的可靠运行要求其持续工作温度保持在85℃以下。为了实现这些性能和可靠性的目标，影响封装的因素包括散热材料、界面和几何图形的组合，以及芯片和封装基板之间的互连以达到期望的电、热和力学性能。

根据著名的焦耳定律，随着小型集成电路的电源电阻的升高，对于热管理技术的需求也逐渐上升。焦耳定律指出，当电流 I 流过电阻为 R 的电阻时，在一定的时间 t 内所产生的热量 Q 等于电流的二次方、电阻与时间的乘积，即

$$Q = I^2 Rt \tag{3.1}$$

该定律是以英国物理学家詹姆斯·焦耳的名字命名的。此外，根据热力学第一定律，向物体传递能量 Q 会导致其温度升高 ΔT，两者关系为

$$Q = mc\Delta T \tag{3.2}$$

式中，m 和 c 分别为物体的质量和比热容。当在电阻器（如芯片内部的布线）上施加电动势或电压差时，电流通过电阻器而产生的热量被称为焦耳热。除了焦耳热，另一个重要的热产生机制是有效功率损耗，这是由芯片上数十亿只晶体管（如微处理器）的高速转换造成的。目前高性能计算机逻辑电路需要的功率为200～500W，即使电压水平很低，通常在 1～3V 的范围内，电流也是很高的。在所有的数字系统中，功率等同于性能，因此追求高性能时，热聚积问题带来一个巨大的挑战。

随着温度的升高，硅基系统的电气性能下降。如果温度超过85℃，那么除了电性能下降外，封装材料和焊接也会开始失效。因此合适的热管理技术能够确保工作温度足够低，以实现电气性能和可靠性。

3.2 封装系统热管理架构

从芯片级的厘米范围到大型系统中几百米范围的多尺度中都存在着热管理技术，这些技术可以分为三个层级，即芯片级、模块级和系统级，如图 3.1 所示。热管理必须从产生热的芯片级开始，热量必须通过模块从芯片中被传递出去，最终被排入诸如

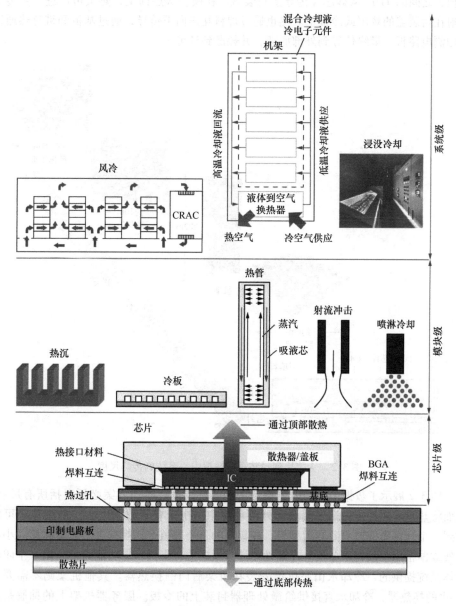

图 3.1 源于集成电路的多尺度热管理技术封装系统架构图

水或空气之类的流体中。芯片和芯片载体焊接互连在一起，芯片载体上覆盖一个带有周边胶封的盖板，并且芯片和顶盖之间存在着热界面材料（Thermal Interface Material，TIM）1，以便将芯片中的热量传递到盖板上。盖板上接附了热沉或冷板，以便将热量散至周围的流体中。图 3.2 展示了多尺度的热管理技术。在芯片级，热量来自于半导体芯片高电阻布线层的晶体管开关。有两种方法可以散出这些热量：通过硅芯片的主体向上进入热沉，或者通过焊料互连向下进入主板。第一种情况下，热量通过芯片和顶盖之间的 TIM1 从硅芯片传导至封装盖。在模块级层面上，热量可以进一步传导至附在封装盖的热沉或冷板上。热也通过焊料互连向下传导，通过基板和带有热通道的印制电路板，最终传导到外部底架，并耗散到环境中。

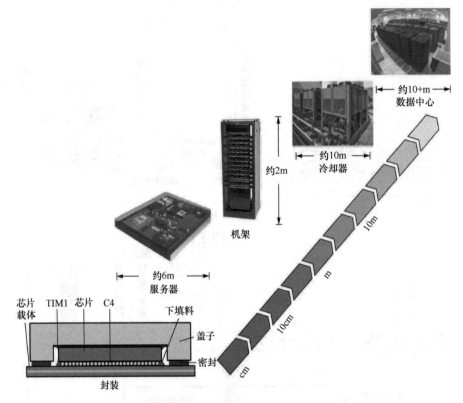

图 3.2　从芯片到封装再到数据中心系统的传热尺度

　　图 3.2 展示了数据中心在电子设备中的各种尺度。冷却方案必须囊括所有尺度，从而将热量从芯片传输至到模块和外部环境中。在标有"数据中心"的图像中可以看到一个计算集群或服务器大型机，在集群的每个通道上，都有多个大型冰箱大小的机架或橱柜用于放置服务器。在高性能计算设施中，集群冷却功能通常是由一个闭环液体系统提供的，冷却水由泵供给安装在机架后门的换热器。其他机架则不需要空气-水的换热器，冷却水直接供给微处理器封装上的冷板。服务器机架上的抽屉是一个焊接或嵌套许多封装包的印制电路板。封装包中产生的热量通过热沉、冷板、射流

冲击冷却器或热管散发到周围环境中，且这些散热器可能被包含至热沉中。热沉可与印制电路板接触，以便将热量传导到外部机箱，从而进一步耗散到环境中去。

消费类产品的功耗较低，且服务器产品具有不同的封装。服务器、台式电脑、路由器和消费类电子产品的典型物理尺寸、功率和环境冷却条件如表 3.1 所示。这些用户组所需的封装千差万别。在过去，服务器需求驱动了技术开发，并逐渐渗透到其他细分市场。这一趋势似乎在某种程度上发生了变化，不同类别的产品出现了独特的技术需求。

表 3.1 各种电子元器件的尺寸、功率和冷却条件

分 类	尺寸/m	功率/W	冷 却 介 质	环境温度/℃
服务器	0.5m	1000~30000	液体或空气	10~40
台式计算机	0.5m	5~150	空气	20~40
路由器	0.1m	5~80	空气	20~85
平板电脑	0.25m	2~3	空气	20~40
可穿戴设备	0.05~0.1m	0.5~1	空气	10~40

3.2.1 传热学基础

在分子水平上，每个分子的温度都由其总能量决定，热传递是由于分子间的能量交换而产生的。接下来将简单讨论这三种传热方式，传热方式的详细讨论见本章参考文献 ［White（1988），Kreith 等（2013），Modest（2013）］。

1. 传导

传导通过分子间随机的相互作用将热量由高温传递至低温物体，它是靠近芯片级传热的主要方式。无内热源的一维稳态热传导由简化的傅里叶定律描述，如式（3.3）所示

$$q = \frac{kA(T_h - T_c)}{L} \tag{3.3}$$

式中，q 为传热速率或功率，单位为 W；k 为介质的热导率，单位为 W/（m·K）；T_h 和 T_c 分别为热端和冷端的温度，单位为 K；A 为垂直于热流方向的面积，单位为 m^2；L 为热传递的距离，单位为 m。$q'' = q/A$ 称为热流密度或功率密度，单位为 W/m^2。

【例 3.1】 如图 3.3 所示，当热导率为 4W/（m·K），耗散功率为 100W 时，估算长方体的底部温度 T_h。长方体的顶部温度是 333K，厚度为 30μm，宽度和长度都为 10mm。

由式（3.3）得

$$T_h = T_c + \frac{qL}{kA}$$

$$T_h = 333K + \frac{(100W)(30 \times 10^{-6}m)}{[4W/(m·K)](10 \times 10^{-3}m)^2} = 333K + 7.5K = 340.5K$$

图3.3 热导率为4W/(m·K) 的长方体材料

材料的底部，也就是产生热量的地方，温度是340.5K。

如表3.2所示，常见封装材料的热导率跨越了6~7个数量级，而这与电导率相比是很小的，因为电导率的取值范围更广。

表3.2 不同材料的热导率

材　　料	热导率/[W/(m·K)]
空气	0.027
FR-4	0.3
导热脂	3~5
不锈钢	7
氧化铝	21
氮化铝	140~180
铝	180~240
铜	390
银	430
金刚石	1000~2000

【例3.2】 对于图3.3所示的几何形状，式（3.3）中的温差 $T_h - T_c$ 与表3.2中材料热导率的函数关系如图3.4所示。注意当热导率增加时，长方体底部和顶部的温差减小。

2. 对流

对流是指结合随机分子相互作用和流体运动，在物体的表面和表面附近流动的流体之间的热量传递模式。它是热量从电子封装顶部散出的主要模式，从物理表面传导至流体的热量被流动的液体带走。热对流由牛顿冷却定律描述，如式（3.4）所示

$$q = hA(T_h - T_c) \tag{3.4}$$

式中，h 为对流换热系数。

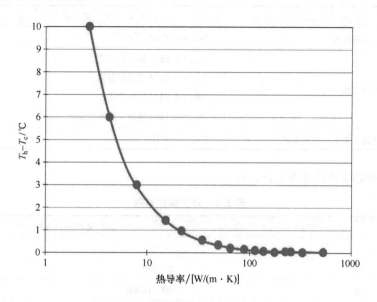

图 3.4　不同热导率下 30μm 厚长方体的温降

　　对流可以是自然的（或自由的）、强制的或混合的（自然与强制式混合）。浮力效应产生自然对流现象，当热表面附近的热流体上升时，热表面的热量发生传递。当外部刺激物（如风扇或泵）产生运动流体而导致热表面发生热量传递时，发生强制对流。在强制流体流速不大的情况下，自然对流和强制对流的换热能力大小相近，从而导致混合对流的发生。

　　对流换热系数的估算由经验和分析确定。换热关系由努塞尔数表示，努塞尔（Nusselt）数是一个无量纲数，其与换热系数、特征长度和流体的热导率有关。

　　虽然关于对流换热更详细的内容超出了本书的范围，但讨论流态转变是很重要的。单相流有两种状态，即层流和紊流，两者之间存在着一个过渡区域。层流具有有序的特点，可以清晰地跟踪流线的轨迹。紊流的流动具有时空变化的特征。在强制对流和自然对流的条件下，实验都确定了过渡态的存在。对于强制对流，这种转变可以用临界雷诺数来描述。雷诺数是用来描述惯性对黏滞力影响的无量纲数。通常，对于平板上的外部流动和管道内部的流动，采用的临界雷诺数分别为 5×10^5 和 2300。对于自然对流，层流-紊流的过渡由瑞利数定义。通常，假定垂直平板的临界瑞利数（即格拉晓夫数和普朗特数的乘积）约为 10^9。格拉晓夫数是一个无量纲数，用来比较浮力和黏滞力。普朗特数也是一个无量纲数，用来比较流体的动量扩散率和热扩散率。

　　注意，这种过渡是渐近的（不像这些临界数字暗示的那样），并受到表面粗糙度和自由流湍流强度等因素的影响。表 3.3 仅给出了在恒定温度下，加热表面层流的关系式，在参考文献中可以找到更多的关系式。

表 3.3　常用几何图形的努塞特数

场　　景	关　系　式
平板表面强制对流	$Nu_x = 0.664 Re_x^{1/2} Pr_x^{1/3}$
管道内强制对流	$Nu_D = 4.36$（圆柱形管道） $Nu_D = 3.61$（正方形管道） $Nu_D = 5.33$（矩形管道） $Nu_D = 3.11$（等边三角形管道）
水平或垂直平板表面自然对流	$Nu_L = 0.54 Gr^{1/4} Pr^{1/4}$

典型换热系数的范围见表 3.4。

表 3.4　对流换热系数

	$h/[W/(m^2 \cdot K)]$
自然对流	5 ~ 25
强制对流，空气	25 ~ 250
强制对流，水	100 ~ 10000
沸水	1000 ~ 50000
冷凝蒸汽	5000 ~ 100000

【例 3.3】　当环境温度为 293K 时，为确保图 3.3 中长方体顶部的温度为 333K，确定其对流换热系数。

由于长方体从顶部耗散 100W，由式（3.4）可得

$$h = \frac{q}{A(T_h - T_c)} = \frac{100W}{(10 \times 10^{-3}m)^2 \times (333K - 293K)} = 2500W/(m^2 \cdot K)$$

由表 3.4 可知，冷却长方体需要水的强制对流。在后面将讨论如何通过增加传热面积来实现空气而不是水的冷却。

3. 辐射

辐射是指物体表面的热量以电磁波的形式向外传递。它对地面电子热管理的影响往往很小，甚至可以忽略不计。但对于某些应用，特别是消费型智能手机或航天器中的电子产品，辐射可能会对传热产生强烈影响，甚至主导传热过程。

工程表面之间的辐射传递特性通常被假定为是灰体（与波长无关）和漫反射（与方向无关），如式（3.5）所示

$$q_1 = -q_2 = \frac{\sigma(T_h^4 - T_c^4)}{\frac{1-\varepsilon_1}{\varepsilon_1 A_1} + \frac{1}{A_1 F_{12}} + \frac{1-\varepsilon_2}{\varepsilon_2 A_2}} \tag{3.5}$$

式中，ε_1 和 ε_2 为两个表面的发射率；F_{12} 为形状因子，即由表面 2 观察到的表面 1 辐射发射的比例；Stefan-Boltzmann 常数 $\sigma = 5.67 \times 10^{-8} W/(m^2 \cdot K^4)$；$A_1$ 为热表面的表面积；T_h 为热表面的温度；T_c 为冷表面的温度。表面的发射率在 0 和 1 之间变化。发

射率 $\varepsilon = 1$ 的表面称为黑体，释放出的辐射为最大值。发射率 $\varepsilon = 0$ 的表面反射或传输所有入射的辐射。表 3.5 列出了一些常见形状因子的示例。

表 3.5　常见的辐射形状因子

描　　述	图	辐射形状因子
表面至广阔环境 $(A_2/A_1 \gg 1)$		$F_{12} = 1$
二维无限大平行平板		$F_{12} = F_{21} = 1$
二维有限平行平板		$F_{12} = F_{21} = \left(1 + \dfrac{h^2}{w^2}\right)^{0.5} - \dfrac{h}{w}$
有共用边的二维垂直平板		$F_{12} = 0.5\left(1 + \dfrac{h}{w} - \left(1 + \dfrac{h}{w}\right)^{0.5}\right)$

（续）

描　述	图	辐射形状因子
从球体至无限大平板		$F_{12} = 0.5$

【例3.4】 当温度为均匀的75℃且环境温度为25℃时，比较电子封装盖板分别通过对流和辐射传递到无限外壳的热量。假设盖板尺寸为50mm×50mm×2mm，对流换热系数为100W/（m² · K），盖板的发射率为0.8。

盖板面积 = 50mm × 50mm = 2500mm² = 2500 × 10⁻⁶ m²

由式（3.4）可得，$q = hA(T_h - T_c) = [100W/(m^2 \cdot K)](2500 \times 10^{-6} m^2)(75℃ - 25℃) = 12.5W$。

首先，把温度单位转换成开尔文。然后，当 $A_1/A_2 \ll 1$ 时，由式（3.5）可得

$$q = \varepsilon_1 F_{12} \sigma A_1 (T_h^4 - T_c^4)$$

$$q = (0.8)(1)[5.67 \times 10^{-8} W/(m^2 \cdot K^4)](2500 \times 10^{-6} m^2)$$
$$\times [(75 + 273.15)^4 - (25 + 273.15)^4]K^4 = 0.77W$$

对流换热率与辐射换热率的比较表明，对流换热比辐射换热大一个数量级。在此例中，忽略辐射对传输计算的准确性不会造成太大的影响。

4. 热传输的电类比

讨论至此，考虑电和热物理之间的类比很重要，如图3.5所示。欧姆定律将电阻 R 定义为电压降与电流的比值，与欧姆定律相似，热阻 θ 的定义是温度降与热流的比值，其表达式如下：

$$\theta_{12} = \frac{(T_1 - T_2)}{q} \qquad (3.6)$$

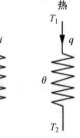

图 3.5　电与热的类比

5. 热阻的定义

本文介绍电子装置冷却中常用的热阻定义。注意，这些定义是用 θ 表示的，一般代替 R 来表示热阻。

封装内热阻 R_{int} 或结到外壳间热阻　$\theta_{jc} = \dfrac{T_j - T_c}{q}$ $\qquad (3.7)$

系统外热阻 R_{ext} 或壳与环境间热阻　$\theta_{ca} = \dfrac{T_c - T_a}{q}$ $\qquad (3.8)$

总热阻 R_{total} 或结与环境间热阻　$\theta_{ja} = \dfrac{T_j - T_a}{q}$ $\qquad (3.9)$

因此

$$\theta_{ja} = \theta_{jc} + \theta_{ca} \qquad (3.10)$$

类似的定义也可以应用于结到 PCB 热阻 θ_{jb}，板与环境间热阻 θ_{ba}。

适用于电阻的串并联规则也同样适用于热阻。对于两个热阻，θ_1 和 θ_2 为

$$\theta_{串联} = \theta_1 + \theta_2 \tag{3.11}$$

$$\theta_{并联} = \frac{\theta_1 \theta_2}{\theta_1 + \theta_2} \tag{3.12}$$

当热阻对表面积归一化时，定义为单位（面积）热阻，记为 $\theta'' = \theta/A$。

维持芯片功能所需的频率、电迁移耐久性或芯片可靠性的要求决定了系统和封装的热设计。不同的要求有不同的温度规范。最高或区域平均核心区温度可以控制芯片的功能，而区域平均芯片温度可以控制芯片的可靠性。通常，热设计由基于不同温度规范的最大热阻限制确定。

【例 3.5】 对于图 3.6 所示的电子封装系统，确定其芯片温度 T_j。

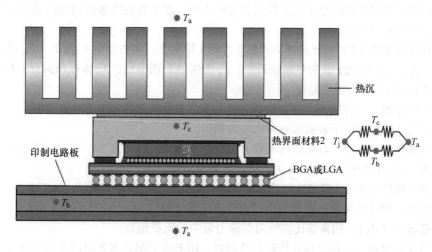

图 3.6 粘接有印制电路板和热沉的电子封装系统的热阻网络

取 $\theta_{jc} = 0.1\,℃/W$，$\theta_{ca} = 0.2\,℃/W$，$\theta_{jb} = 0.5\,℃/W$，$\theta_{ba} = 1\,℃/W$，$q = 100W$，$T_a = 30\,℃$。

该封装通过球栅阵列（BGA）或焊盘格阵列（Land Grid Array，LGA）附在印制电路板上。热沉在封装盖板的顶部，热界面材料 2 位于封装盖板和热沉之间。虽然没有在图 3.6 中显示，但热沉可以通过紧固件或夹子机械地附着在印制电路板上。

图 3.6 的右边展示了一个简单热阻网络的几何结构。使用串并联热阻规则式（3.11）和式（3.12）可得

$$\theta_{ja} = \frac{(\theta_{jc} + \theta_{ca})(\theta_{jb} + \theta_{bc})}{\theta_{jc} + \theta_{ca} + \theta_{jb} + \theta_{bc}} = \frac{(0.1 + 0.2)(0.5 + 1.0)}{0.1 + 0.2 + 0.5 + 1.0} = 0.25\,℃/W$$

由式（3.9）得

$$T_h = T_q + q\theta_{ja} = 30\,℃ + (100W)\left(0.25\,\frac{℃}{W}\right) = 55\,℃$$

比较向上传热通道的热阻 $\theta_{jc} + \theta_{ca} = 0.3\,℃/W$ 和向下传热通道的热阻 $\theta_{jb} + \theta_{bc} = 1.5\,℃/W$，可以发现 80% 的热量是向上逸出的。如果印制电路板的底部是热绝缘的，

那么没有热量可以通过电路板传递，芯片的温度 T_j 会增加到 $60℃$。对于使用高性能散热器的主机服务器等实际应用，为了实现所需的冷却效果，向上的热阻要比向下的热阻小得多，因此通常假设印制电路板大多数是绝缘或绝热的。

3.2.2 术语

毕渥数（Bi）：比较对流和导热的无量纲数。定义为 $Bi = hL/k$，其中 h 为对流或界面换热系数，L 为特征长度，k 为固体的热导率。

热传导：在静止的中间介质中，通过分子的随机相互作用，将热量从较高的温度传递至较低的温度。

接触热阻：由于表面缺陷和不均匀性而发生在相邻两个固体之间的热阻，受接触压力、表面粗糙度等因素的影响。

对流：通过随机的分子相互作用和流体流动，发生在物体表面和邻近表面流动的流体之间的传热过程。

格拉晓夫数（Gr）：比较浮力和黏滞力的无量纲数。定义为 $Gr = g\beta(T_h - T_\infty)L^3/\nu^2$，其中 g 为重力加速度；β 为热膨胀系数；T_h 为加热表面温度；T_∞ 为体积温度；L 为特征长度；ν 为流体动力学黏度。

混合冷却：一种结合多种方法的冷却方案，如导热散热和表面对流散热。

界面热阻：当两个表面接触时产生的热阻。

努塞特数（Nu）：对流换热系数的无量纲表达式。定义为 $Nu = hL/k$，其中 h 为对流换热系数；L 为特征长度；k 为流体的热导率。

普朗特数（Pr）：用来比较动量扩散率和热扩散率的无量纲数。

辐射：物体表面以电磁波的形式进行的传热过程。

雷诺数（Re）：用来描述惯性对黏滞力影响的无量纲数。

热界面材料：一种导热系数较高的材料，用来填充配合面之间的界面以减少接触电阻。

热管理：在电子产品的使用和储存过程中，维护其所需的热环境。

热通孔：将热量从器件中传递出去的热通道，同时该通道可能会/不会执行电气功能。

3.3 芯片级热管理技术

当电流通过集成电路时，芯片中会产生热量。虽然它最终会被外部环境的流体带走，但首先必须将其从芯片中传递到周围的封装中。由于芯片级层面基本上都是固体，因此这一层级的热传递过程主要是热传导。芯片级的散热技术如图 3.7 所示。

3.3.1 热界面材料

热界面材料（Thermal Interface Material，TIM）是热传导率高于空气的材料，用于填充配合面之间的界面以减少接触热阻。它们被用于配合界面，如芯片和顶盖之间的界面（见图 3.7），或盖板和热沉之间的界面，以减少接触热阻。接触热阻是两个相邻固体之间由于表面缺陷和不均匀性而产生的热阻。虽然芯片表面或盖板表面看起来很光滑，但对盖板表面进行显微镜检查可以得出典型的粗糙度轮廓，如图 3.8 所示。对于用于高端服务器封装的铜盖而言，粗糙度范围为 $0.5 \sim 1.25 \mu m$，硅芯片表面的粗糙度则低两个数量级，约为 $25 \sim 30 nm$。如果芯片和盖板之间没有热界面材料，则微观的缝隙中将充满空气。由于空气的热导率为 $0.027 W/(m \cdot K)$，所以空气间隙的热阻将非常大。

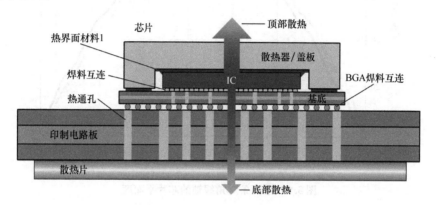

图 3.7　芯片级热管理技术

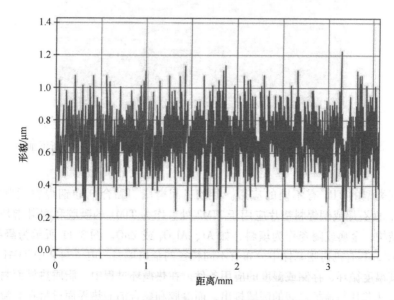

图 3.8　铜盖表面 3 ~ 4mm 长的粗糙度

此外，由于封装组件之间的热膨胀失配，芯片剖面不是平的，如图 3.9 所示。图 3.9中的圆顶形状随着芯片封装温度的变化而变化。由于冲压和机加工的操作，盖板也可能是非平面的形状。因此，TIM 键合线的剖面从芯片的中心到边角都是不均匀的。图 3.10 展示了一个封装中心和边角处的横截面，其中 TIM 位于芯片和盖板之间。

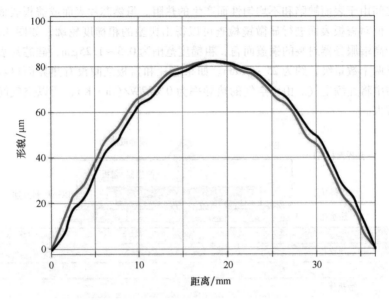

图 3.9 沿两条对角线轴的芯片平面度

a)	b)

图 3.10 封装的横截面（可以看出 TIM 键合层厚度在边角处有所增加）

a) 芯片中心 b) 芯片边角

不同类型的 TIM 有不同的应用。凝胶、润滑脂、黏合剂和铟焊料通常应用于 TIM1 处，而石墨或铟焊料垫片应用于 TIM2 处。作为 TIM1 的凝胶和润滑脂是聚合树脂基体结构，金属或陶瓷作为填料，如 Al、Al_2O_3 或 ZnO。图 3.11 所示为凝胶 TIM1 的 SEM 图，其有机树脂基体中分布有不同粒径的金属填料。电子封装中 TIM1 的选择取决于其温度循环、存储或湿度的应用条件。在热循环过程中，脂质热界面材料会产生空洞并从芯片与盖板之间的区域排出，而凝胶和黏合剂的热界面材料在高温存储或高湿度条件下会产生分层现象。

前人总结了几种估算填充聚合物基体热导率的方法[Pietrak等(2015)]。早期模型，如麦克斯韦和瑞利的模型估算了复合材料的有效热导率，认为有效热导率是基体和填充物的热导率以及填充物体积分数的函数。随后的模型引入了颗粒的尺寸和界面的接触。

最近，Kanuparthi 等人提出的单位细胞模型已经十分普遍。

TIM 的热导率可以使用基于 ASTM D570 标准的棒元体法来测量。热导率测试仪（Thermal Conductivity Tester，TCT）的原理如图 3.12 所示。样品被嵌入至一个热端和冷端之间，两端都装有几个热电偶。热量由盒或箔加热器提供给热端，并从冷端抽取出。整个操作设备在真空中，可确保对流损失最小化。通过在冷热端的辐射表面镀银，可以最大限度地减少热辐射损失。热导率的测量步骤见例 3.6。

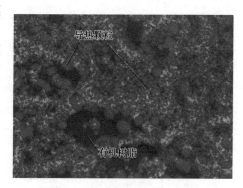

图 3.11　填充金属聚合物热界面
材料的 SEM 图像

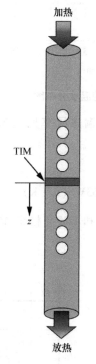

	z/mm	T/℃
1	−20	62.9
2	−15	55.7
3	−10	50.9
4	−5	49.4
5	5	32.1
6	10	29.2
7	15	24.5
8	20	19.7

图 3.12　棒元体法热导率测试仪

【例 3.6】　测量铜棒间 TIM 的热导率。每根铜棒上分布有 4 个相距 5mm 的测温热电偶。热电偶的位置和温度如图 3.12 所示。TIM 的厚度 $L = 50\mu m$，铜棒和 TIM 的直径为 12.7mm，即面积 $A = 126.7mm^2$。

第一步，如图 3.13 所示，沿铜棒位置绘制热电偶的温度，并通过线性拟合将温度延长至 $z = 0$ 的 TIM 处，其中

$$T_{TIM,上} = 43.4℃，T_{TIM,下} = 36.8℃$$

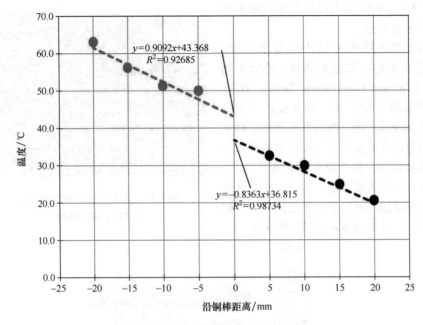

图 3.13　热导率计中沿铜棒的温度分布图

由式（3.3）计算通过每个铜棒中的热量，铜热导率见表 3.2，得到 $q_{\text{TIM,上}}$ ＝ 45.49W，$q_{\text{TIM,下}}$ ＝41.85W。

根据式（3.1）计算 TIM 的有效热导率为

$$k = \frac{0.5(q_{\text{TIM,上}} + q_{\text{TIM,下}})L}{A(T_{\text{TIM,上}} - T_{\text{TIM,下}})} = 2.63\,\text{W}/(\text{m} \cdot \text{K})$$

TIM 的有效热导率包含了它的体材料的热导率和 TIM 与相邻铜棒间的接触热阻。

3.3.2　散热片

散热片（也称为盖板、管帽），顾名思义，是用来将芯片中散失的热量扩散到更大的表面区域，然后再将热量传递到热沉中，如图 3.7 所示。此外，散热片增加了封装的刚度，减少了翘曲，并在组装和操作过程中为封装提供保护。封装载体翘曲的减少有利于和底部印制电路板的电气连接，同时封装盖板翘曲的减少将有利于热沉或冷板与 TIM2 之间的导热。

散热片的最佳尺寸（长度和宽度）和厚度对芯片温度的维持至关重要。为了确定最佳的尺寸和厚度，首先需要解决散热片内部的温度分布问题。如图 3.14 所示，当芯片面积为 $l_c \times$

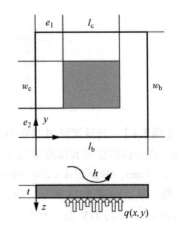

图 3.14　散热器上芯片的几何尺寸

w_c 时，它位于离散热原点（e_1，e_2）芯片上提供的散热热流为 $q(x,y)$，散热片尺寸为 $l_b \times w_b$。对环境的热耗散是通过定义散热片顶部的有效换热系数 h 来实现的。换热系数代表通过 TIM2 连接到散热片的外部热沉或冷板的影响。毕渥数 Bi 定义为 Bi = ht/k，是散热片对流导热和传导导热之比。

这里转载了 Kadambi 和 Abuaf[Kadambi和Abuaf(1985)] 提出的关于散热片上芯片散热问题的解析解。

$$\frac{\partial \theta}{\partial \tau} = \alpha \left(\frac{\mathrm{d}^2 \theta}{\mathrm{d}x^2} + \frac{\mathrm{d}^2 \theta}{\mathrm{d}y^2} + \frac{\mathrm{d}^2 \theta}{\mathrm{d}z^2} \right) \tag{3.13}$$

$$\tau = 0: \theta = 0$$

$$\tau > 0: x = 0 \text{ 且 } x = l_b: \mathrm{d}\theta/\mathrm{d}x = 0$$

$$y = 0 \text{ 且 } y = \omega_b: \partial \theta/\partial y = 0$$

$$z = 0: k(\partial \theta/\partial z) = h\theta$$

$$z = t: k(\partial \theta/\partial z) = q(x,y)$$

在 $z = t$，即热量进入散热片的表面处，温度解析解的 MatLab 代码见下文。

```
function temperature = spreader(x,y,lc,wc,lb,wb,e1,e2,t,h,k,q,Ta)
% Enter lengths in mm, h in W/m2K, k in W/m·K, q in W, and Ta in C.
N = 100; % Number of terms in series solution
x = x*0.001;
y = y*0.001;
lc = lc*0.001;
wc = wc*0.001;
lb = lb*0.001;
wb = wb*0.001;
e1 = e1*0.001;
e2 = e2*0.001;
t = t*0.001;
Bi = h*t/k;
qflux = q/(lc*wc);

term1 = (lc*wc)/(lb*wb)*(1+Bi);

sumterm2 = 0;
for l=1:N
Rlo = sin(l*pi*lc/(2*lb))*cos(l*pi*(lc+2*e1)/(2*lb));

lambdal = l*pi/lb;
sigmalm = lambdal;
Slo = (cosh(sigmalm*t)+Bi/(sigmalm*t)*sinh(sigmalm*t))/
  ((sigmalm*t)*(sinh(sigmalm*t)+Bi/(sigmalm*t)*cosh(sigmalm*t)));
term2 = Rlo*Slo/l*cos(l*pi*x/lb);
```

```
sumterm2 = sumterm2 + term2;
end

sumterm3 = 0;
for m=1:N
Rom = sin(m*pi*wc/(2*wb))*cos(m*pi*(wc+2*e2)/(2*wb));
mum = m*pi/wb;
sigmalm = mum;
Som = (cosh(sigmalm*t)+Bi/(sigmalm*t)*sinh(sigmalm*t))/
  ((sigmalm*t)*(sinh(sigmalm*t)+Bi/(sigmalm*t)*cosh(sigmalm*t)));
term3 = Rom*Som/m*cos(m*pi*y/wb);
sumterm3 = sumterm3 + term3;
end

sumterm4 = 0;
for m=1:N
Rom = sin(m*pi*wc/(2*wb))*cos(m*pi*(wc+2*e2)/(2*wb));
mum=m*pi/wb;
for l=1:N
Rlo = sin(l*pi*lc/(2*lb))*cos(l*pi*(lc+2*e1)/(2*lb));
Rlm = Rlo*Rom;
lambdal = l*pi/lb;
sigmalm = (lambdal^2+mum^2)^0.5;
Slm = (cosh(sigmalm*t)+Bi/(sigmalm*t)*sinh(sigmalm*t))/
  ((sigmalm*t)*(sinh(sigmalm*t)+Bi/(sigmalm*t)*cosh(sigmalm*t)));
term4 = Rlm*Slm/(l*m)*cos(l*pi*x/lb)*cos(m*pi*y/wb);
sumterm4 = sumterm4 + term4;
end
end

temperature = (qflux/h)*(term1 + 4*Bi/pi*(wc/wb*sumterm2 +
lc/lb*sumterm3) + 16*Bi/pi^2*sumterm4) + Ta;
end
```

【例3.7】 对 $25\,\text{mm} \times 25\,\text{mm}$ 的芯片铜散热片的尺寸和厚度进行热优化，芯片的均匀热耗散量为 $q = 500\,\text{W}$，换热系数为 $7500\,\text{W}/(\text{m}^2 \cdot \text{K})$，环境温度为 $40\,℃$。假设芯片安装在散热片中间。

因此 $l_c = w_c = 25\,\text{mm}$，$q(x, y) = 常数 = 500\,\text{W}$，$h = 7500\,\text{W}/(\text{m}^2 \cdot \text{K})$，$T_a = 40\,℃$，从表 3.2 得知铜热导率 $k = 390\,\text{W}/(\text{m} \cdot \text{K})$。

由于散热片位于中心位置，e_1 和 e_2 可确定为

$$e_1 = (l_b - l_c)/2 \text{ 和 } e_2 = (w_b - w_c)/2$$

确定了 $x = y = l_b/2 = w_b/2$ 处的散热器温度和 z 处的温度 $z = t$，位于散热片中间的芯片会出现温度最大值。

固定散热片厚度为 $t = 4\,\text{mm}$，改变散热片尺寸 $l_b = w_b$，使用 MatLab 代码的计算结果如图 3.15 所示。然后，固定散热片尺寸 $l_b = w_b = 50\,\text{mm}$，改变散热片厚度，计算结果如图 3.16 所示。

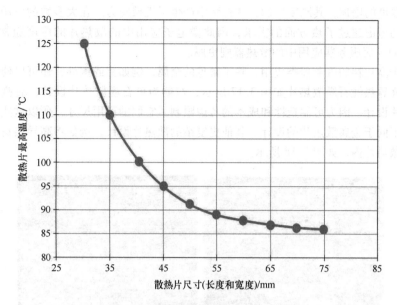

图 3.15　散热片最高温度与散热片关系

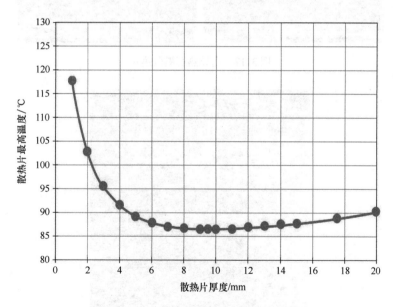

图 3.16　散热片最高温度与散热片厚度

从图 3.15 可以看出，随着散热片尺寸的增大，散热片最高温度逐渐降低并趋于渐近线。由于散热片的重量和成本会随着尺寸的增加而增加，所以设计师可以综合散热片温度和成本重量，选择一个理想的散热片尺寸。

从图 3.16 可以看出，存在一个散热片最优的厚度 9mm。随着散热片厚度的增加，温度急剧下降，并在逐渐变缓之前达到最低值，形成一个典型的"浴盆"曲线。随着散热片厚度的增加，其刚度增加，在封装中产生了机械应力。在大多数的应用中，机械方面的考虑超过了热方面的需求，因此微电子应用中的散热片的厚度通常在 1 ~ 4mm 之间，而服务器应用中的散热器则更厚。

对于高功耗的服务器类应用，除了常见的金属，例如铝或铜外，还可以使用其他材料。高导热性石墨散热片如图 3.17 所示，左侧为单石墨散热片设计，右侧为双石墨散热片设计。因为可制造性和成本的考虑限制了它们的可用尺寸，所以这些散热片的设计不同于金属散热片的设计。其他更复杂的散热片设计，例如将高导热材料嵌入至金属散热片内，如图 3.18 所示。

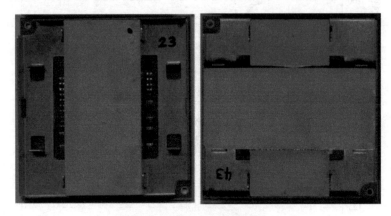

图 3.17 高导热石墨散热片

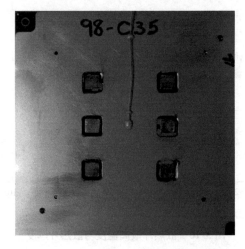

图 3.18 嵌入至金属散热片中的高导热石墨

3.3.3 热通孔

热通孔用于将热量从器件中传递出去。从图 3.1 中的一个封装架构图的例子中可以看到，热通孔被用来提高 PCB 基板的热性能。虽然通孔通常用作电气连接，但它们可以同时执行电气和热功能。这些结构可以被填充（性能最优），也可以加帽或不填充（成本最优）。如果不增加复杂的几何形状，则很难求解正确的 3D 热传导的解析解。因此，往往采用有效热导率 k_{eff} 简化具有热通孔基板的热分析。式（3.14）详细说明了如何估算具有大量热通孔结构的基板有效热导率。

$$k_{\mathrm{eff},\perp} = k_{\mathrm{via}}A_{\mathrm{via}} + k_{\mathrm{board}}\left(A_{\mathrm{board}} - A_{\mathrm{via}}\right) \tag{3.14}$$

由表 3.4 可知，铜的热导率比 FR-4 大 4 个数量级，因此即使在总面积中增加很小的百分比，也会对基板层间的热导率产生显著的影响，从而使结温降低。

3.4　模块级热管理技术

将芯片的热量导出后，必须将该热量排放到周围的流体中。模块级的热管理通常采用对流传热的方式来进行散热。图 3.1 讨论了模块级热管理技术的实例。由于自然对流的散热性能较差，可能无法保持适当的结温或封装温度，因此模块级冷却通常采用强化对流传热的方法。这些方法包括增加表面积、强制对流、液体冷却，甚至两相流冷却。接下来本节将讨论主要的模块级热管理技术。

3.4.1　热沉

假设物体表面温度为 T_s，周围流体温度为 T_∞，则两者之间由对流导致的热传输速率可以由牛顿冷却公式表达，即

$$Q_{\mathrm{conv}} = hA\Delta T \tag{3.15}$$

式中，$\Delta T = T_s - T_\infty$。

基于式（3.15），表面对流的热阻可以表示为

$$R_{\mathrm{conv}} = 1/(hA) \tag{3.16}$$

在微系统封装中，电子元器件内部产生的热量以热传导的方式传递至表面，然后再通过对流和辐射的方式耗散到外部环境。如上一节所述，散热片可以在热量排放到周围环境之前，先将热量分布到一个更大的区域。可以通过改变式（3.15）右侧所示的几个参数项来进行强化对流换热速率 Q_{conv}。可以通过多种方式强化换热系数 h，例如转换成不同的流动状态，比如层流转换成湍流；提高流速，比如增加风扇或泵的速度；或转换成其他的流动方式，比如射流冲击。为了运行冷却系统，这类强化方式通常需要以消耗更高的功率为代价。或者，可以采用不同的冷却液来增加 h，比如用液体代替气体；增加 ΔT 也可以提高 Q_{conv}。然而，在许多应用中，为防止表面过热，可接受的最高温升通常是受限的。

增大表面积 A 通常是增加表面对流传热速率最便捷的方法。通过将表面加工成不同形状可以达到增大表面积的目的，这类不同形状的结构体被称为肋片。图 3.19 提供了几种类型的肋片的示意图。平整表面上的肋片可以做成纵向型或针脚型的。在管道上，这些肋片可以沿其四周分布。

肋片通常将多个贴附到表面以强化传热，从而形成热沉。这些热沉是采用各种技术制造而成的，包括挤压、铸造、冲压、刮削、冷锻和计算机数控加工技术。风冷散

热器是电子元器件最常见的热管理设备之一。在过去的几十年里，为了应对日益增长的功耗，热沉的尺寸和复杂度不断增加，如图 3.20 所示。

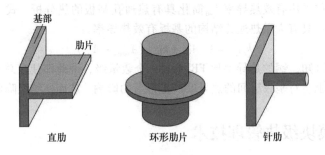

图 3.19　常用于电子散热的肋片形状

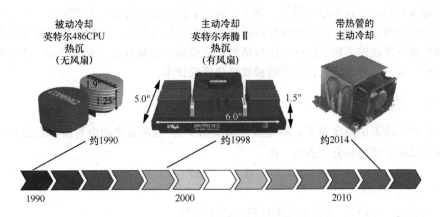

图 3.20　微处理器热沉的发展

1. 单肋片传热

单个肋片的传热速率可以使用扩展表面法进行分析。在底面上添加肋片能够增加整体对流换热面积。通过导热的方式，表面的热量经由底面进入肋片，然后热量沿着肋片的长度方向和顶端位置，以表面对流的方式耗散到温度为 T_∞ 的外界环境中。如图 3.21 所示，横截面积恒为 $A_c = wt$，截面周长为 $P = 2w + 2t$，长度为 L 的平直肋片，肋片总表面积 $A_f = 2wt$。沿着肋片的方向，通过划分控制体积增量并建立能量守恒方程，可以获得描述肋片温度的二阶常微分方程。

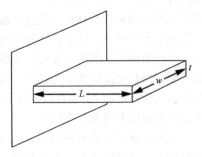

图 3.21　横截面积不变的长直肋片

在肋片根部 $x = 0$ 处指定其温度为 T_b，肋片在根部处与表面连接，肋片顶部视为绝热，即 $x = L$ 处无热损失。沿着总表面积为 A_f 的长直肋片，其温度变化 $T(x)$ 以及传热量 q_f 可用以下方程进行描述：

$$\frac{T(x) - T_\infty}{T_b - T_\infty} = \cosh m(L-x)/\cosh mL \tag{3.17}$$

$$q_f = \eta_f h A_f (T_b - T_\infty) \tag{3.18}$$

式中，η_f 为肋片效率，在本例中可以表示为

$$\eta_f = \tanh mL/mL \tag{3.19}$$

式中，$m = (hP/kA_c)^{1/2}$。

η_f 的最大值为 1，对应肋片具有无限大热导率的理想情况，此时整个肋片温度都与底部相同。对于肋片顶部存在对流的情况，上面的方程可以采用一种很好的近似解法，只需将肋片的长度修正为 $L_c = L + t/2$，则肋片的总表面积变为 $A_f = 2wL_c$。需要注意的是，式（3.18）中的肋片总表面积忽略了肋片边缘，因为长直肋片的厚度通常非常薄。

2. 多肋片的表面传热

当存在 N 个肋片时，可以将每个肋片和肋片之间区域的传热速率相加得到总的净传热速率，即

$$Q = Nq_f + hA_b(T_b - T_\infty) \tag{3.20}$$

式中，A_b 为无肋片区域或底表面的面积，且假定底面上肋片的增加不会改变其对流换热系数 h，即 h 保持不变。通常情况下，通过将肋片的实际应用背景与标准工况进行对比，然后确定其相关性以估算换热系数 h。另外有一种更精确的方法用来确定热沉不同表面的肋片传热速率，即使用计算流体动力学和传热学进行数值模拟。

【例 3.8】　一个底面积为 5cm×5cm 的热沉有 10 片铝制肋片 $[k = 200\text{W}/(\text{m}\cdot\text{K})]$。肋片横截面为 5cm×1mm，长度为 4cm，间距为 3mm。假设对流换热系数为 $h = 50\text{W}/(\text{m}^2\cdot\text{K})$，底表面温度为 80℃，环境温度为 25℃，求热沉肋片的散热量。

对于肋片

$P = 2(w+t) = 2(5 \times 10^{-2} + 1 \times 10^{-3}) = 10.2 \times 10^{-2}\text{m}^2$

$A_c = w \cdot t = 5 \times 10^{-5}\text{m}^2$

因此，$m = (hP/kA_c)^{1/2} = (50 \times 10.2 \times 10^{-2}/5 \times 10^{-5} \times 200)^{1/2} = 22.58/\text{m}$

$mL_c = m\left(L + \dfrac{t}{2}\right) = 22.58(4 \times 10^{-2} + 1 \times 10^{-3}/2) = 0.914$

基于以上结果，可以计算出肋片效率以及传热量

$\eta_f = \tanh(0.914)/0.914 = 0.723/0.914 = 0.791$

$q_f = \eta_f h A_f (T_b - T_\infty) = 0.791 \times 50 \times 2 \times 5 \times 10^{-2} \times 4.05 \times 10^{-2} \times 55 = 8.8\text{W}$

$Q = 10 \times 8.8 + (5 \times 5 \times 10^{-4} - 10 \times 5 \times 10^{-2} \times 1 \times 10^{-3}) \times 50 \times 55 = 88 + 5.5 = 93.5\text{W}$

3.4.2　热管与均热板

在许多应用中，发热组件之间的空间被严重约束，导致直接粘接热沉的做法是不可行的。热管的内部热阻比许多高导热固体还要低得多，例如比相同尺寸的铜更低。热管以近似等温的方式，将热量高效地传递到更远处的热沉，再将热量耗散至周围环境中。当前，热管被用于多种微系统中，包括便携式计算机、智能手机和服务器的高

性能热沉。

　　热管的横截面示意图如图 3.22 所示。它的三个关键元件包括工作流体、吸液芯和外壳壁。如图 3.23 所示，工作流体的选择取决于所需的工作温度范围。对于在接近室温下工作的微系统，它们的封装热设计通常采用水和水-甲醇混合物作为工作流体。热管在低于大气压下充满或填充工作介质，并进行密封以控制饱和温度。外壳材料通常是导热材料，如在接近室温的工况下通常选择铜。吸液芯材料的种类较为丰富，包括烧结金属和加工在热管内壁的凹槽。吸液芯提供必要的毛细作用，帮助工作流体从冷凝段运动到蒸发段。

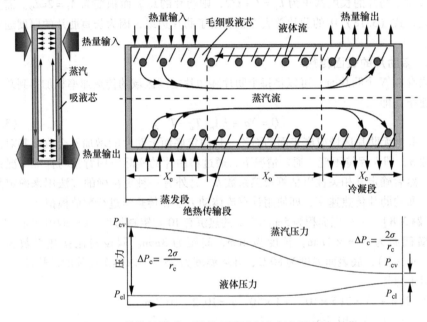

图 3.22　热管的横截面结构以及液相和气相的压力变化

　　图 3.22 解释了热管的工作原理。热源与管壁的热接触会导致工作流体的蒸发。处于较高压力下的工作流体蒸汽通过热管的内芯移动，并达到热管的冷凝端。随后，蒸汽在热管的冷凝段冷凝成液体。由于毛细管压力差的作用，冷凝液返回至蒸发段。冷凝端和蒸发端之间的压力差是由两端的半径或曲率差决定的。如图 3.22 所示，在吸液芯孔隙处，液相和气相界面的曲率半径为 r，则液相和汽相的压强差为

$$\Delta P = \frac{2\sigma}{r} \tag{3.21}$$

式中，σ 为表面张力。由于较强的蒸发作用，蒸发端的液-汽界面朝向孔隙内部压入。而在冷凝端，由于液体的堆积，液-汽界面则较为平坦。由于冷凝段的曲率半径远大于蒸发段，这种显著的差异造成了冷凝段到蒸发段的压力梯度。这种由头部驱动的毛细力使得工作流体在吸液芯内部的冷凝段和蒸发段之间形成循环。热管的成功运行需要毛细管头能够克服工作流体在热管内循环流动时遇到的压降。压降由式（3.22）给出

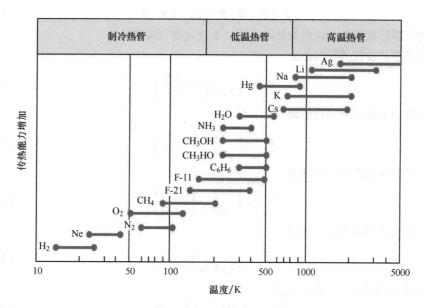

图 3.23 用于不同传热能力和工作温度区间要求的热管工作流体

$$\Delta P_{e,max} \geqslant \Delta P_\perp + \Delta P_\parallel + \Delta P_1 + \Delta P_v \tag{3.22}$$

需要克服的压降分量包括法向 $\Delta P_\perp$ 和轴向 ΔP_P 的静水压降，以及液相 ΔP_1 和气相 ΔP_v 的黏性和惯性压降。这些压降分别是由于重力和流体运动引起的。如果违背上述公式要求，热管的工作流体则无法循环并可能出现热管干涸的情况。此条件定义了热管的最大传热能力，或称为毛细管极限。

热管作为一种热管理器件，通常用热阻网络进行性能分析。图 3.24 展示了热管圆形截面的热阻网络图。

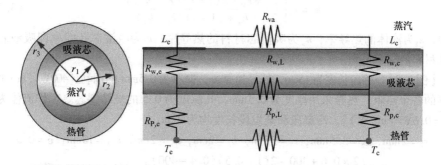

图 3.24 热管圆形横截面的热阻网络图

热量在蒸发端进入热管，在冷凝端被排出。在每一端，管壁和吸液芯都存在径向热阻。此外，管道、吸液芯和蒸汽核处还存在轴向（或横向）热阻。在大多数情况下，蒸汽核的轴向热阻可忽略。因此总热阻由各方向的热阻并联而成，如下所示：

$$\overline{R}_1 = R_{w,L} \text{ II } (R_{w,e} + R_{va} + R_{w,c}) \tag{3.23}$$

$$\overline{R} = R_{\text{P,L}} \text{ II } (\overline{R}_1 + R_{\text{P,e}} + R_{\text{P,c}}) \tag{3.24}$$

热管圆形截面各个位置的热阻可用以下公式进行描述：

吸液芯蒸发段的径向热阻

$$R_{\text{w,e}} = \left(\frac{1}{2\pi k_e L_e}\right)\ln\left(\frac{r_2}{r_1}\right) \tag{3.25}$$

热管内蒸发段的径向热阻

$$R_{\text{p,e}} = \left(\frac{1}{2\pi k_p L_e}\right)\ln\left(\frac{r_3}{r_2}\right) \tag{3.26}$$

吸液芯冷凝段的径向热阻

$$R_{\text{w,c}} = \left(\frac{1}{2\pi k_e L_c}\right)\ln\left(\frac{r_2}{r_1}\right) \tag{3.27}$$

热管内冷凝段的径向热阻

$$R_{\text{p,c}} = \left(\frac{1}{2\pi k_p L_c}\right)\ln\left(\frac{r_3}{r_2}\right) \tag{3.28}$$

吸液芯的横向（轴向）热阻

$$R_{\text{w,L}} = L_{\text{eff}}/\left[k_e \pi (r_2^2 - r_1^2)\right] \tag{3.29}$$

热管内的横向热阻

$$R_{\text{p,L}} = L_{\text{eff}}/\left[k_p \pi (r_3^2 - r_2^2)\right] \tag{3.30}$$

式中，L_{eff} = 未加热段长度 + $(L_c + L_e)/2$；k_p 为管道材料的热导率；k_e 为含有液体的吸液芯的等效热导率（根据吸液芯结构及分散在吸液芯内部的液体而估算出的组合热导率）。各种类型吸液芯结构的等效热导率计算公式可参照本章参考文献 [Peterson (1994)]。常用的烧结吸液芯由充满液体的球形颗粒填充层组成，其等效热导率可表示为

$$k_e = k_l\left[\frac{2k_l + k_w - 2(1-e)(k_l - k_w)}{2k_l + k_w + (1-e)(k_l - k_w)}\right] \tag{3.31}$$

式中，k_l 为液体的热导率；k_w 为吸液芯材料的热导率；e 为吸液芯孔隙率即吸液芯内固体材料的体积分数。

【例3.9】 确定长度为 15cm，外径为 3mm，壁厚为 0.5mm 的铜制 [400W/(m·K)] 热管的各个热阻。热管采用厚度为 0.5mm，孔隙度为 0.5 的烧结铜芯。工作流体为水 [$k_l = 0.6$W/(m·K)]。冷凝段和蒸发段长度均为 2cm。

$$r_1 = 2\text{mm}, \quad r_2 = 2.5\text{mm}, \quad r_3 = 3\text{mm}, \quad L_c = 2\text{cm}, \quad L_e = 2\text{cm}, \quad L_{\text{eff}} = 13\text{cm}, \quad \varepsilon = 0.5$$

$$k_e = 0.6\left[\frac{2 \times 0.6 + 400 - 2(1 - 0.5)(0.4 - 400)}{2 \times 0.6 + 400 + (1 - 0.5)(0.6 - 400)}\right] = 266.9\text{W}/(\text{m·K})$$

各热阻计算如下：

$$R_{\text{w,e}} = \left(\frac{1}{2\pi k_e L_e}\right)\ln\left(\frac{r_2}{r_1}\right) = 65 \times 10^{-3}\text{K/W}$$

$$R_{\text{p,e}} = \left(\frac{1}{2\pi k_p L_e}\right)\ln\left(\frac{r_3}{r_2}\right) = 3.62 \times 10^{-3}\text{K/W}$$

$$R_{w,c} = \left(\frac{1}{2\pi k_e L_c}\right)\ln\left(\frac{r_2}{r_1}\right) = 6.65 \times 10^{-3}\,\mathrm{K/W}$$

$$R_{p,c} = \left(\frac{1}{2\pi k_p L_c}\right)\ln\left(\frac{r_3}{r_2}\right) = 3.62 \times 10^{-3}\,\mathrm{K/W}$$

$$R_{w,L} = L_{eff}/\left[k_e \pi (r_2^2 - r_1^2)\right] = 13 \times 10^{-2}/\left[266.9\pi (2.5^2 - 2^2) \times 10^{-6}\right] = 68.9\,\mathrm{K/W}$$

$$R_{p,L} = L_{eff}/\left[k_p \pi (r_3^2 - r_2^2)\right] = 13 \times 10^{-2}/\left[400\pi (3^2 - 2.5^2) \times 10^{-6}\right] = 37.6\,\mathrm{K/W}$$

在上例中，轴向管道和吸液芯的热阻要大得多，这些路径可视为开路，从而简化了热阻网络。其次，热管的主要热阻就是蒸发段和冷凝段的吸液芯热阻和管道热阻。值得注意的是，热管本身的总热阻通常比外部热阻小得多，例如与热管相接触的热界面材料以及冷凝端的热沉。因此，热管两端的温差远小于芯片和环境之间的温差，从而使热管的有效热导率远远超过了金属。

均热板的工作原理与热管类似，但是它特有的平面形状因子可以让均热板具有二维平面上的散热能力。均热板的吸液芯结构可以沿着上板壁、下板壁或者两壁都有，具体取决于热源的位置。吸液芯的结构确保了冷凝工作流体可以在毛细作用的驱动下返回到蒸发段。计算均热板的毛细极限需要解决均热板内复杂的蒸汽和液体流动问题。如何将蒸发腔减薄是目前小型装置，如平板和智能手机的一个研究热点。

3.4.3 闭环液冷

对于超过100W的模块级散热，风冷热沉的尺寸明显增大，甚至无法直接纳入服务器的机箱中。在这种紧凑的机箱内，风冷系统难以提供合适的空气流速用于散热。在如图3.25所示的闭环液冷系统中，循环冷却剂用于收集来自热源的热量，然后将热量传输至较远处的风冷热沉，再排放到周围空气中。通过分离冷板（可以做得非常紧凑）和较大尺寸的风冷热沉，该系统可以用于冷却功率范围在100~500W之间的单芯片。除了冷板和远端换热器，闭环液冷系统还包括一个用于液体循环的泵和去除颗粒的过滤器（未在图3.25中展示）。最常见的工作流体是水，通过在水中加入添加剂，可以让工作流体在0℃以下的环境中工作，例如可能在没有空调的条件下使用或存储。

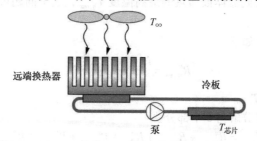

图 3.25 闭环液冷系统

3.4.4 冷板

风冷热沉及风扇的尺寸随功耗的增加而加大。由于功耗不断增加，风冷热沉的尺寸最终变得过大而不再实用。在这些涉及数百瓦或更高功率散热的应用中，需要采用冷板。具体的实例包括电力电子、雷达模块和航空电子等。冷板是一种由金属材料制成的热交换设备，电子组件从外部与冷板直接接触或通过中间基板间接粘接。组件产生的热量传导到冷板结构，然后由循环液体冷却剂以对流的形式带走，如图 3.26 所示。从冷板吸热后，冷却液温度升高，并在相隔较远的液体-空气热交换器中排出热量。冷板内的制冷剂有多种内循环方式，例如通过管道或流道循环。循环方式可以是单次或多次通过冷板，有时也可以在液体侧对内部传热进行强化，例如安装肋片。

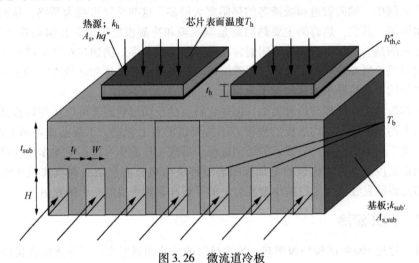

图 3.26　微流道冷板

冷板的总热阻是由多个因素共同决定的。通常，热量来自黏附在冷板顶部的热源，然后以传导的方式分布到冷板上，然后又被循环流体带走。如图 3.26 所示，假设多个热源以较小的间隔排列并黏附在冷却板上，则冷板顶面可以被近似为均匀加热。假设沿流动方向流道的长度为 L，宽度为 W，流道之间的间距为 t_f，如图 3.26 所示，每个流道及其周围区域的面积为 $L(W + t_f)$，并构成一个标准单元热阻，对该单元热阻的分析如下。已知进入流道的流体平均温度为 $T_{m,i}$，那么问题的关键在于热耗率 Q 给定后，如何得到流体被加热的最高温度 $T_{h,max}$，这个问题可以采用热阻网络分析法解决[Philips(1988)]。

单元总热阻定义如下：

$$R''_{th,tot} = \frac{L(W + t_f)\Delta T_{max}}{q_{c,1}} \tag{3.32}$$

式中，$T_{max} = T_{h,max} - T_{m,i}$。

单元总热阻可以分解为 6 个部分：

$$R''_{th,tot} = R''_{th,spr} + R''_{th,cnd} + R''_{th,c} + R''_{th,cns} + R''_{th,cnv} + R''_{th,bulk} \tag{3.33}$$

热是在局部生成的，第一项与热源内部的热扩散有关；第三项是热源与基板之间的接触热阻，此项经常被忽略；其他四个热阻均可以估算。通过联立热源和基板的一维导热热阻可以得到导热热阻 $R''_{th,cnd}$

$$R''_{th,cnd} = \left(\frac{t_h}{k_h}\right) + \left(\frac{t_{sub}}{k_{sub}}\right) \tag{3.34}$$

集中热阻 $R''_{\text{th,cns}}$ 与相对于热源面积的散热区域面积的减小相关。此项相对保守的估算为[Philips(1988)]

$$R''_{\text{th,cns}} = \frac{(W + t_{\text{f}})}{\pi k_{\text{sub}}} \ln \left\{ \frac{1}{\sin[0.5\pi t_{\text{f}}/(W + t_{\text{f}})]} \right\} \tag{3.35}$$

基板基部的热量以对流的形式，从面积为 WL 的流道区域耗散。此外，冷板中高度为 H，宽度为 $t_{\text{f}}/2$ 的固体金属区域起到了肋片的作用，并通过流道侧壁将热量传输到流体中。每个流道的总对流热阻 $R_{\text{th,cnv}}$ 由两个热阻并联组成。

$$R_{\text{th,cnv}}^{-1} = R_{\text{th,cnv,b}}^{-1} + R_{\text{th,f}}^{-1} \tag{3.36}$$

式中，$R_{\text{th,cnv,b}} = 1/(hLW)$，$R_{\text{th,f}} = 1/[\eta_{\text{f}}h(2LH)]$

肋片效率 η_{f} 为

$$\eta_{\text{f}} = \tanh(mH)/mH, \text{其中 } m = (2h/k_{\text{sub}}t_{\text{f}})^{1/2} \tag{3.37}$$

单元净对流热阻为

$$R''_{\text{th,cnv}} = L(W + t_{\text{f}})R_{\text{th,cnv}} = \frac{W + t_{\text{f}}}{hW + 2hH\eta_{\text{f}}} \tag{3.38}$$

单元总热阻的最后一项为体热阻，由沿着流道的冷却液温度升高引起

$$R''_{\text{th,bulk}} = \frac{L(W + t_{\text{f}})}{\dot{m}_{\text{c,1}}c_{\text{p,f}}} \tag{3.39}$$

式中，$\dot{m}_{\text{c,1}}$ 为冷却液在流道中的质量流速；$C_{\text{p,f}}$ 为冷却液的比热容。

【例3.10】 一个尺寸为 15.4cm × 15.4cm × 1cm 的铜冷板［热导率为 400W/(m·K)］被用于 1kW 的散热。冷板包含了 22 个高度为 8mm，宽度为 2mm 的流道，流道间隔为 5mm。水［$c_{\text{p,f}} = 4186$J/(kg·K)］进入冷板的温度为 300K，流经每个流道的质量流速为 $\dot{m}_{\text{c,1}} = 1.6 \times 10^{-3}$kg/s，流动过程中的换热系数 $h = 1000$W/(m²·K)。假设忽略热源的厚度，求解冷板的总热阻和热源温度。

由于热源很薄，其厚度可忽略不计

$$R''_{\text{th,cnd}} = \left(\frac{t_{\text{sub}}}{k_{\text{sub}}}\right) = 2 \times 10^{-3}/400 = 5 \times 10^{-6} \text{m}^2 \cdot \text{K/W}$$

$$R''_{\text{th,cns}} = \left(\frac{W + t_{\text{f}}}{\pi k_{\text{sub}}}\right)\ln\left\{\frac{1}{\sin[0.5\pi t_{\text{f}}/(W + t_{\text{f}})]}\right\}$$

$$= [7 \times 10^{-3}/(\pi \cdot 400)]\ln[1/\sin(0.9)] = 5.9 \times 10^{-7} \text{(m}^2 \cdot \text{K)/W}$$

$$m = (2h/k_{\text{sub}}t_{\text{f}})^{1/2} = (2000/400 \times 5 \times 10^{-3})^{1/2} = 31.6/\text{m}$$

$$\eta_{\text{f}} = \tanh(mH)/mH = \tanh(31.6 \times 8 \times 10^{-3})/(31.6 \times 8 \times 10^{-3}) = 0.98$$

$$R''_{\text{th,cnv}} = \left(\frac{W + t_{\text{f}}}{hW + 2hH\eta_{\text{f}}}\right) = (7 \times 10^{-3})/(2 + 2000 \times 8 \times 10^{-3} \times 0.98) = 3.96 \times 10^{-4} \text{m}^2 \cdot \text{K/W}$$

$$R''_{\text{th,bulk}} = \frac{L(W + t_{\text{f}})}{\dot{m}_{\text{c,1}}c_{\text{p,f}}} = 15.4 \times 10^{-2} \times 7 \times 10^{-3}/(1.6 \times 10^{-3} \times 4186) = 1.6 \times 10^{-4} \text{m}^2 \cdot \text{K/W}$$

$$R''_{\text{th,tot}} = 5.6 \times 10^{-4} \text{m}^2 \cdot \text{K/W}$$

$$R_{\text{th,tot}} = R''_{\text{th,tot}}/L(W + t_{\text{f}}) = 5.6 \times 10^{-4}/(15.4 \times 10^{-2} \times 7 \times 10^{-3}) = 0.52\text{K/W}$$

以上为每个流道的总热阻。冷板的总热阻为 $R_{\text{th,tot}}/N$，N 为流道的总数量。本例

中 $N = 22$，则

$$R_{\text{th,冷板}} = 0.52/22 = 0.0236\text{K/W}$$

因此，从流体入口到热源处的温升将达到 $1000 \times 0.0236 = 23.6\text{K}$，则热源温度为 323.6K。

值得注意的是，上述案例中的对流热阻和体热阻是主要热阻。此外，忽略的接触热阻在有些情况下可能较大，会导致更高的热源温度。

当给定某一应用时，冷板的选取需要同时考虑热阻和泵功率。冷却液泵的选择是十分重要的，因为它能泵送制冷剂达到需要的流速，以实现所需的热阻；同时也可以处理由于冷板和流动回路内的其他组件而导致的整体压降。整体压降 D_p 决定了泵浦功率，由式（3.40）给出

$$P = \dot{V}\Delta p \tag{3.40}$$

体积流速 $\dot{V}$ 越大，冷板两端的压降也越大，关联的泵功率也越大。

3.4.5　浸没冷却

冷却液和发热电子元器件的直接接触消除了热流传递路径中的多个界面热阻和传导热阻。大功率射频组件，诸如行波管放大器等采用浸没冷却方案已经有几十年了。此外，在 19 世纪 70 年代，直接浸没冷却被用于 Cray 超级计算机的高性能计算中。安装在印制电路板上的电子元器件被浸没在 FC 72 绝缘冷却液中。最近，同时使用绝缘冷却液和矿物油的浸没冷却方案已应用于高性能计算中。采用该方案后，冷却所需的功耗大大降低，因此基于 GFLOPS/kW 指标对全球计算机进行排名后，该机器在 Green 500 超级计算机列表中排名最高。该指标的分子为每秒千兆级浮点运算次数（Giga Floating-Point Operations Per Second，GFLOPS），分母为达到此计算速度所消耗的 kW 级功率。

浸没冷却过程中，电子组件的散热是通过冷却剂的自然对流运动实现的，因此不需要泵进行液体循环。如果加上泵，则可以进一步提高冷却剂的流速，CRAY 2 便采取了此方案。对流可以是单相的，也可以是流体沸腾相变，后者尤其适用于绝缘冷却液。这些条件下的散热率可以通过选取合理的换热系数并结合牛顿定律冷却式（3.4）进行估算。注意，模块级和系统级散热的界限经常被模糊，系统级散热也经常使用浸没冷却。

3.4.6　射流冲击冷却

射流冲击冷却是对加热表面定向排放气体或液体流的一种非常高效的散热方法。这种喷射方法在材料成形、处理以及热管理中有广泛的应用。与传统散热设备，如板间平行强制对流相比，对于相同的换热系数，射流冲击设备需要的流量可降低两个数量级。射流冲击之所以能强化散热是因为在相同的最大流速下，射流冲击的边界层要薄得多，撞击后的流动能在周围流体中形成湍流[Narumanchi等(2005)]。射流冲击的硬件系统结构紧凑，喷嘴可以阵列排布以实现更大的表面覆盖率。射流冲击冷却的潜在缺点是冲击速度 >5m/s 的散热可能会造成腐蚀，这些腐蚀包括电化学反应、封装上的疲劳

载荷及其导致的应力引起的。在微系统热管理中，空气射流冲击已用于服务器的高性能风冷散热器。液体射流冲击的最新应用领域是功率电子装置的冷却，这些系统使用开关装置，例如绝缘栅双极型晶体管（Insulated Gate Bipolar Transistor，IGBT）实现电能的转换。这些封装好的硅器件具有叠层结构，除了芯片，还包含了铜层、氮化铝、铝基板和热沉。射流冲击的散热热流密度范围为 $200\mathrm{W/cm^2}$，使用的冷却剂为 50% 的乙二醇-水射流[Narumanchi等(2005)]。

　　微系统级热管理的射流冲击相关的装置如图 3.27 所示[Narumanchi,2005]。图 3.27a 是由冷却液直接撞击加热表面上。图 3.27b 的冷却液喷射至已经浸没加热表面的冷却液中。在图 3.27c 中，平板接附在喷嘴装置上，它能够限制并引导冷却液喷出后的流向。矩形和圆形喷嘴装置均被使用，液体射流冲击可以是单相，也可涉及相变。针对图 3.27 所示的各个射流方案[Narumanchi等(2005)]展示了一系列与传热相关的用于计算努塞尔数 Nu 的结构。计算出的 Nu 值可用于快速确定换热系数的值，从而计算出传热量。

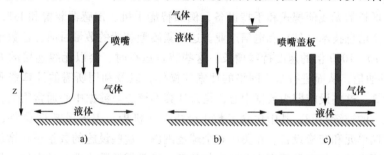

图 3.27　典型的射流冲击方案示意图

a）自由表面射流　b）浸没射流　c）受限式浸没射流

压降和泵的功率估算如下：

$$\Delta p \approx f\rho \frac{l_{\mathrm{N}}}{d}v^2 + \rho\frac{v^2}{2} \tag{3.41}$$

$$f = \frac{0.316}{\mathrm{Re}^{0.25}} \tag{3.42}$$

式中，f 为湍流的摩擦因子；ρ 为密度；d 为喷嘴的直径；l_{N} 为喷嘴的长度；v 为喷嘴出口速度。式（3.41）的第一项为摩擦引起的，第二项为动压损失引起的。

　　泵浦所需功率与需要克服的压降有关

$$P = \Delta p \cdot A \cdot \dot{V} \tag{3.43}$$

式中，$\dot{V}$ 为总体积流速；A 为芯片表面面积。

　　基于以上配置的单相多喷嘴阵列的传热关系在本章参考文献［Narumanchi 等(2005)］中进行了描述。为了提高单射流冲击的散热热流密度，还可采用沸腾相变的方法来强化传热。

3.4.7　喷淋冷却

　　在喷淋冷却中，液体首先被强制通过一个喷嘴小孔，随后被分解为分散的小液滴，最后液滴会撞击待冷却的表面。液滴可以分散到表面后再蒸发或者形成一个薄液膜。因为加热表面上蒸汽的蒸发阻力更小，单相对流和蒸发潜热的结合使喷淋冷却的换热系数高于相同条件下的池内沸腾。喷淋冷却还有许多其他的优点，例如可扩展为多喷嘴结构，从而覆盖更大的表面；可降低液滴撞击表面的速度，从而防止表面腐蚀；表面温度不会超过饱和温度，这个问题在池沸腾中可能会出现。但是，喷淋冷却系统是闭环循环运行的，它需要泵、喷嘴和过滤器。同时它还需要冷凝器，将蒸汽变为液体这一相变过程中产生的热量耗散到外界环境中。通过合理设计喷嘴，喷淋的形状可以是圆形、正方形或椭圆形的。喷嘴可以通过阵列化以覆盖更大的区域。有些情况下，可在高速下采用气体雾化喷嘴将液体分解成更小的液滴。

3.5 系统级热管理技术

快速增长的无线便携式和手持设备，例如智能手机、传感器装置和 IoT，正在从根本上改变信息技术（IT）和电信产业。这些紧凑型装置的数量目前已达数十亿，并预计将以 10~1000 倍的速度持续增长。这些装置运行时，会以无线连接的方式与后端 IT 硬件通信，从而进行基于网络的搜索和操作，以及利用所需的计算资源开展大规模的计算。这些设施即为数据中心，是云计算的核心。数据中心通常很大，有些占据着数英亩的连续空间，其中包含了数千个机架或机柜，用来部署 IT 硬件，例如服务器、存储单元和交换设备。在美国和全球范围内，这些设施的数量正在增加。为了提供设施所需的电能以及管理由此产生的热耗，通常需要数十兆瓦的电能。目前，美国约 3% 的电力用于数据中心，数据中心需求能源的增长被认为是数字经济持续发展的重要体现。数据中心的热管理横跨多个尺度，如图 3.28 所示。

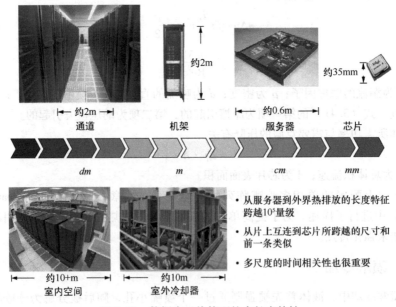

图 3.28　数据中心热管理的多长度特性

　　根据所容纳硬件的功耗，数据中心可以进行风冷，也可能需要液冷。标准尺寸的机架或机柜被用来放置 IT 硬件。风冷可以解决每个机柜高达 15kW 的散热，满足大多数应用需求。对于更高功耗的机柜，例如面向高性能计算的机柜，通常采用液体冷却方式。功率水平在 15 ~ 40kW 范围内的机柜通常采用液冷和风冷的多种组合或混合冷却方法。当机柜功耗更高时，硬件将被浸入绝缘冷却剂或矿物油中进行冷却。

3.5.1　风冷

　　典型的数据中心中最常见的风冷方法是一种冷热通道隔离的方法，如图 3.29 所示。冷空气由外围或头顶的机房空调（Computer Room Air-Conditioning，CRAC）单元通过高架地板集气室或天花板输送到 IT 设备。头顶的 CRAC 单元可以引导冷空气直接进入冷通道。机柜前面或背面的风扇负责输送并引导冷空气至机柜内部的发热硬件设备中。冷空气通过 IT 组件后，热空气被排出到相邻的热通道中，并从热通道被引导回至 CRAC 单元。根据 CRAC 单元和 IT 硬件的相对位置以及地板或天花板送风的不同，产生了许多送风模式，如图 3.30 所示。为了避免局部热点和设备过早发生故障，必须始终确保将适量的空气输送到硬件以进行完整的热管理。这需要在设施设计阶段就充分注意空气的流动分析和测量，以及设备更新导致的冷空气需求的变化。

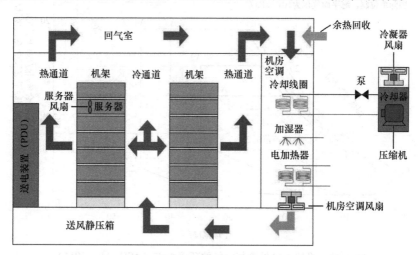

图 3.29　带有冷热通道的高架地板式风冷数据中心机架布置

　　数据中心机架的进气温度要求对确定数据中心的冷却能耗至关重要。美国采暖通风与空调学会（American Society of Heating Ventilation and Air Conditioning，ASHRAE）主导了其定义并更新相关指标。如图 3.31 所示，根据干球温度和相对湿度的区间，可定义不同的环境范围。通常，环境包络线越宽，用于维持环境的能源消耗成本就越低。但是，选择何种工作环境的关键因素之一是设备的可靠性。非常干燥的空气会导致静电的放电并引起相关故障。另一方面，非常潮湿的空气会导致 IT 设备内的铜线腐蚀。因此在选择工作环境时，通常需要根据该项工作的重要程度来考虑设备供应商的使用指南。

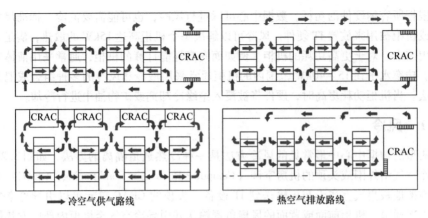

图 3.30　数据中心内冷空气输送和流动的各种模式

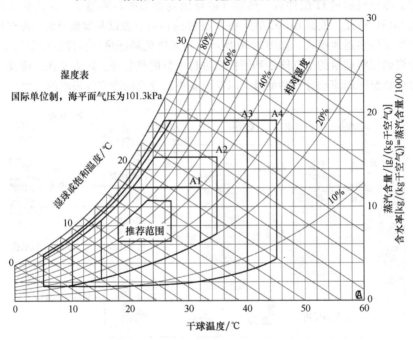

图 3.31　机架入口处冷却空气的环境指南（ASHRAE，2011）

在风冷数据中心中，使用空气或水来实现经济性的无冷却器冷却或"免费冷却"呈现出日益增长的趋势。当温度和湿度条件允许时，无冷却器冷却将外部环境的空气引入到数据中心设施中进行冷却。这种方法可能需要过滤空气，而且在某些特殊情况下还需要混合室内暖空气，进行加湿或除湿。"免费冷却"则使用冷却塔中的冷却水，以减少或消除冷却器的压缩机功率。对现有设施进行改造以采用冷却水的经济化方案则更为简单。

根据式（3.44）可估算出冷却一个功耗为 Q 的机柜需要的空气流速 $\dot{m}$

$$Q = \dot{m}c_{\mathrm{p}}\Delta T \tag{3.44}$$

式中，c_p 为恒定压力下的空气比热，ΔT 为空气温度上升量。对于 15kW 或更高功耗水平的机组，$\dot{m}$ 满足的要求是输送到冷通道的空气能明显流过冷通道的顶部。此外，由于机柜底部附近的静压力较低，热通道中的空气可能会进入到机架底部附近，从而导致冷空气与排出的热空气出现不良混合，如图 3.32 所示。

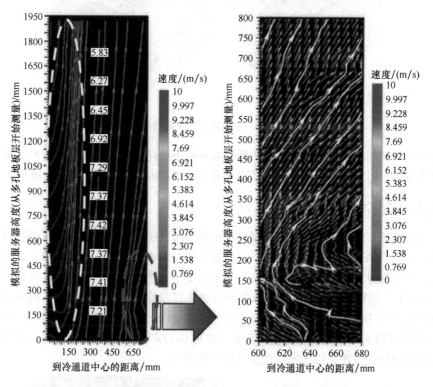

图 3.32　在靠近数据中心机架的垂直平面内，通过地板层出来的
高速气流的气体粒子图像测速图

为了防止机组功率较高时，发生上述不良混合，其中一种替代方法是采用密闭冷通道或热通道。如图 3.33 所示，密闭冷通道在机柜顶部提供了物理屏障，强制冷空气穿过机柜，并防止排出的热空气进入冷通道，从而阻止因两股气流混合而降低冷却效率。密闭热通道具有类似的工作原理，通过将排出的热空气引导至天花板的回风室来隔绝热空气。

3.5.2　混合冷却

混合冷却涉及多种冷却方案的组合。典型的混合冷却方案，如数据中心的冷却，通过大功率机柜附近安装换热器来降低出口空气的温度。当机柜功率水平高于 20kW时，可使用后门换热器（Rear-Door Heat Exchangers，RDHEx）来帮助管理气流，冷却水在后门换热器内不断循环。管肋式换热器一般安装在机柜背面，在将出口气体释放到热通道之前先对其进行冷却。使用后门换热器可以允许将少量大功率的机柜收纳在

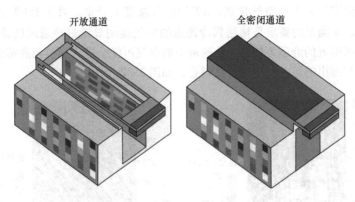

图 3.33 开放通道和全密闭冷通道

能量密度较低的机架设施中。面对不断增加的机柜功耗，这种方法可以延长数据中心的使用寿命。但是，使用后门换热器要求在数据中心内可以使用分布式冷凝水。

3.5.3 浸没冷却

如前所述，将电子元器件直接浸没在液体中可获得比空气自然对流或强制对流冷却高得多的换热系数。在单相条件下，通过自然对流或液体循环进行传热，也可以通过混合或强制对流进行传热。在较高的热流密度下，相变可能导致池内沸腾或流动沸腾。CRAY-2 超算使用 FC-72 绝缘冷却剂的液体浸没冷却。最近，采用矿物油的液体浸没冷却被应用在日本 Tsubame KFC 超算中，如图 3.34 所示。该机器在 2014 年 Green 500 超算名单中拔得头筹，排名采用的是 GFLOPS/kW 指标。液体浸没冷却可以结合废热回收的方法，用于寒冷气候下的建筑采暖。

图 3.34 从 CRAY-2 到 Tsubame KFC 超算的液体浸没冷却

3.6 电动汽车的动力和冷却技术

电力电子学主要针对高电能的转换和传输，而微电子学主要处理低能量电信号的传输。对电动传动系统的需求源于对使用内燃机的汽车排放温室气体的担忧。这种电动汽车必须在电网中充电，然后将电能转换成适当的形式和电压水平，再供应给 ADAS 和信息娱乐系统等所有功能部件。因此，如图 3.35 所示，能量必须经过多次转换，直至达到其所需的电压水平和形式，足以用来驱动电动机和辅助系统。

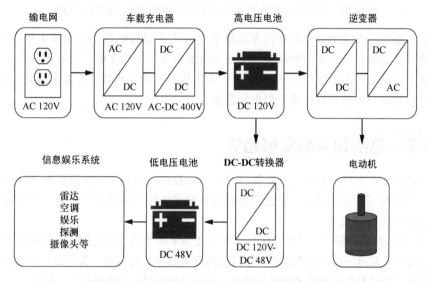

图 3.35 电动汽车用多电源电子装置展示图

电动汽车的高电压和大电流可以导致功率超过 100kW，因此，即使其转化效率超过 90%，电动汽车里的电力电子装置也可以产生几千瓦的热量，除了自然风冷和强制空气对流外，形成对更高性能冷却技术的需求，例如强制单相液体冷却、相变液体冷却、射流冲击冷却和微通道冷却。功率电子模块的另一个重要特性是使用垂直功率器件。大部分器件都具有横向结构，因此电流沿着硅较薄的部分进行流动。然而，新兴的功率设备通常采用垂直结构。电流垂直流过器件，以利用半导体的更大部分来获得更高的电压。器件的垂直结构再加上对电绝缘的需求，导致了对器件和冷却剂之间需要电绝缘、高热导率陶瓷板。典型的功率器件模块如图 3.36 所示。

前面讨论的传热学原理和大多数芯片级及模块级的热管理技术也可以应用于电力电子。热界面材料可以用于器件-基板界面、基板-底板界面和底板-冷板界面。陶瓷基板和底板可以作为散热片，减少冷板处的热流量。可以利用本章中介绍的许多模块级技术来优化冷板，使得其更有效地传递热量。对于射流冲击冷却、微通道冷板和喷淋冷却在电力电子上的应用已有大量研究报告。

尽管微电子学和电力电子学之间有根本的区别，但传热学和热管理技术的原理是

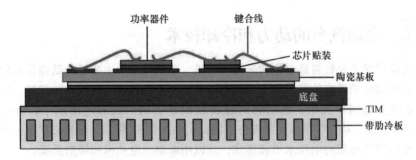

图 3.36 电动汽车中用于直流/交流转换的电力电子模块示例图

相同的。随着混合动力和全电动汽车因能效的提高和排放的最小化而越来越受欢迎，功率器件和封装在汽车工业的新时代将变得更加重要。但与微电子行业不同的是，电力电子产品必须在 10 年或更长的时间内正常工作而不出现故障。在未来的几十年里，增强型热管理技术的可靠性将变得更加普遍。

3.7 总结和未来发展趋势

随着封装尺寸的不断减小和计算能力的不断提高，微电子系统需要更高效的冷却技术。设计和开发适当的、性价比高的热管理技术，减少热相关的故障，对设备和系统的性能变得更加重要。

1）封装的热管理是一个尺寸从几厘米到几十米不等的多尺度问题，必须合理地考虑和解决每个尺度下的热管理问题。多尺度可以大致分为芯片级、模块级和系统级。每一层级的热设计和热管理技术都是不同的，虽然热量最终被耗散到外部环境中。

2）热传递的三种模式分别是传导、对流和辐射。对各种传热模式的基本理解对于合理设计和分析热管理解决方案至关重要。然而，除了在特定的应用，如消费类智能手机或宇宙飞船中，热辐射通常可以被忽略。

3）封装工程师在设计热管理解决方案时，必须考虑尺度、功耗、性能和可靠性的最大可接受温度，以及可能的环境温度等因素。

4）随着摩尔定律由于经济因素和物理限制而导致的放缓发展，2.5D 和 3D 电子技术已经被认为是继续增强微系统功能的下一个步骤。随着热流密度的增加，冷却技术将成为更大的挑战。嵌入式微流体冷却方法已经在单相和两相结构中证明了其可行性，从而可以有效地解决这些问题。

5）超薄均热板是便携式电子装置的重要组成部分。这些电子装置不仅受到热管理的限制，还受到热管理硬件的大小和成本的限制。与铜或铝等标准封装导热材料相比，超薄均热板展现了优越的传热能力。

6）电力电子是热管理技术的一个新领域，尤其是在电力输送方面。这些装置把电能转换成机械能，但由于它们处理的功率水平往往超过 100kW，因此即使是微小的低效率也会产生千瓦的热量。随着先进封装集成的小型化和功率密度的增加，本章所回顾的热管理技术基本原理也将用于电力电子的热管理。

3.8 作业题

1. 对于一个电流为 10A，布线电阻为 0.1Ω 的 1g 的硅芯片，如果系统能够耗散的热量最大值为 9W，计算焦耳加热 5s 内引起的芯片温升是多少。

2. 计算图 3.3 中所示的块体两端温差分别为 1K、5K、10K、20K 和 50K 时的散热情况。块体的热导率为 4W/(m·K)，厚度为 30μm，面积为 10mm × 10mm。

3. 如图 3.3 所示，当块体表面温度比周围环境温度高 10K 时，换热系数分别为 10W/(m²·K)、100W/(m²·K)、1000W/(m²·K)、10000W/(m²·K) 和 100000W/(m²·K)，确定不同换热系数块体表面的对流散热量。

4. 确定图 3.6 所示电子封装的 θ_{jc}，其中 $\theta_{ca} = 0.2℃/W$，$\theta_{jb} = 0.5℃/W$，$\theta_{ba} = 1℃/W$，$q = 200W$，$T_a = 90℃$，$T_a = 40℃$。

5. 比较图 3.37 所示的铜散热片不同配置的芯片中心的温度。假设正方形散热片尺寸为 50mm，厚度为 4mm，芯片尺寸为 25mm，$q(x, y) = $ 常数 $= 500W$，$h = 7500W/(m²·K)$，$T_a = 40℃$。

图 3.37 作业题 5 的散热片上芯片的结构

6. 在 120W/(m²·K) 的对流环境中，确定一个 10cm 长、2mm 厚的绝热铝翅片的散热效率和基本温度，且在相同条件下与相同尺寸的铜翅片进行比较。

7. 采用一个风冷热沉冷却一个耗散功率为 50W 的微处理器芯片。热沉由铝制成，尺寸为 5cm × 5cm，高度为 2cm，基底厚度为 2mm。热沉有 10 个间距相等的肋片，每个肋片厚 2mm。环境空气温度为 20℃，对流换热系数为 100W/(m²·K)，求解热沉的基底温度。

8. 确定相同尺寸大小的铜和铝热沉的散热能力，基底温度为 80℃，环境温度为 20℃，对流系数为 200W/(m²·K)。每个热沉尺寸为 10cm × 10cm，高度为 5cm，基底厚度为 2mm。每个热沉都有 15 个等间距的肋片，厚度为 1mm。

9. 功率电子模块中，在 1mm 厚、尺寸为 20cm × 20cm 的 AlN 基板上粘接一个铝制冷板，耗散为 1.5kW。冷板厚 1cm，包含 10 个等距的方形微通道，微通道边长 5mm。当入口温度为 25℃ 时，水以 3g/s 的质量流量在每个微通道中循环，使得总对

流换热系数为 $5000\text{W}/(\text{m}^2 \cdot \text{K})$。假设热均匀地通过整个冷板表面，确定 AlN 基板的最高温度。

10. 使用孔隙率为 0.6 的烧结铜吸液芯和水冷却剂铜热管，冷却耗散功率为 20W 的笔记本电脑。热管长度为 15cm，外径为 3mm，蒸汽芯直径为 1.5mm，确定所涉及的各种热阻是多少。

3.9 推荐阅读文献

White, F. *Heat and Mass Transfer*. Pearson: 1st ed., 1988.

Kreith, T. F., Manglik, R., and Bohn, M. *Principles of Heat Transfer*. Cengage Learning: 7th ed., 2013.

Modest, M. *Radiative Heat Transfer*. Elsevier: 3rd ed., 2013.

Pietrak, K. and Wisniewski, T. "A review of models for effective thermal conductivity of composite materials." Journal of Power Technologies, vol. 95, no 1, pp. 14–24, 2015.

Kanuparthi, S., Rayasam, M., Subbarayan, G., Sammakia, B.G., Gowda, A., and Tonapi, S. "Hierarchical Compositions for Simulations of Near-Percolation Thermal Transport in Particulate Materials." Computer Methods in Applied Mechanics and Engineering, vol. 198, pp. 657–668, 2009.

ASTM D5470, https://www.astm.org/Standards/D5470.htm.

Kadambi, V., and Abuaf, N. "An Analysis of the Thermal Response of Power Chip Packages." IEEE Transactions on Electron Devices, vol. 32, no 6, pp. 1024–1033, 1985.

Philips, R.J. Forced-Convection, Liquid-Cooled, Microchannel Heat Sinks. MIT Lincoln Labs, Technical Report 787, 1988.

Peterson, G. P. *An Introduction to Heat Pipes: Modeling, Testing, and Applications*. Hoboken, NJ: Wiley-Interscience, 1994.

Zuckerman, N., and Lior, N. Jet Impingement Heat Transfer: Physics, Correlations, and Numerical Modeling. Advances in Heat Transfer, vol. 39, pp. 565–631, 2006.

Narumanchi, S. V. J., Hassani, V., and Bharathan, D. Modeling Single-Phase and Boiling Liquid Jet Impingement Cooling in Power Electronics. National Renewable Engineering Laboratory, Technical Report, NREL/MP-540-38787, 2005.

第 4 章

热-机械可靠性基础

Suresh K. Sitaraman 教授
美国佐治亚理工学院

Krishna Tunga 博士
美国 IBM 公司

John H. L. Pang 教授
新加坡南洋理工大学

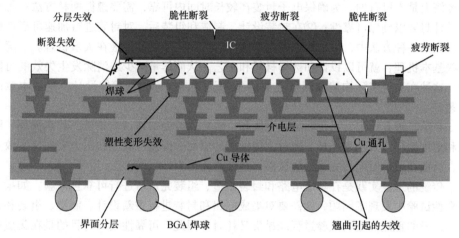

本章主题

- 定义热-机械可靠性，并介绍"可靠性设计"的必要性
- 定义量化可靠性的方法
- 描述热-机械可靠性失效的主要原因，并评审可靠性设计指南
- 描述翘曲并解释其重要性和控制因素
- 介绍预测热-机械可靠性失效的微电子封装仿真方法学

本章简介

每一种电子产品的设计都要符合四个标准，即性能、形态、大小和厚度、费用和可靠性。电气设计师通常是为了性能而设计，而制造工程师通常是为了形态和成本而设计。可靠性常常不是预先设计的，而是在产品鉴定期间或产品制造之后进行测试的。这是一种非常有风险，且昂贵和耗时的方法。更好的方法是像设计性能、形态和成本一样，对可靠性进行预先设计。

本章将介绍与热-机械可靠性设计和翘曲相关的关键概念，并讨论利用数值模拟对微电子封装和组件可靠性进行量化和预测的方法。

4.1 什么是热-机械可靠性

当产品能实现其设计的功能时，可以认为该产品是可靠的。特别地，热-机械可靠性是指功能元器件或产品在预计时间周期内，在热或机械性质环境应力或过应力事件周期性变化情况下的正常工作概率。这些情形包括热负荷、功耗和机械冲击（如跌落、弯曲和振动）等。购买汽车的人期望汽车在点火开关打开时起动和运行，如果是这样，就可以说汽车是可靠的。此外，如果保养得当，购车者希望汽车能可靠地运行多年，行驶里程超过10万千米，这就被认为是长期可靠性。类似地，个人电脑的设计寿命为5~7年；汽车控制器的设计寿命为10~15年；国防电子元器件的设计寿命为30年以上。显然，在将这些元器件交付给客户之前，对其可靠性进行几年的测试在经济上是不可行的。为确保电子封装在较长时间内可靠，需要遵循两种方法：①预先设计封装以确保可靠性；②在封装设计、制造和组装后，对封装进行加速可靠性试验。在第一种方法中，可以预先确定可能导致产品失效的各种潜在失效机理。了解了这些基本机理，就可以设计和选择材料和工艺，从而尽量减少或消除发生失效的可能性。这种在系统实际构建和测试之前的预先设计，就称为可靠性设计，这是本章的主题。

在第二种方法中，系统在封装完成和组装后，经受加速试验条件，如热循环、温度和湿度循环以及功率循环。通过施加极端的温度、湿度、电压和压力来加速失效过程，从而在较短时间内完成这些试验，这就称为可靠性试验。

传统的工业实践是在集成电路和封装制造、组装完成后进行可靠性试验。如果在可靠性试验中发现了问题，就需要对集成电路和封装进行重新设计、制造、组装和试验。这样的重建和重新试验过程既昂贵又耗时。因此，可靠性设计的目的是在集成电路和封装集成电路制造之前，在设计阶段就预先了解和解决可靠性问题。

4.2 封装失效和失效机理剖析

失效机理是产品失效的根本原因，发生在最低的硬件级别上。不过其影响往往体现在系统层面。例如，计算机在通电时可能无法启动，或者电视在打开时可能无法显示任何图像。尽管这些都是高层次的表现，但根本原因可能是芯片因热应力而开裂，或是焊料互连的开裂引起的电气开路，又或是芯片或基板内结构界面之间的分层。无论根本原因或失效机理是什么，最终的结果是系统不可靠或不可用。电子封装典型失效模式如图4.1所示。可靠性设计目的就是在微电子封装物理实现之前识别、理解和防止这些潜在的失效。

如图4.2所示，封装失效机理大致可分为过应力失效机理和损耗失效机理两类。过应力失效机理是指应力发生在单一事件中且超过了元件强度或承载力从而导致系统失效的机理。而磨损失效机理是渐进的，甚至在较低的应力水平下也会发生。在损耗失效机理中，长时间重复施加较低的应力导致元器件的累积损伤，最终使系统失效。

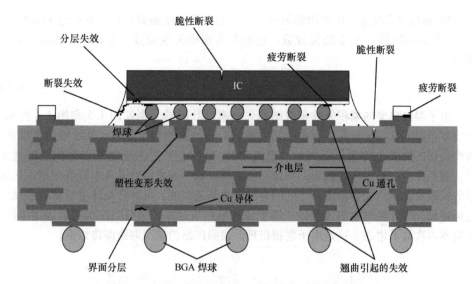

图 4.1　具有典型失效模式的电子封装的剖析图

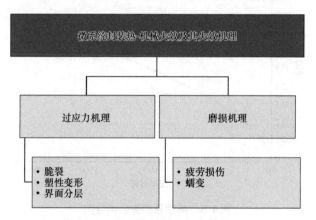

图 4.2　微系统封装中的失效机理

所有失效最终都以电气失效体现出来。然而，这些失效的原因可能是热的、机械的、电气的、化学的，或者是这些因素的组合。本章主要讨论热-机械失效机理。在微电子系统封装中，占所有热-机械相关失效 99% 以上的失效机理如图 4.2 所示。图 4.1 中所示的失效模式通常至少属于图 4.2 中所列的一种机理。其他细节将通过说明和示例在后续内容中介绍。

4.2.1　热-机械可靠性基本原理

可靠性是指器件或系统在规定时间内按设计性能工作的概率。如果在规定的时间 t 内对许多类似的器件进行试验，则在试验后依然能正常工作的器件称为该器件的可靠性函数 $R(t)$。在时间 t 内发生失效的那部分器件称为累积失效函数 $F(t)$。根据定义，可靠性函数和累积失效函数之和应等于 1。

热-机械可靠性评估中常用的另一个术语是失效密度函数 $f(t)$，它也称为失效率，表示在给定时间段内发生的失效数。它定义为累积失效函数的变化率，如式（4.1）所示。

$$f(t) = \frac{\mathrm{d}F(t)}{\mathrm{d}t} \tag{4.1}$$

电子器件典型的累积失效函数图和失效率函数图的分别如图 4.3 和图 4.4 所示。失效率函数因其特征形状也被称为浴盆曲线。在试验的初始阶段，失效率通常很高。这些最初的失效也称为早期失效（婴儿期死亡），主要是由于制造和装配缺陷造成的。当器件通过初始失效区后，失效率会显著降低，被测器件进入本征失效区。该区域的失效主要是由元器件或系统的固有设计缺陷造成的。可靠性设计主要就是在试验前通过预先设计更可靠的元器件来降低该区域的失效率。最后，在试验接近尾声时，失效率再次显著增加。这是由于磨损机理，表明产品的使用寿命即将结束。

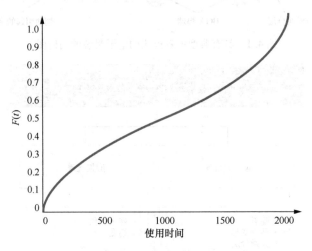

图 4.3　典型累积失效函数图

累积失效函数图和失效率函数图具有相关性。不过，量化和比较不同图之间的失效数据是有难度的。通常可用分布函数将失效数据简化为几个数值参数。威布尔（Weibull）分布函数是其中一种常用于量化可靠性数据的分布函数。该分布既可用于失效率函数的简化表达，也可用于累积失效函数的简化表达，分别如式（4.2）和式（4.3）所示。

$$f(t) = \frac{\beta}{\lambda}\left(\frac{t}{\lambda}\right)^{(\beta-1)} \mathrm{e}^{-\left(\frac{t}{\lambda}\right)^{\beta}} \tag{4.2}$$

$$F(t) = 1 - \mathrm{e}^{-\left(\frac{t}{\lambda}\right)^{\beta}} \tag{4.3}$$

式中，λ 为寿命参数，表示 63.2% 的元器件失效的平均失效时间；β 为形状参数，表示平均失效时间期的失效率。一旦收集到寿命和形状参数，就可以相互比较多组试验数据。威布尔分布也有助于减少本应收集的试验数据量，因为它可运用式（4.2）和式（4.3）分析表达式，对失效数据进行外推。

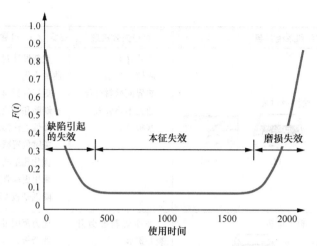

图 4.4 典型失效率函数图

无论失效机理是过应力还是损耗，了解失效机理的根本原因和可靠性设计对防止失效的发生是非常重要的。不同的应用由不同的失效机理主导，因此没有必要也不可能针对所有失效机理进行设计。此外，值得注意的是，针对一种失效机理的可靠性设计，可能会加剧其他不同的失效机理，因此设计时应仔细考虑，以实现最大的系统级可靠性。

一般来说，可靠性设计可以通过以下一种或两种方法来实现：①减小导致失效的应力；②增加部件的强度。通过选择替代材料、改变封装结构和尺寸、采用新的保护或包封等方法以及组合使用这些方法，可以降低应力和/或提高强度。

表 4.1 列出了系统不同层级上的各种热-机械失效机理以及通过热-机械可靠性设计预防失效的方法。

表 4.1 热-机械失效机理及其可靠性设计

IC 和系统封装	典型失效机理	可靠性设计
晶圆和 IC	晶圆开裂	制造和切割时应力最小化
		缺陷和流片尺寸最小化
芯片和键合组件	芯片开裂	基板 CTE 最小化
	后端工艺失效	减小芯片背面裂口尺寸
	焊点失效	改善界面间黏结
	焊桥和不润湿	后道工序中用更好的材料
		增加焊料互联尺寸
		用更好的焊料合金
		降低基板和芯片翘曲

（续）

IC 和系统封装	典型失效机理	可靠性设计
模块级封装 WB　　　FC　　　TAB	芯片开裂 底填料分层 热界面材料分层 通孔堆叠失效 基板开裂	重新设计封装使应力封装翘曲最小化 更好的材料 缺陷和裂纹最小化 降低工作温度 关键位置减少多层堆叠通孔 优化孔结构 采用更高强度材料 降低基板 CTE
板卡层级 离散的 L,C,R PCB	发生焊料疲劳开裂并扩展	应力范围最小化 降低板、卡 CTE 温度范围最小化
系统层级 电池	应力腐蚀 接触磨损	应力最小化 缺陷和裂纹最小化 接触应力和摩擦最小化

除了以上列出的各种失效机理外，芯片、基板、封装和印制电路板的翘曲是不同层级封装中另一个需要关注的问题。翘曲的增加可能会导致制造缺陷，并可能在现场使用过程中影响可靠性。第4.3节对上述一些失效机理（包括翘曲）进行了更详细的解释和说明。4.2.2节将提供热-机械建模和仿真的背景和方法，用来预测失效机理及其对元器件和系统级可靠性的影响。

4.2.2　热-机械建模

微电子系统的热-机械建模是一个由多个步骤组成的复杂过程。有限元法（FEM）是目前电子行业界最常用的建模技术。该方法将系统离散化为互相连接的小块来创建模型，以表示整个系统。然后对模型进行数值求解，来获得应力、应变和位移。离散化是有限元分析中的一个非常重要的步骤，它使得对具有不规则几何结构的大型复杂微电子系统进行建模成为可能。图4.5所示的示意图表示了有限元法中遵循的主要步骤，并将在下面进一步解释。

有限元建模的第一步是建立计算机辅助设计（Computer Aided Design，CAD）几何模型。CAD模型应包括系统中所有可能影响相关区域的应力、应变和位移的详细几何特征。系统一般总是由不同的材料组成的，应确定适当的本构材料特性模型，以预测这些材料在受到与时间、温度相关的载荷时的变形情况，然后将这些本构材料特性

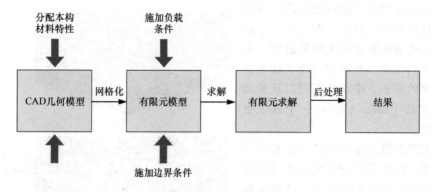

图 4.5　有限元建模流程

分配给 CAD 模型中的相应材料。电子封装中常用的材料及其本构模型类型见表 4.2。这些材料的实验测量性能数据可以很容易在已发表的文献中找到。

表 4.2　电子封装中常用的材料及其本构模型

材　　料	用　　途	仿真本构模型
Si	芯片	线弹性
聚合物（环氧树脂、聚酰亚胺、BT、玻璃、增强聚合物等）	底部填充、包封、密封、有机基板、印制电路板	与温度相关的线弹性或黏弹性
Cu	盖板、印制电路板的布线膜、基板、芯片、凸点下金属层、热沉	弹塑性
Al	盖板、热沉	弹塑性
钢	印制电路板或基板用加强筋	线弹性
锡基焊料或铅基焊料	倒装芯片焊球和 BGA 焊球	与温度相关的弹塑性蠕变

　　有限元建模流程的第二步是将 CAD 几何模型离散为小块，这些小块称为单元。这些单元通常是六面体或四面体的形状。相互连接单元的位置点称为节点。将几何模型的离散化过程称为网格化。应确保网格化后的单元尺寸足够小，以充分表示原始 CAD 几何图形。网格化有限元模型与原 CAD 模型的明显偏差会影响有限元解的准确度。网格化前后的封装几何结构如图 4.6 所示。从图中可以看出，网格化过程保持了原始 CAD 模型几何尺寸的完整性。

　　有限元模型生成后，下一步就是对模型施加适当的边界条件和加载条件，这些条件反映了微电子系统所受的实际条件。实际的边界条件可以包括与机箱或印制板的螺栓连接，这可以通过在相应节点施加位移约束进行建模。如果系统在几何上是对称的，则可通过在对称轴上的节点上应用适当的位移约束作为边界条件对对称部分进行建模。热-机械模型中的加载条件可以是在系统上的施加外力和/或温度分布。

　　施加了边界条件和荷载条件后，就可以对有限元模型进行求解了。求解步骤使用牛顿-拉斐逊（Newton-Raphson）或类似的数值分析算法来迭代计算完成。一些商用有限元软件包含了这些数值求解器作为其软件包的一部分。有关用于求解有限元模型的算法和求解器的细节不是本书的范围，如果有兴趣了解更多这方面的知识，建议读者可以从本章参考文献［Bathe（2014）］中获取更多信息。

求解步骤与模型中的节点和单元数相关。减少节点和单元的数量可使求解更快，但正如前所述，这样可能会因为没有充分表达原始的 CAD 几何模型而影响求解准确度。所以通常会有一个随后的附加步骤，即网格收敛分析，以获得在模型中使用的最佳网格尺寸。需要观察几个相关的输出量值，这些输出量值是模型中使用的网

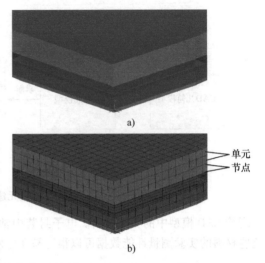

图 4.6　网格化的模型离散化
a）CAD 几何模型　b）有限元网格模型

格尺寸的函数。最佳网格尺寸是指超出该网格尺寸后的进一步减小，所有跟踪输出量的变化可忽略不计或者其变化微不足道。如果网格尺寸优化后的有限元模型中的节点数和单元数仍然很大，则可以使用具有并行处理能力的高性能多核计算机来获得更短的求解时间。大型系统级模型需要花费几个小时甚至几天的时间来求解，这并不鲜见。求解阶段完成后，最后一步就是对结果进行后处理和分析。仿真结果和分析有助于在物理系统构建之前就获得最优设计。

有限元法是一种非常通用的方法，不仅可以在系统级使用，而且可以在几乎所有的封装层级使用。它可以为裸层压板、倒装芯片组件、电子封装和电路板组件等创建独立模型。设计优化或假设分析可以在每个层级上进行，以在进入下一层级之前获得最佳设计配置。如果感兴趣的区域是大型系统组件中的一个小位置，则可以使用全局-局部建模方法。全局模型是一个系统级模型，其网格大小相对较粗，以使求解更快。而局部模型则是仅对感兴趣区域构建一个较小的、精细的网格模型。有关这种建模技术的其他细节，可以从任何商用有限元软件包的用户文件中获得。

4.2.3　术语

后道工序（BEOL）：集成电路制造的一部分，在这里有源和无源元件（晶体管、电阻器等）放置于晶圆上并通过晶圆上的布线互连。

Coffin-Manson 方程：这是一个常用公式，由 S. S. Manson 和 L. F. Coffin 首先提出，它描述了金属的疲劳寿命与外加应变幅度的关系。其他人又将公式进行了扩展，以包含与时间和温度相关的特征。

计算机辅助设计（CAD）：使用计算机系统（或工作站）来辅助设计的创建、修

改、分析或优化。

脆性断裂：金属或其他材料在没有明显塑性变形的情况下发生的断裂。

蠕变：在相对较低的应变率（小于 $10^{-6}/s$）时发生的不可恢复的变形，通常与会导致明显扩散率的高温有关。

热膨胀系数（CTE）：单位起始长度的尺寸变化与温度变化之比，通常用 ppm/℃ 表示。缩写词 TCE 和 CTE 是同义词。

分层：当由许多层形成的复合材料受到热应力或其他应力时，使各层开始分离的现象。

数字图像相关：一种采用跟踪和图像注册技术对图像的变化进行精确的二维和三维测量的光学方法。

Engelmaier 模型：Werner Engelmaier 在 20 世纪 80 年代早期开发的焊料互连疲劳寿命模型是对基于非弹性应变范围的 Coffin-Manson 模型的改进，该模型为 SnPb 焊料互连在功率和热循环下的失效循环数提供了一阶估计。

失效：由物理、化学、机械、电气或电磁干扰或损坏引起的元器件功能的暂时或永久性损害。

失效率：与时间相关的给定器件总数中预计（或已发现）失效器件的比例（例如，%/1000 工作小时）。

疲劳：用于描述任何结构在一定时间周期内由于反复施加应力而导致的失效。

有限元建模（FEM）：一种将物体离散化为规则形状的小单元的计算密集型的数值建模工具。

断裂韧性：描述材料或不同材料间的界面在机械或热-机械应力场中的抗裂能力的一种基本性能。

高周疲劳：由通常小于屈服应力的应力产生的疲劳。

低周疲劳：由每个循环的不可逆应力产生的疲劳。

材料断裂：当材料受到足够大的应变时，材料因断裂而失效。

光学轮廓测量法：一种非接触的基于光干涉法测量的表面形貌表征方法。

塑性变形：当一个足够大的载荷作用于金属或其他结构材料时，它会导致材料改变形状。

可靠性：元器件或组件在预期使用期内正常工作的概率。用数学方法表示，在预期寿命内 $R = 1 - P$（失效）。

云纹干涉法：一种以平整平面为基准来测量表面翘曲的方法。

热-机械失效：在封装制造和组装期间或之后，由于环境热负荷或在使用操作期间的内部发热，而导致电子封装内产生的应力和应变所引起的失效。

热循环：热循环旨在确定元器件和焊料互连承受由交替的高温和低温极限所引起的机械应力的能力。该试验通常在烘箱中进行。在烘箱试验中，产生的机械应力可导致电气和/或物理特性的永久性改变。

翘曲：用来量化任何表面的突出平面位移的度量。

4.3 热-机械引起的失效类型及其可靠性设计准则

热-机械失效是在封装制造和组装期间或之后，由于环境热负荷或在使用操作期间的内部发热，而导致电子封装内产生的应力和应变所引起的。由于不同材料之间的热膨胀系数（CTE）不匹配、系统中的热梯度和几何约束，电子系统的各个部分都会产生热应力和热应变。这种应变可以通过如图 4.7 所示的简单示意图来解释，其中倒装芯片或芯片载体通过焊点连接到基板。在图 4.7a 中，组件在参考温度 T_0 时没有热应变的状态。由于环境温度条件或其他工作条件，当温度从 T_0 增加到 T_{max} 时，如图 4.7b 所示，基板 α_b 和元器件 α_c 之间的热膨胀系数的差异导致焊点中的剪切。

这里做了三个假定：①α_b 大于 α_c；②组件不弯曲或翘曲；③组件内温度是均匀的。类似地，当组件从 T_0 冷却到 T_{min} 时，如图 4.7c 所示，焊点会有相反方向的变形。

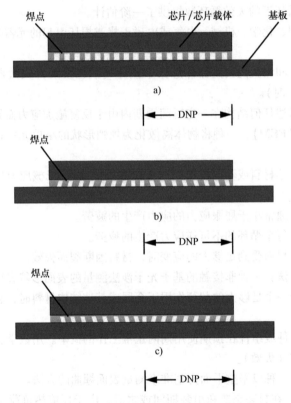

图 4.7 焊点热机械变形示意图
a）无应力或参考温度 T_0 b）加热变形 T_{max} c）冷却变形 T_{min}

当温度达到 T_{max} 时，芯片载体每单位长度膨胀 $\alpha_c(T_{max} - T_0)$，基板每单位长度膨

⊖ 原文的 β_c 有误。——译者注

胀 $\alpha_b(T_{max} - T_0)$。这两个膨胀量之间的差值可给出给定焊点的净剪切位移,并可以写成:

$$L(\alpha_b - \alpha_c)(T_{max} - T_0) \qquad (4.4)$$

式中,L 为焊点与中性点的距离,也称为 DNP。

同样地,当温度冷却至 T_{min} 时,位移由式(4.5)给出

$$L(\alpha_b - \alpha_c)(T_{min} - T_0) \qquad (4.5)$$

T_{max} 和 T_{min} 时的位移差由式(4.6)给出

$$\Delta = L(\alpha_b - \alpha_c)(T_{max} - T_{min}) \qquad (4.6)$$

而焊点上的剪切应变为

$$\gamma = \frac{\Delta}{h} = \frac{L}{h}(\alpha_b - \alpha_c)(T_{max} - T_{min}) \qquad (4.7)$$

式中,h 为焊点的高度。剪切应变值可以用来预测当整个组件承受 T_{max} 和 T_{min} 之间的温度循环时其焊点的寿命。

式(4.7)表明最大应变与距离 L 成正比,这意味着最大应变出现在距离中性点最大的焊球外缘,通常称为 DNP(与中性点的距离)效应。

上面给出的解释是真实情况的一个非常简单的解释。在实际试验或工作时,由于热膨胀系数失配和相对厚度的原因,芯片载体和基板都会弯曲。温度分布在空间上也可能是不均匀的。因此,焊点受到复杂的多向应力状态。为了预测焊点的失效,需要计算等效剪切应变范围。机械建模和仿真为在建立物理系统之前预先确定这些复杂的应力和应变状态提供了一种方便的方法,具体将在后面讨论。

总而言之,电子封装是由具有许多界面的多种材料组成的。在系统工作期间,这些不同材料内产生的应力和应变非常复杂。每种材料的失效机理可能大相径庭。在大多数电子封装组件中发现到的主要热-机械失效机理可分为五类,如图 4.2 所示。以下各节将更详细地论述各种不同的失效机理。

4.3.1 疲劳失效

疲劳是指由于反复施加循环荷载而引起的材料强度逐渐减弱。疲劳是最常见的失效机理,可以说工作过程中的 90% 的结构和电气失效都是由疲劳引起的。已知的失效机理主要发生于金属、聚合物和陶瓷中。在这三类材料中,陶瓷最不容易疲劳断裂。疲劳现象可用一个简单的实验来很好地说明。取一个金属回形针,朝一个方向弯曲,直到它形成一个尖锐的扭结。扭结区域的回形针经历塑性变形,但不断裂。如果现在反转弯曲的方向,并重复这个过程几次,回形针就会断裂。因此,在循环载荷的作用下,回形针会在比使用单调增加的载荷将其拉至断裂所需的载荷低得多的载荷下断裂。当初始载荷使回形针中的金属应变硬化时,反复施加载荷就会引起其内部疲劳损伤。这个过程的简化说法就是,塑性变形导致位错运动和相互相交。这些交叉降低了位错的移动性,而且持续的疲劳变形又聚集了更多的位错。位错密度的增加降低了材料的晶体完整性,最终形成微裂纹。当微裂纹增长到足够大的尺寸时,失效就发生了。

1. 疲劳断裂的定义

通常，确定疲劳失效的循环次数有两种方法。第一种方法称为高周疲劳，它基于应力反向来确定疲劳失效的循环次数。这种基于应力的方法主要用于元器件中的应力处于弹性状态且未超过屈服点的情况。第二种方法称为低周疲劳，它基于应变反向，用于材料有塑性变形或不可逆变形的情况。

图 4.8 表示了典型的高周疲劳载荷循环，其特征是应力随时间而变化。最大和最小应力水平分别用 S_{max} 和 S_{min} 表示。应力范围 ΔS 等于 $S_{max} - S_{min}$，应力幅度 $S_a = \Delta S/2$。疲劳循环是由载荷或应力的连续最大值（或最小值）定义的。失效的疲劳循环次数用 N_f 表示。每秒的疲劳循环次数称为循环频率。最大和最小应力水平的平均值称为平均应力 S_{mean}。材料包括基板材料和一些聚合物材料，如环氧树脂，都有一定的极限应力幅度，称为耐应力极限 S_e。低于该极限，无论多少循环次数，都不会发生疲劳失效（见图 4.9）。

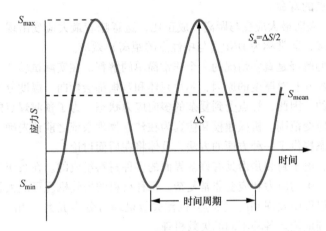

图 4.8　典型疲劳载荷循环

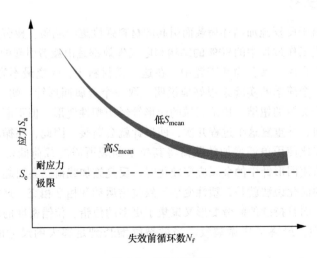

图 4.9　耐应力极限

电子产品中的疲劳有多种来源，最常见的是通电和断电。大多数人整天使用笔记本电脑和个人电脑。这些电子设备每天会被关、开多次，通常大概是 5 次。因此，在 5 年的时间里，这相当于 9125 个循环。焊点的材料通常是铅或锡基材料，这些材料柔软且模量低，这些互连点在热循环过程中经历了显著的塑性应变，因此应当使用低周疲劳方法来预测失效。

2. 预测疲劳模型

目前用于焊点的疲劳模型可分为以下几类：①基于 Coffin-Manson 的非弹性（即塑性）应变幅度疲劳模型；②基于应变能密度的疲劳模型[Darveaux(2000)]；③基于断裂机理的疲劳模型；④基于连续损伤机理的疲劳模型或其衍生模型。本章主要关注 Coffin-Manson 型疲劳模型。

3. Coffin-Manson 低周疲劳模型

Coffin-Manson 模型已广泛用于预测大多数塑性应变范围在 $\Delta\varepsilon_p$ 的金属材料的低周疲劳寿命 N_f，如下：

$$N_f^m \Delta\varepsilon_p = C \tag{4.8}$$

式中，m 和 C 为数值常数。塑性应变范围 $\Delta\varepsilon_p$ 为一个疲劳循环中累积的塑性应变的二分之一。

对于焊点疲劳应用，Coffin-Manson 疲劳关系可用非弹性剪切应变范围 $\Delta\gamma$ 来表示，由式（4.9）给出

$$N_f = 0.5 \left(\frac{\Delta\gamma}{2\varepsilon_f'} \right)^{1/c} \tag{4.9}$$

式中，N_f 为疲劳失效前的平均循环数；ε_f' 为疲劳延性系数；c 为疲劳延性指数。

图 4.10 显示了一个代表性的塑性应变范围与疲劳失效循环次数的关系。随着塑性应变范围的减小，焊点的预期疲劳寿命增加。

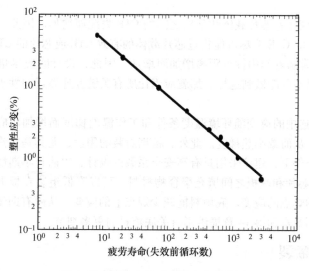

图 4.10　塑性应变对疲劳寿命的影响

4. Solomon 模型

Solomon 利用简单剪切试验的数据，确定了 Pb-Sn 共晶焊点在 -50℃、35℃、125℃和 150℃ 温度下的低周疲劳表达式。基于塑性剪切应变范围的 Solomon 方程可以写成

$$\Delta\gamma_p N_f^\alpha = \theta$$

$$N_f = \left(\frac{\theta}{\Delta\gamma_p}\right)^{1/\alpha} \tag{4.10}$$

对于 Pb-Sn 焊料，α 和 θ 是常数，随温度变化。表 4.3 给出了温度相关的 α 和 θ 的值。

表 4.3　Solomon1986 年提出的 α 和 θ 常数

温度/℃	-50	35	125	150
θ	1.36	1.32	0.74	0.30
α	0.50	0.52	0.51	0.37

5. Engelmaier 模型

迄今为止讨论的 Coffin-Manson 型方程并没有考虑疲劳循环的频率。频率修正的低周疲劳模型是由 Engelmaier 在 1991 年提出的，它可以写成

$$N_f = 0.5\left(\frac{\Delta\gamma_T}{2\varepsilon_f'}\right)^{1/c} \tag{4.11}$$

式中，$c = -0.442 - (6 \times 10^{-4})T_m + (1.74 \times 10^{-2})\ln(1+f)$；$T_m$ 为平均循环温度，单位为℃；f 为循环频率（$1 < f < 1000$ 次/天）；$2\varepsilon_f' = 0.65$，为疲劳延性系数。

6. 减少早期疲劳失效的设计指南

为了减少焊点中产生的应变，从而提高焊点的疲劳寿命，可以遵循以下一个或多个设计指南：

1）焊料应变随着芯片载体和基板之间的 CTE 失配而增加。因此，在倒装芯片组件中，基板材料的 CTE 应尽可能接近芯片载体的有效 CTE 或芯片的 CTE。

2）应变通常随着与中性点距离增加而增加。因此，设计时应尽量使其与中性点的距离小。如果不可能做到这样，那就应当让所有关键互连靠近中性点，而冗余互连应离开中性点。

3）焊料互连中的应变随环境温度条件和工作温度梯度而增加。应设计良好热路径以易于散热，从而减小热梯度。此外，根据封装的用途，尤其是在汽车和航空航天应用中的恶劣条件下，建议采用具有高安全系数的设计，以防止早期疲劳失效。

4）通过在芯片和基板之间填充聚合物材料，可以降低组装在板上的倒装芯片和球栅阵列组件的焊点的应变。底填料能减少焊点上的应变，从而有助于提高焊点的工作疲劳寿命。第 8 章和第 14 章提供了有关底填料的更多细节。

4.3.2　脆性断裂

脆性断裂是一种与时间无关的过应力失效机理，当元器件中的应力超过材料的断

裂强度时，这种机制会迅速发生，且几乎没有先兆。它发生在脆性材料中，如陶瓷、玻璃和硅，这些材料几乎没有伴随性的塑性变形，而且相对来说能量吸收极少。如图 4.11 所示，在电子封装中，陶瓷基板和硅基集成电路可能发生脆性断裂。用于预测脆性材料失效的最常用的准则是本体内的最大主应力。当最大主应力达到某个临界值时，就可以认为会发生失效。

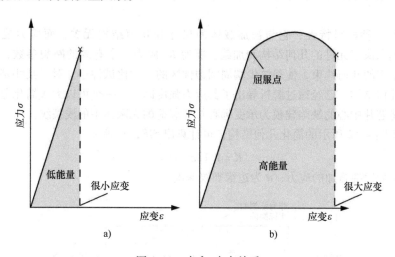

图 4.11 应力-应变关系
a) 脆性材料 b) 韧性材料

1. 脆性断裂预测理论

当施加应力足够大，破坏了原子键合时，材料就会断裂。键合强度就是材料中原子间的吸引力。有人可能会认为根据原子键合强度，就可以确定材料断裂所需的应力了。若从原子这个角度来看的话，则有

$$\sigma_c = \frac{E}{\pi} \tag{4.12}$$

式中，σ_c 为断裂强度；E 为材料的弹性模量。

然而，脆性材料的实验断裂强度通常低于此值三或四个数量级。20 世纪 20 年代初，英国物理学家 A. A. Griffith 将这种差异归因于先前就存在的缺陷，这些缺陷大大降低了断裂强度。利用这一思想，他研究出了一种方法，该方法可以用于预测会使裂纹快速扩大而导致灾难性断裂（即脆性断裂）的条件。

例如，在硅芯片中，失效通常发生在先前存在有划痕或缺口等缺陷的地方。在热处理、切割、搬运和其他环节中，模具表面会形成划痕或缺口。如果在给定的应力条件下，芯片表面的缺陷尺寸超过临界阈值，则芯片可能会开裂。这样的表面裂纹可以通过芯片扩展到芯片上的有源晶体管，并可能造成器件失效。

多层结构的数值模型和分析模型可用于确定轴向应力和/或界面应力。一旦确定了轴向应力，就可以用线弹性断裂力学来估计芯片的最大允许缺陷尺寸，当超出该尺寸时，芯片就会断裂。

2. 模拟为边缘裂纹的缺陷

线弹性断裂力学（Linear Elastic Fracture Mechanics，LEFM）认为，当施加荷载的应力强度因子等于材料断裂韧性时，就会发生失效[Anderson(1995),Michaelides和Sitaraman(1999)]。

$$K(\sigma, a, geometry) = K_{IC} \tag{4.13}$$

式中，K 为应力强度因子（Stress Intensity Factor，SIF）；σ 为施加应力；a 为缺陷特征尺寸。

K_{IC} 是一种材料特性，它与被加载体的尺寸和几何结构无关，而应力强度因子（SIF）则取决于元件的几何结构和加载。要使 K_{IC} 成为一个有效的断裂参数，试件需要满足一定的几何约束，使裂纹尖端周围塑性区的尺寸比试件小。对于某些基本试件和裂纹几何结构，已经通过解析导出了其应力强度因子。一个可以大大简化分析的假设就是将芯片中心的缺陷建模为承受远程拉伸载荷的无限体中的浅裂纹。

对于图 4.12 所示的简化几何结构，可计算出 SIF，它等于

$$K = 1.12\sigma \sqrt{\pi a} \tag{4.14}$$

式中，σ 为远端施加的应力；a 为边缘裂纹深度。

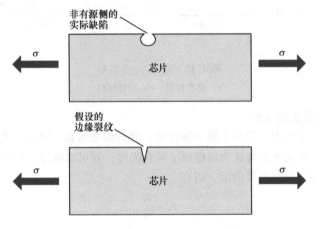

图 4.12　实际缺陷和简化缺陷的几何结构

使用芯片表面遇到的最大拉伸应力 σ_{max}，可以将不会导致灾难性芯片断裂的临界边缘裂纹尺寸写为

$$a_{max} = \frac{K_{IC}^2}{1.2544\pi\sigma_{max}^2} \tag{4.15}$$

式中，σ_{max} 为芯片中的最大拉伸应力（通常发生在冷却至最低温度时）；K_{IC} 为芯片断裂韧性。

3. 减少脆性断裂的设计准则

为了减少脆性断裂的可能性，可以使用以下一个或多个设计准则：

1）脆性断裂通常受应力控制。因此，设计时应采用可产生最小应力的脆性材料和工艺条件。

2）脆性材料的断裂韧性会因材料表面的裂纹或缺陷而降低。因此，在装配和使

用前，应将脆性材料进行抛光，去除表面缺陷和刻痕，以提高可靠性。

4.3.3　蠕变引起的失效

蠕变是载荷作用下的一个时变变形过程。这是一个热激活过程，意味着给定应力水平下的变形速率会随着温度显著增加。就是说材料变形不仅取决于施加的载荷，还取决于施加载荷的持续时间以及施加载荷的温度。换言之，随着载荷作用时间的延长，比如说某些电子产品使用几年后，变形会持续增加，最终导致失效，这种现象就称为蠕变。

蠕变可以发生在任何应力水平上，无论它低于或高于屈服应力。蠕变在高温或对比温度 >0.5 时尤为突显。对比温度是在绝对工作温度与材料绝对熔点温度的比值。共晶铅锡焊料或锡基无铅焊料是表面安装技术和倒装芯片中应用最广泛的材料，即使在室温下也会发生蠕变，因为在室温下其对比温度高于 0.5。

典型的蠕变应变曲线如图 4.13 所示。它分为三个不同的阶段：初始阶段、第二阶段（也称为稳态阶段）和第三阶段。在初始阶段，蠕变应变率随时间迅速下降。在第二阶段，蠕变应变率基本不变，只有非常缓慢的下降。在第三阶段，蠕变应变迅速上升，导致断裂。在大多数热-机械设计中，要对稳态蠕变进行建模，因为稳态蠕变是材料在失效前经历的最长时间周期。

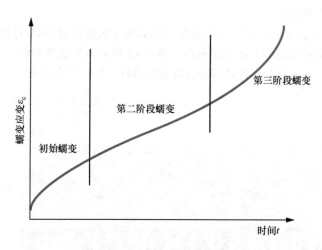

图 4.13　蠕变应变-时间曲线

可以对焊球的稳态蠕变进行建模，例如，采用幂律（Arrhenius）蠕变方程，如下：

$$\dot{\varepsilon}_c = A\sigma^n \mathrm{e}^{-\left(\frac{Q}{RT}\right)} \tag{4.16}$$

式中，A 和 n 为实验确定的常数；Q 为蠕变活化能；$R^{\ominus}$ 为通用气体常数，等于 $8.314 \times 10^{-3}\mathrm{kJ/(mol \cdot K)}$；$T$ 为焊点温度，单位为 K。

　⊖　原文 R_g 有误。——译者注

可见，蠕变应变率的大小随施加的应力 s 和焊点的温度 T 的增加而增加。有关电子组件焊点蠕变疲劳损伤的更多细节可从本章参考文献[Ju等(1994)]中获得。

减少蠕变引起失效的设计准则

为了减少蠕变引起失效的可能性，可以使用以下一个或多个设计准则：

1）即使在室温下，熔点较低的材料也更容易蠕变。因此，如果需要苛刻或高温条件的应用场景，如汽车和国防应用，应使用不易蠕变的高熔点材料。

2）除了工作温度外，蠕变形变还取决于施加的应力。因此，降低机械应力可以减小蠕变形变。

3）蠕变是一种时间控制的现象。设备暴露在高温和高应力下的时间越长，蠕变形变就越大。因此，对于汽车和航空航天等应用领域，这些设备的设计使用年限要超过几年，其抗蠕变设计至关重要。然而，对于诸如便携式电子产品这样的应用，其使用条件相对温和且设备的预期寿命为 2 ~ 3 年，蠕变可能就不是一个关键因素。

4.3.4 分层引起的失效

分层是指两种原先彼此粘接的材料间的界面处的脱粘或分离。大多数电子封装由不同材料制成的元件组成，这些元件粘接在一起以提供特定功能。分层可以是内嵌分层或边缘分层，当分层发生于封装内部时，称为内嵌分层；当分层发生于自由边缘时，称为自由边缘分层。

图 4.14 所示为多层高密度布线基板（例如用于微处理器 BGA 封装的组装基板）中金属线和电介质之间的内嵌分层示例。图 4.15 所示为集成电路倒装芯片组件的两个边缘分层，即底填料与芯片之间分层以及底填料与基板之间的分层。

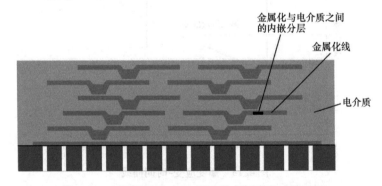

图 4.14　多层结构中金属-聚合物界面处的内嵌分层

分层的存在会以多种方式影响封装的可靠性。例如，在图 4.14 所示的多层结构中，金属线与介电层的分层可能会使裂纹扩展穿过孔壁而产生电气开路。同样，图 4.15 所示的边缘分层可能会扩展并减弱芯片和基板之间的预期机械结合，从而可能导致焊点的加速疲劳失效。此外，当装有芯片的材料分层时，从芯片到散热片的有效散热路径会受到影响，从而导致芯片的结温升高。

在某些情况下，由于各种加工问题，如表面处理不充分、清洁不充分、存在污染

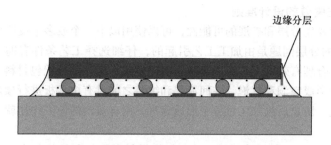

图 4.15　有底填料的倒装芯片组件中的边缘分层

物、烘烤不充分、存在水汽和挥发物、材料分配不充分、表面不平坦和拓扑变化等，封装内可能出现分层。有时会因高界面应力导致分层。尽管没有明确的标准来预测分层的发生，但有一种方法可以确定出界面剪切应力和剥离应力（即开口应力），如图 4.16 所示，并与界面剪切强度和剥离强度进行比较。

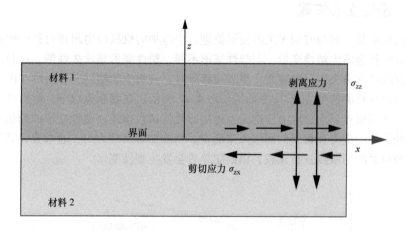

图 4.16　界面应力示意图

例如，当式（4.17）成立时，就可能会发生分层

$$\frac{\sigma_{xz}}{\sigma'_{xz}} + \frac{\sigma_{zz}}{\sigma'_{zz}} \geq 1 \qquad (4.17)$$

式中，σ_{xz} 和 σ_{zz} 分别为层间剪切应力和剥离应力；σ'_{xz} 和 σ'_{zz} 分别为实验测定的界面剪切强度和剥离强度。

分层一旦开始，它可能会扩展，也可能不会扩展，这取决于它具有的可以扩展的能量。界面断裂力学通常用于预测分层的扩展。尽管对界面断裂力学的详细描述超出了本章的范围，但可以认为，如果能量释放率（关于分层区域传播的势能降低）超过给定剥离和剪切模式组合的临界能量释放率，分层就很可能扩展。

界面分层是电子组件中最常见、最重要的失效机理之一，有关层状结构中应力的其他更多细节可参阅本章参考文献［Suhir（1989），Yin（1995），Jiang 等（1997），Johnson（1985），Morgan（1990），Pagano（1989），Yi-Hsin 等（1991）］。

减少分层失效的设计准则

为了减少发生分层和扩展的可能性,可以使用以下一个或多个设计准则:

1) 大量的分层问题是由加工工艺引起的,仔细选择工艺条件有助于减少分层的形成。例如,合理有效的工艺有助于防止不完整或不充分地分配包封料、底填料或电介质,并防止形成空洞和气泡。在回流焊和组装之前对有机基板进行预烘,可以排出其吸附的潮气,防止后续加工过程中形成蒸汽,而有蒸汽的地方往往就是一个潜在的分层位置。

2) 当没有工艺引起的分层时,减少相邻材料之间工程性能的失配可以减少分层发生和扩展的可能性。

3) 提高不同材料层之间的黏结性能将有助于防止分层发生和扩展。例如,通过选择具有更高化学亲和力的材料对配合面进行表面处理,可以提高黏结强度等。

4) 减少封装几何结构中的锐角,因为锐角是可能引发分层的位置。

4.3.5　塑性变形失效

塑性变形是一种与时间无关的变形机理。当施加的机械应力超过材料的弹性极限即屈服点时就会发生塑性变形。与弹性变形不同,塑性变形是永久性的,而弹性变形在载荷移除时就消失了。换言之,当载荷移除时,材料中的塑性变形仍然存在。

弹塑性材料的典型应力-应变曲线如图4.17所示。在屈服点以下,材料处于线性弹性区,在屈服点以上,应力应变关系可用非线性函数描述。塑性变形的起始点可以通过比较施加的应力和材料的屈服点来确定。当施加多向应力时,通常要计算等效应力,并与材料的屈服点进行比较,以确定是否会发生塑性变形。

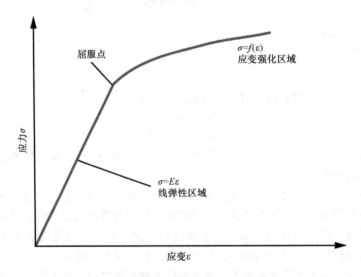

图4.17　弹塑性材料的应力-应变曲线

尽管塑性变形本身可能不会影响器件的电学性能,但过度塑性变形和由于循环载荷引起的塑性应变的持续累积最终会导致器件开裂,使其无法使用。

减少塑性变形的设计准则

为了减少塑性变形的可能性，可以使用以下一个或多个设计准则：

1）当封装结构中的任何一点的外加应力超过相应材料的屈服应力时，就会发生塑性变形。一个简单的原则就是要求封装结构中的设计应力应低于所用材料的屈服强度，或者尽可能使用具有高屈服强度的材料。

2）由于在应力集中区域的几何不连续处或不同材料的界面处会存在应力异常，因此有必要设计和控制局部塑性变形。例如，在设计焊点时，建议尽可能将其塑性应变范围保持在1%以下。

4.3.6　翘曲引起的失效

翘曲是用来量化任意表面的平面外位移的量度。当两种具有不同热膨胀系数的材料相互粘接并受到热偏移时，就会发生弯曲，翘曲是这种弯曲的结果。

1. 影响翘曲的因素

现在来分析在温度 T_1 下两种长度为 L 且彼此接合的不同材料，如图 4.18a 所示。材料 1 的模量、厚度和 CTE 分别为 E_1、t_1 和 α_1。材料 2 的模量、厚度和 CTE 分别为 E_2、t_2 和 α_2，这种结构称为双金属带。当双金属带从温度 T_1 加热或冷却至 T_2 时，整个组件会弯曲，如图 4.18b 所示。弯曲导致了金属带中心和边缘之间的高度差，这个高度差就称为翘曲。

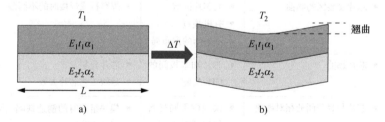

图 4.18　a）T_1 时相互接合的双金属带　b）受温度偏移影响的双金属带

双金属带在受到温度偏移时的翘曲可以使用式（4.18）进行预测［Roark，Young，Budynas，2002］。

$$翘曲 = \frac{3\Delta\alpha\Delta T(t_1 + t_2)L^2}{4\left[4t_1^2 + 6t_1t_2 + 4t_2^2 + \dfrac{E_2t_2^3}{E_1t_1} + \dfrac{E_1t_1^3}{E_2t_2}\right]} \tag{4.18}$$

式中，$\Delta\alpha$ 为两种材料之间的 CTE 差；ΔT 为双金属条受到的温度偏移。电子封装通常由硅芯片组成，硅芯片使用焊料互连或黏结材料组装到有机或陶瓷基板上。互连焊料或黏结材料的厚度与硅芯片和基板的厚度相比通常非常小，因此可以忽略不计，使用式（4.18）获得板上芯片组件翘曲的近似估计值。表 4.4 列出了 25mm 硅芯片组件的预估翘曲，该硅芯片组装在三种不同的基板上，即低 CTE 陶瓷、高 CTE 陶瓷和有机基板上，并经受 100℃ 的温度偏移，并设芯片和基板的厚度分别为 0.75mm 和 2mm。

表 4.4　双金属带的预估翘曲

基板材料	CTE	模　量	预估翘曲
低 CTE 玻璃陶瓷	6 ppm/K	70 GPa	12 μm
高 CTE 玻璃陶瓷	11 ppm/K	70 GPa	31 μm
有机材料	15 ppm/K	25 GPa	51 μm

　　从表 4.4 可以看出，低 CTE 玻璃陶瓷的预估翘曲非常小，而且翘曲会随着陶瓷 CTE 的增加而增加。有机基板组件的翘曲很大，这主要是由于有机基板的 CTE 非常高。表 4.4 以简化的方式说明了翘曲的重要性。随着有机材料在电子封装中的应用越来越多，各个封装层级上的翘曲问题成为一个亟待解决的问题。

2. 翘曲的严重性

　　电子封装中的翘曲是不可避免的，在封装的各个层级都会发生。尽管翘曲本身不是一种失效机理，但翘曲程度的增加可能导致装配和制造缺陷，从而影响整个系统的可靠性。因此，有必要将翘曲保持在可接受的范围内以确保可靠性。表 4.5 列出了一个典型的封盖 ASIC 封装在不同封装层级的翘曲原因和影响。

表 4.5　不同封装层级时翘曲高的典型后果

封装层级	典型需关注的翘曲	翘曲原因	翘曲后果
裸基板	• 芯片安装区的翘曲	• 大芯片区域 • 有机基板 • 不平衡的铜布局	• 焊料桥或焊接时的不润湿
板上芯片	• 芯片翘曲	• 芯片和基板间的 CTE 失配	• 芯片开裂 • 后端工艺芯片失效
模块层	• 芯片与封盖间的相对翘曲	• 模块内不同材料间的 CTE 失配 • 模块设计不合理	• 模块组装时的制造缺陷（包括堆叠通孔失效） • 芯片与封盖间的热界面材料剥离
系统层	• 芯片与封盖间的相对翘曲 • 基板翘曲 • 盖板翘曲	• 印制电路板的 CTE 太大 • 系统设计不合理	• 降低 BGA 疲劳寿命 • 芯片与盖板间的热界面材料剥离 • 散热器与盖板间的热界面材料剥离

　　在裸基板层级，翘曲主要发生在芯片或芯片载体与基板的粘接区域。翘曲有两种，即输入性翘曲和热翘曲。输入性翘曲是室温时的一种翘曲。热翘曲是当基板从室温加热到焊料回流温度时的翘曲。为了获得良好的组装成品率，防止没有焊料桥接或焊料润湿不佳，回流焊温度下的总翘曲（即输入性翘曲和热翘曲之和）应尽可能低。这可以保证在安装芯片或芯片载体时基板的平整性。可接受的翘曲极限取决于芯片和基板之间焊料互连的尺寸和间距。输入性翘曲和热翘曲都是主要由铜印制线和形成基板材料主体的介电材料之间的热膨胀系数失配引起的。失配既可能发生在每一个介电层内，也可能发生在基板的不同介电层之间。与陶瓷基板相比，有机基板这种具有较低模量的

介电材料更容易产生较高翘曲。如果有机基板具有对称的介电层结构，并减少对称介电层之间的铜的不平衡，则会有助于减少基板翘曲并将其保持在可接受的范围内。

芯片与基板粘接后，由于两者之间的 CTE 失配，由芯片和基板组成的整个组件会弯曲。这种弯曲会导致在芯片底面产生应力，也会使芯片在后道工序（BEOL）时产生应力。如果弯曲和翘曲高到一定程度，则应力会明显增加，超过芯片和 BEOL 界面的失效强度，从而导致失效。在这个层级时有几种方法可以减少弯曲和翘曲。将芯片组装在与芯片的 CTE 相匹配的基板上有助于减少翘曲和弯曲应力。另一种方法是增加焊料互连的高度，这可减少芯片和基板之间的耦合，从而降低翘曲。如果这样不可行，那么可以通过数值模拟改变和优化芯片和基板的厚度，使芯片上的翘曲和弯曲应力最小化。

芯片粘接后，通常芯片要进行底部填充，并使用热界面材料与盖板粘接。热界面材料（TIM）中的应变取决于盖板和芯片之间的翘曲差。如果翘曲差很大，则 TIM 材料中的应变可能超过其失效极限并导致其失效。模块内的基板由若干介电层组成。堆叠铜通孔连接了不同层之间的铜印制线。如前所述，如果模块中的基板在模块组装后出现高翘曲，则堆叠铜通孔与周围介电材料之间就可能产生较大界面应力。盖板、芯片和基板的厚度都对盖板和芯片之间的翘曲差以及模块组装后的基板的翘曲有影响。可通过数值模拟优化这些材料的厚度，以确保翘曲在可接受的范围内。如果需要的话，还可以探索替换基板材料、热界面材料和盖板材料，以减少翘曲。

完成模块结构后，要对模块基板下的凸点进行电镀。之后要用这些凸点将模块组装到印制电路板上。在盖板表面的顶部还装有散热器，并使用热界面材料辅助工作时的散热。模块基板的过度翘曲可能会导致凸点处的缺陷，从而降低工作期间的疲劳寿命。盖板过度翘曲可能导致盖板和散热器之间以及盖板和芯片之间的 TIM 材料的分层，从而导致芯片过热，最终造成整个系统失效。

因此，翘曲是一个需要在各层级封装中予以跟踪的关键参数。下一节将研究目前业内用于测量翘曲的各种方法。

3. 翘曲测量方法

工业上使用了多种方法来测量翘曲，目前业界使用的大多数翘曲测量方法背后的技术可分为三类，如下所示。

（1）云纹干涉法 这是以平整平面为基准来测量表面翘曲的方法。将需要测量翘曲的试样放在平整的表面上，在试样顶部放置一个平整的低 CTE 石英格栅，格栅的表面蚀刻有细线。白色光源通过石英格栅指向试样，格栅上的刻蚀线在试样表面形成投影。格栅刻蚀线与试样表面投影之间的几何干涉形成莫尔波纹条纹图，图案中的条纹数可用于确定试样表面的翘曲度。该方法的其他细节可从本章参考文献［Post 等（1994）］中获得。可将试样放置在一个加热表面上或放置于带有透明窗口的对流烘箱内，以获得随温度变化的翘曲。为了获得清晰的条纹图案，有时可能需要在表面涂白色无光泽油漆。不过这样做可能会有损试样。

（2）光学轮廓法 这是一种可以更快地测量翘曲的方法。将试样放置在平整的表面上，并沿表面上的有限个离散点用激光束扫描。根据反射激光的信息就可以得到试样表面的翘曲。为了精确测量翘曲，所选离散点的数量和位置应足以代表被测的整个表面的翘曲。

（3）数字图像相关法（Digital Image Correlation，DIC） 这是另一种测量翘曲的方法。它通过将从两个位于相对于试样表面的不同位置的摄像机观察到的试样表面上的细微特征进行关联来计算翘曲。如果表面没有细微特征或有光泽，则要在表面顶部用手工涂上图案，这样的散斑图能为翘曲测量提供最佳结果，因此，这种方法也被称为散斑干涉法。表面需要涂漆使得该测量方法具有破坏性，该方法的翘曲测量准确度与云纹干涉法相当。散斑干涉法与云纹干涉法的主要区别在于前者利用样品中的细微特征作为参考层，而不是一个不同的平整平面。与云纹干涉法类似，可将试样放置在一个加热表面上或放置于带有透明窗口的对流烘箱内，以获得随温度变化的翘曲。DIC方法除了可测量向外翘曲外，还可用于向内位移的测量。这将有助于测量模块和印制电路板的连接焊点在热循环过程中所经历的应变。

4. 翘曲和可靠性预测建模

微电子系统是多个复杂子系统的集合。引起翘曲并导致上述各种失效机理的应力和应变往往与多方向、速率、位置和温度有关。每种材料内部以及不同材料界面之间的应力和应变无法用一个易于使用的闭环式分析方程来表示。因此，有必要采用数值建模方法来确定微电子系统在测试或工作期间所经历的应力、应变和位移。

在相信力学建模结果之前，必须用实验数据对建模结果进行验证，以确保所采用的建模技术能够以合适的准确度获取观察到的趋势，此步骤称为模型验证。用于模型验证的常用实验数据包括翘曲数据、热循环期间的疲劳寿命数据以及通过DIC法或云纹干涉法[Post等(1994)]测量的焊点应变，除此之外，从数值模拟中获得的任何其他测量数据都可用于模型验证。

一旦用实验数据验证了模型，模型就可以用来进行设计优化和模拟分析。设计优化是一种基于目标的方法，其目标就是通过改变几个输入参数来降低某一输出参量。通常感兴趣的输出参量是应力、应变或翘曲。通常感兴趣的输入参数是系统中的相关几何参数和各种材料的特性。输入参数通常只能在限定的范围内变化，这是根据制造可行性和先前的经验来确定的。模拟分析是一种探索性的方法，其目标是确定输入参数的改变对整个系统可靠性的影响。输入参数的变化范围在缺乏先验知识的领域通常会超出已知的边界。因此，通过数值建模进行模拟分析是将新材料和新工艺引入微电子系统并进而推动技术发展的一个非常好的工具。

4.4　总结和未来发展趋势

由于消费者对产品功能的要求越来越多，所有的微系统也变得非常复杂。例如，消费者希望自己的手表具有手机和视频功能。这就需要一个高度集成的系统，包括模拟、数字、射频/无线电等。这种集成需要非常复杂的集成电路和系统封装技术，如果不进行可靠性设计，就不能保证其预期的可靠性。

1）电气失效由热、机械、热-机械、电气和化学等机理引起。这些加速因素可以单独起作用，也可以与其他因素协同作用。可靠的系统封装是指在其预期寿命内不会因一个或几个因素在一起而失效的系统封装。

2）不同的电子系统可能会经历不同的失效模式。例如，在恶劣的热条件下使用的系统容易出现热-机械疲劳失效。在潮湿条件下使用的系统，如果没有足够的密封和包封，则容易出现腐蚀引起的失效。因此，不必针对所有的失效机理进行设计，这样做代价高昂，而应该理解预期的应用并根据应用进行相应的设计。

3）预先的可靠性设计对于节省产品开发时间和成本至关重要。如果不充分遵循可靠性设计原则，系统就得重新设计和反复测试，导致成本和时间的超支。

4）在从倒装芯片组件到系统级组件的所有封装级别，抗翘曲设计都很重要。高于规定极限的翘曲会导致制造缺陷，从而影响整个系统的可靠性。

5）在实际的系统级封装中，其材料特性与方向、时间和温度相关，而且不同的因素会共同作用。在这种载荷、几何结构和材料特性都复杂的情况下，通常需要使用数值技术（如有限元法）进行抗失效设计。

4.5 作业题

1. 描述电子封装热-机械设计的概念，这种设计是筛选工艺和可靠性相关失效最小化的预先设计活动。

2. 要求工程师在两家电容器（用于电子组件）供应商中选择一家。应用要求为电容器在 $-40 \sim 125℃$ 之间经受 1000 次重复加速热循环，其失效不超过 1%。两个供应商均以威布尔参数的形式提供了热循环失效数据。供应商 1 的电容器平均失效时间为 5000 次循环，形状参数为 3。供应商 2 的电容器平均失效前时间为 7000 次循环，形状参数为 2。工程师应该选择哪个供应商？

3. 将一块 $15mm \times 20mm$ 的矩形硅芯片组装在有机基板上。把整个组件置于 215℃ 的加热炉中进行回流焊，将硅芯片连接到基板。组装后焊料互连高度为 75μm。假设层压板的 CTE 为 15ppm/℃，硅芯片的 CTE 为 3ppm/℃。计算倒装芯片组件冷却至室温后，其焊点中的最大剪切应变。

4. 将一块 $15mm \times 15mm$ 的硅芯片组装在陶瓷基板上。组装后，焊料互连的高度为 75μm。假设基板的 CTE 为 12ppm/℃，硅芯片的 CTE 为 3ppm/℃。该组件将用于 25℃ 环境温度下的备用网络路由器中，路由器在不使用时关闭，在需要备用路由器时打开。当路由器通电时，硅芯片组件的温度可以达到 60℃。利用 Coffin-Manson 方程计算倒装芯片中最角部焊点的平均疲劳寿命，该方程关联了失效前平均循环次数与循环过程中的剪切应变范围。假设 Coffin-Manson 方程的常数 m 和 C 分别为 1.8 和 4500，组件无应力的温度为 25℃。

5. 一位工程师想通过改变焊料的支撑高度，将角部焊点的疲劳寿命提高 10%。那么芯片组装后，焊料互连的高度应该是多少？

6. 根据上题，请评估两个热循环分布图。第一个温度剖面为 $+25 \sim +125℃$，循环时间为 40min；第二个温度分布图为 $-20 \sim +80℃$，循环时间为 24min。利用 Engel-

maier 焊点疲劳寿命模型，确定哪个温度分布图对疲劳寿命的损伤更大。[⊖]

4.6 推荐阅读文献

Post, D., Han, B., and Ifju, P. *High Sensitivity Moiré: Experimental Analysis for Mechanics and Materials.* New York: Springer-Verlag, 1994.

Anderson, T. L. *Fracture Mechanics: Fundamentals and Applications.* 2nd ed. Boca Raton: CRC Press, 1995.

Bathe, K.-J. r. *Finite Element Procedures.* Englewood Cliffs: Prentice Hall, 2014.

Darveaux, R. "Effect of simulation methodology on solder joint crack growth correlation." *in* 2000 Proceedings. 50th Electronic Components and Technology Conference, 21–24 May 2000, Piscataway, NJ, pp. 1048–58, 2000.

Engelmaier, W. "Solder attachment reliability, accelerated testing, and result evaluation." *in* Solder joint reliability. New York: Springer Science+Business Media, pp. 545–587, 1991.

Goldberg, M. F., and Vaccaro, J. United States. Air Development Center, Rome, New York. Research and technology Division. [from old catalog], United States. Air Development Center Rome New York. [from old catalog], United States. Air Development Center New York. Applied Research Laboratory. [from old catalog], and IIT Research Institute. [from old catalog], *Physics of failure in electronics.* Grifliss Air Force Base, N.Y.: Rome Air development Center, Research and Technology Division.

Jiang, Z. Q., Huang, Y., and Chandra, A. "Thermal stresses in layered electronic assemblies." *Journal of Electronic Packaging, Transactions of the ASME,* vol. 119, pp. 127–132, 1997.

Johnson, W. S. ASTM Committee on D-30 on High Modulus Fibers and Their Composites., and ASTM Committee E-24 on Fracture Testing, *Delamination and debonding of materials : a symposium sponsored by ASTM Committees D-30 on High Modulus Fibers and Their Composites and E-24 on Fracture Testing,* Pittsburgh, PA, 8–10 Nov. 1983. Philadelphia, PA: ASTM, 1985.

Ju, S. H., Kuskowski, S., Sandor, B. I., and Plesha, M. E. "Creep-fatigue damage analysis of solder joints." *in* Symposium on Fatigue of Electronic Materials, May 17, 1993, Atlanta, GA, pp. 1–21, 1994.

Michaelides, S., and Sitaraman, S. K. "Die cracking and reliable die design for flip-chip assemblies." *IEEE Transactions on Advanced Packaging,* vol. 22, pp. 602–613, Nov. 1999.

Morgan, H. S. "Thermal stresses in layered electrical assemblies bonded with solder." *in Proceedings of the Winter Annual Meeting,* November 25–30, Dallas, TX, 1990.

Pagano, N. J. *Interlaminar Response of Composite Materials.* Amsterdam; Elsevier, 1989.

Roark, R. J., Young, W. C., and Budynas, R. G. *Roark's Formulas for Stress and Strain.* 7th ed. New York: McGraw-Hill, 2002.

Solomon, H. D. "Fatigue of 60/40 solder [joints]," in *36th Electronic Components Conference.* 5–7 May, New York, NY, pp. 622–9, 1986.

Suhir, E. "Interfacial stresses in bimetal thermostats." *Transactions of the ASME. Journal of Applied Mechanics,* vol. 56, pp. 595–600, 1989.

Yi-Hsin, P., and Eisele, E. "Interfacial shear and peel stresses in multilayered thin stacks subjected to uniform thermal loading." *Transactions of the ASME. Journal of Electronic Packaging,* vol. 113, pp. 164–72, June 1991.

Yin, W. L. "Interfacial thermal stresses in layered structures: the stepped edge problem" in *6th Symposium on Mechanics of Surface Mount Assemblies,* 6–11 Nov. 1994, USA, pp. 153–8, 1995.

⊖ 作业题原文第 4 题其实应当是第 5 题的条件，因此 4、5 两题合并；而第 6 题的条件是第 4、5 题，改后共 6 个作业题。——译者注

第 5 章

微米与纳米级封装材料基础

Himani Sharma 博士
美国佐治亚理工学院
Markondeya Raj Pulugurtha 教授
美国佛罗里达国际大学

C. P. Wong 教授
美国佐治亚理工学院
Rabindra Das 博士
美国麻省理工学院

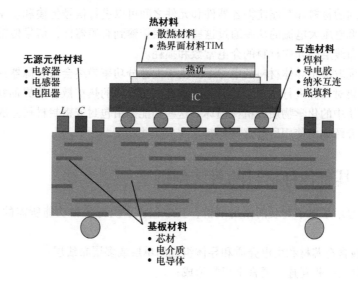

本章主题

- 描述材料在封装中的作用
- 描述用于基板、无源元件、互连和热界面的微米与纳米材料

材料在封装中的作用是什么

材料是所有电子系统的"心脏和灵魂",不论是器件级还是系统级。例如,打开一个智能手机,除了一些材料,你什么也看不到。

这些材料大致分为四类:

1)器件,也称为"0级";

2)封装,也称为"1级";

3)系统板级系统,也称为"2级";

4)器件、封装与板级之间的互连。

封装材料用于互连、供电、冷却和保护元器件。互连从基板开始,形成由厚膜或薄膜材料和工艺技术制成的单层或多层布线层。这些布线层使用两种不同的互连技术连接 I/O 焊盘,将这些基板一端连接到有源器件,另一端连接到系统板。在器件和封装之间使用焊料的倒装芯片;在封装和板之间使用表面安装技术(SMT)。所有这些三级封装之间的材料和互连使得各器件和元件之间可以进行信号传输和功率分配。超高速信号和低电压大电流的功率通过这些布线层传输到有源器件,信号传输取决于用于形成这些布线层的介质材料的介电常数和损耗。

功率分配取决于导体材料的电导率。由于大部分功率最终会将有源器件加热到高温,因此需要对器件进行冷却,从而需要具有高热导性的热扩散和热界面材料。器件需要防止环境中的化学物质或机械损坏。这些功能是由包封或密封材料完成的。

本章将介绍如何使用所有这些材料来完成这些功能。

具有各种材料的封装剖析

图 5.1 显示了电子封装的结构剖析,其中包含了执行各种功能所需的各种材料。它包括:

1)基板含有芯材和由电介质和导体组成的单层或多层布线层;

2)芯片与基板互连,通常由焊料形成;

3)热材料包括由高热导材料制造的大型散热器和集成电路与散热器之间的超薄热界面组成,以提供最小的热阻;

4)无源元件材料,如电容器、电感器和电阻器。

5.2.1 封装材料基础

封装基板是任何电子封装的基础,在其内或在其上制造单层或多层布线层以互连有源器件和无源元件。传统上,封装基板被用作节距小于 $100\mu m$ 的集成电路和节距大于 $400\mu m$ 的主板之间的空间转接器。基板的主要驱动因素是连接到具有高信号完整性的 I/O 焊盘的布线层,以及集成电路的有效功率分配和集成电路的有效传热。这些要求是通过各种材料和工艺实现的。微孔用于从一层连接到另一层。

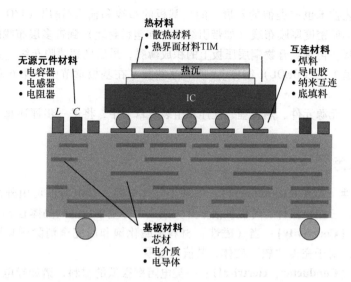

图 5.1　具有形成封装的各种材料的封装剖面结构

如图 5.2 所示，这些基板已经从 20 世纪 70 年代模塑用的金属引线框架基板、20 世纪 80 年代用厚膜制成的陶瓷和 20 世纪 90 年代的聚合物铜层压板、2010 年的硅基片和未来的玻璃基板演变而来。薄膜布线开始出现在 $10\mu m$ 以下的宽度，非常像芯片后道工序的再分布层。图 5.2 不仅显示了这些，还显示了自 20 世纪 90 年代以来的晶圆级封装（WLP），它产生了称为晶圆扇出的嵌入式芯片技术，如第 9 章所述。对于超高 I/O 密度，硅封装（通常称为硅转接板）开始涌现使用后道工序（BEOL）、材料、工艺和工具。

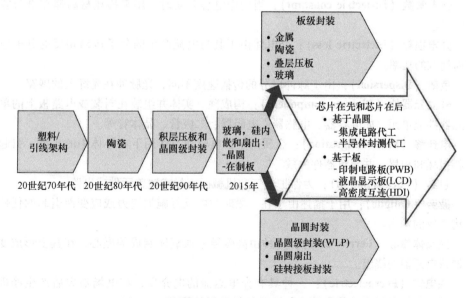

图 5.2　封装基板材料技术向晶圆和板的演变

布线工艺技术也有类似的发展，满足基板的布线和输入/输出（I/O）需求，从低 I/O 端数的低密度厚膜布线（如带引线框架和塑料封装）到带多层布线的高 I/O 端数的陶瓷基板，再到聚合物铜层压板上的积成薄膜，最后到超薄膜布线［如在硅和玻璃基板上后道工艺（BEOL）制作］。所有这些技术在基板章节中（第 6 章）都有更详细的描述。

在基板、无源元件、热管理、互连和组装等章节中，将进一步评述每一级材料的基本作用。

5.2.2　术语

有源器件（Active component）：一种半导体电路，其电特性可由外加电信号控制的。例如，三端口器件、可提供诸如开关或放大等基本功能的晶体管。

矫顽力（Coercivity）：当（磁性）材料被磁化饱和后完全消除磁化所需的反向磁场的大小。对于完美"软"磁体，其值应为零。

电导体（Conductor，electrical）：一类电阻率很低的材料，诸如导电的铜、银或金等。

热导体（Conductor，thermal）：一类能导热的材料，如铜、铝和氧化铍等。

导电聚合物（Conducting polymers）：一类能支持电子流动的聚合物，常用作 LED 和电容器的电极。

热膨胀系数（Coefficient of thermal expansion，CTE）：单位长度的尺寸变化与温度变化之比，通常用 1/℃ 表示。

去耦电容器（Decoupling capacitor）：一种并联电容器，用于对配电系统的瞬态过程进行滤波。

介电常数（Dielectric constant）：当用作电容介质时，用来描述材料储存电荷能力的术语。

介电损耗（Dielectric loss）：介电体由于其与电流产生的分子运动相反的分子摩擦而耗散的功率。

色散（Dispersion）：由于脉冲成分的传播速度不同，光脉冲在光纤上的展宽。

分立元器件（Discrete component）：构成独立实体并组装在封装或电路板上的单个元器件或单元，如电容器、电感器、电阻器、二极管、晶体管等。

电迁移（Electromigration）：金属离子在电驱动力作用下在导体中的扩散，引起材料损耗和积累，并导致器件失效。

包封（Encapsulation）：为保护电气和机械而密封或覆盖元件或电路。

疲劳（Fatigue）：用于描述由于在一段时间内反复施加应力或应变而引起的任何结构失效的术语。

铁氧体磁心（Ferrite core）：一种由高磁导率铁氧体制成的磁心，在其上形成变压器或电感器的绕组。

铁电体（Ferroelectric）：一种具有介电迟滞的电介质，在电场消失后产生净极化；类似于铁磁材料的静电效应与铁磁材料类似的静电。

生瓷片（Green sheet）：一种使用临时聚合物添加剂，如黏结剂以提供临时处理和可加工性的陶瓷粉末薄膜或压合体。

填料（Filler）：一种物质，通常是陶瓷或金属粉末，用于改变液体或聚合物的性质。

热沉（Heat sink）：帮助电子系统散热的支撑元件。通常是一种具有高热导率、高比表面积的金属或金属复合结构，能迅速地给诸如处理器之类的热源散热。

绝缘体（Insulators）：一类高电阻率的材料。

激光（Laser）：一种通过受激原子或分子受激发射光子而产生相干单色光（或其他电磁辐射）的强光束的装置。

μm（Micron）：距离的单位，百万分之一米，亦称微米。

小型化（Miniaturization）：为降低功率和成本而向小型电子元器件或系统发展的趋势。

多层陶瓷电容器（Multilayered ceramic capacitor，MLCC）：由多层金属和陶瓷介质（如钛酸钡和其他铁电体）组成的陶瓷电容器，通过多层金属和陶瓷介质交替连接以增加有效电极面积。

纳米材料（Nanomaterial）：具有纳米级尺度（10^{-9} m）组成的材料。

热界面材料（Thermal interface material，TIM）：应用于两个固体表面之间的导热材料，以增加它们之间的热耦合，同时将两个面粘接在一起。

磁导率（Magnetic permeability）：一种随外加磁场而磁通量增加的度量。数学上定义为 $\mu = B/H$，其中 B 为磁通量，H 为磁场强度。

无源元件（Passive component）：除了输入或输出外，不需要额外信号或电源以实现基本功能的电气元件，例如电阻器、电容器和电感器等两端元件。

表面安装元器件（Surface mount device，SMD）：一种封装设计，用于可将它们直接安装在电路板上的元器件，或分立无源元件上。

薄膜（Thin-film）：由溅射、电镀、蒸发等原子尺度沉积工艺形成的膜。

厚膜（Thick-film）：用黏性聚合物或粉末浆料而形成的膜，然后在温度下固化和烧结。

底充料（Underfill）：也称为底填料，一种聚合物基材料，用于机械地将芯片连接到封装上，并重新分配热膨胀系数（CTE）失配引起的应力，从而减轻它们之间电互连的应力。

通孔（Via）：介质层中的一个开口，用于维持介电层上下金属层之间的导电路径。

引线键合（Wire bonding）：将非常细的金属丝连接在器件引脚和基板焊盘之间以形成电气连接的方法。

润湿性（Wettability）：一种决定熔融金属、聚合物或溶剂在表面扩散或接触的材料特性。

杨氏模量（Young's modulus）：也称为弹性模量，固体材料刚度的量度。

5.3 封装材料、工艺和特性

5.3.1 封装基板材料、工艺和特性

如上所述，封装基板是电子封装的基础。这些基板由半导体（如硅）、绝缘基板（如氧化铝、玻璃）、有机层压板（如FR-4）或金属基板（如铜、铝或可伐合金）组成。基板技术已经从低输入/输出（I/O）数的低密度厚膜布线发展到高I/O数的高密度薄膜布线，形成单芯片、多芯片或整体功能的模块。

基板技术发展的主要驱动因素是具有高信号完整性的布线层和I/O的数量、集成电路的有效功率分配以及集成电路的有效散热。这些要求是通过各种电介质和导电材料及工艺实现的。在给定的区域内，连接垂直互连层的微通孔在实现高I/O密度方面起着关键作用。随着不断创新，不断产生更小的印制线和微通孔，显著改善了容差，到2015年，I/O节距为40μm的基板已可大量生产。

芯材和积层电介质是基板的关键材料。它们决定了信号速度、传热、翘曲以及芯片级和板级的可靠性。基板材料的关键性能是：热膨胀系数（CTE）、玻璃化转变温度、介电损耗、杨氏模量和黏附。典型的基板芯材和介电材料及其功能和相关性能见表5.1。材料的进步是由增加I/O数量和信号速度或频率的需要驱动的。聚合物电介质是信号速度最好的介质之一，其ε_r最低约为3.0。为了获得更快的速度，人们正在开发介电常数较低的材料。随着电介质和微通孔技术在尺寸上的进一步缩小，电介质不开裂势在必行。这可以通过使用弹性模量较低、断裂伸长率较高的电介质来实现。芯材需要足够的刚性和高模量，以防止翘曲，同时能够形成具有高密度的小通孔。封装基板、互连和组件所用材料的热膨胀系数（CTE）差异是应力的主要来源。因此，在整个已封装的芯片中应尽可能地选择CTE紧密匹配的电介质、芯材、互连和底填料。电介质和芯材都应具有许多其他特性，以使它们理想化。本节将评述芯材和积层材料及它们的基本特性。

表5.1 基板材料种类及其重要性能

	功　能	典型材料	重要特性
		芯材	
1	陶瓷基板	• 氧化铝 • 低温共烧陶瓷（LTCC）	• 热膨胀系数（CTE） • 玻璃转化温度 • 杨氏模量 • 表面平滑 • 介电常数和介电损耗 • 热导率
2	有机基板	• FR-4 • BT （双马来酰亚胺三嗪树脂）	
3	硅基板	• 硅	
4	玻璃基板	• 玻璃	

（续）

	功　能	典型材料	重要特性
布线层			
1	电介质	• 陶瓷，聚合物	• 介电损耗 • 介电常数 • 电阻率 • 界面黏附性
2	电导体	• 铜、银和银钯合金	• 电导率

1. 基板材料：基材（芯材）和电介质材料

（1）陶瓷　陶瓷是最常用的基板材料之一，定义为由金属（如铝、锆、钛、钨、钽等）和非金属（如氧、氮、碳、氟等）的化合物构成的无机和非金属固体。金属氧化物（例如氧化铝）、氮化物（例如氮化硅）、碳化物（例如碳化硅）和氟化物（例如氟化镁）是陶瓷的关键类别。陶瓷材料具有超高温稳定性、低介电损耗、低介电常数、高模量、低热膨胀系数、高电阻率、高绝缘强度等许多优点，是计算、射频、汽车等高温高功率应用的首选材料。陶瓷封装的关键特性是能够与金属共烧，作为由大量厚陶瓷介质和导电印制线组成的多层共烧基板。据报道，共烧层可多达101 层。

用于计算应用的陶瓷基板的剖面结构如图 5.3 所示。它有四个要素：

1）绝缘多层导电层的电介质，如氧化铝、微晶玻璃或氮化铝；

2）供电源供给和分配、信号传输的导体，如铜；

3）顶部钎焊的金属盖，用于散热和保护芯片；

4）将基板与电路板互连的针栅阵列或球栅阵列。

氧化铝和玻璃陶瓷［又称低温共烧陶瓷（LTCC）］：氧化铝是陶瓷封装的主力军，因为它的可用性丰富，其介电性能，如低损耗、高介电强度、高机械强度，以及与金属（如钼和钨）共烧以形成所需尽可能多的层以形成高 I/O 数的能力。由于这种共烧需要非常高的温度，大约 1560℃，所以被称为高温共烧陶瓷（HTCC）。在 20 世纪 70 年代和 80 年代，它被使用了大约 20 年，下一代需要更低的介电常数，更低、更接近硅和铜的热膨胀系数为共烧冶金材料。这个新一代材料被 IBM 称为玻璃陶瓷，其他公司称为玻璃 + 陶瓷，也称为低温共烧陶瓷（LTCC）。

低温共烧陶瓷（LTCC）：HTCC 和 LTCC 的研发和首次制造是由 Tummala 教授和他的 IBM 团队在 20 世纪 80 年代开创的，开发的这项技术已具有可多达 101 层陶瓷和铜以及与硅集成电路相同的热膨胀系数。制造 LTCC 有很多方法，其中一种是以玻璃为原料，由于在相同的时间和温度下与厚膜铜金属化共烧，将玻璃转化为高强度玻璃-陶瓷（微晶玻璃）。

另一种方法是使用氧化铝和玻璃的混合物，并使用玻璃围绕氧化铝颗粒烧结。通常向氧化铝中添加高达 40% 玻璃体积的硅酸铝，从而将烧结温度降低到 850℃。玻璃相在低温下烧结，完全润湿氧化铝颗粒，并有助于烧结。玻璃和陶瓷相共存于最终材

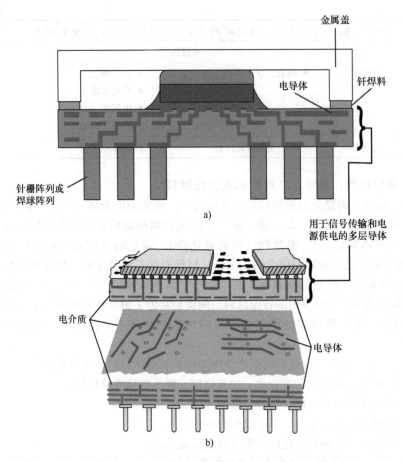

图 5.3 a) 单芯片 b) 多芯片多层陶瓷封装

料中，具有晶体和玻璃的定制特性，这些称为玻璃 + 陶瓷。

玻璃-陶瓷（微晶玻璃）和玻璃 + 陶瓷都被用于形成多层低温共烧陶瓷（LTCC）技术。它们提供坚固、气密、可靠的封装，具有任何其他封装技术所不具备的许多特性。这包括低热膨胀系数（与硅类似）、低介电常数（约 5）、与高达 100 层的共烧能力，最终变成具有非常高密度的输入/输出端的高密度布线。陶瓷是具有高强度的高温材料，在较高的温度下仍能保持其强度。它们的高热导率对于引线键合应用非常有利，在这种应用中，有源面朝上，芯片背面粘在基板上以传导热量。对于有源面朝下的高性能封装，可以在不穿过陶瓷基板的情况下从芯片顶部去除热量。

（2）有机基板 第二常见的基板材料是有机、聚合物或层压材料，见表 5.1。有机基板是由聚合物-玻璃复合材料制成的。最常见的聚合物是环氧树脂、双马来酰亚胺三嗪（BT）、聚酰亚胺和含氟聚合物。目前，大多数封装和电路板都是由这类材料制成的，如 FR-4（阻燃第 4 代、玻璃布和环氧树脂的复合材料）和 BT。新型层压材料具有大量先进和增强的填料，解决了 FR-4 和 BT 基板的一些局限性。低成本的环氧

148

树脂基层压板中，纤维和颗粒填料的填充量较高，热膨胀系数为 8~12ppm/℃。这些层压板的模量也比 FR-4 和 BT 高 20%~30%。其他用作基板芯材的材料有碳和陶瓷-聚合物复合材料。沥青碳具有类金刚石的刚度，沥青碳-环氧树脂在增强体体积分数大于 60% 时，其刚度可达 200GPa，但填料的高填充量导致复合材料的脆性。另一类复合封装材料是金属基复合材料，具有良好的可加工性和高导热性，但不满足刚度要求。市场上可以买到的碳布增强铝基复合材料的刚度不尽如人意。像氮化铝和碳化硅这样的陶瓷具有足够的刚度和接近硅的热膨胀系数，可以在没有底填料的情况下提供可靠性。然而，由于价格昂贵，需要超高温烧结，且不适合大面积制造，因此它们没有大量应用。

低热膨胀系数有机层压材料也已开发出先进的填料，如芳纶，具有负热膨胀系数，这会导致低基板热膨胀系数。杜邦的无纺芳纶增强层压材料系具有可调的面内热膨胀系数，可减少硅集成电路和层压基板之间的热膨胀失配。这导致焊点在热循环过程中应变降低，从而产生更高可靠性的封装系统。由于没有纺制增强的玻璃纤维材料，所以这些材料还具有高通量激光可钻性。低 CTE 板的金属芯基板，如因瓦合金，也显示出更好的热机械可靠性。低热膨胀系数层压板也由薄的铜-因瓦-铜芯和多层 PTFE 电介质制成；由于其低的热膨胀系数，因此它们在 $180~225\mu m$ 节距下显示出可靠的倒装芯片组装。

(3) 硅基板 硅是电子工业中最有名的材料。它的用量仅次于玻璃，玻璃主要用于超大面积显示器。硅因其许多独特的性质而成为优良材料。首先，硅是一种高温材料，具有特殊的尺寸稳定性，可以加工超高准确度电路，其热膨胀系数与硅集成电路相同。由于硅封装基板顶部的有源集成电路实际上是由硅本身制成的，因此在加工和使用寿命期间遇到的热机械应力最小，从而提高了封装的可靠性。硅具有良好的热导率，它也完全适用于研磨和加工，同样可用于 MEMS 的微加工，以形成通孔、通道和腔。然而，硅在封装应用上有两个主要限制：其电损耗和介电常数都高，且仅在 300mm 晶圆中制造。

(4) 玻璃基板 封装基板的关键新兴材料是玻璃。玻璃是一种无机、非金属和非晶的固体，由二氧化硅（SiO_2）、氧化硼（B_2O_3）、氧化钠（Na_2O）和氧化钙等玻璃形成氧化物构成。它被熔化并被拉伸成超薄和超宽的薄片，用于显示应用。玻璃具有超高电阻率、低电损耗和低介电常数的优异电性能。它的热膨胀系数可以从 3ppm/℃ 到高达 9ppm/℃ 不等。与热膨胀系数固定在 3ppm/℃ 左右的硅相比，这是一个巨大的优势，它是与具有相同热膨胀系数的硅集成电路互连的理想选择，但与有机基板相比太低。然而，玻璃的热导率只有硅的 1%，比现在最常用的层压板封装材料的热导率高 10 倍，这可能导致热传导不良。引入玻璃基转接板的关键挑战是经济地形成大量的玻璃通孔（TGV）和玻璃基板代工厂所需的制造投资。

2. 基板特性

基板的主要性能是热膨胀系数（CTE）、介电损耗、介电常数、电阻率、玻璃化转变温度、杨氏模量以及作为绝缘体的玻璃与作为导体的铜之间界面黏结。这些属性描述如下。

(1) 热膨胀系数（CTE）　材料在加热或冷却过程中发生的尺寸变化，是用热膨胀系数（CTE）来表征的。CTE 可定义为每单位长度每单位温度上升所发生的尺寸变化

$$CTE = \frac{\Delta l}{l \Delta T} \tag{5.1}$$

CTE 的量纲为 $1/℃$。CTE 值的范围通常为 $-1 \times 10^{-6} \sim 200 \times 10^{-6}$。因此，使用单位 ppm/℃ 不用指数。大多数材料在加热时膨胀，产生 CTE 正数。某些材料，如石墨和锂铝硅酸盐（锂辉石），在某些方向上 CTE 为负数。从原子间电动势及其随原子间距的变化可以理解 CTE 行为。在较高的温度下，原子具有较高的振动振幅。由于原子间电动势的不对称性，平均原子间距随温度的升高而增大，导致热膨胀。

通常观察到较牢固的键（共价陶瓷，如 SiC、AlN）和束缚较松弛的无机结构（如二氧化硅）会导致较低的热膨胀系数。聚合物链由相对较弱的键保持，并且表现出较高的膨胀系数。在玻璃化转变温度以上，聚合物的 CTE 突然升高。大多数电子聚合物的 CTE 值是通过热机械分析（Thermo Mechanical Analysis，TMA）获得的。一些关键封装材料的 CTE 值见表 5.2。

表 5.2　封装材料的 CTE

封 装 材 料	CTE/（ppm/℃）
硅基板	2.6
底充料（填充前）	>50（低于 T_g）
底充料（填充后）	30（低于 T_g）
填充有机电介质	30 ~ 45
氧化铝基板	7
LTCC 基板	3.5
锡-铅焊料	28
印制电路板或有机层压板	17 ~ 21

复合材料和玻璃通常是根据特定的应用来调整其 CTE 的。在这方面一个重要的成功案例是设计了一种玻璃陶瓷，其 CTE 与硅的 CTE 完全匹配，以消除连接芯片和玻璃陶瓷的焊接中的应力。

(2) 玻璃化转变温度 T_g　玻璃化转变温度 T_g 定义为非晶材料从脆性状态到橡胶状态的转变温度。晶体材料不显示这种转变，除非在熔点。如图 5.4 所示，玻璃化转变表现为许多材料物理性质的剧烈变化，如 CTE 和模量。CTE 超过玻璃化转变温度后显著增加，而模量降低。聚合物在玻璃化转变温度以上冷却时，会受到严重的热机械应力，并具有内在的尺寸不稳定性，导致较大的翘曲。因此，T_g 是电子封装材料的重要材料性能。使用高 T_g 聚合物可以大大提高封装的热机械可靠性。玻璃化转变温度由热机械分析（TMA）和动态力学分析（Dynamic Mechanica Aalysis，DMA）通过监测尺寸或模量随温度的变化来表征。

　　分子运动是决定 T_g 的最重要因素。由于热能的作用，分子链趋于波动。涨落的特征是与温度有关的弛豫时间的分布。低于 T_g 时，分子运动受阻（弛豫时间很长），体积变化滞后于温度，导致自由体积过大。在 T_g 以上，分子链具有足够的热能在不同构象（侧基的旋转等）之间波动，从而独立于其他片段摆动。

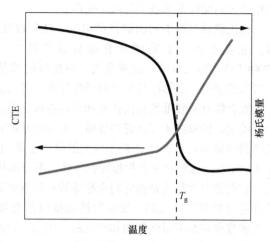

图 5.4　聚合物中的玻璃化转变温度 T_g 现象

　　一些材料显示出两种不同的松弛时间，一种对应于主链，另一种对应于侧链。主链的弛豫转换（α 转变）温度普遍高于侧链的弛豫转换（β 转变）温度。因此，这些材料显示出两种玻璃化转变温度。虽然玻璃化转变温度与速率有关，但通常表现为二阶热力学转变。

　　对于链长远大于 25～30 个碳原子片段的分子，T_g 与分子量无关。确定 T_g 的主要聚合物结构参数为：

　　1）元素和键的类型决定主链的内在流动性；

　　2）侧基形状和刚度通过侧基空间位阻影响链柔性；

　　3）侧基之间的自由量；

　　4）侧基的规则性和沿链的对称性有助于有效的链组装，从而导致微晶区自由体积减小和 T_g 增加；

　　5）提供形成共价、离子或配位交联位点的侧基。

　　低运动阻力的线性聚合物和长柔性链具有非常低的 T_g。粗大的侧基降低了链的移动性，从而提高了 T_g。例如，与脂肪族侧基相比，芳香族侧基显著提高了 T_g。极性基团和氢键的存在也提高了 T_g。聚合物化学家可以用这些作工具来调节 T_g。

　　在商业上重要的聚合物材料中，聚酰亚胺的 T_g 最高（350℃以上），而有机硅的 T_g 最低。封装中使用最广泛的聚合物是环氧树脂，其 T_g 在 120～200℃之间。玻璃化转变温度直接取决于固化程度。

　　(3) 杨氏模量　所有材料在外力作用下都会变形。变形可以是永久性的，也可以是暂时性的，可以是随时间变化的，也可以是不受时间影响的，并据此进行分类。力-变形关系用应力和应变表示。应力是单位面积上的力，应变是无量纲变形（单位长度的变形），这些都是张量，需要 9 个分量才能完整描述。材料通常具有线性应力-应变曲线，直到达到临界应力（弹性极限），然后转变成塑性。杨氏模量是材料内部产生单位应变的应力，通常以应力-应变曲线线性部分的斜率来测量。材料的刚度是其在加载时抵抗弹性变形或挠度的能力，其特征是杨氏模量和材料几何结构。脆性材料，如陶瓷在弹性极限内以非常低的应变失效，而没有塑性变形。金属和聚合物显示出相当大的塑性变形或不可恢复变形。

　　杨氏模量与原子间的键直接相关。具有较强键（共价）的材料显示出较高的模量。过渡金属由于其键具有部分共价特性，所以比碱金属具有更高的模量（200GPa）。第二和第三过渡金属具有更高的模量（甚至高达600GPa），但同时具有非常高的密度。晶体结构的各向异性导致了各向异性的力学性能，比如石墨。

　　聚合物具有较低的杨氏模量和弹性极限，是因为聚合物链由相对较弱的二级键结合。模量的值取决于二级键的性质、大量侧基的存在、链中的分支和交联。无支链聚乙烯的模量为0.2GPa，而侧基较大的聚苯乙烯的模量为3GPa，三维交联橡胶的模量为3~5GPa。橡胶状聚合物称为弹性体，不遵循胡克定律（线性应力-应变关系）。但是，它们的弹性行为是指它们在移除载荷后返回原始尺寸。高弹性应变是由聚合物链的开卷（松开）引起的。聚合物链的排列是增加刚性的一种方法。在聚合物中发生的大多数变形是不可恢复的和塑性的。应力-应变曲线的非线性部分没有很好的表征，使得聚合物基材料的应力分析相对复杂。应力-应变行为描述了金属、聚合物、陶瓷和玻璃的典型弹性、弹性极限、塑性和断裂应力，如图5.5所示。

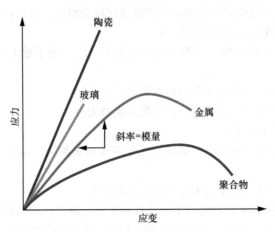

图5.5　某些封装材料的应力-应变特性

　　可以用玻璃织物增强聚合物的杨氏模量。如果织物是连续的，则用一个简单的混合规则估计复合基板的模量。

$$E_c = E_m V_m + E_p V_p \qquad (5.2)$$

式中，V 为沿感兴趣方向排列的纤维的体积分数；E 为指杨氏模量，下标 c、p 和 m 分别是指复合材料、纤维和聚合物基体。

　　在 CTE 失配（$\Delta\alpha$，薄膜和基板的 CTE 之差）和温度梯度（ΔT，参考应力温度和感兴趣温度之间的差）的情况下，基板上薄膜之间界面处的应力可以估计为

$$\sigma_{film} = \frac{\Delta\alpha\Delta T E_{film}}{1 - \nu_f} \qquad (5.3)$$

式中，E_{film} 为薄膜的杨氏模量；ν_f 为薄膜的泊松比。界面热失配引起的高应力导致界面断裂、薄膜分层、疲劳断裂，是影响热机械可靠性和屈服的主要因素。当界面足够

坚固，能够承受薄膜内部的应力时，应力将导致梁弯曲。根据 Stoney 的分析，曲率可由式（5.4）计算求得

$$\sigma_{\text{film}} = \frac{E_s t_s^2}{6(1-\nu_s)t_f}K \tag{5.4}$$

式中，t_s 和 t_f 分别为基板和薄膜的厚度；K 为复合材料的曲率；E 为基板的模量。

3. 带电介质和导体的布线层

（1）电介质　如表 5.1 所示，电介质是基板的关键部分。电子应用的电介质材料可分为低 k 型和高 k 型。构成信号传输线介质的材料应具有较低的介电常数，因此，聚合物和低 k 陶瓷更受青睐。

对用于基板的电介质材料要求是：①低损耗；②可用作 GHz 频率下的低介电常数；③低 CTE 值，通常在硅和板之间；④高强度；⑤极低的吸湿性；⑥工作温度下的稳定性。电介质材料不仅要热稳定，而且在加工和使用过程中所经历的所有温度下都不能析放出气体。材料的退化和质量损失会导致性能退化，包括黏附性、介电性能和机械性能。此外，电介质必须具有宽的加工温度窗口，该温度低于封装中所有材料的降解温度。电介质材料除了与自身黏附良好外，还应与基板和金属互连黏附良好。电介质层的分层会导致封装失效或长期可靠性问题。电介质应具有低吸湿性，电介质层中的吸水性会导致黏附性、电性能和应力的不良变化。

目前，在高密度封装中，大多数微通孔积成层使用环氧基电介质来形成低成本的有机芯基板（例如 FR4 环氧玻璃纤维板）。环氧树脂以其优异的黏附性、良好的热稳定性、较低的加工温度（<150℃）和较低的成本，在微通孔板中得到了广泛的应用。然而，环氧树脂的介电常数（3.5～5.0）也比许多其他聚合物的电介质和吸水率高（0.3～1.0wt%）。在高密度封装中，需要新的材料来减少沿通孔的断裂。高性能电介质，如旭化成的 A-PPE，罗杰斯和戈尔的 LCP，罗杰斯的碳氢陶瓷 4000 系列，都被认为适合高频应用。表 5.3 总结了用于微通孔基板的高性能电介质材料及其关键电性能和加工方法。

表 5.3　聚合物介电材料、微通孔工艺和性能

电介质材料	1GHz 下的介电常数	1GHz 下的损耗正切	模量/GPa	X，Y，CTE/（ppm/℃）	可获得方式	通孔形成方法	通孔种子层金属化
聚酰亚胺	2.9～4.0	0.002	2.5～9.5	3～20	薄膜、液晶	激光、光刻	溅射种子
BCB	2.9	0.001	2.9	45～52	液晶	光刻、RIE	溅射种子
LCP	2.8	0.002	2.25	17	层压板	UV 激光、机械钻孔	化学镀铜
PPE	2.9	0.005	3.4	16	RCC	UV、CO$_2$ 激光	化学镀铜
聚降冰片烯	2.6	0.001	0.5～1	83	液晶	光刻、RIE	溅射种子
环氧树脂	3.5～4.0	0.02～0.03	1～5	40～70	薄膜、RCC、液晶	UV、CO$_2$ 激光、照相	化学镀铜

注：UV 即紫外；RIE 为反应离子刻蚀；RCC 树脂涂覆铜。

薄膜是满足高布线密度印制线阻抗要求的关键。BCB、聚降冰片烯（Polynorbornene）和聚酰亚胺等材料是很好的候选材料，尽管它们有一些性能限制。为了降低封装成本，通过层压形成薄电介质的大面积制造工艺是非常理想的。

（2）导体 在基板中或基板上形成电连接的导体必须是低电阻率金属，如铜。电子器件中高密度布线是高性能器件封装的关键。

4. 电介质和导体特性

基板布线层的关键特性是介电损耗、电导率和界面黏附性，下面将描述这些属性。

（1）介电损耗 介电损耗是导致电压传输损耗 V_{out} 的一个重要因素，特别是在更高的频率下，或在较长和较窄的导体互连中。这可以用式（5.5）来描述

$$V_{out} = V_{in} e^{\frac{-\pi\tan\delta \cdot fl}{\nu}} \tag{5.5}$$

式中，f 为频率；l 为互连长度；ν 为信号在介质中的传输速度。因此，$\tan\delta$ 是高频结构设计中需要考虑的重要材料参数。值得注意的是，也有其他因素造成损失，如电阻损耗和趋肤效应损失。众所周知，聚合物的损耗很高，因此无机材料是高频应用的理想选择。

（2）界面黏附 电介质与铜之间的黏附性，以及电介质与它匹配的下面基板之间的黏附性，对任何半导体封装的可靠性都是至关重要的。有两种黏合机制，物理黏合和化学黏合，它们有助于聚合物在表面上的整体黏合强度。化学键包括形成共价键或离子键来连接聚合物和基板。在没有共价键的情况下，弱范德华键与物理键相互补充，物理键包括聚合物与基板表面之间的机械联锁或物理吸附。在机械联锁中，聚合物和基板在更宏观的层面上相互作用，聚合物在此处流入基板表面的缝隙和孔隙，以建立黏合。因此，由于有更多的表面积和"锚"以允许聚合物和基板之间的联锁，聚合物在粗糙表面上具有更好的黏附力。

等离子清洗被认为是提高导电胶附着力的有效途径之一。在等离子体刻蚀过程中，等离子体自由基与污染物发生反应，长链有机分子可以分解成气态的小分子（主要是气态水和二氧化碳的结合）。这些微粒可以在等离子清洗过程中去除。此外，等离子体还可以刻蚀表面，使其粗糙化，以增强机械联锁机制，改善黏附力。氧等离子体处理或其他化学处理也可使聚合物表面氧化，以改善与沉积金属膜的共价键合。

另一种提高附着力的方法是使用偶联剂。偶联剂是基于硅、钛或锆的有机功能化合物。偶联剂由两部分组成，充当将无机基板"偶联"到聚合物的中介。例如，硅烷具有与聚合物和基板相互作用的不同类型的有机链。表面粗糙化，例如通过喷砂、化学蚀刻、等离子处理或阳极氧化以获得特定的形貌，已被用于提高黏合强度，并在潮湿或腐蚀环境中提供结构耐久性。

另一种方法是降低胶黏剂的弹性模量。采用低弹性模量树脂，可以降低黏结界面的热应力，从而提高黏结强度和界面可靠性。但是，模量值太低会降低黏结力，从而降低黏结强度。因此，弹性模量、界面强度和黏结强度，都需要优化，以提高黏结性能。除上述方法外，固化条件、IC 封装表面结构等因素也可能影响复合材料的黏结强度。

环氧树脂因其与金属和陶瓷具有良好的附着力和低廉的成本，被广泛应用于在基板上建造布线层。然而，由于缺乏适当的附着力，界面处出现了许多可靠性问题。为了了解黏结问题，这里讨论一个典型的例子。在多层印制电路板的制造和半导体芯片的封装中，铜与环氧树脂之间的黏合是至关重要的。由于天然氧化铜的机械性能弱、化学性质不稳定、不易被黏结剂润湿，故其纯态铜与聚合物基板的黏附性差。为了提高黏附性，表面用氧化剂处理。用环咪唑和苯并三唑衍生物等偶联剂提高在酸性环境中键的耐久性。这些化合物既有与铜表面氢氧化亚铜形成络合物的活性质子，也有与环氧树脂相互作用的胺和羧酸等官能团。通常，用90°剥离试验和拉伸强度测量来评估含铜复合材料的黏合强度。例如，铜箔的剥离强度可高达893~1430gm/cm（适用于二氧化硅填充环氧树脂），也可低至357~530gm/cm（适用于金属填充环氧树脂复合材料）。

5.3.2　互连和组装材料、工艺和特性

互连分为两类，包括：①基板内或基板上的单个或多个布线层，连接到I/O焊盘或凸点；②基板和芯片之间的小焊料或其他互连连接。

1. 布线互连

布线互连由导体和电介质组成，通常由厚膜或薄膜工艺形成，见表5.4。铜是最常见的导体，因为它具有很高的导电性，易于加工成导电的印制线和通孔，以及丰富的可用性。电介质可以是陶瓷、玻璃或聚合物。导体之间需要设置阻挡层，以防止离子从一个印制线迁移到另一个印制线，特别是当它们间距很小时。

表 5.4　某些互连材料的重要特性

	功　能	典　型　材　料	重　要　特　性
		互连材料	
1	焊料 金属	• 锡铅焊料，无铅焊料 • 铝、铜、金	• 抗电迁移电阻 • 抗疲劳 • 导电性 • 吸湿性 • 热膨胀系数 CTE • 杨氏模量
2	导电胶	• 环氧树脂-陶瓷复合材料	
3	互连纳米材料	• 纳米金属 • 碳纳米管互连材料	
4	底填料	• 硅填充聚合物	

2. 器件到基板的互连

器件到基板的互连是器件端点和基板焊盘之间的电气连接。器件有时也被称为芯片，芯片上的布线层和基板上的布线层之间的互连也被称为芯片外互连。然而，这两个元件之间的任何互连都需要将一个元器件组装到另一个元器件上。互连通常是通过用铝、铜或金导线的引线键合或倒装芯片焊料组装形成的。在引线键合互连中，铝或铜的金属线用于在基板和组装在基板顶部的其他元件之间形成电通路。在这种情况下，芯片面朝上，布线是从器件顶部延伸到基板。在倒装芯片互连中，芯片面朝下，

使用短的焊凸点、金钉或填银黏结剂粘接到基板上。焊料是片外互连的主要材料。首先讨论这些，然后是新兴的先进焊料、导电黏结剂和纳米互连。互连材料、其功能和特性的列于表5.4。互连技术的细节也可以在本节中找到。

(1) 基于焊料的互连 互连是通过焊接实现的，最常见的焊料是熔点为183℃的共晶铅锡合金。然而，由于铅的毒性，限制有害物质（RoHS）条约已禁止在大多数电子产品中使用含铅焊料。因此，在电源模块中，高铅焊料正被 SnCu0.7 或 SnAg3.5 等替代品所取代；然而，它们的性能尚未达到其含铅焊料的水平匹配。无铅焊料的例子见表5.5。可制造性、延展性、成本、电迁移和疲劳性能是互连材料所考虑的一些标准。无铅焊料在满足下一代电力系统所需的电、热和可靠性性能方面受到根本限制，主要原因是其载流能力和热稳定性较低。尽管高含金量的焊料满足了其中一些要求，但由于金的高昂成本，限制了其在大面积连接中的适用性，如功率芯片互连所需。

表 5.5　无铅焊料及其熔点

合　　金	熔　　点
Sn96.6/Ag3.5	221℃
Sn99.3/Cu0.7	227℃
Sn/Ag/Cu	217℃（三元共晶）
Sn/Ag/Cu/X（Sb, In）	熔点范围根据成分而变，一般高于210℃
Sn/Ag/Bi	熔点范围根据成分而变，一般高于200℃
Sn95/Sb5	232~240℃
Sn91/Zn9	199℃
Bi58/Sn42	138℃
Sn/Pb（对比用）	183℃

其他替代焊料的方法也显示出了巨大的潜力，包括 SLID（固液互扩散）或 TLP（瞬时液相）互连结构，以及 Ag 烧结连接。以稳定的 Cu_3Sn 相为主的全 IMC（金属间化合物）最终成分为目标的 Cu-Sn 系统中的 SLID 键合已用于大功率模块应用中，这些模块中的互连要经受大电流和高温的影响。银（Ag）是另一种被用作互连材料的替代品，因为它具有所有金属中最高的导电率、次佳的导热率，并且比金便宜。然而，铜由于其与银相当的电、热和机械性能以及显著的低成本，仍然是理想的互连材料。在低温（约200℃）下烧结纳米尺度铜也显示出有希望的结果；然而，在烧结过程中铜表面的氧化仍然是一个需要克服的主要挑战。此外，铜烧结接头固有的缺点与银烧结连接相同：①致密化后的残留孔隙率；②固有刚度阻碍了它用于大尺寸芯片。

(2) 导电胶 用低模量的有机导电胶代替相对高模量的焊料，可以降低连接处的组装温度和应力。它们的低固化温度也降低了组装温度。因此，用有机基导电胶代替焊料是一种日益增长的趋势。推动导电胶研究的其他因素包括由于最小的表面处理、抗疲劳性和消除有害的铅基材料而降低成本。黏结剂通常是填充有高导电性银片的聚合物。添加这种金属填料使其导电。用渗流理论解释了黏结剂的导电性能。渗透阈值定义为导电粒子开始通过黏结剂形成连续导电路径的点。当金属填料的体积分数达到一个临界值时，其电导率急剧增加。根据填充物的数量，黏结剂分为非导电（无填充物）、各向异性导电（仅在一个方向上导电，使用远低于渗透阈值的导电颗粒部分）和各向同性导电（导电颗粒部分远高于渗透阈值）。渗流时的体积分数取决于导电颗粒的形状和尺寸，以及粘接接头的几何形状，但通常为 15% ~ 25%。

(3) 互连用纳米材料。

1) 纳米金属：随着电子元器件的不断向小型化发展，互连节距已缩小到 $100\mu m$以下。然而，小于 $100\mu m$ 节距的技术实现受到焊料施加工艺、电气性能和可靠性的限制。为了实现超精细节距互连，克服焊料和薄膜器件在精细节距连接的局限性，需要一套新的纳米互连技术。纳米互连利用纳米结构材料来解决这些限制，与微米互连相比，可在以下方面得到增强：

① 可扩展性（亚 μm 到 μm 节距）；

② 电气性能（载流能力，较低的电阻、电感和电容）；

③ 机械性能（强度和抗疲劳性）；

④ 可加工性（如低温组装）。

通过一个例子说明纳米互连的潜力。焊料-无铅-铜与大尺寸镀铜件的连接是在约 400℃、压力超过 $30N/cm^2$、超高真空和洁净室环境下，经过仔细的氧化铜清洗程序，用热压焊（TCB）工艺完成的。然而，TCB 过程中使用的较高温度和压力会导致大量的工艺量产能力、热可靠性，以及应力相关的可靠性问题。另一方面，纳米材料可以在低温和低压下烧结，因为它们的表面能很高，可以通过固态扩散形成连接，所以通常在低于 250℃ 的温度和 1 ~ 5MPa 的压力范围内完成。

通过吉布斯-汤姆森方程描述了金属纳米粒子熔点 T_{MP}^{d} 的降低

$$T_{MP}^{d} = T_{MB}\left(1 - 4\frac{\sigma_{sl}}{H_{f}\rho_{s}d}\right) \tag{5.6}$$

式中，T_{MB} 为本体熔化温度；σ_{sl} 为固-液界面能；H_{f} 为体积熔合热；ρ_{s} 为固体密度；d 为颗粒直径。

纳米粒子具有更高的表面积，提供热力学驱动力和加速传质动力学，因此具有更高的表面活性。纳米银、纳米铜和其他纳米颗粒可以在较低的温度和压力下烧结。尽管 Ag 烧结连接具有优异的整体性能，但其固有的孔隙率仍会降低管芯的抗剪强度，特别是在热应力作用后，导致分层。在热力循环过程中，孔隙趋于增大，导致裂纹扩展不稳定，最终导致银连接失效。

2) 基于碳纳米管（CNT）的互连：金属单壁碳纳米管（SWCNT）显示出弹道电子传输、优异的载流能力和热导率，这使得传统互连材料通常遇到的焦耳热和电迁移问题减少。因此，与传统焊料相比，SWCNT 使新型芯片-封装互连具有几个数量级的更高互连密度和可靠性。然而，高质量的碳纳米管生长和与基板的欧姆接触需要 500 ~ 800℃ 的工艺温度，这与集成电路及其在有机基板上的组装不兼容。为了解决这一问题，利用焊料黏结剂和焊料毛细吸入开口的碳纳米管从工艺晶圆转移到器件晶圆。因此，将碳纳米管集成为芯片封装纳米互连是可行的。

3. 互连特性

(1) 电导性　当电场作用于导体时，电子向正电位漂移，产生电流。电导率是电流密度与外加电场的比值

$$J = \sigma E \qquad (5.7)$$

式中，J 为电流密度，单位为 A/m^2；σ 为电导率，单位为 $1/(\Omega \cdot m)$；E 为电场，单位为 V/m。

σ 是测量传导可用电子数及其迁移率的一种方法。电导率的倒数是电阻率。电导率取决于材料和温度，它通常但并不总是独立于外加电压（欧姆定律）。电流源于电子和离子传导。

(2) 电迁移　电迁移是在电驱动力的作用下通过扩散发生的，在这种情况下，由于外加电流，原子在导体中发生位移。可以用式 (5.8) 来描述

$$J = C\mu F \qquad (5.8)$$

式中，J 为原子通量（或单位面积的净原子数）；C 为自由电子浓度；μ 为原子的迁移率；F 为驱动力，它与外加电场 E 直接相关。

这种现象引起了人们的极大关注，因为阳极端原子积累的增加会导致短路，而阴极端由于原子耗尽会出现空位，从而导致开路或裂纹的萌生和扩展。原子在外加电场下沿电流方向运动，如图 5.6 所示。

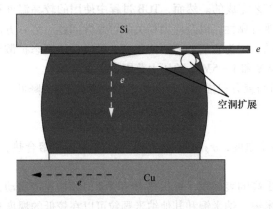

图 5.6　焊凸点电迁移示意图（由加州大学洛杉矶分校 K N Tu 提供）

(3) 底填料　底填料的主要作用是重新分配，从而降低焊球和高 k 电介质中的机械应力。封装和芯片（IC）之间的热膨胀系数（CTE）失配会导致显著的应力，从而导致焊点失效。这种应力随着芯片尺寸和功率密度的增加而增加。通过使用机械连接集成电路和基板的环氧树脂等底部填充材料，可以减轻热机械应力，从而减少焊料上的应变。通过黏附在芯片下的所有表面，底充黏结剂将负载重新分配到整个芯片区域，从而减少焊凸点上的有效负载。底充胶还使焊凸块点保持流体静压，从而提高疲劳寿命，并在应变下保持凸点完整。与焊料的低 CTE 相匹配且介于硅和基板之间的低 CTE 的底填料进一步有助于这一过程，因此各种填料被用于降低底填料的 CTE。

底填料通常是聚合物与无机填料（如二氧化硅填料或颗粒）的复合材料。聚合物可以是环氧树脂、氰酸酯、有机硅和聚氨酯。如图 5.7 所示，在集成电路和封装基板之间分配底填料。本节讨论底填料的材料、特性和工艺。

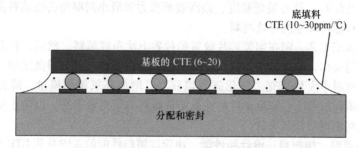

图 5.7　集成电路和基板之间的底填料图示

（4）底填料工艺　根据不同的涂布工艺，底填料工艺分为毛细管底填料和预填底填料两种。在毛细管底填料的情况下，要组装的倒装芯片器件被放置在温度控制台上，温度设定在 70～100℃以帮助聚合物流动，底填料从注射筒中排出，针头位于芯片边缘。螺杆驱动和线性排量泵都用于底填料分配，后者产生更好的体积控制。根据所需的边缘接缝尺寸和外形，可采用不同的分配模式，例如，单直行程、单 L 行程、双 L 对角线和全周边密封等。其他底填料工艺参数，如压头速度、针头尺寸和长度 L、针头到基板 Z 和到芯片边缘 X 的距离，这些都是按规程成功进行底填料涂布操作的关键。图 5.8 说明了底填料工艺技术。

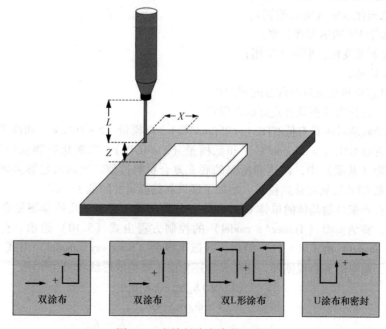

图 5.8　底填料涂布参数和优化

Washburn 方程描述了芯片与基板间隙之间的底填料流动所需的时间

$$t_{\text{underfill}} = \frac{3\eta L^2}{h\gamma cos\theta} \tag{5.9}$$

式中，η 为黏度；L 为流动距离；h 为芯片与基板间隙；γ 为表面张力；θ 为润湿角。

根据式（5.9），具有最低黏度、最高表面张力和最小润湿角的底填料是给定芯片与基板间隙和芯片尺寸的可选材料。

如果是预填工艺，则在倒装芯片放置的位置上涂布底填料。然后，将芯片放置在底部填充料的顶部，最后，用力放在流体上的芯片，使焊凸点与焊盘接触。普通的底填料型包封材料中大量填充二氧化硅等填料，以增加环氧树脂模量，降低蠕变敏感性，降低底填料的 CTE。非流动性底充黏结剂填料的填充量不高，以防止倒装芯片凸点和焊盘之间填料的任何夹持。

（5）底填料、模塑料、设计和性能 决定底填料性能的关键是其 CTE 和模量。底填料的 CTE 应接近焊点的 CTE，并具有高的玻璃化转变温度，以确保在高温下的低热膨胀。高弹性模量的底填料能有效地将应力重新分配到整个芯片区域，因此也是理想的性能。此外，底填料还应与芯片和基板表面具有良好的黏附力。底填料在涂布过程中也应达到低黏度，以便它们在芯片和基板之间流动而不留下任何间隙和空洞。

底填料的关键要求是：

1）高模量（5~10GPa）；

2）中等玻璃转化温度 T_g 约 150℃；

3）低 CTE（目标值 < 25ppm/℃）；

4）低固化温度（应力控制）；

5）低固化收缩（应力控制）；

6）大于 1% 的断裂伸长率；

7）定制流变性，取决于应用；

8）高流速；

9）对芯片和基板具有良好的润湿性；

10）与芯片和基板具有良好的黏附性。

理想的底填料应具有低 CTE（< 25ppm/℃）、高模量（5~10GPa）和高 T_g。聚合物通常具有高 CTE（ > 60ppm/℃）和低模量（2~4GPa）。二氧化硅颗粒作为填料，加入聚合物（基质）中，以达到所需的底充复合材料性能。当加入足够多体积分数的刚性和低 CTE 二氧化硅颗粒时，增加了底填料的模量并降低了 CTE。

从填料和聚合物基体的单体 CTE 和体积分数出发，提出了几种预测复合 CTE 的数学模型。特纳模型（Turner's model）的控制方程由式（5.10）给出，克纳模型（Kerner's model）由式（5.11）给出，沙佩里模型（Schapery's model）由式（5.12）给出。除了简单的混合规则外，这些模型还考虑了颗粒的形状和相互作用。

$$\alpha_c = \frac{(1-\phi)K_m\alpha_m + \phi K_p\alpha_p}{(1-\phi)K_m + \phi K_p} \tag{5.10}$$

$$\alpha_c = \alpha_m V_m + \varepsilon_p V_p + V_p V_m(\alpha_p - \alpha_m)\frac{K_p - K_m}{V_m K_m + V_p K_p + \left(\dfrac{3K_p K_m}{4G_m}\right)} \tag{5.11}$$

$$\alpha_c = \alpha_p + (\alpha_m - \alpha_p) \frac{(1 - K_c) - \dfrac{1}{K_p}}{\dfrac{1}{K_m} - \dfrac{1}{K_p}} \tag{5.12}$$

式中，ϕ 为体积分数；α 为热膨胀系数（CTE）；K 为体积模量；V 为体积分数；G 为剪切模量。下标 c、p 和 m 分别指复合物、填料颗粒和基体。

刚性基体中刚性夹杂的杨氏模量也可以由不同的数值模型统计确定。Counto 模型假设填料颗粒和基体之间完美结合，并由式（5.13）给出。Ishai-Cohen 模型假设组分处于宏观均匀应力状态，在所有方向上位移均匀，并由式（5.14）给出。E 和 V 是指杨氏模量和体积分数。下标 c、p 和 m 分别指复合物、填料颗粒和基体。m 定义为 E_p/E_m。

$$\frac{1}{E_c} = \frac{1 - V_p^{1/2}}{E_m} + \frac{1}{E_m \dfrac{1 - V_p^{1/2}}{V_p^{1/2}} + E_p} \tag{5.13}$$

$$E_c = E_m \left(1 + \frac{V_p}{\dfrac{m}{m - 1} - V_p^{1/3}} \right) \tag{5.14}$$

底填料的另一个关键特性是玻璃化转变温度 T_g。T_g 表征了非晶材料从脆性状态到橡胶状态的转变。T_g 的细节在"玻璃化转变"一节中描述，在该节中涉及"基板特性"。

在 T_g 以上，底填料的模量较低且几乎恒定；在 T_g 以下，其模量比超过 T_g 后的数值高出近三个数量级。因此，所有刚性的底填充系统应具有 T_g 高于预期可靠性试验温度（125℃或150℃）的聚合物。

5.3.3　无源元件材料、工艺和特性

无源元件是除了输入或输出端外，实现其基本功能，且不需要额外信号或电源的电气元件。例如两端口元件，如电阻器、电容器和电感器。无源元件感知、监视、传输、衰减和控制电气系统中的电压，它们占据电子系统板的大量面积（几乎 50%），从而影响整个系统的大小、成本和可靠性。三类关键的无源元件是电容器、电感和电阻器，它们构成了不同封装中各种数字、射频和混合信号功能的构建块。表 5.6 总结了不同无源元件中使用的各种材料。

表 5.6　各种无源元件的材料、功能及相关性能

	功　能	典型材料	重要特性
		无源元件材料	
1	电容器 ● 电介质 ● 电极	● $BaTiO_3$，BST，Ta_2O_5 ● Ni，Al，Ta，Pd ● 正掺杂共轭聚合物（PEDOT）：PSS，MnO_2	● 电导率 ● 介电常数 　● 中等 　● 高 ● 自我修复性
2	电感器 ● 磁心 ● 金属布线	● 铁氧体 ● 金属-聚合物的复合物 ● 铜	● 电感量 ● 磁导率 ● 磁损耗
3	电阻器	● NiCr，NiCrAlSi，CrSi	电阻温度系数（TCR）

1. 电容器材料

电容器在电子系统中的一个典型作用是存储电荷并提供电荷以抵消峰值电流需求。电容器最简单的形式是由两块金属板组成，两块金属板由绝缘体或电介质隔开。一个电容为 1F 的电容器在极板上有 1C 的电荷，电位为 1V。电容器的范围从几 pF 到几百 mF，电容器在各种电子功能中都有应用，例如去耦开关噪声抑制、旁路滤波、AC-DC 转换器和信号终端。

电容是电路储存电荷的能力。真空电介质的电容 C_0，以 F（C/V）为单位，由式（5.15）和式（5.16）中的数学表达式确定。

$$电容 = \frac{材料贮存的电荷}{外加电压} \qquad (5.15)$$

$$C_0 = \frac{Q}{V} \qquad (5.16)$$

式中，Q 为导体上的电荷，单位为 C；ε_0 为真空介电常数（8.854×10^{-12} F/m）；V 为导体之间的电位差，单位为 V。

当电场作用于电介质或绝缘体时，正电荷向电场的负端移动，反之亦然。与真空中由相同电场产生的电场相比，这种位移会引起电极化，从而在材料内部产生更高的电流密度。电通密度是测量材料内部电场强度和电荷分布的一种方法。相对介电常数或介电常数是材料中的电通密度与真空中的电通密度之比，如式（5.17）所示。电极化或电通密度的增加也表现为材料内部的电荷存储容量或电容的增加。

$$\varepsilon_r = 相对介电常数 = \frac{材料的电容}{真空电容} \qquad (5.17)$$

从宏观上讲，电极化可以通过测量材料的电容来估计。电容器有多种形式，有多种导体（电极）和电介质材料。陶瓷、聚合物和玻璃是一些常用的电介质材料。厚度为 d、面积为 A、电荷密度为 q（C/m^2）的电介质在两个电极之间的电容 C 写为

$$C = \frac{qA}{V} \qquad (5.18)$$

q 与电场（E 或 V/d）有关，因此式（5.18）改写为

$$C = \frac{\varepsilon_r EA}{V} = \frac{\varepsilon_r \left(\dfrac{V}{d}\right) A}{V} = \frac{\varepsilon_r A}{d} = \varepsilon_r C_0 \qquad (5.19)$$

C 为电容，其真空介电常数为 1。由式（5.19）确定电容器高电容量的三个参数是薄的电介质厚度 d、大的电极面积 A 和高的介电常数 ε_r，ε_0，其中 ε_0 是自由空间的介电常数。基于这些参数，根据电容器技术需要，为电介质和电极选择了几种材料，其中一些材料见表 5.6。

电极化和损耗可以用复介电常数来表示。介电常数的实部 ε' 负责材料的极化，因为它表示电荷振荡与电场同相产生的介电常数部分。介电常数的虚部 ε'' 代表能量损耗或功率损失。它表示与电场同相的电流或与电场异相的电荷。$\tan\delta$ 与复介电常数有关

$$\varepsilon = \varepsilon_r' + j\varepsilon_r'' \qquad (5.20)$$

$$\tan\delta = \frac{\varepsilon''}{\varepsilon'} \tag{5.21}$$

介电常数是微电子封装中一个重要的材料特性，它决定着基板布线中印制线的性能。通过印制线的信号传播延迟与传播介质的介电常数有关。传播速度，或者它的倒数，即电缆延时，只取决于介电常数。

$$\nu = \frac{c}{\sqrt{\varepsilon_r}} \tag{5.22}$$

图 5.9 显示了材料及其在各种电容器技术中的作用。注意，电容器是对称元件，电极之间没有一般区别。阳极和阴极术语用于由阳极氧化电介质组成的非对称极性电容器。

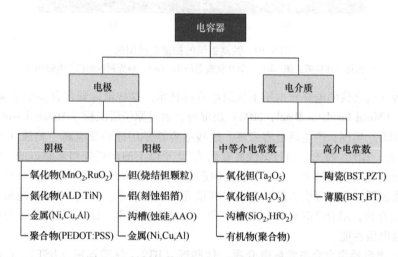

图 5.9 材料及其在各种电容器技术中的作用

(1) 电容器用中等介电常数电介质 当金属与空气接触时形成稳定的钝化氧化层的金属称为阀金属。一些例子包括 Al, Ta, Ti, Si, Nb, Zr, Hf, W。简单的阀金属氧化物，如 Al_2O_3 和 Ta_2O_5 显示出优越的介电性能，尽管它们的钙钛矿构成因其优异介电常数超越了它们。第 7 章将讨论无源元件技术的细节。Al/Al_2O_3 和 Ta/Ta_2O_5 电解质电容器与基于 $BaTiO_3$ 电介质的多层陶瓷电容器 (MLCC) 共同占有市场。阀金属氧化物通常是通过称为阳极氧化的电化学过程形成的，但二氧化硅除外，后者通常是通过热处理或化学或物理气相沉积 (CVD/PVD) 形成的。铝、钽、钛金属的电化学阳极氧化是通过在电解槽中向阳极（待氧化金属）施加正电压并形成厚度与施加电压对应的绝缘氧化层来进行的。阳极氧化铝和氧化钽的相对介电常数分别约为 9 和 25。

使用高比表面积阳极可增强这些 Al/Al_2O_3 和 Ta_2O_5 系统的电容，如图 5.10 所示。化学腐蚀的铝箔和烧结的纳米多孔钽被各自的氧化物共形覆盖，然后是顶部电极渗透。阴极材料选择如此高的长宽比和三维通道需要一个独特的材料特性组合，包括良好的导电性、涂覆纳米通道的能力、自愈性和温度稳定性。符合这一标准的两种选择是有机导电聚合物 PEDOT：PSS 和导电无机氧化物 MnO_2。这两种材料通过局部修复氧化物电介质中的缺陷，显示出极好的自愈能力。

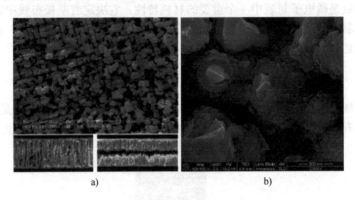

图 5.10　蚀刻铝箔的扫描电镜图像

a）俯视图和横截面图　b）二氧化锰覆盖的 Ta/Ta_2O_5 核壳颗粒的扫描电镜图像

中等介电常数的电介质也用于沟道电容器技术。这些电容器包含多个金属-绝缘体-金属（Metal Insulator Metal，MIM）层堆叠，通过原子层沉积（Atomic Layer Desposition，ALD）实现，产生高电容密度。这些电容器是用硅的反应离子刻蚀（Reactive Ion Etching，RIE）技术，通过刻蚀高宽比达 20 及以上的沟槽阵列来制造的。电介质和电极沉积在这些沟槽上。实现高密度沟道电容器的主要挑战之一是寻找一种成本合理、温度较低、具有吸引力的孔壁内层和填充的制造技术。HfO_2、Al_2O_3 是最常见的 ALD 生长介质，ALD-TiN 层作为电极沉积。等离子体辅助 ALD 具有优异的介电氧化和氮化物电极性能。

（2）电容器用高介电常数电介质　钛酸钡（BT）、钛酸锶钡（BST）、钛酸铅锆（PZT）等钙钛矿材料的介电常数均大于 1000，是多层陶瓷电容器（MLCC）中最常用的电介质。MLCC 是电容器行业的主力军，与钽、铝和聚合物电容器等替代技术相比，具有最高的市场份额。它们的巨大市场接受前景源于它们卓越的可靠性和低成本。MLCC 是通过将陶瓷浆浇铸成被称为生瓷带或生瓷片的薄片，然后通过丝网印刷将细金属粉末制成的电极浆料施加到电介质薄片上制成的。将预定数量的印刷生瓷片堆叠、压制并切成片。烧完黏结剂后，在高温下烧结成薄片。为了同时烧结陶瓷和电极，控制每种材料的烧结收缩行为和烧结条件是非常重要的。制造细节见第 7 章。

传统的 MLCC 是基于 $BaTiO_3$（ABO_3）电介质，在 1300℃ 或更高的温度下进行热处理。为了降低钛酸钡基电介质的烧结温度，加入低熔点玻璃组分是有效的。然而，这会降低电介质的有效介电常数。通过添加 BaO-ZnO-B_2O_3-SiO_2 玻璃组分，可在 1100℃ 以下烧制的高 k 电介质，与镍等基底金属电极兼容，这些是后来开发出来，通常用于 MLCC。它们的介电常数约为 15000。高值 MLCC 电容器中多层金属/电介质/金属堆叠的横截面如图 5.11b 所示。

具有高介电常数、低损耗和高温稳定性的新型纳米电介质，如 $Ca_2Nb_3O_{10}$ 已开发用于类似汽车的高温应用。这些高 k 电介质被用作二维（2D）分层化合物衍生出的

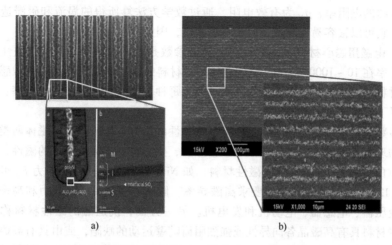

图 5.11　a）共形叠层介质的硅沟槽电容器　b）叠层金属/介质/金属层
的 MLCC 电容器的截面扫描电镜图像

氧化物纳米片，其介电常数为 210，由超薄（2nm）钙钛矿电介质制成。这些电容器
在较高温度下产生高电容密度，TCC 非常低，表明其高温稳定性，这是所需电容器的
一个关键属性。

2. 电感器材料

电感器是一种无源的两端电气元件，当电流流过时，电感器将电能储存在磁场
中。电感器将电感引入电路。电感器由几种不同的磁心材料制成，线圈绕在磁心上。
术语"电感磁心"应与前面章节中术语"基板芯材"区分开来。通过适当的设计，
电感磁心通过增加磁通量将给定电感的电感乘以磁心材料的磁导率。电感也可以通过
在磁心绕大量的线圈来增强。

（1）电感　电路元件的电感 L 决定了通过该元件的给定电流变化率所引起的电动
势（EMF）的大小。法拉第定律适用于电感器，它指出电流变化会引起反电动势，反
电动势与电流变化相反：

$$V = L\frac{\mathrm{d}I}{\mathrm{d}t} \qquad (5.23)$$

式中，V 为电感上的电压；L 为电感，单位为 H；$\mathrm{d}I/\mathrm{d}t$ 为一小段时间内电流的变化。

电感是度量电路元件电磁感应的量。螺线管磁心每单位长度有 n 个绕组，其电感
L 如下：

$$L = \mu_r\mu_0 n^2 Al \qquad (5.24)$$

式中，μ_0 为真空的磁导率；A 是螺线管磁心的面积；l 为电感磁心的长度。电感的另
一个重要参数是品质因数 Q，它表示储存的能量与损失的能量之比。Q 用式（5.25）
计算

$$Q = \frac{\omega L}{R_{\mathrm{dc}} + R_{\mathrm{AC}}^{\mathrm{eff}}}; \quad R_{\mathrm{dc}} = \rho\left(\frac{l_{\mathrm{w}}}{A_{\mathrm{w}}}\right) \qquad (5.25)$$

式中，R_{dc} 为直流电阻；A_{w} 为导体的横截面积；ω 为弧度频率；l_{w} 为电感线的长度，ρ

为电感线圈的电阻率；ρ_{AC} 为有效电阻，通过数学方法算所得的涡流和磁滞造成的磁心损耗。它可以很容易地测量，但不容易建模，因为存在复杂的潜在现象。

（2）电感用磁心材料　磁心材料的关键参数是其相对磁导率，有用磁性材料的相对磁导率在 10 ~ 10000 之间。有效磁导率对材料结构、成分和几何结构敏感。电感器核心材料的例子包括硅钢、铁粉和铁氧体。每种不同的材料在不同的频率、温度和功率水平下都有不同的性能。

大多数技术应用的磁性材料本质上是铁磁性的，分为软磁体和硬磁体两类。尽管磁心在物理上是硬的，但即使在磁场被移除后，磁心也不能保持显著的磁性，因此被称为"软的"。在一些非常软的磁性材料，如 NiFe 波莫合金中，矫顽力 H_c 可以低至 1A/m 或 12mOe。软磁材料用于要求高磁导率、低磁心损耗、低矫顽力和高饱和磁化强度的变压器、电感器、电动机和发电机。另一方面，抗退磁的磁性材料称为**硬磁体**，这些材料具有高磁晶各向异性或强烈阻碍畴壁运动的缺陷，或由具有高磁各向异性的单畴粒子组成，其磁化方向仅由非常大的外部磁场改变。尽管这些材料具有高的饱和磁化强度，但它们的高磁晶各向异性导致高矫顽力和低磁导率。硬磁体和软磁体的典型 *B-H* 回线如图 5.12 所示。硬磁体的应用领域包括永磁体和记录介质等，硬磁体的一些例子包括 AlNiCo（Fe-Co-Ni-Al）、$SmCo_5$、Pt-Co、Nd-Fe-B、CrO_2 等。

软磁性能在很大程度上取决于材料的微观结构和几何形状。磁畴行为和磁各向异性受晶粒尺寸和取向、晶界非磁性相的存在、非磁性夹层和磁致伸缩等因素的影响。最常用的软磁材料是以氧化铁为主要成分的磁性氧化物，称为铁氧体。铁氧体是黑色、坚硬、易碎、惰性的立方结构陶瓷氧化物。几种铁磁性材料及其磁导率如图 5.13 所示。

铁氧体是通过在高于 1000℃ 的温度下混合、研磨和烧结金属氧化物而形成的，这使得它们很难与大多数封装基板一起加工。尽管铁氧体由于其高电阻率，在小于

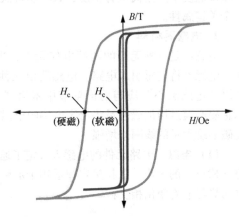

图 5.12　硬磁体和软磁体的磁滞曲线

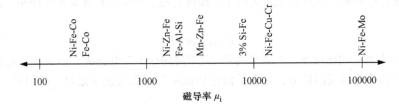

图 5.13　电子器件用关键铁磁材料的典型磁导率
（实际磁导率对几何形状、结构和工艺高度敏感，可能与上述值不同）

1MHz 的频率范围内工作良好，但由于其在 5MHz 以上的低磁导率和较低的铁磁共振（Ferromagnetic Resonance，FMR）频率，它们在较高频率下的应用非常有限。

电感中的纳米磁性材料，由于其理想的特性，如高饱和磁化强度 M_s、低矫顽力 H_c、低涡流损耗和适当的各向异性场 H_k，现已呈现发展势头。这种磁特性的组合提高了磁导率、品质因数和频率稳定性等关键参数，直接影响功率和射频元件的电感性能。具有较大球形颗粒的金属-聚合物复合材料表现出较高的涡流损耗、较低的电阻率和畴壁共振。减小颗粒尺寸会将材料转化为"单畴"粒子，从而降低与粒子相关的静磁能量。这是因为纳米磁性粒子没有足够的体积来维持畴壁的存在。换言之，当粒径减小到纳米量级时，粒径和交换长度收敛，从而允许单畴态稳定并消除畴壁损失。较小的颗粒尺寸也会抑制涡流，因此，纳米颗粒克服了 μm 级磁性材料的一些限制。

然而，纳米颗粒复合材料由于退磁而表现出低磁导率。改善磁导率和频率稳定性的方法是将金属颗粒尺寸减小到纳米级，同时保持颗粒内部的紧密接近，以促进交换耦合。这种粒子间的相互作用或邻近粒子交换耦合在决定纳米结构的磁性方面起着至关重要的作用。纳米复合材料中的交换耦合导致了单个颗粒磁各向异性的消除，抑制了退磁效应，导致了较高的磁导率和较低的矫顽力。交换耦合相互作用在特征距离 l_{ex}（Co 粒子约 20nm，铁粒子约 5nm）内扩展到相邻晶粒。通过将颗粒尺寸和颗粒间距离减小到小于 l_{ex}，可以实现高磁导率、高频率稳定性并降低材料中的磁损耗（畴壁和涡流损耗）。这使得它们在需要更高频率磁性的应用中非常有希望。图 5.14 显示了一些适合电感应用的磁性材料的纳米结构形貌。

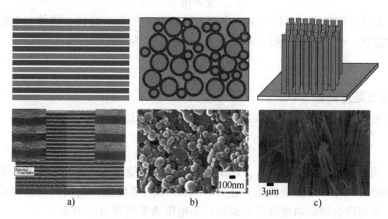

图 5.14　磁性纳米结构
a）薄膜　b）纳米颗粒复合物　c）纳米线

在几种纳米尺度的铁、镍和钴基复合材料中可以看到更高的磁导率，而它们的体积或微尺度对应物显示出更差的磁性。它们的典型特性汇编在表 5.7 中。这些纳米磁性结构通常是通过溅射获得的。这些技术在提供所需厚度的磁性薄膜以处理功率方面受到限制。因此，许多化学合成方法正在开发中，以产生交换耦合厚膜，但无法与溅射薄膜获得的特性相匹配。

表 5.7　溅射磁心材料的磁电性能总结

材　　料	μ_r	FMR/GHz	H_c/Oe	电阻率/($\mu\Omega \cdot cm$)
CoZrTa	600 ~ 780	约 1.5	< 1	约 100
CoZrNb	约 850	约 0.7	< 1	约 120
FeCoN	1200	1.5	< 1	50
CoFeHfO	140 ~ 170	约 2.4	< 1	约 1600
FeAlO	500 ~ 700	约 1.5		50 ~ 2000
CoFeSiO	约 200	约 2.9	约 6	约 2200
CoFeAlO	约 300	约 2.0	1 ~ 5	200 ~ 300

3. 电阻器材料

电阻器是一种两端无源元件，它提供对电流的反作用力，从而帮助控制电路中的电流。一般来说，电阻器从电路中吸收能量，并将其大部分转换为热量；因此，它们的额定功率是它们能够安全处理的最大功率。基本上有两种类型的电阻器，即定值电阻器和可变电阻器。定值电阻器具有由几何形状和材料特性界定的电阻，并且在运行期间不能改变。然而，电阻器的电阻值会随着温度和湿度的变化而变化。可变电阻器可以通过变阻器、电位计或其他手动调节机制调节其电阻值。

在许多材料中，两点间的外加电动势 V 与两点间产生的电流 I 之间有一个简单的关系，这与电流的大小和方向无关。这种材料遵循欧姆定律

$$V = IR \tag{5.26}$$

式中，R 为材料的电阻，单位为 Ω。电阻取决于材料的固有特性、导体的电阻率和导体的几何形状，例如横截面积 A 和长度 L。电阻定义为

$$R = \rho\left(\frac{L}{A}\right) \tag{5.27}$$

4. 电阻温度系数（TCR）

所有电阻材料的电阻都随温度变化。TCR 在数学上定义为

$$TCR = \left(\frac{1}{R}\right)\left(\frac{dR}{dT}\right) \tag{5.28}$$

TCR 用%/℃或 ppm/℃表示。TCR 很重要，因为随着电路温度的变化，它可以改变电路性能。TCR 可以是负或正。正 TCR 表示电阻随温度升高而升高。纯金属具有负 TCR，而与聚合物黏结剂混合的碳和石墨电阻通常表现为正 TCR。

电阻金属合金、导电陶瓷、陶瓷-金属纳米复合材料和填充金属或碳的聚合物是电阻材料的一类。电阻工艺可大致分为厚膜和薄膜，如图 5.15 所示。这些是通过溅射、印刷或电镀等工艺沉积的。

厚膜电阻器通常是通过印刷浆料，然后烧结或固化来沉积的。在此过程中，碳或金属氧化物分散在聚合物中形成糊状物，并通过丝网印刷应用于所选择的基材上。这些被归类为加法工艺，具有大于 $1k\Omega/ft^2$ 高薄层电阻的优点。加法工艺可在同一层中提供多种薄层电阻。然而，附加沉积的碳环氧浆料电阻缺乏薄膜金属合金所表现出的

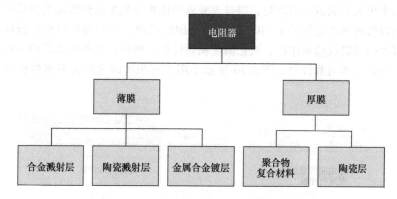

图5.15 基于厚膜或薄膜工艺的电阻器分类

稳定性。另一方面，陶瓷薄膜电阻在温度和湿度下更稳定。

薄膜通常沉积在具有所需厚度和特定电阻率的基板上。通过溅射或电镀工艺沉积各种金属合金或陶瓷，以产生几千埃级的非常均匀的薄膜。这些电阻是由减法技术，包括一系列掩模图形化和刻蚀操作的过程图形化。采用不同的设计图形，用溅射高阻合金薄膜的方法制作高值电阻。

（1）溅射金属合金电阻器 大多数电阻金属合金用于低电阻值。在电阻合金中，NiCr、NiCrAlSi、CrSi 和 TaN_x 是潜在的候选材料。NiCr 和 NiCrAlSi 也以箔的形式在市场上出售。它们可以提供 $25 \sim 250\Omega/m^2$ 之间的电阻，TCR 相对较低。

（2）溅射陶瓷薄膜电阻器 溅射陶瓷薄膜电阻器由陶瓷（如 TaN_x）组成，这些陶瓷具有类似金属的导电性，具有重叠的导带和价带。TaN_x 是由 Ta 在氮气气氛中的反应溅射形成的，在 TCR 约为 $-75ppm/℃$ 的情况下，可以获得高达 $250\mu\Omega \cdot cm$ 的稳定电阻。溅射的 TiN_xO_y 在 TCR 为 $\pm100ppm/℃$ 的情况下，可以提供高达 $5k\Omega/m^2$ 的相对较高的电阻。由此产生的箔材可以提供 $500\Omega/m^2$ 和 $1000\Omega/m^2$ 的薄材电阻，公差为 10%，TCR 为 $200ppm/℃$。

陶瓷-金属纳米复合材料（又称金属陶瓷）可以获得大于 $100k\Omega$ 的高电阻值。其中一些可以在相对较低的温度下溅射到硅、陶瓷或有机封装上。最常用的体系是 Cr-SiO。根据比例的不同，Cr-SiO 的电阻率可以达到 $10m\Omega \cdot cm$，TCR 接近零，稳定性好。

（3）镀膜金属合金薄膜电阻器 薄膜电阻器也可以通过直接化镀实现，可用于印制电路板制造业，无需额外投资。在非导电基板上进行化镀需要对表面进行敏化，然后活化。传统上，氯化锡（$SnCl_2$）和氯化钯（$PdCl_2$）分别溶解在稀盐酸（HCl）中用作敏化剂和活化剂。化学镀工艺在亚微米范围内提供均匀的电阻厚度、低轮廓和良好的黏附力。测得的薄层电阻值在 $10 \sim 1000\Omega/m^2$ 范围内，镍合金镀层的厚度约为 $2000 \sim 5000Å$。对环氧树脂表面化学镀电阻器进行了优化，并提供了商用产品，它们可提供的薄层电阻值高达 $100 \sim 250\Omega/m^2$。

（4）印刷厚膜聚合物复合电阻器 聚合物厚膜（Polymer Thick Film，PTF）是在液体树脂中填充金属或碳的颗粒，通过改变颗粒体积分数来达到特定的薄层电阻。它们以相对较低的成本提供从 $1 \sim 10^7 \Omega/m^2$ 大范围的电阻。它们通常以黏性液体形式存在，可以丝网印刷或模板印刷，固化温度相对较低。然而，这些电阻器的一些缺点是公差大、稳定性和可靠性差。图 5.16 显示了用于沉积填碳电阻油墨水模板印刷工艺的示例。

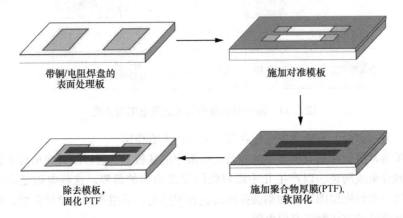

图 5.16   用模板印刷工艺在印制电路板上制造聚合物厚膜（PTF）电阻的图解

（5）印刷厚膜陶瓷电阻器   陶瓷厚膜电阻器通常基于六硼化镧（LaB_6）材料，其 TCR 为 $\pm 200 ppm/℃$ 时可达到 $10k\Omega/m^2$。这种材料在陶瓷封装中已使用多年，众所周知，它具有高度的稳定性和可靠性。制作开始时，先用一层薄薄的铜玻璃浆料调整 Cu 焊盘表面，以增加铜和 LaB_6 之间的粘合力。然后，丝网印刷 LaB_6 浆料并在 900℃下烧制以激活电阻器材料。所得到的烧成膜厚度为 $14 \sim 18 \mu m$，在调阻前材料公差可达 15%。

5.3.4   热和热界面材料、工艺和特性

当今电子器件的日益复杂化已经导致了在高频、小尺寸和复杂功率要求下的高处理速度。在这些条件下，器件在运行过程中会产生高热流。大多数电子器件所需要的功率范围从几瓦到几百瓦不等，这将根据功率效率在系统中产生大量热量。这种热量如果不消除，则可能导致灾难性的电子器件故障，立即失去功能和封装的完整性。较大的温升通常引起灾难性失效，这可能导致半导体性能的急剧恶化、断裂、分层、熔化、汽化，甚至是封装材料的燃烧。温度升高不仅会降低处理器的效率，还会显著降低整个系统的性能和可靠性。因此，现在比以往任何时候都更需要热管理。

典型的热界面材料（TIM）组装结构如图 5.17 所示，表明了从有源芯片到散热器有效散热的两种不同界面材料。在芯片和散热片之间以及散热片和热沉之间引入一层薄薄的热界面材料（TIM），以在表面之间产生很强的黏附力。表面粗糙度极大地限制了固体表面（如芯片-散热片和散热片-热沉）之间的接触，破坏了热传导。TIM填补了粗糙表面之间的空隙，降低了接触热阻。表 5.8 列出了其中一些材料，下面将详细讨论。

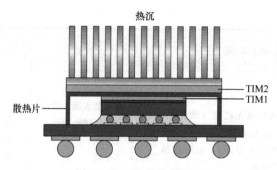

图 5.17   TIM 架构示意图

a）芯片和散热片之间的 TIM1   b）散热片和热沉之间的 TIM2

表 5.8   热材料和热界面材料的种类、功能和性能

	功　能	典 型 材 料	重 要 特 性
		热材料和热界面材料	
1	散热片	铝、铜	• 热导率
2	热界面（TIM）	• 碳纳米管 CNT • 导热脂（油中含有氧化锌、银、铝）	• 热膨胀系数 CTE • 热阻和界面热阻

1. 散热片

有许多不同类型的热沉，最常见的是挤压式热沉。这些热沉通常由铝制成，通过模具挤压一大块材料制成翅片形状，如图 5.17 所示。由于传热面积的增加是降低对流热阻的唯一途径，因此热沉具有高比表面积的翅片状结构。

2. 热界面材料

热界面材料（TIM）为热导材料，应用于两个固体表面之间，诸如产生热量的微处理器和热沉之类的散热元器件，以增加它们之间热联结。一般来讲，TIM 作为一薄层材料来克服芯片与冷却模块之间接触阻力和缺少表面一致性。常用的 TIM 有含有高热导添加剂的聚合物、焊料和相变材料（PCM），如表 5.9 所示。

表 5.9   常用 TIM 材料的成分和优缺点

热界面材料（TIM）	特 征 成 分	优　　点	缺　　点
导热脂	无机粉末（油中含有氧化锌、银、AlN）	• 高热导率 • 与粗糙表面的良好一致性 • 低成本 • 少分层 • 高重复使用性	• 热循环期间的热润滑脂析出和相分离 • 厚度控制困难 • 低可靠性
导热胶	烯烃、硅油等中的炭黑、高导电性金属氧化物或金属粉末等	• 使用方便 • 核化前泵出和运移的敏感性较低 • 可重复使用性	• 需固化 • 热导率较低 • 附着力低

（续）

热界面 材料（TIM）	特征成分	优 点	缺 点
相变材料 （PCM）	填充高导电无机盐（氧化铝、氮化硼、氮化铝等）的低熔点聚合物（如蜡聚烯烃），有时碳纳米管，石墨烯	• 不需要固化 • 良好的表面一致性 • 泵出敏感性较低 • 不分层 • 不干涸 • 可重复使用性 • 操作简单	• 非均匀 BLT • 比导热脂的热导率低 • 要求接触压力
PCMA	低熔点金属和合金，如油墨、锢银、锢锡铋、锡银铜等	• 高热导率 • 操作简单 • 无需固化	• 金属间化合物的形成 • 高温腐蚀敏感性
焊料	低熔点金属，共晶二元或三元合金，如上述	• 高热导率 • 操作简单 • 不用泵出	• 需要回流焊 • 可能存在热机械应力、分层和裂纹 • 存在空洞的可能性 • 不可重复使用

类 TIM 材料也用于 3D 集成电路的散热。三维集成电路芯片堆叠内的主要热障是保护倒装芯片互连的底填料层。环氧基底填料的热机械性能（例如热膨胀系数）是通过加入无机的、主要是球形的二氧化硅填充颗粒来定制的。将具有更高导热性的材料（如氧化铝、氮化硼或碳化硅）作为填料颗粒，可以改善底填料的热性能。然而，底填料通常涂布在已经键合的集成电路芯片的边缘，并通过毛细管作用填充芯片键合间隙。因此，现有的流变学要求将填料颗粒的负荷限制在远远低于渗流阈值的范围内。因此，通过毛细作用施加导热底填料，可获得高达 $1W/(m \cdot K)$ 的热导率。

3. 用于 TIM 的微米和纳米材料

热耗散挑战为材料和热管理策略的基础研究创造了机遇。TIM 所需的关键属性如下：

1）高热导率；
2）接触压力小，容易变形；
3）最小厚度；
4）界面无泄漏；
5）更长的搁置寿命；
6）无毒；
7）易于涂抹或移除。

4. 纳米级 TIM

未来的冷却方法将基于纳米技术。碳纳米管（Carbon Nanotube，CNT）和石墨烯独特的热性能引起了人们的广泛关注，为微电子器件和系统封装带来了新的机遇。纳米级的金属颗粒可以在低温下加工，并且和 TIM 一样具有吸引力。本节将介绍三种材料，即碳纳米管、石墨烯和金属纳米颗粒。

(1) 碳纳米管 碳纳米管（CNT）是由碳原子组成的蜂窝状（即六边形）排列，这些碳原子被卷成直径只有几埃、长宽比高达 100 的圆柱管。碳纳米管可以由多种工艺生产，如电弧放电、激光烧蚀和各种化学气相沉积（CVD）工艺。理论预测表明，单个多壁碳纳米管和单壁碳纳米管的热导率预测值分别高达 3000W/（m·K）和 6600W/（m·K）。因此，利用碳纳米管来开发先进的 TIM 已经引起了广泛的关注。

然而，由于声子在这类基板中的传播受到很大的阻碍，故直接将碳纳米管分散在兼容的聚合物基体中只能使其热性能得到适度的改善。这些聚合物-碳纳米管复合材料除了在碳纳米管基体边界处具有较高的机械应力外，还具有较高的热界面热阻。然而，垂直定向的碳纳米管阵列（碳纳米管林、垫或膜）已经显示出很有前途的 TIM 结构。这种结构制作的协同组合体具有一定范围内的高机械柔顺性和高达 10~200W/（m·K）范围的有效热导率。贴合性特征特别有利于解决因热膨胀系数失配而可能导致的 TIM 分层和器件失效。此外，与聚合物碳纳米管复合材料和最佳导热脂相比，碳纳米管（CNT）阵列界面材料在低温到高温（约 450°C）的空气中干燥且化学稳定，因此适合极端环境应用。

(2) 石墨烯 石墨烯是另一类重要的碳材料，由单层 sp^2 碳原子共价键合在二维蜂窝状晶格中，是最具吸引力的热材料之一。与碳纳米管/环氧纳米复合材料相比，石墨的超声剥落、SiC 衬底的外延生长、金属衬底上的化学气相沉积（CVD）、氧化石墨烯（Graphene Oxide，GO）的还原等许多方法已成功应用于石墨烯的制备，石墨烯纳米结构（Graphene Nanostructure，GNS）被认为是一种更有效的提高热导率的填料。这种热导率假设巨大增强，是由于石墨烯/聚合物界面热阻的降低。另一种方法是在镍泡沫上生长一种三维的、柔性的、相互连接的石墨烯泡沫（Graphene Foam，GF）。GF 与 Si-Al 界面的热界面热阻低至 $0.04cm^2/kW$，比传统的 TIM 基的导热脂和导热浆料低一个数量级。

(3) 金属填料复合材料 各向同性导电胶在电子封装中得到了广泛的应用。这种复合材料由聚合物树脂和导电填料组成，这类填料大部分是银，有时也使用金、镍和铜。热导率为 420W/（m·K）的银被认为是最合适的材料，并被作为导热填料。填料颗粒越大，复合材料的热导率越高。这意味着随着纳米银颗粒的使用，填料颗粒之间的接触热阻显著增大，两表面之间接触路径的热阻也随之增大。

为了同时获得纳米颗粒和微米颗粒的优点，可以将金属纳米颗粒添加到微米复合物中。在这种复合材料中，由于纳米银颗粒的熔点较低，熔融的纳米银颗粒可以在固化过程中在微米银颗粒之间形成桥梁（见图 5.18）。实验还表明，掺杂银纳米线可以提高含微米银颗粒复合材料的电导率和热导率。

5. 热材料的基本特性

一维传导 需要相关的传热机制来产生从热源到冷却模块的有效热流。控制电子冷却的三种基本热传导模式是传导（包括接触热阻）、对流和辐射。

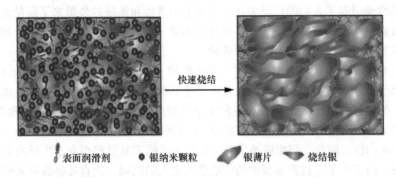

快速烧结

○ 表面润滑剂　● 银纳米颗粒　◆ 银薄片　◆ 烧结银

图 5.18　以银片和纳米颗粒为填料的导电聚合物复合材料的示意图

在固体、静止液体或静止气体介质中，热量从较高温度区域流向较低温度区域的流动称为传导传热，是分子间直接能量交换的结果。热传导受傅里叶方程控制，其一维形式在式（5.29）中表示为

$$q = -K_x A \frac{\mathrm{d}T}{\mathrm{d}x} \tag{5.29}$$

式中，q 为热流，单位为 W；K_x 为 x 方向的热导率，单位为 W/（m·K）；A 为热流横截面积，单位为 m^2，$\mathrm{d}T/\mathrm{d}x$ 为热流方向的温度梯度，单位为 K/m。热导率 K_x 是一种热物理性质，它决定了通过媒质的导热率。热导率范围从空气的 0.024W/（m·K）到典型润滑脂和黏结剂的 1W/（m·K），铝和硅的 150W/（m·K），人造金刚石的 2000W/（m·K）。大多数集成电路封装和印制电路板都是由热导率很低的环氧树脂和聚合物制成的。

导热对传热有两种贡献。在非金属材料中，传热是通过晶格振动或振荡来实现的。振动能级是量子化的，这意味着只允许某些模式。晶格振动量子也描述了离子或原子的位移场，称为声子。与电子类似，声子可以用能带图来描述。然而，与电子不同，声子的数量是不守恒的。声子是通过升高温度产生，而通过降低温度消除的。物体的热端有更多的声子向冷端漂移。

如果把原子间的键看作弹簧，则很容易看出，在原子较小的较硬的晶格中，晶格振动的传递更容易。声子更容易与不同大小的原子在晶格中散射。例如，具有较小原子的共价固体（SiC）比离子固体（ZrO_2）更有利于导热。在更简单的晶格中，由于散射最小，热传导也更快，这在金刚石等材料中很常见。杂质和缺陷容易散射声子，对导热性能产生不利影响。铝和氮化硅在纯晶和单晶状态下导热速度较快，但由于添加了有助于烧结的缺陷和杂质，使它们成为较差的导热体。聚合物和玻璃是相对较差的导热体，因为它们的非晶态结构，导致声子的巨大散射。热传导的另一个主要贡献来自电子运动，与电传导非常相似，对热导率 K 的总贡献可以用半经验公式表示为

$$K = A\frac{\sqrt{键刚度}}{\sqrt{原子质量}} + Be^{\left(\frac{-E}{kT}\right)} \tag{5.30}$$

式中，包含键刚度的项表示声子传输的贡献，而激活项量化了电子贡献。不同材料的

热导率从 $0.1 \sim 2000 \mathrm{W}/(\mathrm{m} \cdot \mathrm{K})$ 不等。

金属电流和热能的传输过程相同，这表明电导率和热导率之间有着密切的关系。这种称为 Wiedemann-Franz 定律的关系表明，热导率与导电率的比值与温度成正比，且该比值与金属无关。这种关系写为

$$\frac{K}{\sigma} = T \frac{\pi^2}{3} \left(\frac{k}{e} \right)^2 \tag{5.31}$$

式中，k 为玻尔兹曼常数；e 为电子电荷。

插入基本常数，得到

$$\frac{K}{\sigma T} = 2.45 \times 10^{-8} \mathrm{W} \cdot \Omega/\mathrm{C}^2 \tag{5.32}$$

6. 越过固体界面的热流

通过两个固体连接形成的界面传热通常伴随着可测量的温差，温差可以与接触热阻或界面热阻相关。对于完全粘接的固体，晶体结构的几何差异（晶格失配）会阻碍声子和电子在界面上的流动。然而，如图 5.19 所示，当实际表面邻接时，每个表面上的粗糙度将两个固体之间的实际接触限制在表观界面面积的极小部分。因此，通过这样一个界面的热流涉及实际接触区域的固体到固体的传导 A_c，以及通过开放空间的流体传导 A_v。在高温或真空条件下，开放空间的辐射传热也可能发挥重要作用。

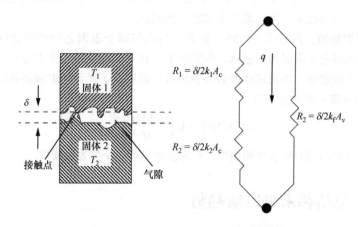

图 5.19　固体/固体界面处的接触和热流

如果图 5.19 中的每一个固体表面的不规则度为平均高度 $d/2$，则热以两条平行路径流过界面，即通过固体和流体。通过界面的热流可以写成

$$q = \frac{T_1 - T_2}{\dfrac{\delta}{2k_1 A_c} + \dfrac{\delta}{2k_2 A_c}} + \frac{T_1 - T_2}{\dfrac{\delta}{2k_f A_v}} \tag{5.33}$$

式中，k_1 和 k_2 分别为固体块 1 和 2 的热导率；k_f 为占据两个固体之间空隙的流体的热导率。

式（5.33）表明，形成界面的介质的接触面积、粗糙度高度和热导率对确定界面

传热速率起着重要作用。

7. 热阻和界面热阻

(1) 热欧姆定律： 傅里叶定律的温差形式（$\Delta T = qL/kA$）表明传导热传递和电流流过导体之间的相似性，如欧姆定律所表示的（$\Delta V = RI$）。认识到热流 q 类似于电流 I，而温差 ΔT 类似于电压降 ΔV，可以将热阻 R_{th} 定义为

$$R_{th} = \frac{\Delta T}{q} \tag{5.34}$$

尽管严格地说，这个类比只适用于传导热传递，但可以把这个定义推广到所有形式的热传递。因此，R_{th} 可以根据热流和温差的测量值在实验中确定；也可以根据理论表达式在分析上确定；或者根据实验量和分析量之间的相关性确定。

芯片封装和其他封装结构通常具有从结到冷却剂的整体热阻。在封装文献中，该总热阻通常由符号 θ_{ja} 表示，并基于器件的有源结区与环境之间的温差，定义为

$$\theta_{ja} = \frac{T_j - T_a}{q} \tag{5.35}$$

式中，T_j 为以℃为单位的结温；T_a 为以℃为单位的环境温度；q 为器件的功率。

作为一级近似值，封装的总热阻可以分为两个部分：θ_{jc}（结和外壳之间的热阻）取决于封装的内部结构，很大程度上取决于热传导；θ_{ca}（外壳和环境之间的热阻）取决于安装和冷却技术，很大程度上取决于热对流。

(2) 界面热阻： 虽然式（5.35）将界面热流与两个表面之间的分离间隙联系起来，可以作为确定界面温差的基础，但实际上，该分离间隙是一个因变量。界面上施加的压力和表面硬度，以及固体的表面粗糙度特性决定了界面间隙和接触面积 A_c。面积加权界面间隙 Y 可以表示为

$$\gamma = 1.185\sigma\left[-\ln\left(\frac{3.132P}{H}\right)\right]^{0.547} \tag{5.36}$$

式中，σ 为有效的均方根表面粗糙度；P 为接触压力，H 为表面硬度。

5.4 总结和未来发展趋势

本章介绍了当今广泛使用的微封装材料和新兴的纳米封装材料。复杂的多层基板、无源元件和其他元器件需要多种材料来满足当今电子技术的多样化应用。聚合物、复合材料、纳米金属、无机和有机氧化物都被用于封装的各个方面，并进行了详细的描述。这些广泛的材料分为四大类，即基板、无源元件、互连和组装以及热结构。本章还介绍了封装材料的基本原理和概念，以及电、机械和热性能一阶分析所得的简化方程。

关键材料特性，如电气、机械、介电、磁性和热特性，按控制系统中的功能进行了分类介绍，诸如基板布线、互连、无源元件和冷却等。基板形成了封装的基础，并且已经从低密度、厚膜发展到高密度、薄膜布线，在基板芯材和积层材料方面有许多

进展。陶瓷、有机物、玻璃和硅等关键基板材料的性能和工艺都在基板部分描述。重点介绍了解决当今需要低工艺处理温度和低应力的互连材料，如纳米金属和导电黏结剂，以及它们的基本特性和功能。无源元件的嵌入是实现系统封装小型化的关键技术。这就要求纳米材料用于无源元件制造的几个方面，如电容器中的电极和电介质以及用于电感磁心的纳米磁性复合材料。本章最后一节介绍了热界面材料的基本原理，以及用作 TIM 的碳纳米管和石墨烯等新型纳米结构的功用。

　　提高性能和降低系统成本的新材料将决定电子工业的前景。未来，纳米结构材料将主导电子封装的几乎所有方面。使用这些先进材料的一些应用实例包括：纳米复合封装材料和底充材料；在无源元件中具有更高功率密度的纳米结构电容器和电感；在低温下用于可靠性和工艺加工的纳米铜和纳米银互连；以及具有更好密封性、热机械可靠性和电压稳定性的纳米电介质。

5.5　作业题

　　1. 计算与硅芯片接触的铜块之间的热接触电阻。假设界面间隙为 $10\mu m$，接触压力为 $6.895 \times 10^4 Pa$（10psi），铜硬度为 $10 \times 10^8 Pa$。假设两个表面的表面粗糙度为 $0.5\mu m$。

　　2. 电容器由击穿强度为 $2 \times 10^6 V/m$、相对介电常数为 1000 的电介质制成。电极是固定在电介质（厚 0.2mm）侧面的金属板。由于其中一个电极板轻微翘曲，因此 30% 的电极面积被 $1\mu m$ 的空气隙隔开，剩下的 70% 与电介质密切接触。空气的击穿强度为 $3 \times 10^6 V/m$，讨论空气隙对电容的影响。这个装置的击穿电压是多少？

　　3. 试求介电常数为 60、厚度为 $2\mu m$ 的一层复合材料的比电容。如果所需电容为 $40nF/cm^2$，则计算该薄膜所需的介电常数。如果能选择气相沉积技术得到 $0.2\mu m$ 薄膜，那么介电常数为多少？列出此介电常数范围内可用的三种材料，可使用简单的 PVD 工艺沉积。从这三种材料中选出合适的候选材料的依据是什么？

　　4. 计算直径为 0.05mm、长度为 5cm 的铜线的电阻。计算当该铜线处于介电常数为 2.5 的介质中时，信号从该线一端传输到另一端所需的时间。当介质的介电常数为 1.5 时，它会受到什么影响？

　　5. 计算聚合物基体中所需的碳纤维含量，使复合材料的模量为 200GPa。假设聚合物的模量为 2.5GPa，碳纤维的模量为 600GPa。假设纤维是连续的，并使用简单的混合规则实行并联和串联模式。

　　6. FR-4 印制电路板（PWB）是由环氧树脂浸渍的玻璃纤维编织层制成的复合材料。假设玻璃纤维和环氧树脂的热膨胀系数分别为 4ppm/K 和 50ppm/K，则估计板在 x-y 平面和正常方向（厚度）的热膨胀系数。当温度在环氧树脂的玻璃化转变温度以上时，你认为会发生什么变化？

　　7. 定义并解释塑料材料的玻璃化转变温度的概念。建议使用图形演示来说明解释。给出环氧树脂和聚酯的典型玻璃化转变温度。

8. 大多数有机材料在潮湿的环境中会吸收百分之几或更多的湿度。你认为这将如何改变材料的有效介电常数和介电损耗？

5.6 推荐阅读文献

Ulrich, R. K. and Schaper, L. W. *Integrated Passive Component Technology.* Wiley: IEEE Press; 2003.

Tong, X. C. Electronic packaging materials and their functions in thermal managements. Advanced Materials for Thermal Management of Electronic Packaging. Springer Series in Advanced Microelectronics, pp. 131–67, 2011.

Bhattacharya, S. and Tummala, R. R. Integral passives for next generation of electronic packaging: application of epoxy/ceramic nanocomposites as integral capacitors. Microelectronics Journal, 32 (1): 11–9, 2001.

Lu, D. and Wong, C. P. *Materials for Advanced Packaging.* Springer International Publishing AG: Springer, 2009.

Tummala, R. R., Rymaszewski, E. J., and Klopfenstein, A.G. *Microelectronics Packaging Handbook.* Springer US: Chapman & Hall, 1997.

Li, Y. and Wong, C. Recent advances of conductive adhesives as a lead-free alternative in electronic packaging: Materials, processing, reliability and applications. Materials Science and Engineering: Reports, 51 (1): 1–35, 2006.

Wong, C. P. *Polymers for Electronic & Photonic Applications.* Elsevier; Academic Press, 2013.

Heimann, M., Wirts-Ruetters, M., Boehme, B., and Wolter, K-J. Investigations of carbon nanotubes epoxy composites for electronics packaging. Electronic Components and Technology Conference. 58th, IEEE. 2008.

Shaikh, S., Lafdi, K., and Silverman, E. The effect of a CNT interface on the thermal resistance of contacting surfaces. Carbon, 45 (4): 695–703, 2007.

Morris, J. E., ed. *Nanopackaging: Nanotechnologies and Electronics Packaging.* Springer-Verlag US; Springer, 2008.

Morris, J. E. and Iniewski, K. *Nanoelectronic Device Applications Handbook.* Taylor & Francis Group: CRC Press, 2013.

Sarvar, F., Whalley, D. C., and Conway, P.P., eds. Thermal interface materials: A review of the state of the art. Electronics System Integration Technology Conference, 1st; IEEE. 2006.

Qu, J. and Wong, C. P. Effective elastic modulus of underfill material for flip-chip applications. IEEE Transactions on Components and Packaging Technologies, 25 (1): 53–5, 2002.

Tummala, R. R. Ceramic and Glass-Ceramic Packaging in the 1990s. Journal of the American Ceramic Society, 74 (5): 895–908, 1991.

Abtew, M. and Selvaduray, G. Lead-free solders in microelectronics. Materials Science and Engineering: Reports, 27 (5): 95–141, 2000.

第 6 章

陶瓷、有机材料、玻璃和硅封装基板基础

Chandra Nair 先生
美国佐治亚理工学院

Venky Sundaram 博士
美国佐治亚理工学院

Markondeya Raj Pulugurtha 教授
美国佛罗里达国际大学

Fuhan Liu
美国佐治亚理工学院

Vijay Sukumaran 博士
美国 FormFactor 公司

Bartlet H. DeProspo 先生
美国佐治亚理工学院

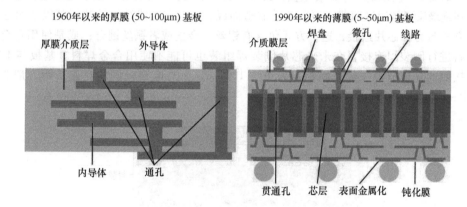

1960年以来的厚膜 (50~100μm) 基板

厚膜介质层　　　外导体

内导体　　通孔

1990年以来的薄膜 (5~50μm) 基板

介质膜层　　焊盘　微孔　　线路

贯通孔　　芯层　表面金属化　钝化膜

2000年以来的超薄(1~5μm) 基板

微孔　　　　　线路

硅通孔 (TSV)　　　　　　　　　　绝缘介质

硅芯层　　　　　　　　　表面金属化

本章主题
- 阐述封装基板的功能和基础
- 阐述三类封装基板的材料和工艺
- 阐述封装基板的应用情况

本章简介

封装基板根据所使用的材料分为有机基板和无机基板，它是芯片和电路板之间连接的中介。基板的一面包含有互连布线、通孔、凸点或者输入/输出端口（I/O），可满足单一或多个集成电路（IC）的组装需求，基板的另一面可满足与印制电路板（PWB）的组装。互连布线层可以在基板芯层的内部或表面，这些传输层可以是厚膜、薄膜，或来自晶圆厂的超薄膜。本章将阐述不同种类基板的材料和工艺以及它们的特性。

6.1 什么是封装基板，为什么使用封装基板

如图 6.1 所示的一个封装基板，其包含有一个或多个导体布线层和绝缘层，布线层和绝缘层通常通过薄膜或厚膜工艺制造而成。包含有布线结构的基板可以通过多种方式与有源芯片连接，这些方式包含有铝丝、金丝或者铜丝键合；或是使用合金焊料进行倒装焊连接，在未来芯片倒装焊组装也可能不使用合金焊料。基板与 IC 连接侧的互连节距一般较精细，为 $40 \sim 100 \mu m$；而与电路板侧的互连节距一般为 $400 \sim 800 \mu m$。

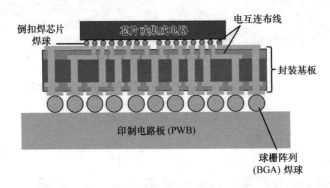

图 6.1　一个典型的在一面与 IC 相连接，另一面
与 PWB 相连接的基板示意图

封装基板主要提供如下三种基本功能：

1) 为集成电路芯片的信号传输和电源分配提供有效的输入输出途径；

2) 提供器件工作时所产生热量的有效耗散途径；

3) 为器件提供保护，在受到外界机械应力和化学环境腐蚀时，确保器件不受损害或性能退化。外界机械应力包括可能的振动和物理操作等，化学环境腐蚀包括可能

的湿气及其他能产生腐蚀/电迁移和其他失效的化学因素等。

6.2　三种封装基板剖析：陶瓷、有机材料和硅基板

封装基板大体上可分为三类：①厚膜基板，其金属导体布线位于介质内部及表面；②薄膜基板，其金属导体布线主要位于介质表面；③超薄膜基板，其金属导体布线埋置在介质层内部。图 6.2a ~ c 展示了这三种封装基板的剖面图。这三种基板的主要区别在于布线的特征尺寸：厚膜线路通常为 50 ~ 100μm 宽，薄膜线路宽度为 5 ~ 50μm，超薄膜线路宽度则通常小于 5μm。

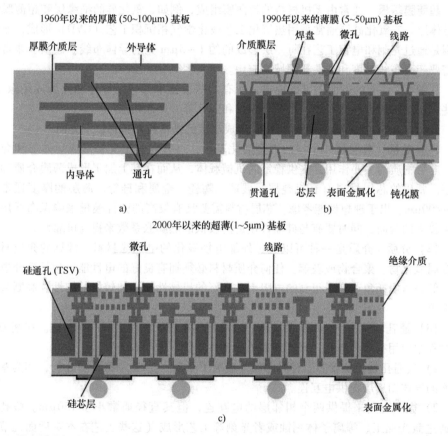

图 6.2　a）厚膜基板剖面图　b）薄膜基板剖面图　c）超薄膜基板的剖面图

厚膜基板　通常由厚膜陶瓷材料作为绝缘层和厚膜金属浆料作为导体层组成。绝缘层和导体都是由厚膜工艺加工而成的，比如流延和丝网印刷工艺，每层的厚度通常为 50 ~ 100μm。这些厚膜基板可以进一步细分为两类：①在芯基板上连续印刷和烧结的厚膜混合集成基板；②不使用芯基板，所有绝缘层和导体层同步叠层并共烧的多层共烧陶瓷基板。厚膜基板的发展最初是在芯基板上用丝网印刷导体，但是随着 I/O 数的不断提高，多层共烧陶瓷基板成为主流，其层数可达 100 层，随着 I/O 数的进一步

提高，薄膜技术也被引入多层陶瓷工艺。预计未来可提供最多I/O数的基板加工技术来源于晶圆厂（以下描述为硅基超薄膜基板），因为该工艺可以提供足够低的电阻、电容等寄生参数，提高电性能。与此同时，陶瓷基板将继续用于需要高强度、高温、低电损耗和气密性的领域。

薄膜基板 通常由聚合物薄层作为绝缘层和薄铜层作为导体层组成。聚合物绝缘层通常通过液态/湿法或干膜沉积的工艺形成，而铜导体则通过光刻和电镀工艺在每层介质绝缘层上加工，线宽一般为 $5 \sim 50 \mu m$。这些薄膜基板也可以进一步分为两类：①在芯基板上的顺序积层制作的基板；②通过在临时载体上形成薄膜层的无芯基板。有机和玻璃基板适合于需要高布线密度、低成本和薄型封装的领域。

超薄膜基板 通常由无机材料的超薄膜组成，例如二氧化硅的绝缘层和超薄膜铜的导体层。二氧化硅层通常采用热氧化工艺或化学气相沉积工艺（CVD）形成，而铜层则是通过光刻和电镀工艺在每一层形成的约 $1 \sim 5 \mu m$ 宽的导体布线。硅基板非常适合需要超高布线密度和高性能领域的应用。

从图6.2a ~ c的剖面图可以得出，所有的基板技术都包括导体和介质或绝缘层。这些多层结构通过导体布线、微孔、焊盘和通孔等方式互相连接。

从图6.2a ~ c的剖面图可以得出，形成基板的基本技术包括以下方面。

（1）芯层 芯层是一个裸的无金属化基板，可以在其上交替形成导体层和介质层。芯层物质的主要作用是提供稳定的机械载体，从而在其上加工形成薄膜介质和金属层。常用的芯层材料有有机叠层、玻璃、陶瓷、金属和硅等。芯层的厚度通常为 $30 \sim 800 \mu m$。出于理想性能考虑，芯层材料需要具有较高的弹性模量来确保布线层不产生较大的弯曲，同时要有与硅器件接近的较低的热膨胀系数来提高可靠性。

（2）介质 介质是一种可以通过外加电场极化的电绝缘材料。常见的介质材料为金属氧化物、聚合物或玻璃。任何介质材料必须拥有良好的电性能，包括低介电常数、低介质损耗角正切、很高的电阻率和良好的机械性能，如较好的韧性和高断裂伸长率等。

（3）通孔 通孔是金属化的孔洞，通孔提供布线层相互之间的电互连。在基板加工过程中使用很多种通孔，来实现如下的各种功能，如图6.3所示。

1）贯通孔是指位于芯层材料内部并镀覆了金属（通常为铜）的孔洞，其为基板两面的导体图形层提供电互连。

2）微孔也用来提供两个相邻层的电互连，但其直径通常小于 $150 \mu m$。微孔通常通过激光加工、等离子体刻蚀或者光刻等工艺形成（这些工艺在本章后面几节均有描述）。

这些孔可以采用不同结构的图形化和金属化，包括：

1）盲孔实现一个外部层和至少一个内部层的电互连。

2）堆叠孔是指上层孔正好堆叠在底层孔上方，形成垂直结构的一种通孔形式；而错位孔则是上层孔与下层孔有一定位移的交错结构的形式。

3）完全填充孔和部分填充孔是孔可以被导体（通常是铜）完全或者部分填充。完全填充孔内部完全由铜填充，而部分填充孔则仅在孔内壁有铜覆盖，部分填充孔中

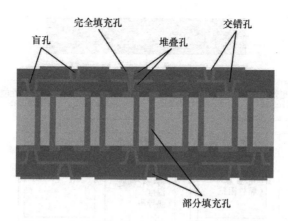

图 6.3　多层薄膜基板中的各种通孔结构示意图

心由绝缘体或者填孔浆料填充。

（4）焊盘　焊盘是一种金属图形，用来承接或者覆盖通孔，承接焊盘在孔的底部，而覆盖焊盘则在孔的顶部。这两种焊盘都实现了通孔与导体层上线路的电互连作用。

（5）布线　布线指通过厚膜丝网印刷或者薄膜光刻形成的导体线图形，用于传输穿过基板的电信号及实现通孔间的互连。布线通过传导电流来实现信号和电源分配。

（6）表面金属化　保护其下面的铜免于在芯片和基板组装和存储过程中产生铜氧化以实现牢固的焊接。牢固焊接是实现芯片、PWB 与基板良好可靠电互连的必要条件。最常用的表面处理包括热风焊料整平（Hot Air Solder Leveling，HASL）、有机保焊剂（Organic Solderability Preservatives，OSP）、化镀镍浸金（Electroless Nickel Immersion Gold，ENIG）、浸银（Immersion Silver，Im-Ag）、浸锡（Immersion Tin，Im-Sn）等。

（7）阻焊层或钝化膜　这是一种特殊的绝缘介质层，其沉积在封装基板最外层表面，用来防止在基板与芯片、PWB 板组装过程中，相邻焊盘上的焊料出现桥接而导致短路，也用来防止其下的导体图形出现氧化。

6.2.1　封装基板基础

封装基板的最基本功能是为芯片和 PWB 板之间提供良好和可靠的电互连。为了实现这一目标，需要从材料层面，基板或系统层面满足很多特性要求，将这些特性归纳为电性能、机械性能、热性能、化学性能四大类。

图 6.4 展示了封装基板在材料层面和基板层面上的四大类基础特性。接下来的几节将详细描述其中的一些重要部分。

1. 电性能

电性能是所有性能中最重要的，因为基板的最基本功能就是电互连。电性能可以归纳为材料层面和基板或系统层面。

（1）在材料层面　介电常数、介质损耗角正切、电阻率。

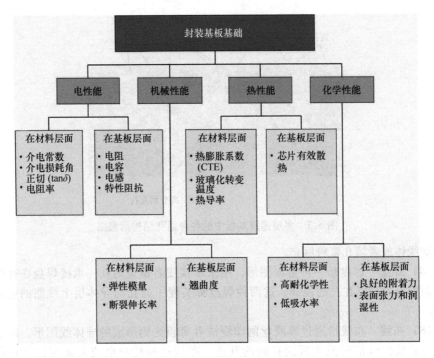

图 6.4　封装基板基础

（2）在基板层面　电阻、电容、电感、特征阻抗、信号速度。

根据电性能的具体要求，基板制作可以选择高或低介电常数的材料。比如基板中的电容器就需要选择高介电常数材料。而在高速计算领域，因为需要满足高速信号传输，所以选择介电常数很低的材料。信号速度的计算见式（6.1）。

$$v_p = c / \sqrt{\varepsilon_r} \tag{6.1}$$

式中，v_p 为电磁波的信号传输速度；c 为光速；ε_r 为所用绝缘材料的介电常数。图 6.5 给出了一系列陶瓷和聚合物的介电常数对于信号传输延迟（信号速度的倒数）的影响。

特征阻抗可能是基板布线最重要的电参数之一。当导体布线的长度接近工作信号波长的 1/2 时就需作为传输线（Transmission Line，TL）考虑。在不考虑介质泄露及导体电阻等耗散效应的情况下，无损传输线的特征阻抗等于单位长度传输线电感除以单位长度传输线电容所得值的二次方根，见式（6.2）。

$$Z_0 = \sqrt{\frac{R + j\omega L}{G + j\omega C}} \approx Z_0 = \sqrt{\frac{L}{C}} \tag{6.2}$$

在封装基板中，传输线特征阻抗通常为 50Ω，这一数值是在综合考虑良好的功率传输和较低的电损耗之下确定的。

示例 1　导体电路的 50Ω 特征阻抗设计。

这里通过一个具体示例来解释 R、L、C 参数的重要性，也解释了在封装基板中

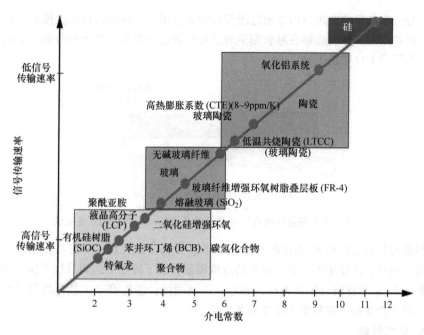

图6.5 封装基板材料的介电常数对信号传输速率的影响示意图

设计一条传输线时考虑特征阻抗的概念。传输线是封装基板中的一个特殊设计的导体结构，用来传输高速或者射频信号。传输线有很多种结构（具体内容见第2章关于电路设计部分）。图6.6展示了一个微带线结构以及它的等效电路模型。其中 R 为布线的电阻；L 为与之相关的电感；C 代表传输线与接地面金属之间介质层的平板电容；G 为介质层的漏电导（电阻的倒数），这一数值通常很小。

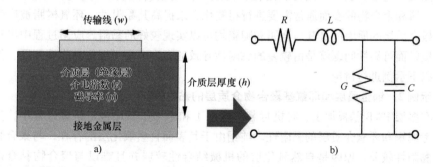

图6.6 a）微带线结构 b）微带线等效电路模型图

为了得到50Ω的特征阻抗，导体图形的尺寸必须加以精确控制：

1）导体厚度和宽度：影响电容和电感公式中的截面积 A；

2）绝缘介质的厚度：影响电容公式中的平行导体面的距离值；

3）基板加工过程中对于导体几何尺寸的准确控制。

2. 机械性能

封装基板的两个最重要的机械性能为基板材料的弹性模量和应变或断裂伸长率。

图 6.7 是一个典型的在边角沿基板边缘开裂的示意图。较高的材料弹性模量可以使基板有较高的刚度,从而能够在基板制造和芯片组装过程中承受更大的弯曲,从而允许封装内有更多 I/O 数的连接。

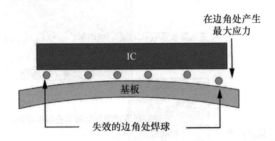

图 6.7 由于基板弯曲在焊球结合处产生的一种典型电互连失效

翘曲与封装基板和 IC 芯片的热膨胀系数差异成正比关系,并与基板的弹性模量成反比。因此,在应用中,芯层材料的选取需要在以下特性中达到最佳平衡:①热膨胀系数与 IC 芯片材料(通常为硅)相近;②高刚度;③T_g 高于工艺过程的温度从而保证材料特性在加工过程中不发生显著变化。

3. 化学性能

(1) 表面张力和润湿性(表面能) 所有的固态和液体物质均有一定的表面能。表面张力的单位为 J/m^2,或者 N/m。材料的表面能由该材料的表面特性(污染、吸附的分子)和其周围介质的表面能决定。

(2) 黏附性 在两种不相似的物质表面之间,比如金属与聚合物或陶瓷与聚合物,其结合主要是由两者之间较弱的化学力,如范德华力来决定。其他的纯物理作用,如机械连接等也可以改善黏附性,而这一作用主要由表面的形貌和接触面积决定。金属和聚合物的表面通常需要进行粗糙化,来提高其黏附性。环氧树脂被广泛用作基板介质层的原因就是其与金属和陶瓷均可以实现较好的黏附。应用过程中出现的很多接触面可靠性问题就是由较差的黏附性导致的。为了便于理解黏附性问题,接下来对以下示例进行讨论。

示例 2 铜金属层和环氧基聚合物介质层的黏附性。

在多层 PWB 基板加工、有机封装基板加工和半导体芯片包封封装过程中,需要特别考虑铜和环氧介质层的黏附性。纯铜由于其表面自然氧化层的存在,与聚合物基板的黏附性较差,原因是自然氧化层的机械结合性较弱并且难以与聚合物黏合剂浸润。为了提高铜与聚合物的黏附性,必须对铜表面进行特殊的氧化处理,这一氧化物可以与聚合物较好地浸润和黏附。为了加强在酸性环境中的结合耐久度,需要使用环咪唑或者苯并三唑衍生物交联剂。这些物质一端含有可以与铜表面的氢氧化亚铜产生化合物结合的活性质子,另一端则有氨基或羧基官能团能够与环氧树脂相互作用。

4. 不同基板材料的性质对比

表 6.1 对比了一些主要的封装基板关键材料及其特性。每种材料、工艺和特性在后续章节中将有详细描述。

表 6.1　封装基板所用材料的重要特性表

特性	陶　瓷		有　机　物		玻璃	硅	金属
	氧化铝	碳化硅	环氧聚合物	FR-4 叠层板	硼硅酸盐	单晶	铜
电学							
1MHz 下的介电常数	9.5	9.5 ~ 10	3-4	4.5-4.8	4.6	11.9	——
电阻率/ $(\Omega \cdot m)$	$>10^{10}$	与纯度相关	$>10^{10}$	$>10^{10}$	$>10^{10}$	0.02 ~ 10（典型掺杂）	2×10^{-8}
热学							
热膨胀系数/（ppm/K）	7.5 ~ 8.5	4	45 ~ 65	18 ~ 20	3.3	2.6-3.0	17
热导率/ $[W/(m \cdot K)]$	20 ~ 40	50 ~ 300	0 ~ 1	0 ~ 1	1.1 ~ 1.2	100 ~ 150	350 ~ 400
力学							
杨氏模量/GPa	300 ~ 400	400 ~ 500	0 ~ 2	10 ~ 20	60 ~ 80	130	110 ~ 120

6.2.2　术语

加成法工艺：通过多次重复选择性掩模或印刷的方式，在基板的特定位置形成精确厚度导体的工艺过程，这一工艺过程不包括刻蚀工艺。

阵列：基板上一组以成行成列方式排列的单元（焊盘、针引线）或电路。

长径比：基板上孔的长度与直径的比值。

后端制程（Back End of Line，BEOL）：在集成电路制造中，通过晶圆布线实现有源器件（晶体管等）与电阻等其他元件电气互连的过程，包括实现芯片和封装连接的接触焊盘、绝缘层、金属层、键合点制作等部分。将整个晶圆划片为单独的集成电路芯片的划片工艺也是后端制程的一部分。前端制程（Front-end-of-the-line，FEOL）指在晶圆上进行独立元器件（晶体管、电阻等）的图形化加工过程。

球栅阵列（Ball Grid Array，BGA）：单芯片模块或多芯片模块上，按照一定规则排布的焊球所形成的面阵列，用来实现封装体和下一级封装体（通常为印制电路板）的机械和电连接。

盲孔：只在基板的一面可见的孔。

陶瓷：无机非金属材料，通常用作陶瓷基板中的绝缘介质，该基板用于封装半导体芯片。陶瓷材料包括氧化铝、氧化铍、玻璃陶瓷等陶瓷材料的最终性能在高温处理后才产生。

特征阻抗（Z_0）：在无限长传输线传播的电信号，其电压与电流的比值。如 L 为单位长度电感，C 为单位长度电容，则 $Z_0 = (L/C)^{0.5}$。

化学气相沉积（Chemical Vapor Deposition，CVD）：通过将可挥发化学物质的蒸气与基板接触，然后进行化学还原的方式在基板上沉积电路元素的工艺。

芯片：未封装且通常无引线的电子元器件，可以是有源或无源的，分立或集成的形式，也称作管芯。

热膨胀系数（Coefficient of Thermal Expansion，CTE）：物质随着温度变化的尺寸变化率，通常单位为 cm/cm/℃ 或 ppm/℃，可以缩写为 CTE 或 TCE。

固化剂：激发树脂的聚合反应的有机或无机化合物。

固化周期：对热固性树脂而言（通常为树脂化合物，如黏合剂），指得到最终结果的工艺过程，包括各阶段的温度曲线的组合。比如材料彻底的不可逆的硬化过程，从而形成牢固的结合。

介质：不导电的物质。通常用于制造电容器，绝缘体（在跨接电路和多层电路中，以及包封电路。

介电常数：用来表征材料用于电容器介质时，存储电荷的能力的物理量，为在同一电容器中使用该物质做电容和真空时的电容的比值。

介质损耗：当交流电或电磁波在介质中传输时产生的电能损失。

干膜光刻胶：干法刻蚀工艺用的光刻物质，通常是以将预制的薄膜进行叠层的方式实现。

双列直插封装（Duel-in-Line package，DIP）：一个包含有两列平行的引线的封装，每列引线间和每列内的引线间均有标准间距。DIP 可以使用陶瓷（Cerdip）或塑料制造（Pdip）。

化学镀：一种金属沉积工艺，通常以水溶液为介质，溶液中的金属络合物与待镀件上的金属发生置换反应，这一反应不需要外加电流。

电迁移：电路中的金属结构被电流侵蚀的过程（也被称为亚原子侵蚀），类似于陆地被河水侵蚀。这一现象会在金属结构中产生空洞和堆积/小丘。

电镀：通过在金属溶液中将一块金属板浸入并通电的方式来实现该金属沉积附着在待镀金属或金属化上的工艺。使用一端为阳极（通常与用于镀覆的金属为同一物质），将直流电通过溶液从而实现溶液中的金属离子在阴极表面沉积。

刻蚀：选择性地将不需要的物质移除的工艺过程。通常使用合适的溶剂或者酸的方式，有时也使用电解工艺。

阻燃剂：一种加在聚合物混合物中的有机或无机化合物，确保聚合物在离开火源时可自行停止燃烧。

FR-4：电子工业协会命名的一种阻燃的环氧/玻纤布叠层板。常用作 PWB 的芯材。

玻璃：无机非金属非晶材料，通常通过加热氧化物至熔融玻璃态并迅速冷却的方式取得。

玻璃纤维：由玻璃单纤维线编制而成的物质。

玻璃化转变温度（T_g）：在玻璃或聚合物化学中，导致物质发生由玻璃向液体转化的温度，低于该温度时热膨胀系数很低且近似于常数，高于该温度时则会显著提高。

阻抗：由于电路中的电阻、电容或电感引发的电流流动阻力。

绝缘体：具有高电阻率且不导电的一类物质。通常指电阻率高于 $10^6 \Omega \cdot cm$ 的物质。

集成电路（IC）：一种微电路（单片电路），由相互连接的元器件组成，它们不可分离地结合和形成在一块衬底上或衬底内（通常是硅）来实现电子电路功能。

界面：两种不相似物质的边界，比如一个基板和薄膜之间或者两个薄膜之间的边界。

叠层板：一个由薄层或薄片组成的材料，通常用在电路板中。

叠层：半固化片通过加热或加压的方式固化形成一个固态产品的工艺过程，也指将半固化和预制电路亚复合物固化形成复合物的过程。

μm：与 $1 \mu m$ 长度等效的长度单位。

微带线：介质层表面的信号线，其上为空气，并在介质层的另一面有参考平面。

负胶光刻：一种紫外光透过掩模的透明区域使光刻胶固化的工艺过程，未固化的区域在后续使用合适的溶剂去除。

光学掩模：一个包含图形的薄片，其中图形部分对光刻工艺使用的光波透明或不透明。该模板可以包括成百上千的线条和几何图形。

钝化：直接在电路或电路单元表面形成绝缘层的工艺过程。

光刻：通过将光刻胶暴露于紫外或深紫外光从而产生图形的过程。并有后续的显影过程，指使用合适的溶剂将不需要的部分移除的过程。使用的光刻胶物质有正胶和负胶之分。

节距：在焊盘、凸点、针引线、焊柱、外引线等相邻同类元素相互之间中心至中心的距离。

等离子体：一种导电的气体，由电离的原子或分子组成，在器件加工过程中用于对器件表面进行干法刻蚀或化学修饰。

等离子体刻蚀：使用一种导电气体（由电离的气体或分子组成）来移除不需要的导体或绝缘体图形的工艺过程。

正胶光刻：一种光透过掩模的透明区域使曝光区域的光刻胶更容易溶解于显影液的工艺过程。照射过的区域后续使用合适的显影液移除。

半固化/预浸料：一种不导电的半固化玻纤强化聚合物树脂薄片，主要用来在多层线路板中分隔导电层。

印制电路板：一个包含有内部和表面电路的有机或无机复合物，为电子元器件提供机械支撑和电学互联。

兰特定律：由 IBM 公司的兰特（E. Rent）首先发现的经验规律，指一个逻辑器件封装使用的 I/O 端口数量与该封装内与之互连的次级封装总数的分数幂成正比。

树脂：指一种有机聚合物，当它的单体与固化剂混合后，会发生交联反应而形成一种热固性塑料。

半导体：一种特殊种类的材料，它既可以表现出导体的特性，也可以表现出绝缘体特性。

烧结：加热金属或陶瓷的粉料，使其颗粒间相互结合而形成一个整体的过程。

溅射：通过能量离子轰击将某种源的原子轰击出，并沉积在基底上形成各种各样的薄膜层的工艺过程。所用的能量离子通常是等离子体。

减成法工艺：首先在基板表面覆盖导体材料，再将不需要的导体部分依次去除，形成最终产品的工艺过程。

热固性聚合物：某些有机材料在加热至合适的温度后，会发生不可逆的聚合和固化或硬化。

通孔：在介质层上的开孔，并在其内壁上（或内部）制作导体，从而实现垂直电互连的结构。

晶圆：通常是由一个半导体单晶锭切割而成的薄片，在后续的加成工艺中用作衬底材料，如杂质扩散（掺杂）、离子注入、外延等，在其有源面通过金属化和钝化处理，形成分立器件或集成电路阵列。

6.3 封装基板技术

6.3.1 历史发展趋势

封装基板作为在芯片和电路板之间提供输入/输出的中介，随着I/O数的不断增加，已经发展了数十年的时间。图6.8给出了封装基板从1960年出现的最初的引线框架塑料封装到最新的2010年的硅和玻璃转接板的发展历程。

历史上的第一代封装是使用可伐或铜引线框架作为单层金属导体且最多有16个引出端的DIP形式的封装。DIP采用的是通孔直插安装的封装形式。在该封装形式中，I/O或者插针引线排列在封装体的两侧。其制造过程如图6.9所示。首先是芯片的划切并将其粘接到引线框架的中心，再将芯片上的金属焊点和引线框架通过金丝键合的方式实现连接。之后使用有机环氧树脂包封进行保护，最后将引线弯曲，形成最终的封装。

这些封装由于其成本很低，因而广泛应用在I/O端口较少的领域，之后此类封装又演化出了很多其他的形式。塑料封装的主要形式如图6.10所示。此类封装一般应用在I/O端口数不超过100的场合。

第二代封装基板是使用陶瓷厚膜材料和工艺制作的，可以实现多层布线并满足更多的I/O数需求。然而陶瓷封装在面对225μm I/O节距以下应用时，出现了很多难以解决的问题。因此在20世纪90年代，日本IBM公司引入了采用积层薄膜布线的有机基板，实现了数千个I/O端口的处理器的封装。在2010年代，随着逻辑和存储芯片高带宽集成技术的出现，适应80~150μm互连节距的有机封装已经不能满足这一超高互连密度需求，于是出现了硅基和玻璃转接板技术，它具有在单一封装体内实现数万至数十万的I/O互连的能力。本章的剩余部分将详细描述陶瓷、有机、硅和玻璃封装基板的材料、工艺和结构的细节。

一个封装基板的材料需要具有如下的多种理想的特性，简述如下。

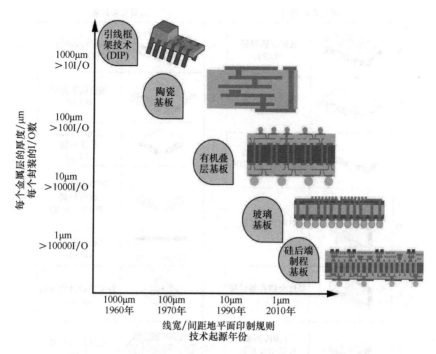

图 6.8　随 I/O 数需求增加的封装基板发展历程图

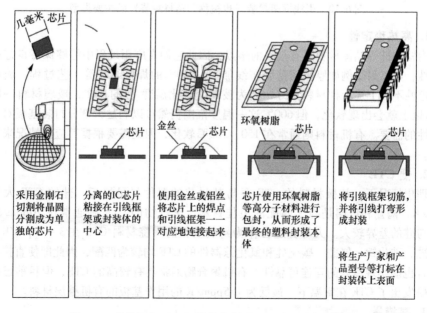

图 6.9　引线框架型 DIP 封装的制造和芯片组装工艺流程

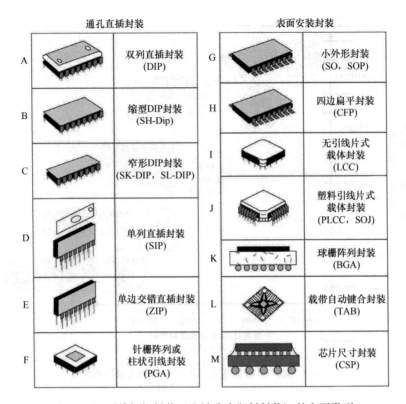

图 6.10　引线框架封装（也被称为塑料封装）的主要类型

1. 高热稳定性

陶瓷和硅等晶体材料具有很高的熔点，因此它们在应用过程中能够保持良好的热稳定性，可以耐受例如厚膜或薄膜布线加工，260℃的焊接组装等工艺过程。玻璃的热稳定性不如上述两种材料良好，因为玻璃变转化温度 T_g 的存在，玻璃材料一般在600℃以上就会出现软化，但600℃这一温度范围仍然可以满足大部分封装基板对于热稳定性的需要。有机材料则通常在 150~300℃软化，因此需要根据其应用情况来进行选择。

2. 低 CTE

理想情况下，基板材料的 CTE 要与其封装的器件尽量接近。硅的 CTE 大概为3ppm/K，陶瓷和玻璃是与之匹配的最佳材料。聚合物的 CTE 则通常在 20ppm/K 以上，与硅的差异较大。大部分适合作为封装基板的陶瓷材料 CTE 在 3~7ppm/K，它们与硅、砷化镓、锗硅、碳化硅和氮化镓器件的 CTE 均较为匹配，因此即使直接和芯片结合也能实现良好的互连可靠性。有机聚合物通常具有较高的 CTE，但目前已经有报道研发出了 CTE 在室温下，最低为 1.5ppm/K 的用作基板的有机叠层材料。

3. 高模量

基板材料的刚度是一个重要的参数，通常使用模量进行表征。材料的较高模量可以保证在非对称结构基板或薄基板应用时，产生的弯曲较小。材料模量以及封装基板中不同材料 CTE 失配带来的内部应力是热-力学可靠性的主要关注点。

陶瓷（>150GPa），玻璃（65~80GPa）和硅（120~130GPa）材料较高的弹性模量都能提供良好的基板刚度，从而产生较少的弯曲。用作基板制作的有机材料的弹性模量范围为 0.1~40GPa。比如，杨氏模量为 1~10GPa 的较软的有机材料用作薄膜介质材料或者柔性基板，而杨氏模量为 20~40GPa 的较硬的有机材料则用在基板芯层。

4. 高绝缘强度

封装基板材料均具有较高的绝缘强度，因此即使在距离较近的导体层之间施加较高的电压，也可以保证良好的电学可靠性。大部分封装基板绝缘材料均有足够的绝缘强度，而对于超大功率应用，陶瓷材料是较为理想的选择。

5. 高电阻率

这一特性对于减小相邻导体层之间的功率泄漏至关重要。硅作为一种半导体并不是理想材料。然而，在后续的硅基板章节中，将讨论通过在硅基板中引入一些绝缘线性材料来解决硅与封装基板的需求的兼容性问题。

6. 极低的电损耗

对于射频应用，低损耗是取得高品质因子和低信号损失的关键，因此陶瓷和玻璃是微波元器件封装的理想材料。

7. 低介电常数

对于高速计算等应用来说，介质层的介电常数直接影响信号速度。传播速率或它的倒数，即传播时间延迟只由介电常数决定。陶瓷有比聚合物高的介电常数，这会导致信号速度下降。因此，在高速数字信号应用领域，高分子介质材料更为理想。空气的介电常数为 1，是最理想的介质材料，因此在二氧化硅基介质材料中通过引入空洞可以减小其介电常数从而使它们可以与硅基板兼容。

$$\nu_{\mathrm{p}} = \frac{C}{\sqrt{\varepsilon_{\mathrm{r}}}} \tag{6.3}$$

8. 不吸水

陶瓷、玻璃和硅是气密性材料。这表示不会有气体或水汽进入封装体。不同于聚合物，陶瓷薄膜，例如氮化硅由于不吸收水汽，因此是理想的阻挡层材料，从而可以避免腐蚀和电迁移相关的失效现象发生。

9. 气密性

所有的无机物包括陶瓷和玻璃都是气密性材料，可以避免气体和水汽侵入封装内部，因此具有良好的长期可靠性。

10. 低脆性

脆性材料是指在很低的应变下就会产生断裂的材料，应变通常为 0.2%。脆性材料需要在加工的操作过程中特别小心，例如大尺寸超薄玻璃的加工等。陶瓷和玻璃是脆性材料，会在较低的应变下断裂，而铜在超过 200% 的大应变下才会断裂。

11. 良好的表面平整度

玻璃和硅一样具有超光滑的表面，这在采用光刻工艺加工铜导体层时可以得到更精细的图形。有机叠层板则不像玻璃或硅一样光滑。

12. 低加工温度

有机物可以在低于250℃的条件下进行加工，这对于降低基板加工过程的成本有益。

表6.2给出了在选择封装基板材料时的重要特性。表6.3给出了不同类型封装基板的典型工艺特性。

表6.2 不同类型封装基板的材料特性

需要的特性	陶 瓷	有 机	玻 璃	硅
高热稳定性	极好	良好	极好	极好
热膨胀系数（CTE）	与硅匹配（3ppm/K）	与硅匹配（3ppm/K）	与硅匹配（3ppm/K）	与硅匹配（3ppm/K）
热导率	高	低	低	高
弹性模量	很高	中等	高	高
低脆性/高韧性	非脆性	极好的韧性非脆性	脆性	脆性
高电绝缘强度/击穿电压	极好	极好	极好	极好
高电阻率	极好	极好	极好	极好
介电常数	高（适合电容器）>6	低（适合数字领域）2.5~6	5~6	>10
吸水性	低（气密）	高（非气密）	低（气密）	低（气密）
低加工温度	差	极好	极好	良好
大尺寸可行性	良好	良好	良好	差

表6.3 不同类型封装基板的工艺特性

技术	陶 瓷	有 机	玻 璃	硅
每层厚度	50~250μm	5~50μm	5~50μm	1~5μm
通孔直径	机械冲孔：100μm 激光打孔：50μm	机械冲孔：>75μm 激光打孔：20~75μm	激光冲孔：5~75μm 激光打孔（玻璃通孔）：30~100μm	等离子体刻蚀：<5μm 光刻聚合物孔：<20μm 等离子体孔（Bosch工艺硅通孔）：>10μm
布线尺寸	漏板印刷：100μm 丝网印刷：50μm 光刻加工：50μm	5~50μm	2~50μm	1~5μm
典型介质	氧化铝 LTCC	环氧树脂，聚酰亚胺，BCB	环氧树脂，聚酰亚胺，BCB	无机物如 SiO_2，$SiCO_x$，$SiCO_xH$

（续）

技术	陶　瓷	有　机	玻　璃	硅
内层典型金属化	钯银＋玻璃，铜＋玻璃，W/Mo＋玻璃	铜，导体浆料	铜，导体浆料	Ta（阻挡层），Co/Ru（线），铜/铝（线）
外表面典型金属化	金，镍，钯	金，镍，钯	金，镍，钯	金，镍，钯
典型金属化层数	＞10，报道最多101（共烧陶瓷）	4～12	4～8	3～5

6.4　厚膜基板

厚膜基板通常由两部分组成，包括厚膜陶瓷材料作为绝缘层和厚膜金属浆料作为导体层。它们都是通过如流延和丝网印刷等厚膜工艺形成的，每层的厚度通常为 50～100μm。厚膜基板可以进一步分为两大类：①在芯基板上连续印刷和烧结的厚膜混合集成基板；②不使用芯基板，所有绝缘层和导体层同步叠层并共烧的多层共烧陶瓷基板。厚膜基板首先是在厚膜混合集成陶瓷基板技术基础上发展起来的，但是随着 I/O 数的不断提高，多层共烧陶瓷基板成为主流，其层数可达 100 层，随着 I/O 数的进一步提高，开发了薄膜技术。预计未来可提供最多 I/O 数的基板加工技术来源于晶圆制造工艺，因为该工艺可以提供足够低的电阻、电容等寄生参数，提高电性能。与此同时，厚膜陶瓷基板将继续用于需要高强度、高温、低电损耗和气密性的领域。

6.4.1　陶瓷基板

随着需求的发展，陶瓷基板技术也不断取得技术进步。从最初的单层厚膜基板逐渐发展到多层厚膜基板，之后出现了高温共烧陶瓷（High Temperature Co-fired Ceramic，HTCC）和低温共烧陶瓷（Low Temperature Co-fired Ceramic，LTCC）基板技术。图 6.11 是其发展历程图。

陶瓷基板通常可以通过两种方式制作：①多次顺序印刷和烧结，一般称为厚膜混合集成基板；②所有层（包含陶瓷和金属）均同时一次烧结，一般称为多层共烧陶瓷，目前已报道最多共烧陶瓷层数为 101 层。

1. 陶瓷基板剖面图

图 6.12 所示为一个典型陶瓷基板的剖面图，该基板包括由厚膜陶瓷介质层分隔开的部的导体图形、通孔。而陶瓷封装不只具有陶瓷基板的特点，它包含四个组成部分：

1）介质；

2）导体；

3）金属盖板：焊接在顶部来保护芯片以提供高可靠性；

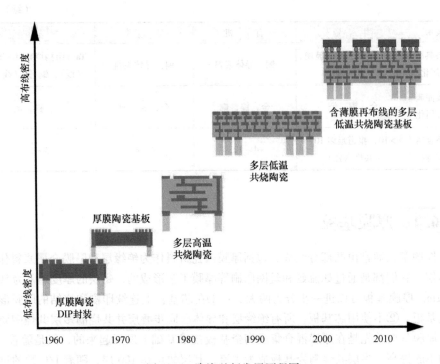

图 6.11　陶瓷基板发展历程图

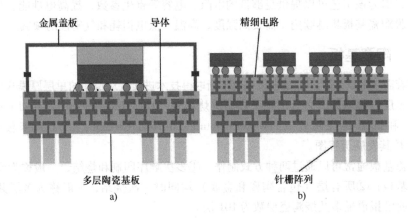

图 6.12　陶瓷基板剖面图

a）单芯片厚膜基板　b）多芯片薄厚膜复合基板

4）针栅阵列引出端来实现基板到主板的互连。

除了以上运算处理器封装所包含的四部分以外，射频封装领域还有第五要素：

5）精细的微波传输线和基板内的埋置无源元件。

图 6.13 是射频基板的剖面图，这些组成要素将在下一节讨论。

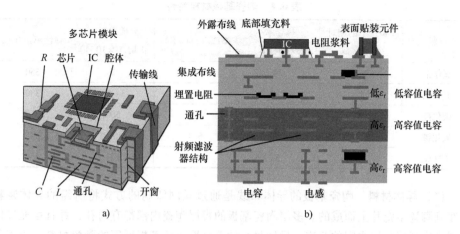

图 6.13　包含有多层布线和埋置元件的射频陶瓷模块剖面图

2. 陶瓷介质材料

自从 20 世纪 80 年代以来，陶瓷封装基板就广泛使用氧化铝材料，因其具有低损耗和高介电强度等良好的电性能，及耐电迁移和成本较低等其他优点。但是它有两个主要的缺点，即高烧结温度使它与很多金属材料无法兼容（这一点将在后面论述）以及较高的 CTE，这会导致互连可靠性问题。这两个缺点可以通过在其中添加玻璃的方式改善，这一点将在后续章节论述。

由于铜具有高电导率和低成本的特点，所以使用铜作为陶瓷基板的导体材料可以提高导电性能，但是由于传统莫来石和氧化铝陶瓷的烧结温度较高，仅能和钨、钼、镍等金属兼容，故无法直接采用铜导体。在传统氧化铝中添加某种玻璃相的方式可以解决该问题，玻璃相可以在较低的温度下实现部分或整体陶瓷材料的结晶化，从而得到足够的机械强度，实现陶瓷的低温烧结。微晶玻璃就是这类物质，它们通常由玻璃相和氧化铝或硅酸盐相组成，硅和铝的氧化物搭配氧化钡/氧化镁/氧化钙就是微晶玻璃的典型实例。

含锂或硼的硅铝酸盐以最高 40% 的比例加入氧化铝中形成复合介质材料，可以将烧结温度降低至 850℃。其中的玻璃相可以在较低的温度下融化并完全浸润氧化铝，从而实现烧结助剂的作用。在最终的烧结体中包含有玻璃相和陶瓷相，使其可以表现出晶体和玻璃具有的优良性能，这一类物质被称为玻璃 + 陶瓷复合材料。

微晶玻璃材料和玻璃 + 陶瓷复合材料都被应用在 LTCC 技术中，可以用它们来制作坚固、密封、可靠的多层高布线密度的封装。它们像晶体一样在较高的温度下保持强度，并且可以通过调控组分表现出不同的 CTE 和介电常数等性能。陶瓷的热导率在高性能封装中通常不是特别重要，例如在倒装芯片封装中，热量可以直接从芯片背面耗散而不需要穿过陶瓷基板来耗散。

表 6.4 给出了陶瓷封装基板的一些关键材料的特性。

表 6.4 陶瓷基板材料特性

材料	1MHz 下的相对 介电常数	热导率/ [W/(m·K)]	CTE/(ppm/K)	介质损耗角 正切（×10^{-4}）	弹性模量/GPa
氧化铝	9.8	20	7	2	350
氮化铝	9	230	4.1	3~10	380
碳化硅	40	270	3.7	500	380
氧化铍	6.8	260	5.4	4~7	345
LTCC	5	5	3~5	2	150

(1) 导体材料 陶瓷基板的导体布线是通过丝网印刷的方式将所需的导体浆料分布到陶瓷生瓷片上而成的。多层陶瓷基板的每层陶瓷内部都有通孔，并且填充导体材料来实现层与层之间的互连。导体材料的选择取决于基板所用的陶瓷材料。由于氧化铝和氮化铝的烧结温度高于 1400℃，因此需要使用高熔点金属作为导体，如钨、钼、铂或者铂钯合金等。LTCC 基板则可以使用低熔点的高电导率金属作为导体，如铜、镍、银和钯银合金等。

(2) 金属盖板 金属盖板的主要目的为了保护芯片免受环境中的化学和机械应力损伤。通常选择低 CTE 的可伐（铁镍钴合金，其 CTE 与硼硅酸盐玻璃接近）或者因瓦（铁镍合金）来制作金属盖板，盖板的安装大多采用基于软焊料和钎焊料的金属胶，主要原因是它们具有较低的熔点并且可实现气密。

(3) PGA 陶瓷模块封装和电路板之间的电互连是通过 PGA 针状引线等形式实现的。包括使用高长径比（细长）的针引线将 CTE 与硅接近的玻璃陶瓷模块安装在系统主板上等方式。模块安装时，先将针引线嵌入基板上的互连孔内，再将安装部位浸入焊料槽，实现针引线和金属焊盘之间的良好结合。这一封装形式在 IBM 的主机中取得了广泛的应用。如图 6.12 所示，高长径比（细长）的针引线可以缓和封装和主板之间较大的 CTE 失配而确保牢固的互连。然而 PGA 针引线的节距无法达到 1mm 以下，因此在例如移动通信等领域的应用受到了限制。

3. 陶瓷基板工艺

(1) 单芯片封装⊖ 单芯片陶瓷封装可通过将陶瓷粉体干压成型后再烧结的方式制作，烧结后的陶瓷体具有良好的机械强度。在这种情况下，通常所说的陶瓷工艺与粉体工艺含义相同，因为制成最终成品的原材料就是陶瓷粉体。具有较小尺寸和较简单外形的陶瓷部件，其主要加工工艺如下：首先将粉体加入已加工成特定形状的金属模具中，之后加压形成陶瓷坯体，通常会在陶瓷粉体中加入黏结剂和润滑剂来帮助成型工艺的实现，最后将陶瓷坯体加热至高温形成致密的陶瓷基板。在下一节将详细讨论这一工艺。

⊖ 原文此处特指干压成型工艺用于单芯片封装，实际上多层共烧工艺也大量用于单芯片封装。——译者注

（2）多芯片封装 为了实现较多 I/O 端口数的多芯片封装或模块封装互连布线，仅一层陶瓷是不够的，因此出现了多层基板。为了制作大尺寸、薄厚度、高平整的陶瓷片，传统的干压成型方式已经不适合，从而出现了流延的方式，这是指将陶瓷粉体分散在合适的溶剂中制作成足够低黏度（具有良好流动性）的浆料，再流延成所需厚度生瓷片的成型方式。多层陶瓷封装的制作工艺就从这样的陶瓷生瓷片开始，在其上使用机械/激光/电子束的方式加工出通孔，再填入导体浆料实现层间互连。之后采用丝网印刷的方式在其上印刷导体布线，还可以包括电容、电阻或其他介质和磁性图形等。之后将每层单独的生瓷片对准、叠层、切割后即可在高温下共烧或烧结实现封装主体的制作。

为了实现封装的各种性能，必须将生瓷片经过高温处理，温度通常为 850 ~ 1800℃（玻璃陶瓷为 850℃，氧化铝为 1500℃，共价物陶瓷如氮化铝和碳化硅则需要 1800℃），这一过程称为烧结或致密化。其中有机黏结剂的排除（热解）则是通过碳化物的高温氧化方式实现的，也称为排胶。在烧结过程中，陶瓷颗粒相互结合成连续网络，最终排除孔隙。烧结的驱动力是表面能或者表面积的减少。表面能表现出对于接触粒子的压缩作用，因此可以使它们形成连续相。这一压缩作用（也称为烧结力或烧结助力）取决于接触颈部（粒子相互接触的表面点）的曲率、接触角、粒子间的接触长度等。形成连续相的过程需要原子在从粒子接触处（晶界）到表面的移动来完成，这会导致接触面积的增加和孔隙的减少。由于在高温下更容易发生长距离的原子移动，因此烧结是一个高温过程。原子的移动是由于晶体固体的扩散或非晶体的黏性流动。

（3）金属化 将导体布线丝网印刷在生瓷片表面来形成金属图形和接触焊盘。生瓷片的金属化也可以通过与生瓷片接触的金属掩模上挤出金属浆料的方式实现，这一工艺也可用于通孔的金属化。多层陶瓷工艺可以将不同层的生瓷片并行加工来获得最终的结构，因此可以得到较高的产量。图 6.14 是整个 LTCC 多层陶瓷基板的工艺流程图。

陶瓷材料的烧结温度必须低于导体金属的熔化温度。因此烧结温度限制了导体材料的选择。在材料熔点温度的 70%，原子运动就会加剧，而烧结也通常在这一温度下进行。如前所述，纯氧化铝在 1600℃ 以上烧结，因此只能使用 W/Mo 金属化导体，这一技术通常称为高温共烧陶瓷（HTCC），由于其较高的加工温度在工业领域并不受欢迎，同时氧化铝有较高的介电常数和 CTE，所以这也限制了它的应用。而液相玻璃相的引入可以促进烧结从而降低烧结温度，这就推动了使用微晶玻璃或玻璃 + 陶瓷复合物的低温共烧陶瓷（LTCC）技术的发展，比如 $MgO\text{-}SiO_2\text{-}Al_2O_3$，其拥有较低的介电常数，CTE 也与硅匹配，而且其黏温性较为陡峭，有利于排胶。因此微晶玻璃和玻璃 + 陶瓷复合物可以有效地补充 HTCC 材料的不足，它们可以与铜导体兼容，且拥有较低的 CTE 和介电常数。

4. 陶瓷基板的应用领域

陶瓷基板在单芯片和多芯片封装中取得了广泛应用，如数字计算领域，通信中的射频元器件和模块，高功率汽车领域。

(1) 数字领域应用 陶瓷基板非常适合数字计算领域的多芯片封装应用需求，因为它们可以提供高导电的精细铜导体布线，且可以采用不同的组装工艺安装几百个IC裸芯片，同时还能提供散热和机械保护。这一技术最早在 1975 年由 IBM 公司的 Tummala 教授及其团队引领。他们实现了 35～100 层的共烧玻璃陶瓷基板的制作，全部采用铜互连，这一技术是当时最先进的多芯片数字封装技术，最初实现了上百个最先进的双板型芯片的互连，后来是 CMOS 芯片。这一技术可以用于计算机主机模块、服务器和超级计算机等领域。图 6.15 是这类应用的一个实物示例图。

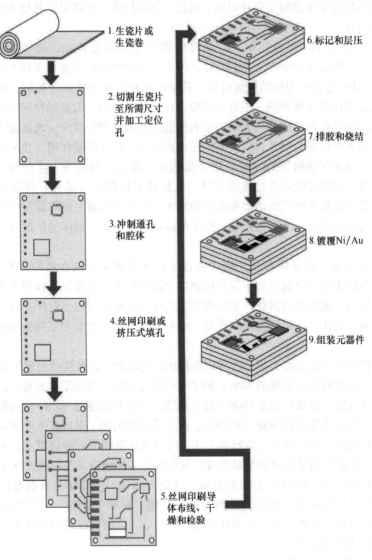

图 6.14　LTCC 基板加工流程图⊖

⊖　原文流程为单个产品制作，缺少热切工艺，在阵列制作时，在层压后应进行热切。——译者注

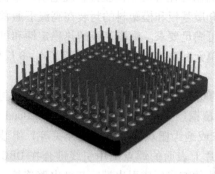

图 6.15　高性能计算机领域应用的陶瓷和微晶玻璃基板实物图

（2）射频领域应用　射频模块主要实现从天线接收电磁波并将其转化为数字信号或者通过天线发射放大的信号的功能。这些模块需要较低的介质损耗，良好的温度和频率稳定性，以及较高的尺寸精度来制作包含有电感、电容、天线和传输线等部件的复杂电路。如第 8 章所述，这些电路提供了多种功能，例如滤波、放大器的阻抗匹配、电源分配或组合以及频率合成等。同时无线通信技术的快速发展对射频基板的性能和尺寸等都提出了更高的要求。

陶瓷基板对于射频模块应用是较为理想的选择，因为它具有低介质损耗，介电常数的温度系数也很低，直至 100GHz，其性能仍十分稳定。LTCC 技术目前已经成熟发展到包含数十层的玻璃陶瓷和内部铜导体通孔、布线，并且可以共烧实现复杂的 3D *LC* 网络和布线结构。由于 LTCC 工艺的多层特性，电感可以集成在基板内的任何一层，从而节省表层以安装更多的芯片。

陶瓷基板也在埋置无源元件的射频领域广泛应用，这些无源元件作为薄层埋置在基板内部。微波传输线作为互连，有源器件，如 RF 功率放大器、滤波器和开关等分布在基板上表面。图 6.16 所示为村田公司的两个陶瓷模块实物照片。在第 7 章将对射频模块和元器件进行详细描述。

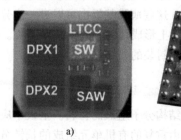
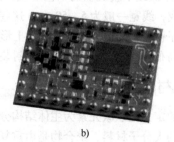

a)　　　　　　　　　　　　b)

图 6.16　RF 模块实物图

a）WLAN 模块　b）蓝牙模块

（3）汽车电子领域应用　高温可靠性是汽车和航天等严格应用环境中封装需要考虑的重要因素。靠近发动机的这类封装会安装更多的元器件，需要经过 – 50 ～

175℃的温度循环和175℃以上2000h的高温存储等可靠性验证，纯电动汽车领域应用的这些要求将更为严苛。使用高分子基介质基板和模塑料的封装在高温下通常会产生不可预见的可靠性问题，而陶瓷封装则可满足要求。陶瓷基板的热稳定性和可靠性使它们适合在汽车领域应用，发动机控制单元和防抱死系统已经应用了4~8层的陶瓷-铜布线的多芯片封装。

陶瓷还被用于封装1000~10000W的功率模块，图6.17是一个功率器件封装的实物图。该功率器件封装包括陶瓷基板和覆铜层，称为直接覆铜（Direct Bond Copper，DBC）基板。有源裸芯片（通常为IGBT或绝缘栅双极型晶体管开关等）组装在该基板上，芯片背面直接焊接在铜箔上，芯片上表面的焊点则用引线键合在DBC层来实现电互连。电信号的输出通过焊针或焊片的方式形成引出端，与外电路连接，组件整体采用硅树脂包封料和模塑外壳进行封装。

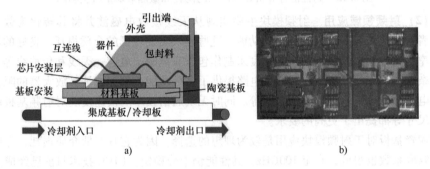

图6.17 典型陶瓷基功率模块封装
a）剖面图 b）实物图

6.5 薄膜基板

薄膜基板通常由聚合物薄层作为绝缘层和铜薄层作为导体层组成。聚合物绝缘层通常通过液态/湿法或干膜沉积的工艺形成，而铜导体则通过光刻和电镀工艺在每层介质绝缘层上成，线宽一般为5~50μm。这些薄膜基板也可以进一步分为两类：①在芯基板上的顺序积层；②通过在临时载体上形成薄膜层的无芯层基板。有机和玻璃基板适合于需要高布线密度、低成本和薄形封装的领域。

6.5.1 有机材料基板

有机材料的定义是以碳元素为主体结构分子组成的材料。基板中应用的有机材料是称为聚合物的大分子材料，聚合物是由重复的有机单元组成的长链分子材料，重复单元称为单体。与陶瓷、玻璃或硅相比，聚合物属于软性材料。聚合物本质上通常为非晶态或半结晶态，广义上分为两大类，即热塑性塑料和热固性塑料。热塑性塑料在高于一定温度时会流动，具有可塑性，冷却后又会凝固。用于制造塑料瓶的聚对苯二甲酸乙二酯（Polyethylene terephthalate，PET）就是热塑性聚合物的一个例子。而热固性塑料是可交联反应的聚合物，它们在固化之后，加热至固化温度也不会再流动。因此，热固性塑料具有一系列独特的性质，比如优异的耐化学性和高的电绝缘性。橡胶就是一种热固性聚合物，在封装基板中常用的热固性聚合物有环氧树脂、氰酸酯和聚酰亚胺。

有机基板通常以大尺寸板的形式进行各工序的连续加工，其工艺遵循逐层聚合物介质层固化，再沉积导体的方法。有机基板可以兼容基于液体/湿膜和干膜的聚合物介质。

1. 有机基板剖面图

图 6.18 是一种有机基板的剖面图。它是一种多层基板，由被薄介质层隔开的导体线路和通孔组成。有机基板的关键要素包括以下几种。

（1）芯层　芯层由层压材料组成，层压材料包括：

1）有机树脂，如环氧树脂；

2）无机增强体，如玻璃纤维、二氧化硅纤维或两者组合；

3）添加剂，如阻燃剂。

（2）介质层　薄膜聚合物介质层，通过液体或固体干膜制备。

（3）内层导体　所有的内部金属化层，主要是铜导体。

（4）表面金属化　外层的表面金属化可作为焊料的阻挡层，以形成可靠的焊点，在基板和器件间形成互连。铜并不适合用作表面金属，主要有两个缺点：①铜氧化较快；②铜与焊料反应生成脆性的金属间化合物，这类金属间化合物的机械和电性能较差。镍是一种很好的阻挡金属，在镍上镀覆一层超薄的金层，可以防腐蚀，且对焊料有良好的浸润性。

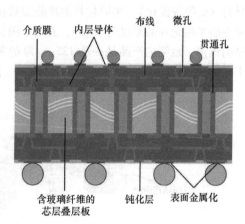

图 6.18　有机基板的剖面图

（5）钝化层　钝化层可以防止相邻的焊料发生桥接，并在高温装配过程中防止内部金属化层氧化。由聚合物组成的湿膜和干膜均可用于钝化层。

2. 有机基板材料

芯层如上所述，芯层由复合层压材料组成，层压材料的制作方法是通过将聚合物树脂、无机填充料和阻燃剂混合制造而成，混合后形成的一种独特的复合材料，可在低温下制造成卷到卷的形式，有一定的刚度、韧性和低的 CTE。从材料结构上看，聚合物树脂包裹在无机增强体周围，并将它们粘接在一起。

最常用的增强体材料是玻璃填充料和玻璃纤维。玻璃纤维通常以编织布的形式使用，而玻璃填充料则是均匀地混合在树脂之中使用。玻璃填充料和玻璃纤维通常经过硅烷溶液预处理，在聚合物树脂和增强体之间获得良好的黏附性和润湿性。

常用的聚合物树脂包括环氧树脂和聚酰亚胺两类。双马来酰亚胺三嗪（Bismale-imide trazine，BT）是环氧树脂、E 级玻璃纤维和二氧化硅填充料的混合物是一种常用的芯层层压材料，用于先进的刚性芯层有机基板。其他添加剂，如阻燃剂也会加入层压材料，由部分固化的聚合物树脂浸润的单层编织布复合结构，用专业术语描述为单层。芯层需要具有足够的厚度以获得预期的刚度。将多个单层堆叠，经过压合得到完全固化的层压材料。一般来讲，将铜箔层压在芯层的顶面和底面，形成最终的层压结构，称作覆铜层压板。图6.19是有机基板中的用作芯层的覆铜板的生产流程图。第一步涉及基体树脂的合成，例如环氧树脂。合成后将树脂混合物和其他添加剂，如增塑剂、硬化剂或者催化剂混合，得到树脂溶剂，可包覆在玻璃纤维上。将编织布形式的玻璃纤维浸泡在树脂溶剂中，然后将浸泡后的玻璃纤维布加热至一定温度，使得聚合物树脂固化而得到半固化片。此过程便是涂覆在玻璃纤维上的聚合物树脂经过图6.19的B阶段固化。然后将半固化片与铜箔进行叠层，经热压得到完全固化的层压材料（C阶段固化）。半固化片的堆叠层数决定了层压材料的最终厚度。例如，假设每一层半固化片的厚度为$20\mu m$，五层半固化片堆叠，在其两侧分别叠放一层$12.5\mu m$厚的铜箔，最终的产品是一个$125\mu m$厚的芯层层压板。层压板上的铜箔经减法刻蚀工艺形成导体图形。

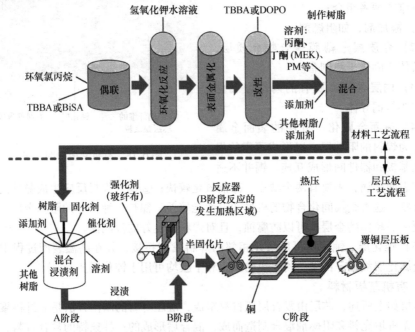

图6.19 覆铜层压板（BT-环氧树脂）的生产工艺流程

芯层使用的不同聚合物树脂体系将在后续详述。

无铅焊料的出现对有机基板产生了显著的影响。含铅焊料需要的回流焊峰值温度为220℃，而无铅焊料为260℃。含铅焊料常用的树脂是E级玻璃纤维增强的环氧树脂。众所周知，FR-4等级的纤维增强复合材料，其玻璃化转变温度T_g的范围为120～190℃。其玻璃化转变温度与图6.20所示官能团的数量有关，也与环氧树脂体系的固化程度有关。通常来讲，环氧官能团的数量越高，T_g越高。FR-4树脂中，纯的双官

能团环氧树脂的 T_g 最小，为110℃；常见的四官能团 FR-4 树脂的 T_g 为130 ~ 140℃；而多官能团环氧树脂的 T_g 能达到170 ~ 180℃。高 T_g 的 FR-4 树脂仍常用于有机基板。

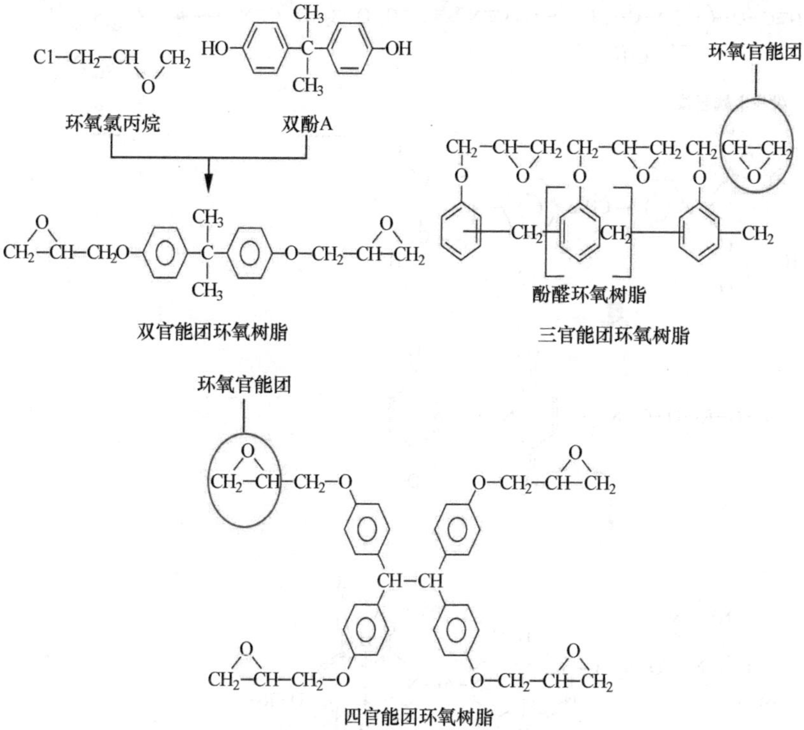

图 6. 20　环氧树脂体系的不同官能团导致不同的 T_g

由于相关的环境法规限制，无铅焊料技术在2000年左右出现以后，就迫切需求高 T_g 的芯层叠层材料，氰酸酯和聚酰亚胺树脂是最被熟知的高 T_g 材料。聚酰亚胺具有很强的吸湿性，这会影响基板的可靠性。氰酸酯具有良好的热稳定性和优异的电性能，例如低的介电常数和低的损耗角正切值，但是，固化的纯氰酸酯是脆性的，与 Cu 的黏附性很差，因此，氰酸酯树脂被改性为 BT 体系。BT 树脂和环氧树脂混合后制成一种理想的树脂，具有高的 T_g、与铜的高附着力和高的韧性。所以，BT 环氧树脂是先进有机基板中最常用的芯层材料。图 6.21 所示为 BT 树脂的结构，表 6.5 列出了用于芯层材料的不同树脂体系的性能特点。

表 6.5　芯层材料的性能

树脂系统	1MHz 下的介电常数	玻璃化转变温度 T_g/℃
FR4 环氧	3. 5 ~ 3. 6	125 ~ 135
多功能 FR4 环氧	3. 9 ~ 4. 0	170 ~ 180
低 CTE BT	3. 6 ~ 4. 2	200 ~ 230
聚酰亚胺	3. 5 ~ 3. 6	250 ~ 260
氰酸酯	2. 8 ~ 3. 0	240 ~ 250

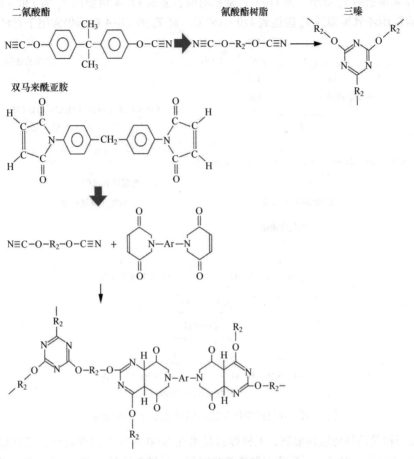

图 6.21　BT 树脂的化学结构

最常用的增强体是玻璃纤维和二氧化硅填充料，不同品级的玻璃纤维，如 E 级玻璃、S 级玻璃和 T 级玻璃在层压材料中均有应用。除了玻璃增强体，聚芳酰胺纤维和纸纤维增强的层压材料在某些基板领域也有小规模的应用。

（1）介质层　聚合物介质材料在有机基板中用于隔离金属层。聚合物从很多方面来讲都是理想介质材料，它们具有低的介电常数，根据相关公式可知其信号传输速度很快。公式 $v_p = c/\varepsilon_r$，其中 v_p 为电磁波信号传播速度；c 为光速；ε_r 为绝缘材料的介电常数。

介质材料的损耗角正切值与材料耐受极化作用的能力有关，而这又与材料的吸水性有关。正如 6.4.1 节所述，在射频领域，介质材料需要具有低的损耗角正切值和低的介电常数。类似环氧树脂之类的聚合物材料是较好的选择，因为它们除具有低的介电常数之外，还具有良好的化学黏附。不足的是，环氧树脂具有较高的吸湿性，这会导致较高的介质损耗角正切值，因此要向环氧树脂中掺入玻璃填充料，如二氧化硅来改善介质损耗角正切值。因此，商业化应用的积层材料由聚合物-二氧化硅增强的复合材料组成。与芯层层压板相比，电介质层中的玻璃添加量是有限制的。Ajinomoto公司生产的 ABF^R 系列介电材料商品具有低的吸湿性，并改善了损耗角正切值，其性能列于表6.6。ABF 材料是一种环氧树脂-二氧化硅填充的材料体系。通过改变所用的树脂种类、品级和二氧化硅填充料的百分含量来进行材料改性。其他聚合物树脂体系，如苯并环丁烯（BCB，非极性）本身就具有低损耗角正切值，因此不需要填充料。但是，BCB 需要高的固化温度，黏附力较弱，因此其应用局限在个别领域。介电材料也可以应用在电容领域，尤其是较高介电常数材料可以获得较高的电容值。在这些应用领域，高介电常数的陶瓷填充料，如 $BaTiO_3$ 可以用于电介质。

表6.6 用于有机基板的聚合物性能

性 能	ABF GX-92	ABF GX-T31	ABF GY-11	BCB 光介质
CTE/（ppm/K）	39	23	26	63
T_g/℃	168	172	165	>250
模量/GPa	5	7.5	8.9	2.1
介电常数	3.2	3.4	3.2	2.6
介质损耗	0.017	0.014	0.004	0.003
吸水率/（wt%）	1.0	0.6	0.2	0.1

注：ABF 是 Ajinomoto 公司的一种复合环氧聚合物介质材料。

（2）导体 所有的有机基板都使用铜制作内层导体。这有两个原因：①铜具有良好的电导率；②在大尺寸基板上，铜布线和通孔具有良好的可加工性，可采用湿法沉积工艺，如化镀铜种子层和电镀实现。另外，铜易被氯化铜的酸性溶液刻蚀。在某些应用领域，含铜导电浆料可用于介质层和芯层的孔填充。

（3）表面金属化 表面金属化指的是在基板外层的铜焊盘表面进行的金属化，达到可以进行焊接组装和隔离环境的进行保护目的。它包括两个方面：一方面是表面处理，以防止铜的氧化，易于焊料润湿和焊接组装；另一方面是金属化阻挡层，以防止铜和焊料之间形成有害的金属间化合物，这种金属间化合物会导致在基板和器件间形成不可靠的焊点。铜不能用于表面冶金焊料连接。铜的氧化很快，会与焊料形成脆性的金属间化合物，从而使焊点的热力学可靠性退化并造成电迁移。常用表面金属化的例子如下：

1）电镀镍 + 哑光锡。典型厚度：7.5μm 锡覆于 5μm 镍上。

2）电镀镍 + 硬金。典型厚度：0.75 ~ 1.25μm 金（99.7%）覆于 5μm 镍上。

3）电镀镍 + 软金。典型厚度：0.75 ~ 1.25μm 金（99.9%）覆于 5μm 镍上。

4）ENIG（99.9% 金）。典型厚度：0.02 ~ 0.1μm 金覆于 4.5μm 镍上。

5）HASL（共晶 63% 锡-37% 铅）。典型厚度：1.5 ~ 5μm，取决于应用需求。

6）OSP。典型厚度：0.2 ~ 0.5μm。

（4）钝化层或焊接掩模 这是一种用于基板表面的特殊绝缘介质，用于阻止相邻的焊点产生桥接和防止短路，也可以防止下面的导体图形氧化。常用的钝化膜是环氧树脂基的干膜，具有高热稳定性，可以耐受260℃的无铅焊料焊接；具有良好的耐化学性，可耐受表面金属化的化学试剂，如金、镍、锡和银的电镀液。

3. 有机基板工艺

图6.22所示为有机基板的简化生产工艺过程。总体上有三种电镀和制作图形的工艺，即减成法、半加成法和全加成法。在积成介质膜上制作金属层图形最常用的工艺是半加成法，而芯层层压材料上的金属层图形采用的工艺是减成法。下面叙述这两种工艺。

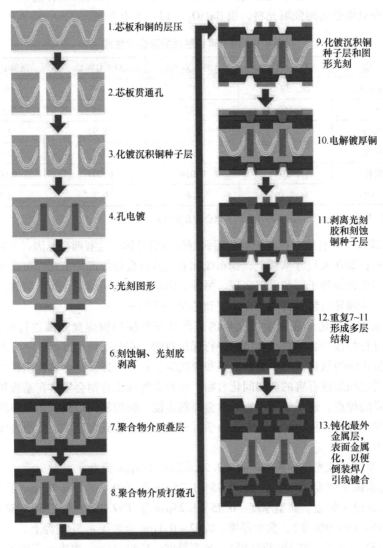

1. 芯板和铜的层压
2. 芯板贯通孔
3. 化镀沉积铜种子层
4. 孔电镀
5. 光刻图形
6. 刻蚀铜、光刻胶剥离
7. 聚合物介质叠层
8. 聚合物介质打微孔
9. 化镀沉积铜种子层和图形光刻
10. 电解镀厚铜
11. 剥离光刻胶和刻蚀铜种子层
12. 重复7~11形成多层结构
13. 钝化最外金属层，表面金属化，以便倒装焊/引线键合

图6.22 有机基板的典型生产工艺流程

（1）芯层金属化的减成法工艺 正如其字面意思，减成法工艺是将厚铜箔中不需要的非图形区域刻蚀去除来形成电路图形。如图6.22中步骤1~6所示，首先采用

电镀获得需要的铜层厚度，然后刻蚀去除不需要的区域来制作电路图形。

（2）芯层通孔成形　生产过程以一块大面积覆铜层压板开始，首先在覆铜层压板上制作芯层通孔（Throughcore Vias，TCV）。这些芯层通孔的孔径为 60～150μm，加工方法为机械钻孔或 UV/CO₂ 激光打孔。

（3）化镀沉积铜种子层　如图 6.22 所示，加工后的孔的侧壁一开始不导电，因此电镀沉积（通过电流）无法将金属镀覆至侧壁上。为了使孔侧壁导电，需要采用化镀沉积的方法，在通孔侧壁制作可导电的铜种子层（<1μm）。由于铜种子层的沉积是通过湿法化学工艺而非通过电解，所以此工艺称作无电沉积或化镀。

实现过程如下，首先要采用湿法化学刻蚀来粗化聚合物表面创造锚位；然后在锚位上沉积钯催化剂；在钯催化剂的作用下，通过以甲醛还原硫酸铜溶液，从而生长薄层铜种子层。使用高锰酸钾实现湿法刻蚀，不仅可以粗化聚合物表面，也能有助于清洗聚合物碎屑（残留物）；这些铜附近的碎屑是在机械/激光打孔过程中的局部高温工艺后导致残留的。化镀沉铜工艺如图 6.23 所示。

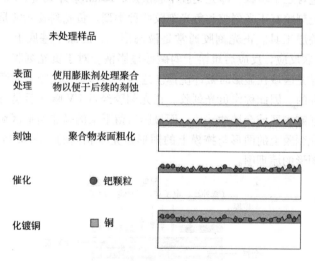

未处理样品	
表面处理	使用膨胀剂处理聚合物以便于后续的刻蚀
刻蚀	聚合物表面粗化
催化	● 钯颗粒
化镀铜	▢ 铜

图 6.23　化镀沉积铜工艺

（4）电镀铜　铜的电解电镀是通孔填充应用最广泛的技术。电解电镀利用电流使金属阳离子溶解，然后在可导电的待镀件表面形成金属层。电镀液槽中有 $CuSO_4$、H_2SO_4 和其他有机添加剂，如光亮剂和整平剂。使用直流电时，阴极（待电镀有机基板）带负电，带正电的 Cu 离子趋向阴极移动，还原为 Cu 而填充通孔。阴极反应可写为

$$Cu^{2+} + 2e^- \rightarrow Cu \qquad (6.4)$$

通过电解电镀工艺可以获得厚铜层，这是获得良好导电能力的必要条件，而化镀铜工艺获得厚铜层的速度太慢。因此，一般用电镀铜工艺来实现快速镀，在电镀过程中采用直流电，镀前对表面的清洁和处理很重要。在半加成图形制作工艺中，铜导体只能镀覆在没有光刻胶的开口区域。通过化镀或溅射形成的薄的导体金属种子层，可使电流在整个加工面板上均匀分布。化镀铜的厚度可由式（6.5）控制。

$$h = i \cdot A \cdot t \tag{6.5}$$

式中，h 为镀层厚度；i 为电流密度；A 为镀覆的表面积；t 为镀覆时间。电流密度的单位通常以 A/dm^2 表示。

对于芯层材料，在制造覆铜层压板时，铜箔的典型厚度为 $12.5 \sim 18\mu m$。电镀之后，表面的铜层厚度达到 $35 \sim 50\mu m$。最终的铜厚度影响着芯层层压板上图形的最小特征尺寸。一般的经验是：如果芯层上的表面铜层厚为 $50\mu m$，则刻蚀工艺可获得的最小特征尺寸约为 $100\mu m$。因此，需要控制表层铜厚来获得较精细的特征尺寸。通过共形镀覆和填充通孔、孔洞，对表面进行平整化以便于进行光刻工艺。

(5) 光刻工艺 下一个重要步骤是利用光刻工艺在光刻胶干膜上制作图形。使用 CAD/CAM 等设计布线软件来创建图形，光刻工艺使用掩模将设计的图形转移至基板表面的光刻胶上。光刻胶是一层暂时存在的膜，用来转移图形。待电路图形金属化后，除去光刻胶。

光刻工艺包含三个步骤，即光刻胶干膜层压，35nm 紫外线（UV）光束下曝光及光刻胶显影。光刻胶有正光刻胶和负光刻胶两种类型。负光刻胶通常是干膜形式，适用于卷轴式的叠层工具。正光刻胶通常是液态形式，旋涂于基底上。负光刻胶经过 UV 曝光发生交联反应，反应后难溶于弱碱性显影液。对于负光刻胶，曝光的区域会保留下来，未曝光区域在显影时被冲洗掉。这样，转移到光刻胶上的图形与掩模上的图形是相反互补的，因此称作负光刻胶。正光刻胶经过 UV 曝光后是可溶的，所以对于正光刻胶，暴露的区域会被冲洗掉，而显影后留下来的是非图形区域。使用正光刻胶时，转移至光刻胶上的图形与掩模上的图形是完全相同的。图 6.24 所示为由掩模向光刻胶转移图形的原理图。

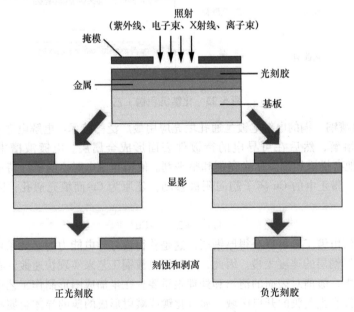

图 6.24　使用光刻技术中转移图形

在有机基板生产中，有四种常用的光刻方法，即接近式光刻、接触式光刻、投影式光刻和激光直写光刻。接近式光刻中，掩模和基底之间有间隙，以减少缺陷并能延长掩模的寿命。这种方法中，光的折射会引起图形模糊，分辨率降低。在传统PCB生产中，若不要求高准确度的精细特征尺寸，则一般采用接近式光刻图形技术。接触式光刻是制造封装基板的标准模式，其分辨率得到很大提升。接触式光刻的主要缺点是掩模经连续使用后，掩模的污染和损坏会带来图形缺陷。

投影式光刻使用光学透镜将掩模上的图像投射到基板上，具有高分辨率的特点。投影系统的分辨率取决于光束的波长、透镜质量和数值孔径。投影式光刻的分辨率可以表示为 $k\lambda/NA$，其中 k 为常量，λ 为波长，NA 为透镜的数值孔径。NA 定义为 $nsinq$，其中 n 为光刻胶上方介质的折射率，q 为光刻胶上会聚光线的最大夹角。投影式光刻是一种分布式技术，需要进行多次 UV 曝光在大型在制板上制作图形。激光直写光刻中，激光被聚焦成细窄的光束，然后直接在光刻胶上加工布线图形。加工的布线图形并非从掩模上转移或投影来的，而是将图形输入计算机直接控制加工过程，此方法并不需要物理掩模，因此是一种无掩模光刻技术。接触式光刻是最廉价的方法，通常用于封装基板工艺。四种不同的光刻技术列于图6.25。

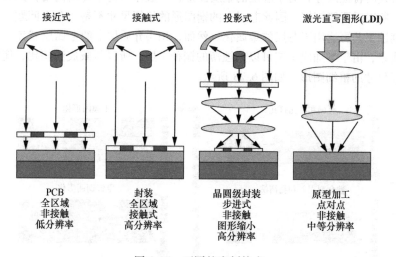

图6.25 不同的光刻技术

（6）减成法刻蚀铜和去除光刻胶 经过电镀达到目标铜层厚度，然后将掩模上设计的电路图形转移至光刻胶膜上，再使用湿法化学腐蚀工艺去掉裸露的铜，腐蚀液是一种酸性的氯化铜溶液，最常用的化学腐蚀体系基于碱性氨、过氧化氢-硫酸和氯化铜，其他体系还有过硫酸盐、氯化铁和铬酸-硫酸。为了形成电路图形，需要腐蚀掉不需要区域的电镀厚铜。厚铜刻蚀工艺无法在芯层上形成精细图形，如图6.26所示，厚铜箔的减成法刻蚀是刻蚀工艺面临的主要挑战。在大批量生产（High Volume Manufacturing，HVM）中，芯层层压板上采用减成法刻蚀可得到的图形特征尺寸（线宽/间距）一般均大于 $50\mu m$。

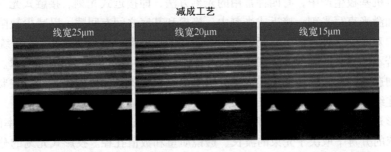

图 6.26　采用减法刻蚀工艺在 $12\mu m$ 的厚铜箔上成形 $<20\mu m$ 的铜线条

4. 积层介质层金属化的半加成工艺

（1）积层介质层　如图 6.27 所示，半加成工艺包括化镀沉积铜种子层（加成法），然后通过带电路图形的光刻胶掩模进行电镀加工图形，最后将不需要的种子层区域刻蚀掉（减成法）。此工艺既不是纯粹的加成法（无刻蚀），也不是纯粹的减成法（只包括厚铜的刻蚀），因此称作半加成工艺。与芯层相比，积层介质层的重要区别是铜布线的特征尺寸，对于芯层的金属图形，一般作为功率传输网络，具有较大的金属面，所以需要厚铜层。因此芯层上的铜图形的特征尺寸不是一个大问题，低成本的减法刻蚀工艺更适用于芯层的金属化。然而，积层介质层上的金属层就需要精细的铜布线线条，由于半加成工艺可以刻蚀薄的铜种子层，所以与减成法相比，能够获得更小特征尺寸的精细图形，如图 6.28 所示。

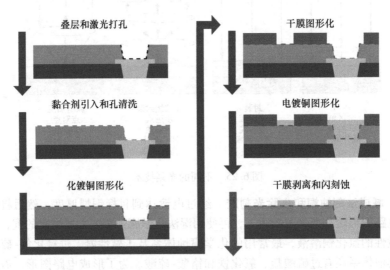

图 6.27　积层介质层上的电路布线成形（半加成工艺）

（2）聚合物积层介质膜的层压　下一步是将聚合物积层介质膜压合至芯层的铜图形上，在封装基板中，通常使用干聚合物膜介质层，通过真空热压层压工艺将介质膜压合至铜图形基底上。铜导体布线会造成顶层介质表面不平整，介质层的平整度对获得精细铜图形是很重要的，因此，层压工艺中要包含热压步骤。图 6.29 展示了光

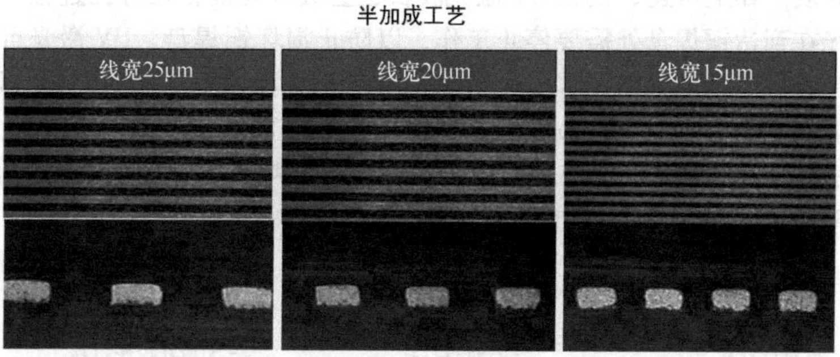

半加成工艺

图 6.28 采用半加成工艺制作 15μm 铜线条

刻工艺中不平整介质层的影响，基板上的凸起部分与接触式光掩模具有良好的接触，形成良好的光学遮挡；而凹下部分与掩模的接触较差。因此，掩模覆盖的凹处就会对光暴露，显影工艺中就无法去除。

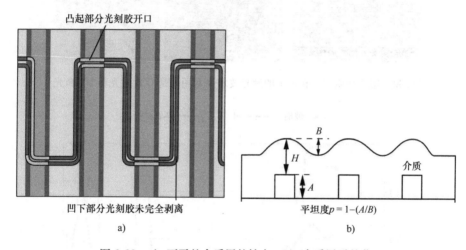

凸起部分光刻胶开口

凹下部分光刻胶未完全剥离

a)

平坦度 $p = 1 - (A/B)$

b)

图 6.29 a) 不平整介质层的缺点 b) 介质层平整化

(3) 微孔成形 介质层层压后，下一步就是在聚合物积层膜上制作微孔，微孔由激光打孔工艺实现。图 6.30 中是现在常用的不同类型的激光打孔工艺。在选择激光之前必须考虑所用材料的吸收光谱，如图 6.31 所示。CO_2 激光器发射的红外线波长范围是 $9.3 \sim 10.6\mu m$。对于环氧树脂/玻璃填充的介质材料，CO_2 激光通过光热消融使积层聚合物材料汽化，高能的红外光子通过振动破坏分子键。如图 6.31 所示，铜在 $9.3 \sim 10.6\mu m$ 之间不会吸收光谱。因此，在 CO_2 激光对环氧介质钻孔过程中，下层的铜焊盘可作为一个保护层。CO_2 激光的打孔速度很快，现在 CO_2 激光的主要优势之一就是它的高产量。然而对于给定的工作区域，相对较长的波长限制了它的最小焦点直径，因此，对于直径小于 $45\mu m$ 的孔不能使用 CO_2 激光。UV 激光的波长较短，为 355nm，适于加工直径 $20 \sim 50\mu m$ 范围的孔，UV 激光消融的机制是光热消融和光化学消融的结合。UV 激光光束可以很容易地破坏分子键，并有效烧蚀封装基板中大多数的聚合物介质。如上所述，铜在 UV 激光波长也会吸收光谱，在打孔过程中比较关键的是，激光在到达铜焊盘处需要停止工作，以防止损坏铜焊盘。UV 激光可聚焦为很小的点，具有极高的能量密度，可以精确地加工小孔径通孔。然而，UV 激光比 CO_2 激光成本要高。准分子激光（波长为 248nm）可以加工更小的，小于 $15\mu m$ 直径的通孔，但其成本很高，所以仍处于研究阶段。后续的步骤，如光刻、电镀铜和种子层刻蚀等与之前讨论的芯层层压板相同。

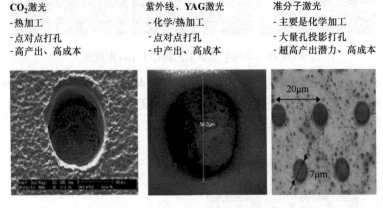

图 6.30 用于介质层微孔加工的激光技术（常用的是 CO_2 激光和 UV 激光）

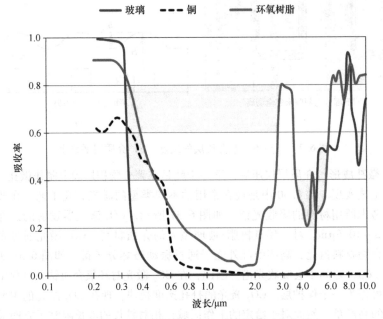

图 6.31 不同材料在不同光波波长的吸收光谱

高性能应用需要高密度图形，这就需要高成本的激光技术来加工，如半加成工艺配合 UV 激光。对于低成本应用，CO_2 激光是更好的选择。在大面积在制板有机基板中，积层的金属化层最常采用的技术是改进的半加成工艺（modified Semi-Additive Process，mSAP）配合激光直写打孔（Laser Direct Drilling，LDD）。LDD结合了CO_2激光和UV激光，LDD的概念如图6.32所示。

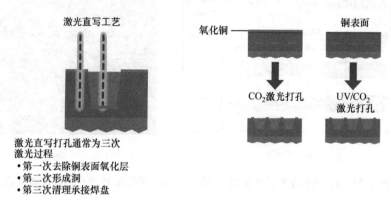

图6.32　激光直写打孔技术

其他孔成形技术也有小范围应用，例如光致成孔（使用感光介质材料，通过光刻工艺制孔），离子刻蚀（使用O_2/CHF_3离子来刻蚀聚合物制孔）。低成本的光致成孔工艺需要可光致成形的或永久性光敏的介质材料，这些光敏聚合物可以由聚酰亚胺、BCB或环氧树脂制成，其工作原理和光刻胶类似。

通过铬的掩模使它们曝光来形成通孔。经过曝光和显影后的聚合物膜固化后，会获得该聚合物最终的交联性能。

（4）等离子刻蚀打孔（Plasma-Etched Via，PEV）　该技术采用真空工艺和特殊的气体来产生等离子体，可以在需要的区域选择性地去除介质材料。同一层上的所有孔可以同时产生，PEV是一种特殊的工艺，甚至可以刻蚀聚合物，如聚酰亚胺，和氧化物，如二氧化硅。

5. 有机基板的应用领域

有机基板应用在很多不同的领域，由于有机基板可以大批量生产大面积在制板，所以成本较低，低成本是促进有机基板在消费电子领域应用的主要驱动力。典型应用包括以下方面。

（1）处理器封装基板　图6.33a列举了新光电子（Shinko）有机基板的典型设计规则；图6.33b展示了英特尔i5处理器Haswell使用的3-2-3封装基板的截面图。

（2）服务器有机基板　对于网络和服务器应用，目前常规生产的是8-2-8层结构的积层基板。英特尔最新的Xeon处理器使用的基板有5层或6层的积层布线层，基板尺寸为45mm×42.5mm。最大尺寸为55mm×55mm的基板现已应用于网络和服务器，且预计将来会有更大尺寸的基板出现。

（3）智能手机逻辑-内存芯片的堆叠封装基板　现在的智能手机和平板电脑很多都采用封装堆叠（Package-on-Package，PoP）基板，其中的内存芯片引线键合封装在基板顶部，而逻辑处理器芯片采用倒装芯片工艺组装在封装基板的底部，如图6.34所示。

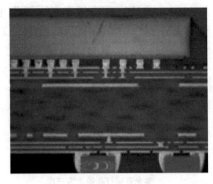

a)
b)

图 6.33 a) 有机基板设计规则（Shinko） b) 英特尔 i5 笔记本处理器封装

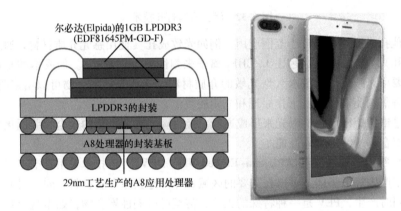

图 6.34 iPhone 6 Plus 采用两个有机基板的 PoP 封装

6.5.2 玻璃基板

玻璃基板是一种刚性的超薄基板材料，制造方法是将一些固体材料的混合物加热成黏性的状态，然后快速冷却以防止其中的组元形成规则的晶体结构。当玻璃冷却时，原子被锁定在无序状态，类似于液体，而不会形成类似固体的完美晶体。玻璃态既非液体也非固体，但是兼有两者的特点。封装用的玻璃材料与液晶显示器（LCD）用的材料一样，例如硼硅酸盐或硼铝硅酸盐。玻璃基板与硅不同，无法采用背面研磨的减薄工艺，因为研磨会在玻璃表面产生微裂纹，导致玻璃基板对断裂敏感，降低基板的机械强度。用拉制法制作玻璃基板既可以避免研磨减薄的不利影响，又可以获得具有光滑表面的超薄玻璃芯层，是当前的主要工艺方式。

用于显示器制作的玻璃原材料形式为大面积在制板尺寸和薄片板，如图 6.35 所示。其生产方法主要有三种，即康宁玻璃公司的 fusion-draw、肖特玻璃公司的 down-draw、旭硝子玻璃公司的 float-draw。拉制法生产的玻璃的初始厚度为 30 ~ 1000μm。

这样就取消了硅晶圆要求的背面减薄工艺，达到降低玻璃基板的厚度。

与硅材料类似，玻璃基板的主要挑战是它的脆性，特别是处理超薄和大尺寸在制板工艺。

与有机基板类似，玻璃基板通常以大面积在制板形式连续加工，生产工艺序列包括每一层的聚合物介质固化和其后的导体沉积。玻璃基板也兼容湿膜或干膜的聚合物介质。

图 6.35　用于基板生产的成卷的薄玻璃基板（30 ~ 100μm）

1. 玻璃基板剖面图

图 6.36 是玻璃基板的剖面图。它属于多层基板，每层上的导线和孔被薄的介质层隔开。玻璃基板的关键要素包括以下几方面。

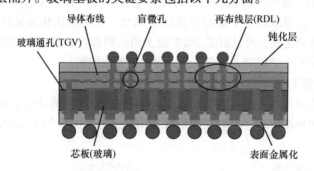

图 6.36　玻璃基板的剖面图

（1）芯层　作为芯层材料的超薄玻璃。

（2）介质层　使用薄膜聚合物介质层，通过湿法或固态干膜制备。

（3）内层导体　所有的内部金属化层主要是铜导体。其中的线条和通孔尺寸均比有机基板中的更精细。

（4）表面金属化　外层的表面金属化作为焊料的阻挡层，以形成可靠的焊点，在基板和器件间形成互连。

（5）钝化层　钝化层可以防止相邻的焊料发生桥接，并在高温组装过程中防止内部金属化层氧化。聚合物组成的湿膜和干膜均可用作钝化层。

2. 玻璃基板材料

（1）芯层　芯层材料采用的是超薄玻璃。玻璃是一种非晶态固体，其组成有网状形成物（无机氧化物）和网状改性分子。这些分子在玻璃基体中的相对浓度决定了玻璃的材料特性，从而决定了玻璃的类型。常见的玻璃类型有硼硅酸盐、硼铝硅酸盐和碱石灰玻璃。用于封装基板的玻璃材料与用于 LCD 的相同，如硼硅酸盐或硼铝硅酸盐。玻璃中的纯石英完全由 SiO_2 分子组成，SiO_2 稳定的四面体结构使其具有很高的键合能。此外，玻璃材料中会添加网状改性剂，如碱离子的钠、钾和钙，改性剂会打破玻璃中氧链的有序排列，同时会改变玻璃的微细加工性质，以便于成形玻璃通孔（Through Glass Via, TGV）。

（2）介质层 有机基板中使用的聚合物干膜介电材料同样也可用于玻璃基板。对于玻璃圆片，湿膜性质的超薄聚合物介电材料可以通过旋涂工艺进行沉积，这与硅晶圆相同。另外，玻璃上的介电材料也可以是无机物薄膜，如沉积的 SiO_2 或 Si_3N_4，沉积工艺为等离子体增强化学气相沉积（Plasma-Enhanced Chemical Vapor Deposition, PECVD）。

（3）导体 与有机基板的原因相同，用铜作为内层导体材料。

（4）表面金属化 表面金属化指的是在基板外层的铜焊盘表面进行的金属化。这个金属化阻挡层可以防止铜和焊料形成有害的金属间化合物，这种金属间化合物会导致在基板和器件间形成不可靠的焊点。铜不能直接用于焊料基组装表面，因为铜的氧化很快，还会与焊料形成脆性的金属间化合物，从而导致焊点的热力学可靠性降低并造成电迁移。

（5）钝化层 这是一种基板表面的特殊绝缘介质，用于阻止相邻的焊点产生桥接并防止短路，也可以阻止下层的导体图形氧化。常用的钝化膜是环氧树脂基的干膜，具有高的热稳定性，可以耐受 260℃ 的无铅焊料焊接；具有良好的耐化学性，可耐受表面金属化的化学试剂，如金、镍、锡和银的电镀液。

3. 玻璃基板工艺

电镀和制作图形的工艺总体上有三种，即减成法、半加成法和全加成法。积层介质膜的金属层图形加工时，半加成法是最常用的工艺。图 6.37 所示为生产玻璃基板的半加成法。

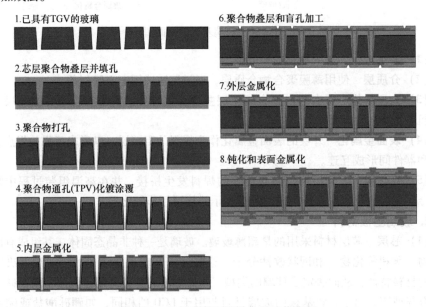

1. 已具有TGV的玻璃
2. 芯层聚合物叠层并填孔
3. 聚合物打孔
4. 聚合物通孔(TPV)化镀涂覆
5. 内层金属化
6. 聚合物叠层和盲孔加工
7. 外层金属化
8. 钝化和表面金属化

图 6.37　生产玻璃基板的典型工艺流程

4. 玻璃芯层的金属化

(1) 玻璃通孔（TGV）成形 为了对任何类型的玻璃进行微细加工，可采用物理、化学或热的交互作用，成功克服玻璃内部的结合能。玻璃基板中通孔的加工方法有湿法刻蚀、干法刻蚀、电子放电、机械钻孔、光学构形和激光消融。玻璃中封装通孔（Through Package Via，TPV）的制作方法决定了其物理参数，如入口和出口直径；高度和长径比；孔的侧壁轮廓，包括表面粗糙度。高的长径比和垂直的通孔要求材料去除工艺具有各向异性，使横向的刻蚀最小化，可以获得小的孔径和节距。

玻璃基板中，激光消融是制作 TPV 最好的选择。尽管玻璃在可见光范围内是透明的，但在深紫外（193～355nm）和远红外（10.6μm）区却有不错的吸收特性。在 UV 区，激光-材料的相互作用属于光化学性质，入射光线破坏玻璃基体的化学键，即所谓的"冷消融"。相反在远红外区，CO_2 激光（10.6μm）与材料的相互作用主要表现为热特性；在产生的超高温度下，玻璃中发生原子级别的振动而汽化。使用不同方法在玻璃中形成的 TPV 的示例如图 6.38 所示。

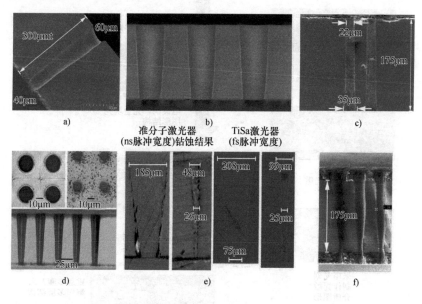

图 6.38 玻璃中使用不同加工方法制作的 TPV 示例
a）电子放电（由 AGC 公司提供） b）湿法刻蚀 + 激光刻蚀（由 Corning 公司提供）
c）准分子激光消融（由 Georgia Tech PRC 提供） d）193nm 准分子激光消融
（由 Coherent 公司提供） e）激光消融（由 Fraunhofer IZM 公司提供）
f）准分子激光消融用于聚合物玻璃层压板（由 Georgia Tech PRC 提供）

(2) 一个具有应力缓冲作用的薄聚合物膜介质层压 首先在一个薄的玻璃芯层两侧各层压一层薄的聚合物介质层，介质层中的孔采用激光打孔工艺，此工艺在有机基板部分讨论过。这些孔要与 TGV 完美对准。玻璃是一种脆性材料，聚合物薄膜可视作一种应力缓冲材料，以缓解玻璃与铜金属化之间的应力。玻璃（3ppm/K）与金属化材料铜（17ppm/K）的 CTE 失配，在组装中会导致较高的热机械应力。在后续的封装级可靠性测试时，这些应力会导致疲劳失效、材料开裂或者分层。聚合物应力缓冲层还可以提高基板与金属布线的黏附力，如前所述的化镀铜。从金属-玻璃结合来看，光滑的玻璃表面是不利的。聚合物膜的层压和表面粗化也有助于提高黏附力。

(3) 金属化　通孔可以采用传统的半加成工艺进行金属化，这在有机基板部分讨论过。

(4) 积层成形　玻璃基板中，半加成工艺也用于生产积层再布线层（Redistribution Layer，RDL）。图6.37是工艺流程图。通常，对于在制板的有机基板，10μm线宽以上的铜布线量产是可行的。在不久的将来，封装基板中对1~10μm线宽的铜布线的需求越来越多，这时就需要采用其他工艺，而非半加成工艺。为此，正在研究一种新的工艺"预埋沟槽"，图6.39所示的就是预埋沟槽工艺的流程图。下面进行各步骤详述。玻璃基板具有良好的尺寸稳定性、光滑和平整的表面，非常适合预埋沟槽工艺，这与有机基板不同。

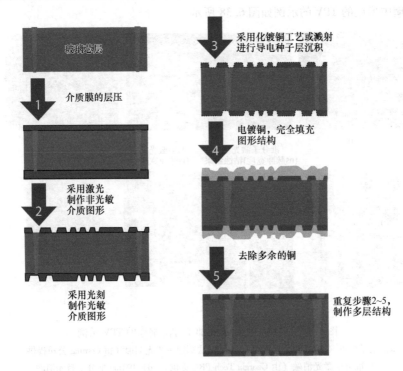

图6.39　玻璃基板的预埋沟槽工艺流程图

(5) 介质膜层压　通过真空层压工艺将介质层干膜层压至玻璃芯层上，玻璃芯层已采用上述工艺方法做好了图形和通孔。

(6) 制作需要的图形　半加成工艺中采用转移光刻胶膜来制作需要的图形。在预埋沟槽工艺中，直接把图形制作在介质膜中。非光敏介质膜使用激光技术来制作图形，如UV激光或准分子激光。而对于光敏介质膜，则采用光刻工艺来制作图形。

(7) 导体种子层沉积　通过化镀铜来沉积电镀需要的导体种子层。此工艺在有机基板部分已做过陈述。此外，在加工无法兼容化镀铜工艺的介质材料时，溅射工艺也可以用于沉积种子层。溅射工艺又称为物理气相沉积（Physical Vapor Deposition，PVD），会在硅基板部分详述。通常，PVD 工艺可以沉积钛和铜的金属种子层。

（8）电解电镀 此工艺与有机基板部分相同。此处，电镀工艺使用改性的有机添加剂来提高沟槽图形的填充速度。

（9）去除多余的铜 表面沉积的过量的铜需要去除掉。可以采用以下任一技术：①采用化学刻蚀剂和机械洗刷的化学机械抛光（Chemical Mechanical Polishing，CMP）；②用机械刀片切除多余的铜；③表面铜刻蚀。CMP 是最常用的工艺，后续会在硅基板部分详细讨论。

5. 玻璃基板的应用领域

玻璃基板有很多不同的应用领域，包括高 I/O 密度的多芯片 2.5D 转接板、射频和毫米波基板、光衬底、MEMS 和传感器封装基板等。下面详细讨论在早期时，玻璃基板在射频模块中应用的实例。

射频模块封装基板 玻璃具有优异的尺寸稳定性、表面平整度和低介质损耗，是射频应用中理想的芯层材料。此外，在玻璃基板上可以设计高品质因数的无源器件。实际上，在射频子系统中已经广泛使用玻璃晶圆来制造集成无源器件（Integrated Passive Devices，IPD）。图 6.40 所示为玻璃基的射频 IPD，基板两侧的射频电路通过通孔形成互连。通常采用晶圆级工艺技术来将这类 IPD 制作在玻璃基板上面。在玻璃上制作通孔可以显著减小射频元件的形状因子。射频元件中在玻璃上制作 TPV 的两个优点包括：

1）无源电路可以在玻璃基板的任一侧实现，可以提高无源器件的体积密度；

2）可以利用通孔的电感来设计较小形状因子的高效器件。

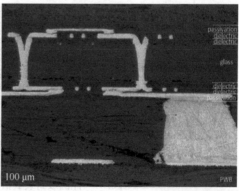

图 6.40 组装在 PWB 上的玻璃基板射频模块（由 Georgia Tech PRC 提供）

6.6 采用半导体封装工艺加工的超薄膜基板

超薄膜基板通常由无机材料组成，例如用于绝缘的二氧化硅和用于导体的超薄厚镀铜。二氧化硅绝缘体通过热氧化或 CVD 工艺制作。铜导体的制作有光刻工艺和电镀等方法，每层的铜导体厚度一般小于 $12\mu m$，硅基板适用于超高布线密度、高性能的应用领域。

6.6.1 硅基板

硅是电子行业中最常用、研究最深入的材料，硅的晶体结构中，紧邻的四个原子形成共价键，这种独特的结构使硅具有半导体的性质，结合扩散技术，这是集成电路（IC）中晶体管的形成基础。硅是制造晶体管使用最多的衬底材料，自然也可以用作封装基板材料。硅作为微电子行业的主体材料已有几十年，因此现有的工艺和设备条件完全支持将硅用作封装基板，任何封装材料在用于晶圆或在制板时，必须满足一些电、热、机械和化学要求，且要有稳定的来源。硅材料的应用有两种主要方式：单晶的圆形晶圆用来制造晶体管；多晶的大面积矩形在制板用来制造太阳能板。不同类型的硅封装基板的演进如图 6.41 所示。两种主要的硅基板结构类型：扇出封装和 2.5D 硅转接板，将在这部分详述。

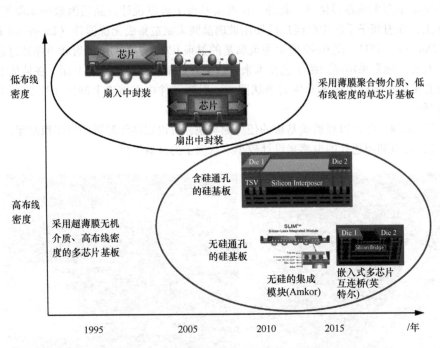

图 6.41　晶圆级封装到嵌入式的发展和演变

硅基板生产是在硅晶圆上连续加工的，采用光刻工艺在每层的氧化物介质上制作图形，通过刻蚀步骤进行图形转移，然后进行导体沉积，这样重复进行。硅与介质层的生长关系巨大，不论介质层是纯 SiO_2 还是混合材料，如 $SiCO_x$ 或 $SiCO_xH$。

1. 硅基板剖面图

图 6.42 所示为硅转接板的原理图，其剖面图见图 6.43。它是一种多层基板，每

层上的导线和孔被薄介质层隔开。硅基板的关键元素包括以下几方面。

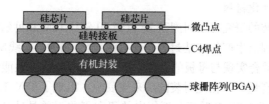

图 6.42 包括有机 BGA 封装的硅转接板

(1) 芯层 芯层由单晶硅组成，通过 Bosch 工艺制作 TSV，具体工艺本节后面会进行解释。

(2) 支撑性封装 硅基板通常需要安装到附加的有机封装基板，实现从硅转接板的超细节距扇出到大节距的电路母板进行粘接，如图 6.42 所示。有机封装基板的剖面与图 6.18 中讨论的相同。

(3) 绝缘介质层 超薄膜的介质层使用的材料，如 SiO_2 一般是无机材料，其沉积方式有 CVD、原子层沉积或热氧化工艺。

(4) 绝缘内衬 硅是半导体材料，TSV 中的金属铜需要一种绝缘内衬，以防止电流泄漏至硅芯层中。Bosch 工艺可在硅芯层中制作 TSV，并沉积碳氟聚合物的钝化层。除此之外，三氧化二铝或二氧化硅均可以用作绝缘内衬。

(5) 内层导体 尽管硅中的铝工艺已经相对成熟，并可应用于不同的领域，但是硅基板中所有的内部金属化层主要还是铜导体。阻挡层金属，如钽和钛常用来防止金属铜向绝缘介质层的扩散，但是，这些金属的电导率比铜低，因此沉积厚度通常小于 100nm。

(6) 表面金属化 外层的表面金属化可作为焊料的扩散阻挡层，以形成可靠的焊点，在基板和器件间形成互连。铜不适合用作表面金属化，因为它有两个缺点：①铜氧化较快；②铜与焊料反应生成脆性的金属间化合物，这类金属间化合物具有有害的机械和电性能。镍是一种很好的扩散阻挡金属，在镍上覆一层超薄的金层可以防腐蚀，且对焊料有良好的浸润性。

(7) 钝化层 钝化层可以防止相邻的焊料发生桥接，并在高温组装过程中防止内部金属化层氧化。氮化硅（SiN_x）是主要使用的钝化材料，这种材料在 BEOL 工序中非常关键，因为在制造 IC 时，通常用它来制作绝缘体或化学阻挡层。而在电子封装中，氮化硅的扩散阻挡能力优于二氧化硅。SiN_x 尤其对水分子和钠离子的扩散阻挡能力很强，而这两种物质是微电子器件中发生腐蚀和很多其他失效的主要源头。将 SiN_x 沉积为阻挡层，采用的工艺为低压化学气相沉积（Low-Pressure Chemical Vapor Deposition，LPCVD），此工艺通过加热来引发起始气体和固体基底之间的反应，低压的重要性在于防止额外的气体反应，保证尽可能高的表面均匀性。

第二层钝化层材料主要是聚酰亚胺膜，最常用的聚酰亚胺是 Kapton。聚酰亚胺膜是很好的第二层钝化层材料，它给第一钝化层中脆性的 SiN 提供应力缓冲。聚酰亚胺的特点是低模量、高拉伸强度和高断裂百分伸长率，都有利于提高其应力缓冲能力。

聚酰亚胺与后续的金属层也有很强的结合力。除此之外，聚酰亚胺的高温稳定性也使其成为很好的可选钝化材料。

早期对硅基封装的研究可以回溯至 20 世纪 80 年代 IBM 和贝尔实验室的工作，当时在小尺寸单晶晶圆上生产的硅基封装包含有铜-聚合物的再布线层（RDL），但是没有 TSV，通过引线键合实现与母板的互连。因为其成本很高，性能较低，所以这些早期的转接板并未实现量产。在硅封装的后来发展中，出现了 TSV 工艺，直接导致出现了含有 TSV 互连的薄 2.5D 硅基板。近年来的研究聚焦于单晶硅晶圆上的 TSV，用于高密度 2.5D 多芯片模块（Multi-Chip-Module，MCM）转接板。

硅基板已经获得充分发展，扩展到基于晶圆工艺的后端薄膜工艺（Back-End-of-Line，BEOL），可实现当下最高的 I/O 密度；除了具有良好的尺寸和热稳定性，硅基板还与硅芯片具有匹配的 CTE。通常有两种硅封装形式，即晶圆级封装（Wafer Level Packaging，WLP）和有/无通孔的硅基板封装。WLP 封装中含有有源 IC，属于有源封装；而硅基板封装属于无源封装。

WLP，如其字面意思，是指在晶圆厂以晶圆级封装电路，这是与分为两个独立步骤的先制作基板，再与 IC 进行组装的传统封装工艺相比而言。这种 WLP 封装方法由晶圆厂加工工艺实现，如 BEOL 技术，通过简单地再分布线并添加焊料凸点形成封装体，如图 6.43 所示。WLP 中不需要键合引线或转接板。WLP 的主要优势是低成本的超薄封装，尤其是小型 IC，WLP 直接在硅晶圆上进行，而晶圆级扇出封装要将切好和重组的硅晶圆置于模塑料中进行。

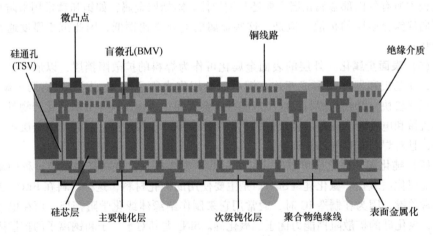

图 6.43　硅转接板封装基板的剖面图

图 6.44 展示了晶圆扇出封装的截面原理图，有别于独立封装。首先在模塑料中，将硅的裸芯片嵌入和扇出，除了焊盘开口之外，其他部分要覆盖一层钝化层。然后增加一层聚合物介电材料，并制作图形，再形成一层铜的再布线层（RDL），实现从芯片上 BEOL 至凸点焊球焊盘的信号通路。最后再沉积一层聚合物，覆盖 RDL；最后制作凸点下金属化（Under Bump Metallizaion，UBM）或者表面金属化，如图 6.44 所示。最后在 UBM 上制作无铅合金焊球凸点。详细的横截面在图 6.44 中显示。

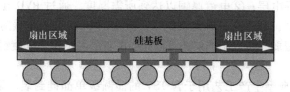

图 6.44　晶圆级扇出封装基板的横截面原理图

2. 硅基板

单晶硅晶圆是硅基板中最常用的芯层材料。因为硅是一种半导体材料，需要一种绝缘介质层将硅孔壁与孔内填充的铜信号线做电绝缘处理。TSV 和内层间的绝缘介质层应用最广泛的就是 SiO_2，通常采用热氧化或 PECVD 在 500 ~ 800℃ 沉积而成。硅基板中使用聚合物，如聚酰亚胺作为应力缓冲层。这些材料具有独特的性质，可在硅基封装中作为高密度布线的载体，还可以作为封装中的应力缓冲层。这些介质材料具有的性能特点包括高伸长率、低模量、易平整化、高温度稳定性、对光敏感、可溶剂显影、耐化学性以及其他许多性质，使其非常适合用作硅基封装的应力缓冲层。在传统叠层工艺中，聚酰亚胺在 UBM 材料及底部填充层具有很好的黏附力，可耐受温度达到 350℃，且具有低的收缩率。

对于硅基板来讲，其金属化工艺是特有的，与其他任何基板材料均不同。因为 SiO_2 是相邻铜布线间的介电材料，所以需要额外的金属化方案，如果将铜直接沉积到 SiO_2 上，那么铜会扩散进入 SiO_2，因此，在 SiO_2 和镀铜之间需要添加额外的阻挡层。广泛应用的扩散阻挡材料有钛、氮化钛和钽，铜在这些材料中的扩散系数远小于在 SiO_2 中的扩散系数，例如，氮化钛的结构是非常有序的紧密堆积，因为能量势垒很高，导致铜离子很难扩散进入这类结构。

高密度的铜布线要求每根线条的特征尺寸要小于 $1\mu m$。这意味着金属阻挡层和绝缘内衬材料的溅射必须采用 PVD 技术。布线的复杂性要求钛或氮化钛的溅射层厚度在纳米尺量级，阻挡层材料，如钛的电阻超过铜的十倍，所以关键是要保证整体的导线电阻仍然较小，就是要保证导体截面上铜的占比最大，而钛所占截面积较小，因此需要较薄的阻挡层。PVD 工艺可沉积低至 100Å 厚量级的阻挡层。未来的布线可能需要使用钽、氮化钽和钴阻挡层材料，这些材料可沉积超小的纳米宽度的线条，最终的厚度尺寸达到几埃。随着封装 RDL 的需求接近亚微米尺寸，将会采用 BEOL 中的技术来保证产品的可靠性。

3. 硅基板工艺

（1）TSV 成形　原始的硅材料转变为具有封装功能的硅封装，最基本的第一步就是制作通孔。制作通孔最常用的方法是深反应离子刻蚀（Deep reactive-ion etching, DRIE），又称为 Bosch 工艺。为实现各向异性的刻蚀，Bosch 工艺基本上要分成下面两个步骤：①溶解底部的硅；②钝化孔侧壁，防止被腐蚀。

（2）TSV 金属化　要实现电互连，必须要对 TSV 进行金属化。因为铜具有高的电导率，因此是应用最广的金属化材料。金属化工艺通常包括两个主要步骤：①制作铜种子层以提供导电层；②电镀厚铜以达到所需厚度。通过 PVD 在扩散阻挡层上形成很薄的铜种子层，其厚度只有几百纳米。常用的 PVD 工艺是溅射，因为铜和 SiO_2 绝缘层的黏附力很弱，所以阻挡层还可以充当两者的黏结层。电镀铜工艺已在有机基板部分做过详述。

图 6.45 中的典型生产工艺用于含 TSV 的晶圆级单晶硅封装。采用著名的 Bosch 工艺在单晶硅晶圆上制作通孔。在 TSV 内，SiO_2 薄层广泛用作内衬，以对硅进行绝缘。为控制 TSV 中的铜与硅之间的扩散，通常使用阻挡层来实现，如钛、氮化钛和氮化钽。然后通过溅射工艺沉积 TSV 侧壁的铜种子层，并通过电镀铜来填充通孔。通过化学机械抛光（CMP）工艺和减薄步骤来暴露背侧的铜孔，最后制作单层 RDL。图 6.46 所示为一种已完全填充的 TSV，尚未进行 CMP 和背面减薄。

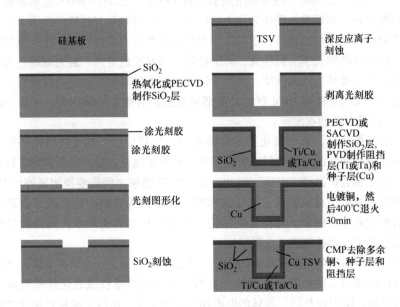

图 6.45　典型的 TSV 生产工艺

（3）沉积 SiO_2 介质材料　二氧化硅介质的沉积通常采用 PECVD 技术，PECVD 意为等离子体增强化学气相沉积。二氧化硅的沉积也可采用四乙氧基硅烷（Tetraethoxysilane，TEOS），气氛为氧气气氛。PECVD 沉积 SiO_2 可在实现最快的沉积速率时也能保证良好的共形覆盖，同时能保持膜层的完整性。其他常见的工艺有硅晶圆的热氧化，可在晶圆上覆盖一薄层的 SiO_2。

（4）用于积层 RDL 的后道工艺（BEOL）　根据导电材料的不同，BEOL 中主要采用了两种工艺技术。在 BEOL 中，铝作为布线的唯一金属持续了很长时间，由于铝的电阻较高，因此在更先进的技术节点需要采用铜来代替铝。反应离子刻蚀（RIE）减法工艺可用于加工铝导体，首先在铝层上旋涂光刻胶，在光刻胶上制作图形，然后通过 RIE 将图形转移到铝层上。再沉积电介质并整平得到最终的结构。

对于铜，采用了一种嵌入工艺（俗称大马士革工艺）来制作导体线条图形。首

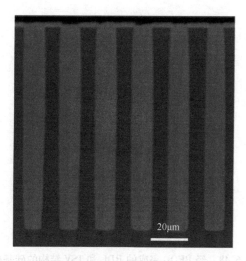

图 6.46　已填充铜的硅通孔的横截面（由 ADEKA 公司提供）

先在介质层上旋涂光刻胶并制作图形，将光刻胶图形转移至下面的介质层。通过 PVD 或 CVD 制作阻挡层、内衬和种子层。然后将铜电镀至沟槽中，填满沟槽并高出表面。最后的步骤是通过 CMP 工艺去除高出表面的铜。两种工艺的比较在图 6.47 中。需要特别注意的是，在采用 7nm、5nm、3nm 技术节点的下一代晶体管的 BEOL 研究中，铜是唯一可用的导体材料。图 6.48 展示的是在硅晶圆上完整地制造含 TSV 的 RDL。

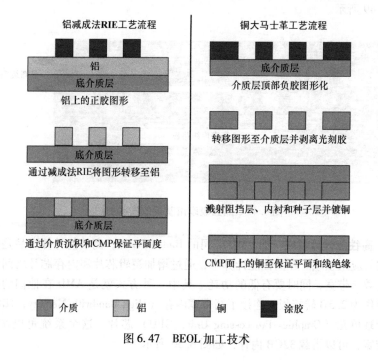

图 6.47　BEOL 加工技术

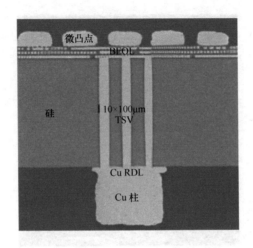

图 6.48　经 BEOL 完成的 RDL 和 TSV 结构的硅基板

4. 硅基板的应用领域

由于硅基板可实现高密度 RDL 布线，其他材料基板不具备，因此在很多领域有广泛应用。

（1）应用于手机处理器　如 iPhone11 中的 A13 处理器是苹果公司自己研发设计的，使用了消费电子领域的晶圆级封装堆叠技术，由台积电（TSMC）生产。封装结构如图 6.49 所示。

图 6.49　晶圆级扇出基板的横截面图

（2）高性能计算领域　如 AMD 公司的 Radeon GPU，高性能计算产品是硅基板的另一个重要应用领域。在高性能计算中，通过增加逻辑芯片和内存芯片之间的连接数量来提高数字带宽，同时要有低的功耗。其中一种方式就是 AMD 在他们的产品中采用硅基板作为 2.5D 转接板，连接了高带宽内存（High Bandwith Memory，HBM）芯片和图形处理单元（Graphics Proccessing Unit，GPU）芯片。这个系统可以实现 1TB/s 的内存带宽，可以搭载 32GB 内存，如图 6.50 所示。

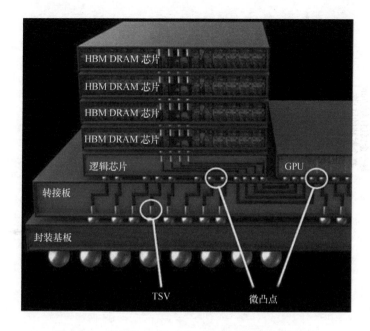

图 6.50　AMD 的 Radeon R9 Fury X 使用的硅转接板

6.7　总结和未来发展趋势

基于不同的应用需求，选择不同的基板技术，对于先进的高性能应用，封装基板工艺技术在过去的十年已经跨越了 IC 晶体管维度和封装基板 RDL 尺寸维度之间的鸿沟。如前所述，RDL 维度主要在于减小铜布线和微通孔的尺寸。本章中讨论了四种不同类型的基板技术，即陶瓷基板、有机基板、玻璃基板和硅基板。

图 6.51 阐述了当今研究中不同种类封装基板的路线图。Y 轴标的是每层金属的厚度和每个封闭的 I/O 数，从而可以有效地对比不同封装基板的性能。"IO/mm/层"是每层封装基板离开芯片边缘每 mm 可排布的布线数量。封装技术已经从现在的低成本、低 I/O 密度应用的有机层压板和陶瓷封装基板发展到先进的超高 I/O 密度硅晶圆转接板，如供高性能计算的 GPU（图形处理器）封装。中等 I/O 密度的应用，比如下一代手机的先进处理器封装，目前使用的是硅晶圆扇出封装基板和堆叠封装有机基板技术。

图 6.51 的 X 轴表示的是满足相应 I/O 密度需求的线宽、线间距以及微孔尺寸。X 轴也说明了在介质层上制作相应微孔尺寸的工艺技术水平。

下一代基板技术聚焦于大尺寸在制板（>500mm）的玻璃或陶瓷基板加工，目的是以较低成本达到高 I/O 密度应用领域的要求，此类应用包括例如 300mm 尺寸的硅晶圆封装等，并进一步降低大尺寸玻璃或陶瓷基板加工成本。

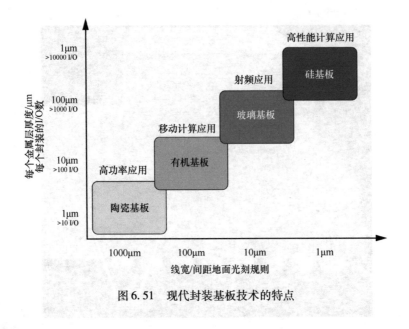

图 6.51   现代封装基板技术的特点

6.8   作业题

1. 给出封装基板的定义。封装基板的三个主要的功能是什么？

2. 描述厚膜和薄膜封装基板的截面。

3. 简要描述封装基板中芯层和介质层的定义。

4. 通过封装基板的简易横截面图，来描述以下几种不同类型的孔：

1）贯通孔；

2）盲孔；

3）堆叠孔；

4）错位孔；

5）完整填充孔；

6）共形填充孔。

5. 表面金属化和焊料掩模的作用是什么？

6. 描述材料介电常数的定义。通过简单的公式，解释为什么封装基板设计中，用于信号传输网络的材料要有低介电常数。

7. 用简易的公式解释基板材料的两种主要性质：弹性模量和热膨胀系数。

8. 用简易的图解和公式解释名词翘曲度 Warpage。材料的哪些性质会影响基板的翘曲度？

9. 如果线宽是 $6\mu m$，线间距是 $6\mu m$，两个焊盘之间可以设计多少条线？在两种情况下进行解题：两个焊盘间节距分别是 80mm，50mm。两种情况下孔焊盘尺寸固定为 $32\mu m$。

10. 给出陶瓷封装基板优于其他基板技术的任意五种原因。

11. FR-4 层压板指的是什么？给出 FR-4 中树脂和填充料的名称。最常用的层压板芯层材料是什么？

12. 针对玻璃纤维层压板，画出流程图来解释其生产过程。

13. 简述化镀铜和电镀铜的区别。

14. 用工艺流程图来详细解释封装基板中金属化的工艺方法：

1）减成法；

2）半加成法。

15. 详细解释 Bosch 工艺如何制作 TSV。

16. 描述在硅基板中制作 RDL 布线层采用的嵌入工艺。

17. 描述玻璃基板中制造通孔的不同方法：激光和化学工艺。

18. 用简单的截面图解释转接板的意义。重点解释除了封装基板为何还需要转接板。

6.9　推荐阅读文献

Bosshart, W. C. *Printed Circuit Boards—Design and Technology.* New York: McGraw-Hill, 1983.

Brown, W. D., ed. "Computer-Aided Engineering and Design." *Advanced Electronic Packaging.* New Jersey: IEEE Press, 1999.

Clark, R. H. *Handbook of Printed Circuit Manufacturing.* New York: Van Nostrand Reinhold, 1985.

Clark, R. H. *Printed Circuit Engineering—Optimizing for Manufacturability.* New York: Van Nostrand Reinhold, 1989.

Coombs, C., Jr. *Printed Circuits Handbook.* 4th ed. New York: McGraw-Hill, 1995.

Geragosian. G. *Printed Circuit Fundamentals.* Virginia: Reston Publishing Company, 1985.

Ginsberg, G. L. *Printed Circuits Design.* New York: McGraw Hill, 1991.

Goulet, D. M., ed. *Bare Board Drilling.* San Francisco: Miller Freeman Inc., 1992.

Harper, C. A. *High Performance Printed Circuit Boards.* New York: McGraw-Hill, 2000.

Holden, H. "Introduction to High-Density Interconnection Substrates." *The Board Authority, A Supplement to Circuit Tree,* vol. 1, no. 2, pp. 6–10, 1999.

Landers, T. L., Brown, W. D., Fant, E. W., Malstrom, E. M., and Schmitt, N. M. *Electronics Manufacturing Processes.* New Jersey: Prentice Hall, 1994.

"Laser Drilling Techniques." *Application Notes.* Portland, OR: Electro Scientific Industries, Inc., 1996.

Scarlett, J. A. *Printed Circuit Boards for Microelectronics,* 2nd ed. Great Britain: Electrochemical Publications, 1980.

Simon, C. J. *Computer Aided Design of Printed Circuits.* North Canton: Abbot, Foster and Hauserman Co., 1987.

Tummala, R. R., et al. *Microelectronics Packaging Handbook,* Part III. New York: Chapman and Hall, 1997.

第7章

无源元件与有源器件集成基础

Markondeya Raj Pulugurtha 教授
美国佛罗里达国际大学
Parthasarathi Chakraborti 博士
美国英特尔公司
John Prymak 博士
美国 KEMET 公司

Swapan Bhattacharaya 博士
美国 Engent 公司
Saumya Gandhi 博士
美国德州仪器公司
Dibyajat Mishra 博士
美国德州仪器公司

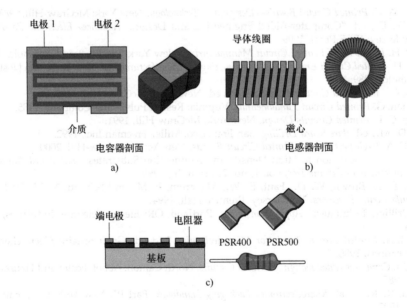

电极1　电极2

导体线圈

介质

磁心

电容器剖面
a)

电感器剖面
b)

端电极　　　电阻器

PSR400　PSR500

基板

c)

本章主题

- 什么是无源元件,它们在电子封装中的作用
- 无源元件的基本原理
- 各类无源元件技术
- 基于无源元件和有源器件集成的功能模块

7.1　什么是无源元件，为什么用无源元件

无源元件被广泛定义为无需由电源提供能量即可实现基本工作的电子元件。因此，根据定义，无源元件无法放大或提供增益，这是无源元件与有源器件之间的根本区别。但是，无源元件可以衰减、调制、传感和监控电流。因此在电路中，无源元件可以实现噪声抑制、能量储存和释放、滤波、信号和功率传输、反馈以及端接等多种重要功能。本章首先定义无源元件，介绍无源元件的基本原理，以及无源元件在电子系统中的作用。之后，本章将介绍制造多种形式无源元件的材料和工艺，以及基于无源元件与有源器件集成的功能模块。无源元件在各种 2D 和 3D 结构中的功能级应用是推动无源元件微型化、提高电气性能和降低成本的重要因素。

7.2　无源元件分析

电容器、电感器和电阻器是非常关键的无源元件。电容器和电感器是储能元件，而电阻器在电流流经时会消耗能量。需特别注意的是，电容器和电感器不能产生能量，而只是储存由电源提供给它们的电荷。电容器、电感器和电阻器的剖面如图 7.1 所示。

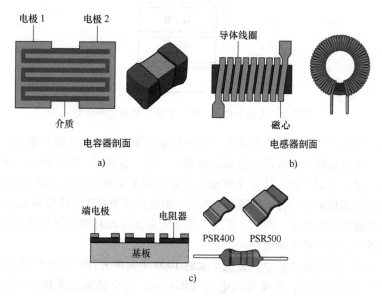

图 7.1　a）电容器　b）电感器　c）电阻器

电容器由中间被绝缘介质隔开的两个金属板构成，这两个金属板作为电容器的两端，用于连接到电路的其他部分，绝缘介质可以是任何具有阻止电流流动特性的绝缘材料，例如陶瓷或玻璃。电容器的功能是在其两端施加电压时，通过电场作用储存电荷，所储存的能量可以随后取回并用于电路的工作。图 7.1a 所示为电容器的剖析：

两个电极之间夹有绝缘介质。

  图 7.1b 所示为通过将线圈绕制在磁心（通常是磁性材料）上制成的电感器。电感器的功能是当电流流过时，会通过磁场作用储存电荷。

  图 7.1b 所示为电感器的剖析：导体绕组和磁心。绕阻以热能形式损耗流过电感器的电流。

  图 7.1c 所示为电阻器的剖析，电阻器由电阻材料和导电端子组成。上述无源元件的剖析如图左侧所示，实际元件如图右侧所示。这三种基本元件是构成复杂无源模块的基石，图 7.2 中列出了这些无源模块，并根据其功能应用进行了分类，如功率、射频和数字。

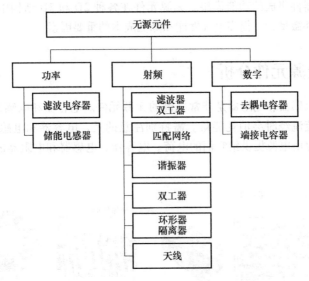

图 7.2 无源元件按功率、射频、数字功能分类

  无源元件通常与有源器件相结合，构成具备数字、功率和射频功能的功能模块。其中一些功能包括图 7.2 所示的去耦电容器、天线、滤波器、匹配网络、谐振器等，本章最后一节将详细讨论。这些功能模块通常是基于无源元件和有源器件的二维集成，更高性能和微型化的需求将推动二维分立模块向基于有源器件和薄无源元件嵌入集成的三维模块进行转变。图 7.3 所示为基于无源元件与有源器件集成的功能模块，也进一步说明了这一基本概念。

  在一部典型的智能手机中，装配了大约 1000 个无源元件，其中大量的无源元件是嵌入一个或多个封装，以及集成电路（IC）中，这个数量是系统中 IC 数量（约50）的 20 倍。即使电子行业正在不断地朝着集成化和微型化系统的方向发展，但在智能手机等消费者终端中，无源元件的数量仍占主导地位。iPhone 4S 中的无源元件数量占元器件总数量的 79%。而从另一方面来讲，无源元件的成本只占元器件全部成本的约 2%。在其他消费电子产品中，无源元件与有源器件的数量之比也很高，例如，平板电脑、笔记本电脑以及其他计算类系统。表 7.1 所列为智能手机中的各种无源元

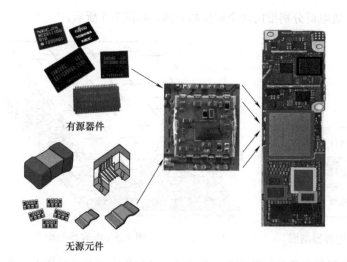

有源器件

无源元件

图 7.3　基于无源元件和有源器件集成的射频和功率模块在智能手机中的应用
（举例说明如何将分立的无源元件集成到智能手机中）

件及其单个成本，其中晶振占无源元件总成本的 41%，其次是电感器占 17%，电容
器占 10%。考虑到智能手机、物联网设备、手持终端和笔记本电脑的数量，以及采用
这些元件制造的各种音频和视频设备，可以看出无源元件的巨大市场。而在这些产品
中，无源元件占据系统板面积的 50% 左右，因此，无源元件在很大程度上影响着系统
的尺寸、性能和可靠性。

表 7.1　iPhone 4S 中的无源元件构成

元 件 类 型	单位成本	总 数 量	元件总成本/美元
电容器	0.0014	127	0.18
耦合器/巴伦	0.04	1	0.04
滤波器	0.094	5	0.47
电感器	0.01	27	0.28
晶振	0.7	1	0.7
电阻器	0.0016	31	0.05
总计	平均 0.0089	192	1.72

7.2.1　无源元件的基本原理

本节将介绍三种无源元件，即电容器、电感器和电阻器的基本原理。

1. 电容器

电容器是用来储存电荷 Q 或电场的元件。电容器最简单的构成形式是两个金属
板，中间通过绝缘介质隔开（图 7.4 所示）。如果中间存在绝缘介质的两个导电物体
彼此靠近放置，并且在两端施加电势差 V，那么电荷将在电场作用下被聚集储存。电

场作用将正、负电荷分别推向两个相反的方向，如图 7.5 所示。

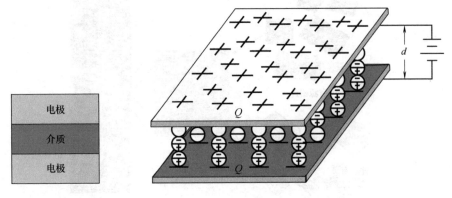

图 7.4　电容器剖面　　　　　　　图 7.5　电容器架构

正电荷 Q 聚集在低电位导体上，负电荷 $-Q$ 聚集在高电位导体上。介质被极化并在单位体积内产生净电偶极矩，这种现象称为电介质极化。电能储存在极化介质中，类似于机械能储存在被压缩的弹簧中。每个导体上电荷的大小 Q 与电位差 V 和一个常数有关，这个常数被称为电容 C。因此，电容，即电容器储存电荷的能力，取决于电荷与外加电压之比。一个电容器两极板间电势差是 1V 时，带电荷量为 1C，则该电容器的电容就是 1F。电容器的制造工艺和材料多种多样，根据用途，绝缘介质可以是空气、云母、陶瓷、玻璃、纸、油和金属氧化物，广泛的可选材料使得电容器也具有多样的性能。

真空介质的电容 C_0，单位为 F（C/V），由式（7.1）确定

$$C_0 = Q/V = qA/V = \varepsilon_0 EA/V = \varepsilon_0 (V/d)A/V = \varepsilon_0 A/d \qquad (7.1)$$

式中，Q 为其中一个导体的电荷量，单位为 C；ε_0 为真空介电常数（8.854×10^{-12} F/m）；V 为导体间电位差，单位为 V。当导体间采用介电常数为 ε 的介质材料时，电容为

$$C = \varepsilon A/d = \varepsilon_0 KA/d = KC_0 \qquad (7.2)$$

式中，$K(= \varepsilon/\varepsilon_0$；也称为 ε_r）为导体间介质材料的介电常数（抑或相对介电常数）；A 和 d 分别为介质的面积和厚度。

图 7.6 所示为三个独立电容元件的并联和串联。在并联中，每个电容器上的电压相同，总电流是各个电容器的电流之和，因此，总电容也是各个电容器的电容之和：

$$I_T = I_1 + I_2 + I_3 \qquad (7.3)$$

$$Q_T = Q_1 + Q_2 + Q_3 \qquad (7.4)$$

$$C_T = C_1 + C_2 + C_3 \qquad (7.5)$$

在串联时，流过电路各部分的电流相同，由于各电容器的充电时间相同，所以各电容器的电荷量大小也相同，总电压是各个电容器的电压之和

$$I_T = I_1 = I_2 = I_3 \qquad (7.6)$$

$$Q_T = Q_1 + Q_2 + Q_3 \qquad (7.7)$$

$$V_T = V_1 + V_2 + V_3 \qquad (7.8)$$

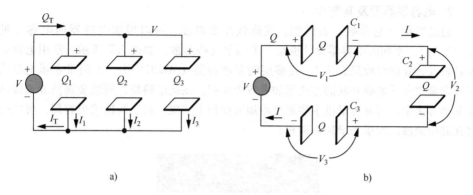

图 7.6　a）电容器并联　b）电容器串联

因此

$$1/C_T = 1/C_1 + 1/C_2 + 1/C_3 \tag{7.9}$$

（1）损耗因子　电容器存在很小的能量损耗，被定义为"损耗角正切"或"耗散系数"。电容器可表述为电容、电压，以及耗散系数的表达式。在实际电容器中，介质材料的能量损耗来自远程电荷迁移和偶极子的旋转或振荡。电容器的损耗 D_f 是其在给定频率下的电阻与电抗之比。需要重点注意的是，电阻值和电抗值的频率相关性。

（2）泄漏电流　泄漏电流是指电容器两端施加电压时，从一端流向另一端的微小电流通量。由于这种电荷在介质中运动产生的泄漏电流，降低了电容器的电荷储存能力。泄漏电流越大，电容器储存能力越弱。当设备由电池供电时，首要考虑的就是泄漏问题，因为较高的泄漏电流会导致电池使用寿命更短。

（3）击穿电压（BDV）：击穿电压（Breakdown Voltage，BDV）是指电容器的介质在不失去其介电性能而变为导体时，能够承受的最高电压。它与介电强度 D_s 和介质厚度 t 有关，用 $D_s \cdot t$ 表示。介电强度是介质能够承受的最大电场强度（V/m）。

（4）阻抗：对于交流应用，阻抗（复数）是虚部电抗和实部电阻损耗的复杂组合（非理想导体，介电损耗）。交流电抗或容抗（X_c，单位为 Ω）由电容充放电速度或频率的关系给出

$$X_c = \frac{1}{2\pi f C} \tag{7.10}$$

式中，f 为频率，单位为 Hz；C 为电容，单位为 F。由关系式得出，随着电容或频率的增加，电抗减小。而损耗部分（非理想导体，介电损耗等）单位为欧姆，通常表示为有效或等效串联电阻（Eguivalent Series Resistance，ESR），ESR 通常也与频率相关。因此，电容器的阻抗与频率相关，并且是这两个向量的复数之和（X_c，即大小为 X_c 且相角为 $-90°$，电压滞后于电流；ESR 是一个相角为 $0°$ 的向量 ESR）或

$$Z = \sqrt{\mathrm{ESR}^2 + X^2} \tag{7.11}$$

理想电容器的 ESR 为 0，即不存在能量损耗，所有电荷都会释放进入电路。关键要记住，没有理想的电容器，没有理想的电阻器，也没有理想的电感器。

2. 电容器类型及其制作

通过增加介电常数、表面积，或降低介质厚度，可以增加电容器的电容 [见式 (7.2)]，不同的电容器设计也是为了调整这些参数，如图 7.7 所示。常用电容介质材料及其介电常数见表 7.2。在多层陶瓷电容器（MLCC）中，采用带金属电极的高介电常数介质堆叠并联的方式增加有效表面积。在烧结颗粒、刻蚀金属箔或刻蚀硅等其他方法中，高电容量也主要通过增加表面积来实现。对于沟槽式电容器，可以通过在硅中刻蚀深沟槽来增加表面积。

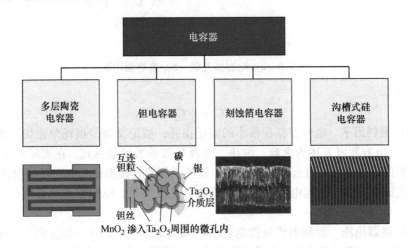

图 7.7 常见电容器类型：MLCC、钽、刻蚀箔、沟槽式

表 7.2 常见电容器介质材料及其介电常数

材　　料	介电常数（D_k 或 ε_γ）
氮化硅	7
氧化硅	4
氧化铪	16
氧化铝	9
五氧化二钽	23
氧化锆	28
钛酸钡	200 ~ 2000
锆钛酸铅	500 ~ 10000

3. 多层厚膜陶瓷电容器

多层厚膜陶瓷电容器（MLCC）制备过程首先是陶瓷介质膜流延成型，然后丝网印刷电极，最后是陶瓷介质和金属电极的共烧。介质粉末与溶剂、分散剂、黏结剂和增塑剂混合，形成均匀悬浮液，然后使用刮片将悬浮液铸成连续的薄片，将湿的薄片烘干形成柔性生瓷带状后，使用丝网将电极膏以设计好的图案印刷到生瓷带上。然后是层压工艺，将印刷好的生瓷带逐层堆叠，并精准对齐。在切割或划片后，"生" MLCC 通

过排胶去除有机物，之后，MLCC 介质层和电极层烧结致密。最后一步，通过涂覆金属材料将裸露在两端的内部电极进行电气互连。表面贴装式 MLCC 采用具有三层连续结构的端电极实现电气连接（见图 7.8），其中，连接到 MLCC 内电极的铜是第一层，在铜上电镀一层镍作为焊接阻挡层，最后，在镍层上涂覆一层锡以提高可焊性。

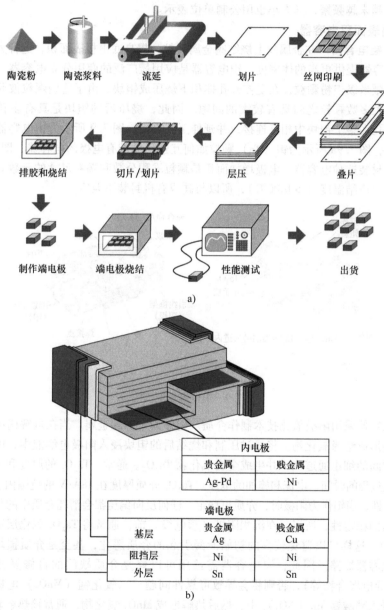

图 7.8　a）MLCC 电容器制造工艺流程　b）MLCC 电容器剖面图

表面贴装式电容器的尺寸是指电容器在电路板上所占据的横向尺寸。因此，MLCC 电容器的高度（尺寸相同时），随着电容而变化。电子工业联盟（Electronics Industry

Alliance，EIA）制定的尺寸规范由四位数字组成，前两位是长度（两端之间的距离），单位是密尔（即 0.001in），后两位是宽度，单位也是密尔。因此，1206 尺寸的电容器就是指横向尺寸为 0.120in×0.060in。微型化是 MLCC 电容器的发展趋势，而随着MLCC 电容器的微型化，新的尺寸型号 01005（0.010in×0.005in，与尺寸规范略有不符）使用越来越频繁，其大小也用公制单位表示。

4. 高表面积电容器

(1) 钽电容器　在金属丝上烧结阀金属颗粒，提高底电极表面积，这种大表面积能够给电容器提供更高的体密度。钽电容器是应用最广泛的商用分立电容器，其制作是通过将微米级钽粉颗粒，在受控开孔体积下烧压成钽块。由于这些颗粒彼此随机接触，所以大多数颗粒之间具有较大的间隙。因此，烧压后的钽块是具有多孔的金属体，这些孔在整个钽块中相互连接，并延伸至外表面。图 7.9 所示为钽电容器的示意图，其中，图 7.9a 所示为钽（Ta）颗粒如何互连形成带有电极的电容器，图 7.9b 所示为如何封装这种电容器。电极增加面积是颗粒堆积分数和颗粒尺寸的函数。由于钽需要很高的烧结温度（>1400℃），所以与硅或有机封装不兼容。

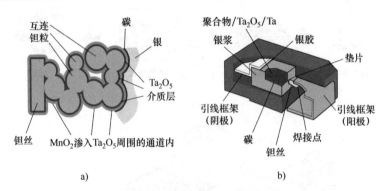

图 7.9　钽电容器剖面图

钽电容器采用阳极氧化技术制作介质。钽作为一种阀金属，当在电解槽中施加电压时，会形成绝缘氧化物。将经过压制和烧结后的钽块浸入阳极电解液中，电解液会渗入颗粒间的细小通道内，并生成金属氧化物 Ta_2O_5。通常，Ta_2O_5 的厚度和一致性取决于氧化过程的时间、电流和施加的电压。Ta_2O_5 介质厚度是在 18Å/V 的范围内。钽电容器具有极性，当钽作为阳极时，介质更稳定，任何反向偏压都会消耗介质中的氧，进而破坏介质的稳定性，所以，在沉积阴极（顶电极）前，通常将 Ta_2O_5 氧化层进行改善（后修复），这样可以避免较高的初始泄漏引起的介质恶化，甚至是介质损坏，并引起整个电容器短路。因此，钽电容器需选用可以修复介质缺陷的自修复材料（如 MnO_2 或导电聚合物等），否则将会导致可靠性问题。二氧化锰（MnO_2）电极是通过将钽块浸入硝酸锰 $Mn(NO_3)_2$ 中，然后热解形成 MnO_2 氧化物，通常该热解转化过程的温度为 280℃ 左右，重复该过程使 $Mn(NO_3)_2$ 浸入钽块内部孔洞，这样一来 MnO_2 氧化物将会充斥在钽块内部，同时覆盖在钽块外表面，接着依次将钽块浸入碳悬浮液和银浆中，并固化。最后，采用导电环氧树脂将银表面连接到引线框架上，采用焊接将钽丝连接到引线框架的另一端，引线框架从整个包封结构中露出。市场上可以买到的标称厚度为 $100\mu m$ 的钽电容器，其电容密度为 $1.40\mu F/mm^2$，额定电压为 6V。对于额定电压为 10V 的钽电容器，其电容密度为 $1\mu F/mm^2$。当额定电压高于 20V 时，其电容密度仅为 $0.15\mu F/mm^2$。此外，钽电容器的泄漏电流一般接近 $0.1\mu A/\mu F$。

除了这些优点之外，实际上钽电容器还有两个缺点：一是失效时易着火，二是等效串联电阻（ESR）高于其他介质电容器。通过引入导电聚合物（PEDT）替代传统的二氧化锰可以解决安全性和 ESR 问题。

（2）刻蚀铝箔电容器 在电极内部刻蚀多深孔沟槽，提高表面积。对于硅、铝和钛等电极材料，通常采用电化学（湿法刻蚀）或等离子体（干法刻蚀）工艺，刻蚀深宽比的通道或沟槽。对于这种电容器的制作，在大面积上沉积均匀的高介电常数介质至关重要，通常采用气相沉积技术，如化学气相沉积（CVD）和原子层沉积（Atomic Layer Deposition，ALD），这些沉积技术都存在着成本高、沉积时间长、产量低等缺点，而另一方面，诸如热氧化或氮化等方法，又限制了介质的介电常数（只能在较低的范围内）。为了解决这些问题，阳极氧化金属（亦称为阀金属，如铝、钽、钛和铌）广泛用于制作具有高表面积的电容器的电极模板，这是通过将刻蚀的金属膜浸入电解液中，对电极施加偏压，使电极表面氧化形成介质。这种阳极氧化方法在电解电容器和钽工业中广泛应用，介质的一致性、符合性和厚度均匀性取决于电解的时间、电流、电压和浓度。浸入金属内部细径孔内的液体电解质在接触到金属表面时，将在阳极上氧化形成氧化物介质，介质厚度随着阳极氧化电压而增加（大约 $1\sim2nm/V$）。众所周知，在所有可用的介质材料中，氧化物、氮化物和氮氧化物具有高介电强度，这意味着这些介质薄膜可以很容易地减薄到几十纳米而不影响其可靠性。阳极氧化过程中，氧化层的电阻（与电压相关），使得电流随着电压的增加而急剧增加。因此，只有对阳极氧化和工作电压进行精心设计，才能生产出安全可靠的电容器。

通常，这种电容器的对电极采用液体电解质，也正由于使用液体电解质作为阴极，铝电解电容器也被称为"液体"或"非固体"电容器。由于电解液具有可填满细小刻蚀孔或沟槽的优点，因此可以与阳极结构很好地配合，实现高表面积。常规铝电解电容器是由卷绕的电容器部件构成，该部件密封在充斥着液体电解质的金属容器中，并连接到端电极。部件由阳极箔、电解纸和阴极箔组成。这种电容器一般可以提供 $0.1\sim3\mu F$ 的电容，以及 $5\sim700V$ 的额定电压。它们是有极性元件，具有不同的正端和负端，并且可以提供多种设计构架。这种常规液体铝电解电容器可以为去耦、功率、噪声抑制等不同应用提供所需的高电容密度。同时，由于使用了低导电性（$10^{-2}\sim10^{-3}S/cm$）和热不稳定的离子液体电解质，所以它的主要缺点是高阻抗、热不稳定性和液体电解质泄漏。因此，这种电解电容器也存在一些限制。

为了克服这些限制，采用固体电解质的固体铝电解电容器得到了快速发展。根据化学特性，最常见的固体电解质大致分为有机电解质和无机电解质。PEDT、P3HT、PEO（聚氧化乙烯）、聚吡咯等导电聚合物，以及 TCNQ 等络合物是有机电解质，而热解二氧化锰和氧化钌则属于无机电解质。

与传统的液体电解电容器相比，这种固体电解电容器具有许多优点。例如，由于

PEDT 具有更高的导电性，从而基于 PEDT 聚合物的电容器具有比液体电解电容器更低的 ESR，这使得单个聚合物电解电容器可以取代多个液体铝电解电容器，进而减少了电路板上的电容元件总数，增加了可用空间。此外，由于聚合物是固体，因此它们具有更长的寿命（温度每降低 10℃，寿命将延长 10 倍），而不是遵循经典的阿伦尼乌斯方程（即温度每降低 20℃，寿命将延长 10 倍）。相比液体电解质，固体电解质的另一个关键优势是它们能够修复介质中的缺陷或微孔，二氧化锰（MnO_2）和 PEDT 作为自修复对电极，也广泛应用在钽电容器中。

（3）硅沟槽电容器 为了实现高性能处理器中去耦电容器的微型化，引入了硅沟槽电容器。如图 7.10 所示，IBM 公司率先提出了在硅中制作高容量 MOS 电容器的想法，采用在硅上刻蚀出深槽阵列来扩大表面。当电容器的表面开窗尺寸缩小时，可以采用刻蚀更深的槽来获得足够的电容。在 20 世纪 80 年代末，IBM 公司开发出了开窗尺寸为亚微米级，且深宽比超过 40 的深槽。1991 年开发的电容器，其等效电容密度为 $100 \sim 200nF/mm^2$，并且当尺寸为微米级时，可以制作出容量为 fF 级的电容器。在硅基深槽中覆盖大面积的高 k 介质，可以制作出容量为 μF，尺寸为毫米或厘米的电容器，使得该技术的应用领域更广。

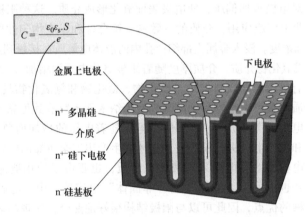

图 7.10　硅沟槽电容器结构（由 NXP/IPDIA 公司提供）

通常，采用 CVD 技术在硅槽中沉积介质具有比较好的一致性，而众所周知，液相 CVD 和热氮氧化的均匀性好，并且与有源电路兼容。因此，这些技术（包括热氧化和热氮化）被广泛应用于氮氧化物的沉积。尽管如此，原子层沉积仍是实现硅槽台阶均匀覆盖的首选方法，它与化学气相沉积不同。由于硅氧化物具有高击穿电压，并且与硅相兼容的特性，所以常规介质一般选用硅氧化物。而通过采用不含氧化物的纯氮化物作为介质，可进一步增加电容，从而在 DRAM 应用中，工作电压可以更低（V_{dd} 从 $1.8 \sim 1.2V$），进而降低了漏电流。原子层沉积（ALD）也是目前最常用的沉积高 k 材料的方法，它具有厚度均匀、台阶覆盖性好和温度相对较低的特点。ALD 可以在深槽中沉积 Al_2O_3、HfO_2、TiO_2 和 Ta_2O_5 等高介电常数的介质，电容密度更高。最先进的工业级沟道式电容器，在击穿电压为 10V 左右时，可以达到 $0.2mF/mm^2$ 的电容密度。近期，基于 ALD 技术沉积 Al_2O_3 介质的多层金属 - 绝缘体 - 金属（Metal- Insulator- Metal，MIM）电容器，它提高电容密度的方法与早期单层 MIM 电容器不同，即采用 ALD 技术在深宽比高达 20 的深槽中沉积 $TiN/Al_2O_3/TiN/Al_2O_3/TiN$，并叠层制成多层 MIM 电容器，电容密度非常高。

近年来，在多孔模板上采用 ALD 技术沉积氮化钛（TiN），具有良好的导电性和深槽一致性，因此在电容器和其他存储应用中得到了广泛的应用。ALD 技术具有自限性（在每个循环反应中沉积的薄膜材料的数量是恒定的），能够按照顺序将薄膜材料（金属和介质）均匀地沉积到具有复杂轮廓表面的基材上。由于 ALD 技术对膜层厚度的精准控制和一致性，使得它成为要求极严的纳米结构中的主导工艺。在 AAO（阳极氧化铝）纳米微孔内使用 ALD 技术的 MIM（金属 - 绝缘体 - 金属）纳米电容器阵列（采用 ALD 沉积氮化钛作为底部和顶部电极，ALD 沉积氧化铝作为中间介质），具有比刻蚀箔电容器更高的电容密度。已经开发出来的高水平的 AAO 阵列电容器，阳极氧化铝的厚度为 $10\mu m$，电容密度可达 $1\mu F/mm$。

即使 ALD 技术在不断进步和改进，但是由于真空器具的效率较低、前期设备昂贵、需要与封装不兼容的基础设施，以及与容量成比例增加的成本等，所以采用 ALD 技术沉积金属和介质仍然具有挑战性。

5. 电感器

电感器由金属线圈构成，当电流流过线圈时，线圈会产生磁场或磁通量。电流的变化会引起磁通量的变化，磁通量的变化会产生磁场，而磁场又会反过来抑制电流的变化。因此，磁通量变化与电流变化之比是电感器最重要的特性，这个比值也称为电感。采用诸如铁或铁氧体之类的磁性材料会进一步增强线圈磁通量，从而增加电感和能量存储密度。电感器结构如图 7.11 所示。采用磁心的电感器，其电感等于空心线圈的电感乘以磁心材料的磁导率。针对具体应用选择电感器时，必须考虑：

1）电感量和尺寸；

2）线圈的直流电阻；

3）线圈的载流能力和磁心的最大磁通量密度；

4）线圈和骨架之间的击穿电压；

5）线圈的工作频率范围。

电感器磁心

线圈

图 7.11　电感器剖析

为了获得非常高的电感，必须使线圈具有更多的匝数。为了使电感器尽可能理想，应将线圈绕组的直流电阻减至最小，这可以通过增加导线尺寸来实现，当然这样也会同时增加电感器的尺寸。导线的尺寸还决定了电感器的电流承载能力，因为导线电阻会以热耗的形式损耗流经的电流。电流产生的磁场应不超过电感器磁心的饱和磁通密度，否则电感器也就失去了作用。线圈绕组之间以及线圈绕组与骨架之间必须绝缘，在高压应用中，骨架与绕组之间还应采用更厚的绝缘层（必然会使电感器体积更大）。随着频率的增加，磁心损耗也会增加。

电感为 H 量级的大型电感器主要用于功率电路，这种电路的频率相对较低，通常为 60 Hz 或其较低倍数。诸如 FM 收音机和电视机的高频电路中，常用非常小的电感器（μH 量级）。电感器与电容器非常相似，电感器中电流的变化率取决于其两端施加的电压，而电容器中电压的变化率取决于流经该电容器的电流。

电路元件的电感 L 决定了流过该元件的电流变化所产生的电动势（Electromotive Force，EMF）的大小。法拉第定律适用于电感器，电流的变化会引起反向电动势，反向电动势又会阻止电流的变化

$$V = LdI/dt \qquad (7.12)$$

式中，V 为电感器上施加的电压；L 为电感，单位为 H（或 mH，μH 等）；dI/dt 为很短时间内的电流变化量。在电感器上施加电压会使电流呈斜率上升（与电容器不同，对于电容器来说，提供恒定电流会使电压呈斜率上升），在电感为 1H 的电感器上施加 1V 电压，产生的感应电流将以每秒 1A 的速度增加。与电容器会平缓电压的突变一样，电感器会平缓电流的突变。当然，如果电流是恒定的，也就不会产生感应电动势。因此，与电容器不同的是，电容器在直流电路中表现为开路，而电感器在直流电路中表现为短路。

当电感器串联时（图 7.12a），流过各电感器的电流相同，即 dI/dt 都相同，总电压是各电感器的电压之和。因此，类似于电阻器，总电感是各电感器的电感之和

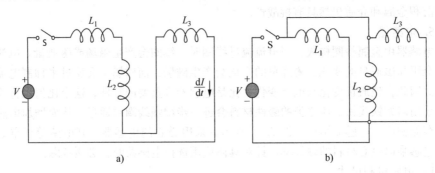

图 7.12　a）电感器串联（不考虑耦合，S 表示开关）　b）电感器并联（不考虑耦合）

$$L = L_1 + L_2 + L_3 \qquad (7.13)$$

当电感器并联时，各电感器的电压相同，总电流为各电感器的电流之和，从而总电流对时间的导数是各电感器的电流对时间的导数之和。因此

$$1/L_t = 1/L_1 + 1/L_2 + 1/L_3 \qquad (7.14)$$

电感器常用于功率转换器中，作为储存能量的器件。当半导体开关导通时，电感器中的电流逐渐增加，能量以磁场形式储存，反过来磁场又将阻止流经电流的变化。电感器中储存的能量为

$$E = \frac{1}{2}LI^2 \qquad (7.15)$$

式中，L 为电感，单位为 H；I 为电感器峰值电流，开关周期内的电流变化即纹波电流，由以式（7.15）给出

$$V_1 = L \cdot \frac{dI}{dt} \qquad (7.16)$$

式中，V_1 为电感器上施加的电压；dI 为纹波电流；dt 为施加电压的持续时间，纹波电流取决于电感。因此，高电感对于控制电流纹波很重要。电感器尺寸会随着开关频率的升高而降低。

电感器可以储存的最大能量是决定其功率承受能力的一个重要参数。电感器中储存的磁能表示为

$$W = \frac{1}{2}\int B \cdot H dv = \frac{1}{2}\frac{B_s^2}{\mu} \tag{7.17}$$

式中，B 为磁通密度；H 为磁场强度；μ 为磁心的磁导率。假定磁心材料线性且同质，则磁心中磁场均匀分布时，电感器中储存的最大能量由式（7.18）给出

$$W_{max} = \frac{V_{core}(B_s)^2}{2\mu} \tag{7.18}$$

式中，V_{core} 为磁心的体积；μ 为磁导率；B_s 为饱和磁通密度。最大功率承受能力是在一个开关周期内储存的能量，其计算方法是工作频率乘以所储存的磁能

$$P_{max} = \frac{V_{core}f_{sw}(B_s)^2}{2\mu} \tag{7.19}$$

式中，f_{sw} 为开关频率。功率承受能力由饱和磁化强度 B_s 决定，如式（7.19）所示。考虑螺线管形式的简单电感器情况，如图 7.13 所示，面积为 A，长度为 l，每单位长度的匝数为 n，承载电流 I，则线圈内部的磁场 B 表示为

$$B = \mu_0 nI \tag{7.20}$$

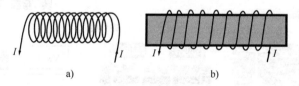

a)　　　　　　　　　　b)

图 7.13　a）非磁心电感器　b）磁心电感器

重新整理式（7.17），则单位体积储存能量表示为

$$B^2/2\mu_0 = \mu_0 n^2 I^2/2 \tag{7.21}$$

总储存能量表示为

$$(\mu_0 n^2 I^2/2)Al = \mu_0 n^2 I^2 Al/2 = LI^2/2 \tag{7.22}$$

式中，μ_0 为真空磁导率，电感是被测元件的电磁感应量，即

$$L = \mu_0 n^2 Al \tag{7.23}$$

结合电感器的尺寸，在电感器的线圈中插入磁性材料，可通过提高相对磁导率 μ_r 而增加其电感 L' 和储存的磁能，定义如下：

$$L'/L = \mu_r \tag{7.24}$$

磁心中的磁性材料可使线圈内的磁场增加 μ_r 倍，因此相对磁导率 μ_r 为 10^4 的铁磁心能显著增加磁场。

电感器的另一个重要参数是品质因数 Q，它表示储存能量与损耗能量之比。对于电感器和电阻器串联的电路

$$Q = \omega L/R, R = \rho(l_w/A_w)^{\ominus} \qquad (7.25)$$

式中，R 为直流电阻；A_w 为导线横截面积；ω 为角频率；l_w 为导线长度；ρ 为导线材料的电阻率。为了获得较高的 Q 值，导体线圈需要有更大的电感和更低的电阻。

6. 电感器类型

电感器采用金属线圈设计，当电流流过线圈时产生磁场。电感器已从传统的分立式铁氧体电感器发展为平面或薄膜集成电感器，如图 7.14 所示，以下将简要介绍电感器的分立和集成技术。

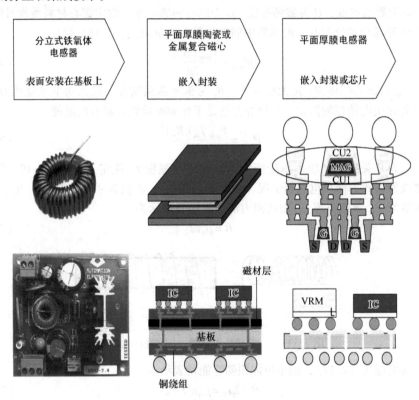

图 7.14　电感器由分立式铁氧体电感器到平面厚膜电感器和平面薄膜电感器的演变（由 Ferric 公司提供）

（1）分立铁氧体电感器　分立铁氧体电感器由环绕铁氧体磁心的铜绕组制成。铁氧体的一个显著特点是同时具有极高的电阻率与良好的磁学性能。因此，在高频情况下工作时，磁心内部几乎没有涡流损耗，反之金属心的损耗却非常大，这也基本上解释了为何软磁铁氧体会大量应用。

自 1945 年以来，铁氧体作为固体磁性陶瓷，开始用于商用磁心。铁氧体是亚铁磁体，但在体积上，几乎与铁磁体相同。铁氧体是复杂的磁性氧化物，其中三氧化二

铁（Fe_2O_3）是其基本磁性成分。软磁铁氧体具有立方晶体结构，其化学式为 $MO \cdot Fe_2O_3$，其中 M 是二价过渡金属（如 Mg，Mn，Zn，Ni 等）。铁氧体的晶体结构有尖晶石型、石榴石型和六角型三种类型。由于尖晶石型铁氧体（例如 $NiFe_2O_4$，Mn-Zn 和 Ni-Zn 铁氧体）的损耗比金属心低，在 100kHz～1MHz 的中等频率下具有较高的 Q 值，因此广泛用于功率转换器中。

所有商用的铁氧体都是混合型铁氧体（一种铁素体在另一种铁素体中的固溶体），它们的居里点在 300～600℃ 的范围内，磁化强度 M_s 在 100～500emu/cm^3 的范围内，易磁化方向为 <111>，晶体各向异性较低，磁致伸缩较低-中等。

（2）平面电感器技术 提高平面电感器电感量的两种常用拓扑：①线圈与磁介质的螺旋式绕制，也称为赛道式或罐心式电感器；②带有铜绕组的磁环，也称为环形电感。主要拓扑如图7.15所示。

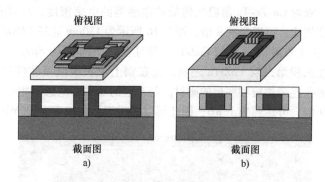

俯视图　　　　　　　　俯视图

截面图　　　　　　　　截面图
a)　　　　　　　　　b)

图7.15　电感器拓扑设计示意
a）螺旋电感器　b）环形电感器

以下将介绍一些最常用的薄膜电感器制造技术。

7. 非磁心电感器

在射频电路中，由于非磁心电感器的结构相对简单且易于集成，因此常用于制作集成电感器。而由于电感较低，在功率转换器中的应用有限。但是，随着集成电路技术的进步，金属氧化物半导体场效应晶体管（Metal-Oxide-Semiconductor Field-Effect Transistor，MOSFET）的开关频率极高（超过100MHz），同时开关损耗较低。在如此高的频率下，nH 级的小型电感即可满足便携式电子产品中 DC-DC 变换器的要求。因此，对于高频（>100MHz）场合，在电感和 Q 值符合要求的情况下，非磁心螺旋式电感器可以很容易地集成在封装或功率 IC 芯片中。

（1）磁心电感器 加入铁氧体聚合化合物（Ferrite Polymer Composite，FPC）或电镀 CoNiFe、NiFe 等磁性材料的电感器，可以增加电感。

1）基于铁氧体或铁氧体-铁镍合金-聚合化合物的电感器：在 100kHz～1MHz 的场合，电感器中应用最广的磁性材料是铁氧体，其中最常见的是 NiZn 和 MnZn，它们具有较低的矫顽力和较高的磁导率。铁氧体需要高温处理，与衬底不兼容，所以采用丝网印刷铁氧体颗粒-聚合化合物。该技术在沉积具有较高电阻率（>1Ωm）和磁导率的磁性材料，以及聚合物处理的简便性之间，做出了较好的折中。电感器的制造工艺比较简单，并且在磁性材料选择方面具有较好的灵活性。首先，将复合材料通过丝网印刷到衬底上。然后，光刻胶制模，电镀铜绕组。接下来，去除光刻胶和种子层，并且再次通过丝网将复合材料印刷在表面。目前已有大量的采用这种方法制作微型电感器的探索。虽然采用丝网印刷技术来沉积低损耗磁心材料的工艺相对简单，但由于复合磁导率较低（25~35），因此基于这种方法的电感密度较低。

2）基于磁性材料溅射的电感器：溅射是一种真空薄膜沉积技术，已用于沉积各种高阻磁性薄膜，如 CoZrNb、FeCoBC、CoFeHfO、CoZrTa（CZT）等，这些材料都是微型电感器的核心材料。采用溅射技术的磁性合金具有较高的饱和磁通密度和良好的磁导率，其沉积工艺与低温互补金属氧化物半导体（Complementary Metal Oxide Semi-conductor，CMOS）晶圆兼容。这种技术是沉积厚度可高达 $5\mu m$ 的薄膜的理想方法。

研究表明，溅射 Co-Zr-Ta 薄膜的螺旋式电感器的电感密度，与现有最高水平电感器的电感密度相比，可以提高 9 倍。图 7.16 所示为 130nm 硅基 CMOS 集成电感器，磁材层是 $2\mu m$ 厚（溅射沉积）的 CoZrTa，并且在 $0.5\mu m$ 厚的 SiO_2 上电镀 $5\mu m$ 铜，制作电感线。在沉积第二层 CoZrTa 之前，先在铜上沉积聚酰亚胺使其表面平坦化，最后制作磁心通孔连接顶层和底层的磁材。与对应的非磁心电感器相比，这种电感器的电感提高了 9 倍，可达到数十 nH，因此可以应用于开关频率 >100MHz 的场合。

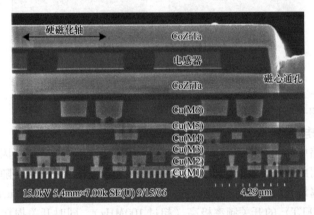

图 7.16　集成在 130nm CMOS IC 上的电感器剖面图（由英特尔公司提供）

（2）电镀磁心电感器　另一种可以制作微型电感器所需要的厚磁心层的方法是电镀。这种工艺相对便宜，与标准 IC 制造工艺相兼容，同时也适用于 3D 结构器件的加工。大多数基于磁材电镀的电感器，其磁材都是用 NiFe 合金，在高频下损耗高、磁导率低。已经开发出的一种改良材料 CoNiFe，具有更好的饱和磁通密度和更高的电阻率，已被用于高频集成式电感器。

尽管螺旋电感器和环形电感器中的磁材都可以采用电镀技术，但由于环形磁心具有较高的功率密度，故一般作为首选。它的首道工序是电镀底层金属，然后是涂覆绝缘层，电镀磁心层和通孔，最后，制作顶部金属层。图 7.17 所示为一个微型环形电感器。

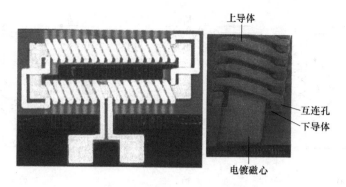

图 7.17　一种基于电镀 NiFe 技术的微型环形电感器

（由佐治亚理工学院，MSMA 团队提供）

8. 电阻器

电阻器是一种双端的限流元件（见图 7.18），它的名称源于其主要特性：阻止电荷流过而控制电流。电阻器可以由多种材料制成，但是无论选择何种材料，它都必须具有一定的导电性，否则它没有任何用处。通常，电阻器吸收电路中的功率并将大部分转换为热量。因此，电阻器的额定功率是可以安全处理的最大功率，即功率承受能力。对于薄膜电阻器，当功率超过限制时将会损坏。

在许多材料中，不管电流的大小和方向如何，电阻器两端所施加的电动势 V 与产生的电流 I 之间存在着比较简单的关系，这样的材料称为欧姆材料，遵循欧姆定律

$$V = IR \tag{7.26}$$

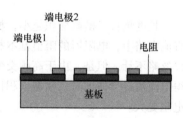

图 7.18　电阻器结构

R 是一个常数，称为电阻，单位为 Ω。图 7.19a 所示为电阻器的电路符号。如图 7.19b 所示，当电阻器串联时，每个电路元件中的电流相同（基尔霍夫电流定律），因此串联时的总电阻为

$$R = \sum R_i = R_1 + R_2 + R_3 {}^{\ominus} \tag{7.27}$$

类似地，如图 7.19 所示，电阻器并联时，有三个电流通路，而三个电阻器两端的电压相同，因此总电流由式（7.28）给出

$$I_t = I_1 + I_2 + I_3 = V_1/R_1 + V_2/R_2 + V_3/R_3 = V_t/R_t \tag{7.28}$$

由于电压相同，式（7.28）简化为

$$1/R_t = 1/R_1 + 1/R_2 + 1/R_3 \tag{7.29}$$

电阻是导体本身的限流特性，在电荷流经导体时，通常以热能和光能的形式将电路中的电能耗散出去。虽然欧姆定律预测 V-I 曲线呈线性关系，但由于导体的发热会改变阻值，从而导致了 V-I 曲线的非线性，这显然与欧姆定律相偏离。因此，欧姆定

$\ominus$　该公式有误，原文为 $R = RI = R_1 + R_2 + R_3$。——译者注

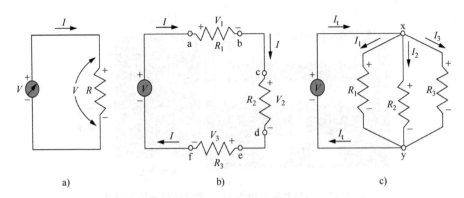

图 7.19　a）电阻器示意图　b）电阻器串联示意图　c）电阻器并联示意图

律仅适用于恒定温度情况。电阻率较小的材料称为良导体（$10^{-6} \sim 10^{-3}\,\Omega \cdot cm$），电阻率较大的材料称为绝缘体（$10^{6} \sim 10^{19}\,\Omega \cdot cm$），介于导体和绝缘体之间的材料被归类为半导体。例如，固体钽电容器中的 MnO_2，其电阻率为 $0.05\,\Omega \cdot cm$，既不是良导体，也不是绝缘体。

电阻取决于导体材料的固有电阻率 ρ 和导体的几何参数，如横截面积 A 和长度 L。电阻的大小定义为

$$R = \rho(L/A) \tag{7.30}$$

长度越长，横截面积越小，材料电阻率越高的导体，电阻也越大。在交流电路和直流电路中，电阻器的阻值基本相同，在不同的电流条件下工作，其电阻值的变化可以忽略不计。但是，由于高频交变电流趋于在导体表面传播，即所谓的趋肤效应，使得电流流经导体的有效横截面积比直流情况下要小，因此在高频下，交流电阻比直流电阻更大。

9. 电流

欧姆定律同样可以用电导率 σ 来表述。对于均匀导体的情况，导体中的电场等于两端所加电压除以导体长度 $E = V/L$。同时，电流密度 J 定义为电流除以面积 $J = I/A$。因此，代入式（7.30）中，欧姆定律 $V = IR$ 表达为

$$E/J = \rho \tag{7.31}$$

电导率 $\sigma(\, = 1/\rho)$，整理方程式得

$$J = (1/\rho)E = \sigma E \tag{7.32}$$

当电荷在强度为 E 的电场中受力流动时，流动电荷产生的电流定义为时间 t 内流过某一点的电荷量 Q

$$I = Q/t \tag{7.33}$$

因此，电流的单位为 C/s，即安培（A）。习惯上将正电荷的流动方向定义为电流的方向。

材料中的电流 I 与原子电荷的属性相关，假设材料中每单位体积有 n 个电荷，每个电荷的电荷量为 q。在电场作用下，电荷开始移动，电荷的平均漂移速度为 v_d，材

料横截面积为 A，在时间 t 内，电荷量为 q 的电荷移动的距离为 x，由

$$Q = (nAx)q \tag{7.34}$$

得到电流为

$$I = Q/t = (nAx)q/t = nAqv_d \tag{7.35}$$

一般情况下漂移速度 v_d 很小。电流密度 J 定义为 I/A

$$J = I/A = nqv_d \tag{7.36}$$

将自由电子的迁移率定义为 μ_e，使 $v_d = \mu_e E$，则式（7.36）可以整理为

$$\frac{J}{E} = \sigma = nq\mu_e \tag{7.37}$$

因此，材料的电导率和电阻率可以通过其载流子密度 n 和自由电子迁移率 μ_e 的乘积来计算，而载流子密度 n 和自由电子迁移率 μ_e 可以通过霍尔效应实验测量，霍尔系数 R_H 满足 $\sigma R_H = \mu_e$。

10. 方阻

薄膜电阻器的电阻与其电阻率 ρ 成正比，与厚度 d 成反比。因此可以很容易地定义一个量，即方阻 R_s，其值等于 ρ/d。由式（7.30）可得

$$R = \rho(L/A) = \rho(L/dw) = (\rho/d)(L/w) = R_s(L/w) \tag{7.38}$$

假设薄膜为二维结构，则方阻 R_s 可以被认为是电阻材料的特性。如图 7.20 所示，电阻器的长宽比（L/W）等于在长度方向上可以划分出边长为 W 的、不重叠的正方形的个数，因此该长宽比也被称为电阻器的"方数"。"方"是一个无量纲的量，方阻 R_s 的量纲为 Ω，由于电阻器的电阻等于方阻乘以方数，因此方阻也常用 $\Omega/\square$ 表示。

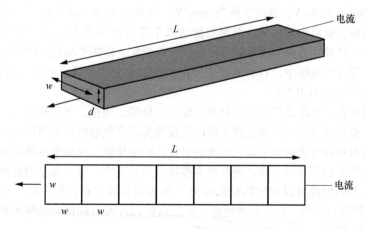

图 7.20 电阻器结构

由于方阻是薄膜材料的一个基本特性，因此在尚未制作电阻器图形时能测量方阻的阻值就显得很重要。通常采用"四探针"方法测试方阻。在这种方法中，四个探针在薄膜表面上沿一条直线等距排列；在外部的两根探针上注入电流（电流由其中一个探针流入，然后通过另一个探针流出），在内部的两根探针上，可以测量出产生的电

压。方阻阻值正比于电压 V 和电流 I 的比值

$$R_s = C(V/I) \tag{7.39}$$

C 是一个比例系数，取决于探针的布局、位置和方向，以及薄膜电阻器的几何参数。相比于薄膜的平面尺寸，探针的间距通常很小，因此可以视薄膜的范围为无限大，且如果在所有方向上薄膜都是无限大，则系数 C 的值等于 $\pi/\ln 2$，或 $C = 4.5324$（对于无限大的薄膜）。

使用四探针方法时，比较方便的做法是将电流值调至等于 C（例如 $4.53\,\mathrm{mA}$），则数值上电压读数就等于方阻阻值。但是，系数 C 应根据衬底的尺寸、探针的位置和衬底的具体情况（例如孔）进行校正。

(1) 电阻的温度系数（TCR） 各种电阻材料的电阻率都随温度而变化，TCR 定义为

$$TCR = (1/R)(dR/dT) \tag{7.40}$$

TCR 的单位为 $\%/℃$ 或者 $\mathrm{ppm}/℃$ 表示。TCR 在电路中非常重要，因为电路温度的变化会导致电路性能非预期地下降。TCR 的值可以是正的，也可以为负，正的 TCR 表示电阻值随温度升高而增大，反之亦然。纯金属的 TCR 值为正，而碳和石墨复合物电阻器的 TCR 值一般为负。电阻器的 TCR 特性对设计者来说非常重要，当电路温度变化使电阻值变化时，要使电路能够容许或补偿这种变化。对于某些电路，如分压器，需要进行 TCR 值的匹配。

(2) 电阻的电压系数（VCR） 电阻值并非总与施加电压无关，而可能随着施加电压的变化而增大或减小

$$VCR = (1/R)(dR/dV) \tag{7.41}$$

VCR 的单位为 $\%/V$，也可变换为 ppm/V。VCR 值的测量非常困难，必须采取适当的预防措施，以免电阻过热，否则测量结果中将包含 TCR 的影响。VCR 值的测量一般利用直流脉冲，其占空比随着电压的增加而变化，以使平均耗散功率为一个恒定值。在实际厚度的薄膜中，VCR 并非主导因素，因为它的量级一般只有 $5\,\mathrm{ppm}/V$，通常小于发热产生的 TCR 影响。

电阻器应用。电阻器广泛用于偏置、分压、反馈、端接、下拉和上拉、传感、延迟和定时。偏压或分压电阻器是将工作电压设置为两个供电电压之间的某点电压，分压器可以通过选择合理的电阻器之比来获得特定的电压值。反馈电阻器通过减小与输入信号相关的输出信号的大小，提高放大器增益的稳定性。对于简单的高增益运算放大器，放大器的增益可以通过调整总电阻（输入和反馈之和，$R_1 + R_2$）与输入电阻（R_1）的比值进行控制。对于高频增益，正是这些元件的阻抗比值实现了其控制，电阻器可以用电阻器和电容器的组合来代替。

具有低损耗长传输线的高速数字系统（$>200\mathrm{MHz}$）需要端接电阻器，端接电阻的目的是与信号源端进行阻抗匹配，以消除信号反射。这在数字电路中非常重要，数字电路中的方波边沿会产生若干的高频 RF 噪声脉冲，这些噪声脉冲会随着母线信号出现在整个电路中。此外，阻抗匹配不仅可以减小噪声，而且能使功率的传输效率最大化。在几乎所有的功率电路中都可以找到传感电阻，这种低阻值的电阻器可以产生

与流经电流成比例的电压信号。如果需要串联和并联端接，则每个长信号线需要用到两个电阻器。

典型的高速数字封装中，需要用到与芯片 I/O 数量相同的端接电阻器，这个数量可以用 Rent 定律来计算。此外，端接电阻器要求具有较低的寄生效应。

11. 电阻器类型

(1) 分立电阻器　分立电阻器有几种常见形式，如绕线电阻器是由细导线绕组构成；常用于消费电子设备中的膜电阻器是在衬底上的沉积碳或金属膜；碳复合电阻器是用碳粉与聚合物黏结剂混合的。这些不同类型材料适用于表面安装器件。

模压碳复合电阻器由一个电阻元件构成，该电阻元件是在加热和压力条件下，由石墨粉和二氧化硅通过黏结剂制成的混合物，较高的石墨含量可获得较低的电阻值，市场上可买到的电阻器阻值范围为 $10 \sim 10^8\Omega$。

金属膜电阻器具有较低的电阻温度系数、较好的可靠性和准确度。绕线电阻器是使用镍铬等电阻合金线缠绕在绝缘体上，并将其插入陶瓷壳中制成的。半可调电阻器是绕线电阻器，根据不同的电阻值具有不同选项。

(2) 膜电阻器　膜电阻器分为厚膜电阻器和薄膜电阻器，是将浆料或膜涂覆于两个导电焊盘之间的表面上。膜电阻器的规格基本可以通过选择材料体系来实现，如方阻范围 $5 \sim 50\Omega/\square$、$500 \sim 1000\Omega/\square$ 和 $5 \sim 20k\Omega/\square$ 的材料体系，电阻温度系数（TCR）约为 $\pm 50ppm/℃$。除材料外，还存在着工艺集成的挑战，例如大规模生产和生产的可重复性、产量、材料稳定性、沉积薄膜的长度和宽度以及厚度的变化、接触电阻、均匀衬底以降低干扰、调阻，以及低成本生产工艺的开发。

对于厚膜电阻器，通常使用丝网印刷的导电聚合材料。环氧基厚膜材料的电阻率很高，但容差大，特别是随时间的稳定性差。厚膜电阻器不能很好地控制电阻率和厚度公差，通常采用激光缩窄或延长电阻路径的方法，以增加电阻至所需值。厚膜材料方阻的阻值范围宽，在 $100 \sim 1000000\Omega/\square$ 之间。

薄膜电阻器的材料是采用溅射或化学镀工艺实现，溅射薄膜是基于 CrSi、TaN、TaSi 材料体系，稳定性好，但电阻率低，容差也不是很好，薄膜电阻材料的方阻在 $25 \sim 100\Omega/\square$ 之间，$10000\Omega/\square$ 的材料正在开发中。

化学镀技术被广泛用于在印制电路板和硅基板上沉积电感线圈和电阻层。Ohmega 科技公司多年来一直在销售各种有机基板上的 Ni-P 电阻材料，市面上可买到这些材料的方阻为 25、50、100 和 $250\Omega/\square$。

7.2.2　术语

有源器件：基于可控电信号以改变其基本特性（如整流、放大、开关等）的电子器件，如晶体管、二极管、电子管、晶闸管等，这些器件的运行需要外接电源。

有源修调：在电路通电时，对直接制作在混合集成或多芯片组件基板上的元件（如电阻器）进行修调的工艺。通常使用激光进行修调。

带宽：通过传输线能够可靠传输的最大脉冲速率或频率。对数据总线而言，带宽通常用于描述最大数据速率，即单线路脉冲速率乘以并行总线的位数。

电容：储存电荷的静电元件。封装系统中，在集中等效电路里用于表示线不连续的部分。在分布式系统中表示传输线的静电储存特性。由于电容器能根据电压的变化而传输电流，故可用于功率系统的滤波。

陶瓷：无机非金属材料，如氧化铝、氧化铍或玻璃陶瓷，其最终特性由高温处理后得到。常用于制作半导体芯片封装中的陶瓷基板。

化学气相沉积（CVD）：通过降低易挥发化学物质的气相，从而在基板接触表面进行化学反应沉积电路元件。

热膨胀系数（CTE）：温度变化引起的单位起始长度变化与温度变化之比，通常用 cm/℃ 表示。常缩写为 TCE 或 CTE。

共烧：同时焙烧厚膜导体和绝缘介质以形成多层结构的一种加工工艺。

耦合电容器：电子电路中，阻断直流信号而允许高频交流信号传输的电容器。

去耦电容器：功率系统中用于滤除瞬态信号的旁路电容器。

绝缘介质：不导电的材料，常用于制作电容器、导体绝缘层（如在跨接和多层电路中），以及电路包封。

介电常数：当绝缘材料用作电容器介质时，描述这种材料储存电荷的能力。它等于电容器在真空中储存电荷与有介质时储存电荷之比。

介质层：①用于隔离两个导电层的绝缘层；②用于改进 MCM-D 基板性能的绝缘层。

介电损耗：由于抗拒交变电场产生的分子运动，介质内的分子摩擦所消耗的能量。

数字模块：处理大型数字数据的模块，常用于计算或数据处理。

电极：连接电介质、半导体或电解液导电表面，以允许电流进出，且保持指定电压的导电介质。

嵌入式无源元件：作为基板组成部分的无源元件。

铁电材料：在电场消失后，表现出介电回滞或剩磁特性的介质。介电回滞与铁磁材料类似。

铁氧体：以氧化铁为主要成分的氧化物混合物，常用作铁磁材料。

铁磁材料：当外加磁场去掉后，表现出剩磁现象的材料。

玻璃陶瓷：通过陶瓷晶体与玻璃混合烧结控制玻璃结晶而制备的无机非金属材料。

阻抗：在电路中，阻性、容性或感性元件（或非理想元件）对电流所起的阻碍作用。

电感：储存磁力线的电磁元件。封装系统中，在集中等效电路里表示为线连续的部分；在分布式系统中，同样表示为传输线的电磁储存特性。由于电流变化时，它会产生反向电压，故引起封装 ΔI 噪声。

集成无源元件：集成到单个器件中的多个无源元件。

集成稳压器：在接近负载处功率转换或电压调节的模块，常用于处理器封装中。

多芯片组件（MCM）：能够在单一封装中支持多个芯片的组件或封装，大部分多芯片封装采用陶瓷制成。

组件：为具备某种功能而设计的一组有源器件和无源元件。

多芯片封装：具有多个芯片并通过数层导电图形将它们互连的电子封装。每一层之间都由绝缘层隔开，并采用微通孔实现互连。

多层陶瓷（MLC）：由通过微通孔互连的多层金属和陶瓷构成的陶瓷基板。

无源元件：无需外接电源即可工作的电子元件，可以传输、过滤、储存和释放能量，但不能放大和增益。

磁导率：随磁场变化而增加磁通量的能力。

镀：电镀或化学镀的简称，将来自电解槽或化学槽中的金属镀覆到塑料或其他表面上。

功率模块：将功率从一种形式或电平转换成另一种形式或电平的模块，通常是高压转换成低压，反之亦然。

电阻：通过耗散能量（如热能）而阻碍电流流动的导体特性。在封装中，它会导致信号和功率分配系统产生电压降和电流损耗。

射频模块：具有发送或接收电磁信号能力的模块。

溅射：用等离子体提供带能量的离子轰击靶材，以搬移原子。溅射工艺可用于各种薄膜的沉积。

表面安装器件（SMD）：采用表面安装技术的封装元器件。

钽电容器：部分钽粉烧结熔融以充当电极来储存电荷的一种电容器。

厚膜工艺：用于制造混合集成电路和多芯片组件的工艺，在这种组件或电路中，采用丝网印刷或层压将导电层和介质层制作在基板上。

薄膜工艺：采用物理气相沉积、化学气相沉积或电镀等技术，沉积原子或分子尺度材料以生长膜层的工艺。

薄膜布线：用于制造混合集成电路和多芯片组件的工艺，在这种工艺中，采用光刻技术制备导电层和介质层。

沟槽式电容器：在电极上制备深槽或竖向通道而制作的电容器。

电压调节模块：保持输出电压恒定的模块。

7.3　无源元件技术

无源元件可分为分立元件、集成无源元件（Integrated Passive Devices，IPD）和嵌入式无源元件。通常，无源元件被制作成分立元件，而性能和微型化最终导致它们向 IPD 和嵌入式无源元件演进，如图 7.21 所示，下面进一步详细讨论。

7.3.1　分立无源元件

分立无源元件是单独制造，带有包封和引脚，采用表面安装技术装配在封装或电路板上的单个元件。由于无源元件的数量在电路中占主导，因此与这些元件相关的成本会对系统的总成本产生非常大的影响。

从电路角度看，减小无源元件的尺寸可以将电路集成到更小的面积上，但这同时

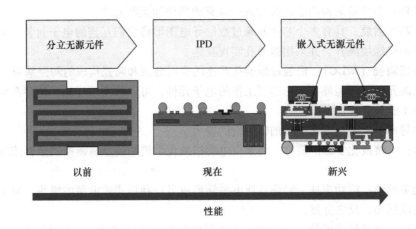

图 7.21　无源元件由分立到阵列和集成无源元件（IPD）的演进

增加了元件装配的成本。对于 0805 及以上尺寸的片式元件，机械装配的准确度很好，但对于 0603 及以下尺寸的元件就有了限制。0603 尺寸的元件装配可以使用机械对准的方式进行准确度控制，但是使用光学对准会更好。0402 尺寸的元件装配需要比 0603 尺寸的光学对准准确度要高一些，0201 尺寸的要求则更高。这种准确度要求的提高，大大增加了用于元件拾取和放置的机械设备的成本，装配厂对这些设备在一定年限内平摊成本，计算出设备的最大使用量，从而核算出每装配一个元件的成本。随着元件尺寸的逐步缩小，取放设备需要不断改进，或者需要购置新的设备。据估计，装配一个元件的成本从平均每个端电极约 0.02 美元升至 0.08 美元。如果装配一个元件的成本从 0.01 美元增加到 0.08 美元，那么通过减小元件尺寸使元件成本降低到每个 0.002 美元就没有太大意义了。

7.3.2　集成无源元件

通过在一个器件中集成多个无源元件，可以避免取放以及其他路由问题带来的障碍。它们称为集成无源元件（IPD），通常也被称为无源阵列或无源网络。图 7.21 所示为表面安装分立元件向单面 IPD、双面 IPD（也称为 3D IPD）的演进。IPD 可以由表面安装元件或嵌入式薄膜无源元件组成。这些将在随后的小节中讨论。

IPD 由在同一个基板上制作并互连的多个无源元件组成，与 SMD 元件相比，它们体积较小，可以安装在更靠近 IC 的地方。

1. IPD 阵列-众多相同的无源元件

对于多个数据线需要阻抗匹配的场合，可以在一个器件或封装中集成多个端接电阻器是非常理想的，这种 IPD 在很多数字电路设计中都得到了应用。电阻器最广泛应用之一是阻抗匹配，而由于印制板上的数据线是并行分布的，因此多阵列结构很适合这种应用。

电容器阵列很快也随之出现。最初，陶瓷封装尺寸很大，需要仔细考虑布局，但是目前 SMT 阵列封装已经很常见，在 1206 尺寸内有 4 对引脚（共 8 个），这个器件实际上是由 4 个独立的电容器封装在一起的，在 0805 尺寸封装内同样也可以集成 3 或 4 个电容器。因此，对于并行数据线，这种阵列电容器为阻抗匹配和高通滤波电路提供了一个很好的解决方案。

电容器最广泛应用之一是去耦，但是阵列结构不适用于这种应用。阵列要求多个元件采用相同的介质材料，这就造成同一封装内不同电容器之间信号的串扰，这种串扰给静态的信号线引入了噪声。而且，去耦电容器在印制电路板上是分散排布的，要求离器件尽量近以减小寄生效应，而如果将多个电容器封装在一起就无法满足这个要求，因为用长线连接电容器的同时也会引入较大的电感和电阻。

2. IPD 网络-众多不同的无源元件

多无源元件封装的另一个发展是在同一个封装中集成不同类型的无源元件。这些元件可以共存在一个薄膜、陶瓷或硅基板上，而且可以包含至少两种类型的无源元件。典型的设计是用于滤波和阻抗匹配的 RC 电路，用于滤波和定时的 RLC 电路，以及用于延迟线的 LC 电路。

对于采用陶瓷作为介质材料的陶瓷基板，可以在基板上制备多个同值或不同值的电容器，通过基板上印刷或溅射金属连线，可将每个独立元件和整个电路连接起来。在并行 I/O 端口的应用中，可以使用单个集成元件（在硅基板上高密度地装配大量 RLC 元件）替代多个分立元件。

3. 双面或 3D IPD

3D IPD 在基板双面都有薄膜无源元件，这些无源元件通过基板上的通孔进行互连。它们被认为是无源元件发展的下一个重大突破。如图 7.22 所示，RTI 展示了分布在硅基板双面并通过 TSV 互连的 IPD。图 7.22 所示的器件是制作在硅基板双面，并通过通孔互连的 3D 结构电感器。飞思卡尔半导体公司开发了一种在硅晶圆双面制作无源元件，并与第二张硅晶圆键合的技术。这方面的一个实例是在一张硅晶圆双面分别制作谐波滤波器和 RF 耦合器，并通过 TSV 互连，然后再与第二张硅晶圆键合。

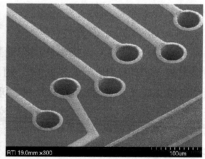

图 7.22　IPD 示例：基于 TSV 的 3D 电感器（由 RTI 公司提供）

玻璃具有损耗低、尺寸稳定性高、CTE 系数与低 CTE 模块基板匹配等优点，是制作 3D IPD 无源元件的理想基板。如图 7.23 所示为基于 3D IPD 技术的双工器。

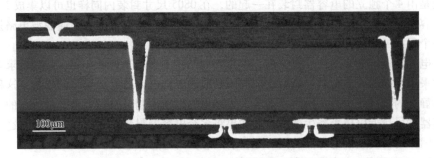

图 7.23　玻璃基板上 3D IPD 双工器（由佐治亚理工学院 PRC 提供）

7.3.3　嵌入式分立无源元件

　　把预先制造和测试的无源元件嵌入层压板或积成层中。这种方法是先在基板中制作腔体，之后将预先制造和测试的元件装配入基板腔体中，整平化处理并互连。还有一种方法是先将元件预装配，然后采用聚合物介质模压成型并互连。这些方法将在第9 章中详细讨论。嵌入式模块的应用将在本章第 7.4 节讨论。

7.3.4　嵌入式薄膜无源元件

　　嵌入式薄膜元件可以作为晶圆、封装或印制电路板制造工艺的一部分，制作在封装的积成层或再分布层中。在封装中以薄膜元件的方式集成无源元件可以显著实现微型化，而且芯片与封装之间的短线互连可提高电气性能。同时，这种方式还可以节省封装成本，降低功率损耗，缩小体积，减轻重量以及减小外形尺寸。分立式表面安装无源元件（电阻器、电容器和电感器）已经具备良好的基础，而用于集成的嵌入式无源元件的开发相对较新。由于成品率和容差等相关制造问题，嵌入式无源元件只取得了有限的突破。嵌入式无源元件的可返工性非常有限，如果要将所有嵌入式无源元件集成在同一基板上，则它们的制造顺序必须相互兼容。电容器与电阻器或电感器的集成也会带来许多制造和兼容性问题。

　　1. LTCC- 嵌入式无源元件

　　低温共烧陶瓷（LTCC）技术使用陶瓷基板来制造复杂的3D 多层电路，无源元件以薄层形式嵌入 LTCC RF 模块基板中。随着先进薄膜高精密图形、高精度线圈，以及引出端制备工艺等技术的发展，这种玻璃-陶瓷基板具有信号损耗低，在频率、温湿度变化下机械和电气性能稳定，气密性较好，CTE 较低和可靠性高，铜布线加工较容易等特点。在介电常数为 5~50 的 LTCC 基板中，滤波器设计会占用很多层，有时甚至多达 15 层。

　　2. 有机基板- 嵌入式无源元件

　　由于无源元件对降低厚度、成本和层数的需求，推动了在多层有机基板中集成元件以制作滤波器的技术发展。可以看到，在某些容差并不重要的场合，已经在有机层压基板中使用了嵌入式薄膜无源元件（如射频电容器和电感器）。

在过去的 20 年里，高密度电容器的嵌入集成一直是一些科研和工业团队所追求的挑战。大多数高介电常数的介质材料都是陶瓷基的，而封装大多采用低成本的大面积有机基板技术。高分子聚合物膜比较适用于电容器的集成，但是它的介电常数太低，市场上在售的聚合物膜通常是掺入具有较高介电常数的陶瓷材料来进行改进的。通过将可加工聚合物与精细（$<1\mu m$）陶瓷粉相结合，形成聚合物-陶瓷纳米复合材料，其典型介电常数为 $10 \sim 100$，电容密度为 $40 \sim 1000 pF/mm^2$。

在 $10 \sim 20 GHz$ 情况下，陶瓷薄膜是制作电容密度可高达 $50 nF/mm^2$ 的理想材料。封装-嵌入式高 k 薄膜电容器可以取代电路板上的多个表面安装式去耦电容器，对系统微型化具有极大的作用。本节简要回顾嵌入式高 k 薄膜电容器的研究进展。

高 k 薄膜电容器采用 $100 \sim 1000 nm$ 厚的钙钛矿复合氧化物材料 [如 $BaTiO_3$、（BaSr）TiO_3 和 Pb（ZrTi）O_3 等] 作为绝缘介质，为使这些材料完全晶化，加工温度需要高于 650℃，因此这种电容器仅适用于硅或其他无机衬底。为了在有机衬底上获得高质量的钛酸钡薄膜，需要先将钛酸钡薄膜沉积在独立的铜膜上，并以铜膜为衬底在高温下预结晶，最后叠层在封装上。

当前的主要工作集中在如何将液热结晶工艺的结晶温度降低至 95℃ 以下。图 7.24 所示为采用液热结晶工艺生长制备高 k 钛酸钡薄膜的 SEM 图。

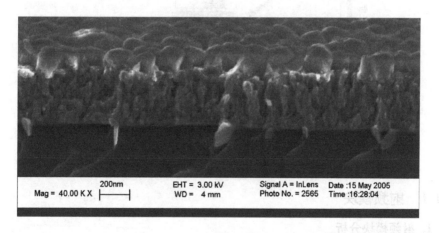

图7.24 采用液热结晶工艺的嵌入式薄膜电容器封装（由佐治亚理工学院 PRC 提供）

3. 嵌入式片上元件

晶圆级封装为嵌入无源元件提供了独特的发展机会。最初，低温多层薄膜技术是在有源晶圆上为了将高密度 IC 技术和基板技术进行结合而发展起来的，后来这项技术被推广到了集成无源元件，如金属-绝缘体-金属电容器。另一个重要推广是采用厚铜布线和与硅基板有足够距离的厚聚合物层，制备高 Q 值的片上电感器。由于这种片上电感器的串联电阻低、并联电容高、谐振频率高，所以损耗低。以压控振荡器（Voltage Controlled Oscillator，VCO）和低噪声放大器（Low Nose Amplifier，LNA）为代表的片上薄膜无源元件技术已广泛地应用于射频前端。

7.4 **无源和有源功能模块**

单独制作的有源器件和无源元件可以组合成具有各种功能的功能模块。通常，各种器件和元件之间的互连长度会限制模块的性能，同时由于无源元件的最终目的是配合有源器件使用，以提供各种模块功能，因此，不仅要采用具有优异性能和可加工性的先进薄膜技术使无源元件微型化，更重要的是还要通过超薄基板和互连技术，将它们与有源器件进行高密度集成。先进的元件集成技术的主要驱动力是通过采用更紧密的元件间距以达到更高的元件密度，从而使二维互连长度缩短。同时，嵌入式有源或无源器件可通过器件之间的 3D 或垂直互连，进一步减小互连长度，这种演进过程如图 7.25 所示。本节将描述基于无源和有源器件的数字、射频和功率模块，这些功能模块从最初的分立模块到嵌入式模块，以及高度集成的 3D 模块。

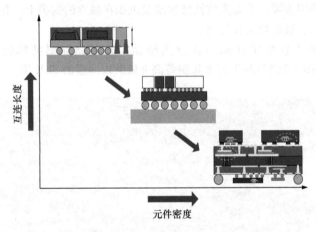

图 7.25　数字、射频和功率模块从分立到嵌入式的发展

7.4.1　射频模块

1. 射频模块分析

射频前端模块包括天线、开关和双工器，以及低噪声放大器和功率放大器，如图 7.26 所示。通常，有源器件是基于支持单功能（如功率放大器）或双功能（如 LNA + 开关）的 CMOS-Si 或 GaAs 器件，有些情况下也包括用于匹配网络的片上无源集成元件。高通公司的 AR9280 和博通公司的 BCM4322 是基于单片 SOC 的射频前端解决方案，它们将低功耗 PA 和 LNA 集成在具有基带功能的硅片上。此外，还须使用一些无源元件来配合有源器件，如传输线、匹配网络、耦合器、滤波器、双工器和电磁屏蔽罩等。

射频模块微型化的最重要挑战是实现无源元件的高性能和微型化，比电感、比电容和方阻的典型要求分别为 $10 \sim 20 \mathrm{nH/mm^2}$，$20 \sim 500 \mathrm{pF/mm^2}$ 和 $5 \sim 50 \Omega/\square$。在射频

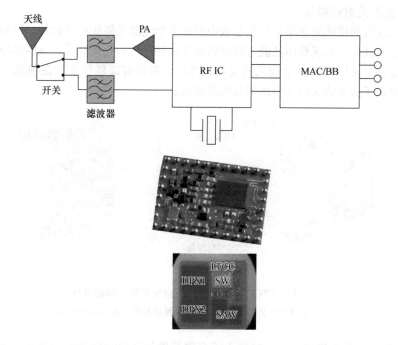

图 7.26　射频模块分析（由村田制作所提供）

应用中，要求无源元件应严格控制公差。无源和有源集成由传统的分立模块组装，已逐渐过渡到嵌入式和 3D 模块集成。

　　传统上，分立式射频模块的封装技术是随着低温共烧陶瓷基板技术共同发展的，而基于成本和多层精密布线（可以带来更高的元件密度）等方面的考虑，该技术最终过渡到有机层压封装。在智能手机中，同时存在着 LTCC 和有机层压基板。由于 LTCC 的优越性能，如低介电损耗、低吸湿性、基于陶瓷气密的高可靠性、高温稳定性以及构造 3D 多层电路的能力，使基于低温共烧陶瓷（LTCC）的分立元件具有最佳的 RF 性能，因此也最为常见。但是，由于这些元件的厚度通常为 0.125 ~ 0.5mm，因此会导致功能模块的厚度超过 1mm。Murata 和 TDK 等元件领导者推出了嵌入高度仅为 0.25mm 的超薄型元件。除了出色的性能外，这些元件的尺寸通常为 0.65mm × 0.50mm × 0.25mm，比以前的 LTCC 元件产品（1.0mm × 0.5mm × 0.35mm）明显更小、更薄。高性能无源元件也是由独立封装，并且组装在封装或板上的声表面波（SAW）或者体声波（BAW）元件构成的。

　　与之相竞争地，现在一些功能模块（通常基板芯层每一面都有两层金属化）也在首选低损耗的有机基板。对于分立式 RF 模块，每个单独的元器件（如有源器件或无源元件）都以最短距离和最高密度进行平行装配。为适应不断增长的元器件密度，互连技术正在从引线键合过渡到倒装芯片，再到微焊凸点，微焊凸点高度为 80μm 或更高的元器件可以通过回流焊接进行装配，而封装好的器件采用 BGA（球栅阵列）焊接装配在板上。

2. 嵌入式射频模块

嵌入式射频模块是在单个封装基板中制作多个无源元件或有源器件，以减小互连长度和寄生效应，系统整体性能可以得到显著改善。这一趋势开始于 RF-LTCC 基板，这种多层基板可以提供多个嵌入式无源元件层，射频有源器件装配在顶部。图 7.27所示为集成了嵌入式无源元件的射频模块基板。

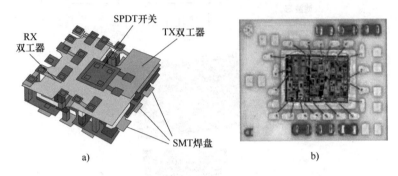

图 7.27　LTCC 基板中嵌入平面双工器的射频模块
a）布局（由 EPCOS 公司提供）　b）装配模块基板（由 Avago 公司提供）

3D 或垂直互连将进一步缩短嵌入式有源器件与其他元件之间的互连长度，从而推动了嵌入式芯片封装结构（芯片朝上或朝下）的发展。封装寄生效应的最小化可以减少插损，并改善信号完整性。通过诸如 FO-WLP（扇出型晶圆级封装）或嵌入层压基板等技术可以实现元器件的嵌入，被嵌入的器件主要是有源器件，但也可以是分立的无源元件，这些无源元件可以采用薄膜工艺集成到封装的积成层或再分布层（RDL）中，从而进一步实现微型化，并改善电气性能。如图 7.28 所示，在低损耗液晶基有机基板中嵌入薄膜无源元件。RF 基板前沿产品的线宽和线间距接近 15 ~ 20μm，通孔为 100μm。

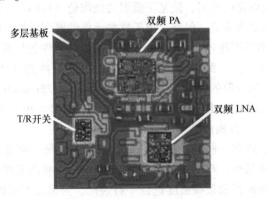

图 7.28　在 LCP 基板上嵌入无源元件和表面安装有源器件
的 WLAN 模块（由佐治亚理工学院 PRC 提供）

7.4.2　功率模块

功率模块用于将电源电压转换为负载电压。例如，逆变器将直流电转换成传动系统所需的高频高压交流电；降压变换器将电池电压降低至负载（如微处理器）可接受的较低电压；升压变换器将电池电压升高到磁盘驱动器所需的更高电压。

1. 功率模块分析

功率模块包括微控制器、驱动器、开关（通常为 MOSFET）、输入和输出端电容器 C，以及输出端电感器 L。电感器和电容器等无源元件是决定稳压器尺寸和性能的关键储能元件。电容范围通常为 $0.1 \sim 1\mu F$，电感范围为 $0.01 \sim 1\mu H$。图 7.29a 所示为低功率模块的组成，图 7.29b 所示为基于单个 IC（集成了开关和驱动器）的低功率模块。

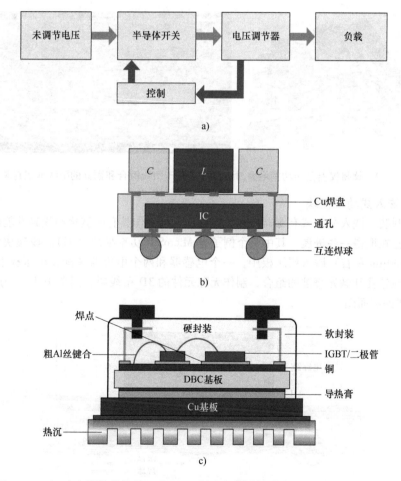

图 7.29　a）功率模块的简单组成　b）低功率模块结构（由德州仪器公司提供）
c）高功率模块结构（由 Yole 提供）

　　基于单一封装的功率级模块解决方案是将驱动器、控制器和无源元件集成在同一封装中。同时，对于图 7.29c 所示的大功率模块，开关需要与驱动器和微控制器分开封装，将开关装配到具有铜金属化的高温陶瓷（DBC）基板上，然后再使用焊料将其焊接到铜底板上，铜底板背面粘接水冷散热器。

2. 分立式功率模块

　　通常，功率模块是采用引线键合将芯片连接到引线框架上，无源元件和其他辅助电路采用独立封装形式装配在电路板上，增加了实际尺寸。在这种方法中，由于长线互连和引线键合产生的寄生效应，降低了电性能。而采用芯片堆叠方式，寄生效应和封装尺寸都会大大减小。如图 7.30 所示，中间铜夹既是作为上层和下层 MOSFET 的机械支撑，同时还提供电气连接，接地端连接到封装裸露焊盘上，以最低热阻路径将热量传输到板子上。

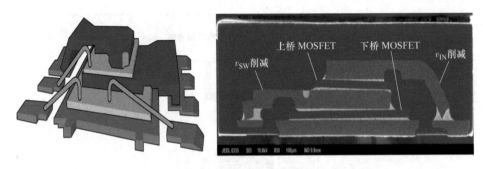

图 7.30　德州仪器公司功率堆叠封装技术（基于引线键合和铜夹的引线框架封装）

3. 嵌入式功率模块

　　在封装中嵌入分立式有源器件和无源元件，以制作具有微型化和优异性能的集成模块，正在取得一些进展，其中一个例子是 MicroSIP 功率模块（TI）。该模块将芯片（厚度 130μm 左右）嵌入层压板中，一个电感器和两个电容器装配在层压板上表面，采用机械钻孔和激光烧蚀的组合，制作无源元件的 3D 布线层。图 7.31 所示为 MicroSIP 模块的剖面图。

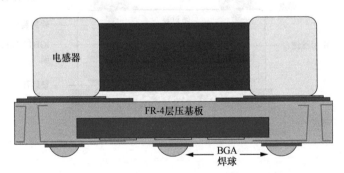

图 7.31　MicroSIP 嵌入式功率变换器模块的剖面图（由德州仪器公司提供）

　　从图 7.31 可以看出，SMD 元件决定了 MicroSIP 模块的高度。

　　基于这种方法，还可以通过嵌入更多的芯片来增加功能。例如 TDK 的 SESUB 技术，它是在基板中嵌入半导体器件的典型代表。它可以在基板中嵌入 $50\mu m$ 厚的超薄芯片，采用铜片散热和电磁屏蔽处理，可以帮助改善热性能和电磁屏蔽性能。其中，热性能的改善是由于 IC 嵌入在采用铜互连的层压板中，而图案化的铜互连线可以帮助散热，无源元件以贴片形式装配在基板上表面。SESUB 技术可将模块尺寸减小45%。图 7.32 所示为 TDK 公司基于 SESUB 技术的电源管理单元（Power Management Unit，PMU）模块，它将无源元件集成到基板中，进一步实现了微型化，并提高了性能。

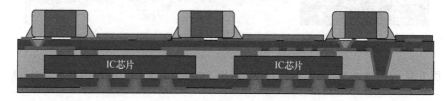

图 7.32　硅基嵌入式功率模块（由 TDK 公司提供）

　　如图 7.33 所示，功率模块也可以采用将电感器嵌入基板，并将 IC 装配在基板表面的方法。这种方法不需要在表面安装功率电感器，而功率电感器通常是系统中最大的元件。采用这种嵌入式结构，IC 可以直接安装在功率电感器的正上方，这样互连长度最小，相应地辐射噪声泄漏也较低。除了更好的 EMI 噪声抑制和更小的尺寸之外，在输入电压为 2.7 ~ 5.5V、体积为 $60mm^3$（$5.7mm \times 5.0mm \times 2.1mm$）左右的情况下，还可以提供高达 3A 的电流传输。

图 7.33　嵌入铁氧体的 μDC-DC 变换器（由村田制作所提供）

　　对于大功率应用场合，开关需要直接连接到散热片上，如图 7.34 所示，将芯片连接到散热片的最常见方法是采用焊接工艺。为解决焊料的局限性，还可采用银烧结进行互连。嵌入式芯片还可与铜塞或 AlN 板进行集成，提高功耗处理能力。基于嵌入式多芯片封装或扇出型晶圆级封装的封装集成模块，可以在高功率密度下，实现微型化和高性能。

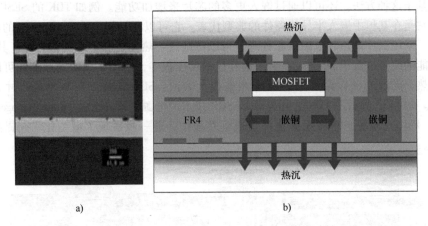

a)   b)

图 7.34　a）嵌入 MOSFET　b）封装内芯片（由弗劳恩霍夫应用研究促进协会提供）

7.4.3　电压调节器功率模块

为使数字模块中的处理器等 IC 可以正常工作，需要对电平进行精确控制。一个典型的系统中，需要为不同的这一类有源器件提供多个电平（见图 7.35）。稳定的电压对 IC 正常工作很重要，而精密的电源管理需求需要为每个不同的微处理器配备单独的电压调节器。电压调节器最常采用基于储能元件（电感器和电容器）的开关稳压拓扑，因为这种拓扑具有较高的功率转换效率和功率处理能力。

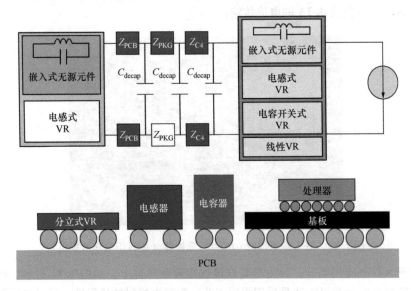

图 7.35　功率模块在数字中的应用

由于互连阻抗的影响，有源集成电路中的高频开关会产生较大的尖峰电压，而供电线上电压的剧烈变化会导致晶体管的开关错误。去耦电容器可以在电压下降时提供电荷，在出现尖峰时吸收电荷，这样可以让波动趋于平缓，并使穿过功率地的电压保持稳定。因此这些元件本质上是提供这个位置所需功率的电荷储存库。

1. 分立式电压调节器和去耦电容器

分立式电压调节器，即采用分立元件在基板上装配，它仅适用于开关频率高达 1~10MHz 情况时的稳压。为了在更高的开关频率下工作，在供电网络中使用了去耦电容器，它可以减小尖峰电压的幅度，并保持供电稳定。互连寄生效应取决于这些去耦电容器相对于芯片的位置，同时互连寄生效应也决定了这些去耦电容器的工作频率。例如，与电容器与芯片分别安装基板的两面（Land- Side Capacitor，LSC）相比，电容器与芯片装配在基板同一面（Die- Side Capacitor，DSC）具有更高的寄生效应。

DSC 去耦电容器用于消除低频噪声谐波，它放置在 PCB 板上靠近电压调节器模块（Voltage Regulator Module，VRM）。英特尔高频微处理器封装背面装配了 LSC 去耦电容器，而处理器装配在正面，这种 LSC 去耦电容器适用于高频情况，并靠近有源 IC 放置，从而可以在宽频带范围内保持电压稳定。

2. 嵌入式封装集成电压调节器和去耦电容器

推出集成电压调节器（Integrated Voltage Regulator，IVR）是为了提高性能，实现微型化和降低成本。集成电压调节器（IVR）是在同一个微处理器封装中集成功率 MOSFET、控制电路和无源元件。其中电容器采用片上 MIM 或超薄 MLCC 电容器；在 BGA 封装的底层上，可以制作空心或磁心电感器。由于使用的是非磁性（聚合物）磁心，所以采用这种工艺的电感较低（约 2nH）。

集成电压调节器（IVR）降低了由于长线互连而产生的寄生效应，因此它们可以提供更快的响应和更好的供电。它可以在更高的频率下工作，从而减小功率元器件的尺寸。然而，众所周知，IVR 会增加工艺复杂度和芯片成本。图 7.36b 所示为另一种提高功率模块性能的方法，它采用嵌入式分立电容器，缩短互连路径，从而降低寄生效应，并提高高频性能。

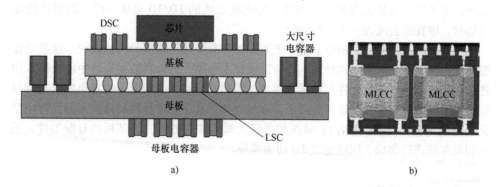

图 7.36 功率模块基板

a）表面安装分立电容器（由英特尔提供） b）嵌入式分立电容器（由 Unimicron 公司提供）

3. 功率器件的晶圆级集成

片上电感在硅器件中占据很大空间。利用先进溅射技术制备的片上磁性材料具有优异的磁导率、矫顽性和电流承载能力，可以增加电感密度，并减少电感器占据面积，从而提高性能。先进的薄膜磁控溅射技术（见7.2.1节所述）具有沉积速率高和低应力的特点，再加上多相开关拓扑技术的进步，正在引领集成电压调节器和片上电感器的发展。

片上电压调节器也是采用开关电容拓扑结构。它一般是在芯片上嵌入沟槽式或MIM电容器，因此比传统的变换器（同时采用电容器和电感器来调节电压）要简单，而正因为易于实现，这种调节器受到了广泛关注。同时，由于制作片上电感器仍是一个非常复杂和昂贵的工艺，因此这种调节器对于实现片上功率转换具有非常大的吸引力。硅基IPD一般由沟槽式电容器构成，电容密度高达 $0.6\mu F/mm^2$。

7.5 总结和未来发展趋势

本章首先介绍了无源元件的定义，以及如何与有源器件结合构成功能模块。此外，还解释了无源元件和有源器件的区别。描述了无源元件的主要类别，如电容器、电感器和电阻器，以及控制其特性的基本公式。详细介绍了这些元件的材料和工艺技术。介绍了无源元件的多种类型，如分立无源元件、集成无源元件和嵌入式无源元件，并分别给出了这三类无源元件的实例。本章描述了无源元件微型化的趋势（减小元件尺寸和厚度，提高元件密度，缩小与有源器件的互连距离），以及对IPD或嵌入式元件发展的推进。

虽然已经实现了嵌入式无源元件的实验室原型，但在商业化方面还存在一些尚未解决的问题。由于嵌入式无源元件技术不具备分立无源元件技术的可返工性，因此制造过程中的成品率是一个很大的问题，单一缺陷就可能会导致成百上千的预制件被丢弃。功能模块的设计和可测试性是嵌入式无源元件的另一个主要问题。在验证设计之前，需要较长的设计周期（仿真工具、设计规则检查和迭代），由于缺乏有效的测试程序，电气性能测试也很昂贵。同时，与高度集成的2D/3D模块一样，当器件密度增加时，串扰也会成为一个重要问题。

在本章的最后部分，描述了基于无源元件和有源器件集成的功能模块。这些功能模块分为分立模块和嵌入式模块，并分别通过在功率、射频和数字领域中的应用示例进行了描述。基于无源元件与有源器件集成的功能模块，为低成本的高集成度超薄封装提供了一个机会窗口。这需要两个方面的进步：基于纳米材料的薄膜无源元件小型化（薄膜工艺应与基板兼容）；将这些薄膜无源元件与嵌入先进基板的有源器件，采用超短互连进行集成，构成超微3D功能模块。

7.6 作业题

1. 用以下四种具有不同电阻率的材料制造导线：①镍（ $6.9\times10^{-6}\Omega\cdot cm$ ）；②铜（ $1.724\times10^{-6}\Omega\cdot cm$ ）；③铁（ $9.71\times10^{-6}\Omega\cdot cm$ ）；④铝（ $2.62\times10^{-6}\Omega\cdot cm$ ）。如果导线线号为22（即圆截面积为 $3.355\times10^{-3}cm^2$ ），那么由每种材料制成的导线单位

长度的电阻分别是多少?

2. 将导线并股以增加截面积,那么对于习题 1 中所述的四种类型导线,如果每根都由五股 22 号线构成,那么它们单位长度的电阻分别是多少?

3. 陶瓷电容器由平行板叠层而成,叠层效果与增加平行板的面积相同。假设一个电容器有 40 层,每层面积为 $1cm^2$,介电常数为 4000,介质层厚度为 $10\mu m$,那么电容是多少?如果层数增加到 80 层,那么电容又是多少?

4. 电容器串联就如同面积和介质保持不变的情况下其厚度增加一倍。假设两个相同的 $1\mu F$ 电容器串联放置,那么这一对电容器的电容是多少?同时由于介质厚度决定了电压承受能力,那么串联后电容器的额定电压与每个电容器的额定电压有何关系?

5. 在电路中,对 100nH 的电感器施加 10ns 内从 0 增大到 16A 的电流脉冲。在 $t=0$ 和 $t=10ns$ 时,电感器两端的电压各是多少?

6. 一个陷波滤波器由电容器和电感器串联构成。假设电感为 100nH,电容为 $10\mu F$,并且这些元件不存在寄生效应,那么这组元件的谐振频率是多少?阻抗或导纳是否在此频率达到峰值?如果该电路的电阻为 $10m\Omega$,那么谐振频率下的阻抗是多少?

7. 一个振荡电路由电容器和电感器并联构成。假设该振荡电路中使用与习题 6 相同的电容器和电感器,那么此电路的谐振频率是多少?阻抗或导纳是否在此频率达到峰值?

8. 对于 BUCK 变换器,假设开关频率为 200kHz,输入电压范围为 $3.3V \pm 0.3V$,输出电压为 1.8V,输出电流为 1.5A(最小负载电流为 300mA)。那么当纹波电流为 600mA 时,计算所需的最小电感。

7.7　推荐阅读文献

Goodman, G. "Ceramic capacitor materials." *in* Ceramic Materials for Electronics, R. C. Buchanan, ed. New York: Marcel Dekker, 1986.

Markondeya Raj, P., Sun, T., Jha, G. C., Bhattacharya, S. K., and Tummala, R. R. "Nanogranular magnetic core inductors: Design, fabrication and packaging." *in* Nanopackaging: Nanotechnologies and Electronics Packaging, 2nd ed., J. E. Morris, ed. Springer, 2018.

Raj, P. M., Lee, D. W., Li, L., Wang, S. X., Chakraborti, P., Sharma, H., Jain, S., and Tummala, R. "Embedded Passives." *in* Materials for Advanced Packaging, D. Lu and C. P. Wong, eds. Springer, pp. 537–588, 2016.

Kosow, I. L. *Circuit Analysis*. New York: John Wiley & Sons, 1988.

Levine, S. *Basic Concepts and Passive Components*. Plainview, New York: Electro-Horizons Publications, 1986.

Livingston, J. *Electronic Properties of Engineering Materials*. Chapter 3. New York: John Wiley & Sons, Inc., 1999.

Meeldijk, V. *Electronic Components—Selection and Application Guidelines*. Chapter 2. New York: John Wiley & Sons, Inc., pp. 56–58, 1996.

Maissel, L. and Glang, R., ed. *Handbook of Thin Film Technology*. New York: McGraw-Hill, 1983.

Berry, R. W., Hall, P. M, and Harris, M. T. *Thin Film Technology*. Chapter 7. Princeton: Van Nostrand Co., 1968.

Markondeya Raj, P., Mishra, D., Shipton, E., Sharma, H., and Tummala, R. "Nanomagnetic Structures, Properties, and Applications in Integrated RF and Power Modules and Subsystems." *in* Nanomagnetism, J. Gonzalez, ed. One Central Press, UK; pp. 1–28, 2014.

Klootwijk, J., Jinesh, K., Dekkers, W., Verhoeven, J., Van den Heuvel, F., Kim, H.-D., et al. "Ultrahigh capacitance density for multiple ALD-grown MIM capacitor stacks in 3-D silicon." Electron Device Letters, IEEE, vol. 29, pp. 740–742, 2008.

Tummala, R. R. and Laskar, J. "Gigabit wireless: System-on-a-Package Technology." Proceedings of the IEEE, vol. 92, pp. 376–387, 2004.

P M. Raj, Chakraborti, P., Mishra, D., Sharma, H., Gandhi, S., Sitaraman, S., and Tummala, R. "Nanostructured passive components for power and RF applications." *in* "Nanopackaging: From Nanomaterials to the Atomic Scale." X. Baillin, C. Joachin, and P. Gilles, eds. Proceedings of the 1st International Workshop on Nanopackaging. Springer International Publishing, 2015.

Banerjee, P., Perez, I., Henn-Lecordier, L., Lee, S. B., and Rubloff, G. W. "ALD based Metal-insulator-metal (MIM) Nanocapacitors for Energy Storage." ECS Transactions, vol. 25, pp. 345–353, 2009.

Park, Y. Y., Han, S. H., and Allen, M. G. "Batch-fabricated microinductors with electroplated magnetically anisotropic and laminated alloy cores." IEEE Transactions on Magnetics, vol. 35, pp. 4291–4300, 1999.

Reaney, M. and Iddles, D. "Microwave dielectric ceramics for resonators and filters in mobile phone networks." Journal of the American Ceramic Society, vol. 89, pp. 2063–2072, 2006.

Kim, J., Shenoy, R., Kwan-yu, L., and Kim, J. "High-Q 3D RF solenoid inductors in glass." *in* Radio Frequency Integrated Circuits Symposium, IEEE, pp. 199–200, 2014.

第 8 章

芯片到封装互连和组装基础

Vanessa Smet 博士

美国佐治亚理工学院

Ninad Shahane 博士

美国德州仪器公司

Eric Perfecto 博士

美国格罗方德公司

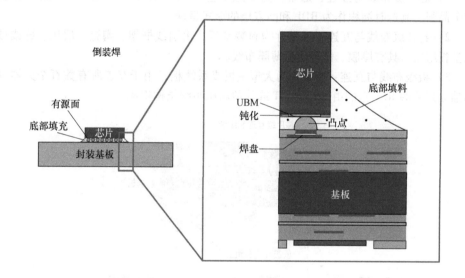

本章主题

- 定义芯片到封装的互连和组装
- 介绍三种类型芯片到封装的互连和组装
- 介绍芯片到封装互连系统的主要技术构成
- 阐述互连和组装技术
- 展望未来发展趋势

8.1 什么是芯片到封装互连和组装，以及为什么要做

互连是指封装两个层面之间的电连接，包含两个层面，即芯片级和板级，如图 8.1 所示。

每个电子系统都包含有许多有源器件和无源元件，有时会超过 100 个。其中，大多数先进有源器件包含数十亿计的晶体管或比特数，需要将它们连接至系统其他部分，例如其他 IC，如高数据速率数字系统的多芯片模块，或者连接无源元件以构成功能电路模块，例如 RF 或电源模块。同时，为使系统正常运行，所有这些 100 个左右的元器件都需要互连、供电、散热和保护。互连所有这些构成系统的元器件所需的布线和 I/O 可以分为三个级别：

1）芯片级布线与互连：通常称为后道工艺（Back-End-Of-Line，BEOL），以在整个晶圆上制造时淀积作为 RDL 和凸点层的形式呈现。

2）封装级布线与互连：通常称为封装基板，由引线框架、陶瓷、层压、硅或玻璃基板组成，具有厚膜、薄膜或超薄膜布线。

3）板级布线与互连：通常称为大型主板或系统板，用于互连所有数百个元器件和独立封装的 IC。它们由 FR-4、BT 或其他层压布线结构组成。

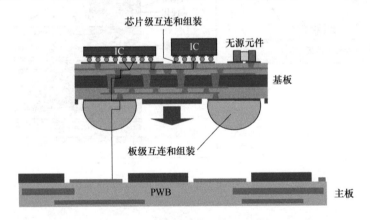

图 8.1 构成电子系统所需的两种互连与组装技术：①芯片与封装基板之间的芯片级；
②封装基板与 PWB 板之间的板级

虽然互连的主要功能是电方面，但是这只能通过具有适当机械、电和化学性能的材料及其加工来实现。三个重要的特性是：①具有所需电、热和机械性能的互连材料；②将这些材料通过工艺形成电接合；③机械方面，例如在接合处由于热膨胀系数（coefficient of thermal expansion，CTE）在 3 ~ 6ppm/K 范围内的有源 IC（例如 Si、GaAs、SiGe、GaN 或 SiC 器件）与热膨胀系数在 3 ~ 17ppm/K 范围内的封装基板和有机板之间的热膨胀失配产生的应力和应变。因此，互连和组装是需要电、机械、热学、材料和工艺技术的一种多学科高度交叉技术。

组装则是在已形成互连的基础上进行的工艺过程，包括两个层级：①芯片和封装

基板之间的芯片级，称为一级互连；②封装基板和 PWB 之间的板级，称为二级互连。这些概念的展示如图 8.1 所示。本章重点阐述芯片级的互连和组装，而板级的互连和组装将在第 16 章介绍。

8.2　互连和组装的剖析

图 8.2 介绍了三种主要类型的芯片级互连和组装的典型剖析结构：即引线键合、载带自动焊（Tape Automated Bonding，TAB）以及倒装焊键合。本章将重点阐述倒装焊技术，同时简要介绍引线键合和 TAB。

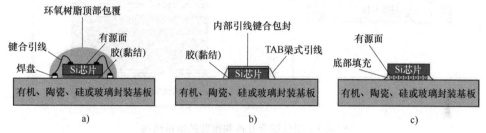

图 8.2　三种类型的互连和装配

a）引线键合　b）载带自动焊（TAB）　c）倒装焊键合

8.2.1　芯片级互连和组装的类型

1. 引线键合：第一种互连和装配技术

引线键合是一种使用细长金属线电连接芯片上每个 I/O 焊盘和基板上相关金属焊盘的互连和装配技术，如图 8.2a 所示。在引线键合中，芯片有源面向上，键合引线通常是 Al、Cu 或 Au。通过热、压力和超声能量的共同作用，这些引线一端冶金粘接到芯片上的键合焊盘，另一端连接到基板上的键合焊盘。之后可以用环氧树脂包封芯片及表面的键合丝，从而保护引线和 IC 免受环境影响。键合引线的直径可以从 15μm 至几百微米不等，具体取决于载流需求。最典型的引线直径为 25μm。大批量生产中有两种主要的引线键合技术，即球焊和楔焊。球焊通常涉及直径较小的 Au 或 Cu 引线，它们是高速或高频信号（高达约 100GHz）传输的理想选择。楔焊多使用较粗的引线或导带，以在电力电子设备中承载大电流。引线键合是一种高度灵活且经济的互连和组装技术，这也是时至今日它仍然是半导体器件封装最主要技术的原因。引线键合组装的剖析结构详见图 8.3。

2. 载带自动焊：第二种互连和装配技术

如图 8.2b 所示，载带自动焊（TAB）互连和组装技术是在柔性聚酰亚胺载带上通过光刻形成的电气布线，一端连接芯片，另一端连接封装或电路板。在组装过程中，芯片有源面向上或向下，通常先使用 Au 或焊料凸点将 IC 上的键合焊盘与载带上的布线接连，之后将载带焊接到基板封装上，从而将芯片电连接至基板。TAB 主要用于低 I/O 数器件的大批量封装，例如 LCD 显示驱动器。TAB 组装的详细剖析结构如图 8.4 所示。

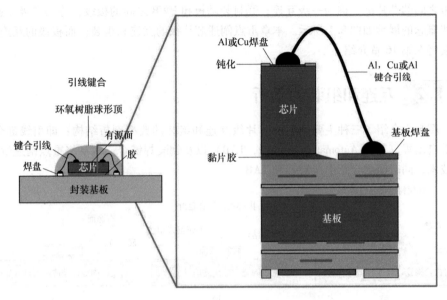

图 8.3　引线键合互连和组装的剖析结构

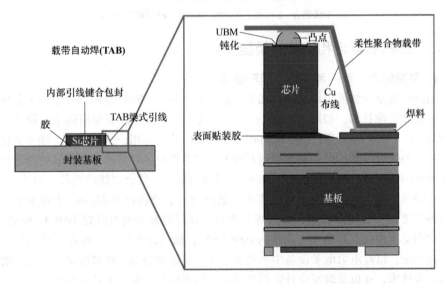

图 8.4　载带自动焊（TAB）互连和组装的剖析结构

3. 倒装焊键合：第三种互连和装配技术

倒装焊键合是一种将 IC 翻转使有源面向下，再通常通过焊料凸点将其电连接至基板的互连和组装技术，如图 8.2c 所示。在倒装焊键合中，芯片有源面向下，朝向基板，基板上焊盘向上，从而使两者之间互连距离最短，使得电阻和电感最低。倒装焊有两种类型技术：①冶金键合，例如使用热和压力的作用实现与焊料的冶金键合；②粘接，使用胶或者膜形式的导电胶进行电连接。对于前者，凸点通常由焊料制成，附着于芯片金属焊盘上，焊料基倒装焊互连是最常用的。与按顺序依次建立互连的引线键合不同，倒装焊技术可以同时建立所有互连。倒装焊键合是目前使用的最先进的互连和装配技术，用于封装具有最多 I/O 数的最先进微处理器。倒装焊装配的详细剖析结构如图 8.5 所示，图 8.6 介绍了三种主要互连技术的各种具体特征。

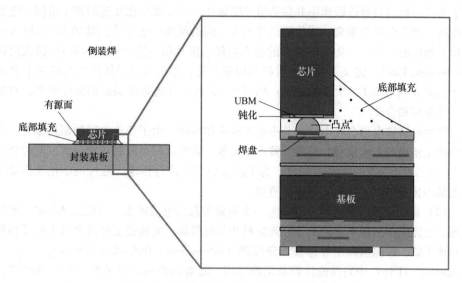

图 8.5　倒装焊键合互连和组装的剖析结构

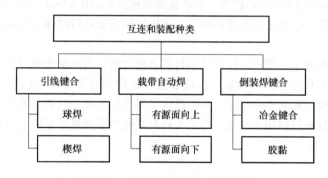

图 8.6　互连和组装技术的子类别

8.2.2　互连和组装基础

互连有四个主要功能：

1）电：为封装系统提供信号和电源分配的路径；

2）机械：提供互连系统的机械可靠性；

3）化学：为脆弱的半导体器件提供环境保护；

4）热：提供传热路径，从而有效地通过基板耗散 IC 产生的热量。

因此，互连在 IC、封装和板级上对系统整体性能起着至关重要的作用，必须仔细设计，从综合材料、几何尺寸、可加工性和可制造性多方面考虑。以下各节将介绍互连系统的设计要素。

1. 电

（1）电阻、电容和电感　这些是任何互连技术的重要属性。为了在低损耗和低功耗下实现最高的信号传输速率并保持信号完整性，需要最小化互连的寄生电阻、电容和电感。寄生电阻会带来：①传输信号上升时间的增加；②互连两端的 DC 压降或传输信号幅度的下降；③焦耳热引起的功率损耗。焦耳第一定律也称为焦耳-楞次定律（Joule-Lenz Law），定义了焦耳热引起的功率损耗，指出通电导体产生的热功率 P 正比于电阻 R 与电流 I 二次方的乘积：$P \propto I^2 R$。因此，互连系统最好由最佳导电材料制成，即金属和合金。

寄生电容和电感会在电子封装中引入噪声和串扰。由于互连之间的距离很近，串扰会产生错误的传输信号，可能导致系统失效。寄生电容会限制传输速率，同时会导致 RC 信号延迟并增加功耗。因此，为了改善功率和信号传输，通过最小化互连长度实现最小化互连寄生效应变得至关重要。

（2）电流密度　互连电设计中另一个重要参数是电流密度，单位为 A/cm^2。通过互连的电流大小从根本上取决于互连材料和几何形状。电流密度过高会由于电迁移导致互连失效。根据国际半导体技术路线图（International Technology Roadmap for Semiconductors，ITRS）中高性能计算系统路线图，随着高性能计算系统中功率密度的持续提高，从 2009 年 0.45W/mm^2，到 2020 年预计可达 1.15W/mm^2，互连的平均电流密度从目前保持在 10^4A/cm^2 以下，有望达到并超过 6×10^5A/cm^2。电流密度的增大主要影响焊料互连。本章末尾部分将介绍为解决该问题而进行的焊料优化。

2. 热

热导率　互连也用作半导体器件和封装基板之间传递热量的热界面。由于固有功率损耗，芯片工作时会产生热量。通过基板有效散热对半导体保持合理温度至关重要，尤其是在模拟和功率应用中。互连提供了器件与基板之间的必要传热路径，所以非常需要高热导率材料用于互连。综上，具有高电导率和热导率的金属和合金是互连的理想材料。

3. 机械

互连的机械行为很重要，因为其潜在的失效会导致电失效。互连材料及其温度相关性是直接影响互连可靠性的重要参数。

（1）弹性模量（杨氏模量）和屈服强度　弹性模量 E，单位为 Pa，是对固体材料刚度的度量。它是个材料常数，决定了材料中施加单位应力 σ 所产生的弹性应变 ε_e，如式（8.1）所示。

$$\sigma = E \cdot \varepsilon_e \qquad (8.1)$$

当施加的应力超过材料的屈服强度 σ_y 时，在塑性变形开始之前，弹性模量还决定了发生的最大弹性应变量。杨氏模量与温度有关，随着温度的升高而降低。互连中产生的塑性应变 ε_p 可由 $\varepsilon_p = \varepsilon_t - \varepsilon_e$ 确定，其中，ε_t 为总应变，$\varepsilon_e = \dfrac{\sigma_y}{E}$。

弹性模量和屈服强度直接影响互连的可靠性性能。热机械可靠性取决于互连材料防止塑性变形的能力，因此受益于更高的模量和屈服强度值。相反，跌落性能依赖于互连材料吸收冲击能量的能力，所以在具有较低模量和屈服强度值的较软材料中得到增强。

（2）热膨胀系数 热膨胀系数（CTE）以 1/K 为单位，可以评价随着温度变化固体材料尺寸的变化。电子产品可能会因环境或系统固有发热而出现较大温度变化。器件与封装材料之间的热膨胀系数失配会产生应力和应变，最终导致疲劳失效。选择具有密切匹配的 CTE 的材料将实现接近零应力的理想封装，从而延长产品寿命。

4. 可靠性

从通信和计算系统到自动驾驶车辆和全电动飞机，随着电子系统进入生活的方方面面，可靠性和安全性已经成为最重要的问题。手机或者笔记本电脑出现故障可能会带来不便，然而例如高速列车、电动汽车或飞机等车船电子系统的故障则可能会危及生命。可靠性差的电子系统无法执行预期的功能，而且通常在产品寿命期间需要额外的维护，增加了成本。任何电子产品都预期能在正常使用期限内可靠运行，有时在恶劣的环境中，不同的产品之间使用期限差异很大。手机的预期寿命为几年，而汽车或飞机上的电子系统能够使用 20 年以上。

因此，可靠性标准是针对特定应用的。例如，消费类产品需要通过 JEDEC 可靠性标准，而需要在更恶劣环境下坚持更长时间的汽车电子产品则遵循另一种标准，即 AEC。在产品设计早期阶段就必须考虑可靠性，然而技术的迅速应用使得产品发布之前的现场测试变得困难。电子系统必须满足对性能和可靠性的严格要求，有时甚至是互相矛盾的要求。

互连对于高可靠性的实现起着至关重要的作用。因此，必须仔细选择互连材料和几何尺寸，以最大限度地降低机械应力和应变，例如由膨胀失配引起的机械应力和应变，这会累积导致产品灾难性的失效。

5. 互连和组装节距

互连节距是指两个相邻互连之间的中心距，也是选择合适互连和组装技术时的关键参数。I/O 节距与 I/O 密度直接相关——节距越小，得到的 I/O 密度就越高。互连节距的缩小已经成为实现电子系统更高功能密度和进一步小型化的关键因素。硅或玻璃转接板技术能显著降低了传统有机或陶瓷封装的互连节距。

8.2.3 组装与键合基础

组装是形成互连的工艺，可以是通过使用导电胶或膜的化学机械键合，也可以是通过两个金属间的共晶键合。

1. 冶金键合

冶金或金属键合依靠的是金属界面之间的互扩散或自扩散，在由相同金属或者两种或更多金属构成的两个界面之间形成的键合。当两个界面由相同金属构成时，通过自扩散形成冶金键合，从而形成无缝连接界面。当两个界面由两种或更多不同金属构成时，通过互扩散形成冶金键合，并在键合界面处形成金属间化合物。在组装过程中形成的金属间化合物的组成取决于反应金属的相图。

对于沿一个方向上的扩散，金属的扩散遵从菲克第二定律（Fick's Second Law）

$$\frac{\partial c}{\partial t} = \frac{\partial}{\partial x}\left(D\ \frac{\partial c}{\partial x} \right)^2 \tag{8.2}$$

式中，c 为基体金属中扩散金属的局部浓度；D 为基体金属中扩散金属的扩散系数，单位为 m^2/s。

元素扩散所需的时间可由 $t \approx \frac{h^2}{D}$ 得到。其中，t 为发生扩散的时间，单位为 s；h 为扩散金属在基体金属中扩散的特征长度，单位为 m。

冶金键合过程中发生的反应是通过一种金属原子向另一种金属的运动（输运）实现的，前提是将外界能量引入系统中以克服扩散能垒 E_a，遵循阿伦尼乌斯方程：$D = D_0 e^{\left(\frac{-E_a}{RT}\right)}$。其中，$R$ 为普适气体常数，等于 8.314J/(mol·K)；T 为温度，单位为 K；D_0 为基体金属中扩散金属的初始扩散系数，单位为 m^2/s。两个金属界面之间需要原子接触以实现扩散。尽管表面粗糙度、非共面性和氧化会增大扩散能垒，但可以使用外部施加热量、压力和超声能量使其降低。扩散率随温度增加而增加，当扩散金属相变成液体时扩散率达到峰值。通常采用加热实现冶金键合，具有相对较低熔点的金属和合金更容易在最短的时间内形成金属键合。键合时间直接影响以单位每小时（Unit Per Hour，UPH）为单位的产能，进而影响成本。工艺参数，例如时间、温度和施加的压力，需要结合产品和应用所需的热容量预计和产能开发来考虑。

理想情况下，组装工艺应该是高产出且低成本的。用于生产的专用工艺装备和键合设备显著提高了成本，因此通常首选利用现有基础设施的新技术。

2. 粘接

导电胶通常是由绝缘树脂黏结剂和导电填充剂制成的复合材料。各向异性胶或膜（ACA 或 ACF）仅在 z 方向上导电，通过在芯片和基板的金属界面之间捕获导电颗粒形成电互连。各向同性导电胶或膜（ICA 或 ICF）有较高的填充剂含量，因此在所有三个方向上都导电。基于 ICA 和 ACA 的装配示意图参见图 8.7。为了建立电连接，粘

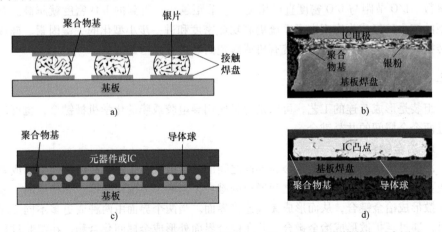

图 8.7　a）b）ICA 组装的横截面示意图　c）d）ACA 组装的横截面示意图

接依靠的是通过树脂介质的压缩和固化成型芯片及封装基板金属界面之间金属颗粒的包埋。因而，芯片和基板及金属颗粒界面之间并没有金属直接键合。因此，它纯粹是一种化学机械键合。

总而言之，理想情况下，互连和组装技术应该使用易于加工的低成本高导电性和导热性材料，互连长度应尽可能短，形成器件和封装之间牢固而可靠的键合。根据应用的性能、可靠性和成本选择互连和组装技术。

8.2.4　术语

粘接（Adhesive bonding）：通过导电胶或膜电连接两个金属界面的工艺。

组装（Assembly）：形成互连的工艺。

面阵列（Area array）：互连分布在整个芯片表面上，而不是仅在外围。

凸点（Bump）：倒装焊中使用的互连类型，在晶圆级通过电沉积（电镀）或钉头凸点工艺形成。

热膨胀系数（Coefficientof Thermal Expansion）：在恒定压力下每单位温度变化的尺寸变化率。

扩散系数（Diffusivity）：扩散速率。

弹性模量（Elastic modulus）：施加在物质或物体上的力与所产生的形变之比。

疲劳（Fatigue）：反复加载导致的裂纹生长与扩展。

倒装焊键合（Flip-chip bonding）：芯片有源面朝向封装基板的装配工艺。

集成电路（Integrated circuits，IC）：通过使用其他信号或功率提供放大、开关或增益的器件。

互连（Interconnection）：两级封装之间的电连接。

金属间化合物（Intermetallic compound）：两种或多种不同金属反应的产物。

I/O 节距（I/O pitch）：两个相邻互连之间的中心距。

冶金键合（Metallurgical bonding）：两个金属界面通过原子扩散连接的过程。

焊盘（Pad）：可供互连键合的 IC 或基板封装上的外露金属化层。

钝化（Passivation）：施加在 IC 表面的介质层，用以电隔离布线电路并提供腐蚀保护。

阻焊层（Solder mask）：施加在基板上的介质层，用以电隔离布线电路并保护其免受环境影响。

表面金属化（Surface metallurgy）：应用在基板 Cu 焊盘上的金属化。

载带自动焊（Tape Automated Bonding，TAB）：成组键合组装工艺，通过使用载带上的走线作为互连而不是分立引线的互连。

产能（Throughput）：实现生产过程的速率。

凸点下金属化（Under bump metallization）：IC 和凸点之间的电界面层。

底部填充（Underfill）：填充 IC 和基板之间间隙的电绝缘胶。

引线键合（Wire-bonding）：使用单根引线将两级封装互连的顺序组装工艺。

屈服强度（Yield strength）：塑性变形开始发生时刻的应力。

8.3 互连和组装技术

8.3.1 演进

如图8.8所示，在过去几十年，互连和组装技术的演进发展主要受到两个重要因素的驱动：①与芯片上晶体管密度增长一致的I/O密度增长；②为了满足更高信号传输速度下更高电气性能要求的互连长度缩短。同时，为了实现更高的互连密度，减小互连节距也很有必要。

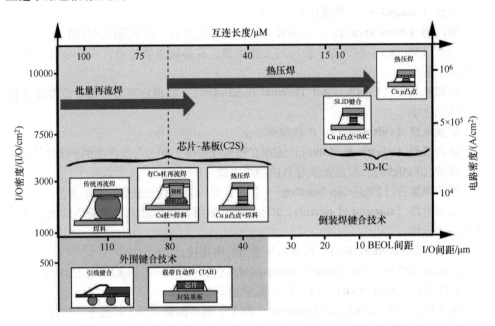

图8.8 随着互连和组装密度的变化，互连和组装技术的演进图

1. 始于20世纪50年代的引线键合

引线键合是历史上最早在大规模生产中使用的互连和组装技术，在1950年代，由AT&T公司发明的梁式引线键合技术发展而来。作为一种点对点组装工艺，它提供了极大的设计灵活性，对半导体工业极具吸引力。因此，引线键合得到了非常庞大的基础投资，在工具、材料和工艺等方面得以迅速发展。最先进的引线键合工艺使用15μm直径引线和球焊工艺，能够将互连节距降至35μm。尽管具有小节距能力，然而与采用倒装焊组装工艺的面阵互连相比，引线键合互连仅出现在芯片周围，因此I/O密度仍然受到极大限制。为了提高I/O密度，已经开发出了最多可达三行的多排或多层引线键合技术，这种多排键合技术常见于高端复杂图形的应用。虽然引线键合主要用于单芯片，但也用于引线框架、塑料、有机或陶瓷封装的多芯片组件中，引线键合将在后文中详述。

2. 始于 20 世纪 70 年代的载带自动焊

载带自动焊后来由通用电气研究实验室（General Electric Research Laboratories）于 20 世纪 60 年代末发明并商业化，用于封装其小规模集成（Small-Scale Integration，SSI）器件。采用 TAB 的原因是能够通过一种高度自动化的"成组键合"工艺来提供一种低成本的引线键合解决方案，与依次进行的引线键合不同的是，所有芯片或基板中的所有互连都同时形成。此外，TAB 可以在更小的焊盘上进行，因此，节距比引线键合更小。另外，TAB 消除了大的引线拱弧，实现了低剖面互连，从而改善了寄生现象，实现了更薄的封装。尽管 TAB 比引线键合拥有更多的 I/O 数，但它仍然是一种外围互连技术，不能在焊盘下放置有源电路。TAB 在 20 世纪 70 年代受到了很多关注，但是除了 20 世纪 80 年代的日本之外，它在行业中应用有限。TAB 主要用于各种消费、医疗、安全、电信、汽车和航空航天类电子应用中。

3. 始于 20 世纪 60 年代的倒装焊键合

倒装焊技术的开发用于解决引线键合在 I/O 密度、电性能和生产量方面的局限。1962 年，IBM 率先推出了可控塌陷芯片连接技术，又称为 C4 技术，引入了焊料凸点来组装高 I/O 密度芯片，实现了芯片到封装基板的可靠互连。尽管凸点可以使用其他材料，例如 Au 或 Cu，但焊料基互连凭借着三大优势成为主流：①自对准；②低温组装；③耐腐蚀。因此，焊料基互连和组装占当今倒装焊封装的绝大多数。倒装焊技术在实现高密度微处理器封装中发挥了重要作用，被认为是当今最先进的互连和组装技术。虽然倒装焊键合最初是从外围凸点分布开始的，但它很快发展成为面阵列组装，因为 IC 是为外围引线键合而设计的。与键合引线或 TAB 不同，焊料凸点可以直接放置在 IC 有源电路上方，可以在较小的芯片尺寸以更大的节距实现更高的 I/O。典型的处理器芯片围绕芯片外围的几排凸点间距很小，用于信号传输，中心凸点面阵节距较大，用于供电和接地。

4. 始于 20 世纪 90 年代作为倒装焊扩展的铜柱技术

在大规模生产中，标准 C4 技术已经将互连节距缩小到 $100\,\mu m$ 左右。节距缩小伴随着焊料量的必要减少以防止焊料桥接，相应地，互连支撑高度随之降低。这加剧了支撑焊点中的机械应力和应变，带来了可靠性问题，限制了传统 C4 互连的进一步缩小。如图 8.8 所示，下一代倒装焊技术称为 Cu 柱互连技术，于 20 世纪 90 年代被提出以进一步缩小节距。通过开发具有高纵横比的 Cu 柱，在某种程度上它不具备互连功能，需要带有焊料帽。

引入 Cu 柱可以增加互连的支撑高度，从而减小焊料中的应变，进而提高焊点的可靠性。Cu 柱互连在 2005 年首次投入 RF 功率放大器和射频前端模块的生产，用于改进电性能、热性能、可靠性与成本。如今，Cu 柱技术已经可以在生产中将节距降至 $35\,\mu m$。

从组装的角度来看，优选仅通过加热即可建立焊料基互连的大批量再流焊，因为这是一种批量生产技术，再流焊可以覆盖节距低至 $80\,\mu m$，然而，由于基板的非共面性和翘曲，再流焊面临着良率的问题。之后引入了结合热和力的热压焊，实现了更细的互连节距。这种装配工艺需要复杂且昂贵的设备，而且本质上是顺序进行的（一次一个芯片），导致产能明显低于大批量再流焊，因而成本更高。

5. 始于20世纪90年代的固-液互扩散键合

当节距低于30μm，焊料量较少时，形成的金属化合物预计将会消耗整个焊料。如图8.8所示，固-液互扩散（Solid-Liquid Interdiffusion，SLID）键合也称为瞬态液相（Transient Liquid Phase，TLP）键合，被提出并发展成为将焊料基技术适用性扩展到更细节距的下一个演进技术。金属间化合物有着更高的熔点，与焊料相比，热稳定性和载流能力提高了一个或更多数量级。SLID键合在保持焊料易加工性的同时还能实现节距变细和性能提升。但是，金属间化合物通常是硬而脆的，导致需要管理IC上的热机械应力，以实现模块或产品的可靠性要求。

6. 未来的铜-铜键合

下一代互连技术基于无焊料的Cu-Cu键合，如图8.8所示。铜具有出色的导电性和导热性，在超过250℃的温度下具有热稳定性，并有着优异的功率传输能力。此外，铜相对便宜，使其成为互连材料的理想选择。作为固态互连和组装（组装时没有熔融相）技术，全Cu互连能够缩小到5μm及以下的超细节距。

在接下来的几节中将会详细介绍所有上述互连和组装技术。

8.3.2　引线键合

1. 焊盘界面

在引线键合中，IC焊盘上不需要特定的金属化界面，通常使用IC制造中的BEOL铝金属化层。最近，引入了铜金属化层以提高性能并降低成本。

使用引线键合互连的封装基板包括引线框架、有机层压板、陶瓷基板或印制电路板。对于引线框架，焊盘通常由铜合金制成，例如Cu-Fe、Cu-Cr、Cu-Ni-Si或Cu-Sn。对于有机层压板、陶瓷基板或印制电路板，焊盘通常在铜上制作Ni和Au金属化。最常用的表面化处理是在电镀铜上制作一层薄浸金，以获得良好的引线键合性。

2. 组装工艺

首先使用诸如焊料、导电或非导电胶的芯片贴装材料，将IC安装在基板上，有源面向上。芯片贴装工艺是高度自动化的，使用高精度高速芯片贴片机。之后，通过热超声或超声焊接，将引线键合到IC的焊盘上，再使用同样的工艺将引线连接到基板焊盘上。超声和热超声焊背后的基础机理尚未完全理解，但与纯热能或机械能相比，超声能被认为可以使引线材料在低得多的应力下产生塑性变形。键合界面处的塑性变形或应变有助于破坏潜在的表面氧化物，促进固-液互扩散，并在随后形成冶金键合。热能的加入可提高互扩散率，从而进一步增强扩散。更高的超声频率产生了更大的应变率，并将能量更有效地传递到键合界面。

典型的球焊工艺如图8.9所示。通常掺杂有少量Be和Ca的Au合金引线穿过毛细管劈刀，首先在150～200℃的温度下通过60～120kHz的超声激励在IC焊盘上形成键合压力小于100gf的焊球键合，之后将引线拉出形成引线拱弧，然后，将引线键合到基板相应的焊盘上，以可控的尾丝长度将引线从劈刀中拉出，以在切断引线之前形成新的焊球。最后，通过电子火焰（Electronic Flame Off，EFO）形成新球，为下一次键合做准备。使用热超声焊时，球焊典型的工艺循环时间每次键合少于 20 ms。球焊工艺和形成的焊球如图 8.10 所示。球焊的主要优点是引线可以穿过劈刀以任何角度辐射拉出，实现键合头的简单高速 x-y 运动。

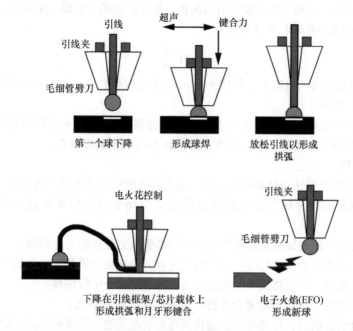

图 8.9　热超声球焊工艺

图 8.10　球焊工艺展示

楔焊是另一种引线键合工艺。此工艺中，键合头可以精确旋转，从而使楔形可以沿芯片与基板焊盘之间轴向对齐。没有径向扇出键合引线，键合时可能会发生弯曲或随之而来的引线断裂。楔焊工艺使用的参数与球焊类似。然而，楔焊比球焊能提供更细的节距，例如楔焊形成的金属键合焊点有限的塑性变形量仅为初始直径的 25% ~ 30%，而球焊则需要 60% ~ 80%。楔焊还具有较高的组装良率，但产量较低，通常每个键合时间少于 80ms。楔焊通常使用掺杂少量 Si 或 Mg 的铝合金引线。从标准应变-应力曲线中获取的引线材料断裂强度和延伸率是引线键合中的关键特性。

芯片组装后，使用聚合物包封料对封装进行上模塑成型，以提供机械支撑、环境保护和散热。上模塑成型采用转换成型或注射模塑成型工艺。

3. 电性能

所有的芯片级互连技术中，由于互连芯片与封装基板的引线长度最长，故引线键合的电性能最差。长的互连长度具有高阻抗，易于产生耦合电感，限制了信号传输速度。引线键合的直流电阻 R 计算如下：

$$R = \rho\frac{l}{A}$$

式中，ρ 为金属引线的电阻率，单位为 $\Omega \cdot m$；l 为引线长度，单位为 m；A 为引线横截面积，单位为 m^2。

因此，诸如微处理器、高速 ASIC、高速储存器、高速 RF 和模拟应用等高速应用已经转移到具有更高性能的互连解决方案，如 TAB 和倒装焊键合。

4. 可靠性

尽管引线键合被认为是高度可靠的，但引起失效的失效机理仍然存在：

1）包封料或芯片贴装的分层导致的键合引线中应力集中和随之而来的疲劳失效；

2）预先存在的表面缺陷和微裂纹以及热膨胀应力导致的芯片断裂；

3）外露的芯片金属化层腐蚀导致的电失效，包括电流泄漏、断路和短路；

4）引线偏移：上模塑成型时聚合物流动导致的键合引线偏移；

5）焊盘坑裂：不恰当的键合参数引起的焊盘下方 Si 裂纹；

6）键合引线断裂：热循环中引线拱弧弯曲引起的键合引线根部产生裂纹；

7）键合引线脱落：热引起的拉伸或剪切应力或者包封料流动导致的引线从焊盘脱落。

总结：引线键合是当今电子封装中最古老、使用最广泛的互连和组装技术，受益于：

1）高度的工艺灵活性和自动化；

2）缺陷率为 40～1000ppm 的极高互连良率；

3）高可靠性；

4）具有支持技术的大量基础，多芯片堆叠能力工具、材料和工艺的快速发展。

然而，引线键合也受到许多基础和可制造性方面的制约，例如：

1）由于每根键合引线的点对点顺序处理，组装产能低；

2）互连长度长，降低了电性能；

3）所占空间大于芯片尺寸；

4）引线直径的限制和包封中高的引线偏移风险导致的 I/O 节距降低有限。

8.3.3 载带自动焊

在载带自动焊（TAB）中，与引线键合不同的是，IC 是凸点键合，如图 8.11a 所示。凸点提供了 IC 和带有铜走线的载带之间的支撑高度，以防止相邻互连之间的短路。凸点还充当可变形可延展的结构，以吸收装配工艺中的机械应力。凸点通常为

Au、Cu 或焊料合金，通过电镀沉积到 IC 焊盘上。一般进行后退火以在键合之前软化凸点。通常在 Al 焊盘和凸点之间设有凸点下金属化层（Under Bump Metallization，UBM）。UBM 保护 IC 上焊盘免受腐蚀和污染，提供焊盘和凸点之间高强度低接触电阻界面，防止焊盘和凸点之间不必要的扩散。下面将详述更多关于 UBM 结构、工艺和材料的细节。

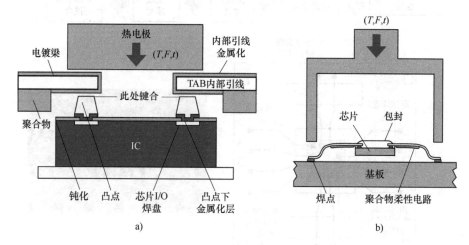

图 8.11　两种 TAB 工艺步骤图示：①将载带互连和组装到有凸点的 IC 上；
②将载带互连和组装到封装或板级基板上
a）内部引线键合　b）外部引线键合

　　TAB 互连又称为引线，由柔性聚合物载带上的铜布线组成。载带由介质制成，例如聚酰亚胺、环氧玻璃、聚酯或 BT 树脂。聚酰亚胺是 TAB 中最常用的介质，使用单层或最高可达三个金属层的多层布线。单层载带的厚度通常为 $35 \sim 70 \mu m$，而两层或三层载带的厚度通常分别为 $50 \sim 70 \mu m$ 和 $75 \sim 125 \mu m$。铜是最常见的用于布线的导体，尽管也有铝、钢、42 合金和厚膜导体的报道。最后，在导体上设有 Au、Ni- Au 或 Ni- Sn 薄层，以提供适当的"软"键合界面。

　　常见的 TAB 键合系统在 IC 侧包括 Au 凸点，在载带侧包括镀 Ni- Sn 的 Cu 引线。

1. 组装工艺

　　TAB 组装工艺包括许多步骤，如图 8.12 所示。第一步是内部引线键合，如图 8.11a 所示，其中有凸点的 IC 与聚合物载带互连。在这一步骤中，IC 上凸点和 TAB 上金属化载带之间形成牢固的金属键合。这种键合是通过热压成组焊实现的，其中凸点与载带上导体之间的所有互连都是通过热电极施加热和压力同时形成的。内部载带键合的替代工艺包括类似引线键合工艺的单点键合，形成共晶 AuSn 合金的共晶焊、激光键合和激光超声键合。热压成组焊和单点键合是内部载带键合中最常见的键合工艺。内部引线焊点的质量和可靠性取决于许多参数，包括凸点金属、硬度、粗糙度和几何形状，梁金属的共晶、硬度和平整度以及热电极的平整度、质量、传热特性、耐磨性及键合温度和压力。

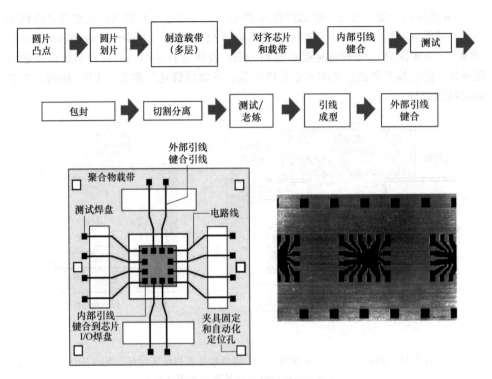

图 8.12 载带自动焊俯视图

键合工序之后，在组装至封装基板之前，先对电路进行测试和分离。形成 TAB 的最终工艺步骤是外部引线键合，如图 8.11b 所示。通过使用成组或单点键合，将载带上外部梁导体键合至基板上金属化焊盘。载带到基板组装的典型工艺由热压、热超声、加热熔焊、激光、超声、激光超声、红外、热风、气相或者导电胶键合；前两种方法最为常见。

2. 电性能

相比于引线键合互连，TAB 互连一般展现出更好的电性能。由于芯片和基板之间电路长度较短，所以阻抗和信号延迟显著降低。

总之，载带自动焊有以下优点：

1) 更小的焊盘和更短的 I/O 节距；

2) 高 I/O 数；

3) 与引线键合不同的是，低互连外形使封装更薄；

4) 良好的散热；

5) 良好的电性能。

然而，TAB 也受到很多根本性的限制，包括：

1) 外围互连，焊盘下方没有有源电路，限制了 I/O 密度；

2) 高 I/O 数需要的封装尺寸较大；

3) 由于柔性电路的产生，工艺灵活性差；

4) 基础硬件受限，无法堆叠芯片；

5) 需要晶圆凸点工艺；

6) 大芯片不适用成组键合，重回点对点互连；

7) 组装返工困难；

8) 长并行互连，电性能较差；

9) 系统可测试性。

8.3.4　倒装焊互连和组装技术

倒装焊互连和组装技术的详细剖析结构如图 8.13 所示，涉及七种主要技术的集成，包括下列各项。

1. 钝化

钝化是施加在 IC 上的介质层，以隔离布线电路并提供防腐蚀保护。通过钝化层上的开孔连接 IC 上的金属焊盘。钝化层还提供缓冲作用，以防止由于 IC 和基板之间 CTE 失配而产生的机械应力。

具体来说，用作晶圆上钝化的介质材料需要较高固化温度（ > 300℃）的光敏有机材料。这些有机材料的性质包括低释气性，高百分比的延伸率，对底层的良好黏附，对光刻工艺和金属刻蚀剂的耐化学性，高温热稳定性，以及优选水基显影和快速固化。这些材料不仅可以用作器件结构的钝化，还可以用作晶圆级封装中 Cu 再布线的层间介质。

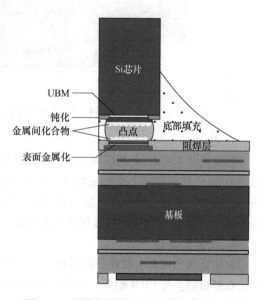

图 8.13　倒装焊焊料互连系统的详细剖析

材料选择包括聚酰亚胺和聚苯并噁唑（Polybenzoxazole，PBO）薄膜，厚度仅有几微米，可以有效抑制热膨胀应力。当需要较低的固化温度时，可以使用苯并环丁烯（BCB）或环氧材料，但其延伸率仅约5%。对于没有 CTE 失配的芯片到芯片的互连和组装，还使用了无机钝化，例如二氧化硅（SiO_2）和氮化硅（SiN）。

2. 凸点下金属化

如图 8.14 所示，凸点下金属化（Under Bump Metallization，UBM）是焊料凸点下方的金属化，应用于 IC 金属焊盘上，是 IC 和焊料凸点之间的电界面。UBM 与器件钝化交叠，以保护布线免受腐蚀。如图 8.14 所示，UBM 通常由多层薄膜材料叠层组成，包括：

1) 黏附层，提供芯片金属焊盘和阻挡层和钝化层之间的牢固界面，例如 Ti 或 Cr；

2) 扩散阻挡层，防止焊料凸点与黏附层之间任何不期望的扩散，例如 Ni、

Ni(P)或 Cu 柱；

3）浸润层，提供具有优异焊料浸润性的无氧化物表面，例如 Au。当通过图形电镀沉积焊料时，不需要浸润层；当焊料凸点沉积独立于 UBM 时需要浸润层。

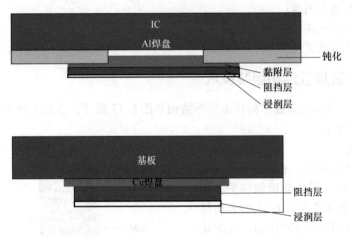

图 8.14　凸点下金属化层（UBM）详解

3. 凸点

凸点是沉积在 IC 上的焊料凸点，最终成为 IC 与基板上焊盘的电连接焊点。凸点通过 UBM 连接到器件上的金属焊盘。在组装工艺中，凸点与基板上金属焊盘形成牢固可靠的金属键合。焊料凸点最初是 PbSn，近来变成有可以 UBM 扩散的 Cu 和/或 Ni 的 SnAg。凸点也可以由各种金属或合金制成，例如 Au 或 Cu。

4. 表面金属化

表面金属化或表面处理是指基板上的金属焊盘。它的作用与 IC 上的 UBM 类似，却是在基板侧。与 UBM 相似，表面金属化包括用于防止凸点与金属焊盘之间不必要扩散的表面阻挡层和用于焊料浸润的浸润层。在键合中，凸点材料与表面金属反应形成相图中所定义的金属间化合物。因此，设计表面金属是为了提供缓慢的反应控制。

5. 阻焊层

阻焊层也称为阻焊，是施加在基板上的介质层，用于隔离布线电路并保护其免受环境的影响，包括氧化的影响。它扮演着与晶圆钝化相同的角色，但是在基板一侧。基板上金属焊盘通过阻焊层上的开孔形成。阻焊层约束焊料，以防止细节间距上互连桥接。

6. 底部填充

底部填充是一种填充 IC 和基板之间间隙的电绝缘胶。底部填充提供了更牢固的机械连接，因为它可以将芯片整个表面紧密固定到基板上。它的主要功能是重新分配 IC 和基板之间热膨胀失配产生的应力和应变，以防止可能最终导致它们失效的焊料凸点应力集中。应用底部填充可以提高芯片级可靠性，延长电子产品寿命。由于失配较小，所以底部填充不需要或者不用于陶瓷或硅基板中。然而，如今在大型 IC 中仍然需要。

7. 金属间化合物

金属间化合物也称为金属间合金，是焊盘与焊料凸点金属之间的反应产物。它们是两种或多种金属组成的固相，并根据相图形成。金属间化合物一般是脆性的并具有高熔点。

8.3.5　带焊料帽的铜柱技术

顾名思义，带焊料帽的铜柱包含高的铜凸点，顶部有少量焊料，以实现低温键合和组装。它提供了额外的支撑高度，以改善互连的疲劳寿命或热机械可靠性。此外，它通过减少所需支撑高度的焊料量来最大限度地避免焊料桥接。同时，铜柱从 UBM 侧散布电流，防止电流集中在焊料中。电镀铜柱可以使用标准晶圆后道工艺设备，无需额外的工艺步骤。焊料层沉积在铜柱顶端上，中间可选用阻挡层，例如 Ni。当然，焊料也可以被印制在基板侧，以降低额外的晶圆电镀成本。图 8.15 展示了英特尔的铜柱技术，图中还展示了铜柱的抗电迁移及电流处理能力，其中，在经过 8000h 测试后，传统的倒装焊焊料已经失效，但是铜柱凸点仍未观察到失效。

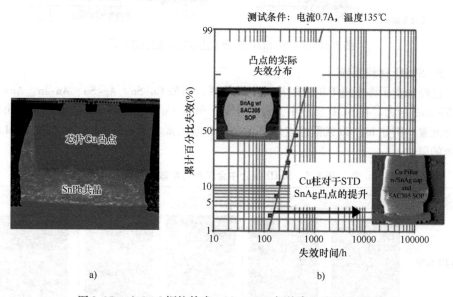

a)　　　　　　　　　　　　　　　b)

图 8.15　a) Intel 铜柱技术　b) Amkor 铜柱高电流处理展示

8.3.6　SLID 互连和组装技术

1. 什么是 SLID 键合？

SLID 代表固-液互扩散，这种互连和组装技术是基于选择使用焊料，在细节距形成具有良好电和机械性质的理想金属间键合。传统上，金属间化合物由于其刚性和脆性而被认为是不适用的。扩散焊接，或者固-液互扩散（Solid-Liquid Interdiffusion，SLID）键合，目的是可控地形成全金属间键合。这是通过在再流温度下，多层薄膜结构完全反应形成固态键合而实现的。

为了形成 SLID 连接，必须涉及两个重要概念：

1）至少需要两种金属才能形成金属间化合物，充当浸润层的低熔点元素，例如 In、Sn，或相对低熔点的焊料合金；以及高熔点元素，例如 Ag、Au 或 Cu。

2）这些金属需要沉积成薄夹层结构才能完全反应。

2. SLID 键合互连和组装的剖析结构

SLID 剖析结构如图 8.16 所示，与传统 Cu 柱互连非常相似，唯一的区别在于残余焊料完全转化为具有细节距互连功能的金属间相。如图 8.16 所示，来自芯片和基板焊盘的铜向内扩散到焊料中，并开始形成金属间化合物。到整个过程完成时，焊盘和铜已经完全互扩散，形成了仅有金属间化合物组成的键合，没有任何残留的焊料。

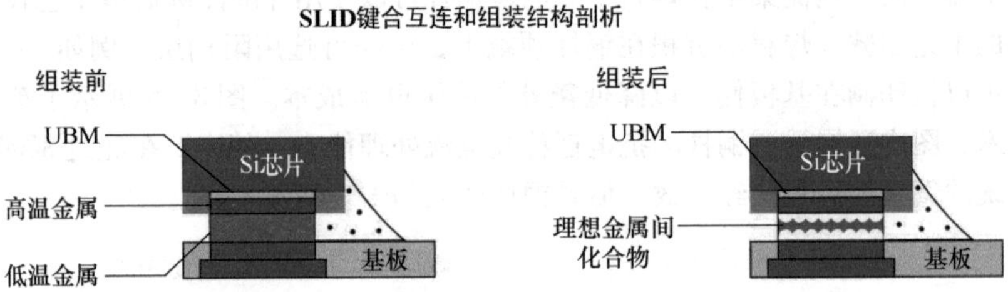

SLID键合互连和组装结构剖析

图 8.16　Cu-Sn SLID 键合互连和组装的横截面图

3. SLID 材料系统

已经探索了许多用于扩散焊接的金属体系，例如 Cu-Sn、Ag-Sn、Au-In、Au-Sn 和 Ni-Sn。通常，在 SLID 反应中，过渡元素，例如 Cu、Ag 和 Au 是高温元素，而低熔点元素，例如 In、Sn 或低熔点焊料合金是低温元素。表 8.1 比较了最常见的 SLID 系统的属性。

表 8.1　SLID 键合中金属相对扩散的性质

参数	Cu-Sn	Ni-Sn	Ag-In	Ag-Sn	Au-Sn
SLID 系统	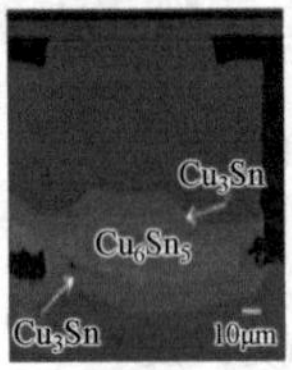	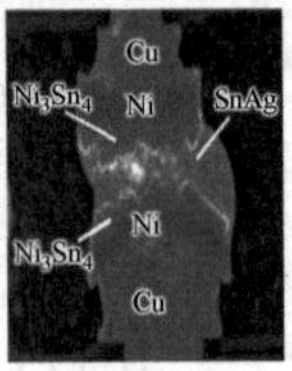	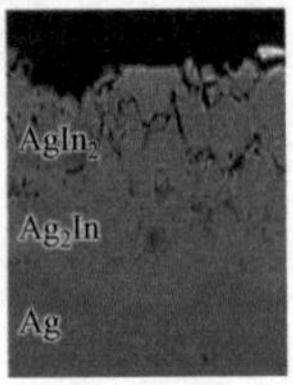	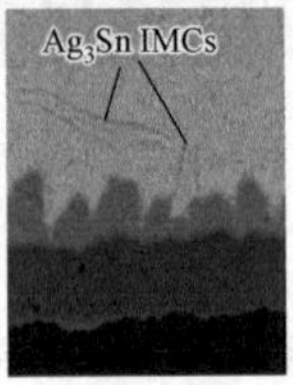	
键合温度	260℃	260℃	190℃	260℃	350℃
最终 IMC 相	Cu_6Sn_5，Cu_3Sn	Ni_3Sn_4	Ag_2In，$AgIn_2$	Ag_3Sn	AuSn
熔点（IMC 相）	>400℃	795℃	450～500℃	480℃	450℃

在这些系统中，Cu-Sn 已成为微电子应用中 SLID 键合的最有希望的候选，因为其转变速率是其他 SLID 对的 5 倍。此外，Cu-Sn 系统最为接近当前的微凸点堆叠，从

而可以重复利用现有的凸点设备和工艺，并可以保持标准批量再流焊中使用的键合温度。为了实现用于芯片堆叠均匀的 SLID 键合工艺，需要理解和充分控制焊料材料的固化过程，以及金属间界面处的相生长动力学和冶金学。Cu-Sn 金属系统作为研究最为完善健全的金属系统之一，在下文将详细介绍 SLID 的基础知识。

4. SLID 组装工艺

Cu-Sn SLID 互连通常由来自芯片和基板焊盘的两个铜源，与中间夹有厚度为几微米的 Sn 电镀层组成，如图 8.17a 所示。此处一个重要的假设是所有反应都是受控扩散。

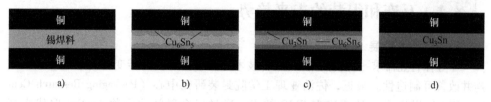

图 8.17 冶金温度的逐步形成过程

组装时，随着系统加热，相生长缓慢，然而一旦锡熔化，它将变为液态可湿润焊料，并且与铜的反应加快两个数量级。熔融的 Sn 溶解 Cu，直至饱和。此时，高熔点金属间相开始形成锯齿形，并以较高的速率加速在 Cu 表面沉积（见图 8.17b）。在这一步中，所有的 Sn 都通过晶界扩散转变为亚稳态 IMC Cu_6Sn_5（η 相）。Cu_6Sn_5 微晶膨胀到 Sn 熔体中，并最终缩小间隙，一般会留下一些焊料残余。与此同时，在较慢的固态扩散过程中，η 相 Cu_6Sn_5 与 Cu 进一步反应形成稳态且平面的 IMC Cu_3Sn（e 相）。图 8.17c 展示了该过程早期阶段此类样本的横截面（Cu 层几乎已被消耗）。所涉及的所有四个相仍然存在，即 Cu、Cu_6Sn_5、Cu_3Sn 和 Sn。当所有的 Sn 与 Cu_3Sn 反应时，该过程终止。此时，系统再次由铜和处于 e 相的 Cu_3Sn 组成，如图 8.17d 中间部分所示。根据吉布斯相定律，系统此时在热力学上是稳定的，并且没有未反应的 Sn 残留。因此，即使在高温下也不会有进一步的相生长，进而表现出超过 400℃ 的高温稳定性。

根据准扩散方程建立金属间化合物厚度的演化模型

$$y_t^2 - y_0^2 = k_0 \exp\left(\frac{-Q}{RT}\right) t^{2n} \tag{8.3}$$

式中，y_t 为金属间化合物厚度，或反应形成金属间化合物的 Sn 厚度；T 为绝对温度；t 为退火时间；y_0 为初始金属间化合物厚度，或 $t=0$ 时已经与 Cu 反应的 Sn 厚度；n 为经验指数，其中 $n=1/2$ 表示扩散机理；Q 为活化能；k_0 为扩散系数。

为了确保在装配过程结束时，没有可能会导致早期失效的残留焊料，需要根据式（8.4）对 Cu 和 Sn 层厚度进行优化

$$\frac{t_{Cu}}{t_{Sn}} > \frac{3M_{Cu}\rho_{Cu}}{M_{Sn}\rho_{Sn}} \tag{8.4}$$

式中，t_{Cu} 和 t_{Sn} 为 Cu 和 Sn 的初始总厚度；M_x 和 ρ_x 为元素 x 的原子量和质量密度。

5. SLID 键合的局限性

尽管有许多优点，SLID 键合仍面临着许多挑战，阻碍了其在批量生产中的适用

性，包括控制固态界面反应的转变时间过长，内部空洞形成会降低键合处热性能和热机械可靠性，以及可制造性有限。迄今为止，SLID 键合主要在 CTE 匹配的 Si 到 Si 组装中实现，例如圆片级或 3D-IC 应用。其在基板级装配中的使用受到金属间化合物脆性和刚度、Kirkendall 空洞以及缩孔的限制。从可制造性角度出发，SLID 互连要求通过元素层沉积来精确控制凸点初始组成，经常使用高成本工艺，例如电子束蒸发。最后，SLID 一般需要较长的转变时间来实现单个稳定的金属间化合物相，在高于焊料熔点温度需要 15～30min 退火时间，严重降低了产量。

8.4 互连和组装的未来趋势

1. SLID 的扩展

半导体行业需求一种新的 SLID 键合技术，能够以超快的转变时间形成无空洞互连并改善可制造性。最近，佐治亚理工学院封装研究中心（Packaging Research Center，PRC）提出了一种亚稳态 SLID 技术，通过以金属间化合物 Cu_6Sn_5 取代常规 Cu_3Sn 作为最终相为目标，突破标准 SLID 系统的瓶颈。这是通过引入双面 Ni（P）阻挡层以限制 Cu 源并抑制 Cu_3Sn 的形成来实现的。通过高速的液相反应实现 Cu_6Sn_5 的完全转变，同时消除了后续从 Cu_6Sn_5 到 Cu_3Sn 的固相转变。这项技术的主要优点是：①与标准批量组装使用的高速热压焊工具、材料和工艺兼容；②超薄（小于 5μm）键合层，以防止细节距上的桥接；③相比于传统焊料基互连，具有更高的热稳定性和抗电迁移能力；④热机械可靠性优于具有更低支撑高度的现代 SLID 技术。

2. 全铜互连

不使用焊料被认为是解决不断缩小节距互连这一巨大挑战的终极解决方案，并一直推动固态键合技术的发展。金和铜已经成为用于高密度晶圆级组装固态互连的标准金属。Au-Au 互连（Au-Au Interconnection，GGI）是通过热压焊和超声键合建立的，但是尽管它们具有出色的整体性能，但是其适用性受到 Au 的高昂成本和有限的功率处理能力的限制。另一方面，铜相对便宜，且具有出众的导电性和导热性、热稳定性、载流能力、高频性能，与标准后道工艺（back-end-of-line，BEOL）设备兼容。然而，固态 Cu-Cu 键合面临着三个基础性挑战，降低了装配的可制造性：①室温氧化；②在合理的键合温度（<250℃）下 Cu 的扩散系数相对较低；③在缺少低模量熔融相对非共面性的容差较低。因此，亟需既保留焊料方式的可加工性和成本效益，又能提高性能的新型互连解决方案。

3. 全 Cu-Cu 互连剖析结构

直接铜互连键合的结构剖析如图 8.18 所示。组装由在热压焊作用下的平坦化 Cu 柱组成。平坦化工艺通常使用化学机械抛光（Chemical Mechanical Polishing，CMP）进行，这是一种基于抛光液的磨抛工艺，应用于芯片和基板 Cu 焊盘。在高温（>350℃）和压力下组装时，表面氧化物会由于局部界面通过塑性变形而破裂。进行组装 30min 后，铜原子在塑性流动下具有足够的自扩散性，以在无缝界面上恢复、再结晶和生长新的铜晶粒。界面和环境的洁净度强烈影响着铜互连的电、热、机械性能。一般，有一个在超过300℃温度下进行键合后退火步骤，以进一步提升界面的稳定性并加强键合。本质上，当前直接 Cu-Cu 键合的最先进技术要求高键合力，温度远高于焊料基再流焊的真空或惰性环境中组装，需要昂贵 CMP 步骤，以及长退火时间，因此应用局限于芯片到晶圆组装。

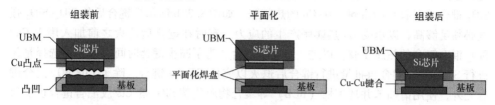

图 8.18　用于晶圆级封装的 Cu-Cu 直接键合互连的模截面图

4. 最新 Cu-Cu 组装配工艺

除了上节中描述的常规直接 Cu-Cu 键合技术之外，还提出了提升可制造性和产量的替代解决方案。

(1) 表面改性　表面活化键合（Surface-Activated Bonding，SAB）是一项新颖的技术，在超过 10^{-8} Torr 的超高真空（Ultra-High Vacuum，UHV）环境中对洁净 Cu 界面进行 Ar^+ 离子溅射以化学活化 Cu 表面。活化后，UHV 装配可以在环境温度下进行以形成冶金键合。在真空中，化学活化的移动 Cu 离子非常快地形成冶金键合，从而形成无缝界面。由于 Cu 暴露在周围环境中很容易被 O_2 和 H_2O 氧化，因此化学活化必须就地发生在键合工具上。此外，研究表明，用覆盖层的表面钝化可以保护 Cu 表面免于氧化并提高 Cu-Cu 键合质量。通常，使用有机自组装单层（Self-Assembled Monolayer，SAM）吸附到铜上并使之钝化，以使其免于氧化。组装过程中，这些单层在低于250℃的温度下解吸，露出洁净的疏水铜表面。与传统键合方法不同，铜表面没有氧化物污染，键合非常迅速，具有高剪切强度。与 SAM 不同，金属覆盖层倾向于界面反应而不是解吸，从而在界面处形成冶金键合。薄膜金属层，例如 Ni、Au、Ti等，已经成功用于键合 Cu-Cu 互连，并具有良好的可靠性，如图 8.19 所示。

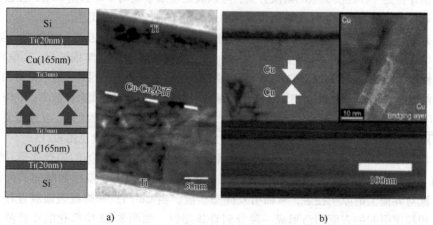

图 8.19　a）通过 Ti 覆盖的表面钝化　b）在环境温度下形成的表面活化 Cu-Cu 键合

（2）铜-介质混合键合 Cu/SiO$_2$ 混合键合可以通过对 Cu 表面亲水性改性之后进行键合和后退火来实现。这与具有额外介质键合步骤的传统 Cu-Cu 组装非常相似。由于 Cu 表面可能的 CMP 凹陷，芯片或晶圆键合最初只能通过室温下 SiO$_2$-SiO$_2$ 键合进行，如图 8.20a 所示。需要键合后退火步骤（通常在 200～400℃下）以增强 SiO$_2$-SiO$_2$ 键合并引起 Cu-Cu 键合中 Cu 的热膨胀，如图 8.20b 所示。键合后的 SiO$_2$-SiO$_2$ 强度必须足够高，以承受 Cu 热膨胀产生的应力。有时在键合后退火之前加入用于 Cu/SiO$_2$ 混合键合的热压步骤，以进一步增强键合。为了减少键合时间，另一种选择是先进行 SiO$_2$-SiO$_2$ 键合再批量进行键合后退火以完成 Cu-Cu 键合。除了 Cu/SiO$_2$ 混合键合之外，使用诸如苯并环丁烯（BCB）等聚合物胶代替 SiO$_2$ 的 Cu/胶混合键合也被研究用于 3D 集成。

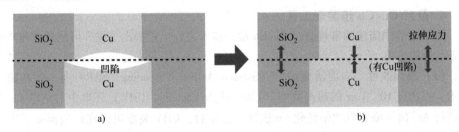

图 8.20 非热压 Cu/SiO$_2$ 混合键合示意图
a）CMP 后（有 Cu 凹陷） b）温度超过 300℃下退火后

（3）纳米铜键合 与微观尺度的相对应，纳米互连利用纳米结构或纳米尺度材料在可扩展性、可加工性和性能方面改善了互连，从而为细节距晶圆级封装提供了新的解决方案。具有增强强度和抗疲劳性的纳米结构金属和金属合金使不牺牲可靠性的高电性能互连成为可能。由于高表面积，纳米金属颗粒还表现出熔点降低和较低温度下熔融增强，因此可以提供更好的可加工性和产量。纳米结构金属与低刚度聚合物芯层的结合可以进一步降低应力并提高可靠性。与可返工界面、晶圆级测试和老炼结合的纳米晶圆级封装预计将是一种经济高效的解决方案，可以满足未来系统对 I/O 数量骤增、互连密度与电和机械目标的要求。下文将讨论应用纳米 WLP 的纳米材料和工艺。

最近，出现了基于蒸发纳米 Cu 毛细管桥接形成互连颈的新型互连。在过去几年中，基于纳米颗粒的互连发展获得了动力，因此，开发纳米材料是实现牢固键合、高电性能、高热性能、低温键合性以及对非共面性和翘曲容差的关键推动力。同时，纳米浆料和油墨技术的成熟度受到了质疑，由于：①节距可缩放性有限；②烧结后残余孔隙率；③应力管理；④为防止氧化需要昂贵的纳米颗粒表面处理。具有优化键合界面的 Cu 互连需要持续不断地发展进步，以缩小与高性能和高可靠性之间的节距尺寸差距（见图 8.21）。

（4）Cu-Cu 键合工艺机理 直接 Cu-Cu 键合一般涉及界面处的塑性变形、驱动界面上的恢复和再结晶以及晶粒生长。在热压焊施加的压力、温度和时间共同作用下，配对界面上的原子接触，从而引发固态扩散。当 Cu 凸点和焊盘表面放置在一起时，粗糙度引起的表面凹凸形成一种脊到脊状接触，如图 8.22 中简化的正弦波几何形状所示。

图 8.21　a) 烧结纳米铜浆料互连　b) 烧结纳米铜键合

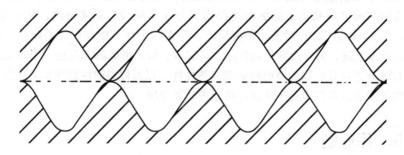

图 8.22　形成界面空隙的正弦波状凹凸

当施加的压力超过铜的屈服强度时会发生塑性变形。界面上位错密度增加，表面凹凸塑性变形形成界面空隙。接触面积增大直至足以支撑施加的键合压力，即局部应力降低至材料屈服强度以下。变形是瞬时发生的，不考虑时间相关的幂次率蠕变机制。式（8.5）给出了全塑性状态下的变形行为

$$P_k = \frac{1}{3}\sqrt{2a\pi\sigma_y\left[2a + a\ln\left(\frac{aE}{3\sigma_y R}\right)\right]} \tag{8.5}$$

式中，P_k 为键合压力；σ_y 为室温下材料的屈服强度；a 为空脊的接触宽度；R 为正弦波的曲率半径；E 为 Cu 的杨氏模量。随着键合压力 P_k 的增大将增加接触宽度 a，从而导致空隙体积的减小，最终导致空隙的塌陷。

一旦瞬时塑性变形形成接触界面，空隙颈部和接触界面的曲率差异就会激活空隙自由表面周围的扩散。扩散通过三个不同阶段发生：①由于空隙颈部和界面的曲率差异，通过应力梯度引起的表面扩散以填补空隙；②由于化学势差通过跨晶界和界面的浓度梯度建立的晶界和界面扩散，以重构晶界并降低界面表面能；③高温下激活的晶格扩散和幂次律蠕变。扩散系数遵循阿伦尼乌斯关系，并根据 Cu 的晶格、晶界或表面自扩散而具有不同活化能。随着扩散进行和体积减小，空隙形状由正弦波状变为椭圆形再变为圆柱形，因而接触面积增大，冶金键合质量提高。键合后退火通过消除位错实现界面处铜晶粒的软化或恢复。

一旦晶粒恢复，新晶粒就会成核并通过重结晶和晶粒生长而生长。已经提出了许多理论和分析模型来跟踪这些过程，并给出了描绘晶粒生长动力学的通用方程

$$\langle G \rangle_t^n - \langle G \rangle_0^n = kt \tag{8.6}$$

式中，t 为时间；$\langle G \rangle_t$ 为 t 时刻的平均晶粒半径；$\langle G \rangle_0$ 为 $t = 0$ 时 $\langle G \rangle_t$ 的初始值；n 为晶粒生长指数；k 为动力学系数。k 一般是扩散系数，在一般情况下将会是铜的自扩散系数。对于金属晶粒生长，一般接受 n 的值为 2。因此，在恰当的压力、温度和时间条件下，会形成铜键合。

(5) 直接 Cu-Cu 键合组装挑战　目前，直接 Cu-Cu 键合实践仅限于 CTE 匹配的晶圆到晶圆键合，应用在储存器、NEM/MEM 和 3D-IC 架构中。铜直接键合方法对将 IC 组装到转接板和封装基板中始终存在的基板翘曲和凸点非共面性的容限非常低。此外，对于非 CTE 匹配的芯片到基板装配，键合温度和压力需要分别限制在 250℃ 和 20 MPa 以下，以防止芯片上低 K 介质层失效并符合现有基板材料的限制。刚性全 Cu 互连到脆性超薄玻璃基板上的装配也提出了另一个挑战。总体来说，从芯片-基板（Chip-to-Substrate，C2S）封装的角度出发，存在着 I/O 节距和性能差距，一边是低性能的焊料基互连，另一边则是高性能、高成本、低产量的固态互连。根本上说，高可靠性 C2S 互连应具有铜的高电性能和高热性能，以及焊料的浸润性和柔顺度，以增强键合的可制造性和提高对非共面性和翘曲的冗余度。

8.5　作业题

1. 焊料中的应力应变

假设有一块热膨胀系数为 2.6ppm/℃ 的硅芯片，采用共晶填料倒装焊技术装配在热膨胀系数为 16ppm/℃ 的 FR-4 板上。焊接后隔离高度为 50μm，芯片边缘长度为 20mm，如图 8.23 所示，温度范围为 -40 ~ +125℃。

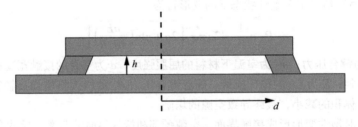

图 8.23　作业题 1 用图

1）计算此区间温度循环期间焊点的总剪切应变。假设所有的变形都发生在焊点中的理想情况。

2）假设可以利用 Coffin-Manson 关系解释共晶焊点温度循环后的寿命：

$$N = K(\gamma_p)^a \tag{8.7}$$

式中，常数 K 大约等于 400 个循环；a 等于 -0.5；γ_p 为总塑性剪切应变。忽略所有弹性应变，根据理想情况下温度循环至失效的次数计算寿命。

2. 电迁移

1）一般使用 Black 方程计算电迁移 MTTF。工作在 300K 和 400K 下相同电流密度的相同铝互连 MTTF 的比例是多少？对于铝电迁移失效，使用活化能 $E_a = 0.5\ \text{eV}$。

2）为了确保互连可靠性，使用设计规则确保互连电流密度低于安全值。如果电流密度不得超过 $5 \times 10^5\ \text{A/cm}^2$，则 1mm 厚和 1mm 宽的铜导体中允许通过的最大电流是多少？

3. 互连扩散

在焊料基互连中，Ni 用作扩散阻挡层，以防止 Cu 原子非均匀地扩散到焊料中形成界面脆性金属间化合物，影响电子封装的寿命。如图 8.24 所示，考虑将 $2\mu\text{m}$ Ni 阻挡层的双层扩散偶施加到半无限铜源上。Cu-Ni 界面处铜浓度为 C_0，扩散偶处于 250℃的恒温室内。计算 Ni 阻挡层表面铜浓度达到 1% 所需的时间。250℃时 Cu 在 Ni 中的扩散系数为 $2.99 \times 10^{-15}\ \text{m}^2/\text{s}$。

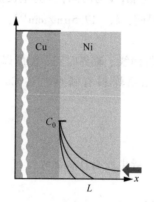

图 8.24　作业题 3 用图

使用式（8.8）所示分析浓度方程进行计算。请参考误差函数表评估误差函数。

$$\frac{C}{C_0} = \frac{1}{2}\left\{ 2 - \text{erf}\left(\frac{x}{2\sqrt{Dt}}\right) - \text{erf}\left[\frac{-(x-2L)}{2\sqrt{Dt}}\right]\right\} \tag{8.8}$$

4. 倒装焊

在适当考虑成本、设备要求、基础设施、工艺周期时间、芯片互连数和电性能的情况下，讨论引线键合、TAB 和倒装焊互连的特性。

5. 全 Cu 互连

焊料基互连的不足之处是什么？为什么全铜互连在半导体行业高密度、高性能应用中越发受到追捧？请举例说明在 IC 装配级发展高速铜互连所面临的挑战。

6. 互连寄生

铜的电阻率为 $1.7\mu\Omega \cdot \text{cm}$。

1）$10\mu\text{m}$ 厚的薄膜的片电阻是多少？

2）长度为 $50\mu\text{m}$、宽度为 $10\mu\text{m}$ 的互连电阻是多少？

3）该互连与另一条平行相同线路通过 $1\mu\text{m}$ SiO_2 隔开，它们的电容是多少？SiO_2

的相对电容率为 3.9。

4）这条 500μm 长的电路相关的 RC 时间常数是多少？

5）如果用充满空气（相对电容率为1）的间隙代替氧化物，则新的 RC 时间常数是多少？

7. 金属间化合物生长动力学

考虑图 8.24 所示的 SLID（固-液互扩散）堆叠。

1）为了确保完全转化为金属间化合物 Cu_6Sn_5，所需的中间 Cu 和 Sn 层的厚度之比（t_{Cu}/t_{Sn}）是多少？

2）若如此形成的 Cu_6Sn_5 遵循式（8.9）所给出的阿伦尼乌斯型生长速率

$$厚度_{Cu_6Sn_5}（时间，温度）= k_0 \exp\left(\frac{\pm A}{RT}\right)t^n \tag{8.9}$$

式中，k_0 为速率常数；A 为活化能；t 为时间；n 为生长指数，那么计算以下给定条件下完全转化为 Cu_6Sn_5 所需的时间：$k_0 = 17.5\,\mu m/min^{0.25}$，$A = 9kJ/mol$，$n = 0.25$。

8. 焊接曲线

1）绘制并描述典型再流焊曲线、临界时间、温度以及不同区域的用途。

2）装配中使用的典型无铅焊料有哪些？在 Cu-Sn 焊料中掺杂 Ag 有什么优势？

9. 粘接互连

1）什么是底部填充包封？

2）相比于传统锡铅焊料，导电胶有什么优势？

8.6 推荐阅读文献

Brown, W.D., ed. *Advanced Electronic Packaging*. 2nd ed. New York: Wiley Press, 2006.

Callister, W. *Materials Science and Engineering: An Introduction*. 9th ed. Hoboken, NJ: Wiley Press, 2013.

Doane, D. A. and Franzon, P., eds. *Multichip Module Technologies and Alternatives*. New York: Van Nostrand Reinhold, 1993.

Electronic Materials Handbook, Volume 1—Packaging. ASM International, 1989.

Frear, D., et. al. *The Mechanics of Solder Alloy Interconnects*. 1st ed. New York: Springer, 1993.

Greig, W. *Integrated Circuit Packaging, Assembly and Interconnections*. New York: Springer Science+Business Media, 2007.

Harman, G. and Mach, P. *Microelectronic Interconnections and Assembly*. 1st ed. Springer Science+Business Media, 1996.

Harper, C. A., ed. *Electronic Packaging and Interconnection Handbook*. New York: McGraw-Hill Professional, 1991.

Johnson, R. W., Teng, R. K. F., and Balde, J. W., eds. *Multichip Modules*. Piscataway, NJ: IEEE Press, 1991.

Lau, J., ed. *Ball Grid Array Technology*. New York: McGraw-Hill Professional, 1995.

Lau, J., ed. *Chip on Board Technologies for Multichip Modules*. New York: Van Nostrand Reinhold, 1994.

Lau, J., ed. *Handbook of Fine Pitch Surface Mount Technology*. New York: Van Nostrand Reinhold, 1994.

Lau, J., ed. *Handbook of Tape Automated Bonding (TAB)*. New York: Van Nostrand Reinhold, 1992.

Lau, J., ed. *Solder Joint Reliability: Theory and Applications*. New York: Springer Science+Business Media, Van Nostrand Reinhold, 1991.

Lau, J. and Pao, Y. eds. *Solder Joint Reliability of BGA, CSP, Flip Chip, and Fine Pitch SMT Assemblies.* New York: McGraw-Hill Professional, 1997.

Lee, T. K. *Fundamentals of Lead-Free Solder Interconnect Technology.* New York: Springer US, 2015.

Levine, L. "Wirebonding." Advanced Packaging, Vol. 9 (4):47–52, April 2000.

Seraphim, D. P., Lasky, R. C., and Li, C.-Y., eds. *Principles of Electronic Packaging.* New York: McGraw-Hill Series in Electrical and Computer Engineering, 1989.

Tummala, R. R., Rymaszewski, E. J., and Klopfenstein, A. G. *Microelectronics Packaging Handbook Part II: Semiconductor Packaging.* 2nd ed. New York: Chapman & Hall, 1997.

Tummala, R. R., Rymaszewski, E. J., and Klopfenstein, A. G., eds. *Microelectronics Packaging Handbook: Part 3 Subsystem Packaging,* 2nd ed. New York: Chapman & Hall, 1997.

第 9 章

嵌入与扇出型封装基础

Beth Keser 博士
美国英特尔公司

Tailong Shi 先生
美国佐治亚理工学院

Rao R. Tummala 教授
美国佐治亚理工学院

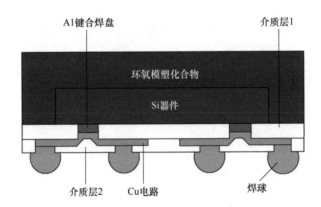

本章主题

- 嵌入和扇出型封装的定义和描述
- 扇出型晶圆级封装技术的描述
- 面板级封装技术的描述
- 嵌入和扇出型封装的应用描述

9.1　嵌入和扇出型封装的定义及采用原因

嵌入式封装和扇出型封装是两种不同的技术。如图 9.1 所示，所有的单芯片封装技术可以分为四种类型，即晶圆级封装、嵌入式封装、扇出型封装、嵌入式扇出型封装。

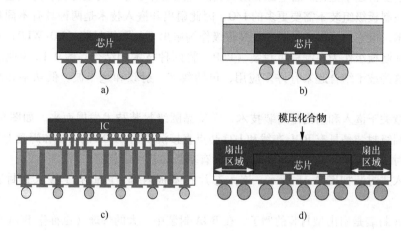

图 9.1　四种封装类型

a) 晶圆级封装（WLP）　b) 嵌入式封装　c) 扇出型封装　d) 嵌入式扇出型封装

因为晶圆级封装（Wafer Level Packaging，WLP）比传统封装具有更多优点和灵活的制造基础设施，所以 WLP 正成为一种新兴的战略和主导的封装技术。WLP 开始于20 世纪 90 年代，在晶圆厂的晶圆上沉积再分布布线层，在其上方放置凸点形成输入/输出（I/O）端，然后对封装好的 IC 进行分离，最后制备成准备用于板组装的晶圆级封装芯片。该 WLP 是一个从晶体管到 RDL 布线、焊料凸点和板组装的连续互连的单一单元。所有的 WLP 都是芯片尺寸封装（Chip Scale Package，CSP），这意味着芯片和封装的大小几乎相同，其中的微型化和短的互连长度引起的高电气性能是较为理想的原因。然而，WLP 通常仅限于小于 6mm×6mm 的小型集成电路和小型封装，因此，它限制了节距在 0.3mm 以上的连接到板的外部 I/O 数。

扇出型封装通过模塑扩大尺寸，以提供更多的连接到板的 I/O 数，扇出型封装对很多应用非常重要，特别是用于计算的处理器芯片封装。扇出意味着将 I/O 扇出到超过封装体中 IC 的焊印。扇出型技术本身并不是新颖的技术，事实上，自20 世纪 70 年代以来，每年生产的数十亿封装中，大多数都是扇出型封装。但是，对于在晶圆厂制造晶圆级封装来说这是一个新的技术。由于晶圆级封装尺寸小，因此限制了在制板级的 I/O。晶圆扇出可以通过扇出晶圆级封装允许更多的 I/O，这样消除了 WLP 的在制板级 I/O 限制。图 9.1c 的 BGA 封装是扇出型封装的例子，这些不是在晶圆厂的晶圆上制造，而是在封装厂或基板厂作为条带、在制板和板制造的。

嵌入式技术是一种不同于晶圆级封装的技术，用于满足不同的需求。嵌入意味着将芯片嵌入到基板内，并在芯片上建立 RDL 布线层，因此也称为芯片前置（Chip-first）。在这项技术中，用环氧模塑料将 IC 模塑在 200～300mm 的圆形晶圆上，RDL 布线直接沉积在重组的 IC 上。因此，芯片与封装或电路板之间的互连非常短，不需要对芯片进行组装，如果将芯片从原来的 750μm 厚度研磨到 30～100μm，则嵌入式封装就会变得超小型化。若电源和射频类的应用受益于这种封装方法，那么它们在芯片级和在制板级组装不需要更多的 I/O，因此扇出和嵌入技术是两种具有不同目标的不同技术，但它们可以由晶圆厂在晶圆级作为扇出型晶圆级封装（FO-WLP）和由封装厂以在制板级作为在制板级封装（PLP）将两种技术相结合。图 9.1d 说明了这一概念，这些技术结合起来有许多应用，包括数字、射频和毫米波、低功率和高功率产品。

本章关于嵌入和扇出型封装技术，它从晶圆级封装技术发展而来。如图 9.1a 所示，晶圆级封装是具有 RDL 布线和 I/O 凸点直接沉积在 BEOL 的引线和焊盘上的芯片尺寸的封装。因此，晶圆级封装工艺中没有基板和芯片组装配。

嵌入式封装如图 9.1b 所示，嵌入芯片在基板内部，因此有了嵌入式封装这个术语。

BGA 封装是扇出型封装的例子，在 BGA 封装中，大的焊球（也称作 BGA 球）从元器件的区域扇出，不像 WLP 中 BGA 引脚局限在芯片区域。因此，扇出型封装术语如图 9.1c 所示。

如果封装涉及扇出和嵌入的两种原理，那么它是嵌入式扇出封装（Embedded and Fan-Out Packaging，EFO）。EFO 是从 WLP 演化而来的，因为它需要提供比 WLP 更多的在制板级 I/O。图 9.1d 显示了一个嵌入式扇出型封装的例子。

9.1.1 为什么采用嵌入和扇出型封装

嵌入和扇出型封装有很多优势，包括：

1）最短的互连长度和最高的电信号传输速度。

图 9.2 中考虑了两种封装形式。图 9.2a 所示为倒装芯片封装，是将芯片倒置组装到有机基板，芯片和基板的互连，包括底填料（UF）和焊凸点；图 9.2b 是嵌入和扇出型（EFO）封装。这两种封装形式之间的信号路径长度和信号延迟是不同的。由于 EFO 封装缩短了信号路径长度，所以图 9.2b 中的 EFO 比图 9.2a 中的封装拥有更好的电气性能。

2）封装代工厂不需要基板，因此减少了工艺和成本。

3）没有一级芯片到基板的组装。

4）由于超薄 IC 的嵌入且不需要基板和焊点的组装形成超薄的封装。

5）模塑化合物的高 CTE 和低模量等优点提高了在制板级组装可靠性。

6）与 WLP 相比，允许封装更大的 IC。

7）比倒装芯片或引线键合封装具有更小的面积。

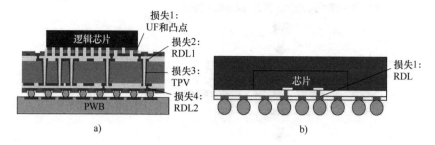

图 9.2　两种封装结构的信号损失途径

a）倒装芯片封装　b）嵌入和扇出型封装

9.2　扇出型晶圆级封装结构

图 9.3 所示为扇出型晶圆级封装结构，包括：①两个或更多的介电层；②在元器件 BEOL 时沉积导电层；③在元器件 BEOL 时沉积 Al 或 Cu 盘；④嵌入 IC；⑤环氧模塑；⑥贴附 FO-WLP 封装到板上的无铅焊球。这些技术构成本章的基础。

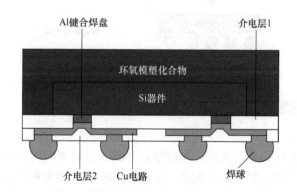

图 9.3　嵌入和扇出型晶圆级封装结构图

9.2.1　典型扇出型晶圆级封装工艺

一个典型的 FO-WLP 工艺开始于从晶圆上拾起单个器件并放置在 200mm 或 300mm 载体晶圆上的黏合带上。最常见的载体晶圆是硅和玻璃。重组的晶圆用环氧模塑料成型。模塑扩展了芯片的表面尺寸，因此可以放置更多的凸点，如图 9.4 所示。然后移除载体，将已模塑或重组晶圆翻转，然后沉积 RDL。最后，使用模板将焊球放置在 RDL 布线层上，然后对晶圆上的焊球进行熔合和回流。在回流和清洗助焊剂后，将器件研磨至最终的厚度、激光打标、分离成最终的封装。这样的工艺导致最薄的形状系数，且具有短的信号路径长度和高的电气性能。

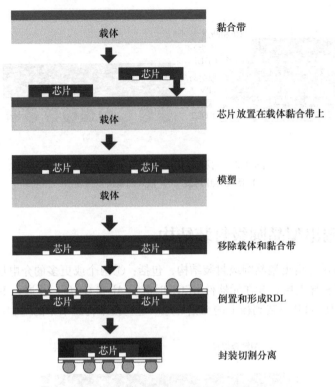

图 9.4　扇出型晶圆级封装工艺流程

9.2.2　扇出型晶圆级封装技术基础

1. 电性能

由于 FO-WLP 比传统引线键合和倒装芯片封装具有更短的互连长度，因此 FO-WLP 改善了电气性能，如图 9.5 所示。与倒装芯片 BGA 封装相比，FO-WLP 有更小的 R、L、C 寄生值，使得其信号传输性能更优。如图 9.6 所示，eWLB 是 FO-WLP 的一种类型，eWLB 与传统 FC-BGA 相比电阻降低了 68%，电感降低了 66%，电容降低了 39%。

2. 机械性能

FO-WLP 不同于引线键合和倒装芯片封装，因为它不需要一级组装（First Level Assembly，FLA）或芯片级组装，如引线键合或焊球。通过消除芯片级组装，FO-WLP 降低了互连应力，避免了内部介电层开裂和分层问题。此外，由于模塑料比 Si 器件具有更高的 CTE 和更低的模量等优点，因此 FO-WLP 改善了在制板级可靠性。而且由于能像晶圆厂工艺那样具有更好的设计基本规则，所以 FO-WLP 封装比同等倒装芯片和引线键合封装尺寸更薄更小。

3. 热性能

薄封装的超薄尺寸和低的垂直热阻提高了 FO-WLP 的热耗散。

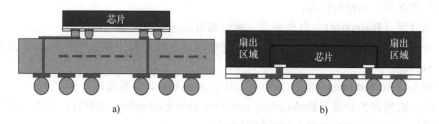

图 9.5 封装的电互连示意图（由星科金朋公司提供）

a）倒装芯片 BGA 封装 b）FO-WLP

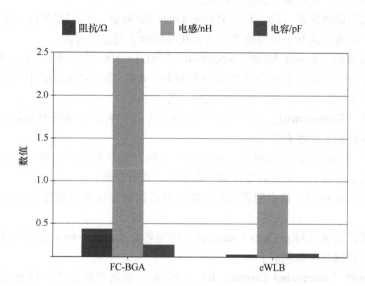

图 9.6 1GHz 下传统的 FC-BGA 和 FO-WLP 的电参数

（阻抗 R、电感 L、电容 C）（由星科金朋公司提供）

9.2.3 术语

后道工序（Back End of Line，BEOL）：后道工序是 IC 制造的第二部分，将单个器件与晶圆上的金属化层互连。

苯并环丁烯（Benzocyclobutene，BCB）：苯并环丁烯是一个苯环融合成一个环丁烷环，常用于制造光敏聚合物。

球栅阵列（Ball Grid Array，BGA）：BGA 是一种表面安装类型的封装，利用焊球连接到印制电路板。

芯片先置（Chip-first）：芯片先置是指 RDL 铜布线在芯片嵌入后建立。

芯片后置（Chip-last）：芯片后置是指 RDL 铜布线在芯片嵌入前建立。

芯片尺寸封装（Chip-Scale Package，CSP）：CSP 是一种封装面积不大于芯片面积 1.2 倍的集成电路封装形式。

热膨胀系数（Coefficient of Thermal Expansion，CTE）：CTE 是表示材料在受热

后膨胀程度的一种材料性能。

电介质（Dielectric）：电介质是一种能被外加电场极化的电绝缘体。

介电常数（Dielectric constant）：介电常数是影响材料中两点电荷间库仑力的一种材料性能。

嵌入（Embedding）：嵌入是指将芯片嵌入到基板封装或板内。

嵌入式扇出型封装（Embedding and Fan-Out Packaging，EFO）：嵌入式扇出型封装是同时包括扇出型和嵌入式的封装技术。

在制板级封装（Panel-Level Package，PLP）：PLP 是在封装代工厂将嵌入式和扇出型技术相结合面板级上制造的封装。

扇出型晶圆级封装（Fan-Out Wafer-Level Package，FO-WLP）：FO-WLP 是在晶圆代工厂将嵌入式和扇出型技术相结合在晶圆级上制造的封装。

环氧模塑料（Epoxy Mold Compound，EMC）：EMC 是一种以环氧树脂、固化剂、二氧化硅和其他添加剂为主要成分的材料。EMC 能有效地保护半导体电路不受外部环境因素的影响，如湿气、热和机械冲击。

面向下（Face-down）：面向下是一种嵌入方法，它是将器件的有源面朝下放置到芯片载体晶圆上的黏合带上。

面向上（Face-up）：面向上是一种嵌入方法，它是将器件面朝上粘接到晶圆载体基板上的黏合带上，之后对整个再分布的晶圆进行模塑。

扇出（Fan-out）：扇出型意味着 I/O 扇出后的封装体面积超过封装内 IC 芯片的面积。

倒装芯片封装（Flip-Chip Package）：倒装芯片技术是一种表面安装技术，将 IC 芯片倒置直接键合在印制板上。

集成电路（Integrated Circuit，IC）：IC 是一系列在小片半导体材料（通常是硅）上的电路。

已知好的芯片（Known Good Dies，KGD）：KGD 是放置在它们的封装体内之前已经完整测试过的芯片。

低噪声放大器（Low Noise Amplifier，LNA）：LNA 是一种能在不显著降低信噪比的情况下放大非常低功率信号的电子放大器。

封装测试代工厂（Outsourced Semiconductor Assembly and Test，OSAT）：OSAT 是指提供第三方集成电路封装和测试服务的代工厂。

聚苯并恶唑（Polybenzoxazole，PBO）：PBO 是一种高分子材料。

印制电路板（Printed Circuit Board，PCB）：PCB 是一种具有外部与内部布线的有机和无机复合材料，进行电子元器件的电气互连和机械支撑。

光刻（Photolithography）：光刻又称为光学光刻或 UV 光刻，是一种用于微加工的方法，用于对薄膜或基板的部分进行特征图形转移。

物理气相沉积（Physical Vapor Deposition，PVD）：PVD 描述了各种真空沉积方法，可用于生产薄膜和涂层。

聚酰亚胺（Polyimide）：聚酰亚胺是聚酰亚胺单体的聚合物。

再布线层（Redistribution Layer，RDL）：RDL 是芯片上一个额外的金属层，使集成电路的 I/O 焊盘分布于其他位置。

热阻（Thermal resistance）：热阻是一种热特性和一种温差的度量，用它来表征物体或材料抵抗热流的能力。

T_g：玻璃转变温度是一种物质的两种晶型在平衡状态下共存的温度。

底填料（Underfill）：底填料是应用在 PCB 上的一种聚合物，它包封了 IC 的底面，保护了 IC 底面和 PCB 顶面之间脆弱的连接。

通孔（Via）：通孔是基板顶部和底部之间的相互连接。

吸水率（Water Absorption）：吸水率是指材料在规定的试验条件下吸水的量。

晶圆级封装（Wafer-Level Packaging，WLP）：WLP 是封装集成电路的技术，虽然是部分晶圆采用这种封装，但它与通用的将晶圆切割成单个电路再封装的方法形成对比。

9.3　扇出型晶圆级封装技术

9.3.1　分类

如图 9.7 所示，根据器件在装片工艺中放置的方向分为面向上和面向下，根据 RDL 铜布线是在芯片嵌入之前还是之后建立的分为芯片先置和芯片后置。

1. 面向上和面向下

（1）面向下工艺　面向下工艺如图 9.8a 所示，将器件的有源正面朝下放置在管芯载体晶圆的黏合带上，然后用环氧模塑料进行成型，在模塑料固化后移除载体，将模塑或重组晶圆倒置用于再分布层沉积工艺。

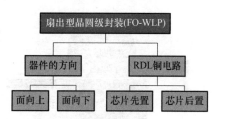

图 9.7　扇出型晶圆级封装的分类

面向下方法的缺点是器件嵌入到黏合带中，在器件取放力和压模力的作用下导致器件和模塑料之间形成一定的表面形态。在这种工艺中器件会凸出模塑料 $5 \sim 10\,\mu m$。由于这种器件模塑工艺保持共面性成为一个主要问题，因此要求第一聚合物介电层足够厚以平坦化表面。但更厚的介电层在 RDL 沉积时易导致弯曲，形成小的通孔（$<10\,\mu m$）也更困难。

这种工艺的优点是不需要使用铜柱和焊料，节省了成本，与面向上方法相比降低了封装高度。

（2）面向上工艺　在如图 9.8b 所示的面向上工艺中，器件正面朝上贴附到圆形载体上的黏合带上，之后模塑整个重组晶圆。在工艺过程中，整个器件表面的有源面被环氧模塑料覆盖。环氧化合物固化后，通过磨抛表面的顶部使器件暴露，之后移除载体基板。为了避免损坏器件表面和适应模具、载体、黏合带厚度和磨削公差，在晶圆减薄和器件分离前必须在晶圆片上沉积如图 9.9 所示的高铜柱。

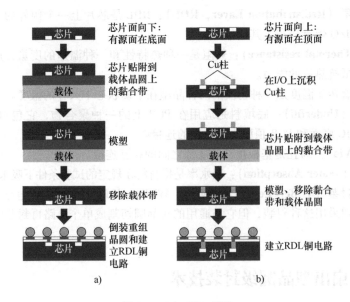

图 9.8 FO-WLP 封装

a) 面向下 b) 面向上

图 9.9 显示了一个面向上 FO-WLP 封装的示例。在示意图和图像中可以观察到被模塑料覆盖的铜柱,这是面向上和面向下工艺的主要区别(Deca 技术)。

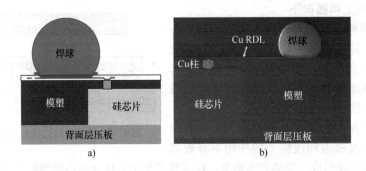

图 9.9 面向上 FO-WLP 实例(源自 Deca)

面向上工艺的优点是能消除器件和模塑料间导致共面问题的表面形态,消除了芯片与环氧模塑料引起的共面性问题,第一聚合物介电层可以更薄,因此在薄的可成像介电层中通孔尺寸更小。薄介电层在 RDL 工艺过程中产生的翘曲也更小。

尽管面向上和面向下方法在先进的设计规则下都具有较小的封装面积,但与这些工艺相关的挑战还有很多,除了上述提及的面向下芯片共面性问题外,环氧树脂晶圆的翘曲也必须得到控制,这样环氧树脂晶圆才能通过 RDL 生产线进行加工。由于固化收缩引起芯片移动或"芯片漂移"也必须设法控制以达到高的成品率。

2. 芯片先置和芯片后置

(1)芯片先置 如上所述,在芯片先置工艺中首先开始芯片嵌入工艺,嵌入以后建立多层 RDL 布线电路，如图 9.10a 所示，这是最普通的 FO-WLP 技术。

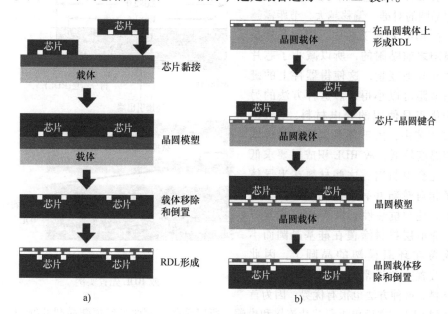

图 9.10 FO-WLP 封装

a）芯片先置 b）芯片后置

（2）芯片后置 自 20 世纪 60 年代以来，芯片后置工艺是最常用的封装方法，适用于扇出型晶圆级封装，如图 9.10b 所示。在这种工艺方法中，RDL 布线首先沉积在载体基板上（如硅或玻璃）。与此同时，器件晶圆上镀上带有锡帽的铜柱凸点，为芯片连接工艺做准备。晶圆背部研磨和分离后，器件利用焊料回流连接到硅晶圆支撑基板上的铜布线。之后模塑晶圆并利用研磨和腐蚀工艺或激光去键合移除硅晶圆支撑基板。环氧模塑晶圆之后进行激光打标并切割成单个封装。当芯片后置应用到 FO-WLP 时，这种方法也称作 RDL-first。

这种方法和传统的倒装工艺相似。布线层基板的制作和测试在芯片贴附之前。这允许 KGD 和已知好基板（Know Good Substrate，KGS）的确认，从而获得更高的成品率。

图 9.11 显示了一个芯片后置方法的 FO-WLP 封装例子，该封装用于微控制器器件的芯片后置方法。图中所示的铜柱凸点是芯片上的焊盘与载体晶圆上的 RDL 布线之间的连接。

这种方法既有优点也有缺点，平面硅晶圆上的 RDL 电路可以提供比直接嵌入芯片的环氧模塑晶圆的 RDL 更精细的布线特性，此外，它提供了在芯片连接之前测试 RDL 电路的能力，从而提高了 RDL 布线的成品率。更好的特性允许高引出端数的封装，更好的可路由性，以及高密度的路由结构。此外，由于硅晶圆的平整度、光滑度和尺寸稳定性，其 RDL 电路的成品率高于具有表面起伏的环氧树脂模塑的晶圆。最后，与 FO-WLP 封装相比，器件上的键合指的节距取决于芯片装片工艺中发生的芯片移动量，这是由模塑化合物固化收缩和环氧模塑晶圆的翘曲造成的。为了补偿和允许第一层聚合物介电层中的通孔与环氧模塑晶圆的对准，偏移越大，节距需越大。在 RDL 先置工艺中，因为芯片是在模塑之前贴附的，所以减小了芯片漂移和其他变量，这使得器件上的键合指节距可以小得多。这种方法的另一个优点是使用的介电材料，在 FO-WLP 工艺中，由于环氧模塑料的玻璃转变温度较低，故 RDL 积成层要求低温固化介电材料。这些材料在半导体市场相对较新并有一定的局限性，如抗化学性和抗热性。由于 RDL 先置方法中介电层材料涂覆在硅基晶圆而不是涂覆在环氧模塑的晶圆上，因此 RDL 先置方法通常可使用高温固化介电材料。这种方法也很有优势，因为首先创建 RDL，之后再进行芯片连接和模塑，所以消除了翘曲环氧模塑晶圆的处理。

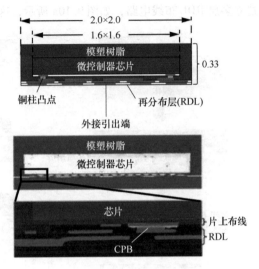

图 9.11　FO-WLP 封装芯片后置
或 RDL 先置实例

这种方法的缺点是成本高。FO-WLP 最初是为了解决低成本封装市场而创建的，因此封装的总成本是该技术能否成为主流的一个关键问题。芯片上带焊帽铜柱凸点和"牺牲的"硅载体晶圆导致了额外的费用，凸点加工工艺成本、硅载体晶圆和移除工艺的成本使这种封装方法比其所替代的传统的低成本封装昂贵。然而，近几年来由于 RDL 先置封装在高端市场有能力生产高产量、细线宽封装而重新出现。由于高引出端数封装需要高密度和可路由性，因此细线宽和高 I/O 数也很重要。

9.3.2　材料和工艺

FO-WLP 是一种相对较新的封装技术，需要开发许多材料才能适应这种类型的嵌入式封装工艺。图 9.12 所示为不同类型的材料。两个最主要的发展领域是用于压模成型的低温可光敏成像聚合物电介质和环氧模塑料，将在下面的部分中进行描述。

1. RDL 材料

介电层：提供 I/O 连接到 IC 的 RDL 布线在任何封装中均是最重要的技术，它由介电层和导体组成，介电层材料提供了沉积导体层的电介质和机械基础。它们在封装的 RDL 层之间提供绝缘。这些材料有低的介电常数、低的损耗正切和高的电阻率。这些材料可以用可光致图形化消除。如果它们不能可光致图形化，则需要一个单独的掩蔽步骤在介质中蚀刻孔，并使其金属化，以连接器件上的键合焊盘。由于这些原因，通常使用在 320 ~

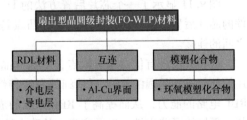

图 9.12　扇出型晶圆级封装材料

390℃温度范围内固化的可光致图形化聚合物。在 FO-WLP 中，介质层必须在已环氧模塑的晶圆上涂覆、图形化和固化，因为通常用于 FO-WLP 的基于环氧模塑料具有 150~170℃的 T_g，所以高温固化 RDL 介质是不合适的。如果在已环氧模塑的晶圆上或在制板上使用传统的高温固化电介质，则环氧树脂将在固化过程中软化并流动，从而移动已嵌入的器件，这叫作芯片移动或芯片漂移，由于高温固化导致的芯片漂移可能会非常广泛，因此在形成多层 RDL 时通孔的对准成为一个主要问题。

FO-WLP 的另一个问题是翘曲，第 4 章所述的翘曲是由于模塑料、RDL 材料和有源芯片的 CTE 差异以及高温工艺造成的，已环氧模塑的晶圆必须具有与封装工艺设备相适应的同量级的低翘曲。必须选择可减少设计弯曲的低弹性模量和低温工艺的介电材料。

此外，FO-WLP 还面临可靠性问题，FO-WLP 必须通过标准的封装和在制板级可靠性测试，包括温度循环和高温储存。低模量高断裂伸长率的聚合物介电材料表现最好，但它们可能没有最好的化学性能。由于聚合物材料要经历许多化学过程，包括等离子清洗、光刻胶涂覆和显影、电镀、光刻胶剥离和溅射的种子层刻蚀，因此耐化学性非常重要。

其他重要的性能包括黏附性。介电材料必须与器件钝化材料良好黏附，如二氧化硅或氮化硅，并与自身形成多层结构。介质层必须本征平面化，或具有自平面化的特性，或采用低成本的外部平面化工艺，如化学机械平面化（Chemical Mechanical Planarization，CMP）工艺。介电材料的光敏性对在较厚介电层中形成较小的通孔并与器件上密节距的键合焊盘互连是很重要的。介电材料在多种厚度条件下能形成小尺寸通孔的关键是有一个坚固的材料和较宽设计窗口的工艺。

为满足这些要求，开发了一系列适用于 FO-WLP 的低温介电材料。这些材料中许多是基于 350~390℃固化温度的高温聚酰亚胺或 300~350℃固化温度的聚苯并噁唑（PBO）。应用这些芳香族聚合物是因为其具有良好的热、化学、防潮性能以及其他适当的性能，如用于高信号速度的低介电常数（<4.0）。这两种材料完全固化后都不溶于旋涂溶剂，因此它们都是预固化或预亚胺化的。为了制备介电层，母体溶解在旋涂溶剂中，最终在固化过程中在晶圆上进行聚合反应。这两种物质都发生了冷凝反应并释放出水。聚合物母体和完全固化的化学结构如图 9.13 所示。低温固化可以通过打断聚合物结构（R，X 基团）和添加剂优化来实现。

除了 PI 和 PBO，其他种类的介电材料还包括苯并环丁烯（BCB）和酚醛树脂。BCB 是 WLP 中最早用作可光成像电介质的材料之一，但由于其脆性而导致断裂伸长率较低，因此被聚酰亚胺所取代。在热循环可靠性试验中，这种材料的性能会导致界面开裂。各聚合物的化学单元如图 9.14 所示，主链中的偶极子由于吸湿率增加导致更高的介电常数，由于 BCB 不像聚酰亚胺那样含有偶极子，所以它的吸湿率较低，介电常数也较低。然而，偶极子数的减少也会导致较低的黏附性，因此在旋涂之前必须在晶圆上添加黏附促进剂。

在设计低固化温度光成像聚合物介质时，必须考虑许多因素，包括材料性能、与其他 FO-WLP 材料（如环氧模塑晶圆或面板）的相容性、环境友好性、二次资源的可用性、成本和知识产权。表 9.1 列出了这些竞争因素。

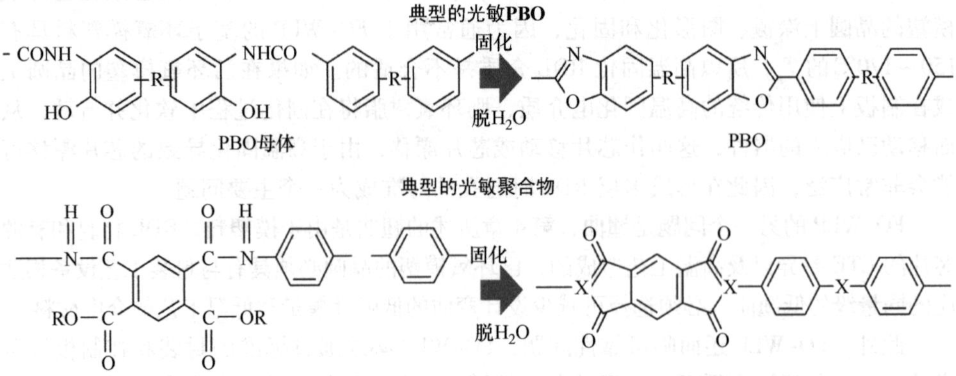

图 9.13　PBO 和 PI 的母体及它们完全固化后的化学结构

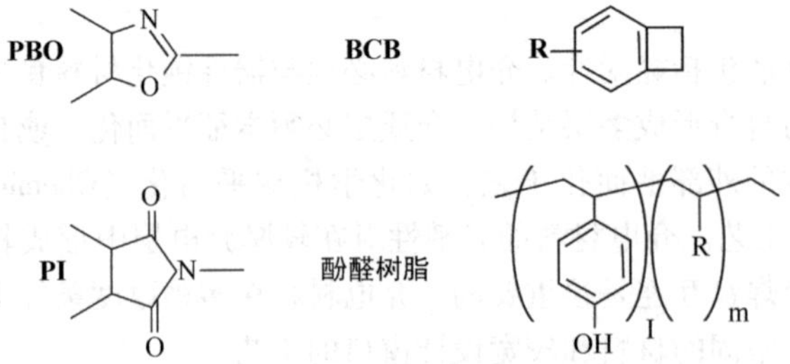

图 9.14　PI、PBO、BCB 和酚醛树脂的重复化学单元

表 9.1　选择 FO-WLP 介电材料需考虑的因素

介电材料的要求	
工艺条件	涂布数量
	涂层均匀性
	薄膜厚度范围
	图片成像速度
	分辨率
	粒子探测能力
	纯度
	周期时间
材料特性	热机械性能（T_g，CTE，E，wt% 降解）
	机械性能（E，延伸率，强度）
	电特性（介电常数和介电损耗）
	抗化学腐蚀
	黏附性

（续）

介电材料的要求	
FO-WLP 兼容性	旋转涂覆
	曝光类型（宽带、i-线、激光）
	翘曲
	热特性

在表9.2中，将高温固化聚酰亚胺和PBO的性能与低温固化酚醛树脂、PBO、BCB和聚酰亚胺进行了比较。尽管性能相当，但加工性能和扇出型晶圆级封装相容性使得这些材料各有千秋。区别性工艺特征包括自旋涂覆性、软烘烤时间和温度、曝光剂量、显影剂化学性能和方法、固化时间、温度以及工艺窗口。曝光、显影和固化过程中的厚度损失（也称为膜保留）也很重要。表9.2显示了涂覆低温固化PBO的典型配方。使用这种材料时，必须将涂覆、烘烤、显影和固化时间加入到周期时间中。此外，最终厚度仅为原始涂层厚度的65%，这意味着必须涂覆更多的材料才能达到所需的厚度，从而导致更高的材料成本。

表9.2 高温和低温聚合物的介电性能

聚合物	高温固化		低温固化			
	聚酰亚胺	PBO	酚醛树脂	PBO	BCB	聚酰亚胺
固化/℃	350~390	300~350	200	220	200	220
CTE1/（$\times 10^{-6}$/℃）	35	60	50	39	65	60
延伸率（%）	45	100	15	55	28	62
T_g/℃	325	300	219	283	>300	210
E/GPa	3.5	2.3	1.8	2.7	2.0	3.9
抗拉强度/MPa	200	170	110	124	98	197
残余应力/MPa	34	37	16	25	25	25
介电常数	3.2	2.9	3.5	3.5	3.0	3.5
吸水率（%）	1	0.5	1.3	1.4	1.2	1.5

2. 导体

基于各种原因，铜是所有各级电子学部件中最好的导体，包括导电性和导热性、丰富的可用性、易于沉积和导体图案的可加工性。第6章描述了更详细的工艺和特性。

3. 环氧模塑料

环氧模塑料是最重要的封装材料之一，被广泛用作包封料。在扇出型晶圆级封装中，当所有芯片从原始硅晶圆上分离后，通过用与压模兼容的模塑料对它们进行模塑，将单个集成电路重新组成一个晶圆片。这些模塑料需要具有低温、快速固化、最小固化收缩、固化后低翘曲、模塑时的优异成型性、无流痕以及低成本等特性。低固化温度要求模塑化合物具有低玻璃转变温度 T_g。通常，黏合带具有热剥离特性，因此已环氧模塑的晶圆可以从载体上热剥离。此外必须控制环氧模塑料的固化温度，以使已环氧模塑的晶圆不会过早剥离，固化温度必须低于 180℃。此外，固化时间必须足够快。由于模具非常昂贵，已环氧模塑的晶圆在模槽中的时间不得超过 10min。如果固化时间超过 10min，则该模具的产量将小于 6 片环氧模塑晶圆/h，因此需要更多的模具，这增加了扇出型晶圆级封装的额外费用。

固化收缩是影响模塑料性能的一个重要因素。材料较大的固化收缩将导致两个负面后果。首先，材料从胶带上剥离，导致器件-模塑料共面性问题。第二，环氧模塑料的收缩导致芯片位移，将芯片从精确放置的位置向内移动到已环氧模塑的中心。已环氧模塑的翘曲也很关键，因为该晶圆将使用下游工具中的机械臂自动处理。晶圆翘曲越大，自动处理就越困难。环氧模塑的晶圆必须具有 ±3mm 范围内的低翘曲，以便在整个封装制造过程中由工艺设备处理。具备优越的热性能和机械性能的模具填充材料是可制造性的另一个要求。环氧模塑料必须在低温下快速熔化，并具有足够低的黏度以完全填充。

为扇出型晶圆级封装设计环氧模塑料涉及许多不同和相互冲突的要求和考虑。因此可用的化学物质包括树脂、弹性体、填料、催化剂和添加剂，用来满足上述要求，如图 9.15 所示。通过选择具有高玻璃转变温度 T_g、低弹性模量和低热膨胀系数（CTE）的材料来设计低翘曲的环氧模塑晶圆。模塑化合物的这些性质可以通过改变树脂类型、弹性体（或增韧剂）、添加剂和填料含量来调整。为了使环氧模塑晶圆中的芯片位移最小化，需要低 CTE 和低模塑收缩材料。低 CTE 是由树脂的选择为辅，填料的含量为主决定的，这也控制了所需的低模塑收缩与较高的填料含量。此外，高填料含量确保了器件和模塑料层的共面性。低温固化可以通过使用高活性化学品，如催化剂设计加入环氧模塑料。较少的流痕是良好流动性的标志，这是由树脂选择和填料尺寸决定的。良好的可靠性是良好黏附力和低应力值的函数。低应力是高玻璃转变温度、低弹性模量和低 CTE 的结果。良好的黏附力是环氧模塑料配方中使用的添加剂的一个功能。

环氧模塑料所面对的其他挑战包括载体的尺寸和模塑料厚度。与较小的载体相比，较大的载体（例如 300mm 和 200mm）可能具有更大的翘曲、更差的流痕和更差的流动性。对于相同的器件厚度，较厚的环氧模塑的晶圆将具有更显著的翘曲，但是与较薄的模塑厚度相比，模塑料在模具中可以更好地流动以减少流痕。

另一个要考虑的因素是使用液态的环氧模塑料并将其用针头分配到用黏结剂粘在载带上的器件上，还是使用固态的环氧模塑料并其将从料斗中分配出来。液体材料从扇出型晶圆级封装诞生之日起就一直用于制造业，其比固体材料更贵。然而，液体材料要具有所需的黏度，以在最少的操作下可以产生良好的流动性。由于该材料不会产生任何颗粒或灰尘，因此这是在洁净室中进行环氧晶圆组装时需要注意的一个重要问题。然而，液体材料也具有其他挑战，例如更高的固化收缩率导致更差的器件-模具共面性和更大的管芯位移，以及更短的保存期。

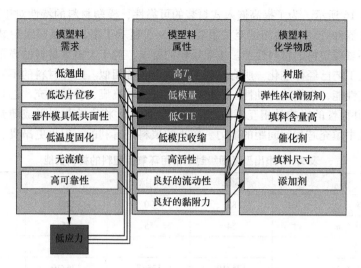

图 9.15　为实现所需的工艺特性和性能所设计的模塑料

胶凝时间是热固性模塑料在模塑温度下有效固化所需的时间，是环氧模塑料设计中的一个关键因素。在将已环氧模塑晶圆转移到烘箱中进行模塑后固化（Post- Mold Cure，PMC）步骤之前必须达到胶凝时间。将晶圆从模具中取出之前，建议的固化程度为 40%，固化温度越高，胶凝时间越快，如图 9.16 所示。

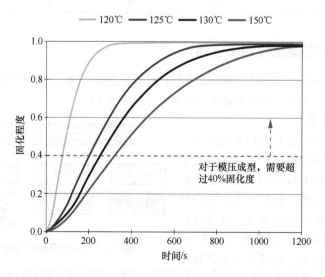

图 9.16　以温度为参变量的胶凝时间和固化程度的函数（由日立化学公司提供）

通过在制造过程中引入翘曲松弛步骤，可以减轻已环氧模塑晶圆中的翘曲问题。一种方法是将环氧晶圆加热到略高于环氧模塑料 T_g 温度，从而减少高达 90% 的翘曲。在热处理之后增加翘曲松弛步骤，例如在聚合物电介质固化或焊球回流后，可减少翘曲，并允许在下游工艺步骤中处理环氧模塑料晶圆。

如图 9.16 所示，为了提高嵌入式封装的可靠性，模塑材料的特性对于减少翘曲、芯片移位和器件-模塑料共面性至关重要。表 9.3 显示了扇出型晶圆级封装使用的四种代表性环氧模塑料的材料性能。按照压模的要求，对于大多数材料的模塑条件和模塑后的固化工艺已经标准化。所有材料的性质也非常相似。这些材料的不同之处在于它们的工艺性能，它们的流动性、固化收缩率以及对流痕、模具填充、芯片位移和器件-模塑料共面性的影响是相互不同的。填充物的尺寸将影响材料形成薄封装，并在多芯片封装中填充芯片间距的能力。较小的填料是有利的，但也更昂贵。

表 9.3　扇出型晶圆级封装常用环氧模塑料的材料性能

性　　能	固体	固体	液体	液体
填充量（wt%）	85	90	89	88
最大填料尺寸/μm	54	55	75	25
黏度/(Pa·s)	—	—	600	300
注塑条件/(℃/min)	125/10	125/7	125/10	125/10
固化条件/(℃/h)	150/1	150/1	150/1	150/1
T_g/℃	160	170	165	150
弯曲模量/GPa	23.5	30	22	22.5
CTE1-X-Y/(ppm/℃)	7	7	7	10
CTE2-Z/(ppm/℃)	26	28	30	40

9.3.3　扇出型晶圆级封装工具

拥有加工所需工具的制造基础设施与材料同样重要。这些工具需要为大型晶圆或在制板制造提供高产量和高准确度的成品率（见图 9.17）。

1. 拾放装置

无论是面向下还是面向上的拾放装置，都是扇出型晶圆级封装制造过程中的关键工序。为了对准用于第一聚合物介电层的光刻掩模，器件必须在随后的处理过程中以最小的位移嵌入环氧模塑晶圆中的精确位置。如果放置不准确，或者芯片位移较大，则器件上的焊盘尺

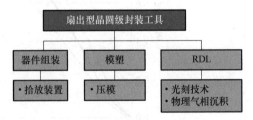

图 9.17　扇出型晶圆级封装工具

寸必须增加，以抵消放置准确度和芯片位移的容差。由于芯片上有大量信号、电源和接地焊盘，所以较大的焊盘尺寸将限制器件表面上可设计的焊盘数量。如果这些问题得不到解决，那么嵌入式封装的应用将局限于输入和输出相对较少的小型器件。扇出型晶圆级封装拾放工具面临的挑战包括：以最高的产量最大限度地提高放置准确度；对准载体上的全局基准；处理载体晶圆；处理用于进料器件和其他元器件的介质以及总体成本。

2. 模压成型

扇出型晶圆级封装晶圆传统上是模压成型的，而倒装芯片和引线键合装置是传递模塑的。在传递模塑法中，环氧模塑料颗粒在模槽外的罐中熔化，熔化的树脂随后用柱塞传递到模腔中。树脂流动速度通常约为 3 ~ 15mm/s。在模压成型中，树脂（无论是液体还是固体）被装入包含器件、黏结剂和载体的空腔中。空腔位于底部模具中，模具向上移动并轻轻关闭。与传递模塑法相比，压缩模塑法的优点包括更小的封装压力、更薄和更小的封装、最大限度地减少模塑化合物的浪费、更大尺寸范围的可伸缩性、最小的工具变化以最小化中断时间、覆盖顶部模槽的脱模膜以帮助最大限度地减少清洗和调整模具。

压缩成型的挑战包括成本、产量、芯片位移、模具内的均匀性、器件之间的间隙填充、离线处理和环氧模塑料的分配。当设计扇出型晶圆级封装晶圆的模塑工艺时，材料和工具的考虑包括被模塑的器件材料、包封设备和模塑化合物的可模塑性。被模塑的材料包括管芯、环氧模塑料、黏结剂和载体（金属和非金属）。环氧模塑料的类型、可固化性和加工能力都是相互关联的。压模设备的考虑因素包括工具设计、软件和分配方法（固体和液体）。可模塑性考虑因素包括翘曲、共面性、空隙、模具填充和黏结剂起皱。

模塑工艺面临许多挑战，包括空隙或不完全的模具填充、流痕、翘曲和载体边缘的渗析。空隙或不完全填充可能是由于模具中的空气，这一问题可以通过高真空或优化成型参数（温度、速度、合模力）来克服。流痕可能是由于填料和树脂材料的不均匀分布造成的，但这可以通过减少模塑化合物的流动和提高调配材料（固体或液体）的稠度来避免。翘曲通常是由环氧模塑料和基板之间的 CTE 失配造成的；因此，匹配两种材料的 CTE 对于避免翘曲至关重要。此外，较低温度下的成型工艺也减少了翘曲。载体边缘的渗析可能是由于合模力不足造成的。为了避免这种情况，必须改进模具设计并优化模塑参数。

模具设计的挑战包括压模能力、模塑共面性和真空压力保持。在模压成型中，模具面积比合模面积大得多，因此大部分晶圆容量用于树脂封装。对于 300mm 的环氧晶圆成型，合模面积仅为 25cm^2，但封装面积为 680cm^2。所需的封装压力因模制材料和封装结构而异，硅酮树脂材料只需要 10 ~ 20kgf/cm^2 的封装压力。对于大多数封装组件，包括扇出型晶圆级封装晶圆、薄倒装芯片或引线键合器件，封装压力为 40 ~ 50kgf/cm^2。管芯和基板之间具有极小间隙的超细节距组件需要大于 60kgf/cm^2 的封装压力。压板的共面性对于扇出型晶圆级封装压缩成型至关重要，以确保整个环氧模塑晶圆的良好厚度均匀性，通常需要 ±20μm 的环氧模塑晶圆厚度公差。通过使用多个能够自动补偿的精密大容量伺服电动机驱动底部压板，可以实现 20μm 公差范围内的模具平面度。真空性能对晶圆级模塑成型至关重要。较小的模塑流不利于空气逸出，而较大的封装区域有较高的空气滞留可能性。在某些情况下，在一个封装中放置多个器件需要用封装材料填充最终的器件间的空间。通过高效的泵和良好的密封环设计和材料，可以实现亚托量级的真空。真空度控制对于确保达到所需的真空度也很重要，缺乏良好的真空速率控制会导致形成空洞。

3. 光刻技术

光刻技术是扇出型晶圆级封装最重要的技术，但在环氧模塑晶圆或在制板的加工中有许多挑战。处理扭曲的环氧模塑晶圆进出工具对于任何扇出型晶圆级封装生产线的成功都至关重要。该工具必须能够处理 ±3mm 的晶圆翘曲。聚焦在这些扭曲的模塑环氧晶圆上以产生平面图像也是至关重要的，这需要在整个晶圆上有较大的聚焦深度。此外，产量也被认为同样重要。在扇出型晶圆级封装工艺中，用于凸块制造的两种常用光刻工具是晶圆步进相机和光刻机。晶圆步进相机使用原版掩模将光刻图案成像到晶圆上。掩模版包括器件图案的矩形阵列，在光刻过程中，掩模版在整个晶圆片上步进，每个步进都用紫外波长光成像到晶圆上。光刻机使用与晶圆大小相同且与器件图案精确匹配的掩模，因此不需要步进地跨过晶圆来执行精确成像。然而，对于扇出型晶圆级封装，光刻机不能处理局部管芯位移和在制板翘曲，因为光刻机一次成像整个晶圆。步进相机可以优化环氧晶圆内部的曝光，但不能优化掩模版场本身，从而获得比光刻机更好的准局部对准成品率。

为扇出型晶圆级封装设计步进工具时，必须考虑以下特征：大视场和掩模版尺寸，以获取最大化产量；实时自动聚焦，以便每次曝光都能精确聚焦在环氧晶圆表面（这对翘曲晶圆至关重要）；精细分辨力和覆盖，以获得更小的通孔直径；更细的铜线；良好的对准；可适应芯片位移的实时自动放大补偿系统；以及可处理翘曲晶圆的机械手和真空吸盘。

4. 物理气相沉积

在扇出型晶圆级封装工艺中，如其他晶圆级封装一样，在图形化和电镀较厚的铜再分布电路之前，在整个晶圆上溅射种子层。溅射是一种基于物理气相淀积（Physical Vapor Deposition，PVD）的工艺，在整个行业的许多应用中都有使用，例如晶圆制造、焊凸点制作、晶圆级封装和扇出型晶圆级封装组装。然而，当溅射环氧模塑晶圆以实现扇出型晶圆级封装时存在许多挑战。环氧模塑晶圆吸收水分，在溅射之前必须除去水分，以防止溅射室中的键合焊盘氧化。此外，溅射工具不得将环氧模塑晶圆加热到环氧模塑料的玻璃化玻璃转变温度以上，否则环氧树脂将软化，器件将开始位移。

不管溅射的是什么，溅射的第一步都是对进入的材料进行脱气。在脱气过程中，使用真空去除晶圆或环氧模塑晶圆中的水分。这可以在专用的腔室中或者在溅射工具的装载锁中完成。脱气是在装载锁或腔中对逐个晶圆进行的。与硅晶圆相比，环氧模塑晶圆的脱气时间要长得多，因为在将晶圆转移到下一个腔室之前，必须去除更多的水分。较长的脱气时间导致较长的周期时间和较低的产量，因此需要更多的工具来平衡生产线，导致生产线较高的成本和较高的封装单位成本。减少循环时间和增加产量的一种方法是将多晶圆脱气工具连接到溅射设备上。多晶圆脱气工具成批去除环氧模塑晶圆中的水分，消除了一次一片晶圆脱气造成的瓶颈。这样，总脱气时间不会成为限制因素，并且如果需要，则环氧模塑晶圆可以脱气更长时间，而不会影响产量。脱气时间超过30min，几乎可以去除环氧在制板上的所有水分，最大限度地减少后续溅射步骤中焊盘的氧化，最终降低焊盘的接触电阻。溅射后不需要额外的工艺步骤来清除焊盘氧化物。

9.3.4 扇出晶圆级封装技术的挑战

尽管扇出型晶圆级封装有巨大的优势，但它在未来仍面临下述众多挑战。

芯片放置准确度：芯片位移和芯片焊盘共面性

芯片位移是成型过程中出现的一个主要问题，在成型过程中，嵌入的芯片从其原始位置移动。如图 9.18 所示，在随后的 RDL 过程中，芯片位移会导致错位。通常设计一个较大的金属焊盘来捕获通孔，以补偿芯片位移。

未来应用扇出型晶圆级封装需要克服的其他挑战包括：

1）由于模塑料造成的模塑料收缩和晶圆翘曲；

2）与 BEOL 的缩放和节距潜力相比，RDL 的缩放比例有限；

3）5G 和雷达应用中模塑料和 RDL 电介质的电损耗；

4）低产量溅射期间模塑料和聚合物电介质的除气成本昂贵；

图 9.18 由于芯片位移 RDL 工艺中出现错位

5）将大的扇出型晶圆级封装组装到印制电路板上的电路在制板级可靠性；

6）扇出型晶圆级封装对大型集成电路和封装的可扩展性；

7）尺寸超过 20mm 的大型封装成本高；

8）高功率器件的散热；

9）高价值、多器件的可维修性。

9.3.5 扇出型晶圆级封装的应用

扇出型晶圆级封装公司的一个战略方向是采用高芯片级 I/O 端密度来封装处理器等逻辑器件。这最好通过晶圆 BEOL 工具、材料和工艺来实现。因此，扇出型晶圆级封装适用于封装处理器和服务器集成电路等数字器件，也适用于逻辑电路到内存的互连，这种互连具有最高的 I/O 数，而这种互连不能以任何其他方式生产。台积电的集成扇出就是一个很好的例子。

扇出型晶圆级封装的另一个应用是毫米波应用。主要基于毫米波性能对介质损耗、电路准确度和基板寄生效应的敏感性。这些要求导致了从传统有机封装到扇出型晶圆级封装的转变，以降低互连长度来提高电气性能。

1. 数字电路应用

数字电路应用正在推动嵌入式和扇出技术的进步，通过使用 RDL 工具在芯片级嵌入和实现最高的 I/O 端密度，从超短互连中获益。尽管最初的嵌入式封装是通用电气公司在 20 世纪 80 年代为军事应用以及英特尔公司在 21 世纪初为高性能计算应用开发的，但直到台积电在 2016 年为苹果 iPhone 7 开发并实施了集成扇出（Integrated Fan-Out，InFO）后，第一批大容量的嵌入式扇出型封装（Embedded Fan-Out Package，WFO）才问世，如图 9.19 所示。

图 9.19　台积电两款处理器封装（由 System Plus 公司和 Yole 公司提供）

a）台积电 InFO 处理器封装　b）台积电处理器内存堆叠

由于消除了基板和基于焊料的组装工艺，扇出型晶圆级封装比倒装芯片 BGA 封装更具有优势。通过消除高温衬底处理和高温组装工艺，扇出型晶圆级封装的总翘曲从超过 $100\mu m$ 减少到小于 $60\mu m$。消除衬底还将封装高度减少到小于 0.4mm。封装堆叠（Package on Package，PoP）的厚度可以减少到 0.8mm。

对于高附加值产品、高 I/O 端数处理器（CPU）和图形处理器（GPU）而言，采用芯片优先嵌入的扇出型晶圆级封装主要关注的是集成电路在 RDL 制造过程中的成品率损失。同样的顾虑也适用于高价值的多芯片模块，如果不能 100% 地利用，那么这些模块是不能扔掉的。Amkor 通过芯片级方法解决了这一问题，但扇出型晶圆级封装在小型化和性能方面受益匪浅。如图 9.20 所示，Amkor 开发了硅晶圆集成扇出技术（Silicon Wafer Integrated Fan- Out

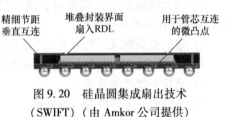

图 9.20　硅晶圆集成扇出技术（SWIFT）（由 Amkor 公司提供）

Technology，SWIFT），首先在硅晶圆上沉积 RDL 层，再以精细节距进行集成电路组装，随后模塑整个组装好的晶圆，并释放硅载体以形成最终的薄嵌入式扇出结构。这种方法已经用 $2\mu m$ 细的 RDL 线进行了演示。

扇出型晶圆级封装可用于堆叠封装解决方案。堆叠封装通常应用于移动电话中的应用处理器和基带调制解调器。为了最大限度地减少手机尺寸，封装区域必须受到限制，即要求将内存封装放在处理器的顶部。堆叠更紧密的存储器封装也有助于提高电气性能。然而，底部封装的翘曲使得难以用表面安装将整个封装安装在顶部具有存储器堆叠封装的印制电路板上。由于取消了基板和第一层或器件组装，所以扇出型晶圆级封装优于芯片后组装的 BGA 封装。通过去除基板，封装的总翘曲从超过 $100\mu m$ 减少到小于 $60\mu m$，这取决于封装尺寸。翘曲较小的封装可以以高得多的成品率放置在印制电路板上。此外，较低的翘曲使得顶部封装更容易堆叠。

与传统的倒装芯片封装相比，在扇出型晶圆级封装中去除基板也降低了 Z 轮廓高度。对于嵌入式堆叠封装，底部封装的高度可以降低到 0.35mm 以下，而对于堆叠封装，总高度可以降低到 0.8mm 以下，如图 9.21 所示。

图 9.21 带有镀铜三维互连的 FO-WLP PoP 横截面示意图

创建内存扇出型晶圆级封装的一个主要困难是堆叠内存器件。典型的存储器堆叠封装堆叠 2 个或 4 个管芯以增加存储器密度。有两种方法可以考虑，一种方法是使用 TSV 建立存储器件之间的互连，然后堆叠这些器件，再将它们放入扇出型晶圆级封装；第二种方法是并排放置存储器件。除了堆叠封装，并排放置内存的解决方案也可以用作独立封装。

2. 毫米波器件应用

对毫米波系统性能、功能和小型化的日益增长的需求推动了毫米波应用封装技术的发展。引线键合是传统的封装技术，它使用引线键合将半导体芯片连接到射频基板上，射频基板层叠在印制电路板上，以降低信号损耗。然而，键合引线的寄生特性会严重影响性能，使得容差高达 ±15%。倒装芯片技术作为引线键合的替代技术，由于其更小的电气长度和更好的机械公差，可以提供更好的射频性能，同时降低辐射损耗和改善匹配。倒装芯片封装的插入损耗可能小于 0.2dB，而引线键合技术的插入损耗可能高达 2dB，原因在于失配和辐射。毫米波性能对介质损耗、电路准确度和基板寄生的敏感性导致了从倒装芯片封装到扇出型晶圆级封装的转变。扇出型晶圆级封装技术能够在毫米波频率范围内实现更好的电气性能和更小的封装尺寸，天线可以灵活地直接集成在扇出型晶圆级封装中，而不是集成在印制电路板上。如图 9.22 所示，英飞凌 77GHz 汽车雷达应用的收发器裸芯片就是这样的一个例子。

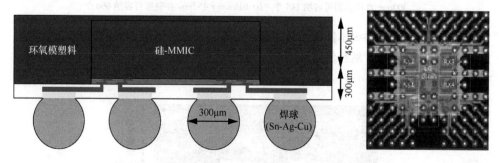

图 9.22 英飞凌 77GHz 汽车雷达的扇出型晶圆级封装

9.4 在制板级封装

9.4.1 在制板级封装的定义及采用原因

为了实现高效率、低成本的生产制造，特别是对于大尺寸的封装而言，一种是已经在持续开发的基于在制板级的嵌入式封装，另一种是 450mm 尺寸的晶圆级扇出型封装（FO-WLP）。本节介绍的是在制板级封装（Panel-Level Package，PLP）。尺寸高达 610mm×457mm（24"×18"）的在制板已经被应用，它可以扩展通用的层压板，也可以作为印制电路板（PCB）的基础部件，或应用在新的混合工艺线上。基于在制板加工的规模成本只有 FO-WLP 的 1/4，这取决于封装尺寸和在制板尺寸，以及每个封装内裸芯片的数量和 RDL 的层数。如图 9.23 所示，假设封装尺寸为 20mm×20mm，一个直径 300mm 的晶圆可以容纳 148 个 FO-WLP 封装体，而一个 610mm×457mm 的在制板级可以容纳 660 个封装体，是 300mm 晶圆的 4 倍多。制造规模的扩大是 PLP 成本降低的关键因素。

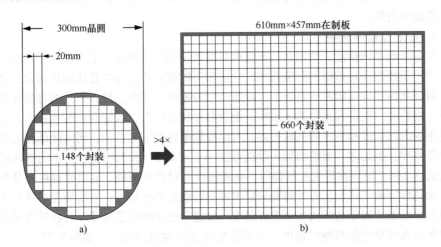

图 9.23　晶圆和在制板容纳 20mm×20mm 封装体数量对比
a) 300mm 直径晶圆可容纳 148 个　b) 610mm×457mm 在制板可容纳 660 个

　　在制板级封装有许多不同的封装方法。通常的想法是先将 IC 嵌入层压基板、电路板或模塑包封料中，然后使用基板积成技术来制作 RDL。图 9.24 是 PLP 封装的横截面示意图。

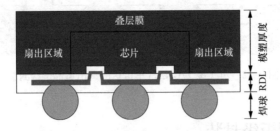

图 9.24　PLP 封装的横截面（由 SPILL 公司提供）

　　虽然 PLP 封装的横截面与 FO-WLP 相似，但其过程却大不相同。FO-WLP 工艺使用与 WLP 相同的晶圆后端制造材料、工艺和工具，而 PLP 则使用类似于积成层压基板工艺。尽管受到模塑料的限制，但 FO-WLP 的电路性能比 PLP 的组合电路要好。与

FO-WLP 相比，PLP 的一个显著优势是它的成本更低，因为它不使用高端制程线的材料、工艺或工具，并且由于尺寸的增加而具有更高的生产效率。

9.4.2 在制板级封装制造基础设施的种类

如图 9.25 所示，PLP 技术可大致分为：

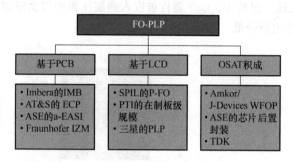

图 9.25　在制板级封装（PLP）的类型

1）基于印制电路板（PCB）的传统制造，如 Imbera 的集成模块板（IMB）、AT&S 的内嵌元器件封装（ECP）、ASE 的高级嵌入式组装集成解决方案（a-EASI）、Fraunhofer IZM 的在制板级扇出等。

2）基于 LCD 的新生产线，包括 PTI 的在制板级规模模塑扇出、SPIL 的在制板级扇出（P-FO）、NEPES 技术公司的 PLP 和三星的在制板级封装（PLP）。

3）由 OSAT 积成 RDL 制造基础设施，如 Amkor/J-Devices 宽条带在制板级扇出封装（WFOP）和 ASE 的无芯嵌入印制线方法。

如今将这些制造基础设施经过适当的改造，就能够处理除需要 BEOL 基础设施以实现超高 I/O 密度的产品之外的所有嵌入式和中低端 I/O 密度产品的大批量制造。

9.4.3 在制板级封装的应用

并非所有应用都需要大量的 I/O 端。例如，功率器件只需要很少的 I/O 端，但它们可以受益于通过嵌入技术实现的低电感和高速的超短互连。下面介绍 PLP 的具体应用。

1. 功率集成

基于在制板级的嵌入式技术已经开始在模拟产品中大量出现，从低功耗开始，然后是高功耗，在未来，还有许多其他的多器件集成。这些在制板级不需要后道工序的工具、材料和工艺。AT&S 的低功耗嵌入以及 Schweizer 和 Fraunhofer 的高功耗嵌入都是类似于印制板的大型在制板 PLP 的应用例子。

2. 低功耗

随着功率模块的小型化，为了提高功率密度（mW/mm^2）和效率，有源和无源的嵌入在功率器件应用中变得非常重要，将硅器件用于低功率，宽禁带 GaN 或 SiC 器件用于高功率。除此之外，嵌入这些器件通过消除键合引线来提供最低电感。

在"HERMES"欧盟电力应用项目中，首先探索了将芯片嵌入层压板的概念。TI是第一个在 MicroSiP™ DC-DC 转换器封装中大量使用该技术的公司，如图 9.26a 所示。在这种方法中，功率开关 IC 和微控制器 IC 都嵌入超大型电路板中，然后使用AT&S 开发的嵌入式元器件封装（ECP）工艺封装成小型 BGA 封装。如图 9.26b 所示，GaN 系统最近也采用了 AT&S ECP 工艺来封装他们的新型 650V/30A Si 基 GaN HEMT 晶体管。在这一过程中，GaN 器件被嵌入到层压板中以消除键合引线，从而形成近似 CSP 封装的电感降低、散热增强的效果。

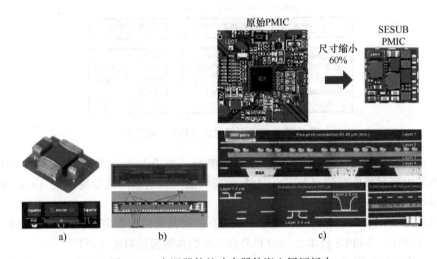

图 9.26 有源器件的功率器件嵌入层压板中

a) TI MicroSiP™ DC-DC 转换器封装，采用 AT&S ECP ® in-PCB 嵌入工艺
b) GaN 系统和 AT&S 650 V/30 A Si 基 GaN HEMT 晶体管封装 c) TDK 的半导体嵌入基板

图 9.26c 中的 TDK SESUB 是另一种基于在制板的嵌入式集成电路再布线层技术，可生产超薄封装，在顶层采用 SMD 无源元件，并具有模塑成型和屏蔽功能。

3. 高功率

在中高功率电子产品中，类似于印制板的大型在制板级嵌入法已经获得了发展势头，以最大限度地降低封装电感，并能以较低的成本实现更高的开关频率。大功率模块传统上通过将所有电源开关集成在绝缘金属-陶瓷基板［如直接键合陶瓷（DBC）］上进行封装，而控制和驱动系统通常分别组装在标准 PCB 上，并使用压接触点连接到电源模块。Fraunhofer IZM 开发了一种基于在制板级的功率芯片嵌入工艺，采用 45.72cm × 60.96cm（18"×24"）的在制板级层压板用于中低功率，12.7cm × 17.8cm（5"×7"）的 DBC 基板用于高功率。该工艺应用于单芯片功率 MOSFET 封装、采用 MOSFET 和驱动器共集成的系统级封装，以及使用多层布线互连电源、控制和驱动器 IC 的大功率绝缘栅双极晶体管（IGBT）模块。Schweizer 电子公司还开创了一种创新的电源嵌入概念，采用类似于印制板的大型在制板级嵌入，采用不同的基板技术适用于（1 ~ 50）kW 范围内的 DC-DC 和 AC-DC 转换器。在这种方法中，功率管芯片首先组装在电绝缘基板上，然后嵌入腔体中，再使用标准 PCB 工艺创建三层积成结构以互连功率器件，其中键合引线由具有充满铜的通孔的直接电触点取代，以最大限度地减小封装电感。然后将该基板进一步嵌入尺寸为 575mm × 583mm 的 PCB 中，以便直接集成驱动器和控制系统。Schweizer 的 p2 Pack 封装电源模块是首批在厚度小于 1.4mm 的单个封装中实现电源、控制和驱动器 IC 集成的封装之一。图 9.27 说明了 p2Pack 封装技术及其在嵌入 IGBT 和二极管的 40kW 电动机中的应用。

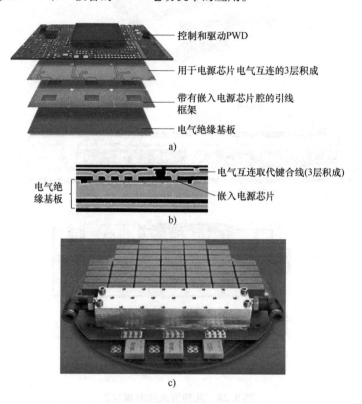

图 9.27　Schweizer 电子公司 p2Pack 封装电源嵌入技术
a）工艺　b）嵌入式电源芯片截面　c）嵌入式 IGBT 和二极管在
40kW 电动机中的应用示例

　　其他商用电源嵌入技术包括英飞凌的 DrBlade、西门子的 SiPLIT、Schweizer 的 i2 电路板和通用电气的电力覆盖技术。

4. 射频

　　嵌入和扇出（两者都可用于射频封装）的主要动机是减少封装所占面积和厚度，并缩短互连长度以提高电气性能。

　　嵌入式射频的应用始于低温共烧陶瓷（LTCC）基板。射频元件，如电容器、电感、滤波器、双工器和阻抗匹配网络已嵌入陶瓷共烧基板。如图 9.28a 所示，EPCOS 展示了采用 LTCC 基板的双频 WLAN 前端模块，带有基板嵌入式接收器（Rx）和发射器（Tx）双工器。该模块中的单刀双通（Single Pole Double Through，SPDT）开关组装在 LTCC 基板上，以减小封装尺寸和降低损耗，并具有高抑制特性。

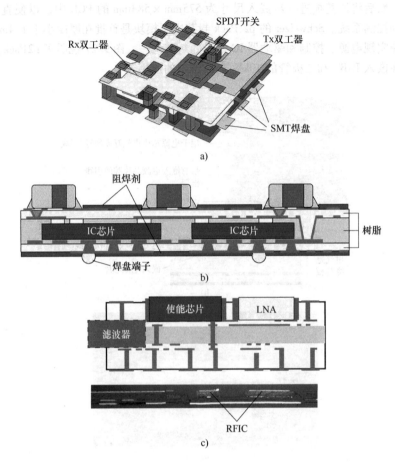

图 9.28　几种嵌入式射频封装

a) LTCC WLAN 模块（EPCOS）　b) TDK 的 SESUB 中的嵌入式有源器件
c) 佐治亚理工学院嵌入式芯片后置的有源和无源（EMAP）有机封装

　　第二代射频嵌入采用在制板级有机层压板。如图 9.28b 所示，TDK 开发了一种名为 SESUB 或嵌入在基板中的半导体的尖端模块技术，可实现射频应用的多功能和小型化解决方案。多个半导体芯片并排嵌入完全模塑的层压板中，背面器件表面可用于冷却。基板中嵌入有 50μm 的薄 IC，而基板厚度仅为 300μm 或更小，然后在其上组装分立元器件。佐治亚理工学院的后嵌入芯片和扇出电源芯片以及射频模块进一步推进了这些概念。在这种方法中，基板的芯层和组装层也用于集成薄膜无源元件，如滤波器，以及再分布层和传输线。具有激光烧蚀腔的积成层被层叠在这些芯层上。IC 通过 160℃ 低温超将短铜凸点（＜10μm）进行 Cu-Cu 键合组装到这些腔体中。这是业内首批低温 Cu-Cu 互连和组装技术之一。低噪声放大器（LNA）、功率放大器（PA）和开关嵌入在有机基板的预制腔内，形成具有嵌入式电源管理 IC（Power Management

IC，PMIC）的射频和电源模块，这得益于无需焊接的 Cu-Cu 互连的高电流处理能力。佐治亚理工学院这种嵌入式射频模块的嵌入式有源和无源（Embedded Active and Passive，EMAP）概念如图 9.28c 所示。

用于数字、模拟、电源、射频和毫米波应用的玻璃基板嵌入

需要不断改善 I/O 密度、高频性能、成品率和成本，并应用于具有在制板级可靠性的大型封装，而不是当前的中小型 FO-WLP 和 PLP 封装方法。佐治亚理工学院及其行业合作伙伴最近提出并展示了一种玻璃在制板嵌入（GPE）方法，该方法能够在大封装的情况下将 FO-WLP 和 PLP 工艺与高 I/O 和元器件密度、低互连损耗和更高的在制板级可靠性相结合，如图 9.29 所示。

图 9.29 佐治亚理工学院的玻璃基板嵌入法

玻璃的尺寸稳定性与硅相似。在大尺寸在制板级制造中，它能够以低成本和大封装尺寸实现无与伦比的超高 I/O 组合，这在基于硅或模塑化合物的扇出中是不可能的。玻璃的低损耗正切是模塑料的 1/3～1/2，使 GPE 成为射频和毫米波模块的理想候选材料。与高密度扇出封装（例如需要有机封装才能连接到大尺寸电路板的 Si 转接板）不同，GPE 封装设计为可直接用 SMT 连接到电路板，可根据需要定制玻璃在制板的 CTE 以及兼容互连。最后，玻璃的超光滑表面和高尺寸稳定性首次在大尺寸在制板上实现了类似硅的 RDL 功能，其临界尺寸（CD）为 1～2μm，适用于超高密度数字应用。这项独特的技术有潜力满足下一代嵌入和扇出封装需求，包括最高 I/O 数、最高元器件密度、低互连损耗和高在制板级可靠性。

图 9.30 给出了制造 GPE 封装的工艺流程。首先制造出厚度为 50μm 的超薄玻璃在制板和带穿透玻璃空腔的薄在制板，空腔位置和尺寸准确度低于 +5μm，然后使用黏结剂将其粘接在超薄玻璃在制板载体上。玻璃与玻璃粘接后，使用高速装片工具将测试芯片放入玻璃腔内。然后将 RDL 聚合物电介质层压在两侧并固化，以最大限度地减小超薄封装的翘曲。然后使用表面平整化工艺来平整化在制板的表面，以暴露芯片上的铜微凸点，再使用高密度封装中使用的标准半加成工艺（SAP）来形成RDL 层。

GPE 封装的横截面如图 9.31 所示。GPE 封装的总厚度为 213.8μm，包括 50μm厚的玻璃载体、70μm 厚的玻璃腔在制板、嵌入玻璃腔内的 75μm 厚的测试芯片、键合干膜和双面 RDL 聚合物。

与扇出型封装相比，GPE 封装尺寸小于 215μm，无需研磨。此外，与需要有机封装才能连接到大尺寸电路板的高密度扇出封装不同，GPE 封装可设计为直接用 SMT连接到电路板，可通过定制玻璃在制板的 CTE 来实现兼容与否的互连。最后，玻璃的超光滑表面和高尺寸稳定性使大尺寸在制板具有类似硅的 RDL 能力，具有 1～2μm 临

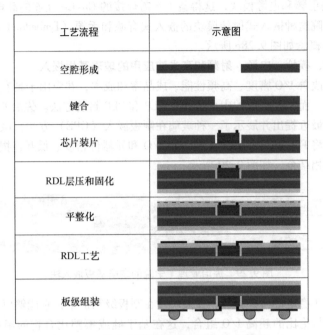

工艺流程	示意图
空腔形成	
键合	
芯片装片	
RDL层压和固化	
平整化	
RDL工艺	
板级组装	

图 9.30 玻璃在制板嵌入工艺流程（GPE）

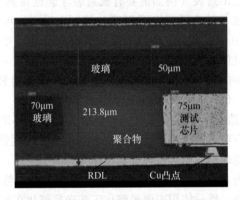

图 9.31 适用于高 I/O 应用的超薄玻璃扇出（GFO）封装横截面

界尺寸（CD）的潜力，可用于高密度扇出应用。

总之，与受限于模塑料的晶圆扇出和受限于 I/O 密度、可靠性、热稳定性的层压嵌入相比，GPE 具有许多独特属性，如下：

1）超小型化；

2）高温稳定性；

3）密封可靠性；

4）超低损耗和超高电阻率；

5）最小翘曲；

6）卓越的表面光滑；

7）高抗潮性；

8）尺寸高达 510mm 的大尺寸在制板。

图 9.32 所示为类似于硅的后道工序（BEOL），显示了类硅、通孔和电路 RDL 尺寸，由 GPE 可实现缩小互连间隙。

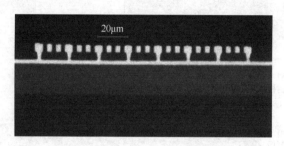

图 9.32　GPE 工艺实现线上开通孔

9.5　总结和未来发展趋势

总之，嵌入和扇出技术是两种不同的技术。扇出意味着 I/O 扇出超出封装中 IC 占用的板上面积。扇出技术本身并不新鲜；事实上，自 20 世纪 70 年代以来，每年数十亿个封装中的大多数都是用扇出封装生产的。嵌入是最重要的战略技术，但它不同于扇出。通过在封装内嵌入 IC，并在芯片上积成 RDL 布线层，芯片与封装或电路板之间的互连非常短，没有芯片组装，封装体可以实现超小型化。当嵌入与晶圆级和在制板级的扇出相结合时，称为扇出晶圆级封装（FO-WLP）或在制板级封装（PLP）。

除了目前的 FO-WLP 和 PLP 方法之外，还需要开发超高密度的互连，就像在 BEOL 中一样，但与带有晶圆的 FO-WLP 不同的是，处理大尺寸在制板的目的是以最低的成本获得最高的性能，即使是对于较大的 IC 和封装也是如此。目前正在出现两种解决方案。一种是基于在制板的嵌入式封装，通过先进的大面积光刻工具在光刻基本规则方面取得了进展。有了先进的层压板，基于在制板的嵌入式扇出封装已经开始发展，不仅服务于功率器件，还服务于射频和毫米波市场。正在出现的第二条途径是在无机基板上嵌入，如采用玻璃（GPE）等，在大型在制板的互连和封装中使用类似硅的 $1\mu m$ 光刻基本规则，从而可生产 $20\mu m$ 及以下（线条等）凸点节距。这项技术能够缩小 BEOL 和封装制造厂之间的互连差距，如图 9.33 所示。此图汇总了截至 2018 年，晶圆和在制板嵌入以及扇出技术在许多应用中的应用情况。嵌入和扇出技术仍然存在两个主要问题，因为这些技术都是高性能应用，所以需要高功率以及由此产生的高热耗散。这些高端应用需要解决的另外几个问题包括有源器件和无源元件的测试、维修及返工。

嵌入和扇出封装的两个关键剩余问题是：散热以及维修和返工

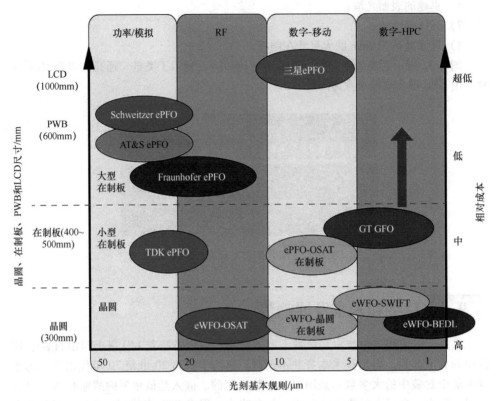

图 9.33　晶圆级、在制板和电路板嵌入及扇出技术与功能应用和光刻基本规则关系

9.6 作业题

1. 什么是嵌入和扇出封装？列出嵌入和扇出封装的 5 个优点。

2. 绘制 FO-WLP 的典型横截面。在图像上标注 FO-WLP 的关键要素。

3. 简要描述 FO-WLP 的一般工艺流程。

4. FO-WLP 的最佳介质材料是什么？解释一下。

5. 对每种环氧模塑料的性能进行比较和对比，说明它们对 FO-WLP 加工性和可靠性的影响。

6. 对于手机行业 POP 的高端、高密度、细线宽和小间距封装，您会选择哪种嵌入式封装技术？

7. 取消拾取放置工具中的朝上摄像头、翻盖摄像头或黏合摄像头会有什么后果？

8. 当拾取和放置器件时，对于面向上的 FO-WLP 和面向下的 FO-WLP，翻转器是打开还是关闭？

9. 低模量环氧模塑料对 FO-WLP 在制板翘曲、单元翘曲、元器件级可靠性以及在制板级可靠性有什么影响？

10. 厚芯片（0.4mm）的 FO-WLP 环氧晶圆在薄（0.45mm）在制板还是厚（0.65mm）基板下更容易加工？

11. 通过绘制草图，表示节距为 0.4mm 的 X-引出端球栅阵列不适合 Xmm × Xmm 的 WLP，但可以适合 Xmm × Xmm 的 FO-WLP。

12. 什么是 PLP？PLP 相对于 FO-WLP 有什么优势？

13. 列出嵌入式和扇出封装的 3 种行业产品。表示出横截面图和规格。简要比较它们。

14. 嵌入和扇出封装的发展趋势是什么？

9.7　推荐阅读文献

Brunnbauer, M., Fugut, E., Beer, G., and Meyer, T. "Embedded Wafer Level Ball Grid Array (eWLB)." Proc. Electronic Packaging and Technology Conference, p. 1, 2006.

Meyer, T., Pressel, K., Ofner, G., Fürst, R., and Hagen, R. "Recent Developments in WLB and eWLB Technology." Semicon Europe, 2008.

Keser, B., Amrine, C., Duong, T., Hayes, S., Leal, G., and Lytle, W. "Advanced Packaging: The Redistributed Chip Package." IEEE Transactions on Advanced Packaging 31 (1):39–43, 2008.

Yoon, S.W., Lin, Y., Marimuthu, P.C., and Pendse, R. "Development of Next Generation eWLB Packaging." Proc. International Wafer Level Packaging Conference, 2010.

Meyer, T., Ofner, G., Geissler, C., and Pressel, K. "eWLB System in Packages-Possibilities and Requirements." Proc. International Wafer Level Packaging Conference, 2010.

Sharma, G., Kumar, A., Rao, V.S., Ho, S.W., and Kripes, V. "Solutions Strategies for Die Shift Problem in Wafer Level Compression Molding." IEEE Transactions on Components, Packaging, and Manufacturing Technology 1 (4):502–509, 2011.

Bu, L., Ho, S., Veliz, S.D., Chai, T., and Zhang, X. "Investigation on Die Shift Issues in the 12-in Wafer Level Compression Molding Process." IEEE Transactions on Components, Packaging, and Manufacturing Technology 3 (10):1647–1653, 2013.

Nunomura, M. and Ohe, M. "A New Aqueous Developable Positive Tone Photodefinable Polyimide for a Stress Buffer Coat of Semiconductor: HD-8000." J. Photopolymer Science and Technology 14 (5):717–722, 2010.

Itabashi, T. "Dielectric Materials Evolve to Meet the Challenge of Wafer-Level Packaging." Solid State Technology 53 (10):22–24, 2010.

Toepper, M. "Wafer Level Chip-Scale Packaging." Materials for Advanced Packaging, D. Lu and C. P. Wong, eds. Springer International Publishing, p. 574–609, 2009.

Brunnbauer, M., Fugut, E., Beer, G., Meyer, T., Hedler, H., Belonio, J., Nomura, E., Kiuchi, K., and Kobayashi, K. "An Embedded Device Technology Based on a Molded Reconfigured Wafer." Proc. Electronic Components and Technology Conference, p. 547, 2006.

Keser, B., Amrine, C., Duong, T., Fay, O., Hayes, S., Leal, G., Lytle, W., Mitchell, D., and Wenzel, R. "The Redistributed Chip Package: A Breakthrough for Advanced Packaging." Proc. Electronic Components and Technology Conference, p. 286, 2007.

Rogers, B., Scanlan, C., and Olson, T. "Implementation of a Fully Molded Fan-out Packaging Technology." Proc. International Wafer Level Packaging Conference, 2013.

Liu, C.C., Chen, S.M., Kuo, F.W., Chen, H.N., Yeh, E.H., Hsieh, C.C., Huang, L.H., Chiu, M.Y., Yeh, J., Lin, T.S., Yeh, T.J., Hou, S.Y., Hung, J.P., Lin, J.C., Jou, C.P., Wang, C.T., Jeng, S.P, and Yu, D.C.H. "High-Performance Integrated Fan-out Wafer Level Packaging (InFO-WLP): Technology and System Integration." IEEE Integrated Electronic Devices Meeting, p. 323, 2012.

Liu, C. C., et al. "High-performance integrated fan-out wafer level packaging (InFO-WLP): Technology and system integration:" 2012 International Electron Devices Meeting, San Francisco, CA, pp. 14.1.1–14.1.4, 2012.

Huemoeller, R. and Zwenger, C. "Silicon wafer integrated fan-out technology." Chip Scale Review 19: 10–13, 2015.

Tuominen, R., Waris, T., and Mettovaara, J. "IMB Technology for Embedded Active and Passive Components in SiP, SiB and Single IC Package Applications." Transactions of The Japan Institute of Electronics Packaging 2(1):134–138, 2009.

Stahr, H. and Beesley, M. "Embedded Components on the way to Industrialization." SMTA International Conference, Ft. Worth TX, 2011.

Hunt, J., et al. "A hybrid panel embedding process for fan-out." Electronics Packaging Technology Conference (EPTC), 2012 4th. IEEE, 2012.

Takahashi, T., et al. "A new embedded die package—WFOP™." Electronics System-Integration Technology Conference (ESTC). IEEE, 2014.

Braun, T., et al. "24"× 18" Fan-out panel level packing." 64th Electronic Components and Technology Conference (ECTC). IEEE, 2014.

Tummala, R., Sundaram, V., Raj, P.M., and Smet, V. "Future of embedding and fan-out technologies." Pan Pacific Microelectronics Symposium (Pan Pacific), Kauai, HI, pp.1–9, 2017.

Ying, L.Y., Wee, D.H.S., Joon, K.H., and Damaruganath, P. "Low cost characterization of the electrical properties of thin film and mold compound for embedded wafer level packaging (EMWLP)." IEEE 13th Electronics Packaging Technology Conference, Singapore, p. 401–405, 2011.

Green, C.C., Seligman, J.M., Prince, J.L., and Virga, K.L. "Electrical characterization of integrated circuit molding compound." IEEE Transactions on Advanced Packaging, 22 (3): 337–342, Aug 1999.

Krohnert, S., Campos, J., and O'Toole, E. "FO-WLP: The Enabler for System-in-Packaging on Wafer Level (WLSiP)." Electronic Systems-Integration Conference, 2012.

Campos, J., O'Toole, E., Henriques, V., Martins, A., Leao, A., Cardoso, A., and Janeiro, A. "Developments of Fan-out Wafer Level Packaging Technology for System-in-Package on Wafer Level (WLSiP)." Proc. International Wafer Level Packaging Conference, 2012.

Ramanathan, L.N., Keser, B., Amrine, C., Duong, T., Hayes, S., Leal, G., Mangrun, M., Mitchell, D., and Wenzel, R. "Implementation of a Mobile Phone Module with Redistributed Chip Packaging." Proc. Electronics Components and Technology Conference, p. 1117–1120, 2008.

Hsu, H.S., Chang, D., Liu, K., Kao, N., Liao, M., and Chiu, S. "Innovative Fan-out Wafer Level Package using Lamination Process and Adhered Si Wafer on Backside." Proc. Electronic Components and Technology Conference, p. 1384, 2012.

Kurita, Y., Kimura, T., Shibuya, K., Kobayashi, H., Kawasiro, F., Motohashi, N., and Kawano, M. "Fan-out Wafer-Level packaging with Highly Flexible Design Capabilities." Electronic Systems-Integration Conference, 2011.

Motohashi, N., Kimura, T., Mineo, K., Yamada, Y., Nishiyama, T., Shibuya, K., Kobayashi, H., Kurita, Y., and Kawano, M. "System in Wafer-Level Package Technology with RDL-First Process." Electronic Systems-Integration Conference, 2012.

Kwon, W.S., Ramalingam, S., Wu, X., Madden, L., Huang, C.Y., Chang, H.H., Chiu, C.H., Chiu, S., and Chen, S. "Cost Effective and High Performance 28nm FPGA with New Disruptive Silicon-Lefsss Interconnect Technology (SLIT)." Proc. International Microelectronics and Packaging Society, p. 599, 2014.

Zwenger, C., Huemoeller, R., Kim, J.H., Kim, D.J., Do, W.C., and Seo, S.M. "Silicon Wafer Integrated Fan-out Technology." Proc. IMAPS International Conference on Device Packaging, p. 2184, 2015.

Hayashi, N., Takahashi, T., Shintani, N., Kondo, T., Marutani, H., Takehara, Y., Higaki, K., Yamagata, O., Yamaji, Y., Katsumata, A., and Hiruta, Y. "A Novel Wafer Level Fan-out Package (WFOP) Applicable to 50 μm Pad Pitch Interconnects." Proc. Electronics Packaging and Technology Conference, p. 730, 2011.

Imaizumi, Y., Suda, T., Sawachi, S., Katsumata, A., and Hiruta, Y. "Thermal Management of Embedded Device Package." International Conference on Electronic Packaging, p. 577, 2014.

Takahashi, T., Inoue, H., Yada, T., Hayashi, N., Imaizumi, Y., Ikemoto, Y., Sawachi, S., Furuno, A., Yoshimitsu, K., Ooida, M., Katsumata, A., and Hiruta, Y. "A New Embedded Die Package – WFOP." Proc. Electronics System-Integration Conference, 2014.

Okude, S. "FPC-Based Ultra-slim Device Embedded Board Utilizing Wafer Level Chip Scale Package." SEMICON SiP Global Summit, 2012.

Towle, S.N., Braunisch, H., Hu, C., Emery, R., and Vandentop, G."Bumpless Built-Up Layer Packaging." ASME International Mechanical Engineering Congress and Exposition, 2001.

Ohring, M. *Materials Science of Thin Films*. 2nd ed. San Diego: Academic Press, 2002.

Osenbach, J., Emerich, S., Golick, L., Cate, S., Chan, M., Yoon, S.W., Lin, Y.J., and Wong, K. "Development of Exposed Die Large Body to Die Size Ratio Wafer Level Packaging Technology." Proc. Electronic Components and Technology Conference, p. 952, 2014.

O'Toole, E., Almeida, R., Campos, J., Martins, A., Cardoso, A., Cardoso, F., and Kroehnert, S. "eWLB SiP with Sn Finished Passives." Electronics System-Integration Conference, p. 978, 2014.

Strothmann, T. "Characterization of eWLB PoP Structures." Proc. International Wafer Level Packaging Conference, 2012.

Wojnowski, M., Engl, M., Dehlink, B., Sommer, G., Brunnbauer, M., Pressel, K., and Weigel, R. "A 77 GHz SiGe Mixer in an Embedded Wafer Level BGA Package." Proc. Electronics Packaging and Technology Conference, p. 290, 2008.

第 10 章

采用和不采用 TSV 的 3D 封装基础

Subramanian S. Iyer 教授
美国加州大学洛杉矶分校
Mukta Farooq 博士
美国格罗方德公司
Rao R. Tummala 教授
美国佐治亚理工学院
Omkar Gupte 先生
美国佐治亚理工学院

Siddharth Ravichandran 先生
美国佐治亚理工学院
Bartlet H. DeProspo 先生
美国佐治亚理工学院
Nithin Nedumthakady 先生
美国佐治亚理工学院

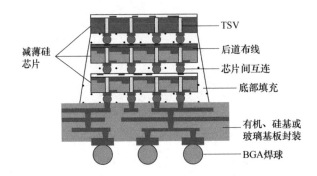

本章主题
- 定义基于 TSV 的 3D 集成电路
- 描述基于 TSV 的 3D 集成电路的优势
- 描述支撑 TSV 和 3D 集成的关键技术

10.1 TSV-3D 集成电路的概念

三维（3D）封装是一种通用的、具有战略性意义的封装技术，旨在将集成电路（IC）进行三维堆叠并实现互连。基于硅通孔（TSV）的三维集成电路是指两个或两个以上的独立集成电路，经由填充高导电铜的硅通孔进行垂直电互连，实现三维堆叠集成的技术。3D 封装技术演化历程如图 10.1 所示，其概念起源于 20 世纪 70 年代的 IC 封装体堆叠用以实现高密度存储，以及 2000 年开始出现的闪存芯片堆叠采用引线键合互连封装。通过 TSV 在芯片内部实现 IC 垂直互连的 3D 封装，则是有别于上述方式的一种相对较新的技术。

图 10.1　3D 封装技术的演化：从层叠封装（PoP），到引线键合集成电路堆叠，到基于 TSV 的三维集成电路堆叠

10.1.1　采用 TSV 实现 3D 集成电路

3D 堆叠的目的为了以最低的成本实现更高的单位体积晶体管或比特密度，它是通过下列两种方法来实现的：①以最短芯片间互连长度实现超薄 IC 多芯片堆叠；②使用大量相同或不相同的多类型的高良率小芯片。

集成方式主要有三种，如图 10.2 所示。

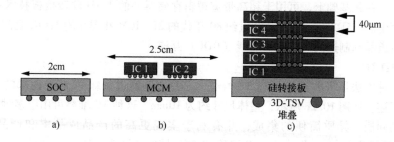

图 10.2　相比于 SOC 和 MCM，基于 TSV 的 3D 封装在互连长度上具有明显优势

图 10.2 阐明了这三种方法：图 10.2a 中的大型片上系统（System on Chip, SoC），尺寸为 20mm，厚度为 750μm，互连长度达到 25mm；图 10.2c 中包含 5 片小型的 3D IC，每片减薄至 30~50μm，堆叠后总厚度约为 150~250μm；图 10.2b 中的多芯片组件（Multi-Chip-Module, MCM）是第三种方法，与 3D IC 一样可以通过小 IC 芯片解

决集成良率问题，但其互连长度长于 SoC。

1. SoC

SoC 是实现多功能集成的一种方法，图 10.2a 中一块 2cm 尺寸的 SoC 由多种 IP 单元组成，包括逻辑处理器、存储器、计时器、锁相环、射频电路、输入/输出（I/O）端口等。图 10.3a 所示为典型的 SoC 示例。

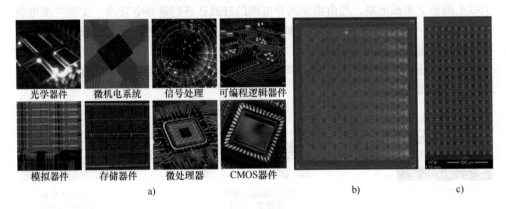

图 10.3　典型示例

a）SoC 示例　b）61 层低温共烧陶瓷多芯片组件（IBM）

c）带 TSV 的 16 层存储芯片堆叠（由 Hynix 公司提供）

2. MCM

第二种方式是 MCM 封装，图 10.2b 中小型功能芯片在基板的水平方向上通过足够多的布线和 I/O 端口进行互连，整体尺寸约为 2.5cm。图 10.3b 是 IBM 公司 20 世纪 80 年代研发的行业首个 MCM 产品，通过 61 层低温共烧陶瓷和铜布线实现了 100 个相同逻辑芯片的互连，这一设计在服务器和主机上使用了超过 20 年。MCM 的出发点是为了实现上百个芯片在同一基板上的互连、供电、冷却和保护，并在 1982 年建立了行业标准。在此基础上，可用于超高带宽逻辑存储器件的 2.5D 硅转接板技术在 2015 年应运而生。2.5D 的技术介于 20 世纪 80 年代的 2D MCM 和现在的 3D IC 之间，采用常见于后道晶圆制造的高精细再布线（RDL）互连。

3. 3D IC

第三种方法是将小型 IC 进行 3D 堆叠，芯片之间通过每颗 IC 芯片内部的 TSV 实现垂直互连，如图 10.2c 所示，整体尺寸约为 10mm。这种 3D 堆叠可用于多种不同类型芯片的同质、异质简便的集成，并有利于实现更高的产品成品率和产品性能。图 10.3c 所示为 Hynix（海力士）公司的 16 层存储芯片堆叠产品。

在高性能数字系统中，导体中信号传输延时直接受到包覆导体的介质层介电常数的影响，可由式（10.1）描述：

$$v_p = c/\sqrt{\varepsilon_r} \tag{10.1}$$

式中，v_p 为电磁波的信号传播速度；c 为真空光速；ε_r 为介质材料的介电常数。显然，高性能计算应用中，需要采用介电常数较低的材料来实现信号的高速传输。在常见材料中，聚合物的介电常数较低，而硅的介电常数相对较高。

比较三种方法，SoC 的总互连长度超过 2000μm，MCM 的总互连长度超过 2500μm，而 3D 封装中芯片间通过 TSV 的互连长度仅为 50μm，5 层堆叠的总互连长度为 250μm。

10.2 采用 TSV 的 3D 封装剖析

采用 TSV 互连技术的 3D IC 剖面如图 10.4 所示，其整体在有机基板或硅转接板上形成封装。实现这种 3D 结构涉及以下一系列关键技术：

1）TSV：通孔、金属化填充和可靠性；

2）芯片减薄；

3）后端 RDL 布线；

4）TSV 互连；

5）有机、硅基、玻璃基封装；

6）芯片间底部填充。

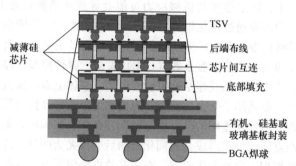

图 10.4 一种包含 TSV 结构的三芯片堆叠封装，涉及 6 种关键技术

10.2.1 采用 TSV 的 3D 集成电路基础

采用 TSV 的 3D 集成电路基础技术包括：

1）信号和电源完整性；

2）堆叠的散热技术；

3）TSV 填铜后的机械应力；

4）堆叠技术；

5）制造和组装工艺。

芯片的 3D 堆叠是一种复杂的封装技术，在其设计和制造过程中必须综合考虑电学、力学、热学以及可靠性和可制造性等特点。

1. 电学

在堆叠结构中，硅通孔是芯片之间信号和电源的传输通道。正如上一节所述，传统芯片封装结构中用于互连的布线长度可达到数千微米，造成 RC 延时和能量损耗。

而采用 TSV 方式的显著优势在于将总互连长度减少至几百微米，甚至更少。另外，在设计和制造过程中，TSV 的孔径可以根据电源传输或信号传输的需求分别进行孔径调整定制，TSV 的位置排布同样可以优化。

电源传输是最重要的电学考虑之一，在设计中应避免损耗性压降。电能传递经由处理器（CPU）芯片到达存储芯片，其难点在于电网电源分布对于 CPU 需要保持高度一致，以确保压降损失低于几个毫伏。在平面封装的处理器芯片中，大约90%的互连凸点（C4凸点）用于电源传输。而在 3D 堆叠情形下，如果给每个焊料凸点分配一个 TSV，则 TSV 的密度将达到 2000 个/cm^2，这将极大占用电路面积，甚至需要围绕 TSV 进行逻辑电路设计。可见减少 TSV 数量的技术是非常重要的。有一种方法，可以通过扇入（Fan-In）或将来自高能耗芯片多个互连凸点的传输能量，集中通过薄芯片的单个 TSV 进行传输，最后经由芯片最终的厚金属层将电源均匀分配到其他芯片的凸点上通过。

2. 力学

TSV 的可靠性设计不可或缺。TSV 技术应用所面临的主要问题是硅铜之间的热膨胀失配（硅 CTE：3×10^{-6}/℃，铜 CTE：17×10^{-6}/℃）。在受热情形下，铜的膨胀尺度达到硅的 5 倍以上，随之带来的机械应力可能会导致硅或铜以及 RDL 材料的断裂甚至失效。这些应力需要通过优化设计进行一定程度的缓和，否则应力作用会给 RDL 层中脆性低 k 介质材料带来严重后果。翘曲则是由应力带来的另一种不良影响，其程度由四个主要因素决定，即热膨胀系数（CTE）失配、弹性模量、厚度以及温度变化范围。而应力对芯片内部及其互连结构也会有影响。总体上看，经过减薄处理的芯片能承受更大的应力，更适用于受力的情况，因为它可以通过弹性变形缓解翘曲带来的不良影响。实现两个芯片互连用的凸点由电镀铜柱和焊料帽构成，是另一种应力的来源。应力效应在凸点回流焊接形成金属间化合物后变得尤为明显，脆性的金属间化合物在较小应力应变作用下容易发生碎裂。在多芯片堆叠情形下，这些应力会发生相互作用，更需要对力学设计采用精确的三维有限元分析，并结合严格的实验验证，对方案进行可行性评估。值得一提的是，3D 堆叠芯片针对 I/O 数较少的产品通常采用有机层压技术（见第 6 章中），此技术则会带来另一系列力学难题。

3. 热学

热设计与堆叠芯片模组工艺是实现 3D IC 的关键技术之一。通常倒装焊安装于层压板或陶瓷基板的芯片上，通过暴露的背面散热，同时通过热界面材料（Thermal-Interface-Material，TIM）将热量传递到热沉上。对于 3D 堆叠芯片的情况，由于供电到达每一层芯片时都会产生热量，并会传导到下一个芯片，一个一个接着往下传，故散热问题比较特殊。举例而言，高能耗的逻辑电路和处理器芯片通常位于堆叠底层，而存储芯片位于顶层，存储模块整体都会受到加热，并且散热效率非常低；反之，若将逻辑芯片置于顶层，则电源分配需要穿过包含存储芯片的整个层叠。仅从散热角度来看，高能耗芯片（例如 CPU）最好还是置于顶层，这种做法类似传统的倒装芯片散热方式。

对于逻辑芯片位于底层的情形，也有多种散热方法。一种是采用面积大于存储片的逻辑芯片，将热沉通过金属盖板直接连接到逻辑芯片外围，使得散热尽量避开存储芯片。另一种方法是采用导热的底填料，但通常这些底填料的热导率比较差 [$<10W/(m \cdot K)$ ，不到 Si 的 $1/15$]，所以散热有限。

4. 堆叠方式

通过 TSV 实现 3D IC 的堆叠类型有多种，包括面对面堆叠、面对背堆叠、逻辑芯片置顶、逻辑芯片置底。

图 10.5a 所示为面对面堆叠方法，是将两块芯片的功能（有源）面进行面对面的叠放，并实现芯片间互连，适用于高带宽需求的芯片组。

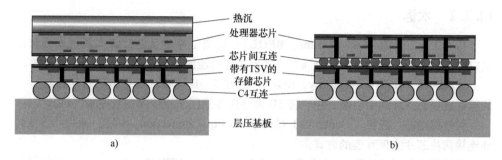

图 10.5 不同组装方式示意图

a）面对面组装 b）面对背组装

图 10.5b 所示的面对背堆叠方法通常适用于存储芯片堆叠，是从一块芯片的背部连接到下一块芯片的功能区域面。通过后道布线、TSV 和芯片间互连结构，即可实现芯片层叠间的信息传输，使信息从顶部芯片的有源面可连续传递到最底层芯片，甚至达到封装。

对于处理器芯片和存储芯片的堆叠情形，有三项指导性原则：处理器芯片可置于层叠的上、中、下任何一层；处理器芯片的发热量显著高于存储芯片，3D 堆叠设计需要重点考虑以有效解决散热问题；供电同样不可忽视。

芯片堆叠中顶部散热比中部或底部散热容易实现，因此面对面堆叠组装时热沉可以置于逻辑芯片顶部。而面对背堆叠时芯片的功能区域朝上，无法安装热沉，散热问题不好解决。当采用散热相对容易的逻辑芯片置顶结构时，对电源配置的要求便会增高，随之而来的是大量 TSV 穿过整套的存储芯片堆叠。

5. 制造和组装工艺

实现芯片的 3D 堆叠涉及一整套不同的技术。首先是构造与芯片垂直互连的 TSV 孔，相关工艺方法会在下文阐述，包括机械钻孔、激光打孔和湿法刻蚀等；成孔后需要进行金属化填充，可以选择常见的电镀方法，或是浆料填充；金属化工艺之前，必须通过气相沉积方法在 TSV 内壁预沉积阻挡层，以防电镀时铜迁移到硅层中；后道 RDL 工艺也需要在 TSV 工艺之前完成；将芯片厚度减薄至 $30 \sim 50 \mu m$ 厚是关键步骤之一，通常采用化学机械抛光（Chemical Mechanical Polishing，CMP）方法，即配合使用化学试剂对硅层进行缓和地机械研磨与刻蚀。减薄后的芯片可以进行相互堆叠组装，组装方法包括直接键合、焊料凸点（C4）键合，以及热压键合（Thermocompression Bonding，TCB）。

将堆叠芯片组装到有机基板或硅基板上，可以通过多种工艺方法实现。焊料凸点（C4）常用于连接堆叠芯片与封装基板，装片机作业时在一定温度下将堆叠芯片装配到封装基板上，然后经过高温回流使焊料成型实现键合，这种工艺方法的优点是可以实现较好的键合准确度，但是球形焊料的节距不能过小；TCB是另一种键合方法，该工艺需要设置合适的温度曲线，在高温和压力条件下将堆叠芯片底面键合到封装基板上，实现金属-金属直接键合。相比之下，采用焊料微凸点回流方法仅需较低回流温度即可实现完全键合，产量更高。

10.2.2　术语

后道工序（Back-End-of-Line，BEOL）：后道工序是从芯片背面通过布线引出端口的工艺阶段。通常由多层金属布线实现芯片功能区域到芯片背面上凸点的连接。

球栅阵列（Ball-Grid-Array，BGA）：黏接在3D堆叠（可带或不带转接板）上的球焊或焊凸点阵列引出端，用于将3D堆叠连接到层压板或印制电路板（PCB）。

可控塌陷芯片连接（Controlled-Collapse-Chip-Connection，C4）：通过凸点或焊柱连接两块芯片实现互连的方式。

热膨胀系数（Coefficient-of-Thermal-Expansion，CTE/TCE）：表征某种材料因温度变化产生机械膨胀程度的系数，它是材料的一种性质。

IP（Intellectual-Property）**单元**：指具有特定功能的单元结构，并可以通过兼容的总线结构连接到其他相似单元。

转接板（Interposer）：类似于薄芯片，具有布线结构但通常没有有源器件，可以包含电容、电感以及电阻等无源元件，常用于底部芯片与基板之间的转接。

多芯片组件（Multi-Chip-Module，MCM）：由多个同种或不同种功能类型IC或芯片相邻安装到一体化基板上形成的电子组件。

片上系统（System-on-Chip，SoC）：包含存储、逻辑、模拟等多种器件的一块集成电路或芯片。

热压键合（Thermocompression-Bonding，TCB）：在外加温度和压力条件下，将两种金属进行原子接触并实现扩散完成键合的工艺。

硅通孔（Through-Sillicon-Via，TSV）：采用良好导电材料（如铜）填充，完全穿过硅圆片实现垂直互连的一种结构。

底部填充料（Underfill）：通常采用来填充芯片间隙的塑封料，以提供结构稳定性、散热路径和一定程度的环境保护。

10.3　采用 TSV 技术的 3D 集成电路

10.3.1　TSV

图10.4剖析了采用TSV技术的3D IC工艺的关键技术构成。实现TSV与单个集成电路功能区域连接的工艺包括后端RDL布线、铜柱锡帽凸点，以及底部凸点，如

图 10.6 所示。

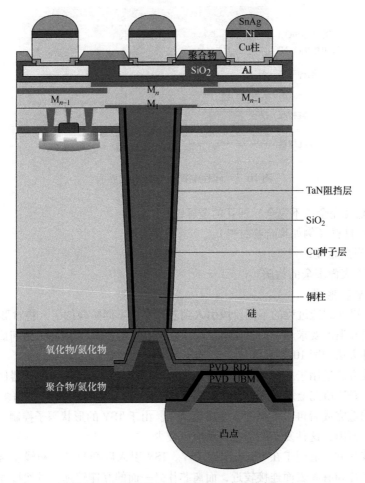

图 10.6 TSV 到 RDL 及底部凸点的内部互连

　　TSV 是三维堆叠工艺中最重要的技术。形成 TSV 的第一步是在硅芯片或硅基板上形成通孔，接着对 TSV 进行金属化填充（通常用铜）。其过程中许多界面对 TSV 质量而言十分关键，包括 SiO_2 层、阻挡层、种子层以及铜填充层，如图 10.7 所示。

　　因此，在硅中构建 TSV 包含多个子步骤：

1）通孔刻蚀；

2）通孔绝缘化；

3）通孔金属化；

这包括以下沉积步骤：

① 氧化层；

② 扩散阻挡层；

③ 铜种子层；

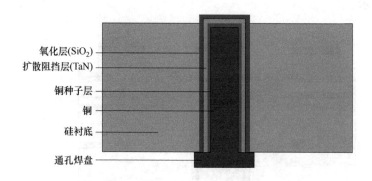

氧化层(SiO₂)
扩散阻挡层(TaN)
铜种子层
铜
硅衬底
通孔焊盘

图 10.7　硅片中铜通孔的构成界面

④ 填充（完全或不完全）通孔的金属铜；

⑤ 其他材料（例如聚合物材料）。

4）适当热处理；

5）去除表面多余的物质。

1. TSV 孔形成

TSV 可以在制造过程的不同阶段引入到芯片中。不同阶段的引入将对形成 TSV 的方法、材料和温度要求不一。通常有三种 TSV 形成方法，即先成孔、中间成孔和后成孔。这三种方法如图 10.8 所示。

先成孔方法适用于在制造前期器件尚未形成的阶段引入 TSV。由于器件形成需要高温处理，TSV 填充金属铜无法承受，因此会预先填充牺牲层材料（如多晶硅等），并在器件构造完成后再进行刻蚀、金属化填充。由于 TSV 的形状因子控制和金属化局限性等各种原因，这种复杂的工艺导致应用较少。

中间成孔方法适用于在 BEOL 引入 TSV。TSV 引入后会与某个布线层接通，较低布线层离芯片和有源表面连接较近，而离芯片另一面的互连较远。虽然接通越低的布线层对 TSV 集成难度越大，却可以实现更高的布线密度，也更便于设计。

最为常用的后成孔方法是在芯片减薄后构造 TSV，如图 10.8 所示。减薄时晶圆被固定到牢固的载板上，随后通过 Bosch 工艺再在磨削面刻蚀出 TSV，如图 10.9 所示。

1994 年，Robert Bosch GmbH 公司发明了 Bosch 工艺并申请了专利，该工艺由刻蚀/钝化的交替循环构成，采用各向同性刻蚀的化学试剂，使得垂直的深硅刻蚀成为可能。这种交替的刻蚀/钝化循环被称为快速交替过程（Rapidly- Alternating- Process，RAP）循环。

初始阶段，SF_6 气体与氟自由基形成等离子体，这些氟自由基会与硅衬底发生反应并生成 SF_4 气体，后者会被泵出腔体。这种刻蚀是各向同性的，并在短时间内完成，紧随着进行 C_4F_8 等离子体的钝化处理。C_4F_8 会形成类似聚四氟乙烯的聚合物，并覆盖晶圆片的所有暴露表面，这种聚合物不会和刻蚀等离子体反应，因此抑制硅的进一步刻蚀，可遏制侧壁刻蚀，选择性地形成伪垂直蚀刻。

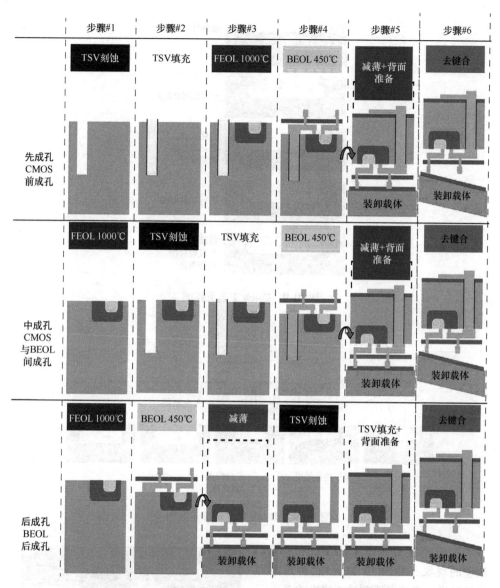

图 10.8　三种 TSV 形成方法——先成孔、中成孔和后成孔

随后，在进一步的刻蚀之前，需要去除在底部水平表面的聚合物涂层。这是借助等离子体中的电场加速对聚合物表面进行溅射轰击实现的。作为关键步骤，离子在电场中加速后可以以接近垂直的角度轰击聚合物表面，实现方向性的擦除。这样处理保存了侧壁上的聚合物，在随后的刻蚀循环中保护侧壁不被刻蚀，而在垂直方向上实现深度刻蚀。

Bosch 工艺实现了侧壁近乎垂直、各向异性的深硅刻蚀，还可以用来刻蚀介质层和止于特定金属层。Bosch 的工艺流程如图 10.10 所示。

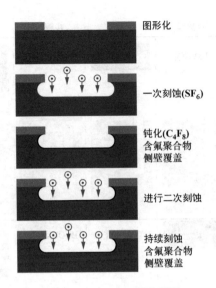

图 10.9　Bosch 工艺流程图

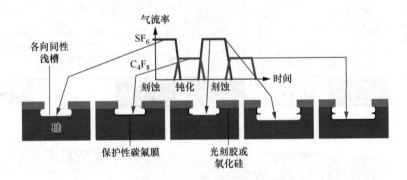

图 10.10　Bosch 工艺流程示意图

Bosch 工艺过程中可能会造成扇贝形侧壁的现象（见图 10.11），这种现象可以通过进一步的平滑刻蚀工序来改善。

氧化层　TSV 在金属填充之前，需要增加氧化层以实现与硅的良好绝缘。对 TSV 的绝缘具有一定困难，原因在于两点：①晶圆到这一阶段已接近完成，需要避免高温环节，因此绝缘材料必须通过沉积而不能使用热生长方法；②高深宽比的 TSV 需要采用共形沉积工艺以获得良好的

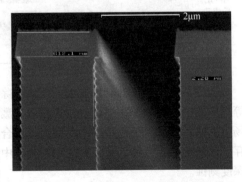

图 10.11　Bosch 工艺中造成的扇形侧壁现象

侧壁覆盖效果，但这种方式形成的氧化层致密性较差，很容易吸收水分并引起 TSV 结构中沉积的金属腐蚀。为了改善这个问题，可以将沉积的低温 CVD 氧化的复合介质层进行退火，去除多余水分后，再用等离子体进行防潮处理，最终形成的 CVD 氧化层还可以使刻蚀形成的 TSV 扇贝形侧壁平整化。

这样的 TSV 结构会同时引入电阻与电容，氧化层的厚度决定了电容的大小，通常 TSV 中 $0.5 \sim 2\mu m$ 厚度的氧化层会带来 pF 级别的电容。有趣的是，在 10GHz 或更高频率下，TSV 的电容会显著下降，究其本质，硅中自由载流子的运动并不能在高频电场变化下同步。

2. TSV 的金属化

（1）阻挡层 接下来的主要步骤是 TSV 的金属化填充。氧化层沉积后会继续沉积一层阻挡层，通常是采用 CVD 或者 PVD 工艺沉积 TaN 材料，其作用是防止铜原子扩散到硅中而导致漏电。近期研究表明 PVD 生长的 TaN 薄膜相比 CVD 生长的 TaN 具有更好的阻挡效果，而其微观结构特性是维持 PVD TaN 薄膜高温稳定性的重要原因。

（2）铜种子层 扩散阻挡层沉积完成后，需要生长铜种子层。该种子层通常采用 PVD 溅射工艺，形成用于电镀的导电阳极。至此，TSV 的通孔由足够厚的铜充分填充。

所有这些过程会限制 TSV 的深宽比在 $5 \sim 10$ 左右。TSV 的直径会从一开始的 $25\mu m$ 缩小到最终的 $5\mu m$ 左右，从而导致 TSV 深度从 $250\mu m$ 缩小至 $50\mu m$，同时 TSV 深度还受到最薄晶圆的工艺限制，通常为 $30 \sim 100\mu m$。

多数 TSV 的填充工艺与后道硅基工艺类似，但也有例外，常规的通孔电镀是一种共形工艺，即整个暴露区域都会被均匀电镀。TSV 通孔完全填充后，在顶层表面会继续沉积形成一层覆盖层，如图 10.12a 所示。

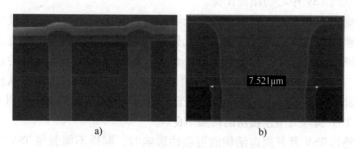

a) b)

图 10.12 TSV 电镀覆盖层和化学机械抛光效果

a) TSV 电镀覆盖层 b) CMP 平坦化的 TSV

这样的覆盖层需要抛光清除，即使其工艺成本较高，抛光效果如图 10.12b 所示。自下而上的电镀工艺是专门为 TSV 开发的，可以将覆盖层的尺寸最小化到亚微米量级。金属内衬和种子层也需要比传统的布线层厚得多，以减少不连续性和针孔。沉积过程还必须优化沉积铜的微观结构，从而使铜硅之间 CTE 失配导致的应力最小化。

3. TSV 可靠性

TSV 的电学可靠性与 TSV 在热应力作用下的物理行为相关。硅中的铜质 TSV 结构存在潜在的固有失效机制，硅的 CTE 约为 $3 \times ^{-6}/℃$，而铜的 CTE 约为 $17 \times ^{-6}/℃$，硅、铜的弹性模量也不同，最终在温度变化时会引起较大的应力作用，干扰通道的传输性能，甚至需要设置一个不可放置器件的排除区域（Keep-Out-Zone，KOZ）。在晶圆制造或芯片和电路板组装的热循环过程中，应力作用还会导致 TSV 中铜被推出，如图 10.13 所示。

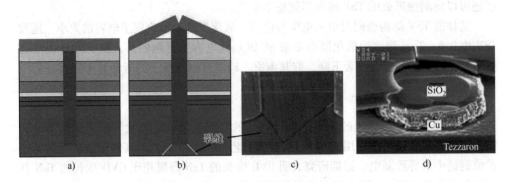

图 10.13 TSV 的填充铜柱外推凸出

a）室温下 b）温度升高造成的影响 c）周围硅碎裂 d）接通点崩裂

假设 TSV 为可制造性较好的圆柱形，受到二维平面的径向应力，可以用解析式评估 TSV 中引入的应力，即 Lamé 应力方程

$$\sigma_{rr} = -\frac{E\Delta\alpha\Delta T}{2}\left(\frac{R}{r}\right)^2 \tag{10.2}$$

式中，E 为杨氏模量；$\Delta\alpha$ 为铜-硅的 CTE 差；ΔT 为铜退火温度和工作温度之差；R 为 TSV 半径；r 为应力点到 TSV 中心的距离。该式阐明 TSV 附近的热应力取决于 TSV 半径与应力点到 TSV 中心的距离比值。

除非把铜完全除去，否则不可能完全消除这些应力。不过可以通过优化微观结构、调节电镀液中的添加剂、改变 TSV 几何形状和集成方案等方法将应力影响最优化。考虑到成本，目前常规生产的小节距（$<3 \sim 10\mu m$）TSV 具有较好的效益。

另一个与 CTE 失配相关的可靠性问题是界面开裂。这是因为铜在从沉积温度冷却下来时比硅收缩得更快，在 TSV 顶部沿着周边形成裂缝，这些裂缝一旦形成会继续扩大，造成 TSV 铜与周围连接层的接触不良。

在评估整体 TSV 及其周边结构的可靠性影响时，同样不能忽视 TSV 本身可靠性的评估，以便于理解 TSV 在工作中的完整性和性能。工艺的优化是无止境的，未来仍会出现预料之外的变数。这些影响器件和互连质量的问题需要在设计阶段得到解决，其分析应关注 TSV 整体而非局部，毕竟排布方式、KOZ 的大小、内部衬底和连接焊盘都会对应力产生、分布以及对集成电路中晶体管的状态产生影响。

10.3.2 超薄集成电路

3D 堆叠的方式适用于减薄后的芯片（原始厚度约 750μm）。当厚度减薄为 30 ~ 100μm 的芯片被称为超薄 IC。在通过测试的晶圆上构造 TSV 结构后，整体减薄到 30 ~ 100μm 以便堆叠。减薄完成同时也可以将盲孔从背面露出，以方便实现背面与下一层互连。芯片减薄的另一大好处在于大大降低了整体堆叠的厚度，而整个过程称为晶圆减薄抛光加工。

　　如上文所述，TSV 通常在晶圆制造的过程中同步加工。在先成孔和中间成孔流程中，是先形成盲孔，即通孔只达到指定深度，接着进行绝缘化后再完成金属导体填充。这类盲孔需要将晶圆减薄才能使通孔露出，以便与布线或者凸点结构形成连通，实现叠层整体由上到下的电学互连。该露出 TSV 的过程也称为晶圆减薄抛光加工。通常，当晶圆完成后道布线后，还需要经过最终的晶圆级电测试以判断芯片良率，坏芯片在划片后会被弃用。通过测试的芯片称为已知合格芯片（Known-Good-Die，KGD）。电测的最终目的就是为了确认 KGD。将 TSV 从晶圆背面露出的工艺流程包括研磨、抛光和反应离子刻蚀（Reactive Ion Etching，RIE），如图 10.14 所示。

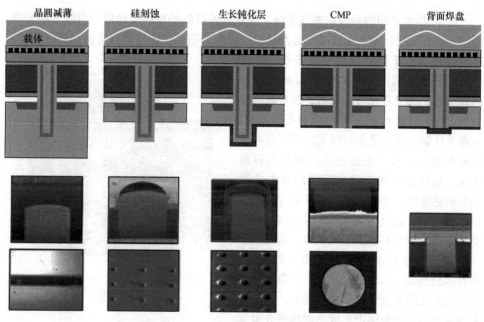

图 10.14　晶圆抛光处理工艺示意图（电镜照片由 Amkor 公司提供）

　　薄芯片的第一步是减薄，也就是高速机械减薄硅片。这可能会造成严重的晶圆损伤，需要用更缓和的方法去除，可通过更精细的研磨和化学机械抛光（CMP）来完成，也可能有额外的湿法刻蚀步骤。当硅基板被减薄到较薄水平时，会采用等离子体刻蚀等具有高指向性的干法刻蚀处理。等离子体刻蚀硅的速度比氧化物快得多。这使得在干法蚀刻结束时，TSV 中铜周围的氧化层保持完整。接下来，沉积氧化硅和氮化硅等钝化层，然后进行化学机械抛光（CMP），实现 TSV 平整露出，如图 10.14 所示。同时，要注意晶圆的抛光前表面必须先涂上钝化层，包括能阻止铜扩散的阻挡层。如果没有这一步，在抛光过程中涂在表面的铜则会扩散进入硅基板，并可能对器件造成损害。之后，将已经准备好的芯片与另一个芯片进行三维组装。从减薄到最终划片的整个过程如图 10.15 所示。

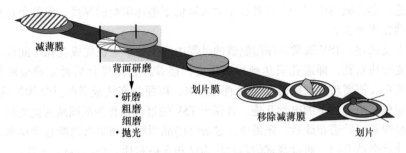

图 10. 15　晶圆减薄、处理和划片过程

减薄膜

背面研磨
・研磨
粗磨
细磨
・抛光

划片膜

移除减薄膜

划片

10. 3. 3　后道 RDL 布线技术

硅 IC 技术采用的是分层布线系统。这意味着较低的布线层较薄，引线节距较窄，而较高的布线层较厚，引线节距逐渐增大。较低的布线层用于局部连接晶体管，而较高的布线层用于长距离或全局连接。引线节距的范围从第一层的几十纳米到最高层的几微米。一个芯片可以是有 3 层布线的存储器，也可以是有 15 层布线的服务器芯片。电源 I/O 端和时钟通常以较宽的节距分布在顶端布线层。为了使这些线之间的电容最小化，最好在这些布线之间使用介电常数较低的绝缘体，称为低 k 介质，甚至超低 k 介质，介电常数范围为 2～2.5。作为参考，空气介电常数为 1（见图 10.16），这对于所谓的气隙互连技术已经有了很大的推进。英特尔公司的 14nm 后道工序（BEOL）在不同的布线层上包含空气隙。然而，这项技术并不能均匀地为整个集成电路提供介电常

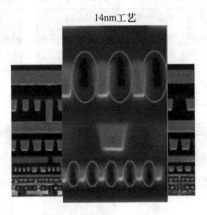

14nm工艺

图 10. 16　英特尔 14nm 有空气
隙的 BEOL

数为 1 的空气。因此，介电常数由介电材料和空气的混合物提供，这种混合介电常数称为有效介电常数。在 45nm 工艺中，最低布线层的典型线节距不大于 150nm，并以二进制的方式增加到最上层，约为 1～4nm。当工艺节点从 45nm 减小到 14nm，再减小到 5nm 及以下时，每一代芯片的第一布线层宽度变小。这些布线层是使用类似于大马士革工艺的 TSV 工艺制作的，在第 6 章中有详细描述。在大马士革工艺中，电介质层被涂上一层坚硬的研磨阻止层，如 SiN，并在介质层上刻蚀一个矩形通道，然后内衬一个扩散阻挡层，如氮化钽，之后沉积铜种子层，再电镀铜。将其抛光至研磨阻止层，产生电绝缘线。最后一层可能是铝层，铝层上有图形进入焊盘，焊盘连接外部世界。

TSV 需要连接到这些布线层。图 10.17 显示了在现代集成电路技术中典型的分层布线系统中引入 TSV 的不同配置。TSV 是芯片的最大特点之一，但在节距较小的情况下很难与硅工艺流程进行集成。在较高的层次结构中集成 TSV 更容易，因为在这些层

次维度下是相近的。此外，对于目前使用的节距，TSV 只能连接 3D 芯片的电源和I/O 层。所以在更高层次上集成更有意义。然而，由于 TSV 从背面穿过和整个硅片，所以它们会阻塞布线并产生布线问题。正确的折中方法是在提供可接受布线的尽可能高的层次上集成 TSV，通常是倒数第二个布线层。TSV 对 BEOL 布线具有极大的破坏性，为了穿过芯片集成 TSV，必须为这种技术分配并规划出物理区域。只要有一个 TSV 通过芯片，就会减少晶体管的有效物理空间，从而使可以放在单个芯片上的 I/O 接口数量减少。随着对带宽需求的增加，芯片堆叠必须变得更高，这将为可靠性、热和电方面带来更多困难。为了将 TSV 纳入 BEOL，需要制作特定的隔离区。这可能使 BEOL 工艺更加困难，具体取决于何时将 TSV 添加到堆叠中。

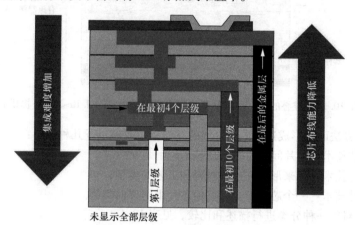

图 10.17　BEOL 分层布线系统

在内存应用中使用 TSV 有两种主要技术途径，分别为 3D NAND 阶梯方法和混合内存立方体技术（见图 10.18），这两种方法都可以通过整个芯片堆叠实现 TSV 互连。通过 BEOL 工艺，阶梯方式可以使芯片更容易互连，因为大多数 TSV 的位置在芯片边缘。然而，随着芯片层数的减少，I/O 密度也随之降低，从而使混合存储块需要更多的 TSV。

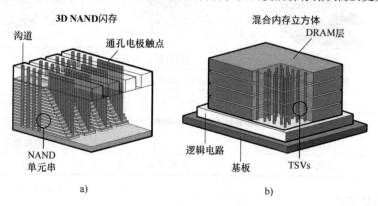

图 10.18　内存应用的两种方法

a）3D NAND　b）混合内存立方体（由 IEEE Spectrum 提供）

10.3.4　3D 堆叠的芯片互连

芯片间互连是指三维集成电路堆叠中一个集成电路和另一个集成电路之间的垂直互连。在 CMP 和 BEOL 之后，通过键合 TSV 将减薄后的一个芯片叠在另一个上面，形成芯片之间的垂直互连，如图 10.19 所示。

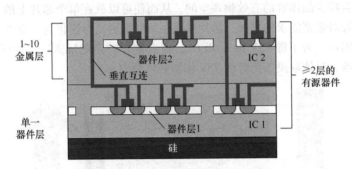

图 10.19　堆叠的 3D IC 中垂直的芯片互连（由 IBM J. Res. Dev. 提供）

有许多方法可以形成这些芯片之间的互连，主要有以下几种分类：

1）组装技术：芯片间的组装制造技术；

2）键合技术：用来形成互连的材料和工艺的类型；

3）堆叠技术：一个芯片堆叠在其他芯片上的方向类型。

下面将对每一种分类进行描述和比较，见表 10.1。

表 10.1　三维集成电路制造中组装技术的比较（由 IBM J. Res. Dev. 提供）

	芯片-芯片组装	芯片-晶圆组装	晶圆-晶圆组装
图示			
优势	使用灵活	使用灵活	低成本
	适用于全部 KGD	适用于 KGD 的单侧	
缺点	需处理薄芯片	需处理薄芯片	需要较高成品率
	产量低	产量低	芯片尺寸
键合技术	C4 键合	C4 键合	直接键合
	金属-金属	金属-金属	C4

1. 组装技术

组装指的是将一个芯片置于另一个之上的堆叠工艺。组装方式主要有晶圆-晶圆组装、芯片-晶圆组装、芯片-芯片组装，每种类型都有自己的优点和缺点。然而，评估这些类型的关键指标是产量和可制造性，两者都会直接影响成本。最佳的成品率和可制造性的优化方法取决于应用、设计、芯片尺寸、芯片和晶圆的成品率、互连密度、对准规范、键合或装配的成品率以及在不同制造阶段的测试能力。

（1）芯片-芯片组装　每个芯片都单独组装在另一个芯片上。通过已知合格芯片（KGD）和组装不同尺寸芯片的能力，可以实现简单的对准和较高的产量。这种方法的产量极低，因为组装是一个接一个芯片的组装，尤其是处理超薄芯片，导致成本很高。

（2）芯片-晶圆组装　已知合格芯片是单独装配在晶圆上的，而底部的芯片已经安装在晶圆上。在组装完成后，将通过划片工艺对它们进行分割。这种方法容易对齐、产量中等、成品率高，并且能够组装不同的芯片。芯片-晶圆组装的优点包括较低的晶圆级加工成本，也可以使用已知合格芯片进行组装。

（3）晶圆-晶圆组装　整个带有顶部芯片的晶圆被组装到另一个带有底部芯片的晶圆上。晶圆组装可以为制造工艺提供最终的解决方案，但只能在芯片和晶圆成品率较高的情况下，或者可以采用冗余方案以避免芯片组装损耗。

2. 键合技术

根据用于形成芯片互连的材料，可将键合工艺分为直接键合、倒装芯片键合和热压键合。所用材料的选择取决于 I/O 节距、可接受的成本、成品率和可制造性。表10.2 简要描述和比较了一些传统的键合材料和用于制造互连的工艺。

表 10.2　3D IC 组装制造中的键合技术比较（由 IBM 公司提供）

键合技术	直接键合	C4 键合	热压键合
最低键合温度	室温	大多数 180℃	取决于金属，如铜 300 ~ 400℃
键合过程中材料状态	固体	黏性	如果金属是合金，则可能会有黏性
特殊要求	无	良好的温度控制	良好的温度控制
键合对准	高	低	超高

（1）直接键合　晶圆级的直接键合方法包括直接（氧化物熔合）键合或使用中间层（如金属或聚合物）键合。在直接键合技术中，两个极其光滑的表面紧密接触，此时分子间的范德华力在晶圆之间产生微弱的键合。这种键合只需在室温下进行，不需要任何黏结剂或外力。后续的退火工艺能够加强和保护分子键合，如氧化物表面的键合在退火步骤中界面会形成共价键。一般来说，退火在超过 1000℃ 的温度下进行。

（2）倒装芯片键合或 C4 键合　可控塌陷芯片连接简称 C4，是一种利用焊料和界面润湿性进行焊接的倒装芯片技术。在晶圆加工的最后一步，晶圆顶部电镀焊料微凸点，组装过程中，在 180℃ 左右的温度下，焊料凸点开始回流并键合形成互连。焊料互连的优点很多，包括自对准、高组装良率、是对现有工业技术能力的扩展使用。然而，当这种技术的使用受限于 60 ~ 80μm 以下的节距时，回流时凸点之间会发生短路，导致良率较低。

（3）热压键合　为了缩短芯片间的距离和减小节距，开发出了用于金属和金属之间的热压键合工艺。这种工艺使用高温和高压来实现可靠的全金属键合，通常是铜互连。在这种方法中，铜凸点被镀在 TSV 上，并通过热压键合与底部芯片的 TSV 中的铜结合。由于铜的熔点高，在 300℃ 左右的扩散速率很低，因此与传统的基于焊料的互连相比，该工艺的产量较低。

3. 堆叠技术

根据与第一层的顶部相连的第二层顶部的位置，如果两个顶部是互相面对的，则堆叠后的过程可以描述为面对面，如果不是，则为面对背。一般来说，这些选择可用于构建芯片对芯片、晶圆对晶圆，以及芯片对晶圆的三维集成电路，但是针对特殊的应用，应选择特殊的晶圆级或者芯片级技术。使用面对面和面对背制造 3D 集成电路的最受推崇的方式以及组装技术特点如图 10.20 所示。

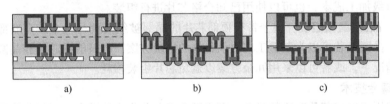

图 10.20　堆叠集成电路示意图（由 IBM J. Res. Dev. 提供）
a）基于 SOI 的面对背堆叠　b）面对面堆叠　c）无减薄面对背堆叠工艺

（1）基于 SOI 的面对背堆叠　图 10.20a 显示了这样一种结构，通过移除各层之间的整个 Si 衬底，使得器件层次之间的距离最小化。这是绝缘体上硅（Silicon on Insulator，SoI）的一种常见工艺，在这种工艺中，绝缘体下的硅衬底可以被减薄甚至除去。层次之间的连接是通过电介质融合材料或使用黏合中间层来实现的，之后再形成层次之间的电连接。在这种键合工艺中，玻璃基板被用作临时载体。层次之间的距离是最小的，也可以支持非常细的节距。

（2）面对面堆叠　图 10.20b 显示了面对面的堆叠方式，这种方式可以有效建立层与层之间的高密度 Cu-Cu 键合，但是需要通过深孔来将信号传递到封装之外。因为芯片是面对面组装的。这个过程避免了使用临时的玻璃载体。

（3）无减薄面对背堆叠　与 SOI 面对背堆叠工艺相反，在此工艺中有一块不能去除的硅较厚衬底。因此，在硅厚衬底上形成的深孔，与之后的芯片形成互连。图 10.20c 中的结构通常具有最大的层间孔径尺寸和最低的孔密度，以及最宽松的对准公差。

结构和制造方法的选择取决于三维集成电路技术的具体应用。表 10.3 对这些工艺的属性进行了比较。

表 10.3　三维集成电路制造中不同堆叠技术的比较（由 IBM 提供）

工 艺 特 性	基于 SOI 的面对背堆叠	面对面堆叠	厚衬底面对背堆叠
键合技术	直接键合	TCB 键合	TCB 或 C4 键合
器件层间距离	最小	中等	最大
临时玻璃载板	需要	不需要	需要

(续)

工艺特性	基于 SOI 的面对背堆叠	面对面堆叠	厚衬底面对背堆叠
对准要求	极严酷,亚微米级	较松,几微米	更宽松
最小孔节距	非常紧密(约 $0.4\mu m$)	约 $10\mu m$	$20 \sim 50\mu m$
适用于 SOI/无减薄晶圆片	SOI	均可	均可
组装工艺	只适用于晶圆-晶圆	任何工艺	任何工艺
可直接扩展到 >2 层	可以	不可以	可以

10.3.5 3D 堆叠集成电路的封装

组装三维堆叠的封装具有多种功能。传统上认为封装的主要目的是帮助测试三维堆叠中的三维集成电路。随着时间的推移,封装的用途也发生了变化。当芯片上的凸点节距减小时,封装提供芯片和主板之间的中间水平的节距,它有助于逐层次减小节距。当集成电路的节距进一步降低时,可以采用转接板的方法。在多芯片模块和三维集成电路封装中,封装还有助于减少不同芯片之间的互连长度,从而显著提升性能。

近年来封装材料得到快速发展,封装体可以由陶瓷、有机层压板、硅以及玻璃制成,其中一些类型的封装后面将有简单介绍,更多细节可以参照第 6 章。

1. 有机 BGA 封装

有机封装由聚合物等有机材料制成。它们具有独特的性能,例如高绝缘性、低弹性模量、可定制的 CTE、高电阻率、良好的化学黏合性和低温可加工性,因此可制成良好的基板。它们通常通过连续积成工艺的方法在大型面板中制成,在该工艺中,聚合物的每一层均以液态沉积和固化,或使用干的薄膜固化或层压,然后进行导电层的沉积和光刻图形。采用有机基板关键之处是它们与液体基和干膜电介质都兼容。

有机基板的芯层通常由有机材料(例如环氧树脂)制成,需要额外的无机增强剂和添加剂,例如玻璃纤维和阻燃剂。芯层用作刚性材料,在其上层压或沉积聚合物电介质和主要由铜制成的内层导体。导电层和通孔在经过诸如半加成工艺或减法刻蚀工艺制成的中间层上形成。这涉及钻孔、化学沉积铜种子层,然后使用光刻进行构图,并在沟槽、线和通孔中电镀大量铜。在形成所有的金属化层之后,用诸如镍之类的表面涂层沉积外表面金属化层,作为铜和焊料之间的良好阻挡层。表面不能使用铜,因为它会很快氧化并与 BGA 焊球形成脆性金属间化合物。通常在镍顶部覆盖一层薄薄的金,以防止氧化并保护焊盘或者键合线的润湿性。最后一步涉及钝化层,该钝化层沉积在顶部以防止相邻的焊球桥接。

如果 I/O 的密度非常高,则首先将转接板(例如 Si 转接板)与三维堆叠连接起来,然后将带有 3D IC 堆叠的整个转接板组装到这个有机 BGA 基板上。最后将 BGA 封装连接到印制电路板上。

2. 硅转接板

与上述基于层压的封装相比,高 I/O 密度的多芯片需要更先进的封装或转接板。

2015 年，具有最高 I/O 密度的转接板是 Si 转接板。这种转接板和其他转接板在第 6 章有详细描述。转接板上的 RDL 层类似于连接到 3D 堆叠芯片用 BEOL 上的 RDL 层。高密度布线的最新技术是大马士革镶嵌工艺，该工艺首先沉积一层电介质。在硅转接板上用于 RDL 布线的最常用介质材料是 SiO_2，其介电常数 $D_k \approx 4$。为了进一步降低介电常数，可以在 SiO_2 中添加各种低原子量的元素，例如氢或碳，一旦沉积了介电层，就可以将一层负光刻胶直接置于其上。暴露光刻区域，以便从光刻区域上去掉所需的图案；采用反应离子刻蚀工艺形成介电层内部的沟槽；为了除去残留的光刻胶，可以采用氧等离子体清洗步骤。但是，如果 SiO_2 掺杂碳或氢之类的有机物，则需要使用 CO、CO_2 或 H_2 等离子体来防止对低 k 介电材料造成损害。下一步是用诸如铜的导电材料填满沟槽。在铜之前，通过离子气相沉积（Ion Physical Vapor Deposition，IPVD）沉积钛或钽等阻隔层金属。在沉积阻隔层金属之后，通过 IPVD 沉积厚度约为 200nm 的铜种子层。生长铜种子层之后，使用电镀或电化学沉积（通常称为镀铜）来沉积大块铜。为了填充数百纳米宽的精细沟槽，需要添加不同的有机添加剂，以确保沟槽内的镀层完整且没有空隙或气泡。电镀工艺为了确保沟槽被完全填充，应使目标厚度大于最终沟槽的总高度，这导致在沟槽顶部形成覆盖层。为了消除这种覆盖层，利用了化学机械抛光，此过程涉及化学浆料和物理研磨过程。在去除所有大块铜之后，使用不同的化学浆料去除多余的阻挡层和内衬材料，这样就完成了一个金属层的制造过程。大多数硅转接板都大于三层，因此这一过程将重复多次来得到所需的 I/O 密度。在 2015 年，转接板上典型的焊球节距为 40～50μm，并有望按比例缩小。图 10.4 显示了组装在一个转接板上的多个 3D 堆叠和逻辑芯片。堆叠的集成电路的数量范围从 2 个到最多 20 个不等，这给将这些堆叠芯片组装到封装体上带来了困难。为了准备用于堆叠的 3D IC，对芯片进行单独测试以确保它们能正常工作，然后将其减薄到一定厚度以减小堆叠的最终高度。芯片通常通过引线键合形成互连，这要求每个芯片暴露一定大小的外围区域。最终，堆叠形成了金字塔形或宝塔形。这种堆叠芯片存在许多问题，例如散热性和可返修性。举例来说，如果堆叠中的一个芯片失效，那么必须替换整个堆叠，这是所有新的多芯片技术（包括 2.5D 或 3D）中都存在的一个常见问题。研究人员正在研究其他的组装技术，如使用焊料将 3D 芯片堆叠与转接板连接起来。这些技术有自己的优势，如电损耗低、接触面积更大、相比于引线键合更容易互连。由于铅基焊料的环境限制，目前正在对锡基焊料进行研究，并正在努力形成稳定、脆性较小、性能更好的金属间化合物。芯片组装到转接板上后，按常规方式将转接板安装在层压 BGA 封装上。

图 10.21 显示了 2016 年在产品中实现最高带宽的四个硅转接板示例。

3. 玻璃封装
玻璃封装技术开始发展有四个原因：
1）玻璃具有优越的电气性能和材料特性；
2）加工面积大、成本低；
3）对于较大的封装，RDL 电阻较低；
4）为 IC 和板级可靠性优化了 CTE，而不需要另一个 BGA 封装。

XILINK的2.5D转接板

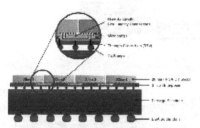

NVIDIA的2.5D转接板

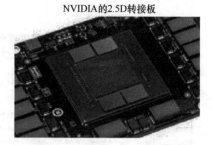

AMD的高带宽2.5D转接板

Intel的内嵌式
多芯片互连

图 10.21 2016 年最先进的硅转接板

(1) 优越的电气性能 由于电损耗低、线电阻低、表面光洁度更高、介电常数更低、绝缘电阻超高，玻璃作为一种材料和用作封装具有优越的电气性能。图 10.22 所示为高速信号通过玻璃的示意图。用于转接板的玻璃的介电常数为 5.3，约为硅介电常数的一半。玻璃的电损耗是 0.005，硅的电损耗是 0.015。玻璃的电阻率是 $10^{12}\Omega \cdot m$，而硅的电阻率是 $0.1\Omega \cdot m$。玻璃还提供了在更远距离运行信号的路径，积成电介质材料的损耗要低得多。

(2) 加工面积较大，成本低 玻璃面板尺寸约为 510mm，相比之下，硅晶圆是 300mm。除了非常高端的器件，对于许多应用来说，300mm 晶圆的封装尺寸超过 15mm 并不划算。为了证明以面板为基础的封装的成本效益，正在开发以面板为基础、超低损耗、超薄的下一代玻璃基板，其上带有堆叠材料、工具和 1μm RDL 光刻工艺。玻璃封装提供了一种制造高密度封装的方法，这种封装方法具有可扩展的面板工艺，在短期内最多可生产 510mm 的面板，远期甚至可以生产更大的面板（见图 10.23）。这种从小尺寸晶圆片到大尺寸面板的转换，最终在大生产下使成本降低至原来的 1/5 以下，但是它需要很高的 RDL 成品率，这是非常困难的。硅中的 TSV 非常复杂且昂贵，需要绝缘层、阻挡层和种子层。玻璃通孔更简单、成本更低，只需要种子层和孔内镀铜。到目前为止，封装通孔（Through Package Via，TPV）或玻璃通孔（Through Glass Via，TGV）已经发展到大约 10000 孔/s。与硅转接板不同的是，RDL 的双面制造和玻璃面板上元器件的元器装进一步降低了成本，提高了性能，并使封装更加小型化。

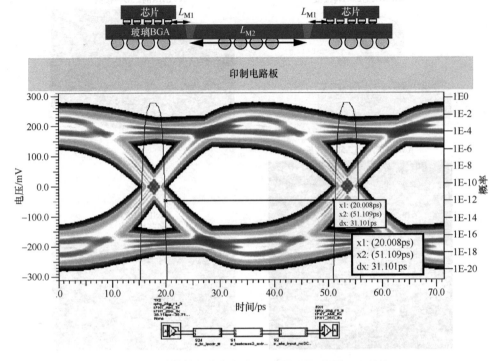

图 10.22 通过玻璃通孔，Gbps 高速信号在玻璃中传输

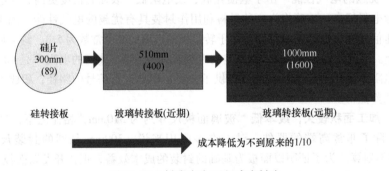

图 10.23 低成本大面积玻璃制造

(3) 封装更大、电阻更低 硅 BEOL 工艺通常在 RDL 布线中达到 $1 \sim 2$ 的高宽比，线电阻约为 $17\Omega/mm$。玻璃封装正在开发为 3 及以上的高宽比、降到 $6\Omega/mm$ 以下的线电阻 (见图 10.24)。双面 BGA 封装结构与下一代材料和工艺的结合，使玻璃封装技术成为具有大封装尺寸、高 I/O 数和低阻值、高密度封装的首选。

(4) 优化了芯片级和板级可靠性的 CTE，无需另外的 BGA 封装 玻璃还可以同时支持芯片级和板级可靠性，而不需要额外的封装 (见图 10.25)。硅转接板与硅集成电路完美匹配，但总体与电路板不匹配。为了弥补这种失配，需要一个额外的有机

BGA 封装,这增加了封装的厚度、尺寸和成本,并降低了电气性能。玻璃可以在硅 CTE 和板 CTE 之间的任何点上选择一个最优 CTE。

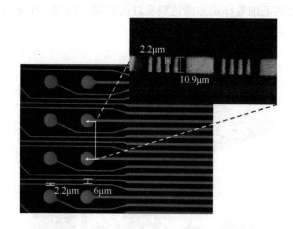

图 10.24　SAP 的高高宽比 RDL 面板

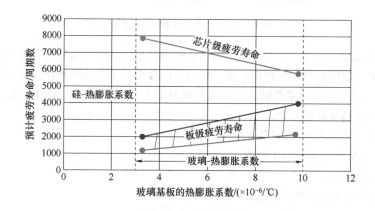

图 10.25　适用于芯片级和板级可靠性的玻璃 CTE 范围

如图 10.25 所示,对于大型 BGA 封装的应用,最优 CTE 应该在 $(7 \sim 10) \times 10^{-6}/{}^{\circ}C$ 之间。

10.3.6　底部填充

底填料是一种以环氧树脂为基础的聚合物复合材料,用于将芯片包封在堆叠中,也可以将转接板封装在衬底上(如果存在的话)。该技术在另外两章中介绍过,分别是第 5 章介绍了相关材料,以及第 8 章。底填料通常是一种可以在一定的高温下流动,在低温下固化的液体材料。与传统封装一样,芯片之间的空间需要被填充,主要有三个原因,即提供结构支撑,防止湿气进入,帮助芯片散热。

底填料通常由自动化机器的针头从堆叠的一端涂布到另一端。底填料的流动是由于它们的毛细作用和低黏度，从一端流动到另一端，到达包括全部的焊球或其他互连结构。由于在三维堆叠中，芯片之间的空间比传统封装中更小，因此底填料需要具有更低的黏度和更强的毛细管作用才能达到良好的底填。图 10.26 显示了底填料的分配和流动示意图。

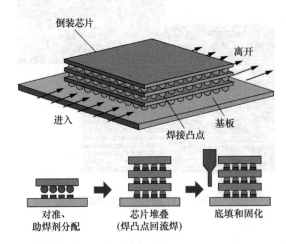

倒装芯片
离开
进入
焊接凸点
基板

对准、
助焊剂分配
芯片堆叠
(焊凸点回流焊)
底填和固化

图 10.26　三维芯片堆叠中底填料流动示意图

底填料通过在芯片和插入板之间提供强机械和化学结合的额外刚性来保护焊点免受机械应力，就像有机层压封装一样。它们可以作为一个散热器来促进高功率芯片的热量转移，如 CPU 芯片或逻辑芯片的热量转移。在底填料分散过程中，应当注意避免空隙，以达到良好的稳定性。

底部填充的基本步骤包括：

1) 将底填料预热至加工温度；

2) 器件视觉对准；

3) 定位涂布底填料的表面；

4) 涂布底填料，并使其在毛细作用下流动铺展；

5) 等待进一步的涂布，取决于完全填充面积所需底填料的多少。

较新的用于三维芯片堆叠的底部填充技术正在开发中，其中一种技术是真空填充技术，它是为高性能系统集成而开发的。它可以看作是毛细填充工艺的延伸，在毛细填充过程中利用气体压力来增强填充胶体的流动。在这种方法中，在真空腔减压的情况下，底填料围绕着 3D 堆叠芯片涂布。当真空释放时，芯片内部的压力低于外部大气压力，气压差有助于绝缘填充材料渗透进入堆叠的芯片之间的狭窄间隙。

另一种方法涉及给底填料提供热能，增加其流动性。这增加了上层的热能，使上层和下层之间产生了显著的温差，从而有效地填充整个区域，解决空隙问题。

还有其他类型的底填料已经被开发，如不导电薄膜（Non-Conducting Films，NCF）和不导电浆料（Non-Conducting Pastes，NCP）。这些材料的应用方式与传统的底填方式不同，其中一些被称为预填料。例如，NCF 是在进行热压键合堆叠之前预先施加的。与传统的键合后填充工艺相比，NCF 在键合过程中会固化。然而，预涂底填料的一个缺点是，由于它是一种聚合物，所以在键合过程中会吸收水分并释放水分（排出气体），这可能会严重影响 3D 芯片堆叠与封装的有效键合。

必须指出的是，组装 3D 集成电路有多种方法。本章描述了一种将减薄的芯片叠放在一起，然后在转接板或 BGA 封装上进行组装的 IC。另一种称为芯片-晶圆-基板（Chip on Wafer on Substrate，CoWoS）的工艺是在晶圆片底部合格的位置上组装已知合格芯片，先不划片，不合格的位置组装假芯片。然后将晶圆减薄、划片，并安装在层压封装上。所有这些方法都有其优点和缺点，通常是由过程遗留问题和成本问题决定采用何种方法。

10.4　总结和未来发展趋势

本章讨论了制作 TSV 所需的关键因素，可以采用 TSV 在 3D 封装构造中来互连芯片（例如堆叠内存）和单元（例如处理器和内存），以及其他各种技术，特别是对 TSV 制造、可靠性和设计问题分别进行了详细的讨论。

三维集成在半导体领域和封装领域之间架起了桥梁，这可以从图 10.27 中得到最好的解释。包含 TSV 和减薄芯片的 3D 集成具有广泛的应用前景，有潜力实现高速信号传输、最小的损耗和最佳的空间利用率。关于实现最大功率输出、增加 I/O 的数量并在 3D 结构中全面集成等技术的研究正在进行中。为什么 3D 堆叠在商业上主要用于内存芯片，而不是逻辑或 CPU 芯片？目前有两个主要的原因：第一，3D 堆叠中的散热问题；第二，TSV 占用了硅芯片的大量空间，留给晶体管的空间更少。随着对芯片上晶体管的需求不断增加，优化 TSV 制造工艺和实现堆叠芯片更好的散热具有重要的研究意义。三维堆叠与转接板技术的结合改变了设计的方式，最终将形成在一个小范围内具有多种功能的高效系统。未来需要进一步研究的先进技术包括更精细的节距设计、制造、新的测试表征方法等，并将其扩展应用于大规模生产。

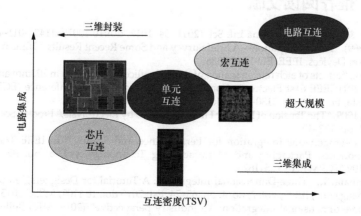

图 10.27　集成度与互连密度的关系

10.5 作业题

1. 列出组成 TSV 的所有层，并写出形成 TSV 的主要工艺步骤。

2. 列出 TSV 的成孔方法。比较每种方法，列出它的优点和缺点。哪种方法最常用，为什么？

3. 硅中铜 TSV 的可靠性问题是什么？怎样才能减轻这些问题呢？

4. 利用 Lamé 应力方程探讨不同参数对 TSV 径向应力的影响。假设 Cu-TSV 的杨氏模量为 155，硅的 CTE 是 $3 \times 10^{-6}/℃$，铜的 CTE 是 $17 \times 10^{-6}/℃$。

1）探讨温度对径向应力的影响。假设 TSV 直径为 $5\mu m$，距离 TSV 中心 $5\mu m$。

2）探讨 TSV 中心距对径向应力的影响。假设室温和 200℃ 铜的退火温度。

5. 当大的 TSV 结构通过芯片堆叠时，集成电路将会有什么缺点？应该如何应对？

6. 第 10.3.5 节讨论了玻璃由于其上的布线具有更高的高宽比而减少延迟的独特性质。$1\mu m \times 1\mu m$（宽×高）的铜线与 $1\mu m \times 5\mu m$（宽×高）的铜布线的电阻有什么不同？这与 RC 延迟有什么关系？

7. 为什么 3D 堆叠中的集成电路需要减薄？如何减薄？

8. 简要说明堆叠集成电路的各种组装和键合技术，并进行对比。

9. 对于组装 3D 堆叠来说，不同类型封装的优点和缺点是什么？

10. 在封装中，"硅效率"被定义为芯片面积与封装面积的百分比。一个逻辑集成电路封装由一个 $8mm \times 8mm$ 的集成电路和一个 $11mm \times 11mm$ 的封装体组成。一个三维存储 IC 封装由 4 个 $5mm \times 9mm$ 的存储 IC 堆叠在一起，共同组装在一个 $15mm \times 15mm$ 的封装体里。计算这两种情况下的硅效率。哪种方案更有效？

11. PCB 的相对介电常数为 4。计算 PCB 中理想导体每英寸长度的信号传输延迟。与 PCB 相比，铁氟龙（相对介电常数为 2）中的信号传输是否更快？

10.6 推荐阅读文献

Farooq, M.G. & Iyer, S.S. Sci. China Inf. Sci. (2011) 54: 1012. doi:10.1007/s11432-011-4226-7.

Black, J.R. (1969). "Electromigration—A Brief Survey and Some Recent Results." IEEE Transaction on Electron Devices. IEEE. ED-16 (4): 338.

Y. C. Hsin et al., "Effects of etch rate on scallop of through-silicon vias (TSVs) in 200mm and 300mm wafers," 2011 IEEE 61st Electronic Components and Technology Conference (ECTC), Lake Buena Vista, FL, 2011, pp. 1130–1135. doi: 10.1109/ECTC.2011.5898652.

Stoney, G. G., 1909, "The Tension of Metallic Films Deposited by Electrolysis," Proc. R. Soc. London, Ser. A, **82**, pp. 172–17.

S. S. Iyer, "Heterogeneous Integration for Performance and Scaling," in IEEE Transactions on Components, Packaging and Manufacturing Technology, vol. 6, no. 99, pp. 1–10 doi: 10.1109/TCPMT.2015.2511626.

Iyer, S.S.; Kirihata, T., "Three-Dimensional Integration: A Tutorial for Designers," in Solid-State Circuits Magazine, IEEE , vol. 7, no. 4, pp. 63–74, Fall 2015 doi: 10.1109/MSSC.2015.2474235.

Iyer, S.S. "Three-dimensional integration: An industry perspective" (2015) MRS Bulletin 40 (3), pp. 225–232 (2015).

C.S. Tan, R. Gutman, and R. Reif (eds) "Wafer Level 3-D ICs Process Technology (Integrated Circuits and Systems)" Springer (2009).

J. Lau "Through-Silicon Vias for 3D Integration (Electronics)" (McGraw Hill 2013).

Bakir, Muhannad S., and James D. Meindl. *Integrated interconnect technologies for 3D nanoelectronic systems*. Artech House, 2008 (Chapter 14).

Lau, John H., and Tang Gong Yue. "Thermal management of 3D IC integration with TSV (through silicon via)." In *2009 59th Electronic Components and Technology Conference*, pp. 635–640. IEEE, 2009.

Dong, Xiangyu, and Yuan Xie. "System-level cost analysis and design exploration for three-dimensional integrated circuits (3D ICs)." In *Proceedings of the 2009 Asia and South Pacific Design Automation Conference*, pp. 234–241. IEEE Press, 2009.

10.7 致谢

感谢佐治亚理工学院的博士生 Bartlet DeProspo，Nithin Nedumthakady 和 Siddharth Ravichandran 对本章所做的贡献。

第 11 章

射频和毫米波封装的基本原理

Srikrishna Sitaraman 博士
美国 TE Connectivity 公司
Emmanouil M. Tentzeris 教授
美国佐治亚理工学院
Markondeya Raj Pulugurtha 教授
美国佛罗里达国际大学

Junki Min 博士
美国佐治亚理工学院
Rao R. Tummala 教授
美国佐治亚理工学院
John Papapolymerou 教授
美国密歇根州立大学

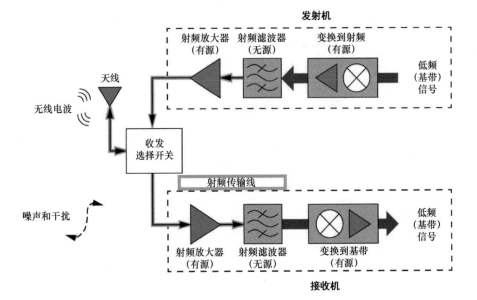

本章主题

- 介绍像手机一类的射频系统是如何工作的
- 介绍射频系统的基本结构
- 介绍射频的基本原理
- 介绍射频和毫米波技术
- 总结并展望未来的趋势

11.1　什么是射频，为什么用射频

术语"射频（Radio Frequency，RF）"是指电磁波频谱的一部分，该段频谱用于无线通信，以及定位和传感应用。正如第 1 章所描述的那样，射频是数字电子革命背后的第二个技术浪潮。在 20 世纪，铜布线塑造了兆比特通信的主干；在 21 世纪，世界向千兆比特光纤通信迈进。千兆频段正是射频，它具有可以使用超宽带模块的特点，如果能够不断地完善相关技术，那么射频技术可被认为是最终的通信技术。这并不是一项微不足道的任务。本章下面的内容将介绍射频技术向毫米波发展的基本原理。

RF 代表射频。一般来说，"频率"一词是指单位时间重复事件的次数。在射频信号的背景下，它是指电磁波的振荡速率，例如流过导体的交流电流的强度；或由此产生的电场和磁场的大小（统称为电磁波）。在 3kHz ~ 300GHz 之间的频率被称为"无线电频率"，在这样的频率上振荡的电磁波被称为射频波。表 11.1 显示了射频频谱是如何划分为频段的，其中每个频段的频率是紧接其后比它更低频段频率的 10 倍。

表 11.1　不同频段及其应用

频段编码	名　　称	频率范围	波长范围	应　　用
7	高频（HF）	3 ~ 30MHz	10 ~ 100m	电话、电报
8	甚高频（VHF）	30 ~ 300MHz	1 ~ 10m	电视、调频广播
9	特高频（UHF）	300 ~ 3000MHz	10 ~ 100cm	电视、卫星通信、蜂窝通信
10	超高频（SHF）	3 ~ 30GHz	1 ~ 10cm	雷达、微波链路
11	极高频毫米波	30 ~ 300GHz	0.1 ~ 1cm	雷达、军事应用
12	太赫兹	300 ~ 3000GHz	0.1 ~ 1mm	太赫兹成像
14	L 波段	1 ~ 2GHz	150 ~ 300mm	全球定位系统
15	S 波段	2 ~ 4GHz	75 ~ 150mm	无线局域网（Wi-Fi）
16	C 波段	4 ~ 8GHz	37.5 ~ 75mm	开放式卫星通信、卫星电视、Wi-Fi
17	X 波段	8 ~ 12GHz	25 ~ 37.5mm	陆基雷达、导航
18	Ku 波段	12 ~ 18GHz	16.67 ~ 25mm	卫星通信
19	K 波段	18 ~ 27GHz	11.11 ~ 16.67mm	卫星通信
20	Ka 波段	27 ~ 40GHz	7.5 ~ 11.11mm	卫星通信系统、雷达

有时"微波"一词也被用来描述信号的无线传输。微波被定义为电磁频谱的一部分，包含 1 ~ 300GHz 的频率。因此，可以说微波是射频的一个子集，如图 11.1 所示，相当于在空气传播，波长位于 1mm ~ 30cm 之间。毫米波包括电磁信号的频率为 30 ~ 300GHz。

无线电系统的初衷是进行远距离通信，以补充对极长电缆的需求。移动通信的需要，促进了移动电话的发展。随后，在移动期间获取和共享信息和媒体内容（数字信

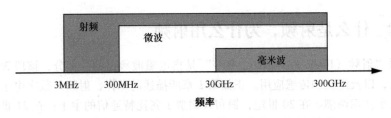

图 11.1　射频和微波应用的频率范围

号）的需求促进了高带宽 Wi-Fi 和移动网络的增长。超越模拟信号传输的更高质量的数字信号传输服务，促进了相关服务技术的发展，如 VoIP⊖，从而使得数字信号传输成为数据传输的主要驱动力和语音通信处理的主要手段。目前的趋势表明，更快的数据速率、无缝的全球连接以及将所有设备和机器连接到互联网促进了网络的快速增长。

11.1.1　历史与发展

虽然使用无线电通信似乎已经存在很久，但这一切是从 1901 年 12 月开始的，当时位于纽芬兰圣约翰市的马可尼收到了第一条穿越大西洋的无线消息。那条从英国康沃尔郡的波尔多发来的信息是字母 S（莫尔斯电码中的三个点）。超过 2900km 的跨大西洋接收的演示帮助马可尼建立了无线电报业务。马可尼是许多创新的鼻祖，包括一种连续波传输方法，以及接地天线、改进的接收机和接收机继电器。此外，他在营销和推广方面的能力也令人瞩目。到了第一次世界大战，英国和其他地方的马可尼公司在世界各地提供无线电通信，这使马可尼获得了诺贝尔物理学奖。

1912 年 4 月 14 日星期日，在快要进入午夜时，"泰坦尼克号"撞上了纽芬兰海岸外的冰山。无线电操作员约翰·菲利普斯用莫尔斯电码多次传送遇险呼叫 CQD⊖。在 58 mile⊖ 外，"喀尔巴阡山号"收到了这条消息，朝着下沉的班轮驶去。

11.1.2　第一部手机是什么时候推出的

令人惊讶的是，早在 1946 年美国电话电报公司（AT&T）在芝加哥就推出了第一部手机。它服务于那些在汽车里使用电话的人。在随后的一年里，美国有 25 个城市推出移动服务。这些移动电话系统是基于调频无线电传输的。大多数系统使用单个强大的发射机，其中心频率为 120kHz，带宽仅为 3kHz，提供最多离基地 50km 的覆盖范围。在 20 世纪 60 年代中期，贝尔系统公司引入了改进型移动电话服务（Improved

---

⊖　VoIP 为 "Voice over Internet Protocol"，基于 IP 的语音传输，俗称"网络电话"，是一种语音通话技术，经由网际协议（IP）来达成语音通话与多媒体会议，也就是经由互联网来进行通信。

⊖　CQD 是 1908 年前国际上通用的国际信号，相当于 SOS。CQD 于 1908 年被国际组织废除，并正式启用 SOS。——译者注

⊖　1mile（英里）= 1609.344m。——编辑注

Mobile Telephone Service，IMTS）。

11.2　射频系统的概述

无线电系统通常包括信号的来源、信号的预定目的地和信号传输的中间通信路径。无线电源被称为发射机，而目标无线电被称为接收机。有些情况只使用接收机，例如在射电天文学中。同样地，家庭照明可以代表光学发射机系统的一个例子。射频收发器系统由发射与接收射频前端单元和大功率模块组成。发射和接收单元具有上下变频和信道变换功能。射频前端单元具有发射和接收信号双工、天线选择、小信号放大、频率滤波等功能。大功率放大单元具有功率放大功能。发射信号和接收信号的频率向上/向下转换采用了超外差法设计。

射频系统的一般结构框图如图 11.2 所示。典型的射频系统由两个主要部分组成：发射机和接收机。发射机部分将低频信号转换为射频信号，而接收机部分则执行反向操作。此外，每个射频系统的设计也有一个无可避免的无用副产品——噪声，它可以从外部影响射频系统，也可以在系统内产生。本章将详细描述射频系统的重要概念。每个概念可以想象为总拼图的某一部分。我们将分别解释各个部分，理解它们，然后把它们组合在一起。

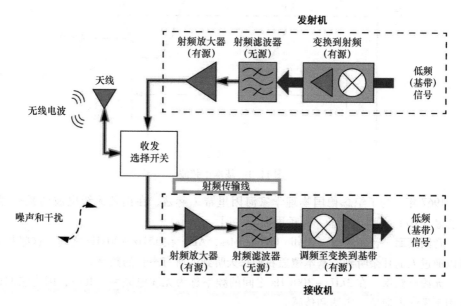

图 11.2　射频系统的结构框图

11.2.1　射频的基本原理

1. 无线电波

无线电波的辐射概念可以通过将一颗鹅卵石扔进一个水池来可视化。当卵石到达水面时，以圆波的形式产生扰动。此时，考虑水波的水平分量。如果把一片树叶或一根小木棍放在水池的表面上，它就不会有横向的运动，而只是在水波通过下面时的上下运动。水产生的波的类型称为横波，即波发生在垂直于叶片运动方向的方向，这种波也简称为行波。发射天线辐射的电磁波就是横波的例子。

发射机产生的载波的基本形状是正弦波。然而，辐射到空间的横波可能保留也可能不保留正弦波的特性，这取决于载波的调制类型和介质扰动。用于表征波传播的不同参数将在下面的章节中描述。

2. 频率

波的频率（f）是在 1s 内完成的正弦波相位的全（360°）周期数。在行波（如无线电波）的情况下，频率可以看作是 1s 内通过一个给定的点的波的周期数。例如，图 11.3 显示了 1s 内发生的两个周期，因此，正弦波的频率为每秒两个周期（2cps）。

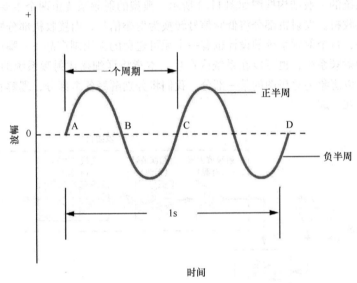

图 11.3　基本正弦波

1967 年，为了纪念德国物理学家海因里希·赫兹，在提及无线电波的频率时，用赫兹（Hz）一词代替了"每秒周期"一词。

音频频率　音频频率（Audio Frequencies，AF）在 15Hz～20kHz 之间。这些频率可以通过人的耳朵听到，基本覆盖我们每天听到的所有声音的频率。

无线电频率　在 3kHz～300GHz 之间的频率称为无线电频率（RF），因为它们通常用于无线电通信、雷达和传感。

3. 波长

波长（以希腊字母 λ 表示）是无线电波在任何给定时间瞬间的一个完整周期所占据的空间。例如，假如无线电波可以被时间冻结和测量，它的波长将是从一个周期的任何一点到下一个周期的相应点的距离，这个概念如图 11.4 所示。这个参数是传播材料介电常数的函数。通常，在讨论无线电波时，参考的是相对介电常数或介电常数为 1 的自由空间。

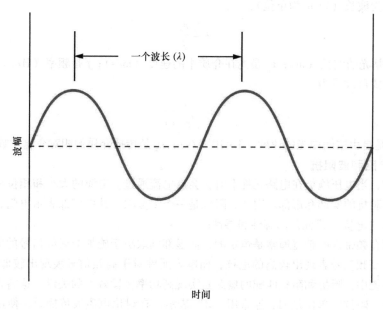

图 11.4　波长的概念

波长从极高频率的百分之几英寸到极低频率的若干英里不等。一般在实践中，波长是以米表示的。

4. 速度

由发射天线辐射到空间的无线电波的速度仅仅是波传播的速度。无线电波在自由空间中以光速传播，即每秒 186000 英里（$3 \times 10^8 \text{m/s}$）。由于各种因素，如气压、湿度、分子含量等，在地球大气中传播的无线电波以稍小的速度传播。通常，在讨论无线电波的速度时，参考的是自由空间速度。无线电波在空间或大气中的频率与其速度无关。当处于色散介质时，不同频率下具有不同的速度。此外，具有磁导率 μ 和电导率 σ 的导体的波速比自由空间慢得多。一般来说，一个 5MHz 的波与 10MHz 的波在同一空间中传播的速度相同。无线电波的速度是实现波长与频率转换的一个重要因素。

5. 波长-频率转换

无线电波通常以其波长（米）为单位，而不是以频率为单位，因为它更清楚地表达了射频系统的规模。在收听商业广播电台的时候，人们可能曾听到类似这样的表述："WXTZ 电台以 240m 波长运行"。一个收听者如果希望将频率校准的接收设备调谐到该台，必须首先将指定的波长转换为其等效频率。

如前所述，无线电波的传播速度为（在自由空间）$3 \times 10^8 \text{m/s}$，因此，一个 1Hz 的无线电波将在 1s 内传播 300000000m 的距离（或波长）。通过将波的频率加倍到每秒 2Hz，波长将被削减到 150000000m。这说明了频率越高波长越短的原理。因此，波长和频率是互为倒数的，其中一个除以介质中无线电波的速度将产生另一个，如下列方程所示：

转换为波长（以 m 为单位）：

$$\lambda = \frac{v_\text{p}}{f} \tag{11.1}$$

式中，λ 是光的波长（m）；v_p 是光在介质中的速度（m/s）；f 是频率（Hz）。

该等式可改写为

$$\lambda = \frac{c}{\sqrt{\varepsilon_\text{r}} \times f} \tag{11.2}$$

式中，c 是自由空间中光的速度（$3 \times 10^8\,\text{m/s}$）；$\varepsilon_\text{r}$ 是传播介质的相对介电常数。

6. 电路和波阻抗

通常，当电压施加在电路元件上时，会有电流通过。电流的大小和相位分别取决于该元件阻抗的实部和虚部。因此，阻抗是一个复数项，其中实部表示电阻，虚部表示元件的"电抗"或元件的容性和感性。

实部在频带内的带宽通常是恒定的，而虚部则取决于施加的射频信号的频率。电感元件对高频信号表现出较高的电抗，而电容元件对于高频信号表现出较低的电抗，在射频系统中，阻抗和阻抗匹配的概念是实现高功率传输效率的关键，这将在后续几节中讨论。阻抗的单位是 Ω，通常用"Z"表示。在讨论电磁波传播时，使用"波阻抗"或"本征阻抗"一词，表示电场与磁场的比值。波阻抗用"h"表示，并以 Ω 表示其单位。

7. 带宽和噪声

影响通信系统性能的因素有很多，然而，两个主要的限制是噪声和有限的带宽。带宽（Band Width，BW）被定义为元件/模块/系统允许通过的频率范围，在此范围内信号质量没有显著的变化。大多数情况下，BW 被用来指数据传输比特率。

所有的电子电路都有固有的噪声，它是由自然或人为来源引起的随机起伏，使携带有价值数据的信号受到干扰或失真。

带宽 理想的谐振电路只在一个频率上谐振。虽然这对于最大谐振效应是正确的，但略高于和略低于最大谐振效应的频率也是有效的。因此，可以说任何谐振频率都有一个与之相关联的频带，在这个频带内的频率点均可视为有用频率。这个频带位于所用射频信号在频域的两个半功率点之间。所谓半功率点是指在谐振频率上达到最大值的 70.7%，所以又称 -3dB 点，如图 11.5 所示。

围绕谐振频率（f_r）中心的频带宽度取决于谐振电路的品质因数（Q），称为半功率带宽（BW）。带宽与谐振频率（f_r）直接相关，与谐振电路的品质因数成反比：

$$\text{BW} = \frac{f_\text{r}}{Q} \tag{11.3}$$

【**例 11.1**】 一个 Q 为 250 的电路在 5MHz 谐振。它的带宽是多少？

解：

$$\text{BW} = \frac{f_\text{r}}{Q} = \frac{5\text{MHz}}{250} = 20\text{Hz} \tag{11.4}$$

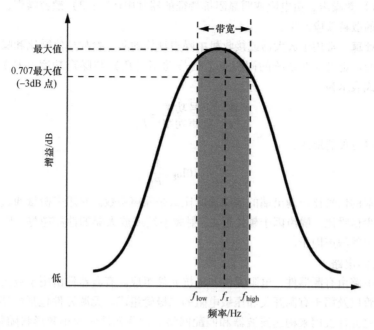

图 11.5　谐振频率和带宽

　　射频设计中最重要的参数是带宽。它是一个系统在广泛的频率范围内工作同时保持可接受的信号完整性水平的能力。由于信息通常是在单个频率或窄带信道上携带的，带宽也可以看作是信息承载能力的度量。然而，这是一个取决于工作频率的相对因素。600MHz 的 1% 带宽是 6MHz（一个电视频道的带宽），而 60GHz 的 1% 带宽是 600MHz（大约 100 个电视频道）。带宽也与速度和快速传输信息的能力有关。

8. 噪声——一个限制因子

　　存在几种形式的噪声会影响发射信号的精确重现和清晰度。噪声的定义是任何不需要的能量形式，往往会干扰有用信号的接收和精确复现程度。噪声总是存在于电子系统中，其产生的影响可能对电子系统的性能造成破坏，需要考虑特殊的电磁干扰（EMI）和电磁兼容性。术语带宽（BW）定义了发送或接收信号所占用的频率，以及有效传输该信号所携带的信息所需的频率。接收机必须具有至少与信号带宽一样宽的带通响应（通过频带的能力）。如果接收机带通响应太窄，由于某些频谱分量的滤波，信号不易重构；而如果接收机带通响应太宽，则产生大量的噪声和干扰波，从而降低接收信号的质量。

　　外部噪声　外部噪声是指接收机外部产生的噪声。它可能是由大气条件引起的，包括太空、太阳和宇宙噪声，也可能是人为的。

　　人为噪声　人为噪声是任何形式可以追溯到非自然原因的电磁干扰。特别是指来自内燃机和电器的点火和冲击噪声等干扰。

　　内部噪声　内部噪声是由接收机内的无源或有源元器件产生的随机噪声，它在整个射频频谱上平均分布。内部噪声的功率与它被测量的带宽成正比。这类噪声可分为两大类：1）热噪声，由电阻或明显阻抗特征的器件中产生；2）散粒噪声，由有源器件中存在的散粒效应产生。

噪声计算 常用于放大器或接收机中噪声计算的两个参数是信噪比和噪声值。信噪比（SNR）定义为在系统的同一点上信号功率（P_s）与噪声功率（P_n）的比值。以数学形式表示为

$$\frac{S}{N} = \frac{信号功率}{噪声功率} = \frac{P_s}{P_n} \tag{11.5}$$

或者以分贝的形式：

$$\frac{S}{N} = 10\log_{10}\frac{P_s}{P_n} \tag{11.6}$$

输入端的信噪比与输出端的信噪比的比值是噪声系数。它用来衡量通过一个系统会下降多少信噪比。噪声因子越接近 1，射频系统或放大器的性能越好。噪声系数是以分贝表示的噪声因子。

9. 射频电路

射频电路由有源器件、电阻元件和电抗元件组成。有源器件由用于放大器和振荡器的晶体管以及用于有源开关和压敏电阻的二极管组成。无源元件包括电感、电容和电阻，这些元件被用来构建滤波器和匹配网络。这些元件的大小和形状随频率范围、技术和应用的变化而变化。

无源射频元件在较高的频率上存在寄生效应；电感具有杂散电容，电容具有杂散电感。此外，这两种类型的元件都会表现出一定的阻抗。总之，这限制了它们嵌入的系统的性能。传输线在射频系统中也起着重要的作用，因为它们是携带射频信号进行传输。由于射频信号具有波的特性，传输线必须通过调整适当的尺寸和几何形状来优化通信效率。

在 1970 年之前，几乎所有的射频设备都使用波导、同轴线或带状线。而在过去的几十年里，在数字领域得到广泛应用的集成电路技术，已经在射频频段引入。这样，结合了模拟和数字原理的混合信号设计，促进了卫星和蜂窝通信的爆炸性增长。射频电路按电路技术可分为三类：

1）微波分立电路（Microwave Discrete Circuits，MDCs）。微波分立电路是由分立元件组成的，通过导电线连接在一起。"seperate"这个词的字面意思是"分开的"。离散系统在大功率射频元件和系统中仍然非常有用。

2）微波单片集成电路（Microwave Monolithic Integrated Circuits，MMICs）。微波单片集成电路由半导体的单晶芯片组成，在该芯片上形成所有有源和无源元件及其互连。"monolithic"一词来源于希腊语单词 monos，意为"单"，lithos 意为"石头"。因此，一个单片集成电路是在单个半绝缘衬底的表面上制作的。MMICs 在卫星和蜂窝通信系统以及需要大量相同电路的机载雷达系统中非常有用。

3）微波集成电路（Microwave Integrated Circuits，MICs）。微波集成电路是有源元件和无源元件的组合，它们是通过在半导体衬底上以单片或混合形式用连续扩散工艺制造的。然而，MICs 与 MMICs 有很大的不同。MMICs 含有很高的集成密度，而典型 MICs 的集成密度相当低。一种微波集成电路，由两种或两种以上的集成类型组成，

连同分立元件，称为混合微波集成电路。MICs 在诸如数字电路和军事武器系统等低功率和低集成密度微波电子系统中非常有用。

（1）传输线

射频的电磁特性

元件中使信号传播和传输的最重要的物理量为电荷、电流、电场和磁场。可以用一组方程表示这些量的行为规律。虽然这些方程的解是非常复杂的，但它们所描述的现象是直截了当的，可以概括如下：

1）电荷产生电场，电流产生磁场，不存在磁荷子。

2）时变磁场产生空间依赖的电场。

3）时变电场产生空间依赖的磁场。

4）当电场和磁场都随时间变化时，产生电磁波，并在空间中以由介质的本征参数决定的速度传播。

这些定律是由詹姆斯·克拉克·麦克斯韦在 1873 年制定的，被称为麦克斯韦方程。它们基于实验事实，描述电磁波在空间或物质介质中的传播，以及一般的所有其他电和磁现象。直到 1887 年，海因里希·赫兹才通过使用一种装置在空间中产生和辐射这些波来证明电磁波的存在，这种装置就是天线。

如前所述，1901 年，马可尼成功地进行了第一次跨大西洋传输，促使了无线电工程的诞生。任何为信号提供电传输路径的导体本质上都是传输线。电线、电缆、电话线、印制板连线和连接器引脚都是不同类型的传输线。然而，信号频率及其波长在决定传输类型方面起着重要的作用。一方面，如果波长远大于电线的总长度，则电压和电流在电线各处的值都是相同的；另一方面，如果波长相近或小于导线的长度，则电压和电流的值在整个导线长度中发生变化，传输线理论研究这些变化。在大波长（低频）情况下，由于没有发生空间变化，可以使用一个更简单的模型，称为集总参数模型。然而，在高频情况下，只有传输线模型才能准确地解释空间变化。这就是传输线技术往往与高频射频设计相关联的原因。

图 11.6 说明了波在传输线中传播的现象。假设用电压和电流等参数描述传输波空间和时间的变化。相关的参数包括传播速度和波长，这些量取决于波传播的介质，在不同材料之间变化很大。

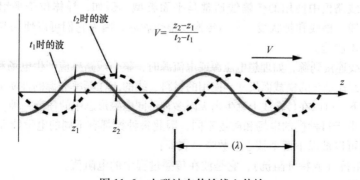

$$V = \frac{z_2 - z_1}{t_2 - t_1}$$

图 11.6　电磁波在传输线上传输

波长 λ、传播速度 v 和频率 f 通过方程来联系：

$$\lambda = \frac{v}{f} \tag{11.7}$$

该式表明较短的波长对应于较高的频率。表 11.2 列出了传输线最常用的介质及其介电性能。

表 11.2　部分介质的波长和电导率

介质材料	1GHz 的波长 λ/cm	$\sigma/(\text{mhos/m})$[①]
空气	30	0
硅	8.7	0.0016
砷化镓	8.3	5×10^{-5}
RF4	14.4	0.0001
二氧化硅	15.2	10^{-14}

① 1mhos/m = 1S/m。mhos/m 是非法定的电导率单位，现常用 S/m。——编辑注

在设计时希望信号在介质中能够以长波长传输，这意味着其有更高的传输速度和更短的延迟。而且较小的电导率，可以减少信号通过介质时的衰减。

射频传输中的问题

均匀传输线由两个或多个导体组成，这些导体在长度上保持相同的截面尺寸。它们通常采取电缆的形式，例如同轴线，它由一个被介电芯和外部导体包围的固体中心导体组成（见图 11.7）。另一种常见的传输线是双线（或双引线），由提供机械支撑的介质隔开的两根导线组成。

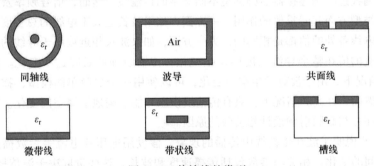

图 11.7　传输线的类型

在电子线路板中使用的传输线通常是平面类型，例如，导体位于平坦的介质板上，如微带线、槽线和带状线。平面传输线很受欢迎，因为它们可以使用与印制电路板相同的技术制造。

当传输线连接到源，如理想电压源或电流源时，整个线路感应产生电场和磁场。这些场的分布方式是线的横截面尺寸、使用的材料、线的工作频率和源的性质的函数。在合适的条件下，可以在传输线上感生出无限多种不同电磁形态中的任意一种，这些形态被称为模。由于每种模的电场和磁场不同，因此每种模都有不同的电学特性。

传输线可以被以下两个核心参数唯一表征：

1）波阻抗（或特征阻抗），它是波在传播过程中的电阻值。

2）传播速度。

当已知单位长度的电感和电容时，任何线路的特性阻抗都可以通过下列等式得到：

$$Z_0 = \sqrt{\frac{L}{C}} \qquad (11.8)$$

式中，Z_0 为特性阻抗（Ω）；L 为单位长度电感（H/m）；C 为单位长度电容（F/m）。

L 和 C 的值取决于线的几何形状。L 和 C 是分布常数，一般会在制造商的数据表上给出（请注意，线路的阻抗单位为 Ω，这表明这种特性阻抗在射频上是阻性的）。

一根采用 $L = 370\text{nH/m}$ 和 $C = 67\text{pF/m}$ 的 RG 59 电缆，其特性阻抗 Z_0 如下：

$$Z_0 = \sqrt{(370 \times 10^{-9})/(67 \times 10^{-12})} = 74.3\Omega \qquad (11.9)$$

（2）同轴电缆

同轴线的特性阻抗范围通常为 $40 \sim 150\Omega$。采用固体均匀介质间距材料的同轴电缆的特性阻抗由下式给出：

$$Z_0 = (138/\sqrt{\varepsilon_r})(\log_{10}D/d)$$

式中，Z_0 为特性阻抗（Ω）；D 为导体之间的距离；d 为导体直径；ε_r 为相对介电常数（空气的介电常数为 $\varepsilon_r = 1.0$）。

【例 11.2】　一根 $7/8\text{in}^{\ominus}$ 直径的同轴电缆采用 $1/4\text{in}$ 直径的导体线芯，采用固体绝缘材料，介电常数为 2.25。请计算电缆的 Z_0。

解：

$$Z_0 = (138/\sqrt{2.25})(\log_{10}0.875/0.25) = 92\log_{10}3.5 = 50\Omega$$

如果两条导线间的中心距 D 有限，并且导线的直径 d 确定的话，则这些因数可以代替单位长度的 L 和 C，用于计算出图 11.8 所示的双线特征阻抗。

$$Z_0 = (276/\sqrt{\varepsilon_r})(\log_{10}2D/d) \qquad (11.10)$$

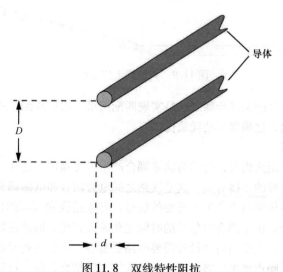

图 11.8　双线特性阻抗

$\ominus$　1in（英寸）$= 0.0254\text{m}$。——编辑注

【**例 11.3**】 当导体直径为 0.2cm，相距 0.8cm 时，确定双线传输线的特性阻抗。介质是空气。

解：
$$Z_0 = (276/\sqrt{\varepsilon_r})(\log_{10}2 \times 0.8/0.2) = 276\log_{10}8 = 249.3\Omega \qquad (11.11)$$

需要注意的是，决定 Z_0 的是 $2D$ 与 d 的比值。因此，即使是不相等的直径，通过调整到适当的间距也可以产生相同的 Z_0。平行线通常的特征阻抗范围为 $150 \sim 600\Omega$。

传输线中的信号以波的形式传播，即使在理想的情况下，它们的相互作用也是相当复杂的；这就是为什么射频封装不是一项微不足道的任务，需要对传输线有很好的理解。在射频设计中忽略这些问题往往会导致信号衰减、反射、交叉耦合、衰减、辐射和色散。

10. 反射

当在传输线中传输的信号遇到阻抗的变化时，无论是在线的终端还是在不连续处，都会产生反射信号。反射波与入射波的方向相反（见图 11.9）。阻抗匹配中的任何失配都会产生反射。从封装的角度来看，反射是无用的，因为它们与未优化的能量传输有关。因此，一个好的设计倾向于反射最小化，以优化功率传输；这通常是通过传输线终端连接等于传输线波阻抗的负载来实现的。而如果两个波在传输线路上向相反的方向移动，则会在线路上产生一个驻波。

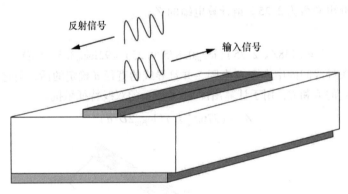

反射信号

输入信号

图 11.9　传输线上的反射

射频或微波设计的关键步骤之一是实现匹配网络。通过匹配，所有线路中的反射和驻波都被最小化，这确保了功耗最优。

11. 串扰噪声

当传输线在近距离内时，会因为能量耦合产生串扰噪声。这种现象产生的原因很复杂，因为它与信号的传播有关。这是线路之间电容耦合和电感耦合的结果。串扰是有害的，因为它在传输线中产生不必要的信号，导致错误和损坏的信息。图 11.10 说明了微带线的耦合。由于耦合与信号的时间变化率成正比，因此在较高的频率下，串扰更为严重。此外，当今的高频设计需要电路更紧凑，或更接近元器件，这加剧了耦合问题，并加剧了噪声水平。将模拟电路和数字电路结合在同一衬底上的混合信号设计容易受到从数字到模拟部分通过衬底的串扰噪声的影响。为了使片上系统（SOC）或系统级封装（SOP）设计是可行的，必须首先解决这个问题。

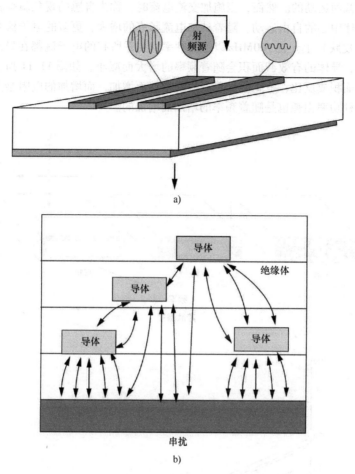

图 11.10　a）耦合传输线系统上射频信号的交叉耦合；b）串扰

12. 传输线损耗与趋肤效应

传输线损耗

在实际传输线中，常见的损耗有三种：导体损耗、介质损耗和辐射损耗。

导体损耗

导体损耗是由于在导体的纯电阻中发热而产生的 I^2R 功耗。

一般来说，在具有低特性阻抗的线路中，铜损耗大于在具有相同电阻但具有高特性阻抗的线路中。因为对于相同的终端特性，较低的特性阻抗产生更高的电流，根据定义，线路电阻中的功耗随着线路电流的二次方增加。而高特性阻抗线路在给定功率的条件下所需驱动天线的电流更小。因此可以说，在高特性阻抗线路中减少的电流会导致铜损耗减少，而不会导致传输功率的降低。

趋肤效应

另一种类型的导体损耗称为趋肤效应。当直流电流施加到导体上时，电子是均匀通过导体横截面运动的。然而，当施加交流电流时，称为自感的现象就会占主导，阻碍电子在导体中心的自由运动。随着外加电流频率的增大，更多的电子流会集中在导体的表面（皮肤）上。在100MHz以上的频率，几乎所有的电子流都在导线表面。由于趋肤效应，导体的有效截面积会随着频率的增大而减小，如图11.11所示，并且由于电阻与截面积成反比，电阻会随着频率的增加而增加，而增加的电阻会产生功率损耗。所以这种功率损耗也是随着频率的增加而增加的。

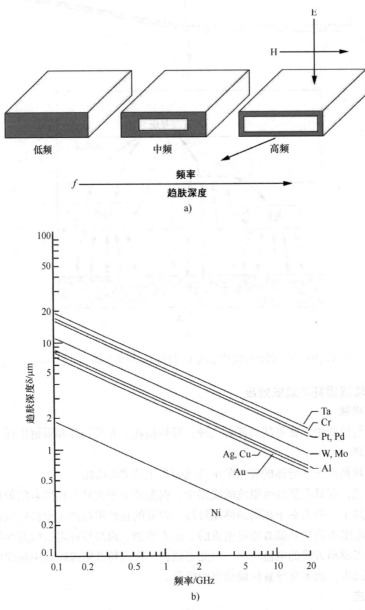

图 11.11 a）导体横截面上的频率效应；b）趋肤深度和频率的函数关系

趋肤深度定义为一段与金属表面的距离，超过这一距离，电流密度降到原来大小的 $1/e$ 以下（约 37%）。因此趋肤深度可表示为

$$\delta_s = 10^3 \sqrt{\rho/(\pi f \mu_0)} \tag{11.12}$$

式中，ρ 为金属的电阻率（$10^{-6}\Omega\cdot cm$）；f 为频率（Hz）；μ_0 为真空磁导率，其值为 $1.26\times 10^{-8}H/cm$。

介质损耗

介质损耗是由于信号渗透到传输线导体之间的介质（绝缘材料）中发生的加热而引起的 I^2R 功耗。介质损耗与介质的电压成正比，因此，线上的电压驻波会导致它增加。

良好的介质是经得起高电位而无明显导电的介质。在外加电场下，介质材料以电荷的形式储存能量。这些电荷载流子中的许多都是自然极化的偶极子，并且通过在外加电场的方向上旋转来重新排列。在交变场中，总可回收能量取决于电荷载流子随着场的极性变化而重新定向的能力。由于这种旋转，部分电能被转化为热量而损耗。可逆性的有效性取决于可用的时间。

在高频设计中，能量损耗很重要，这不仅是因为它们代表了效率的损失，也是因为能量损耗改变了电路的阻抗。电介质中的损耗能量可以用它的正切损耗 $\tan\delta$ 来表征。正切损耗（或损耗因子）是 ε'' 损耗能量（非同相分量）与 ε' 存储能量（同相分量）之比，如图 11.12 所示。

$$\tan\delta = \frac{\varepsilon''}{\varepsilon'}$$

理想的真空是很好的介电介质，可以完全恢复储存的能量。在非极性材料如聚乙烯中，场响应仅限于离子和电子位移，因此在微波频率内，介质损耗很低。极性较高的交叉耦合材料如聚酰亚胺具有较高的损耗。高密度陶瓷，如氧化铝，具有较低的损耗，因为它们对电子运动有弹性响应。一般来说，$\tan\delta$ 是很小的，通常从 $10^{-4}\sim 10^{-2}$。

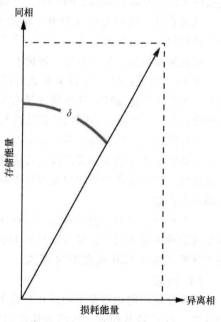

图 11.12　损耗正切线示意图

电介质的品质因数（Q_d）是储存的能量/能量损失的比率，与 $\tan\delta$ 有关，具体如下：

$$\frac{1}{Q_d} = \tan\delta$$

很容易看出，导体表面与介质交界面的电导率在决定电路性能方面变得至关重要。

辐射损耗

随着电路工作频率的增加，杂散电容和电感的影响改变了在低频形式上有效的电

路准则。来自电路的辐射也随着频率的增加而迅速增加，并且可能以这种方式损失许多功率。将电场限制在金属外壳（封装/屏蔽）的内部可以防止辐射功率损失。例如，在空心金属管（称为波导）中，电荷只在导体的内部表面移动，由于外壳的简单几何形状，电磁场可以有简单的解析形式。由于通常不可能以一种独特的方式定义波导内的电压和电流，所以对波导的分析通常是在全电磁理论的基础上进行的。在更高的频率下，金属外壳的损耗会很大，并不实用。达到光学频率的电磁能量通过光纤进行有效引导，光纤由像头发一样细薄的玻璃线组成，光波可以在光纤壁上多次反射进行传播。

13. 模式生成

信号在传输线中的传播预先假定至少有一个电磁场传输方式按照被称为模式的配置排列。此配置与每个模式特有的一组传播特性相关联。当频率源的频率足够高时，一条传输线中可以存在多个模式，从而导致多模传输。在这种情况下，系统中的能量传播是由各种激发模式共享的。模式通常是由不连续或不匹配的端口产生的，由馈源类型控制。由于单模传播是为了更高的带宽和最佳的功率传输，射频封装必须通过最小化不连续性来减少不需要的模式的产生。下面是平面传输线射频电路中最常见的模式。

TEM 模式：横向电磁（TEM）模式通常被称为传输线模式。具有至少两个独立导体和均匀介质的传输线可以支持一个 TEM 模式。这种模式能够在一个很宽的频带上传输能量和信息，包括直流。理论上，传播系数随频率的变化是恒定的。

准 TEM 模式：单个准 TEM 模式可以存在于至少有两个导体和非均匀介质的传输线上，例如微带传输线。这些模式具有与 TEM 模式几乎相同的特性，可以用相同的技术进行分析。然而，它们的传播特性与频率略有相关。

波导模式：只有在高于截止频率以上工作时，波导模式才能传输能量或信息。这些模式通常被认为是不希望出现的传输线模式，可以通过使线路远低于其非零截止频率来避免。波导模式是射频封装设计中最重要的方面之一，因为任何封装都是作为波导结构工作的。

这三种模式中的任何一种都可以存在于传输线上。然而，只要工作频率保持在波导模式的截止频率以下，那么就只有 TEM 或准 TEM 模式可以被长距离传输。传输线的主导模式是其 TEM 或准 TEM 模式。

14. 色散

光在介质中的速度是平面波在介质中传播的速度，而相位速度是恒定相位点传播的速度。对于 TEM 模式，这两种速度是相同的，但对于其他类型的导波传输，相位速度可能大于或小于光速。

如果一条传输线的相位速度和衰减是不随频率变化的常数，那么包含多个频率分量的信号的相位就不会失真。如果不同频率的相位速度不同，则各个频率分量在沿传输线或波导传播时不会保持其原始的相位关系，并且会发生信号失真。这样的影响称为色散。不同的传输线可以从色散、模式激发（TEM 模式是非色散的，没有截止频率，而 TE 和 TM 模式则表现出色散，通常具有非零截止频率）、带宽、衰减和功率处理能力上区分。

15. 微波波导

微波被定义为包含波长在 1mm ~ 30cm 之间的电磁频谱的部分。微波频率从 1 ~ 300GHz 不等。微波是波长非常短的电磁波，但它们的波长比红外线长。它们在大气层中以基本上是直线的方式传播。微波不受电离层的影响，因为这些层远高于正常的视线传输信号。

微波频率对于短距离、高可靠性的无线电和电视线路来说很有用。在广播或电视广播系统中，演播室通常位于与发射机不同的位置；微波链路将两者连接起来。卫星通信和控制通常是在微波频率下完成的。微波领域包含大量的频谱空间，因此可以容纳许多宽带信号。

波导

双线传输线和同轴电缆是在从 30Hz ~ 3000MHz（3GHz）频段传输射频能量的有效装置。在 3GHz 以上的频率，由于导体和支撑导体所需的固体介质的损耗，沿输电线路和同轴电缆的电磁波传输变得困难。如果传输频率足够高，信号的电和磁分量可以通过自由空间，不需要固体导体。然而，为了避免由于信号传播而产生的干扰和损失，并能够按要求对信号进行分配，可以将这些波限制在另一种称为波导的有界介质中。波导是在微波频率下使用的馈电线。

波导壁中的感应电流产生功率损耗，为了尽量减少这些损耗，波导壁电阻需要尽可能低。因为信号在高频段传输时会产生趋肤效应，所以波导并不需要一个中心导体。由于趋肤效应，电流往往集中在波导壁的内表面附近，因此波导壁被高度抛光，有时专门电镀以降低电阻。波导的归一化特性阻抗为 50Ω。

波导通常工作在 2 ~ 110GHz 频段，用于将微波发射机和接收机连接到天线。用于燥的空气或氮气加压，以从内部驱除水分，因为水分会减弱微波。波导由空心金属管组成，通常具有矩形或圆形截面，如图 11.13 所示。只要波长足够短，电磁场就会沿着管子传播。金属管将无线电波限制在一定的范围内，并将其传送到一个能够释放到空气中的地方，以便信号继续通过微波传输设施进行传播。波导提供了优良的屏蔽和低损耗，因此，它们相比同轴电缆可以用更少的能量损耗、更大的功率传输。

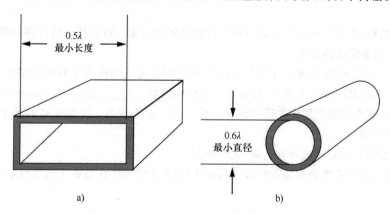

图 11.13　典型的波导截面

矩形波导应用于将微波传输设备连接到微波塔上已经有一段时间。它们的使用一般限于1000ft[⊖]以下的距离。新的、更有效的波导是圆形的，它由一个直径约2in的精密管道组成。这种波导可以比矩形波导传输更高的频率，且具有宽带宽、低损耗的传输特性，在微波中具有很好的应用前景。但苛刻的工程要求和非常高的成本是其使用的障碍。

16. 数字封装与射频封装

射频封装的目的是通过几个层次的集成来传输信号，同时保持带宽。由于射频信号的波动特性，这一功能在较高频率下变得更加具有挑战性。因此，为了保持可接受的信号完整性，射频封装必须解决降噪和实现匹配网络的问题。

射频封装的一个基本特征是它以传输线和电抗元件为主。与数字设计不同的是，连接线的尺寸受频率影响，而非制造工艺，并且不直接受摩尔定律的影响。射频封装设计的另一个特点是它必须解决寄生的最小化问题。在较高的频率下，开路的传输线表现出电容特性，短路的传输线表现出电感特性。此外，在高频下，导体表现出更多的电阻性，更容易辐射而不是传导能量。所有这些都是寄生效应，必须尽量减少或控制。

在高频下使用的电磁电路元件在外观上与在低频下使用的更常见的集总元件电路有很大的不同。传统电路的连接线为电流的流动提供了导体，电阻、电容和电感在其终端电流和电压之间具有简单的关系。经常被忽视的事实是，电线和电路元件仅仅提供了一个电荷移动和分散的框架。这些电荷建立了渗透到电路中的电场和磁场，往往具有复杂的含义。原则上，可以完全按照这些电磁场来处理电路的行为，而不是按电路电压和电流工作的通常做法。然而，可以说，如果没有简单有效的电路理论，现代电气和电子应用的大部分进展就不会发生。电磁应用涉及这三类元件中的任何一种，由麦克斯韦方程控制。

个人通信、无线局域网、卫星通信和汽车电子的新兴应用为更高频率的封装需求提供了动力。在未来的几代中，这些设备将包含许多无线电功能，如蜂窝、Wi-Fi、GPS、蓝牙和RFID。射频封装的一个挑战是将高频模拟信号集成到模块环境中，保持从天线到与基带数字电路集成的输入功能。在微电子发展领域，射频封装是一门独特的学科。

1) 射频/无线技术本质上是一种混合技术解决方案。许多技术结合在一起，通常不是单一的集成电路技术。

2) 一般的IC缩小理论（摩尔定律）在应用于无线解决方案时有局限性，因此，集成和缩小必须同时发生在IC和封装，或模块级别。

3) 无线产品的发展比先进的数字产品更快，更不规范。智能手机的典型设计周期目前还不到12个月。

4) 必须为特定标准开发射频/无线原型。

因此，射频系统的封装策略很大程度上取决于对元件在高频下电气性状的认识，

⊖ 1ft（英尺）= 0.3048m。——编辑注

需要非传统的电路理论和设计技术。

11. 2. 2　射频名词术语

天线效率：辐射功率与天线的输入功率之比。通常大于 90%。

衰减：信号功率或电压的下降。衰减最常用分贝表示。

带宽：设备在 3dB 下降（-3dB 半功率）点之间的可用频率范围。

特性阻抗（Z_0）：由于电感和电容的分布效应，产生了沿传输线传播 TEM（横向电磁波）的与频率无关的阻碍。也叫波阻抗。

同轴电缆：一种由外导体包围，但与外导体绝缘的内导体组成的传输线。

耦合度编辑器：在定向耦合器中指定从主臂耦合到辅助臂的能量等级。典型的值是 10dB、20dB 或 30dB。

分贝（dB）：用以表示两个功率或电压之比的对数单位。

介质损耗：由于 TEM 波通过时加热介质吸收能量导致的沿传输线的能量损失。

直接广播卫星（DBS）：地球同步卫星，可以直接向家庭电视或其他商业系统广播。

多普勒雷达：一种利用多普勒效应来确定目标速度信息的雷达。

频域：一种复杂波形的表示，体现为振幅幅度是频率而不是时间的函数。频谱分析仪使用此显示类型。

增益：设备功率或电压的信号输出与输入或参考值之比。对于天线，体现为与各向同性天线进行比较。

插入损耗：由于在能量流动路径中的器件存在功率损耗（反射损耗），而造成的器件损耗的功率量。

磁控管：利用器件内循环的电子与伴随射频场之间持续相互作用和能量交换的原理支撑的大功率微波振荡器。广泛应用于需要高峰值功率的雷达发射机。

微带：可作为印制电路板的一部分制作的并行线传输线。常见于低功耗微波电路。

微波集成电路（MIC）：将砷化镓和 MOSFET 技术结合起来，生产的在微波频率下工作的集成器件。

微波：频率范围通常被确定为 1～100GHz。

模式：E 和 H 场在给定频率的给定波导中的排列方式。

单片微波集成电路（MMIC）：其中所有元器件，包括有源和无源，都是直接在衬底材料内制造的微波电路。

网络分析仪：一种射频分析仪，可对两个信号中的一个准确地测量出相对于参考信号的幅度、相位和群延时，也可用于较宽频率范围内测量阻抗或导纳。

噪声：一种由内部或外部引起的与传播信号相竞争的信号。器件内由热产生的电流脉冲是噪声的主要来源。

个人通信网络（PCN）：PCS 传输的网络。连接可以通过微波、本地载波交换或有线电视网络进行。

个人通信服务（PCS）：一种使用微蜂窝的无线技术。使用 PCS，一个人可以通过一个小的手持设备与任何人、任何地方进行通信。

相控阵：一种由许多单元天线组成的天线，每个单元都连接一个移相器，使波束可以被电流的相位控制，天线自身可以保持静止。

平面晶体管：一种扩散型微波晶体管，其发射极、基极和集电极区域都被放置在同一平面的表面。

天线极化：天线的电场相对于地球表面或天线结构的方向。

品质因数 Q 值：代表谐振腔或传统谐振电路效率优劣的参数。

雷达：无线电探测和测距的缩写，也是收集目标信息的一种手段。

辐射损耗：由于携带信号的导体的简单辐射而造成的微波能量损失。

回波损耗：入射功率与反射功率的比率。对完美匹配的系统，回波损耗为无穷大。

趋肤效应：由于导体中心的感应电压，电子倾向于将自己限制在导体的外表面。这减少了导体的有效截面积，增加了导体的电阻。

史密斯圆图：以美国工程师史密斯的名字命名，用于计算传输线的导纳或阻抗。

S-参数：双端口微波器件各种特性的参数比。它们反过来描述了器件的反射和传输特性。S-参数通常以网络分析仪输出数据的形式出现。

频谱分析仪：一种超外差式接收机，能够分辨和显示复合波的正弦分量。

微波带状线：一种并行传输线，通常采用多层印制电路板制成，相当于扁平同轴电缆。

声表面波（SAW）器件：利用石英等材料的压电性能制造的微波器件，可以生产窄带谐振滤波器。

TEM 波：一种横向电磁（TEM）波，其中电场和磁场方向垂直于传播方向，从双线传输线传播到自由空间。

时域：表示波形的方式，使其幅度显示为时间的函数。普通示波器能呈现时域信息。

传输线：一种由两个或多个导体组成的线路，具有精确的几何形状，用于在损耗量最小的情况下，将微波能量从源传输到负载。

隧道二极管：一种微波二极管，表现出负电阻，可以用作振荡器件。

波导：通常是中空的金属结构，微波能量通过反射而不是传导传播。

波长：在完成一个周期所需的时间内，周期性 TEM 波上的一个特定点传输的距离。

11.3 射频技术与应用

11.3.1 收发机

收发机是指射频发射机和射频接收机的组合，如图 11.14 所示。任何射频系统都必须同时具有发射机和接收机才能无线发送和接收数据。在一个系统中将发射机与接收机匹配，设计者能够在收发系统之间复用相同功能的模块。天线、基准振荡器和许多数字部件等元件在今天的射频集成电路中提供了更紧凑的产品。所有组件在收发机中进行集成设计后，都比分离组件拥有更好、更简洁的功能（Pozer，2001 年；Razavi，1998 年）。

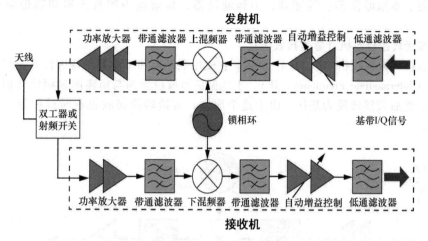

图 11.14　收发机基本原理框图

11.3.2　发射机

发射机（Tx）是一个射频子系统，它可以处理从数字模块接收到的信号，并将信号转换成可以无线传输的电磁辐射。发射机通常是一种正向直通的装置，包括一个振荡电路，一种将数据加载到振荡上的方法，一种增加调制振荡功率的放大器，以及一种将发射机电路产生的电信号转化为电磁波的天线。

发射机最初非常简单：就是火花间隙发生器，如赫兹和其他人在实验中使用的发电机。它的原始操作包括打开和关闭振荡电路，这形成了一个简单的连续波（CW）或开关键控（OOK）传输，即信号在那里，或者信号不在那里。第一次电磁信号实验以及无线电报的早期形式都在使用连续波（CW）方式。随着 20 世纪 20 年代真空管和 20 世纪 50 年代晶体管的发展，原始振荡系统变得更加复杂，但概念保持不变。现代发射机的部件由基准振荡器或频率源、调制器、功率放大器（PA）和天线组成。当然，还需要电源和振荡晶体等外部部件，再加上无线电和天线之间的连接通常需要一些无源元件来适当地调整电路，但发射机的基本结构一直保持不变。

11.3.3　接收机

接收机（Rx）是一个射频子系统，它可以将电磁辐射转换成有线信号，并处理成与后续模块兼容的信号。虽然发射机一直是一个简单的设计，但接收机已经变得更加复杂。原始接收机可以简单地描述为天线和负载。即使在今天，在研究基本的射频功率传输时，也可以看到这种简单的模型。然而，简单接收机的不足主要集中于两个问题：灵敏度和选择性。提高灵敏度的第一步来自超再生式接收机，它使用正反馈系统来放大输入信号。对于灵敏度和选择性问题的"现代"解决方案是超外差式接收机，由埃德温·阿姆斯特朗在1918年开创。这种接收机的设计自早期以来没有太大的变化。现代超外差式接收机的基本组成部分由天线、调谐低噪声放大器、本地振荡器、混频器、中频滤波器、高增益中频放大器和基带解调器组成。

直接转换接收机（零差接收机）

直接转换接收机如图11.15所示。它使用混频器和本地振荡器进行下变频到零中频（Intermediate Frequency，IF）。本地振荡器被设置为与所需的射频信号相同的频率，然后直接转换为基频。由于这个原因，直接转换接收机有时被称为零差接收机。

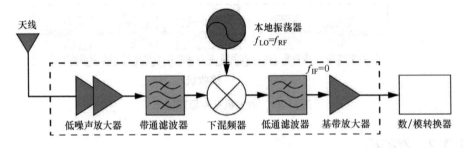

图 11.15　直接转换接收机框图

超外差式接收机

射频通信系统中最常用的接收机类型是超外差式接收机，如图11.16所示。原理框图与直接转换接收机相似，但中频（IF）频率为非零，一般选择在射频频率和基带之间。

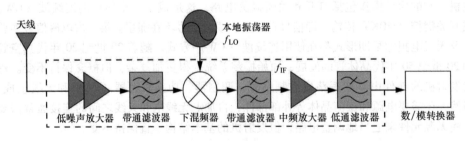

图 11.16　超外差式接收机的框图

双转换超外差式接收机

在微波和毫米波频率下，往往需要使用两级转换，以避免本地振荡器（LO）的稳定性所产生的问题。图11.17所示为双变频转换超外差式接收机，它由两个本地振荡器和混频器组成，以实现两个中频的基带下变频。

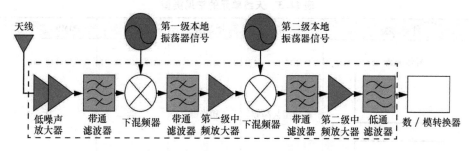

图 11. 17 双变频转换超外差式接收机的框图

11. 3. 4 调制方式

幅移键控（ASK）

幅移键控（ASK）是一种简单的调制方式，其使用载波的振幅来指示发送的信息符号的值。二进制 ASK 方式使用两个不同的振幅来表示单个信息位值。

相移键控（PSK）

不同于载波振幅调制，相移键控在保持振幅固定的同时，使实现相位调制成为可能。

频移键控（FSK）

第三种调制方式为频移键控（FSK）保持载波的幅度和相位恒定，同时根据传输的数据改变频率（Stremler，1990）。

11. 3. 5 天线

天线是射频系统与外界的接口。天线将在传输线上传输的电信号转换为在自由空间（传输模式）传播的波，反之亦然（接收模式）。天线的辐射/接收功率是与天线的径向距离和角位移的函数。

在远场（距离 $r > 2D^2/\lambda$，其中 D 是天线的最大线性尺寸定向性，λ 是工作波长），功率密度在任意方向以 $1/r^2$ 下降。在射频应用中使用的大多数天线都需要在固定方向（无线基站-用户）进行功率交换，因此可能需要最大限度地提高这一方向的辐射模式。方向增益是衡量天线在特定方向上有效工作的品质因数。其最大值称为天线的方向性。由于导体和介质损耗，发射功率总是小于天线的输入功率。这些功率的比值称为天线的效率（<100%）。效率与方向性的乘积称为增益，并将任何方向的损耗和辐射效应结合起来。或者，天线可以视为位于馈电传输线终端的复杂负载，并且引入的阻抗失配必须优化到最小。在不使用匹配网络的情况下，天线的可用频率带宽将受到限制，导致性能显著下降。由于应用的多样性，已经开发了各种各样的天线类型。最常见的单元天线类型见表 11. 3。

阵列是一种常见的天线配置。天线阵列由许多均匀或非均匀网格排列的天线单元组成。通过激励天线单元来调整幅度和相位，阵列的辐射图可以满足射频应用的特定要求。

表 11.3　天线单元的常见类型

种　类	频率范围	增益水平	重量	MMIC 兼容性
导线天线	高频至甚高频	相当低	低	无
口径天线	微波频段	中等	中	无
印制天线	微波频段	低至中等	低	有
反射天线	微波频段	高	高	无

11.3.6　射频前端模块中的元器件

射频开关

在无线电中，经常需要一个开关来选择发射路径和接收路径。这样的开关需要低损耗，并且在三个终端之间有良好的隔离度。如果开关是由有源器件制成的，线性度也可能是一个问题。

双讯器

双讯器在接收路径中分离两个不同的频带，或者在传输路径中将它们组合起来。这些频带通常在频域上是远离的，以便使双讯器能够更好地工作。双讯器由低通滤波器和高通滤波器组成，通常被称为射频功率合成耦合器/功分器，而且具有附加的滤波功能。

双工器

双工器是一种允许发射机和接收机使用单天线的设备。换句话说，双工器是一种将发射机和接收机耦合到天线的设备，同时在发射机和接收机之间产生隔离。在发射和接收路径上使用带通滤波器传输合适的带宽。

功率放大器（PA）

功率放大器（PA）是发射机系统的主要器件。功率放大器负责向天线提供所需的功率。它为射频信号提供从电信号转换为电磁辐射所必需的增益。通常功率放大器会消耗大量的直流电源功率，因此它们工作的效率往往是非常重要的。

低噪声放大器（LNA）

低噪声放大器通常放在接收机的前端，以放大微弱的信号，并尽量减少噪声的增加。对于低噪声放大器的能力来说，一个主要的指标是它的噪声系数（NF）。顾名思义，低噪声放大器应该提供足够大的增益和足够低的噪声系数，这样它就可以完全控制接收机的级联噪声链。该低噪声放大器需要为下游模块提供足够大的信号，确保这些系统模块产生的任何噪声都不会影响最终的基带信号。

ADC/DAC

模/数转换器（ADC）和数/模转换器（DAC）是模拟传输信号和数字基带之间的接口。根据设计需要，它们可以进行模拟或数字信号处理。为了保持 ADC 工作稳定，需要保持它们的输入幅度相对恒定。ADC 没有应付较大波动输入振幅的能力，因此，为它们提供恒定的信号振幅是传输信号最重要的内容之一。

基带

"基带"一词是指在直流频率处或附近的信号，通常等价于原始模拟信号或数字信号。常用的用途包括作为引用调制或解调数据信号的参考；跟随解调器的低频系统块也称为接收机的"后端（back-end）"或发射机的"前端（front-end）"编码系统。

匹配网络

在模块中集成收发机系统的各个单元组件需要这些组件之间进行某种类型的电互连。在射频频率下，这是通过匹配网络来实现的。图 11.18 说明了匹配过程的目的。对于每个模块来说，相邻的模块被看作是源和负载；而且为了最小化反射和最大限度地在电路的相继几个阶段之间进行功率传输，需要在模块之间插入匹配网络。

为了实现功率守恒，必须使用严格的无功和无损元器件来建立匹配网络。此外，由于频率升高后，这些器件的高频性能往往会变坏，因此必须考虑封装情况。

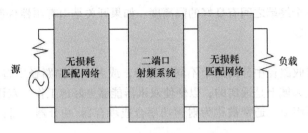

图 11.18 双端口射频系统的匹配

上下混频器

基本上，大多数混频器都用于实现对受控信号的频谱转换。它们有两个输入和一个输出。对于无线电中的大多数操作，其中一个输入是由正弦波或方波参考信号驱动的，通常称为本地振荡器（LO）。混频器将此与输入信号相乘，以将输入信号频率转换为参考基准频率和输入频率的和或差。

本地振荡器（LO）

超外差式接收机中的振荡器，其输出频率与输入调制的射频载波信号混频，从而传入调制的射频载波信号产生所需的中频（IF）。

压控振荡器（VCO）

压控振荡器（VCO）是一种信号源，其频率可以由直流电压控制。压控振荡器，或者更常见的嵌入在频率合成器中的压控振荡器，通常会在无线电中提供任何所需的LO信号。

锁相环（PLL）

锁相环利用 VCO 内在的可调性产生一个高度稳定的本地振荡器源。锁相环可分解为多个组成部分，包括位于参考频率的晶体振荡器、相位/频率检测器、电荷泵、环路滤波器、VCO 和分频器，所有这些均以负反馈回路连接。锁相环的工作原理如下：首先由相位频率检测器确定参考频率与被分频的源频率之间的误差。此误差用于增加或减少电荷泵、环路滤波器和 VCO 的源频率。反过来，将源频率的调整进行分压频，然后反馈到相位检测器中，从而产生负反馈。

移相器

移相器用于在本地振荡器中实现相移。一般要求是有 90° 相位差的两个相同的输入信号。这样的相移对通常被标记为 I（原相位）和 Q（正交相位）。

中频（IF）放大器

该组件是一个连续放大和限制中频信号的放大器链，它会产生两个输出，第一个输出只在相位/频率上变化；第二个输出将每级增益的电流相加，提供接收信号功率的对数信号强度指示。对于 FSK 系统，限幅放大器的输出信号通常被馈送到频率解调器，然后该信号用于基带解码。在 ASK 系统中，来自限幅放大器级的对数和电流用作 RSSI 信号或射频信号的振幅波动。

中频（IF）滤波器

中频滤波器是一种相对较窄的带通或低通滤波器，用于选择在中频处发现的调制信号，并抑制任何不需要的信号，如来自其他信道、阻塞器、干扰器的信号或带外噪声。与前端滤波器相比，中频滤波器的优点是能够在较低的频率下利用窄带通的选择性。相对射频阶段，在中频阶段更容易排除不需要的频率。有关滤波器的详细信息会在下一节中提供，将会介绍滤波器常用的种类和应用于射频模块中的设计。

11.3.7 滤波器

射频滤波器的类型

滤波器是一种频率选择性网络，它通过某些频率而衰减其他频率。可以定义四种类型的滤波器，如图 11.19 所示，每种不同的类型都以不同的方式抑制或接收信号，通过使用正确类型的射频滤波器，可以接收所需的信号并抑制那些不需要的信号。射频滤波器的四种类型如下。

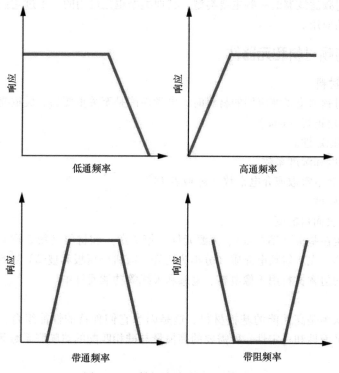

图 11.19 射频滤波器的四种类型

低通滤波器 低通滤波器允许低于截止频率的信号通过。

高通滤波器 高通滤波器只允许通过截止频率以上的信号，并抑制那些低于截止频率的信号。

带通滤波器 带通滤波器允许信号在给定的频率通带内通过。

带阻滤波器 带阻滤波器会抑制某一频率带内的信号。

滤波器分类

滤波器可以按多种要求设计。虽然使用相同的基本电路结构配置，但当电路设计满足不同的标准时，电路的参数值值不同。在波纹段中，过渡到最终的陡降的最快速度、最大带外抑制是区分不同电路的判据。滤波器的名称是根据其优化的不同性能给出的。下面给出了几种常见的滤波器类型。

巴特沃斯滤波器　巴特沃斯滤波器提供了最大的带内平坦度。尽管它的阻带衰减比切比雪夫滤波器低，但是它能够提供更好的群延迟性能。

切比雪夫滤波器　切比雪夫滤波器在达到截止频率后提供快速陡降。然而，这是以牺牲内波动为代价的。带内波动纹越多，陡降越快。

椭圆滤波器　椭圆滤波器具有显著的带内和带外波纹，波纹程度越高，其最终陡降的速度就越快。

贝塞尔滤波器　贝塞尔滤波器提供了最佳的带内相位响应，因此也提供了最佳的阶跃响应。因为它的形状是最好的，通常会用于信号混合方波等。

以上是射频滤波器的一些主要类型。其他类型也是可用的，不过它们往往有更专门的或特定的应用。

11.3.8　射频材料和元器件

1. 基板材料

在确定射频和毫米波应用的材料时，电学性能是至关重要的。最重要的参数有：

1）损耗角正切（$\tan\delta$）。

2）频率稳定性。

3）低温度和湿度系数。

4）相对介电常数或介电常数（ε_r 或者 D_k）。

5）衬底厚度。

6）导体表面粗糙度。

这些性质在基板（第6章）、无源元件（第7章）和材料（第5章）中讨论，本节仅简要概述。先从射频电介质（分类为陶瓷、有机层压板和玻璃）特性开始，然后把这些先进的射频材料用于像电容、电感和天线等功能元件中。

陶瓷

陶瓷被认为是高性能的基板材料。这是因为它们独特的性能组合，如低介质损耗、优良的平面性和稳定性，所需要的高模量与硅相匹配的热膨胀系数等。这些特性见表11.4。

表 11.4　陶瓷材料的性能

	相对介电常数 ε_r	热导率/ [W/(m·K)]	热膨胀系数/ (ppm/℃)	损耗角正切 $\tan\delta$（10^{-4}）	弹性模量/ MPa
Al_2O_3	9.8	20	7	2	350
AlN	9	230	4.1	3~10	380
SiC	40	270	3.7	500	380
BeO	6.8	260	5.4	4~7	345
LTCC	4~7	5	3~5	2	150

低温共烧陶瓷（LTCC）技术适用于高密度的集成无源元件。陶瓷具有最好的多层堆叠能力，层数高达 101 层。图 11.20 显示了一个典型的 LTCC 堆叠。

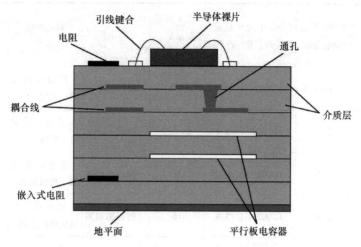

图 11.20　低温共烧陶瓷（LTCC）堆叠

有机层压板

虽然在性能和稳定性方面不如陶瓷，但有机层压板也有其优点，如由大面积尺寸工艺产生的低成本以及低成本的单元工艺。一个典型的有机层压板叠层如图 11.21 所示，由多层层压板组成，使用通孔连接和表面贴装元器件（SMD）连接。有机层压板材料的例子见表 11.5。它们相对便宜，更容易加工，并且具有多层堆叠的能力。然而，在毫米波频率下，由于需要在精确地实现精细特征设计方面的工艺挑战，有机层压板尚无法满足。

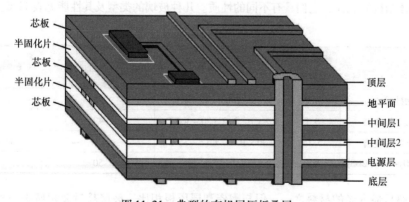

图 11.21　典型的有机层压板叠层

这些材料的一个主要缺点是要在介质损耗和加工性之间进行权衡。低损耗材料的有机结构是非极性的，这也导致了它们的界面黏附性差。因此，低损耗的有机物，如聚四氟乙烯和液晶聚合物材料，需要严格的工艺控制，尽管如此，针对可靠的高密度集成的集成能力也并不高。

表 11.5　有机基材材料的性能

介质材料	1GHz 下的介电常数	1GHz 下的损耗角正切	模量/GPa	X，Y 热膨胀系数/（ppm/℃）	可用性	通孔形成方式	通孔金属化
聚酰亚胺	2.9~3.5	0.0002	9.8	3~20	膜、液态	准分子激光器、光刻	溅射种子层
苯并环丁烯（BCB）	2.9	<0.001	2.9	45~52	液态	光刻、反应离子刻蚀	溅射种子层
液晶聚合物（LCP）	2.8	0.002	2.25	17	层压材料	紫外线激光器、机械钻孔	化学镀铜
聚氧二甲苯（PPE）	2.9	0.005	3.4	16	附树脂铜箔	紫外线、二氧化碳激光器	化学镀铜
聚降冰片烯	2.6	0.001	0.5~1	83	液态	光刻、反应离子刻蚀	溅射种子层
环氧树脂	3.5~4.0	0.02~0.03	1~5	40~70	膜、附树脂铜箔、液态	紫外线、二氧化碳激光器	化学镀铜

玻璃

玻璃通常是二氧化硅（SiO_2）、氧化硼（B_2O_3）、氧化钠（Na_2O）、氧化钙（CaO）和其他几种物质的混合物，在化学上与陶瓷相似。然而，它们是非晶态的，因此，与陶瓷（晶体结构）相比，它们具有不同的性质。几种玻璃的类型及其性能见表 11.6。

表 11.6　玻璃的种类及性能

	相对介电常数 ε_r	热膨胀系数	损耗角正切 $\tan\delta(10^{-4})$	杨氏模量/GPa
硼硅酸盐	4.9	$(50\sim250)\times10^{-7}/℃$	56	77
无碱平板玻璃	5.1	$3.2\times10^{-6}/℃(20\sim300℃)$	49	
超低膨胀玻璃	5.15	$\pm30\times10^{-9}/℃(5\sim35℃)$	70	67.6
CaO- B_2O_2 - SiO_2（CBS）	6.5		50	

玻璃是最古老的材料之一，但与陶瓷和层压板相比，玻璃是封装领域中一种相对较新的材料。它结合了陶瓷和层压板的优点，因此对于毫米波设计，它是一个可行的候选材料。由于玻璃具有非常低的表面粗糙度以及更容易加工，使设计者能够采用更优越的设计，并确保正常运行。同时使用玻璃还可以达到更高的集成密度。一个典型的基于玻璃的毫米波封装如图 11.22 所示。

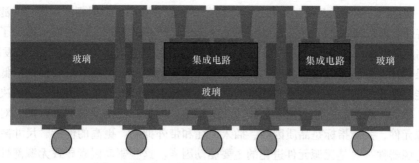

图 11.22　用于射频模块集成的玻璃基板堆叠

2. 先进射频材料

传统上，射频元件由于其低损耗、稳定性能和部分集成能力，大多局限于厚膜 LTCC，此外具有这些技术的终端系统仍然庞大和昂贵。高性能无源元件也由声表面波（SAW）和体声波（BAW）器件分别封装，然后再封装或组装到基板上。射频无源元件的进一步小型化需要其材料具有较高介电常数和磁导率，以及在介电和磁性能的稳定性方面具有温度和频率。无机薄膜、纳米复合材料和纳米层压板材料正在为电容器提供优良的电学性能，从而发展出具有较高介电常数和低电容温度系数、宽带和低损耗互连的小型化高 Q 值器件。对于小型化的射频元件，基于超顺电纳米结构的纳米复合材料为高介电常数、低损耗、频率稳定性和低电容温度系数提供了新的途径。与目前的材料相比，纳米磁性薄膜在更高的频率下也表现出更高的磁导率，使得射频无源和电磁干扰屏蔽的尺寸减小且性能提高。溅射纳米磁性薄膜已被证明磁导率在 100GHz 范围内具有频率稳定性。某些具有高铁磁共振（FMR）频率特性和低损耗的六角铁氧体也成为高频应用的有前途的候选材料。

在射频元件中，天线仍然被认为是系统小型化的主要障碍，因为天线的性能直接取决于它的物理尺寸，这是由目标频率下微波的波长决定的。为了减小天线尺寸，它必须被高介电常数（ε）或磁导率（μ）的材料包围，波长与 $1/\sqrt{\mu\varepsilon}$ 成比例缩短，利于小型化设计。纳米磁介质材料可能实现天线尺寸的急剧减小，因为它们结合了高介电常数和磁导率的影响。这种材料由非晶态基体中的纳米金属颗粒组成，为解决传统射频介质的局限性提供了独特的机会。在磁性纳米复合材料中，通过减小颗粒尺寸和相邻金属颗粒之间的距离直到纳米尺度，可以获得稳定的性能。纳米磁性复合材料提供了更高的介电常数和磁导率，从而提供了在带宽和增益上更优的天线性能，同时也允许天线小型化。金属聚合物纳米复合材料因为具有较高的相对介电常数（7~8）和相对磁导率（2~2.5），可用于小型化天线，目前已被集成为薄膜天线。与非磁性介质材料相比，磁性纳米复合材料可以将天线尺寸减小 70%~80%。

3. 射频元器件和模块
分立元器件

无源元件提供各种功率变换功能，如解耦和电压转换；射频功能，如滤波器、匹配网络、谐振器和电磁干扰（EMI）隔离。其性能指标取决于应用方式。载波频率聚集的趋势，即在同一频带内具有多个接近但严格分离的载波频率，对射频前端模块的滤波器滤波特性、聚合频率之间的隔离和损耗设计提出了严格的要求。这些需求推动了高密度、高品质因数（Q 约为 100）、高精度（2% 容差）和低插入损耗的无源元件的发展。

虽然片上电感可以很容易地达到对密度和精度的要求，但高的衬底损耗降低了整体性能。基于富陷阱高电阻率硅基板或多孔硅基板的创新概念正在出现，以解决这一障碍。然而，在封装衬底上嵌入芯片薄膜电感是一种更广泛接受的解决方案。对于射频无源元件，关键指标是品质因数、插入损耗和带外抑制。更高的性能、尺寸减小和接近有源器件一直是无源元件进化的主要驱动因素。这些驱动因素导致无源部件的厚度从过去的 0.5mm 持续减少到 0.15 ~ 0.3mm，外壳尺寸为 0201 和 01005（0201：20mil$^{\ominus}$ × 10mil 或 0.5mm × 0.25mm；01005：10mil × 5mil 或 0.25mm × 0.125mm），使得模块厚度为 1mm。然而，这些元器件是单独封装并远离有源电路安装的，因此会产生寄生效应，寄生效应的规模与互连长度有关，而且会降低模块性能。在分立器件制造商的最新进展中，使嵌入在封装中的 100μm 厚度的组件得以实现，大大地减少了封装厚度和从无源元件到有源器件的距离，使其小于 200μm。

阵列和集成无源元件

减少无源封装可以增加组件密度，但是会增加放置成本。无源阵列和 IPD（集成无源元件）已经发展成为减少元件数、放置成本、封装和互连寄生的替代方法。如图 11.23 所示为 IPD 的示例，来自具有双面电感和电容的 3D IPD 的滤波器在提高性能和元件密度方面超越了今天的硅 IPD。玻璃中超低的介质损耗使其得到了最高的品质因数，优于陶瓷或有机模块，并且具有更高的集成度和组件密度，低基板和互连损耗，且低成本。利用低成本的封装工具和工艺，如激光通孔和湿法金属化技术，将两侧的元件进行互连。为了最优化性能指标，在 LTCC、有机层压板和玻璃等各种封装基板上探索了各种无源元件拓扑结构。

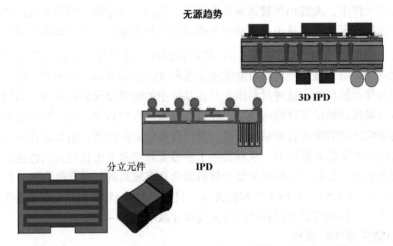

图 11.23 无源元件从分立到 IPD 到 3D 无源与有源集成的演变

$\ominus$ 1mil（密耳）= 0.0254mm。——编辑注

嵌入式无源元件

嵌入式无源元件最初是用 LTCC 基板实现的。随后聚合物介质因为低成本制造和与其余基于聚合物的系统的总集成能力等优点，被用作多层有机基板。由此在嵌入式无源元件的设计和制造方面取得了重大的技术进步。结合低损耗聚合物增强介质（0.002 的介质损耗）和聚合物核心基板，多层电感结构可以在不显著降低 Q 值的情况下构建。而高密度、Q 值为 200 以上和 10GHz 以上的自谐振频率（Self-resonant Frequency，SRF）的射频电感设计库也可以使用多种衬底结构和设计规则。

对于高电感密度和 Q 值，玻璃是一种比有机基板优越得多的材料，因为它结合了以下优点：1）超低损耗的陶瓷；2）可用于大面积和低成本加工工艺的有机物；3）用于高密度和精确线圈定义的硅（见图 11.24）。平面螺旋电感的设计与地面有足够的距离，而在玻璃基板上，TPV 基电感的电感密度可达 50nH/mm² 且 Q 值高达 80。然而，在不影响线圈电阻损耗的情况下，更高的电感密度仍有待发展。

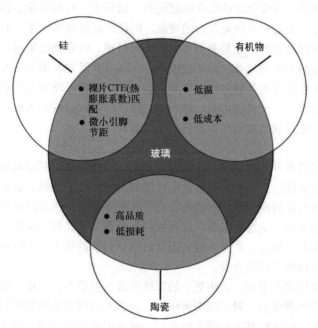

图 11.24　玻璃提供了陶瓷、有机物和硅的最佳组合优势

尽管取得了这些进展，但目前的材料技术在集成方面仍面临着根本性的障碍，因为它们性能低下或工艺不兼容，低介电常数和磁导率的材料使组件设计的尺寸较大，也使得构建集成的高性能前端模块变得非常困难。而具有高介电常数和磁导率的介电材料通常表现出高的损耗、热和频率不稳定性。但纳米材料为射频无源元件的小型化以及增强功率性能提供了许多机会。

射频模块集成

传统的射频模块中有源器件和无源元件是独立封装的，然后再集成到印制电路板上，导致性能低和封装密度低。为了小型化和提高这种射频模块的性能，在过去 30

年中，已经报道了很多射频有源器件集成的研究进展。但是只有通过在模块级和系统级集成，才有可能实现射频模块真正小型化和高性能。这是因为整体尺寸由其他部件主导，如无源、电磁干扰屏蔽、散热结构和互连等。因此，增强性能，同时小型化射频模块，可以通过薄膜低损耗射频器件和功率无源元件，以及以最小电磁干扰模式高密度集成有源器件和无源元件来实现。这是通过两种策略来实现的：在模块基板中嵌入无源器件作为薄膜或分立器件，或三维集成有源器件和无源元件。

11.3.9　射频建模与表征技术

建模与仿真的必要性

封装的电性能取决于它从芯片到印制电路板的信号传输中保持信号完整性的水平。在实际使用中，硅芯片安装在封装的中心，并与引脚电连接。在封装领域，80%的封装面积被引脚和互连占据，所以可以预计引脚的电感和电容将在信号传输特性中起主要作用。此外，可能出现的潜在问题还有，信号上升时间恶化、损耗衰减、相邻引脚之间的耦合、辐射和其他更复杂的现象。因此，在微波频率下，对互连结构以及封装的电参数进行良好的描述是必不可少的。由电感、电容和电阻组成的集总模型通常用于表示射频频率下的封装。除了建模外，还需要开发封装的三维结构模型，以对具有嵌入式和表贴元件的基板进行电磁分析。这种完整的三维封装仿真，在系统级别上为设计结果提供了一个模拟仿真。进一步，要设计基板中的嵌入式无源元件，需要通过仿真电感、电容或滤波器的性能进行设计和验证。

仿真类型

封装电仿真有两种主要类型：电路级仿真和版图级仿真。利用电感和电容器组成的集总模型对射频模块进行仿真是估计电性能的最快方法。然而，它往往不是最准确的，因为这样的电路级模拟不能严格地仿真所有的寄生。寄生是指在实际封装的电性能中表现出来的电容、电感和电阻。这些往往不会作为设计的一部分，尽管有时寄生可以证明是有利的。然而，必须在封装设计时估计封装的所有寄生效应，以避免在测量期间模块的性能出现任何意外。

因此，电路级仿真更快，占用更少的系统资源，但是不太准确。版图级仿真更准确，需要更高的处理能力。对于版图级仿真，在仿真时间和系统资源利用率之间往往存在权衡。因此，在执行基于版图的仿真时，鼓励更谨慎的近似。许多工具可用于执行版图级仿真，分为以下三类：

1) 2D仿真：只支持平面结构。

2) 2.5D仿真：支持多层平面结构和通孔。

3) 3D仿真：支持3D结构模型的实际封装设计。

基于网格模型和电磁场的计算，有许多仿真技术可用。常见的仿真类型有：矩量法（Method-of-Moments，MoM）、有限元建模（Finite Element Modeling，FEM）、时域有限差分（Finite Difference Time Domain，FDTD）和多层有限差分方法（Multi-layered Finite Difference Method，M-FDM）。其中，一些仿真在时域进行分析，而另一些仿真则进行频域仿真。在时域仿真中，捕捉和分析了模型在不同时刻的电磁行为。在频域仿真中，研究了模型对不同信号频率的响应。所有这些方法都有其各自优点和缺点。因此，需要使用的最优仿真方法是根据所处理的问题的复杂性和处理资源的可用性来确定的。

射频测量技术

射频元件、器件和系统通常使用高频网络分析仪进行测量和测试。由于高频（射频和微波）的不稳定性，传统的技术将不能使用，而且表征过程会涉及信号波的分析。这些测量包括提取散射参数（S-参数），它描述了从被测件（DUT）中入射波和反射波之间的相互作用。图 11.25 显示了一个涉及双端口网络分析仪的测量系统。

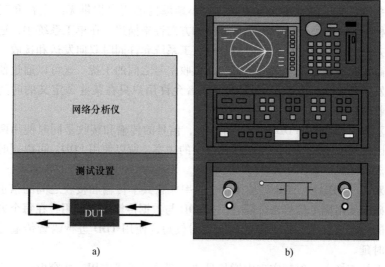

图 11.25　使用网络分析仪进行射频测量：a）示意图；b）仪器照片

微型计算机的进步使自动网络分析仪得以实现。与人工技术相比，它有两个优点：

1）可以通过实施与仪器系统误差相配的误差模型来提高精度。

2）可以实现更快的速度，它可以对大量数据点进行扫频测量。今天，自动网络分析仪能够精确到百分之一分贝以上，并且覆盖的频率范围已经轻松达到 110GHz。

通常，在网络分析仪上的测量首先要经过校准过程，包括测量一些已知的校准标准。校准过程为测量系统提供了误差模型的值，用于得到这些误差项的计算值，这些误差项用于消除后续测量中的误差。基于所得到的数据，以及表明一个解释仪器系统误差的误差模型，分析仪对随后的测量进行校正以消除这些误差，然后在被测试件（DUT）上进行测量，这样就像在使用一个完美无误差的网络分析仪。

11.3.10　射频的应用

无线系统允许两点之间的信息通信，而不使用有线连接。大多数现代无线系统依赖于射频或毫米波信号。由于需要高密度频谱和更高的数据速率，在当下范围使用更高的频率已经是大势所趋，因此无线系统工作频率的范围从大约甚高频波段到 V 波段。射频和毫米波频率信号提供宽带宽，并有能够穿透雾、灰尘，甚至建筑物等额外的优势。

一种对无线系统进行分类的方法是根据用户的性质和位置，在点对点无线电系统中，单个发射机与单个接收机通信。这种系统通常在固定位置使用高增益天线，以最大限度地提高接收功率，并尽量减少对可能在相同频率范围内附近工作的其他无线电的干扰。点对点无线电通常用于公用事业公司的专用数据通信，以及将移动电话站点连接到中央交换办公室。点到多点系统将一个中心站连接到大量的接收机。最常见的例子是商业 AM、FM 广播电台和广播 TV，其中中央发射机使用具有宽波束的天线，可以向许多听众和观众传递信号。广播电台的功能与当地的多点分配系统（LMDS）相似，该系统目前正部署在城市地区，为小地域内的用户提供无线电视和互联网接入。另一种描述无线系统的方法是从通信的方向性来描述。在单工系统中，通信只发生在一个方向上，从发射机到接收机。全双工系统允许同时双向发送和接收。全双工传输显然需要一种双工技术来避免发送和接收信号之间的干扰。这可以通过使用单独的频带来发送和接收频分双工（FDD），或者允许用户只在某些预定义的时间间隔内发送和接收时分双工（TDD）。

频分双工（FDD） FDD 使用的理念是，信号的传输和接收是同时使用两个不同的频率。因为接收机被调谐到与发射机不同的频率，所以使用 FDD，可以同时发送和接收信号。

时分双工（TDD） TDD 只使用一个频率，它共享传输和接收之间的信道，通过在时间基础上复用两个信号来分隔它们。TDD 与数据传输一起使用，在每个方向上传输一个短的数据信息串。由于传输周期相对较短，使用 TDD 进行语音传输时不会感到明显的时延。

在微系统市场上，射频实现中增长最快的部分是无线应用。蜂窝电话、无处不在的设备连接、便携式互联网接入和宽带通信的发展使无线应用的微型系统比个人计算机工业更大。在这些应用领域，射频微系统封装成为了实现射频通信模块的关键，而射频通信模块是每个无线组件所必需的。无线应用的出现充分借助了射频利用率的优势，使相关应用成为近年来最重要的市场。对越来越高的数据传输速率的需求，要在更高的频率上开发一种成熟的技术，在这种技术中，带宽容量更容易得到增强。这种设计组合对优化性能提出了挑战。对于射频应用来说，重要的是基于基站、中继器以及相关硬件和软件等使所有这些成为可能的基础设施，并且它已经推动了商业射频/微波市场的很大一部分。虽然无法对未来做出准确的预测，但一些推动第五代无线通信的技术进步可能会为下一代无线基础设施设备以及未来的一些技术演变的需要提供一些关键助力。

随着无线技术在越来越多的室内和室外应用中不断扩展，它在世界范围内得到了广泛的应用。无线通信客户继续要求在语音、视频和数据通信方面增加服务。这些日益增长的需求正在推动蜂窝/无线运营商和服务提供商扩大其无线基础设施，以实现更高的数据速率和能力，满足日益增长的客户群所增加的需求。射频模块的典型应用包括车辆监控、遥控、遥测、小范围无线网络、区域寻呼、工业数据采集系统、无线抄表、访问控制系统、无线家庭安全系统、无线标签读取、射频无触点智能卡、无线数据终端、无线消防系统、机器人遥控、无线数据传输、数字视频/音频传输、生物信号采集、水文和气象监测、数字家庭自动化、工业遥控、遥测和遥感，各种低速率数字信号的报警系统和无线传输，各种家用电器和电子项目的遥控器，以及与射频无线控制有关的其他几个应用。

工业

工业自动化的到来经历了几个演变周期，每一次都在思想、设计和技术方面取得了重大进展。今天，基于半导体的系统在几乎每一个工业应用中都得到了开发，包括传感、控制、机器人、通信和物流。这类系统装置的关键成就是：更快、更容易生产；易于监测；省电等。机器人可以结合射频模块进行控制和通信。一些建筑行业可以受益于在重型起重控制和起重机安全系统中使用的射频通信。

公用事业

公用事业（电、水、气）的运作已经通过使用自动抄表（AMR）实现了革命性的变革，政府控制的和私营的公用事业组织正在从最新的使用统计数据以及远程监测和控制公用事业接入点的能力中获益。公用事业使用的产品采用包含射频模块的产品来执行现场监视和控制。

媒体

现代呈现信息的媒介在很大程度上是电子的，通常是射频无线方法。低功耗射频模块会用于使电视节目观众参与到其中的电子问卷上，以及进行远程点之间传输短信和图形数据。远程键盘数据和相机图像可以从难处理或危险的地区发送，并使用射频系统继续传输。

交通

射频智能卡可以大大地减少排队时间，为乘客和服务提供商节省时间和金钱。智能卡技术提供了一种简单、方便的支付方法——使用带有旅行积分或存钱在上面的射频卡。在利用陆路、空中和水路的人员和货物流动中，射频模块在汽车、公共汽车、火车系统、重型货车、船舶和飞机等各种方面都有应用。

安全

很多时候都需要安全的方法来无线认证对高安全设施的访问。安全产品中的射频模块包括防盗报警器、火灾报警器、人身攻击和故障报警系统。报警系统可以在许多地方发现：建筑物、汽车和船只。一些控制应用包括建筑物和车辆的门进入系统，一些安全控制系统也可能需要加密。射频模块也被用于秘密活动，警察和其他执法部门可以使用它来监测犯罪活动。

家用

射频通信系统提供无线数据解决方案，用于将远程定位的环境传感器连接到数据记录器和数据采集系统。设计人员专门为环境监测开发超低功率的无线电解决方案，特别是监测灌溉农业的土壤水分状况。家庭自动化通常是使用射频，甚至在家庭集中供暖的无线恒温器传感器。车库门的开启可以通过加密的射频控制信号方便地控制。在温室中，通风系统也可以使用含有射频模块的产品。

环境

无线传感器可以用来监测环境因素，如河流水位和大气污染；射频链路可以连接到一家水务公司水处理厂的数据记录器。还有其他应用，如农业和室内环境，可以使用射频通信提供反馈和控制空调路径、中央供暖系统，或超市的制冷管理。地方当局可以在选择性照明中使用射频遥控，以改善城市环境中的安全。

国防

移动和远程射频通信在国防事务中变得越来越重要。从车辆遥测到机器人控制和敌情监测，军事官员正从高性能射频解决方案提供的灵活性和安全性中获益。射频模块可用于秘密通信、军用机场照明控制、打靶和跟踪等。

11.4 什么是毫米波系统

毫米波频段是波长为毫米量级的频率范围。一般频率在 30 ~ 300GHz 的电磁波称为毫米波。由于毫米波的波长与典型射频模块的大小相当，因此在封装内集成波导和天线等结构是可行的，而不必占据很大的面积。毫米波传输的范围比无线局域网和全球定位系统要小得多，因为毫米波的衰减要大得多。因此，毫米波的典型应用包括短程通信，如车辆对车辆和车内信息中继。在开发毫米波封装时，需要解决一些材料、设计和测试方面的限制。毫米波技术带来的好处是巨大的，特别是用于通信目的。这些优势包括：

1）Gbit/s 范围内高速数据转换。

2）由于天线波束宽度窄，传输距离短，且无法穿墙，因此运行比较安全。

3）硅技术的适用性可以在毫米波频率下实现无线电设计、集成和运行。

4）由于频率差异较大，毫米波系统与 802.11、ZigBee 和蓝牙之间存在良好的共存关系。

11.5 毫米波封装剖析

毫米波封装的剖面图如图 11.26 所示。它显示了器件、互连、天线和介质及导体材料。本章后面将逐一介绍。

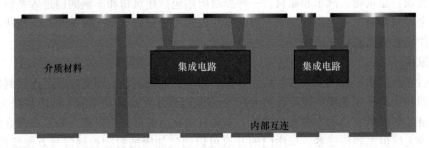

图 11.26　毫米波封装的剖面图

11.5.1　毫米波封装的基本原理

直到最近，由于缺乏在毫米波范围内产生、接收、信道化和传输电磁波的实际手段，许多毫米波应用还没有实现。毫米波的基础理论没有得到充分的研究也是一个原因。然而，理论和实践在通信和雷达应用中开辟了新的机会。正在进行的广泛研究的重点是开发解决方案，用宽带 3D 射频传输取代波导传输，同时保持对低成本封装材料、工艺以及与天线设计和结构集成的关注，如图 11.27 所示，突出了关键毫米波技术的重要性。

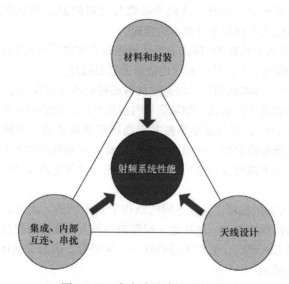

图 11.27　毫米波设计的基本原理

本节将重点介绍这三个部分：5G 材料和性能，天线，互连。

材料及特性

毫米波的材料要求比射频和数字应用更严格。其主要原因是毫米波性能对性能微小变化的敏感性。随着材料性能的提高，其性能对介质厚度、导体宽度和粗糙度等基板几何形状愈发敏感。材料性能的意义可以通过分析对插入损耗的各种贡献来说明。元件的插入损耗是当它被插入到系统中时信号强度或功率的损失。它通常以相对单位分贝（dB）表示，也可以表示成绝对单位：dB 功率相对于 1mW 为 dBm，dB 功率相当于 1μW 为 dBμ。插入损耗有以下几个组成部分：

1）介质损耗：介质损耗来自材料损耗角正切，当介质作为波传播媒介时，会影响插入损耗，如微带和带状线互连的情况。除了互连外，天线设计中使用的介电材料的损耗角正切也会导致损耗。介电材料的损耗角正切通常随着频率的增加而增加，因此在毫米波频率上比在 WLAN 或蓝牙频率上有更大的影响。因此，需要考虑在适当频率范围内的属性。

2）电导率和导体损耗来自非理想电导率或有限电阻、趋肤效应和表面粗糙度。

3）介电常数和辐射损耗主要取决于设计结构和条件。带状线电路没有辐射损耗，而微带和共面波导（CPW）电路在毫米波频率下容易发生辐射损耗。

4）由于电通量主要集中在材料本身，相对介电常数 ε_r 较高的材料与 ε_r 值较低的材料相比，辐射损耗一般较小。高 ε_r 可以通过增加介质损耗来减小电路的尺寸，并且场大多集中在基板上。然而，对于相同的阻抗，高 ε_r 相比低 ε_r 有较薄的导体线，会有更多的导体损耗。低 ε_r 值降低了基板中的场强，因此有助于降低总损耗。然而，与高 ε_r 材料相比，它使电路在物理尺度上更大。

5）由于 ε_r 的变化，恒定性是至关重要的。ε_r 会导致传输线的阻抗变化，并可能导致期望结果的显著差异。此外，这两个参数与材料的温度和湿度的稳定性密切相关，因为它直接转化为由材料本身带来的损耗。

6）发射损耗是由于从在 TE 模式下工作的连接器发射信号时的模式失配造成的，在准 TEM 或 TEM 模式下工作的传输线也会造成辐射损耗。

7）基板几何形状和谐振损耗：电路的材料或衬底厚度直接与电路中的谐振有关，这会使毫米波电路的设计复杂化。如果信号与接地导体之间的距离或微带基板的厚度为四分之一波长（$\lambda/4$），则会发生谐振并扭曲所需的波传播。导体的宽度以及基板的厚度，也控制着谐振的发生。例如，如果导体宽度和基板厚度都是 $\lambda/4$，就可能发生不必要的谐振。为了减轻或尽量减少微带的谐振，导体宽度应小于 $\lambda/4$，使基片厚度保持在 $\lambda/4$。

8）由于这些谐振的损耗占比在不同的结构中是不同的。因此，适当地选择设计结构与材料本身是同样重要的。解决这一问题的一种方法是使用接地或背敷金属的共面波导（GCPW 或 CBCPW），它们不遵循这一 $\lambda/4$ 趋势，因为共面地平面与信号线相邻，并通过镀通孔接地。

9）表面粗糙度和趋肤深度的损耗：表面粗糙度和趋肤深度也决定了毫米波频率范围内材料的选择，因为它们直接转化为导体损耗。一个经验法则是：当工作频率处的趋肤深度小于或等于导体粗糙度时，表面粗糙度将更加关键，并导致导体损耗。作为最常见的导体铜的一个例子，毫米波频率下的趋肤深度通常小于铜的表面粗糙度。导体的表面粗糙度可以仿真为寄生电感，较高的表面粗糙度往往会增加寄生电感。这就是为什么在更高频率 PCB 通常最后使用金或银来改善表面粗糙度。

天线阵（相控阵）

天线是介于电气世界和电磁世界之间的过渡装置，通常用作无线电波的发射机或接收机。它也可以被称为无线和有线通信系统之间的接口设备。天线是每个通信系统的组成部分，因为良好的天线设计可以放宽其他系统的要求，提高系统的性能，为不理想的系统提供更多的空间来权衡所需的参数。天线及其相关的馈电网络和互连决定了毫米波系统的总体效率和带宽。因此，天线是毫米波封装中最重要的部件。尽管收发机和射频集成电路的单片集成取得了进展，但由于其尺寸和性能要求，天线仍然集成在片外、封装中或板上。

天线可以是定向的，也可以是全向的（各向同性）。定向天线的设计是为了向一个方向辐射最大能量，并抑制其他方向的能量。另外，全向天线理想地以相同的能量在每个方向辐射。由于各种应用，天线可以采取导电线、孔径、贴片、反射器或透镜等形式。对于这一讨论，我们将只关注 5G 通信系统的定向天线。

毫米波通信系统的天线阵列遵循相同的基本设计原则，这是众所周知的。然而，工作频率和基板参数的选择，如厚度、可加工性、损耗角正切等，在设计过程中需要更多的考量。单个天线单元可能受到其性能参数如增益、方向性、波束宽度等的限制，但由同样单元形成的阵列有助于从相同的基本结构中获得更清晰的特性。天线单元通过适当的排列形成相互作用，增强阵列结构的特性。天线阵列可以是垂边射的，也可以是端射的。垂边射阵列具有垂直于阵列方向的传播方向，端射阵列具有平行于阵列方向的传播方向。

可以在平面内布置两个或两个以上的天线单元，形成一维天线阵列。将多个天线组合起来会影响整体结构的辐射模式，它在数学上用一个称为阵列因子的术语来表征。它无需特定单元的辐射模式即可量化聚集辐射的效果。天线单元参数（如方向性）可以视为"元因子"，阵列因子和这个元因子成比例。

$$D_{\text{Array}} = \text{AF} \times D_{\text{Element}}$$

式中，D_{Array} 为天线阵的方向性；D_{Element} 为天线单元的方向性；AF 为天线系数。

如图 11.28 所示，有 0.4λ 间距的 2（曲线 a）、5（曲线 b）和 10（曲线 c）个单元阵列的方向性。可以看出，方向性随天线单元数量的增加而增加，但也会导致在辐射模式中增加副瓣包络（旁瓣）。

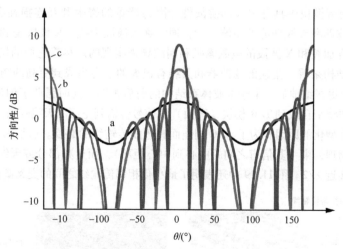

图 11.28　具有 0.4λ 间距的 2（曲线 a）、5（曲线 b）
和 10（曲线 c）单元阵列的方向性

互连

在设计毫米波应用程序时，由于波长很小，关键的考虑因素是，互连和其他封装结构将表现为分布参数，与通常在 10GHz 以下的频率不同，将产生额外的寄生。而且在高频情况下，对传输线宽度变化的容差会比较低，导致遇到阻抗失配的机会更大。此外，还可能会产生额外的共振模式，需要适当地抑制。在毫米波频率下，通孔与其他互连之间的电磁干扰也显著较高,需要对其进行表征和解释。选择芯片和封装之间的互连是最小化损耗的关键。通常,非常短的低寄生互连是首选。引线键合不太受欢迎,因为它们会向外辐射而增加损耗。在封装上集成天线的趋势正在增长,因为它不需要将毫米波信号从毫米波封装中转换出来。

对于毫米波封装的不同部分,需要不同的互连方案。这增加了毫米波模组设计的复杂性,也影响了它的性能。这里通过一个示例性的系统来说明这一点。在这种情况下,天线是一个平面微带阵列上的挠性薄膜,以提高效率(薄膜接近自由空间条件)。然而,由于没有 MMIC 可以安装在这种柔性薄膜上,信号需要转换过渡到金属化波导(过渡 1:微带到波导)。波导的另一端是由第二个转换(过渡 2:波导到微带)结束的,它将波导模式转换回微带。微带被打印在基板上,如氧化铝(一种相当昂贵但传统的微波基板)。然后将接收到的信号转换为毫米波 PCB 基板(过渡 3:微带到 CPW 线、引线键合、CPW 到微带)。最后,信号通过引线键合连接到 LNA(过渡 4)。互连方案包括从一种传输线到另一种传输线的四种不同的转换。

这种互连方案的损耗增加,严重影响了系统的噪声系数,并恶化雷达的灵敏度和作用范围。此外,它限制了带宽,因为使用共振短截线,波导到微带传输最多有 5% ~6% 的带宽(这相当于大约 4GHz 的带宽)。这些事实使毫米波模块对制造容差非常敏感,需要非常小心,以确保良好的性能。这意味着在制造和装配过程中进行了多次测试,从而增加了每个单元的生产时间、测试和成本。将射频无源器件理想地集成到 60GHz (V-波段)前端模块中具有很大的挑战性,因为严重的寄生和互连损耗会降低性能。用于集成滤波器和天线功能的微波结构,通常称为滤波天线,K 波段是利用金属波导膜片耦合的叠加腔和 X 波段的电磁喇叭和漏波导来实现的。尽管它们的尺寸很大,但结合它们的结构来看,集成的滤波器和天线有很大的潜力集成到更高的频率模块中。

图 11.29 更详细地显示了毫米波体系结构的前后视图,同时强调了创建 3D 互连的必要性,以便将来自或到 T/R 模块(背面)的信号传输到正面的天线阵列。图 11.29 还显示了出于小型化的原因和为了与 IC 相连而有弯曲传输线的必要。这是因为 IC 的信道具有不同的物理约束(其信道之间的中心到中心距离),而射频部分或天线阵列中心到中心的距离接近 $\lambda/2$。图 11.29 中还表明了最小化相邻传输线之间的交叉耦合的必要性。

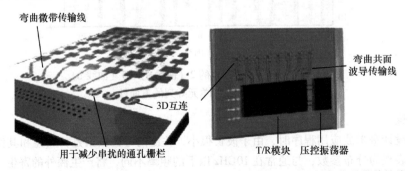

图 11.29　3D 集成毫米波雷达前端结构的正面和背面视图显示了弯曲微带传输线、弯曲共面波导传输线、3D 射频转换和减少串扰的必要性

11.6　毫米波技术与应用

在过去 10 ~ 15 年中，对毫米波频谱（30 ~ 300GHz）的关注急剧增加，包括许多通信、传感和跟踪应用。利用毫米波的一些主要应用是 5G 和超高速千兆无线局域网（G-WLAN）、汽车雷达和用于隐藏武器探测的毫米波成像。

11.6.1　5G 及以上

在对高数据速率的需求的推动下，正在探索高速数据无线通信中具有宽带宽的毫米波技术。第五代移动网络称为 5G，是移动电信标准的下一个主要阶段，超出了目前的 4G 技术标准。与目前专注于更快峰值互联网连接速度的 4G 技术相比，5G 技术有望带来比 4G 技术更高的容量，允许每个地区有更多的移动宽带用户，提供无限数据量的使用。这也推动了 IEEE 802.15.3c 等标准的发布。图 11.30 显示了 60GHz 无线工作场景的概念图像，用于 PC 连接无线对接、HDMI 电缆替换、终端机下载和高速专用网络。

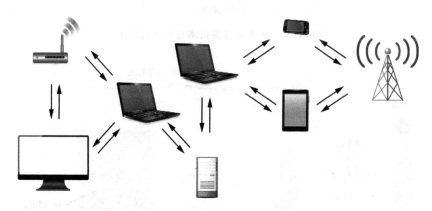

图 11.30　Gbit/s 通信下的 60GHz 无线工作场景

11.6.2　汽车雷达

图 11.31 展示了毫米波探测技术自动驾驶汽车，如图 11.31 所示，"智能车辆"将能够执行自适应巡航控制（ACC）、碰撞通知和躲避、盲点检测、智能停车、备份辅助、车道偏离警告、车道保持、交通标志识别和夜视。

11.6.3　毫米波成像

图 11.32 显示了用于探测隐藏物体的无源毫米波成像系统的概念图。拥有相当小孔径的高增益天线，加上使用宽带的可能性，可以达到高分辨率，提高雷达测量的准确性，并且因为无线带宽增加，从而在通信系统中传送大量的数据和信息。

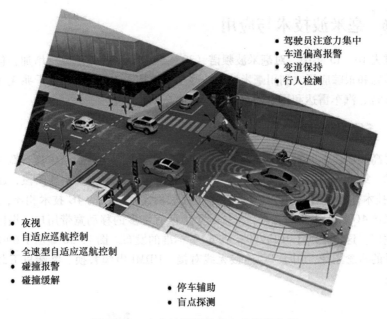

图 11.31　毫米波探测技术自动驾驶汽车

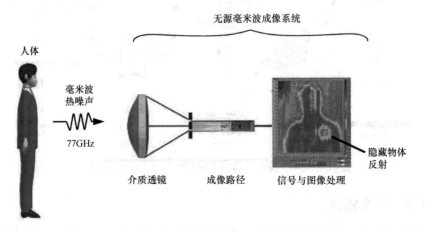

图 11.32　用于探测隐蔽物体的无源毫米波成像系统的概念图

11.7 总结和未来发展趋势

　　无线技术诞生于 1901 年，当时马可尼成功地将无线电信号传送到大西洋彼岸。这次演示的结果和前景简直是势不可挡；用电波通过空中传送取代电报和电话通信的可能性描绘了一个令人兴奋的未来。然而，虽然双向无线通信确实在军事应用中实现，但日常生活中的无线传输仍限于大型和昂贵电台的单向无线电和电视广播。目前，这已经发生了巨大的变化。

晶体管的发明，香农信息理论的发展，以及贝尔实验室开发的蜂窝系统的概念，为价格低廉的智能手机、平板计算机、无线健康和环境传感器，以及互连的家用电器铺平了道路。据估计，在未来十年中，将有数百亿个这样的系统通过 GPS、WLAN、GSM 和蓝牙等多种射频通信标准进行无线连接。将多种无线标准集成到手机、手表和其他可穿戴电子系统中，需要将大量组件集成到一个微小的形式中。这些元件包括天线、匹配网络、放大器、双工器、巴伦[⊖]滤波器、开关、振荡器，以及传感器和数字芯片等元件。这些不同的元件不能集成在一个芯片上。传统上，这些元件是分开制造的，组装在一个板上，这必然会增加系统的功率并限制性能。SOP 封装集成很好地解决了这一问题。许多有源和无源元件现在可以共同封装和集成到一个单一的 3D SOP 封装中。

射频封装基板从 LTCC 发展到有机层压板，现在正向玻璃基板转移，因为它具有优越的小型化、独特的性能和精密的加工性，以及通过大面板加工实现的低成本。将无机薄膜、纳米磁性材料和可调谐介质以及 EMI 屏蔽结构等新型功能射频材料集成到封装中，提供更高的性能和功能集成。

为了更高的数据速率，毫米波封装的趋势在封装中创造了新的挑战。低损耗基板与具有超短互连元器件的三维集成相结合，使封装能够通过集成减少损失并提高性能。

未来的应用包括完全自动的、可以相互通信的汽车，以及其他固定场所通信，如我们的家、停车场、充电和加油站、商场、学校和工作场所。这种不同系统的无缝集成将需要高性能的无线通信基础设施，通过使用空中路由器系统的最后一英里连接解决方案来消除盲区。随着毫米波技术的所有这些进步，我们将有可能不间断地监测一切——我们的健康、食物质量、水的清洁、天气、室内温度和湿度、建筑物的结构完整性、土壤肥力以及许多其他因素。有了这些无穷的可能性，世界各地人民的生活质量将大大提高。

11.8　作业题

1. 给出术语"微波"和"毫米波"的定义。

2. 给出术语"频率""周期"和"波长"的定义。

3. 在电磁波传播速度为 $2.75 \times 10^8 \mathrm{m/s}$ 的特定介质中，将电磁波的传播速度转换为 cm/s。

4. 确定介电常数为 1、3 和 5 的三种介质中电磁波的速度。介电常数对传播速度有什么影响？

5. 如果电磁波的速度降低到光速 c 的 81%，请确定介质的介电常数。

6. 当 $f = 100\mathrm{MHz}$、$1.0\mathrm{GHz}$ 和 $10\mathrm{GHz}$ 时，确定一个周期的时间。

7. 确定一个周期的时间分别为 20ms、200μs、5.0ns 和 12ps 时的频率。

⊖　原文为 balun，此处意为 balance to unbalance。——译者注

8. 当频率分别为 50kHz、25MHz、2.5GHz 和 33GHz 时，确定波长。如果一个天线需要被构造成的物理长度是工作波长的 1/4，那么这四个频率中的每一个天线的大小是多少？

9. 电磁波的波长在自由空间为 $125\mu m$。它的频率在太赫兹中是多少？

10. 某传播介质的介电常数为 1.55，TEM 波信号的频率为 10GHz。确定信号的波长。

11. 微波信号在空气中前进 56km 需要多少秒？

12. 射频频率的范围是多少？

13. 一个同学发现当她每次使用手机靠近微波炉，同时加热晚餐的时候，手机 Wi-Fi 就无法连接到一个 802.11b 的路由器。是什么引起了这个问题？如果有选择，你会更换 Wi-Fi 或微波炉来解决这个问题吗？

14. 为什么射频波段广泛应用于无线领域？

15. 描述无线收发器的主要组件。

16. 功率放大器（PA）和滤波器的功能是什么？

17. 选择特定应用的天线的标准是什么？

18. 在射频频率下无源元件的主要挑战是什么？

19. 定义传输线的反射和色散。

20. 如何在高频下最小化串扰？

21. 给出射频封装最重要的属性。

22. 封装如何影响射频电路中无源元件的性能？

23. 一个射频元件安装在表面使用金属焊盘的基板上面，该基板有一层位于焊盘下方的巨大金属接地面。一位测试工程师发现该元件表现出额外的接地电容，从而产生超额损耗。请问是什么原因导致了这种情况的发生？

24. 什么是网络分析仪，在射频测量中如何使用？测量天线的频率响应需要多少端口？

11.9 推荐阅读文献

Pozar. D. M. *Microwave and RF Design of Wireless Systems*. New York: John Wiley & Sons, 2001.
Razavi, B. *RF Microelectronics*. New Jersey: Prentice Hall, 1998.
Larson, L. E. *RF and Microwave Circuit Design for Wireless Communications*. MA: Artech House, 1997.
Gray, P. R., et al. *Analysis and Design of Analog Integrated Circuits*. New York: John Wiley & Sons, 2001.
Stremler, F. G. *Introduction to Communication Systems*. MA: Addision-Wesley Publishing, 1990.
Gonzalez, G. *Microwave Transistor Amplifier*. New Jersey: Prentice Hall, 1997.
Rohde, U. L. *Microwave and Wireless Synthesizers*. New Jersey: Prentice Hall, 1997.
Tummala, R. R., and Laskar, J. Gigabit wireless—System-on-a-package technology. Proceedings of IEEE, vol. 92, no. 2, pp. 376–387, 2004.
Balanis, C. A. *Antenna Theory: Analysis and Design*. New Jersey: John Wiley & Sons, 1982.
Liao, S. Y. *Microwave Circuit Analysis and Amplifier Design*. New Jersey: Prentice Hall, 1987.
Pozar, D. M. *Microwave Engineering*. Boston: Addison-Wesley, 1990.
Ramo, S. Whinnery, J. and Van Duzer, T. *Fields and Waves in Communication Electronics*. New Jersey: John Wiley & Sons, 1994.
Rutledge, D. *The Electronics of Radio*. Cambridge, England: Cambridge University Press, 1999.
Ulaby, F. T. *Fundamentals of Applied Electromagnetics*. New Jersey: Prentice Hall, 1998.

第 12 章

光电封装的基础知识

Bruce C. Chou 博士

美国 Rockley Photonics 公司

Gee Kung Chang 教授

美国佐治亚理工学院

Daniel Guidotti 博士

美国佐治亚理工学院

Rui Zhang 先生

美国佐治亚理工学院

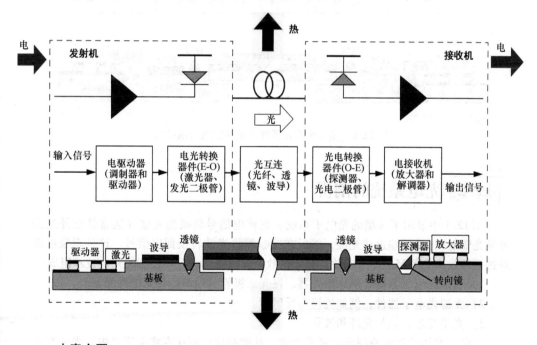

本章主题

- 基础光电子技术的定义和描述
- 将光电子学分为有源、无源和光学互连组件并描述
- 描述光电子系统的集成和应用

12.1 什么是光电子学

光电子学是在微电子系统中集成了光子学。光电子学结合了适用于高速数据传输的光子和适用于计算的电子的优势，从而可以处理和传输从长距离到短距离的信息。由于需要控制和引导光子，光电子封装与微电子封装有着很大的差别。设计和制造涉及光学、热学、电气和机械等多学科领域，如图 12.1 所示，本章介绍并描述了构成光电子封装的独特技术。

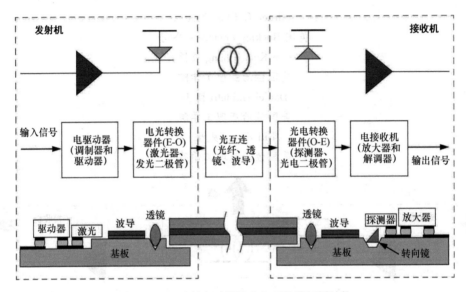

图 12.1 显示所有元器件光电系统的解剖结构

12.2 光电系统的剖析

图 12.1 中显示了典型的光电子系统。它将电信号转换为光波（通常是红外光或可见光辐射），并传输这些光波，然后在接收端将光波转换回电信号。这种现象可以通过两种效应来解释，即光电效应和光伏效应。该系统由三种独特的光电技术组成：

1）有源光电子器件，例如激光器、发光二极管（LED）和光电探测器。

2）无源光电子器件，例如透镜和反射镜。

3）光学互连，例如光纤和波导。

光电子器件的基本原理源自量子力学，其详细信息不在本章范围之内。光学互连是指有源和无源光电子器件之间的路径，这是本章的主要焦点。

光电子封装是指在微电子系统中集成一个或多个光电子器件（OED）。光电子封装可以像 LED 一样简单，也可以像跨越数千英里的大数据电信网络一样复杂。

无论复杂性如何，光电子封装都是发射机（Tx）封装或接收机（Rx）封装。例如，LED 灯是一种简单的发射机，其发射的光波被我们的眼睛"接收"了。当发射机和接收机通过光路连接时，形成了光电系统。发射机由将电转化为光的器件组成，例如电气驱动器、激光器或 LED。相反，接收机上的器件将光转换回电，例如光电探测器和跨阻放大器。光粒子或光子形成载波，通过调制来传输数据，用于短距离和长距离的高速传输。图 12.1 显示了一个简单的光电子系统，其中包含一个发射机和一个接收机，该装置也称为光收发机系统。

12.2.1　光电子学基础

光电子学和电子学的根本区别是使用光波而不是电信号进行数据传输。本节介绍与光电子学有关的光波物理学。

光谱

光波和电信号都是由电场和磁场元件组成的电磁波。但是，它们工作在不同频谱段，如图 12.2 所示。

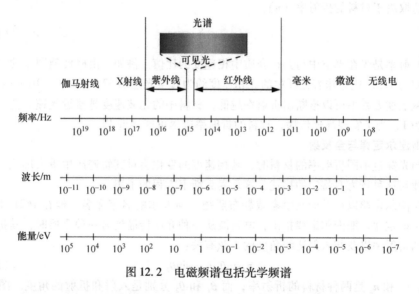

图 12.2　电磁频谱包括光学频谱

电磁频谱中的光学场从紫外线延伸到红外线。光谱中不同的波段由其波长（λ）来表示，以纳米（nm）为单位测量。紫外线（UV）光的波长范围为 10～400nm；可见光的波长范围从 400nm（紫色）到 750nm（红色）；红外光的波长范围为 750nm～1mm。

在红外波之外，还有毫米波，它们用于极高频的电子通信。除了毫米波之外，人们还发现了更熟悉的微波和射频（RF）波，它们是由频率（f）而不是波长定义的。

电磁波的频率和波长与其传播媒介中的光速呈线性关系，c 的值为 $2.998 \times 10^8 \mathrm{m/s}$：

$$c = f \times \lambda \tag{12.1}$$

除了频率和波长之外，有时光波可能由光子能量（E）定义，光子能量与普朗克常数 h、光速 c 和波长相关：

$$E = \frac{hc}{\lambda} \approx \frac{1.24}{\lambda[\,\mu m\,]} \qquad (12.2)$$

可以推断，波长较长（频率较低）的光子比波长较短的光子的能量要小。光子能量通常用于指定光电子器件的能带隙。

光波传输的基本原理

当光通过任何介质时，它将被传输、反射、吸收或三者的组合。例如，当光线穿过玻璃时，大部分光线将以很小的吸收率透射。另外，大部分光线将被银镜反射。吸收性材料的一个例子是有色窗口，光通过该窗口时大部分会被吸收。麦克斯韦方程描述了光通过任何材料时的透射。这是一组四个复杂的方程，它们解释了电场和磁场分量如何相互作用、传播，并受传播对象的影响。

折射率

在光波传输的研究中，重点放在大多数光波通过的透明材料上。材料特性在光电器件的运行和性能中起着主导作用。当光波穿过透明材料时，其相速度 v 会降低一些，这取决于材料的折射率（n）。

$$v = \frac{c}{n} \qquad (12.3)$$

折射率是光在真空中与其在介质中相速度的比值。例如，由硅玻璃制成的光纤的折射率为 1.5。这意味着光纤中的光相速度约为真空光速的 67%，即 2×10^8 m/s。

从上述方程中可以推断出折射率越低，材料中的光波速度越接近光速。空气的折射率为 1，为了实现高速传播，材料的折射率应尽可能接近 1。

斯涅尔定律与全反射

当光穿过不同折射率的材料时，其相速度的变化会对其轨迹产生重大影响。斯涅尔定律对这种行为有特定的描述，这是麦克斯韦方程的子集。

斯涅尔定律以荷兰天文学家威勒布罗德·斯涅尔的名字命名，他在 1621 年首次描述了该定律。斯涅尔定律指出，电磁波从一种介质传播到另一种介质时，其折射与材料的折射率以及与入射法线角度的正弦有关：

$$n_1 \sin\theta_1 = n_2 \sin\theta_2 \qquad (12.4)$$

式中，n_1 和 n_2 是两种材料的折射率；而 θ_1 和 θ_2 分别是入射和折射的角度。图 12.3 中的一个基本图说明了这一点。注意角度是如何随着从较高的折射率材料到较低折射率材料而增加的。

从式（12.4）中可以明显看出，光线进入折射率较低的材料时，其角度会增大。随着第一种材料的入射角增加，最终在某一个点上，折射角达到 90°，光线沿两种材料之间的边界折射。产生此效果的入射角称为临界角。临界角可以通过假设折射角为 90°并应用斯涅尔定律来计算。

$$\theta_c = \arcsin\left(\frac{n_2}{n_1}\right) \qquad (12.5)$$

临界角对光互连的实际工作至关重要。在入射角小于临界角时，光线被折射。但是，在比临界角更大的入射角上，光线从边界重新反射回第一个材质。边界区域可以

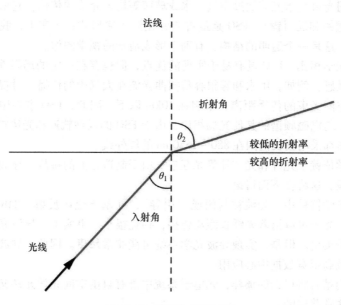

图 12.3　斯涅尔折射定律

简单地视为反射镜。这种效应称为全内反射（TIR），它是支撑光纤和光波导的原理。简而言之，光纤和波导中的波传播是光波通过以大于临界角的入射角撞击介质边界的现象，从而使光波被完全束缚在介质内部（见图 12.4）。

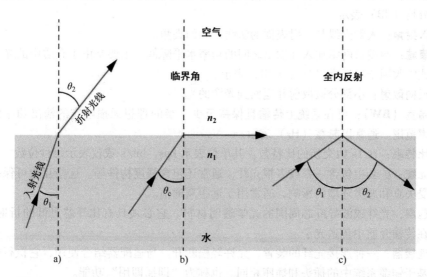

图 12.4　a）水到空气在临界角以下的折射；b）光在临界角沿水表面的折射；
c）临界角以上的光的全内反射（TIR）

自由空间和导波光学

光的传输可以通过自由空间光学（FSO）或导波光学器件进行。

自由空间光束是指光波通过空气、水或玻璃等均匀介质的传输，它依赖于无源光学器件（如透镜和反射镜）。FSO 是最古老的光波传输形式；事实上，我们人眼就是天然的透镜，这是一个透明的结构，有助于形成清晰的视觉图像。

与导波光学相比，FSO 具有易于实现的优点，但也存在一定的局限性。FSO 对环境的影响很敏感，例如，雨水和雾很容易扭曲光波在大气中的传播。对视线的要求也限制了自由空间光束的传播距离，限制在 10km 以下。因此，FSO 主要用于短距离和受控环境中。与电磁频谱的其他光场相比，由于 FSO 的线性轨迹和光斑扩展，大多数 FSO 实施方案都采用波长范围在 880～1550nm 的红外线。

导波光学依赖于光纤和光波导等光互连。由于制造方面的挑战，导波光学仍处于初级发展阶段，这将在下面讨论。

在导波光学器件中，光波被封闭或"引导"，并基于全内反射（TIR）现象进行工作。因此，光子可以沿着光纤长距离传播，损耗很小。事实上，导波光学的传输距离可以是数千英里。但是，实现导波光学系统可能非常昂贵。因此，导波光学通常用于长途电信或高带宽数据中心应用。

正如我们稍后将讨论的那样，光电子系统中既有自由空间光学元件又有导波光学元件，这是非常普遍的。

12.2.2 术语

吸收性： 光在介质中以热能或其他形式能量损失造成的损耗。

放大： 两端口光学装置网络的输入和输出之间的功率水平增加，也称为增益。通常以分贝（dB）表示。

入射角： 入射光线与入射表面的法线之间的夹角。

衰减： 两端口网络输入和输出之间的功率水平降低。主要是由于介质中的光功率损耗或吸收因子。通常以分贝（dB）表示。

反向散射： 小部分被散射并返回到光源的光。

带宽（BW）： 可在系统上传输且保持至少一半的理想无损响应的输出功率的调制频率范围。通常以赫兹（Hz）表示。

比特率： 在 1s 内交换的比特数。其单位表示 bps、bit/s 或仅表示每秒位数。

光缆： 护套中包含一根或多根光纤，通常还包含强度构件等。这些互连可保护信号免受失真和恶劣环境的影响，通常用于远距离通信。

包层： 光纤或波导纤芯周围的光学透明材料。它必须具有比纤芯更低的折射率，才能在传输介质中传送光子。

连接器： 一种连接光纤的装置，允许轻松断开。与适配器结合使用，它执行的功能与基于铜缆系统中的插头和插座相同。也称为"即插即用"功能。

芯： 光纤或波导的中心部分，大部分光线都通过它。它必须具有比包层更高的折射率。本章最后一节讨论了光纤工作原理。

合束器： 一种将光纤或波导的多个输入信号合并成单个信号的器件。

分束器： 一种根据预先确定的功率比将单个信号分成几部分的器件。

临界角：相对于法线测量的光波最小角度，可以通过折射率的变化反映出来。折射角变为 90°并沿两种材料之间的边界折射时入射角的角度。

分贝：一个用于比较两个功率电平的对数单位，通常是输入和输出电平。对于功率比 $L_p = 10\log_{10}\left(\dfrac{P}{P_0}\right)$，$P$ 是测量功率，P_0 是参考功率。

色散：可见光在通过各种光学密度材料时分成各种光谱成分，称为色散。

电磁频谱：据波长和光子能量分类的所有电磁波的集合。该波谱由无线电波、微波、红外辐射、可见光、紫外线、X 射线和伽马射线组成，按波长减小和能量增加的顺序排列。

光纤：一种互连技术和介质，旨在高效传输光脉冲，而不会失真或色散。它由光学透明材料组成，可提供长距离的圆柱形光学约束。

菲涅尔反射：当折射率突然变化时从表面发生的反射，如光纤末端。它描述了折射和反射光功率的分数。

渐变光纤（GRIN fiber）：一种光纤，其中纤芯的折射率在中心达到最大值，然后按照梯度模式向包层方向减小。

插入损耗：由于插入装置而造成的功率损耗，通常是由于接口之间的不匹配造成的。

激光器：由光子受激辐射产生的窄光谱宽度的光源。

发光二极管（LED）：由光子自发辐射产生的宽光谱宽度的光源。

模式：能够沿光纤传输分离的光波。其给定光波长的模式数量由数值孔径（NA）和纤芯直径决定。

调制：可修改现有信号以提高其在同一时间段内可携带的信息量的方法。它可以在电和光学上完成。

多模或多个模式：可指多模光纤或波导，只是一种光学链路，专为多种模式传播而设计。

多路复用：将许多不同的信号波长合并，并沿着一条链路传输。能以电或光学方式完成。在接收端采用解复用技术来恢复原始信号。

数值孔径（NA）：入射光线最大角的正弦，可以完全限制在光学链路内。

光电二极管（PD）：一种通过吸收光子将光转化为电流的半导体器件，这种现象被称为光伏效应。

瑞利散射：由粒子远小于辐射波长而引起的光的散射。

折射率（RI）：在传播介质中，真空中光速与介质中相应速度之比。

信噪比（SNR）：信号的功率级别与背景噪声之间的功率比。通常以分贝（dB）为单位进行测量。

单模或单个模式：可以指单模光纤或波导，这是一种光链路设计，只允许基本模式传播。

全内反射（TIR）：当光线以大于临界角的角度到达折射率变化的角度，接近折射率变化时发生零折射的全反射。

波导（WG）：简称光学波导。透明材料的光学连接，通常呈矩形，使用平面工艺制造，在芯片或板级提供短距离的光学约束。光学模拟电子印制线路。

波分复用（WDM）：沿单个光纤同时传输不同波长的多个光信号。

12.3 光电子技术

如图 12.1 所示，一个典型的光电子系统由三种技术组成：有源光电子器件、无源光电子器件和光学互连。

12.3.1 有源光电子器件

有源器件具有通过控制信号获取和引导器件中电子/光子流的能力，控制信号可以是电信号，也可以是光学信号。从广义上讲，光电子器件有四种类型：发生器、探测器、放大器和调制器。发生器通过自发或受激发射进行电光（E-O）转换，而探测器通过吸收进行光电（O-E）转换，见表 12.1。光电放大器是电子放大器的光学等效物，并利用了受激发射。光电调制器不用进行能量转换，而是通过修改光传播介质的特定属性以调制光。如上一节所述，因此，调制器通常与无源光电子器件集成在一起。

表 12.1 两个能量级别之间的三个基本光电过程

工 艺	描 述	器 件	插 图
自发发射（E-O）	电子自发复合产生光子发射	LED	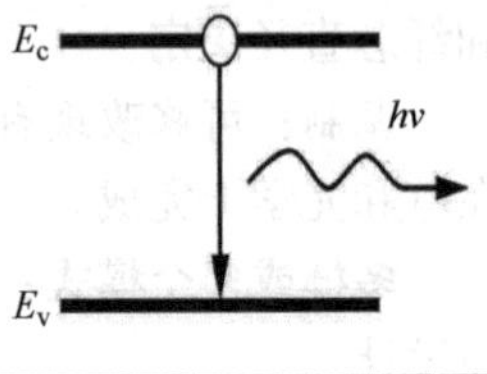
受激发射（E-O）	入射的光子通过与电子复合激发另一个相干光子的发射	激光器、光放大器	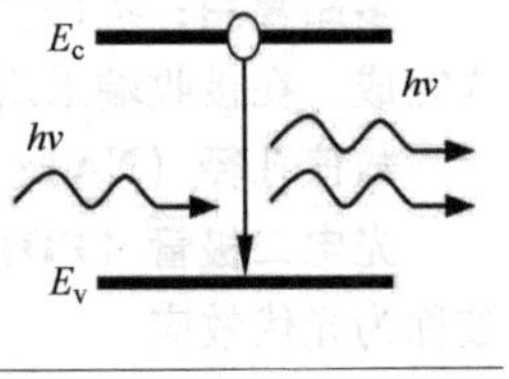
受激吸收（O-E）	光子被从价带跃迁到导带的电子吸收	光电二极管、太阳能电池	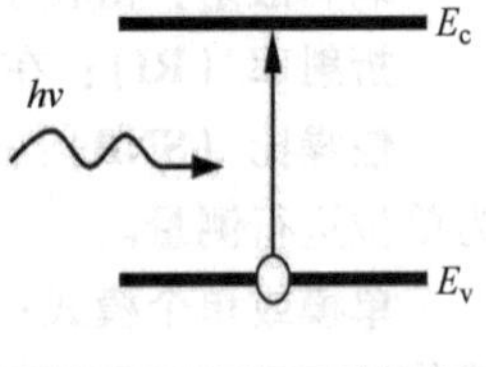

激光器和发光二极管

光电子系统使用两种基本类型的光源：LED 和激光器。激光器可以是边沿发射激光器（EEL），也可以是垂直腔面发射激光器（VCSEL）。用于描述光源的四个基本属性是：光束形状、发散角、中心波长和效率。光束形状和发散角是光源封装的重要参数。中心波长类似于电信号的中心频率。除了这四个属性之外，光源的制造和封装在决定制造成本方面起主要作用。光源的效率由光功率输出与电功率输入之比来定义。表 12.2 介绍了每种光源的主要特征。

表 12.2 三种最常见的光源的主要特征

属　　　性	LED	边沿发射激光器	垂直腔面发射激光器
光束形状	圆形	椭圆形	圆形
光束发散角	约 30°	约 20°×50°	约 20°
输入功率	5 ~ 100mW	约 40mW①	约 6mW
输出光功率	4 ~ 9mW	约 20mW①	约 4mW
测试	晶圆级	划片后的元器件	晶圆级
封装	引线键合	引线键合	倒装焊或引线键合
制造	一维和二维	单激光	一维和二维

① 最高显示出 50% 的电源效率，但更常见的是 30% ~ 40%。

发光二极管（LED）

　　发光二极管（LED）是正向偏压 P-N 结二极管。当电流流经 P-N 结时，来自 N 侧的电子与 P 侧的空穴结合，如图 12.5 所示。导带中的电子在价带中的空穴湮灭，导致热能和光能的释放。导带和价带之间的能量差称为带隙。带隙取决于用于制造 LED 的半导体材料，并确定发射光的波长。LED 的带隙能量可以通过测量 LED 开始发光时的电压（称为阈值电压）来确定。这个电压只要乘以电子（e）的电荷就可以转换为 eV。例如，如果测量到阈值电压为 1.7V，则工作温度下的估计带隙能量为 1.7eV，由于 LED 利用带间复合，电子将降低带隙的整个高度，并将发射任意方向的光子，如图 12.5 所示。由于光子的发射是任意的，因此从 LED 发出的光由 LED 材料界面处的临界角度形成，称为朗伯发射模式。这种图案的特征是具有大的光束扩展角和低的光学效率，通常约为 2%。

　　直接带隙材料是 LED 制造的首选材料，因为复合非常高效，并且大部分电流转换为光而不是热。假设实现晶格间距的良好匹配，将可以产生几乎无位错的晶格，就能通过外延晶体生长来制造 LED。临界尺寸通过光刻蚀刻。与半导体激光器类似，LED 的发光可以是面发射或边沿发射，具体取决于应用。面发射 LED 由于其晶圆级的可测试性和易于光耦合，因此在市场上占主导地位。面发射 LED 的基本结构如图 12.5a 所示。

　　图 12.5b 显示了各种直接间隙半导体 LED 发出的颜色，以及复合过程中发出光子的波长。器件中使用的半导体类型取决于目标颜色和匹配晶格间距的能力。匹配晶格间距很重要，可以防止导致局部应变的滑移面错位的发生。局部应变会构成扩散场，导致杂质聚集或吸收，从而降低 LED 的发光效率。

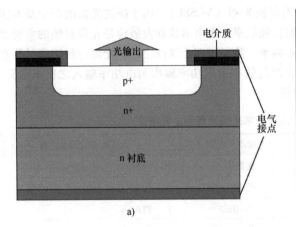

LED颜色	波长/nm	半导体
红色	625~760	AlGaAs
橙色	600~625	GaP
黄色	577~600	AlGaInP
绿色	492~577	GaInN
蓝色	455~492	GaN
紫色	390~455	InGaN
紫外光	222~282	AlGaN to InAlGaN

a) 　　　　　　　　　　　　　　b)

图 12.5　a) LED 的基本工作原理和结构；b) 与不同 LED 材料对应的光谱

激光器

"激光"一词是"受激辐射光放大器"的首字母缩写。为了理解受激发射，我们从 LED 的光子自发发射开始。当电子处于激发能级（E_2）时，它最终会衰减到较低的能级（E_1），发射辐射的光子。发射的光子以随机相位沿随机方向运动，这种现象称为"自发辐射"。然而，如果能量水平近似于 $E_2 - E_1$ 的外部光子碰巧通过，那么辐射的光子有可能与外部光子完全相同的波长、相同的方向和相位的方式影响电子衰减。这种现象称为"受激发射"，如图 12.6 所示。

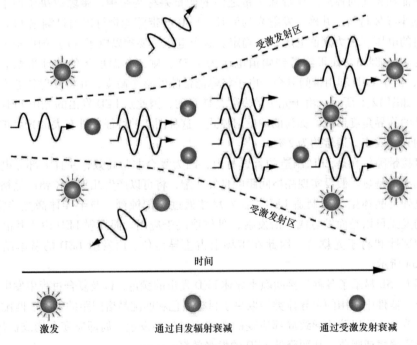

图 12.6　受激发射的光放大

激光器根据受激辐射原理运行。现在，假设激光材料中的一组原子，其电子处于相同的激发态，并处于通过光子的激发范围。入射的（激励的）光子与第一个原子相互作用，引起相干光子的受激发射。然后这两个光子与接下来的两个原子相互作用，结果是四个相干的光子，这一过程一直沿线进行。换言之，初始光子通过其与物质原子的相互作用而被"放大"。为了增强往返激发（过程），激光两侧设置反射镜，形成谐振腔（见图 12.7）。使这些原子处于激发态的能量由某种通常被称为"泵浦"源的能量源从外部提供。从部分反射镜出来的光子部分形成一束强烈的光束，为单色（单波长）、相干（同相）和准直（非发散）。与此相反，来自 LED 光源的光既不相干，也不准直，还包含宽波段的波长。

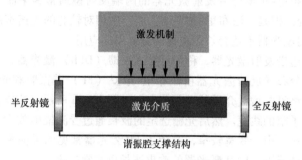

图 12.7　基本激光的原理图

边沿发光激光器（EEL）

激光介质中的两个反射镜构成一种称为"法布里-珀罗"（F-P）的光学谐振腔。如图 12.8a 所示的激光器称为法布里-珀罗边沿发射激光器（FP EEL）。这样命名是因为部分反射镜和高反射镜被放置在激光介质的侧面。

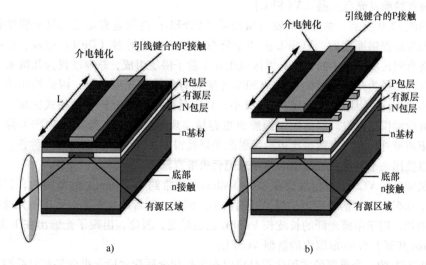

图 12.8　a）法布里-珀罗边沿发射激光器；b）分布式反馈发射激光器，被抬起以露出内部光栅

通过了解法布里-珀罗光学谐振腔的工作原理，可以理解法布里-珀罗激光器的工作原理。法布里-珀罗谐振器的原理如下：当两个相对的反射镜平行放置时，它们形成一个谐振腔。光会在两面镜子之间振荡。当反射镜之间的距离是半波长的整数倍时，光会进行有效干涉和增强。不符合此条件的波长不谐振，相互之间产生抵消干涉并湮灭。如果其中一端镜面是部分透射的，则谐振波长（的激光）将根据以下关系部分透射：

$$\lambda = 2k\left(\frac{L}{n}\right) \quad (k = \pm 1, 2, 3 \cdots) \tag{12.6}$$

式中，λ 是光波长；L 是谐振腔两个端面之间的距离；k 是整数；n 是谐振光所传输的有效折射率。法布里-珀罗边沿发射激光器的两端反射镜通常为平面，形成了一个法布里-珀罗谐振腔。但是，法布里-珀罗谐振腔产生相对较宽的光谱宽度，这使得法布里-珀罗边沿发射激光器不适合长距离或波分复用的应用。

一种改进的边沿发射激光器，称为分布式反馈（DFB）激光器，具有较窄的线宽和光谱稳定性。分布式反馈激光器由法布里-珀罗（FP）谐振腔和光栅反射器组成，该光栅反射器始终沿腔增益介质的顶部分布，如图 12.8b 所示，这样，光沿着增益区域纵向反射得到了窄的线宽。然后光栅选定的波长通过受激辐射放大，从而实现具有窄线宽特性的工作。由于线宽较窄，避免了 FP 激光器常见的纵向模式跳跃，即使在温度变化较大的情况下，DFB 激光器的输出波长也非常稳定。

对于法布里-珀罗边沿发射激光器和分布式反馈边沿发射激光器（DFB EEL），谐振腔在制造过程结束时，最后形成腔。这意味着无法在晶圆级测试单个激光器，并且无法实现 2D 阵列。另外，薄的发射区域引起在垂直方向上的强发散，从而导致在垂直方向上具有 50°或更大的发散角的高度不对称的光束形状。高发散角使波导/光纤耦合成为一个挑战。

垂直腔面发光激光器（VCSEL）

如图 12.9 所示，垂直腔面发射激光器（VCSEL）使用垂直堆叠的量子阱结构和镜谐振腔来提供面发射。VCSEL 由两个分布式布拉格反射器（DBR）组成，这些反射器将有源区域夹在中间，该有源区域由几个量子阱层组成，总厚度仅为几微米。

仅当孔径为几微米时，通信 VCSEL 才能具有良好的光束质量，因此输出功率被限制为约 3mW。因为谐振腔的长度极小，只有几微米，对于较大的模式区域，无法避免高阶横模的激发。然而短谐振腔也更容易实现单频操作。低功率 VCSEL 除了有高光束质量外，光束发散也比边沿发射激光器低得多，光束形状也具有对称性。这样就可以使用一个数值孔径适中的简单透镜轻松准直输出光束。

最常见的 VCSEL 发射波长在 750～980nm（通常约为 850nm）的范围内，它广泛使用于 0.5km 以下的短距离多模光纤通信中。但是，随着对长距离、低功率光通信需求的增加，用于单模光纤的长波长 VCSEL 正在开发。因此，出现了光输出在 1.3mm、1.06mm 甚至 1.5mm 范围内的新型 VCSEL。

VCSEL 的一个重要的实用优点是可以在生长和金属化之后，也就是在将晶圆切割之前直接进行测试和表征，这样就可以及早发现质量问题。此外，可以将 VCSEL 晶

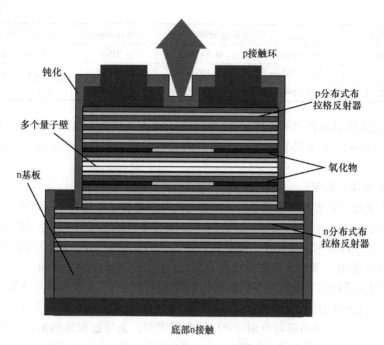

图 12.9　垂直腔面发射激光器的横截面图

圆与光学元件阵列（例如透镜）组合在一起，然后将复合晶圆切成小块，而不是单独安装光学元件。这些特性能够实现激光产品的廉价和批量生产。

光电探测器

光电系统中使用三种基本类型的光检测器：p-i-n 光电二极管、金属-半导体-金属（Metal-Semiconductor-Metal，MSM）光电二极管和雪崩光电二极管（Avalanche Photodiodes，APD）。衡量光电二极管性能的基本指标是量子效率、响应度和等效噪声功率。量子效率 η_q 定义为每个光子产生的载流子或电子的比率，单位为可达到的最高载流子或电子数，90% 为良好的目标。响应度 R 定义为在给定波长下单位入射光功率产生的总光电流，R 通过以下公式与 η 相关：

$$R = \frac{光电流}{入射光功率} = \eta_q \frac{e\lambda}{hc}\left(\frac{A}{W}\right) \tag{12.7}$$

等效噪声功率（Noise-Equivalent Power，NEP）定义为在 1Hz 的输出带宽下达到信噪比为 1 所需的光功率。它可以从 R 和信噪比得出，单位为 $W/Hz^{-1/2}$。它表示设备的灵敏度。表 12.3 列出了光探测器的基本类型与基本指标的对比。

表 12.3　最常见的光探测器的主要特性

光电二极管	λ_{peak}	λ_{peak} 处的响应度	响应时间	λ_{peak} 的等效噪声功率
p-i-n, Si	800 ~ 900nm	0.5 ~ 0.6A/W	10ps	$1 \times 10^{-13} W/\sqrt{Hz}$
p-i-n, Ⅲ-Ⅴ	1300 ~ 1600nm	0.7 ~ 0.95A/W	50ps	$1 \times 10^{-15} W/\sqrt{Hz}$

（续）

光电二极管	λ_{peak}	λ_{peak} 处的响应度	响应时间	λ_{peak} 的等效噪声功率
MSM，Ⅲ-Ⅴ	$800 \sim 900nm$	0.3A/W	10ps	$3 \times 10^{-15}W/\sqrt{Hz}$
APD，Si	$830 \sim 900nm$	40～100A/W	100ps	$1 \times 10^{-15}W/\sqrt{Hz}$
APD，Ⅲ-Ⅴ	$1300 \sim 1600nm$	9～18A/W	100ps	$4.5 \times 10^{-13}W/\sqrt{Hz}$

太阳能电池具有相似的工作原理，因为它们也将光转换为电能。但是，太阳能电池是用于发电的，本章的重点是用于通信的光电器件。因此，此处将不介绍太阳能电池。

p-i-n 光电二极管

p-i-n 光电二极管是对最基本的 p-n 光电二极管的改进，后者在高频和长波长下的量子效率很低。p-i-n 光电二极管由夹在 p 型和 n 型半导体之间的本征半导体（i-Si）组成，如图 12.10a 所示。实际上，本征层是轻掺杂的 p 或 n，并且比 p 型或 n 型区域宽得多。p-i-n 光电二极管在反向偏置模式工作，提供一个固有的漂移电场，用以收集阳极和阴极端子处的光激发电荷载流子。二极管区域的有效面积与产生的光电流直接相关，因为光子在有效面积内被均匀地收集。但是，较大的收集面积意味着较高的结电容（C），当与结构的串联电阻（R）结合使用时，会导致较慢的阻容（RC）响应时间。添加的本征层用于减小电容，p-i-n 光电二极管的响应时间约为 10ps。

金属-半导体-金属光电二极管

金属-半导体-金属光电二极管由两个相互交叉的电极组成，这两个电极形成背对背的肖特基二极管，如图 12.10b 所示。MSM 探测器非常快，可以根据所施加偏压的极性完全打开或关闭。施加正确极性的偏压会在电极下方建立漂移电场。因此，光生电子被收集在阳极（+），而光生空穴被收集在阴极（-）。MSM 光电二极管的一个主要优点是具有高速和长波长光检测能力。对于 MSM 光电二极管，响应时间约为 1ps，据报道，其工作频率超过 100GHz。

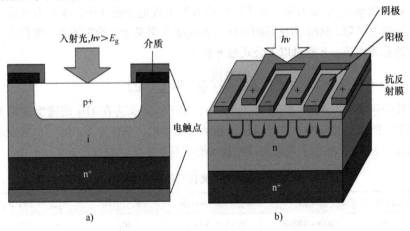

图 12.10 a）p-i-n 光电二极管的横截面；b）MSM 光电二极管的横截面，显示叉指式电触点

雪崩光电二极管

雪崩光电二极管在高反向偏置 p-n 结的雪崩倍增区域中利用了碰撞电离过程，产生了内部电流增益。高增益允许 APD 在高于 300GHz 的频率下工作，但与此同时，高增益也会增加噪声。APD 的结构与 p-i-n 光电二极管相反，如图 12.11 所示，n+侧是被照亮的一侧。除了结类型不同外，APD 还需要一个保护环结构来防止 p-n 结在外围而不是照明区域击穿。应该注意的是，p-i-n 和 MSM 光电二极管都可以制成 APD，因为 APD 仅利用了结型二极管的不同工作区域。MSM 光电二极管的优势被延续到 APD 领域。

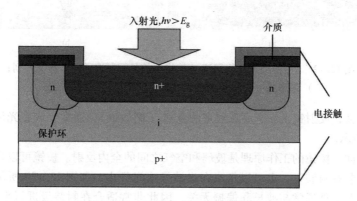

图 12.11　雪崩光电二极管的横截面

12.3.2　无源光电子器件

无源光电子器件起源于自由空间光学器件，在这种光学器件中，透镜、棱镜和反射镜长期以来一直用于传输光。光电子学中"无源"一词是指那些不参与光电转换，而是将光引导或聚焦在特定方向上的那些组件。自从光纤和波导的发明，更复杂的无源器件已经发展起来。本节简要概述了当今光电子封装中的常用元器件。

透镜

透镜利用光学折射来聚焦或散射通过的光束。在光电子封装中，凸透镜主要用于将光束聚焦到所需求的地方。特别是，平凸透镜在封装中非常重要，因为它们具有使用晶圆级工艺进行 2D 阵列制造的能力，如图 12.12a 所示。可以使用 Lensmaker 的公式设计平凸球面透镜：

$$f = \frac{R}{n-1} = \frac{t^2 + r^2}{2t(n-1)} \tag{12.8}$$

式中，f 是焦距；R 是曲率半径；t 是透镜的厚度；r 是透镜的半径。平凸透镜的聚焦功能如图 12.12b 所示。可以将透镜集成在光路上的任何位置：在光纤或波导的末端，在激光器或 LED 的顶部或在透明基板上，以提高耦合面的聚焦能力。

反射镜和棱镜

反射镜和棱镜的应用类似于光电子封装中的透镜：通过反射改变光束传播的方

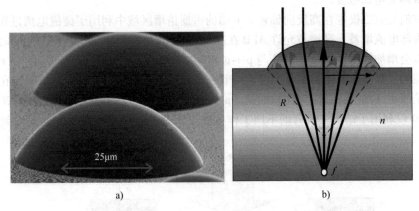

图 12.12　a）使用聚合物回流（工艺）的晶圆制造的平凸透镜阵列；
b）基于式（12.8）的玻璃基板上的平凸透镜的射线图

向。根据定义，反射镜上涂有高反射率的金属（例如银），通常集成在光波导中，如图 12.13a 所示。

另一方面，棱镜的工作原理是玻璃和空气之间的全内反射。棱镜可以作为拾取和放置组件组装在封装上，也可以集成在光波导或光纤内，如图 12.13b 所示的角度研磨光纤。这些器件通常与波长和偏振无关，因此非常适合在封装级进行平面外转向。然而，制造转向镜仍然是一个重大挑战。

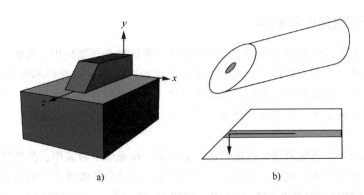

图 12.13　a）光波导上的镀银 45°转向镜；b）光纤上的角度研磨 45°转向面

分路器和定向耦合器

光学耦合器或分路器可以是单模或多模的，并且基于以下两种现象之一：绝热耦合或近似耦合。最常见的绝热组件是如图 12.14a 所示的 Y 结 3dB 分路器，它利用光波导的绝热锥将输入功率分成相等的一半。分割比率可以很容易地定制，例如在有线电视中，95% 是视频信号，其余 5% 是控制信号。Y 结分路器是可逆的，在这种情况下它成为一个组合器，并且可以串联连接，这样就能实现 1×2^n 分路。Y 结分路器具有波长独立的优点，可以使用平面基板工艺且容易制造。

在功能上，耦合器和分路器之间没有太大的区别。它们根据哪个端点用作输入或输出来定义，如图 12.14 所示。最常见的接近耦合器是定向耦合器。图 12.14b 给出了最常见的 3dB 2×2 耦合器。定向耦合器可以通过将两根光纤熔合在一起或将两个波导紧密相邻来构建。两个波导之间的耦合率是波导宽度、相对折射率以及耦合区域的长度和间距的函数。由于它们对折射率的敏感性，定向耦合器大多是波长选择性的。波长灵敏度使定向耦合器成为合适的滤波器和波长选择器。与 Y 型分路器一样，定向耦合器可以组合成一个大型的二进制网络，并且可以使用平面基板工艺来制造。另外，多端输入和多端输出定向耦合器可以制造 $n \times n$ 星型耦合器。

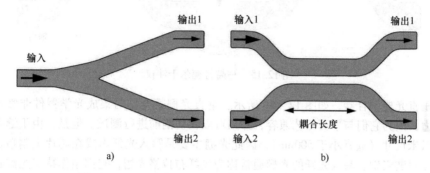

图 12.14　a）一个 Y 型结分路器；b）一个定向耦合器

马赫曾德尔干涉仪

马赫曾德尔干涉仪（Mach-Zehnder Interferometer，MZI）使用长度非常特定的两条路径的干涉作为波长选择光复用器或解复用器。在光电封装中，通常将 MZI 与电光开关结合组成光调制器，这将在后面讨论。MZI 通常建立在硅衬底上，由两个定向耦合器组成，两个定向耦合器被一对波导隔开，其路径差为 ΔL，如图 12.15 所示。长度差使得一个路径中的信号相对于另一路径具有 $\pi/2$ 的相移。相位差会导致在输出 1 端和输出 2 端之间选择性过滤两个波长。对于只有输入 1 端可用的特定情况，所述 MZI 的功率传递函数为

$$\begin{pmatrix} T_{11}(\lambda) \\ T_{12}(\lambda) \end{pmatrix} = \begin{pmatrix} \sin^2(\pi n\Delta L/\lambda) \\ \cos^2(\pi n\Delta L/\lambda) \end{pmatrix} \tag{12.9}$$

如果将 ΔL 设定为 $\Delta L = \lambda_i/2n$，则所有在 λ_i 处传播的光的功率将进入输出 1。类似地，所有在 $\lambda_i/2$ 处传播的光的功率将进入输出 2 端，这是一个 1×2 解复用器。2×1 多路复用器可以反向获得。尽管可以将多个 MZI 级联在一起以进行高阶运算，但在这种情况下，最好使用稍后描述的阵列波导光栅。

衍射光栅

衍射光栅的工作原理是光通过狭缝时的衍射。如图 12.16a 所示，通过在一个平面上以特定的间距 L 放置连续的狭缝，形成了一维光栅。对于特定波长的同相连续衍射波，会发生相长干涉并且光强度会提高。因此，光栅能够成为有效的波长滤波器。此外，可以用反射面代替狭缝来制作反射光栅，用以代替 45°平面外反转的反射镜，

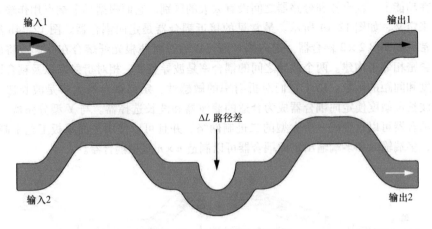

图 12.15　马赫曾德尔干涉仪

例如垂直光栅耦合器，如图 12.16b 所示。垂直光栅耦合器与集成光学器件非常具有吸引力，因为它们与平面工艺兼容，并且可以在切割前进行测试。但是，由于缝隙需要亚微米尺寸（通常小于 500nm），因此光栅主要是写入光纤内或在芯片上制造，而不是在封装级别。写入光纤的光栅通常称为光纤布拉格光栅，它们用作特定光波长的插入滤光片。

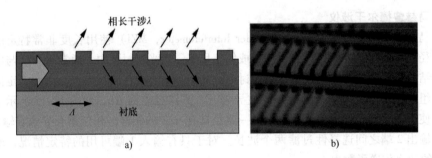

图 12.16　a）光栅的基本工作原理；b）垂直光栅耦合器的 SEM 图

12.3.3　光学互连

光学互连是模拟电子领域中的电线和铜印制线。光学互连的两种主要类型是光纤和光波导。

光纤

如图 12.17 所示，光纤通常是使用由折射率较低的包层材料围绕的纤芯来组成。纤芯是光纤的内部圆柱形部分，光线通过该部分被引导。它基于 "TIR" 原理运行。可以允许多种或横向模式通过的光纤称为 "多模光纤"，而 "单模" 光纤只能通过基模。基本阶跃折射率光纤的结构如图 12.17a 所示。之所以被称为阶跃折射率光纤，是因为它在纤芯和包层之间具有恒定的折射率差，纤芯（n_1）的折射率高于包层

(n_2）的折射率，因此只要光以大于临界角 θ_c 入射纤芯包层边界，光线将根据式（12.5）在光纤中进行全内反射和传导。

如图 12.17b 所示，光可以进入光纤的最大角度称为"接收角" θ_{acc}，其定义为

$$\theta_{acc} = \arcsin\left(\frac{n_1}{n_0}\cos(\theta_c)\right) \tag{12.10a}$$

其中光进入纤芯之前区域的折射率表示为 n_0，最有可能的是空气折射率 1。将式（12.5）代入式（12.6a），并对反正弦余弦应用鲜为人知的三角恒等式

$$\cos\left(\arcsin\left(\frac{n_2}{n_1}\right)\right) = \frac{1}{n_1}\sqrt{n_1^2 - n_2^2} \tag{12.10b}$$

得到一个仅根据折射率得出接收角的简化表达式

$$\theta_{acc} = \arcsin\left(\frac{1}{n_0}\sqrt{n_1^2 - n_2^2}\right) \tag{12.10c}$$

纤芯和包层之间的折射率之差不必很大。实际上，对于单模光纤，它可以约为 0.5% 或更少。由于临界角约为 85°，这仍然允许光在纤芯中被"弱"传导。

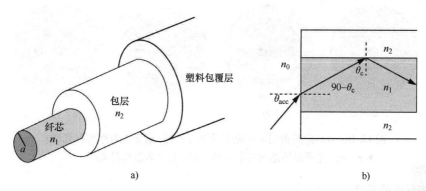

图 12.17 a）阶跃折射率光纤结构；b）在阶跃折射率光纤内部的全内反射

不同类型的光纤

所有光纤都可以按所用材料和光纤的横截面几何形状划分：

光纤使用的两种主要材料类型是熔融石英和塑料。熔融石英（SiO_2）纤维是通过在氢氧焰中燃烧四氯化硅（$SiCl_4$），产生氯化物蒸气和 SiO_2 制成的。该工艺会产生极纯的 SiO_2 材料，其杂质含量为十亿分之一（ppb）。为了产生高折射率的纤芯和低折射率的包层，通常在加工过程中用另一种材料掺杂熔融石英。用于增加二氧化硅折射率的最常见的掺杂剂是锗，降低二氧化硅折射率的最广泛使用的材料是氟。由于其高纯度，熔融石英纤维是当今损耗最低的光纤。

另一方面，塑料光纤（Plastic Optical Fibers，POF）由折射率不同的聚合物材料制成。POF 的优点是重量轻、价格便宜、灵活且易于操作。但是，这些优势被更高的损耗所掩盖。例如，商用塑料光纤的损耗为 56dB/km，而熔融石英光纤的损耗小于 1dB/km。POF 的主要用途是使用 LED 的低档或短距离消费市场，其中 LED 的传输距离较短、数据速率较弱。

在通信中，希望具有最低的损耗。因此，现在最常用的光纤是掺氟的纯二氧化硅芯光纤，如图 12.18a 所示。

光纤的横截面几何形状可以有许多变化。除了阶跃折射率光纤之外，还可以定义纤芯区域的折射率分布，以使其从中心逐渐减小，直到使其等于包层边界处的包层折射率，如图 12.18b 所示。这称为渐变（GRIN）光纤，它可以显著减少光纤的损耗。例如，已经开发出渐变塑料光纤来补偿 POF 固有的高损耗。

光子晶体光纤（Photonic Crystal Fiber，PCF）基于在包层中创建光子带隙的原理进行运转。光子带隙是周期性介质中的结构设置，在该结构中，不可能在特定波长下传播光波。只要孔直径 d 和节距 L 之间的关系在传输波的半波长量级上，该结构自然就可以使用充气孔作为包层。

多芯光纤（Multicore Fiber，MCF）是在同一包层中具有多个纤芯的光纤，旨在利用光域中的低串扰来实现高容量。MCF 允许使用空分复用来提高通信系统的整体带宽。

上述的四种光纤示例如图 12.18 所示。

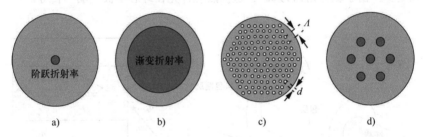

图 12.18　a）阶跃折射率熔融石英光纤；b）渐变折射率塑料光纤；
c）光子晶体熔融石英光纤；d）七芯多芯塑料光纤

光纤中的衰减

在任何光纤中，入射的光都不会100%传输到光纤的另一端。总是会受到一些损失或衰减。这涉及多种机制，包括光纤材料吸收光，光从纤芯中散射，由于光纤弯曲而引起的损耗以及一部分光反射回光源。衰减通过将输出功率与输入功率进行比较来衡量信号强度的降低。简而言之，衰减限制了信号在变得太弱而无法检测之前可以通过光纤传播的距离。衰减以分贝（dB）表示，它是测量输出功率与输入功率之比的对数单位：

$$\alpha = 10\log_{10}(P_{\text{out}}/P_{\text{in}})\,\text{dB} \tag{12.11}$$

因此，如果输出功率为输入功率的 0.001 倍，信号损失了 30dB。每根光纤都有一个固有衰减，单位长度的衰减以分贝为单位，通常为 dB/km。光纤中的总衰减（以 dB 为单位）等于固有衰减乘以光纤长度。总衰减是所有损耗的总和。它通常是由光不完全耦合入光纤以及光纤内的固有材料损耗所主导。

光纤内的固有损耗取决于材料，光纤主要取决于二氧化硅。光谱中纯二氧化硅的固有损耗有三种来源：紫外线（UV）吸收，红外线（IR）吸收和瑞利散射。紫外线吸收集中在 $\lambda = 100\text{nm}$ 处，在近红外区域（对于光通信感兴趣的区域）几乎可以忽略不计。另一方面，红外线吸收是近红外范围内衰减的重要因素。红外线吸收的原因是二氧化硅和掺杂玻璃的晶格振动模式。与红外线吸收相关的功率损耗的一般经验法则是

$$\alpha_{IR} = A\exp(-a_{ir}/\lambda)\left(\frac{dB}{km}\right) \tag{12.12}$$

式中，λ 以微米为单位；A 和 a_{ir} 的值取决于所用掺杂剂的类型。

瑞利散射是由原子偶极子对光的激发和再辐射引起的，原子偶极子由所用二氧化硅材料的晶格结构决定。由瑞利散射引起的近似损耗为

$$\alpha_{RS} = B/\lambda^4\left(\frac{dB}{km}\right) \tag{12.13}$$

式中，B 是瑞利散射系数，以 dB/km-μm^4 为单位。因此，石英光纤的净本征损耗近似为

$$\alpha_t \approx A\exp(-a_{ir}/\lambda) + B/\lambda^4\left(\frac{dB}{km}\right) \tag{12.14}$$

使用以上得出的参数，在图 12.19 的光通信范围内绘制了二氧化硅光纤的固有损耗。如图 12.19 所示，二氧化硅光纤的最低本征损耗点为 1.55μm。因此选择 1.55μm 作为电信系统的标准波长。

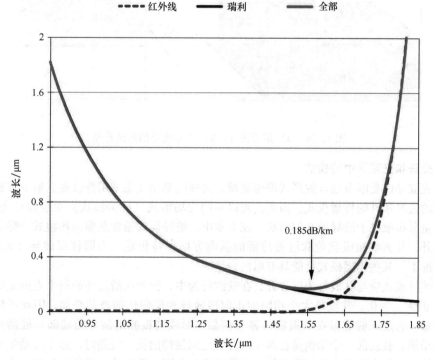

图 12.19 熔融石英的固有损耗在 1.55μm 处显示最低

光纤中的色散

光纤传输中的另一个重要的实际考虑因素是色散的存在，这意味着由不同波长组成的可见光以不同的速度传播。尽管它们是由激光产生的，光纤通信中的光脉冲也包

含一系列波长。通过色散，这些脉冲中的光根据其波长以不同的速度传播。这导致最初清晰且轮廓分明的脉冲随时间扩展。脉冲的这种扩展又导致相邻脉冲在时间上重叠，从而增加了光纤通道的误码率。

色散限制了可以在长光纤通道中传输的最大比特率。通过使用特殊的光纤类型可以将其补偿。色散与波长、几何形状和材料有关，并且通常由色散参数 $D(\lambda)$ 表示，单位为 ps/nm · km。需要注意的是，石英光纤在 $\lambda = 1.3\,\mu m$ 处的 $D(\lambda) = 0$，这被称为零色散波长。这种独特的属性是 $1.3\,\mu m$ 波段对当今的光电系统非常重要的原因。

光波导

与光纤类似，光波导利用 TIR 引导光波。如果光纤是模拟长距离电线，则光波导是 IC 或封装上模拟电印制线。作为硅光子电路的一部分，光波导可能短至几十微米，而作为光背板的一部分则可能长达数十厘米。矩形波导的说明如图 12.20 所示。光波导可以使用 CMOS 或 PCB 工艺制造，制作成理想的封装形式。

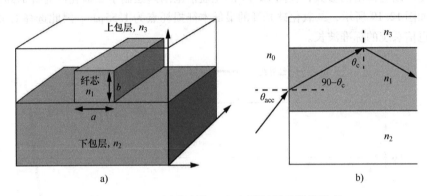

图 12.20　a）矩形波导；b）矩形波导的数值孔径

光纤和光波导中的模式

光波导以受限电磁波的形式携带能量，这种限制使光能采用符合麦克斯韦方程所要求的边界条件的传播模式。因此，光以不同光场形式（称为模式）沿着波导传播，其能量分布取决于波导的几何形状。在本章中，波导模式通常是横向场模式，除了衰减之外，其振幅和极化轮廓沿着传播的纵向方向保持恒定。在圆柱形波导（光纤）的情况下，某些传播模式可能具有纵向分量。

波导模式应与驻波行为区分开，在驻波行为中，振幅在沿波导的每个点处随时间呈"正弦"变化。驻波是大小相同的正向传播波和反向传播波的叠加，因此不传输净能量。它是入射能量在谐振腔边界（例如，形成谐振腔的波导的端部）处的全反射的结果。驻波的一个示例是在两个刚性壁之间拉伸的弦。拔除时，除了与墙壁的末端连接以及弦之间的 1/2 波形点外，弦还形成了上下运动模式，具体取决于拉力和弹拨带来的能量。

通过应用麦克斯韦方程和适用于当前波导几何形状的边界条件，可以用数学方式得到波导模式。完整的数学处理包括使用 Bessel 函数求解超越方程，这超出了本书的范围，通常在经典光学和波导光学的研究生教材中进行介绍。

在射线光学模型中，平面波导的特征是平行的平面边界，例如在（x）方向上，但在横向方向（y 和 z）上延伸到无穷大，形成了如图 12.21a 所示的平板波导。由于横向边界被消除到无穷大，因此该模型不能作为矩形波导的实际表示，但它构成矩形波导分析的基础。

这三个层由其折射率 n_1、n_2 和 n_3 标识；$n_1 > n_2$ 且 $n_1 > n_3$。平板 n_2 和 n_3 也沿 x 方向延伸到无穷大，而平板 n_1 在 x 方向上具有有限的厚度 b。假设光主要在 z 方向上以传播常数 β_z 传播，但是经历了多次全内反射，这可以用在 x 方向上的传播常数分量 $b\beta_x$ 来表征。在该模型中，如图 12.21b 所示，在层 n_1 中沿 z 方向传播的光被认为是由在边界 $n_1 - n_3$ 和 $n_1 - n_2$ 处全内反射的平面波组成的。此外，边界处的入射角 θ_1 和 ϕ_2 用来大致指定传播的平面波模式。因此，波导模式取决于 β_x 和 β_z，传播常数（动量）的正交分量以及每个边界处的入射角。实际上，对于平板波导，可以导出截止频率 f_c 的方程，如图 12.21 所示，在该方程下，模数 m 可以在波导中传播。为简单起见，我们假设 $n_2 = n_3$：

$$f_c = \frac{mc}{2b(n_1^2 - n_2^2)^{1/2}} \tag{12.15}$$

使用以上方程，可以确定在平板波导中实现单模条件（即，$m = 0$）所需的厚度和折射率。

同样，一旦知道了光纤的参数，就可以计算出阶跃折射率光纤中模式传播的截止波长，类似于图 12.17 所示。

$$\lambda_c = \frac{2\pi a}{V_c} \sqrt{n_1^2 - n_2^2} \tag{12.16}$$

式中，参数 V_c 称为模式的归一化频率。对于单模条件，$V_c = 2.405$。

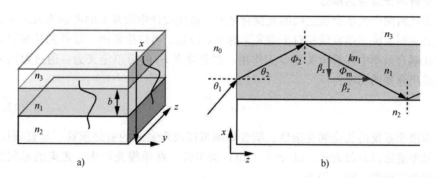

图 12.21　a）用于光学模式的平板波导；b）平板内光的传播

单模与多模

光作为电磁波在光纤中传播遵循麦克斯韦方程。麦克斯韦方程和边界条件是基于光纤的几何结构、组成和决定传播电磁场的光的特性。每个不同的场代表一个传播模式。根据式（12.16），对于特定波长的光束，当数值孔径与纤芯半径的乘积足够小，以至于归一化频率 $V_c < 2.405$ 时，光纤在该波长下仅支持一种模式。$V_c \geqslant 2.405$ 时，支持更多模式。

单模光纤和波导之所以更为重要的主要原因是由于它们的低模式色散提供了出色的带宽距离乘积。当光束在光波导或光纤内耦合成传播模式时，每种模式的传播角度都不同。因此，较大的角度引导模式将在所述波导或光纤内传播更长的距离。由于光束以相同的速度传播，相同的信号实际上将在不同的时间到达目的地，导致信号变宽，如图12.22a所示。因此，单模主导了长距离通信行业，而多模则主要用于短距离光学应用。尽管诸如波分复用（Wavelength Division Multiplexing，WDM）之类的高级调制方式可以同时应用于单模和多模，但是当只需要复用一个光束时，它们更易于管理。另外，可以以较低的成本制造单模光纤，从而增加了距离参数。但是，由于单模光纤和波导的纤芯尺寸较小，因此装配和集成的成本的增加可能抵消短距离的材料成本优势。图12.22b中进行了比较。

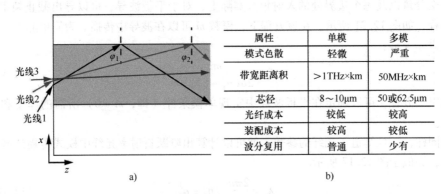

属性	单模	多模
模式色散	轻微	严重
带宽距离积	>1THz×km	50MHz×km
芯径	8~10μm	50或62.5μm
光纤成本	较低	较高
装配成本	较高	较低
波分复用	普通	少有

a)   b)

图12.22   a）多模光纤中的模色散；b）单模与多模之间的基本比较

光纤和光波导的耦合

在任何两个光学介质之间的光耦合是光学系统设计中最常见的考虑因素之一。最佳耦合主要取决于接收端相对于激光束的相对位置。可以推断出，器件的精确制造和装配在耦合效率中起着至关重要的作用。耦合效率 η_c 的简单定义为：通过源功率耦合到输出介质的功率：

$$\eta_c = \frac{P_c}{P_s} \tag{12.17}$$

取决于系统的长度和复杂性，耦合效率可以决定系统的链路预算。与衰减相似，耦合效率通常以对数表示，以分贝（dB）为单位。在单模光纤中，光束的形状沿径向坐标为高斯型，定义如下：

$$p(r) = A \cdot \exp\left(-2\left(\frac{2r}{\mathrm{MFD}}\right)^2\right) \tag{12.18}$$

式中，MFD代表模场直径。MFD表示除 e^{-2} 或13.5%的强度外，其他所有强度都保留在其中的直径。需要注意的是，MFD通常大于光纤的物理纤芯。例如，康宁公司的标准SMF-28光纤在1550nm处的MFD为10.4μm，比纤芯的直径（8.2μm）大20%。这表明对于单模光纤，大量功率位于引导纤芯之外，这是不容忽视的。

式（12.15）用于计算输入和输出之间的重叠积分。原则上，可以在两根光纤之间实现 100% 耦合，并具有完美的对准和相同的 MFD。耦合损耗对横向、纵向和角度未对准的灵敏度可以用由重叠积分得出的形式表示。表 12.4 列出了单模光纤之间的 0.1dB 灵敏度表。对于更复杂的结构，例如光纤和光波导之间的耦合，必须进行 3D 建模。图 12.23 显示了硅光子产品的示意图，其中使用了不同光学介质之间的光耦合概念。

表 12.4　单模光纤之间对应于 0.1dB 耦合损耗的灵敏度

参　　数	误差大小	图　示
模场直径失配	±15%	
横向偏移	MFD 的 8%（约 0.8μm）	
纵向偏移	20μm	
角度偏移	0.6°	

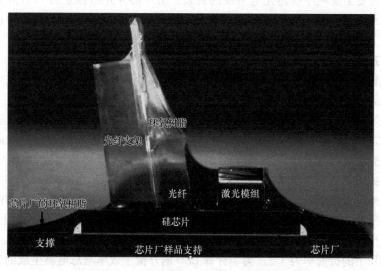

图 12.23　将光从光纤耦合到硅光子学中的波导中

12.4　光电系统、应用和市场

12.4.1　光电系统

光电系统涵盖从简单的 LED 外壳到复杂的硅光子收发机的广泛应用，如图 12.24 所示。

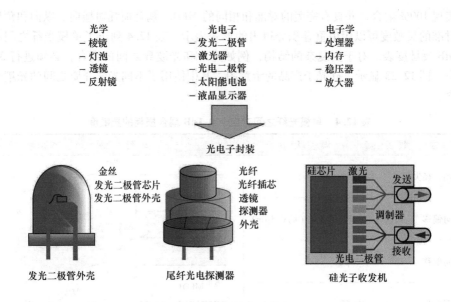

图 12.24　光电封装及其应用

本节按复杂度顺序描述光电系统的封装。第一部分介绍独立的 LED 外壳。随着标准"尾纤"和"蝶形"外壳中封装激光器或接收机的讨论，复杂性会增加。本节最后讨论了作为下一代光电子封装平台的硅光子学的新兴领域。

简单系统

LED 封装中最重要的指标是成本而不是器件比特率。降低成本的两个主要因素是量子效率的提高和热管理。

量子效率可以分为内部和外部两类。内量子效率是辐射电子-空穴复合速率与总电流速率之比。外量子效率是光子通量（每单位时间每单位面积的光子数量）与注入的电子通量（每单位时间每单位面积的电子数量＝电子电流密度/电子电荷）之比。LED 的内部效率为 50% ~95%，而外部效率可能非常低。

影响外量子效率的最大因素是光在半导体-空气界面处从管芯出射时的内部全反射。如前所述，对于以大于或等于临界角的角度入射在空气和半导体界面上的光线，发生全内反射。普通 LED 中使用的无机半导体材料的折射率相当高，例如，GaAs 在可见光波长下的折射率为 3.3。为了计算 LED 的外量子效率与总电流生成的光功率之比，第一步是计算半径为 r，半逃逸角等于临界角 θ_c 的球面光逃逸锥的表面积。进入此圆锥体的光可以以 $n_2 = 1$ 的折射率逸到空气中或折射。以大于 θ_c 的角度入射到边界上的光被完全反射回半导体中，这种现象称为"全内反射"。如图 12.25 所示，球面圆锥的无穷小球面表面积 dA，被角 $d\theta$ 围绕角 θ 所覆盖，即 $dA = 2\pi r \cdot \sin\theta \cdot r d\theta$

逃逸锥的总表面积是通过从 0 到 θ_c 的所有角度积分获得的，如下公式：

$$A = \int dA = \int_0^{\theta_c} 2\pi r \sin\theta r d\theta = 2\pi r^2 (1 - \cos\theta_c) \tag{12.19}$$

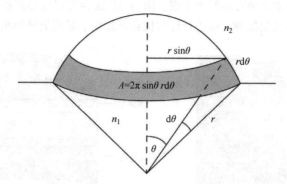

图 12.25 点光源从折射率为 n_1 材料射入折射率为 n_2 介质的逃逸锥的计算

式中，A 是逃逸锥的总球形表面积，光可以在该总表面积上逸出半导体。通过逃逸锥的表面积与相同半径 r 的球体总面积之比，得出将半导体逸出到空气中的光功率（P_{escape}）：

$$\frac{P_{escape}}{P_{source}} = 2\pi r^2 \frac{(1 - \cos\theta_c)}{4\pi r^2} = \frac{1}{2}(1 - \cos\theta_c) \qquad (12.20)$$

对于 GaAs 半导体，θ_c 约为 16°。该角度足够小，余弦项可以用泰勒级数展开来近似得到

$$\eta = \frac{P_{escape}}{P_{source}} = \frac{1}{2}\left[1 - \left(1 - \frac{\theta_c^2}{2}\right)\right] = \frac{1}{4}\theta_c^2 \qquad (12.21)$$

有四种方法可以提高外部量子效率：

1）将 LED 芯片封装成具有折射率 n_3（$n_1 > n_3 > n_2$）中间值的透镜状材料。可以获得更大的有效锥角和更大的外量子效率。封装材料通常选用在工作波长处 $n_3 \approx 1.5$ 的各种成分的环氧树脂或硅酮。

2）在 LED 表面上涂抗反射涂层（ARC）。薄膜抗反射涂层利用半导体的相位变化和反射对折射率的依赖性，大大减少了反射到半导体中的光的数量。

3）切割 LED 芯片为多面体以创建多个光逸出路径。虽然这种方法可看出希望，但它增加了大量的处理成本。

4）使用涂有荧光涂层的反射锥引导高角度光离开 LED 封装。

LED 封装的热管理直接影响 LED 器件的内量子效率和寿命。例如，如果结温从 100℃ 增加到 120℃，LED 的寿命和效率就会降低一半。由于 LED 中的热量不会被辐射，所以必须通过封装传导方式将其除去。一些封装解决方案是：

1）使用高导热率的硅或陶瓷基板来转移热量。通过将 LED 芯片与硅基板进行晶圆级键合，可以进一步降低成本。

2）在低成本的有机基板上使用金属底座，中间有热界面材料。金属底座（或引线框架）提供足够的散热，而有机基板可以降低成本。

图 12.26 展示了两种利用上述一些封装技术的 LED 封装实现。左侧的封装使用有机封装中形成的磷涂层的反射锥。LED 的阳极安装在引线框架上，并通过引线键合到阴极。散热完全由引线框架处理。右侧的封装采用了 LED 晶圆和硅片的晶圆级键合。

整个封装可以在切割之前在晶圆级实现，因为 AR 涂层可以在晶圆级沉积并且可以对烤箱回流透镜进行批量处理。这种设计的优点是提供了紧凑的外形尺寸。

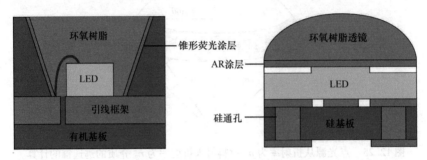

图 12.26　高效低成本 LED 封装的两种实现

发射机和接收机封装

一个简单的光发射机和接收机是利用分立器件在封装级别集成。这些封装遵循能源效率和成本的品质因数（FoM），较少强调密度。

如图 12.27a 所示，与发射机相比，分立式光接收机的封装对光耦合的要求更宽松。在接收机端，光耦合到光电检测器（例如 PIN 光电二极管），然后是前置放大器（通常是跨阻放大器 TIA），以将光信号转换回电域进行数字处理。透镜用来捕捉从光纤中射出的光。这通常是通过使用光纤出口锥角和光纤到透镜的距离来计算光束发散。分立式光接收机的性能受到热噪声以及光电探测器（PD）和放大器之间的电阻电容（RC）寄生效应的限制。分立检测器的最简单实现是装到带尾纤的 TO 型封装。图 12.27b 展示了一个更高级的实现，它使用了几种封装技术来改进品质因数（FoM）。主要特点是：

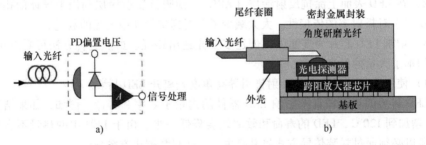

图 12.27　a）一种基本的直接检测接收机示意图；
b）一种使用尾纤封装和角度研磨光纤的实现

1）在角度研磨的光纤端面上通过内全反射进行光转向，无须垂直安装探测器。

2）PD 采用倒装焊直接和前置放大器集成电路键合，能够最小化寄生 RC（电阻电容）常数。此外，集成电路还用作 CTE（热膨胀系数）匹配介质。

3）透镜集成在 PD 上，以确保完全覆盖探测器的有源区域。

4）通过使用套圈和应变消除外壳来完成光纤对准，可以将光纤位置保持在几微米，足以用于接收机端。

5）密封的金属封装能够免受到有机污染物和环境的影响，最大限度地提高长期可靠性。

分立光发射机的封装要更复杂，因为激光耦合入光纤非常具有挑战性。实际上，典型的耦合效率仅约为 10%。因此，需要精确的对准和明智的光束收集。

光纤的位置和角度对准要通过在基板上精密制造的槽结构来保持。最广泛采用的是 V 形槽阵列，它是利用硅的各向异性使用蚀刻剂通过湿法蚀刻而成，所用的蚀刻剂如 NaOH（氢氧化钠）、KOH（氢氧化钾）或 TMAH（四甲基氢氧化铵），在原子密度较低的晶体方向（即沿晶面方向 [011] 或 [001]）刻蚀硅的速度比原子密度较高的方向（即 [111] 方向）刻蚀硅的速度快得多。由于晶体平面彼此以特定的几何图形排列，V 形槽角始终具有 54.7°的无法改变的顶角角度。硅 V 形槽的制造和光纤对准如图 12.28 所示。

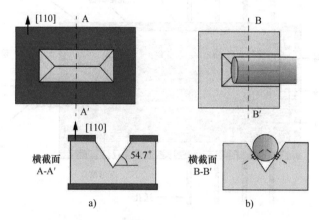

图 12.28　a）通过对硅进行各向异性刻蚀而形成的 V 形槽，其开口由掩模层限定；
b）光纤与经过蚀刻的 V 形槽对齐，并且两点切向接触保持精确的 x 和 y 位置

硅的各向异性刻蚀工艺受许多因素的影响，包括刻蚀剂浓度、刻蚀温度、搅拌条件、掩模类型和厚度以及掩模窗口质量等。另外，由于蚀刻剂的消耗和化学反应是放热的，蚀刻槽的组成和温度随蚀刻时间而变化。此外，反应表面的温度和 pH 值也随时间变化。由于过程控制中存在这些困难，已经开发了其他更灵活、更便宜、同样精确的光学对准基板。其中之一就是玻璃或陶瓷通过研磨机加工，形成 V 形槽阵列。

图 12.29a 给出了典型发射机光学组件（TOSA）的示意图。其中，光源是工作在 1550nm 范围的边沿发射激光器 EEL（通常为 DFB EEL）。由数据接口提供的驱动器 IC 用于驱动边沿发射激光器 EEL。EEL 的背向发射通常由光电探测器监测。然后将输出光耦合到组装在 V 形槽中的光纤中。有了光纤和激光后，光束的收集最好通过自由空间光学元件（如透镜）来实现。通过将透镜放置在与蚀刻 V 形槽相同方向的湿蚀刻凹槽上，可以将透镜精确地对准 V 形槽，例如图 12.29b 所示的球形透镜和折射率渐变（GRIN）透镜。发射机光学组件封装的主要特点是：

1）通过在硅上蚀刻的凹坑和凹槽使光学组件进行自对准。

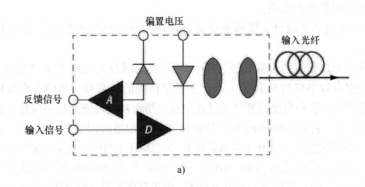

a)

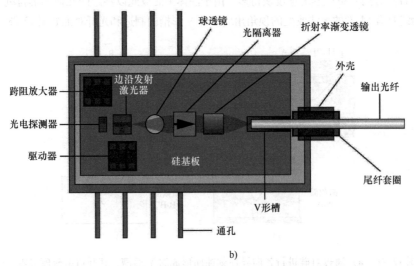

b)

图 12.29　a）光发射机的基本原理图；b）在发射机光学组件封装中实现
一个这样的发射机，其中所有光学元件通过在硅上湿法刻蚀形成的槽或沟进行对准

2）带光学隔离器的双透镜可最大程度地提高能量效率，将光收集到单模光纤中，同时最少化后向反射。

3）背面光电二极管用于监视边沿发射激光器的功率，能够保持长期可靠性。

4）使用带有 V 形槽的应变消除外壳将光纤位置保持在微米范围内，有助于有源区对准。

5）密封的金属封装能够最大限度地提高长期可靠性，避免受有机污染物和环境的影响。

硅光子学

除了激光功能外，硅是一种很适合用于光子学系统的材料。因此，硅光子学是一种新兴的技术，它基于标准硅集成电路制造工艺和绝缘硅片工艺，将无源和有源光学器件集成在硅芯片上。硅基光子学能够通过堆叠或者硅通孔连接的异质芯片，具有将光子学与微电子集成电路芯片集成的前景，因此硅基光子学被广泛应用，如图 12.30

所示。只要能开发出以下四种组件，硅光子学的前景就可以实现：

1）工作波长约为 1550nm 的单片集成激光光源。

2）对相同波长响应的单片集成光电探测器。

3）这些波长的单片集成光放大器。

4）高密度光纤输入输出接口，从每 $4cm^2$ 光子集成电路集成 100 根光纤起步。

这些硅光子学功能块最直接的应用是在数据中心之间提供高容量、高带宽的光通信。由于数据中心在密度、能效和可靠性方面都非常重视，因此硅光子技术有望实现紧凑的外形尺寸、低功耗和比之前所述的基于 VCSEL 系统要快得多的数据速率。

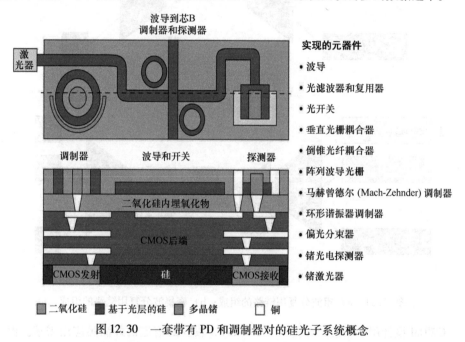

图 12.30　一套带有 PD 和调制器对的硅光子系统概念

12.4.2　光电子学应用

光电子学不是一种有效的计算技术。这是由于作为光电器件的基本元素的光子无法存储或操作。因此，光电子学的应用主要在显示和通信领域。本节主要介绍光电子学在通信行业中的应用。

电信业

单模光收发机系统是当今电信网络的骨干。两种主要的技术是波分复用（WDM）和相干通信。

WDM 是利用光复用器/解复用器将不同波长的光信号组合到一根光纤上，单根光纤能够提供的高信道容量。WDM 技术在电信领域的普及是因其易于实施，可以通过增加更多信道来重复使用和扩展单根光纤。应当指出的是，光的波分复用类似于电子学领域中的频分复用（FDM）。WDM 和 FDM 在概念上是相同的，但是在实现上却有很大的不同。

WDM 系统分为粗波分复用（CWDM）和密集波分复用（DWDM）。图 12.31 显示了 CWDM 和 DWDM 链路之间的并排比较。发射机和接收机封装可以是分立的，也可以与复用器/分解器一起集成到一个光收发机中，下面将对此进行介绍。

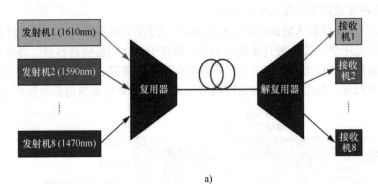

a)

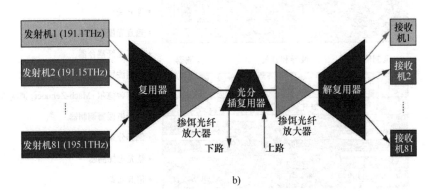

b)

图 12.31　a）粗波分复用链路的组成；b）密集波分复用链路的组成

CWDM 设计用于较短的距离（<100km），较少的信道恰好满足应用需求。由于 CWDM 不使用光放大器，因此系统成本较低。一个典型的 CWDM 系统包含 8 个通道，间隔 20nm，从 1470～1610nm。CWDM 广泛应用于以太网和有线电视等城域网络。

DWDM 是专为可以跨越数千公里的长途传输系统而设计，在该系统中，大量通道紧密封装在一起。由于信道间隔狭窄，用频率表示更方便，如 ITU-T G.692 推荐以 193.1THz（或 1552.5nm）为中心，50GHz（或 0.4nm）间隔的 81 个信道。与 CWDM 不同，DWDM 设计成通过中继器和可重构光分插复用器（ROADM）沿着传输路径分段，从而组成更复杂的网络结构。DWDM 是洲际高带宽链路的最佳选择。

本节中描述的光通信系统遵循强度调制和直接检测（IMDD）方案。在 IMDD 中，激光调制假定为开关键控（OOK）。采用 IMDD 方案不能获得高的信道数据速率，因为直接调制 DFB EEL 会导致频谱展宽即频率啁啾，将 50GHz DWDM 系统的最大信道数据速率限制在 10Gbit/s。另一方面，直接检测接收机也受到热噪声和散粒噪声的限制，约为 25Gbit/s。随着带宽需求的增加，光通信系统运营时每通道的速度必须大于 40Gbit/s。相干通信是解决方案。

在发送侧，高数据速率（HDR）的光信号在外部调制。DFB 激光器可在良好控制的直流偏压和温度下进行偏压偏置，从而产生幅度和波长非常稳定的光输出。激光器输出的光通过光调制器（如 MZM），光调制器会改变光波的相位。这样就能避免直接调制激光器的不必要影响，并且所传输的光信号质量能够实现在光纤上进行长距离传输。此外，良好控制、稳定而且相干的光学相位可以实现更高的光波调制格式，并且可以使用正交相移键控（QPSK）或正交幅度调制（QAM）对更多位进行电编码。另外，利用相干检测技术可以提高接收机的灵敏度。

相干光接收机的工作原理与零差或外差电接收机相同，即接收到的信号与本振激光器混合。入射光信号通常通过 3dB 耦合器与本地振荡器混合。然后，耦合器的每路输出连接到平衡桥中的光电检测器，以恢复 3dB 的分离功率。随着热噪声的降低，光电探测器的灵敏度显著提高。基本相干发射机和接收机框图如图 12.32 所示。

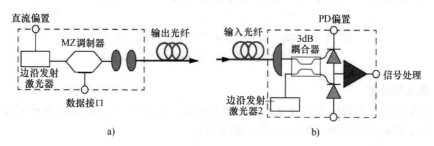

图 12.32　a）一个利用 MZ 调制器进行高级调制的相干光发射机；b）一个带有本地振荡器（EEL2）的相干平衡光接收机，用于滤除热噪声

数据中心

随着光通信持续扩展到机架到机架、板到板的级别的数据中心，封装密度和成本开始赶上能量效率。单个数据中心可能包含 30000 ~ 50000 台服务器，这些服务器支持磁性存储机架和机架顶部的交换机。光连接可能需要超过 100000 个光纤的光学结构。随着芯片制造技术和服务器组件的成熟和价格的降低，光电封装的成本正成为下一个瓶颈。据报道，封装约占数据中心产品成本的 50% ~ 70%。

与长距离通信不同，网络公司可以从最大化地将数据装入长光纤链路技术中受益，而事实证明，数据速率相对较低的大规模并行网络对于距离小于 100m 的数据中心更为经济。基于廉价的二维 VCSEL 和 PIN 光电二极管阵列以及易于对准的多模光纤带，数据中心光学系统的封装成本降低了 1/10。这些平行光学系统，如图 12.33 所示，被称为有源光缆（AOC），它们是基于 20 世纪 90 年代初期 IBM 公司进行的开创性研究。多模式 AOC 的主要功能是：

1）MSA（多源协议）定义了由英特尔、IBM、Facebook 等公司联盟可插拔驱动器形状因子。

2）二维 VCSEL/PIN 光电二极管阵列。

3）二维微透镜/微透镜/波导阵列。

4）标准化光纤连接器。

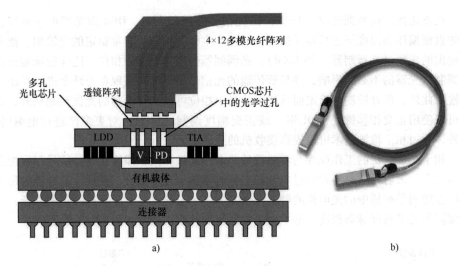

图 12.33　基于 VCSEL 的并行光学系统：a）概念图；
b）一个 MSA 定义外型规范 XFP 作为 AOC 实现

高性能计算

电信系统的集成级别从分立元件到单片硅光子芯片不等。表 12.5 显示了在集成级别上不断提高的四种 100Gbit/s 以太网系统：

表 12.5　电信系统的四种不同集成级别

设　计	优　势	劣　势	概　念　图
TO 型封装	• 组件可用性 • 测试简单	• 最大面积 • 无量产效益 • 分立元件过多 • 成本最高	 基板　驱动器　发射机 跨阻放大器　接收机
TOSA	• 组件可用性 • 低成本 • 测试简单	• 大面积 • 分立元器件多	 基板　驱动器　发射机 跨阻放大器　接收机

（续）

设　计	优　势	劣　势	概　念　图
混合电路	• 面积小 • 成本最低 • 量产收益 • 功耗低	• 集成复杂 • 测试复杂	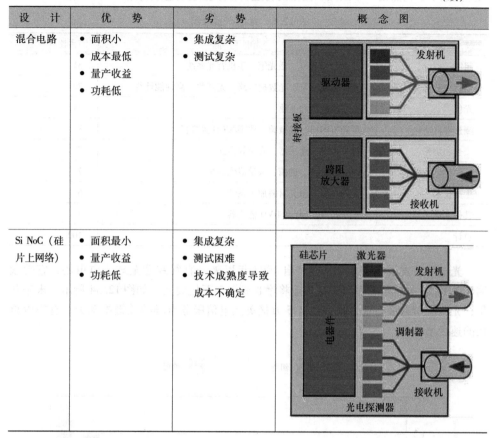
Si NoC（硅片上网络）	• 面积最小 • 量产收益 • 功耗低	• 集成复杂 • 测试困难 • 技术成熟度导致成本不确定	

1）在有机基板上分立 TO 型封装、无源光学器件、分立 AWG 和电子集成电路。

2）在有机基板上集成光学器件、分立 AWG 和电子集成电路的相干 TOSA 和 ROSA（接收机光学组件）封装。

3）将光子集成电路（PIC）的发射机和接收机与电集成电路，混合集成在硅或玻璃的衬底上，组装在低速集成电路所在的有机基板上。

4）除了在硅晶圆上键合的Ⅲ- Ⅴ族激光晶圆级外，几乎所有元器件都在硅片上网络（NoC）进行单片集成。

由于实施相对容易且成本低，目前使用的大多数相干 DWDM 网络都采用设计2）。这是合理的，因为超过 100km 的长距离光纤线路对基础设施的需求超过了对高密度封装的需求。然而，随着带宽需求的持续增加，甚至数据中心内部的通信也开始使用光纤，这将推动混合或硅片上网络（Si NoC）实现的需求。

12. 4. 3　光电子市场

光电子技术支持多种技术：LED 和 LCD 显示器、手机背光系统、光纤网络、高性能服务器站、光伏、CD 和 DVD 播放器、数字/CCD 摄像机、图像传感器等，见表 12. 6。

虽然光电子学仍然是一个以照明为主的行业，但数据通信已成为第二大子行业。

表 12.6　光电产品示例

产 品 行 业	光电子产品	占比（％）
照明	显示、LED 灯、激光笔、手机背光系统	31
信息和通信	光纤通信网络、光数据链路、光开关、高性能计算	22
光伏	太阳能组件和电池	14
测量和自动化	激光打印机、显微镜、数字/CCD 摄像机	8
安全和防务	红外系统、传感器、光引导雷达	7
医学和生命科学	内窥镜系统、透镜、医学成像系统	7
生产技术	光刻系统、激光材料加工系统	6
其他光学元器件	汽车行业、CD 和 DVD 播放器	5
总计		100

　　光电工业发展协会（OIDA），自 1997 年以来一直跟踪着全球光电市场，它曾预测到 2017 年光电元器件和支持产业将增长到 1.2 万亿美元，如图 12.34 所示。未来几年，光电子学封装行业，代表着 3.5 万亿美元电信服务市场的关键推动力，有望以更快的速度增长。

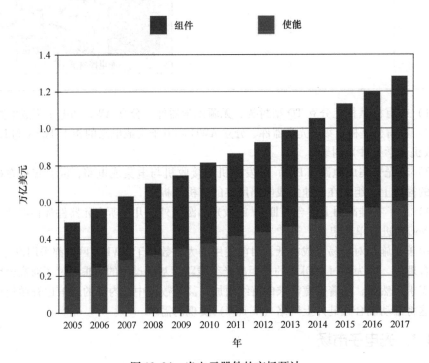

图 12.34　光电元器件的市场预计

12.5 总结和未来发展趋势

本章简要概述了光电子器件和封装技术的基本原理。定义并描述了组成光通信链路的主要元器件。介绍了光纤数据传输的基本原理。随着通信带宽需求的不断增加，光电子系统继续从远程洲际链路转移到数据中心的机架间链路，再转移到机架内的板间链路，并最终转移到芯片内的数据传输。

光电封装范围从简单的 TO 型金属封装，到用于远程通信的复杂 DWDM 光收发机和数据中心通信的 AOC。光收发机是当今陆地网络系统的骨干，而苹果、谷歌、Facebook、亚马逊、百度等公司在全球日益庞大的网络数据中心对 AOC 的需求也越来越高。这些公司的核心业务都是信息服务，每家公司已经并将继续建立许多数据中心。

其他未来趋势包括分立光学器件的持续小型化及集成到 CMOS 电路中。这将使数字系统与光通信能力充分集成，进而推动便携式超级计算应用的发展。硅光子电路可以堆叠在 CMOS 处理电路和存储器电路之上，这些将是构成片上网络（NoC）架构的主要部分。由数以百计的并行光纤阵列连接的许多 NOC 芯片构成了 TB 级的处理器，它可以安装在小盒中，也可以安装在标准 19 英寸机架中的 Peta 字节机器中。

12.6 作业题

1. 以下哪一项不被视为光电技术的一部分？

a. LED 显示屏

b. 太阳能电池

c. 光纤网络

d. 数码相机

e. 以上都不是

2. 简单的光纤系统包括：

a. 光源、光纤和光电电池

b. VCSEL、光纤阵列和 p-i-n 光电二极管

c. 半导体激光器、集成波导和硅光电二极管

d. 一个 LED、一系列透镜和一个光电探测器

e. 以上全部

3. 如果在 1550nm 处发射光波，该波的频率是多少？

a. 193THz

b. 1.93THz

c. 193GHz

d. 1.93GHz

4. 光纤通常由以下哪种材料制成？

 a. 相干玻璃和氙

 b. 铜

 c. 水

 d. 硅玻璃或塑料

5. 以下哪一个是造成光纤在 1300nm 固有损耗的主要因素？

 a. 紫外线吸收

 b. 红外线吸收

 c. 瑞利散射

 d. 拉曼散射

6. 透明材料中的光速：

 a. 无论选择哪种材料，始终相同

 b. 永远不会超过自由空间中的光速

 c. 如果光线进入折射率较高的材料，则增加

 d. 在前 60m 内减速 100 万倍

7. 如果光线接近折射率较大的材料：

 a. 入射角将大于折射角

 b. TIR 总是会发生

 c. 当光越过边界时，光速会立即增加

 d. 折射角将大于入射角

8. 如果光线穿过折射率不同的两种材料之间的边界：

 a. 入射角为 0° 时不会发生折射

 b. 折射总是会发生的

 c. 如果入射光线沿正常方向传播，光速不会改变

 d. 光速永不改变

9. 光纤通信中常用的窗口集中在以下哪种波长？

 a. 1300nm、1550nm 和 850nm

 b. 850nm、1500nm 和 1300nm

 c. 1350nm、1500nm 和 850nm

 d. 800nm、1300nm 和 1550nm

10. 下列哪种波导的数值孔径最大？还有，哪一个不起作用？

 a. $n_1 = 1.65$，$n_2 = 1$，$n_0 = 1.4$

 b. $n_1 = 1.5$，$n_2 = 1.4$，$n_0 = 1$

 c. $n_1 = 1.5$，$n_2 = 1.65$，$n_0 = 1$

 d. $n_1 = 1.65$，$n_2 = 1.4$，$n_0 = 1$

11. 折射率为 n_1 的透明材料中的光线照射另一种材料，如图 12.35 所示。第一种材料的折射率为 1.51，入射角为 38°，第二种材料的折射率为 1.46。

 a. 计算折射角 θ_2。

 b. 计算临界角 θ_c，以达到 TIR 条件。

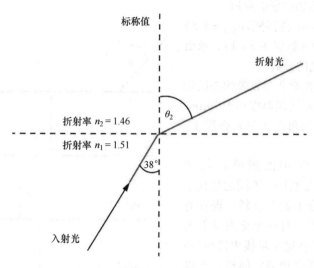

图 12.35　斯涅尔定律和临界角计算

12. 光纤及其包层的折射率分别为 1.535 和 1.490，计算数值孔径和最大接收角。

13. 给定一个对称的平板波导，$n_1 = 1.51$ 和 $n_2 = 1.46$，厚度 $b = 10\,\mu m$。计算：

a. $m = 1$ 模式传播的最大自由空间波长。

b. 当 $\lambda = 1.55\,\mu m$ 时传播的模式数。

c. b 必须确保多小，才能保证在 $\lambda = 1.55\,\mu m$ 时的单模工作？

14. 给定阶跃折射率光纤，$n_1 = 1.46$，$n_2 = 1.44$，$a = 4\,\mu m$：

a. 当在 $\lambda = 1.55\,\mu m$ 下工作时，该光纤是否为单模？

b. 评估该光纤的截止波长 λ_c。（$V_c = 2.405$）

15. 发光二极管（LED）、激光二极管（LD）和垂直腔面发射激光器（VCSELs）具有截然不同的光电转换效率（Wall Plug Efficiencies）。利用表 12.5 中的数据，分别计算这三种光源的电-光转换效率的典型值。

16. 一个半导体激光器发射 5mW 激光，输入损耗为 2dB 的光纤中。光纤的长度为 10km，损耗为 0.1dB/km。然后，光从光纤耦合出到具有另一个 2dB 损耗的 p-i-n 光电探测器。p-i-n 光电探测器接收光功率的响应度为 1A/W。计算此系统光电探测器中的光电流。

17. 如果半导体的折射率为 3.5，忽略吸收，则从半导体空气界面的透射系数公式导出半导体空气界面的反射系数公式，并计算半导体空气界面的反射系数。如果使用折射率 $n_{cap} = 1.5$ 的封装，反射系数是多少？

18. 氮化镓发光二极管上的环氧树脂透镜的折射率为 $n_{epx} = 1.5$。如果氮化镓的折射率为 $n_{GN} = 2.5$：

a. 氮化镓-环氧树脂界面的逃逸锥的顶角是多少？

b. 如果氮化镓空气界面没有环氧树脂透镜，逃逸锥的顶角是多少？

c. 环氧树脂如何影响顶角？

19. 将 AlGaAs（折射率 $n_{AGA} = 3.5$）LED 置于空气中（折射率 $n = 1$），求出透过率（透射光的分数）。

20. 半无限光学非吸收膜的叠层如图 12.36 所示。每层膜厚度小于 $10\mu m$。光线以 $\theta_1 = 35°$ 的角度入射到叠层上。计算出射角 θ_5。

21. 图 12.37 中的膜叠层与图 12.36 中的膜叠层相同，不同之处在于折射率的顺序自上而下反转。现在有可能在某个边界上有一个全内反射的条件，这个条件在这个堆栈中发生吗？如果发生，在哪个边界？同样，光以 $\theta_1 = 35°$ 的角度入射到堆栈上。

22. 假设地球没有大气层，而我们正在从地球表面观察太阳，白天会更长或更短吗？

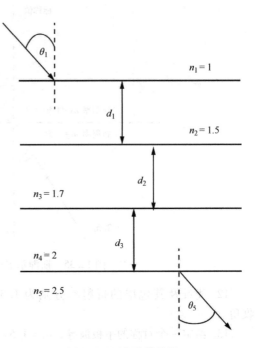

图 12.36 介质膜叠层

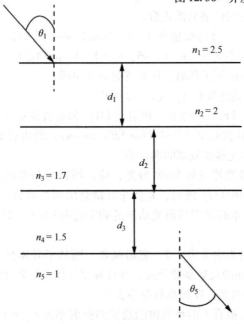

图 12.37 反向折射率顺序

23. 图 12.38 显示了从空气（折射率 n_1）以相对法线的角度 θ 入射到折射率为 n

的玻璃平板上的光。光线在进入玻璃时折射，在离开玻璃时折射回到初始角度。折射使光束垂直于运动方向移动距离 d，并以没有平板时的与出射点的距离 x 离开平板。玻璃厚度为 t。求出折射光线离开玻璃点和入射光线离开玻璃点之间沿玻璃表面的距离 x 的表达式，如果玻璃折射率与空气折射率指数相同，求出垂直光束位移 d 的表达式。

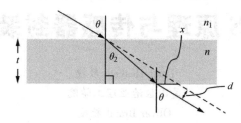

图 12.38　光束位移

12.7　推荐阅读文献

Mickelson, A. et al., eds. *Optoelectronic Packaging*. New York: Wiley, 1997.

Miller, D. A. B. "Device Requirements for Optical Interconnects to Silicon Chips." *Proceedings of the IEEE*, vol. 97, no. 7, pp. 1166–1185, July 2009.

Taubenblatt, M. A. "Optical Interconnects for High-Performance Computing." *Journal of Lightwave Technology*, vol. 30, no. 4, pp. 448–457, Feb. 2012.

"Three Trends Driving Optoelectronics Market Growth Through 2019." *IC Insights*, 2015.

"OIDA Photonics Market Report." *OSA/OIDA*, 2014.

Young, I. a., et al. "Optical I/O Technology for Tera-Scale Computing." *IEEE Journal of Solid-State Circuits*, vol. 45, no. 1, pp. 235–248, Jan. 2010.

Fuchs, E., et al. "The Future of Silicon Photonics: Not So Fast? Insights From 100G Ethernet LAN Transceivers." *IEEE Journal of Lightwave Technology*, vol. 239, no. 15, pp. 2319–2326, August 2011.

Buck, J. *Fundamentals of Optical Fibers*. New York: Wiley, 2004

Kogelnik, H. Theory of dielectric waveguides. In *Integrated Optics*, T. Tamir (ed.), 2nd ed., Topics in Applied Physics, Vol. 7, Chapter 2. Berlin: Springer, 1979.

Landany, I. "Laser to Single-Mode Fiber Coupling in the Laboratory." *Appl Opt* 32:18, pp. 3233–3236, 20 June 1993.

Sze, S. M. *Physics of Semiconductor Devices*. New York: Wiley, 2007.

Reed, G. T. and Knights, A. P. *Silicon Photonics—An Introduction*. Hoboken, NJ: Wiley, 2004.

Keiser, G. *Optical Communications Essentials*. New York: McGraw-Hill, 2003.

ITU-T Recommendation G.694.2, "Spectral grids for WDM applications: CDWM wavelength grid," December 2003.

ITU-T Recommendation G.694.1, "Spectral grids for WDM applications: CDWM frequency grid," February 2012.

Ramaswami, R., Sivarajan, K., and Sasaki, G. *Optical Networks*. Burlington, MA: Morgan Kaufmann, 2010.

Barry, J., Lee, E., and Messerschmitt, D. *Digital Communication*. 3rd ed. Springer US, 2004.

CTR III TWG Report #3, "On-Board Optical Interconnection," April 2013.

第 13 章

MEMS 原理与传感器封装基础

Peter Hesketh 教授

美国佐治亚理工学院

Oliver Brand 教授

美国佐治亚理工学院

Klaus-Juergen Wolter 教授

德国德累斯顿工业大学

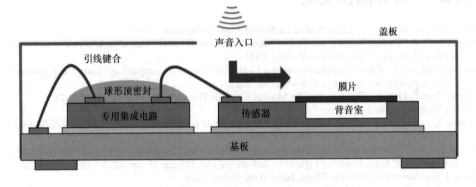

本章主题

- 学习作为器件的 MEMS 和传感器及它们独特的封装需求
- 了解半导体器件封装与 MEMS 和传感器封装之间的区别
- 了解不同类型的 MEMS 和传感器封装的基本制造和组装方法

13.1　什么是 MEMS

MEMS 是微电子机械系统的简称。这些系统是一类采用集成电路制造工艺的微尺度的器件，但不局限于电气功能，诸如传统的晶体管或集成电路。MEMS 是可以将机械能量与模拟电信号或数字电信号相互转换的机电器件。现今大多数智能手机使用的 MEMS 麦克风就是一个很好的例子，它将声压转换成电信号，本章稍后将对此进行详细的讨论。从更广泛的角度来看，MEMS 是集成的微型器件，集合了不同物理领域的元件与功能，如电气、机械、热力、流体、光学等。通常，基于 MEMS 的系统将感知与执行的计算相融合，以连接数字世界和我们的物理世界。传感器和执行器是两种主要的 MEMS 类别。传感系统用于过程控制和测量。换能器是传感系统的输入端。换能器的作用是获取信息或感知真实的物理或化学特性，如压力、振动或气体浓度。因此通常将输入端换能器称为传感器。传感器产生的电信号是微弱的，必须经过某种方式放大或处理，这是由电路和数字信号处理组成的电子器件实现的。微型或微型化传感器一般都是基于 MEMS 技术形成的。每一部智能手机内都有许多 MEMS 传感器用来测量声压、环境压力、磁场、线性加速度和角加速度。MEMS 传感器是使用微制造工艺加工的，本章将对此进行讨论。

执行器是输出转换器，它将电信号转换为动作，产生机械输出，驱动微泵和阀门进行微观分析，引导光束扫描激光或驱动刀具进行微显外科手术等所必需的。微执行器是采用 MEMS 技术制造的可移动机械装置。包括微开关、微泵、微阀、微镜阵列。其中最成功的例子是由德州仪器公司开发用于商业电影放映的微型化镜面阵列，即所谓的数字微镜器件（DMD）显示器。

13.1.1　历史演变

采用批量加工和光刻技术能够实现许多具有复杂几何形状器件的平行加工，实现类似于集成电路的有效量产。因此，MEMS 技术很快便影响到消费者和工业市场，相继开始研究新的器件和应用。MEMS 的发展历程表明了 MEMS 器件的多样性和广泛应用性。主要的发展历史如下：

20 世纪 50 年代硅的应变计开始商业化。

1959 年，Richard Feynman 在加州理工学院做主题演讲——"底部有足够的空间"。他发起了一个公众挑战，向第一个制造出小于 1/64 英寸电动机的人提供 1000 美元。

20 世纪 60 年代发明第一个硅应变计。

20 世纪 70 年代发明第一个硅加速度传感器。

20 世纪 80 年代发明第一个硅表面微加工器件。

1982 年发明 LIGA（光刻-电镀-喷注造型）工艺。

20 世纪 90 年代出现改进传感器新型微加工技术。

1992 年第一台微机械设备和 Bosch DRIE 工艺的引入。

1995 年生物 MEMS 迅速发展。

21 世纪传感器大规模工业化和商业化。

2001 年三轴加速度计问世。

2003 年 MEMS 麦克风的大量应用。

压力传感器是 20 世纪 60 年代首次使用微机械工艺开发的传感器。其选择硅作为压力传感器的机械材料。Peterson 博士的一篇具有里程碑意义的文章中讨论了采用硅作为机械材料，并介绍了其他 MEMS 器件，如微开关（微继电器）和谐振器。硅具有优异的机械性能，这意味着它很坚硬，具有理想的机械性能。表现出的行为例如，具有很小的迟滞，这意味着当样品受到应力和去除应力恢复到原来的形状时，挠曲遵循线性关系。它还具有良好的热性能，例如，它的热导率大约是铜的 1/4。硅是半导体，可以通过调整掺杂浓度来调整从导体到半绝缘性能之间的电导率。对硅传感器的应用重要的是具有压阻性，这意味着施加的机械应力会影响其电阻率。与 20 世纪 60 年代成熟的传感器相比，由此产生的压阻传感器（例如，在压力传感器中使用）提供了更紧凑和灵敏的传感器元件，前者传感器体积庞大且制造昂贵。总体而言，与以往的传感器技术相比，MEMS 传感器在成本、尺寸、重量、稳定性、线性和信噪比方面都有了改进，从而为市场提供了更好的传感器产品。

MEMS 技术的第二个关键点是利用 MEMS 制造技术开发微型静电发动机。与基于磁场的电动机不同，静电电动机利用的是相反的带电电极之间的吸引力。当缩到更小的尺寸时，性能更高。这是由于发热限制了传统电动机中直径较小的电线的载流能力，而静电电动机的极限取决于间隙中空气的最大击穿电场，实际上间隙越小越受限。Fan、Tai 和 Muller 发明了第一台静电微电动机。这个器件通过表面微加工工艺在电极、静止的定子和转子之间制造微小间隙（在第 13.3 节中讨论）。随后，White 和 Guckel 将新的材料和工艺引入 MEMS，包括镍和 LIGA 工艺，从而扩展了 MEMS 相对于集成电路制造的工艺条件。LIGA 工艺是一种基于 X 射线光刻的制造技术，能够生产高深宽比结构。LIGA 是德语 Lithography- Galvanoformung- Abformung 首字母的缩写，译为：光刻、电镀、喷注造型。

Wise 在物理传感器的研发上开展了早期的工作。Wen 和 Zenel 研发了基于离子选择二极管和悬浮栅场效应管的化学传感器。Pisano 将机械装置与光学器件相结合（像 1992 年 Solgaard 设计的光栅调制器）进行集成的工作，使光通信系统 MEMS 技术以及该领域的一些初创公司得到发展。

将磁性材料与 MEMS 器件结合起来，并将碳化硅和类金刚石材料用于 MEMS，进一步开发能够在极端环境下工作的新型器件。Bergveld 的离子选择性 FET 器件显示了在液体化学传感方面的早期努力，Lundstrom 的气敏 FET 传感器表明了在气体环境中的努力。与许多已商业化的基于 MEMS 物理传感器相比，成功的 MEMS 化学传感器的例子较少，这是由于化学传感器接触面所需特殊材料的挑战性，以及包封电子元件时传感器暴露在所处环境的要求。MEMS 的可靠性是改善性能和提高寿命的关键研究问题，通过减少传感器频繁的重新校准来降低成本。

13.2 MEMS 封装的分析

MEMS 封装示例，MEMS 麦克风的剖面结构如图 13.1 所示。该系统结合了多种器件和组件，包括：

1）一种基于 MEMS 的硅基传感器芯片。

2）一种与 MEMS 传感器电连接的专用集成电路（ASIC）芯片。

3）一种由陶瓷、硅或者有机物质制成器件相互连接的基板。

4）一个用于输入声音信号和平衡静压变化的端口。

5）一个密封所有这些部件的盖板。

6）为已封装的器件电路安装到基板表面上所制备的金属触点。

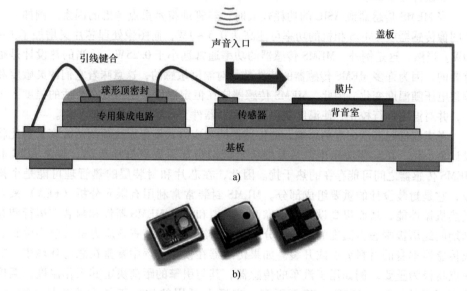

图 13.1 MEMS 麦克风的结构图：a）MEMS 麦克风的剖面示意图；
b）电子元件和麦克风传感器的封装示例

图 13.1 中的麦克风将声音转换成电信号。麦克风传感器是在硅衬底上刻蚀背音室，将压敏薄膜片作为输入转换器。MEMS 传感器将声压转换为膜的机械变形，从而导致测量的电容变化。安装在同一衬底上的 ASIC 芯片将这种电容变化量转换成模拟或数字信号。用盖板保护传感器和 ASIC 芯片，并有一个开口作为声音入口。引线键合连接传感器芯片与 ASIC 和 ASIC 芯片的基板。

13.2.1 MEMS 封装原理

与集成电路的封装类似，MEMS 和传感器的封装设计必须实现以下要求：

1）保护元器件免受恶劣环境的影响。

2）电气互连。

3）热管理。

4）作用在电路和传感器元器件上机械应力的最小化。

5）保证系统的可靠性。

另外，除了这些基本要求之外，MEMS 与传感器的封装还必须保证：

1）集电气、机械、磁、光学、化学、生物或其他功能于一体。

2）传感器和执行机构与环境的相互作用。

用于 MEMS 和传感器器件的封装设计集成特定系统应用所需的所有元器件，同时保证最小化成本、尺寸、重量和复杂性，并确保可制造性。虽然在前面的章节中已经讨论了电气、热力和机械封装要求，但我们在这里将重点讨论 MEMS 和传感器封装的较独特的封装特性。

热设计注意事项

当 MEMS 传感器或 ASIC 的功耗较大时，热管理将是重点考虑的因素。例如，一个图像传感器或 CMOS 相机的功率可能高达 0.5~1W，而图像处理芯片又增加了 1~10W。当然，这是例外，MEMS 传感器的功率通常远小于 0.25W。适当的热设计是很重要的，因为许多 MEMS 传感器的特性都是对温度敏感的，这意味着它们的灵敏度和偏移电压随温度变化。因此，MEMS 传感器应在恒定温度下工作或在合适的温度下工作，并对温度进行校正，使温度变化对传感器器件工作状态的影响最小化。

考虑器件间温度梯度的影响，使传感器的响应方式发生无法预测的改变，因此将设计最小化。在某些应用中，封装的特定区域可能需要更好地散热，避免 ASIC 和 MEMS 传感器之间可能存在的热干扰。因此，在芯片和封装层的热管理可能是个挑战，它是封装设计的重要组成部分。MEMS 封装常常利用有限元分析（FEA）来发现热机械性能，从而提高设计的可靠性。模拟和评估 MEMS 器件和封装在运行和存储期间经历极端恶劣温度的影响，分析热残余应力，并核查该应力是否会导致封装或传感器本身的材料分层或开裂。如果传感器在使用过程中暴露在恶劣环境中，这一点将极为重要。例如用于汽车的传感器，其与引擎的距离决定其工作温度，温度范围可以从 −20~120℃，甚至更高。市场上可用的软件工具主要包括 ANSYS、COMSOL 和 COVENTOR。

结合可移动部件和精密封装的 MEMS 元器件

麦克风、加速度计和陀螺仪都有能对外界声音信号或运动变量做出反应的可移动部件。这些可移动部件非常脆弱，在制造、装配和封装过程中都需要保护。例如，晶圆或堆叠晶圆划片：MEMS 是在晶圆上批量制作的。晶圆上 MEMS 器件的分离通常通过金刚石划片刀（宽为 40~200μm）切割或激光切割来完成。由于切割环境不洁净，精密的 MEMS 微结构必须保护，防止切割过程中的微颗粒和润滑剂的干扰。例如，经常采用晶圆的部分切割，然后通过研磨或蚀刻牺牲层来完全分离。对于 MEMS 芯片来说，晶圆或堆叠晶圆厚度通常不是标准的。硅晶圆的标准厚度与其直径有关：

1）6 英寸直径的晶圆厚度为 675μm。

2）8 英寸直径的晶圆厚度为 725μm。

3）12 英寸直径的晶圆厚度为 $775\mu m$。

IC 封装设备要求 MEMS 器件的总厚度小于 1mm。如果 MEMS 器件是键合在硅或玻璃晶圆上的，其堆叠厚度超过了封装设备允许的厚度，则使用抛光工艺将晶圆片减薄到所需的厚度，以满足所需的封装形式。

振动和冲击也是 MEMS 器件所关心的问题，因为其所处的环境都具有高加速度。特别是当悬浮膜或悬臂梁是 MEMS 器件的组成部分的时候。结构的谐振频率将作为外部振动被评估，当接近谐振频率时，可能导致过度位移，使 MEMS 器件的悬浮部分与封装的基板或盖板之间发生接触，从而造成损坏。MEMS 器件在冲击和振动下的失效主要有以下几种：1）零件接触时黏滞；2）当不同电势的部件接触时发生短路或微型焊接；3）当零件变形超过极限强度时发生断裂；4）尘埃粒子移动造成短路或机械阻塞；5）金属 MEMS 的疲劳；6）芯片粘接或封装失效。当使用谐振器时，它们有一个特定的响应，其中包括在其谐振频率上的位移，因此，当使用自动化机器人芯片处理时，应对外力响应的振动进行评估。

真空气密性封装保护 MEMS 器件免受外界破坏的因素，如大气压力和湿度。通常情况下，谐振器被设计成在较低的真空压力下工作，或者需要在惰性气体中密封通过减少阻尼效应来提高响应质量。封装内的压力必须是稳定的，以保证动态性能，例如，移动部件/部件的共振频率。又如，数字镜像器件装置（DMD）是需要真空封装的微光机电系统（MOEMS）。

机械引起的应力是由上的外力产生的，这些外力可以传递给 MEMS 器件，并在传感器信号中产生误差。例如，在图像芯片的情况下，曲率半径的变形将导致传感器的图像平面发生变化，因此需要在图像处理软件中进行最小化或补偿。在这些例子中，FEA 可以用来评估 MEMS 器件产生的应力和机械变形作为外部载荷的函数。

最小化热机械应力

机械应力有三种来源：温度变化、振动和冲击，以及器件的物理负荷。对于一维情况，引起的应变的计算公式如下：

$$\Delta L = L(\alpha_1 - \alpha_2) \cdot (T_{\max} - T_{\min}) \tag{13.1}$$

式中，$(\alpha_1 - \alpha_2)$ 为热膨胀系数失配；$(T_{\max} - T_{\min})$ 为温差；L 为中性点距离；ΔL 为热形变。

为了确保 MEMS 器件在长时间内可靠运行，需要将热机械应力降至最低。为了避免高机械应力开裂和分层，封装材料和 MEMS 器件的热膨胀系数的差异应尽可能得低。热应力的产生是由于封装部件热膨胀的不同，这也会产生变形，从而产生误差信号，应尽量减少这些影响。精心选择材料和几何形状是成功设计的关键。为了最小化热应力，可以使用一种专门设计的几何形状和低杨氏模量的界面材料来减少封装和传感器芯片之间的变形。某些电互连如引线键合，需要模塑料进行机械支撑，向外的导体也可能需要使用塑料、玻璃或陶瓷材料进行绝缘馈电。在某些情况下，MEMS 器件可能更容易受到热冲击，因此应该仔细检查回流焊组件中显示的升温速率。

介质隔离和恶劣环境下的操作

环境保护是 MEMS 封装设计的一个重要方面。虽然传感器是通过一个端口连接到外部，但环境中可能存在的化学物质会对 MEMS 传感器的功能稳定性造成危害。虽然惯性传感器可以密封，但许多其他 MEMS 传感器需要与它们所感知的环境/介质直接接触。这通常需要保护涂层或介质隔离来保护 MEMS 不受其环境的影响，但在某些情况下也需要环境保护，例如：人体需要对 MEMS 传感器进行保护。为此，MEMS 的压力传感器通常覆盖着一层保护硅胶薄膜，或被封装在一个充满液体的密封金属包中，该气密性金属封装含有一个金属膜片，将压力传递到封装的内部。

图 13.2 中的例子表明，MEMS 麦克风需要测量声音并将声压变化转化为电信号，但也需要保护。通常，信号处理单元必须与环境和湿气隔离，因为人体汗液中的钠等任何导电离子都有可能干扰 O_2 器件的运行。无机（即 SiO_2）或有机材料（即硅胶）可用于保护 MEMS 器件和传感器。

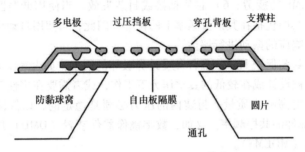

图 13.2　MEMS 麦克风芯片横截面

涂层的厚度必须足以保护 MEMS 器件免受有害介质的扩散和腐蚀，使其不会接触到器件的带电部分。为了简单起见，我们考虑通过涂层材料产生浓度梯度的有害介质的一维扩散通量。利用菲克第一定律可以计算出扩散通量：

$$J = -D \cdot \frac{\delta C}{\delta X} \tag{13.2}$$

式中，J 为扩散通量（单位时间内流经单位面积的物质量）；D 为扩散系数（cm^2/s）；$\frac{\delta C}{\delta X}$ 为一维浓度梯度；C 为浓度（原子/cm^3）。

扩散系数低的材料具有更有效的保护。

恶劣的环境包括传感器的高温操作或暴露在腐蚀性化学品中，这些特别与航空航天、汽车或海洋应用相关。暴露在盐水或化学溶剂中的传感器应该有减少腐蚀的封装材料，同时保持传感器电子元件干燥并与环境隔离。生物医学传感器是另一个传感器暴露在恶劣环境中的例子，由于体液的盐浓度高，其中含有可以和传感器封装材料相互作用的蛋白质、酶和细胞。可穿戴传感器应用中，传感器的预期寿命短，可以利用一次性器件。例如，一个创可贴离子选择性传感器。

在其他应用程序中，如气体传感器，需要允许气体或化学气体种类扩散到传感器接口，并产生一个信号，同时保持电隔离。又如，空气质量和环境传感器在改善城市生活质量方面变得越来越重要，因为在城市中燃烧产物会对人类和动物的健康产生重大的影响。用于工人和急救人员的化学蒸汽传感器需要是低功耗、便携式，且最好是可穿戴装置。

13. 2. 2　术语

AlN：氮化铝

APCVD：常压化学气相沉积

APSM：高级多孔硅膜

ASIC：专用集成电路

AuGe：金锗

AuSi：金硅

CAD：计算机辅助设计

CCD：电荷耦合器件

COB：板上芯片封装

CMOS：互补金属氧化物半导体

CMUT：电容式微机械超声换能器

CTE：热膨胀系数

CVD：化学气相沉积

DLP：数字光处理

DMD：数字微镜装置

DRIE：深硅反应离子蚀刻

FC：倒装芯片

FEA：有限元分析

GC：气相色谱

GLAD：斜入射淀积

HDP-CVD：高密度等离子体化学气相沉积

IMU：惯性测量装置

IoT：物联网

LASER：激光

LCP：液晶聚合物

LGA：焊盘阵列

LIGA：光刻电镀注模

LPCVD：低压化学气相沉积

MAP：映射歧管空气压力

MEMS：微机电系统

MOEMS：微光机电系统

Ni/Au：镍/金

PCB：印制电路板

PDMS：聚二甲基硅氧烷

PECVD：等离子体增强化学气相沉积

PMMA：聚甲基丙烯酸甲酯

PVD：物理气相沉积

PWB：印制线路板

RF：射频

RIE：反应离子刻蚀

SEM：扫描电镜

Si：硅

SiC：碳化硅

Sn Ag Cu：锡银铜

SUMITT：Sandia 国家实验室五级表面微加工技术

TPMS：轮胎压力监测系统

TC：热压

TS：热超声

UBM：焊点下金属化

US：超声波

UV：紫外线

μHRG：微半球谐振陀螺仪

13.3 MEMS 与传感器器件制造技术

制造 MEMS 器件在很大程度上依赖于为制造集成电路而开发的批量制造技术。与集成电路制造类似，MEMS 器件的制造工艺涉及薄膜沉积，并采用光刻技术对薄膜进行图形化，然后进行刻蚀。重复进行这些工艺将创建所需的图形层，最终形成器件。此外，还开发出了特定的 MEMS 制造工艺并根据需要添加了这些工艺：表面和体微加工技术用于释放微机械结构；晶圆键合技术被应用于制造复杂的 3D 结构或封装在晶圆级的精细 MEMS 结构；电镀工艺用于沉积较厚的金属或磁性结构；或使用喷墨打印技术将化学敏感膜沉积到传感器结构上。

例如，前面所示的图 13.2 显示了 MEMS 麦克风芯片的剖面结构。传感器芯片包括一个膜隔片，将声压转换为薄膜振动，以及一个穿孔背板，它作为电容传感的对电极，穿孔可以最大限度地降低薄膜振动的阻尼。隔膜和多个穿孔背板都需要进行沉积和图案化，为了使隔膜片振动，利用表面微机械加工技术进行机械释放。最后，使用体微机械加工技术将声端口刻蚀到硅基板上，使声压能够到达隔膜片。

本节以硅麦克风传感器为例，介绍了硅 MEMS 器件制造工艺的基本原理。在本章最后推荐阅读的三本书中，Madou、Campbell 和 Liu 详细介绍了传感器的制造工艺。在集成电路制造中，电子材料的性能通常是最重要的，而在 MEMS 器件中，力学性能如杨氏模量、疲劳寿命、屈服强度、残余应力以及薄膜中的应力分布也要考虑在内。

对于 MEMS 硅麦克风，薄隔膜的机械性能和应力会影响麦克风的谐振频率和灵敏度。与通常用于制造集成电路的技术相比，MEMS 技术涵盖的制造工艺范围更广。已对这些工艺进行改进，以处理范围广的厚度，同时保持对应力和薄膜成份的控制。薄膜沉积和图形化工艺，如光刻和刻蚀决定了薄膜的特性；薄膜的加工包括外延、化学气相沉积、原子层沉积、溅射和蒸发，这些工艺将在下面的章节中讨论。

13.3.1   光刻图形转移

光刻是用来加工薄膜的基本工艺（见图 13.3）。通常旋涂 UV 光敏的光刻胶层，在薄膜沉积后，通过掩模版使用 UV 光曝光，然后在化学液中显影。掩模版通常是采用硼硅酸盐玻璃或石英制成的，表面镀铬，并有图形，使光线穿过掩模版的透明区域。这种掩模版通常采用更先进的光刻工艺，如电子束光刻。其形状是在二维 CAD（计算机辅助设计）为特定薄膜图形而设计布局器件，如果使用正性的光刻胶，在显影过程中，曝光的光刻胶区域将被去除，而未曝光的区域将被保留。如果使用负性的光刻胶，在显影过程中，曝光的区域将会被保留，而未曝光的区域则会被去除。由于掩模版中小特征图形的衍射，用于光刻胶曝光的紫外光波长的选择对图形的分辨率有很大影响。最后，利用刻蚀工艺将光刻胶层中的图形转移到底层薄膜中。

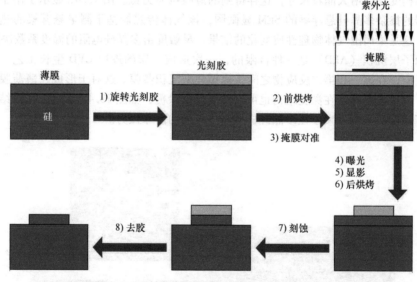

图 13.3   正性光刻工艺流程图（未按比例绘制）

13.3.2   薄膜沉积

导体、半导体和绝缘体材料的薄膜可以通过化学气相沉积（CVD）或物理气相沉积（PVD）工艺来制作。

CVD 是将气相前体输送到被加热的衬底，通常在热壁反应室中进行，例如在层流条件下的管式炉。气相前体被吸附到衬底上，表面发生化学反应，副产品被处理吸收。薄膜的成核是在具有较好的热力学条件的反应位点，如衬底上的台阶和边缘调节反应物的温度、腔室压力和气体比例能够促进表面反应，同时尽量减少任何气相反应。

由于 CVD 是在高温环境下通过表面扩散进行的，因此可以生长出均匀性好、化学剂量控制良好和台阶覆盖率良好的薄膜。用这种方法生长的 MEMS 薄膜包括多晶硅、氮化硅、二氧化硅、钨、碳化硅。此外，气体成分可以控制薄膜的成分，从而改变薄膜的性能：在使用二氯硅烷进行氮化硅沉积的情况下，通过调节二氯硅烷与氨的比例能够沉积比 Si_3N_4 薄膜应力更低的富硅薄膜，沉积无应力的薄膜，气体比例通常约为 6:1。CVD 生长可以在常压（APCVD）、低压（LPCVD）、等离子体增强（PECVD）或高密度等离子体（HDP-CVD）的情况下进行。

如图 13.4 所示，多晶硅的 CVD 通常是在 550 ~ 650℃ 的温度范围内，用氢气稀释的硅烷热分解进行沉积。气体浓度和温度的改变会影响薄膜应力、晶粒尺寸和厚度均匀性。薄膜通常以反应速率-受限的生长方式沉积，因为当有限扩散生长发生时，反应物在基片边缘的扩散将导致膜厚不均匀。在低于 600℃ 的温度下，通常产生非晶膜。在多晶硅生长过程中，可以通过添加乙硼烷（p 型）和磷化氢或砷化氢（n 型）来掺杂。加入乙硼烷可以提高生长速度，而砷化氢可以降低生长速度。沉积后的薄膜中的固有应力通常很高，应力梯度取决于薄膜的厚度。但是，在 900℃ 退火会导致应力释放和结构变化，增大晶粒尺寸，这样得到的薄膜拉应力低。图 13.4a 显示了用于气体传感器的掺杂多晶硅悬浮梁的 SEM 显微图，该气体传感器基于测量悬臂梁的热损耗变化，这是梁周围气体物理性质变化的结果。灵敏度由多晶硅电阻的温度系数决定。

原子层沉积（ALD）是一种自限的，一次形成一层的逐层 CVD 生长工艺。采用两步反应，在第一和第二反应物之间快速循环来沉积薄膜。这对于形成超薄薄膜特别有用，其优点是即使在深腔结构也可以形成保护涂覆，如图 13.4b 所示，在该结构中沉积了一层氧化铝以减小在多晶硅机械器件表面的静摩擦力。

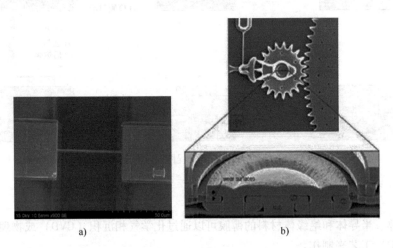

a)   b)

图 13.4　a）掺杂多晶硅的气体传感器悬浮梁；b）原子层沉积涂覆多层
表面微机械 MEMS 器件（由 Sandia 国家实验室提供）

外延可以用来生长厚度在 0.1 ~ 10μm 之间的单晶层。因此，在高温 CVD 过程中，单晶衬底可作为单晶薄膜生长的模板。对于硅 MEMS，当需要精确控制单晶层厚度时，这是一个有用的工艺，这适用于制造薄隔膜片和厚多晶硅表面微机械传感器。薄膜在高真空系统中生长,反应气体处于低浓度的气相中。这些条件确保缓慢生长,并维持了衬底的晶体结构。与用 LPCVD 生长的多晶硅表面微加工传感器相比,其关键的优点是通过更好地控制应力和材料的电子性能来改善薄膜的质量。

在 PVD 中,源材料在真空系统中低压蒸发。产生的蒸气流量以 6 ~ 25nm/min 的沉积速率凝结在衬底上。PVD 包括成核和生长过程,原子凝聚在表面,然后扩散形成直径增大的团簇,随着时间的推移,被吸附的原子增加,最终形成岛屿。岛的初始尺寸取决于衬底材料和衬底温度与吸附原子相互作用的结果,这些岛随着厚度的增加而增长,形成相互连接的网络,进而形成多孔的薄膜。最终,开放区域被填满并形成连续的薄膜。真空系统内部的压力通常设置为小于 $10^{-4}Pa$,以使气体之间的平均自由程可以大于腔室的直径。因此,蒸发的原子在到达衬底表面之前,与腔内残留的气体分子发生碰撞的可能性很小,这种低碰撞率可以沉积高纯膜。利用这一特性,可以形成几种新的结构,特别是有角度的沉积,它通过一种称为斜视沉积(也叫 GLAD)的技术生成高于衬底表面的界面。

在低压气体等离子体中溅射可以沉积金属薄膜和电介质。靶是由要沉积的材料制成的。惰性等离子体对靶进行物理轰击,并以扩散的方式释放出原子,入射到晶圆上。与蒸发相比,溅射可提供更好的台阶覆盖率。典型的沉积速率范围为 0.1 ~ 0.3μm/min,腔室内安装了多种靶材,因此可以在不破坏真空的情况下沉积多种不同材料。金属合金和压电材料也可以溅射。

13. 3. 3　干法和湿法刻蚀

刻蚀是从基底或薄膜上以可控的方式去除材料的工艺。化学刻蚀可以在液体或气体中进行,并利用表面反应去除材料。而物理刻蚀则利用加速离子来进行材料的去除。各种各样的金属、半导体和导电材料,包括有机和无机材料,都可以刻蚀。

化学刻蚀工艺包括反应物到基底表面的运输、吸附、表面反应、产物的解吸,最后从表面运走。刻蚀速率与反应物的浓度和基底的温度有关。湿法化学刻蚀在液体刻蚀溶液中进行,而干法刻蚀在气相中进行。除了硅的各向异性刻蚀之外,湿法刻蚀通常是各向同性的,即在所有方向上具有相同的刻蚀速率,并且是选择性的,即刻蚀需要去除的材料,而不是刻蚀包括掩模的其他材料。为了对基底和掩模具有良好的分辨率,必须进行选择性刻蚀。掩模刻蚀是刻蚀后图形特征尺寸变化量的一半,并且与掩模对薄膜的黏附性、刻蚀时间或刻蚀膜的厚度以及薄膜应力有关。

反应离子刻蚀(RIE)是一种等离子体辅助的干法刻蚀方法,由于刻蚀条件的变化对材料的各向异性、材料的选择性和刻蚀速率均有影响,所以具有广泛的用途。刻蚀在真空腔室中进行,通入反应气体,从而产生带电离成分等离子体。正离子被加速向衬底移动,从而提高了衬底的刻蚀速率。物理撞击、化学刻蚀和离子辅助化学刻蚀相结合。除了离子外,等离子体中产生的自由基也参与了刻蚀过程。反应产物是挥发性的,从衬底表面在气体流动中被排出。如果存在非挥发性物质,它们会在硅衬底表面形成微掩模,产生几何形状的针和高表面区域"黑硅"层。

所谓的 Bosch 工艺通常用于硅的高深宽比蚀刻。它通过交替转换刻蚀气体与钝化气体实现刻蚀与边缘钝化。图 13.5a 显示了此工艺的顺序以及此工艺制造的硅结构的一些示例。微型气相色谱系统的高纵横比通道如图 13.5b 所示。在此 3m 长的螺旋形通道中，深度约为 300mm，通道宽度为 80mm。可以通过改变速率来控制表面轮廓和表面粗糙度。

图 13.5c 和 d 显示了一个 MEMS 陀螺仪，其壁厚仅为 $1\mu m$，直径约为 1mm。制造在简并模式之间具有较小频率分割的微半球共振陀螺仪（μHRG），使得静电调谐可以使用集成电极来校准和匹配简并模式，从而获得高性能。如图 13.5d 所示，电极之间的间隙仅为 $20\mu m$，以实现几微米的驱动振动。这说明了控制微细加工工艺尺寸以构建其他制造方法无法制造的结构的强大能力。

"微加工"工艺不同于传统的精密加工，在传统的精密加工中，需要精确控制绝对尺寸或达到所需的公差。在"微加工"中，绝对值或公差的控制不如对单个器件或衬底上的一个单元阵列的尺寸变化的控制那样精确。因此，通常在设计 MEMS 器件时会考虑到这一点。为了提高性能，传感器的设计是参考同一晶圆或衬底上的参考单元。

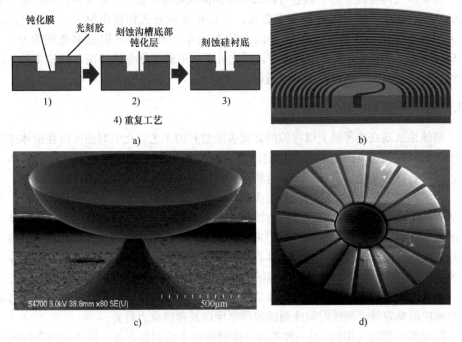

图 13.5 a) Bosch 工艺的示意图，其中包括 1) 等离子体沉积钝化膜的沉积；2) 在凹槽底部进行各向异性刻蚀；3) 高速硅刻蚀。b) MEMS-GC 系统的高深宽比通道的 SEM 显微照片 ［H. S. Noh, P. J. Hesketh, G. Frye-Mason, Journal of MEMS, Vol. 11, pg. 718 (2002)］。c) 硅基座上的二氧化硅浅壳谐振器 ［V. Tavassoli, B. Hamelin, F. Ayazi, Invited paper, IEEE Sensors Conference (Sensors 2016), Orlando, FL, pp 1120-1122 (2016)］。d) 完全集成的多晶硅微半球共振陀螺仪（μHRG）的 SEM 图像，均使用单圆片工艺制造的自对准驱动、感应和调谐电极。高 Q 多晶硅半球形壳的厚度为 700nm，直径为 1.2mm，从而产生了 1:3000 深宽比的 3D 微结构 ［P. Shao, C. L. Mayberry, X. Gao, V. Travassoli, F. Ayazi, Journal of MEMS, Vol. 23, No. 4, pg. 762 (2014)］

13.3.4　硅的体和表面微加工

硅是电子工业的基础，并且硅还具有理想的机械性能。因此，自 20 世纪 60 年代以来，单晶硅一直被用于制作压力传感器的机械材料，这也得益于硅的压阻特性，这种特性使得应变传感元件可以嵌入硅薄膜中。

为了对硅压阻式压力传感器的薄膜等微机械加工，已经开发了专用的微机械加工工艺，即体硅工艺和表面微机械加工工艺。在体硅工艺中，厚硅衬底的一部分被释放形成微结构。虽然如前面所描述的那样，在干法刻蚀设备中使用 Bosch 工艺可以实现体微机械加工，但在碱性溶液中硅的各向异性湿法刻蚀仍可以说是最常用的体微机械加工工艺。

硅的各向异性湿法刻蚀广泛用于制造压力传感器敏感膜片（见图 13.6）。单晶硅的各向异性腐蚀在不同的晶向上具有不同的刻蚀速率。刻蚀过程中，由于硅表面键密度的不同，硅晶向选择性增加，即硅的每一个方向上的硅键密度不同，表面厚子排列也改善了刻蚀速率。通常通过向刻蚀液添加乙醇来改变晶向选择性。图 13.6a 展示了晶向为（100）的硅衬底中的各向同性和各向异性刻蚀几何形状的轮廓。产生的腔体几何形状基于不同的刻蚀工艺。例如，在各向同性刻蚀的情况下，腐蚀深度 D 为 $50\mu m$，开口 W 为 $100\mu m$，会形成宽度 L 为 $200\mu m$ 的腔。另外，由各向异性湿法刻蚀形成的腔被（111）晶面的慢速刻蚀所束缚。使用相同的 $50\mu m$ 开口，所得的刻蚀腔就被晶面"自限"，以使"V"形凹槽的最大深度 H 约为 $70\mu m$。刻蚀本身具有对重 p 型（例如硼）掺杂层进行掺杂的功能。如图 13.6b 显示了通过重掺杂 p 的刻蚀停止方法形成的膜片。

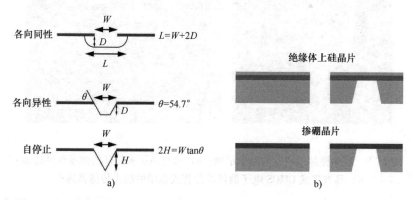

图 13.6　a）在晶面为（100）的硅片上进行硅各向异性刻蚀工艺，形成自停止的"V"形槽；b）SiO$_2$ 作掩模用于刻蚀停止层或使用硼掺杂选择刻蚀停止方法形成硅膜片

在 20 世纪 80 年代，Richard Muller 和 Roger Howe 在加利福尼亚大学伯克利分校，通过去除其下方的牺牲材料来释放结构层（见图 13.7a），原工艺使用多晶硅材料作为结构材料，二氧化硅作为牺牲层，也可以采用其他材料的组合。为了在溶解牺牲膜时释放结构层，需要在这些膜与衬底之间进行高选择性的化学刻蚀。这些工艺方法被

转移到 ADI 公司（马萨诸塞州诺伍德市）和 Robert Bosch（德国斯图加特），用于商业传感器，特别是惯性传感器。图 13.7b 给出了由模拟器件（AD）公司制造的多晶硅 MEMS 微加速度计的示例。使用多个牺牲层和结构层，可以制造复杂的微结构，例如齿轮和带铰链的可折叠微光学组件（见图 13.8）。

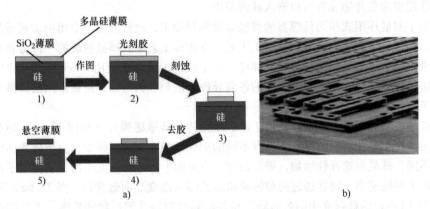

图 13.7　a）表面微加工工艺示意图；b）悬浮质量块内部结构及交错
传感电极图像（模拟器件 ADXL50 微加速度计）

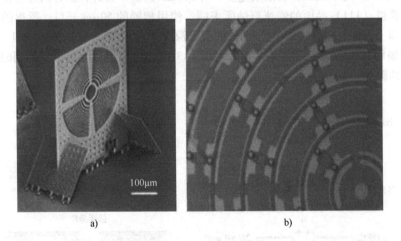

图 13.8　表面微加工器件的两个示例：a）具有两层多晶硅的微菲涅耳透镜；
b）具有集成 CMOS 电子器件的导管成像用的超声传感器阵列

利用多晶硅和二氧化硅，在桑迪亚国家实验室的 SUMITT（5 级表面微加工技术）中演示了多达 5 层的表面微加工工艺。表面微加工并不局限于多晶硅/二氧化硅材料的组合。由德州仪器（TI）开发并用于投影显示器的数字微镜装置（DMD）是非常成功的金属表面微加工工艺的一个示例。当牺牲层在表面微加工过程中去除时，该独立结构的下方有一层需要烘干的液体层；然而，弯月面的形成可以使结构与表面接触。一旦接触，范德华力将使其难以再次释放——这一过程称为黏滞。因此，最好在制造过程中两个表面不接触。实现这一目标的一种方法是临界点干燥。

13.3.5　晶圆键合

MEMS 器件的一个独特的方面是使用三维制造工艺，通常通过晶圆键合和黏接来实现。在这种制造模式下，最终器件的元件被建立在独立的晶圆片上，然后使用专门的晶圆键合技术在晶圆级进行连接。键合方法包括硅-金共晶键合、硅-硅熔融键合、阳极键合、聚合物键合、金属膜和焊料键合。

在阳极键合中，硅晶圆通常与具有所需性能的玻璃晶圆键合，如 Prex 耐热玻璃（7740 型或 7070 型）。这种键合是在高温下进行的，通常为 300~500℃，并在晶圆表面施加强电场。在外加电场的作用下，玻璃中的活动离子在键合界面处形成耗尽区，从而产生静电力，使玻璃和硅表面紧密接触。去除高压后，键合变为永久性。

硅-硅晶圆键合使用更高的温度，通常是 1000℃ 或更高，这个工艺也称为硅熔融键合。这样的键合需要非常光滑的沉淀衬底，并需要在键合之前对硅片表面进行仔细的化学清洗。硅-硅键合的优点在于，热膨胀系数没有差异，从而提高了整个器件的稳定性。硅-硅键合已被用于压力传感器和微气相色谱系统。

硅-金共晶键合是在硅片和另一个衬底的金层界面上，在 363℃ 的温度下形成硅金共晶。在这个温度下，共晶是一种液体，提供了使表面紧密接触的力，形成了键合层。

每种类型的键合强度、表面应力和气密性通常是重要的设计标准。可以使用超声波显微镜检查键合面，以检测界面处的空隙。然而，玻璃与硅之间的键合可以透过玻璃层观察到，并且由于在显微镜下易于观察，因此硅-玻璃键合方法很受欢迎。晶圆键合通常用作零级封装方法来封装精密的微机械结构。

13.3.6　激光微加工

激光微加工工艺通常基于脉冲准分子激光，该脉冲能够产生纳秒级的能量脉冲，每个脉冲的能量为几毫焦耳。激光在材料表面发生光化学反应和光热烧蚀。由于光子在块状材料中的吸收而破坏了材料的化学键，这是刻蚀机制的一部分。光热机制是基于提供足够的能量来产生局部加热和蒸发。

金属、塑料和陶瓷可以用激光微加工。当光束在表面扫描时，它会印制出材料的去除路径。通过调整特定位置的停留时间，可以实现额外的刻蚀深度。因此，可以加工一系列不同的表面轮廓。激光刻蚀的优点是可以通过定向激光束的位置来制作三维结构。这是一个连续的过程，其中需要对表面多次扫描以产生最终的刻蚀轮廓。化学辅助激光刻蚀技术也被用于提高刻蚀速率。激光刻蚀的例子包括用 PDMS（聚二甲氧基硅烷）、对二甲苯和硅来制造微阀和针。激光辅助化学刻蚀的例子包括聚酰亚胺和薄金属薄膜的图形化。

13.3.7　工艺集成

在工艺流程中，通常会有多种材料连续地沉积和图形化，以形成所需的器件。根据在本节中学到的知识，现在可以理解图 13.9 中突出显示的 MEMS 麦克风的制造过程。每个独立的工艺步骤如下：1）LPCVD 低应力氮化硅膜沉积；2）LPCVD 掺杂多晶硅隔膜电极，光刻和刻蚀几何图形；3）用 PECVD 来生长二氧化硅薄膜来定义空隙光刻和刻蚀几何图形；4）表面蒸发铝上电极；5）PECVD 沉积氮化硅制作钝化层，在背面刻蚀工艺中起到保护作用；6）各向异性硅背面刻蚀刻穿至氮化硅；7）去除正面的 PECVD 膜；8）刻蚀二氧化硅膜以释放隔膜。该电容式 MEMS 麦克风的上电极接触为铝，下电极为掺杂多晶硅。

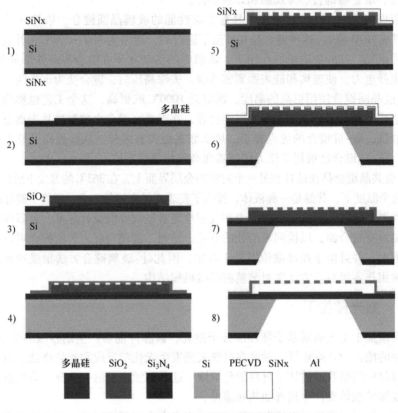

图 13.9　MEMS 麦克风的工艺步骤过程

13.4　MEMS 封装技术

　　MEMS 封装技术旨在为 MEMS 器件提供良好的电气连接、机械支持，以及根据传感器的功能实现与环境的连通或隔离。例如一种测量气体浓度的 MEMS 气体传感器，通过悬浮在硅衬底上的小型加热丝，测量气体的导热率。封装结构留有开口，允许气体扩散到封装内部，并通过引线键合为传感元件提供电流。而传感器产生的热量也需要通过封装传导到环境中，以建立一个稳定的热学平衡。产品的应用需求往往决定了对 MEMS 的封装需求和由此衍生的封装技术。用于测量环境压力或声压的传感器需要与环境接触，而测量惯性力的传感器，如加速度和转速传感器，可以完全密封。特定应用领域 MEMS 的发展带来了特定的封装需求。例如：射频微机电系统，如开关、电容器阵列、匹配网络等，此类射频和微波应用，要求具有稳定的介电性能、低介电损耗和较长的工作寿命。光学 MEMS 装置，如照相机、光源、光路开关和光纤连接器，可能需要一个透明的盖子或接口来连接光纤线缆。封装技术也可满足某些额外的要求，例如低机械形变温度系数和高的材料稳定性。生物 MEMS 技术包括医疗设备、芯片分析系统，以及最新的可穿戴体感传感器，这些器件都需要在与工质流体相接触的条件下进行工作，例如样品分析、药物输送等。此类应用要求器件的生物相容性、体液中的短期化学稳定性以及低成本。毕竟它们通常在一次使用后就被丢弃，属于一次性用品。环境 MEMS 技术用于物联网中的无线通信传感器，用于监测环境中的振动、温湿度以及空气质量。尽管用途各异，传感器与环境密切接触却是必然的，封装的作用就是保护传感系统。

13.4.1　MEMS 封装材料

在表 13.1 里列出了四种广泛应用的 MEMS 封装材料：金属、陶瓷、塑料（聚合物）、玻璃，以及它们各自的优缺点。然后我们继续讨论 MEMS 的装配工艺。

表 13.1　各种 MEMS 封装材料的应用范围

封装类型	惯性 MEMS	射频 MEMS	光学 MEMS	生物 MEMS	环境 MEMS
金属	√	√	√		√
陶瓷	√	√	√	√	√
塑料（聚合物）	√			√	√
玻璃				√	√

金属封装

MEMS 金属封装的优势是：对有害环境接触的抗性强、散热能力强、能提供优良的电磁屏蔽。金属封装易于装配、封装后气密性好、能够小批量生产。

标准的金属 TO 型封装如图 13.10 所示。它只能提供容纳小于 10 个引线的空间。大多数金属封装由可伐材料，一种铁钴镍合金制作而成，并用玻璃绝缘导电馈通引线。绝缘用的玻璃的热膨胀系数必须与可伐材料匹配，以免发生热引起的应力和开裂。

陶瓷封装

陶瓷材料硬而且脆、弹性模量大，用作MEMS 封装材料，气密性好、抗恶劣环境。陶瓷封装可作为高精度传感器的刚性基底。

图 13.10　金属封装的电热温度传感器

比如，在图像传感器中，陶瓷封装可加工为单层、双层或多层基板结构。这种多层封装被称为多层共烧陶瓷封装。由于其高导热率和低热膨胀系数，陶瓷封装被用于高可靠传感器。陶瓷封装由氧化铝（Al_2O_3）、氮化铝（AlN）或碳化硅（SiC）制造。陶瓷封装可使用引线键合用于电气互连。陶瓷封装上的金属触点也同样适用倒装芯片键合。在安装好传感芯片并提供电气连接后，需要用盖子封顶并密封（见图 13.11）。

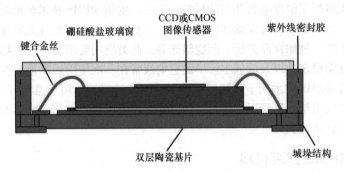

图 13.11　一种陶瓷封装的剖面图

塑料封装

　　与陶瓷或金属封装不同，MEMS 塑料封装是非气密性的。塑料封装有两种制造方法：一种是后模塑技术，即将芯片安装于引线框架上，然后对外壳进行模塑；另一种是预成型技术（见图 13.12），将芯片装在引线框架上，再在引线框架上安装一个已经预先模压完成的塑料封装。

图 13.12　一种预模塑成型塑料封装

　　塑料封装，特别是后成型塑料封装，由于其制造成本低，已被电子工业的各个领域广泛使用多年。出于同一原因，塑料封装被应用于许多消费电子 MEMS 器件，如惯性传感器或麦克风。因为精密的可移动 MEMS 结构可以在成型前通过晶圆键合技术得到保护。根据应用场景的不同，可选择不同的聚合物进行封装。水分和气体对环氧聚合物具有较高的渗透性，因此被用于大批量和低可靠性的应用。聚碳酸酯和聚酰亚胺由于具有良好的生物相容性，常被用于生物医学器械。聚甲基丙烯酸甲酯（PMMA）被用于微流控器件。

　　液晶高分子聚合物（LCP）是 RF-MEMS（射频 MEMS）和 MOEMS（微光机电系统）的理想封装材料。原因是它具有以下特性：

　　1）一定的气密性。

　　2）低热膨胀系数。

　　3）天然耐燃性（无须添加卤素）。

　　4）可循环再生。

　　5）可用于保护或挠性电路应用的柔韧性。

　　6）优异的高频电气性能，如损耗正切。

聚合物可用作密封材料，如环氧模塑料。或作为涂覆层，以液态形式使用，并使用红外线或紫外线辐射固化。涂覆层聚合物包括聚酰亚胺、聚酰胺酰亚胺、硅树脂、丙烯酸酯、聚氨酯和氟聚合物。聚对二甲苯（派瑞林）涂覆层是通过气相沉积形成的。

玻璃封装

玻璃电子封装（见图 13.13）用于气密性封装方案，针对需要高可靠性、敏感电子器件需要长期保护的应用需求。玻璃属于透明惰性材料，可用于光学 MEMS 和生物 MEMS 系统。玻璃封装的更多优势包括：

1）以更低的成本制造大型面板。

2）较小的尺寸、表面光滑。

3）优良的电气性能：互连线更短、信号损耗低。

目前，玻璃主要用于封头操作和引线绝缘。玻璃强度高、压力耐受性好，并具有良好的电气性能。与硅相比，玻璃介电常数较低，射频性能更好。

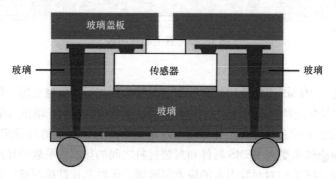

图 13.13　气体传感器的玻璃封装平台

13.4.2　MEMS 封装工艺流程

MEMS 封装工艺包括三个基本的流程，如图 13.14 所示，以 MEMS 麦克风为例：

1）传感器和专用集成电路的芯片黏接。

2）芯片互连（引线键合、倒装芯片键合）。

3）密封（顶部包封、上盖板）。

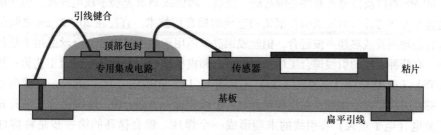

图 13.14　组件横截面图

基板是一块集成了许多独立的电子元件、器件和模块而形成的一个功能强大的电子板。它是微系统封装的关键部分。基板是电子和机械的载体，构成材料包括聚合物印制电路板、陶瓷板以及硅或玻璃的嵌入部分，材料通常用镍、金镀覆，以便进行引线键合、倒装焊和钎焊。板上芯片（COB）技术（见图13.15）将裸硅芯片直接黏接在基板上，通过引线键合或倒装焊完成电气互连。在集成电路上，通常使用不透明的环氧树脂作为上盖材料，覆盖在芯片上，以保护裸芯片和压焊金丝。在COB技术的支持下，裸硅芯片可以与有源、无源贴片器件一起安装在基板上。

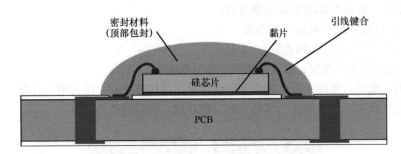

图 13.15　板上芯片组装

黏片工艺

晶片黏接在 MEMS 中的作用与其在集成电路中的相同：机械支撑、散热以及形成 MEMS 器件与封装结构之间可能的电接触。导电黏接材料包括：填银环氧树脂、填银玻璃（用于陶瓷上的芯片键合）和低熔点焊料。为了保证黏接的高稳定性和可靠性，黏接材料必须能够承受由 MEMS 器件和封装材料之间的热膨胀系数差异造成的热机械应力。许多 MEMS 器件对封装引入的应力很敏感，柔性芯片黏接剂被广泛用于减小传感器芯片上的应力。含有导电或导热颗粒的黏接剂具有较低的工艺温度和较高的机械顺应性，但其电阻率和热阻率较高。

焊料和玻璃黏接，通常会在芯片和基板之间形成一个更硬的界面，而且需要更高的工艺温度。对于焊料芯片键合，不同的焊料体系用于芯片与基板的键合，如 AuSi（共晶）、AuGe 和 SnAgCu。焊料合金具有较低的电阻率和热阻率，但金属间的化合物往往是脆性的，会影响器件的可靠性。

引线键合

MEMS 器件及传感器器件必须与硅、玻璃、陶瓷或 PCB 基板形成电连接。引线键合仍是将半导体芯片与衬底或引线框架相连接的最常用技术。直径在 $20 \sim 25 \mu m$ 之间的引线键合是超声波或热超声波键合。铝丝或铝硅丝适用于超声波键合，金丝适用于热超声键合。有两种不同的引线键合工序：球楔键合和楔楔键合。三种基本键合工艺为：热超声（TS）（见图13.16）、超声（US）（见图13.17）和热压（TC）键合。在球楔键合时，键合引线穿过毛细管；在楔楔键合时，引线穿过一个键合楔。球楔键合工序首先用高压放电（电子点火）在引线的末端形成一个焊球。键合循环的第一步是将焊球压在芯片表面的键合焊盘上，或只加热能（TC 键合）或热能、超声能及热超声键合。

这一步初始键合被称为球焊。沿着设定的程序，引线现在绕到基板上的第二个键合点的位置（形成弧形）。第二个键合点是楔形键合，将含有键合丝的毛细管压在焊盘上，或只施加热能，或施加热能和超声能的组合，来完成键合。

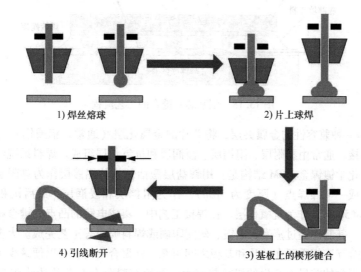

1) 焊丝熔球　　　　　　　　　　2) 片上球焊

4) 引线断开　　　　　　　　3) 基板上的楔形键合

图 13.16　热超声键合工艺流程

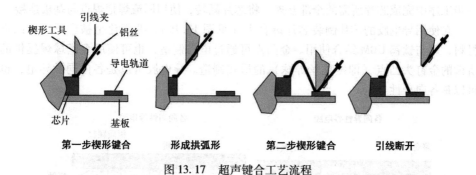

引线夹
楔形工具　铝丝
导电轨道
芯片　基板

第一步楔形键合　　形成拱弧形　　第二步楔形键合　　引线断开

图 13.17　超声键合工艺流程

在楔-楔键合的情况下，键合循环中的两个键合点都是楔形键合。与球-楔键合不同，楔-楔键合的循环是单向的，即键合循环的方向必须沿着第一个键合点的对称中心线。此工艺通常要求引线键合的支撑底座可以旋转。若使用铝丝，只需同时施加垂直键合力和超声波能，楔-楔键合就可以在室温下完成。

倒装芯片键合

在倒装芯片键合中，芯片在焊接前被翻转，芯片和基板之间的焊料凸点或导电聚合物凸点同时具有电气互连和机械互连的功能。芯片的倒装焊可以细分为三个步骤：

1）焊点下金属化（UBM）。

2）集成电路凸点。

3）底部填充。

倒装芯片键合的工艺流程如图 13.18 所示。

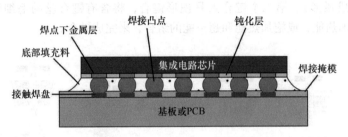

图 13.18　倒装芯片键合的工艺流程

　　UBM 是一种兼容性的金属夹层，将芯片的金属化层（通常是铝或铜）与焊点的金属化层相连接，通常由黏附层、阻挡层、浸润层和抗氧化层组成。焊料系统经常使用的一种低成本化学镀镍金 UBM 结构是：用锌盐层激活芯片的铝镀层作为黏附层；随后通过化学镀形成一个镍焊点（厚度为 $5\mu m$），作为阻挡层和浸润层；最后沉积一层金膜（典型厚度为 50nm）作为抗氧化层。在焊接工艺中，集成电路的凸点和键合材料焊料数量严格受控，其制作通过蒸发、电镀、丝网印刷或焊料喷射等工艺完成。大多数芯片的倒装芯片键合互连都需要在芯片和基板之间填充一种聚合物材料，以便减少由于芯片和衬底热膨胀系数的差异而产生的机械热应力。将填充料分布在芯片边缘附近，毛细作用力会自动把填充料吸入芯片与衬底之间的空间内。倒装芯片键合的优点在于，能在一步工序中完成芯片所需的全部互连。将芯片翻转，使用回流焊把焊点与基板连接。

　　在使用导电胶的芯片倒装芯片键合中（见图 13.19），非氧化金被广泛用作凸点材料，可与钛钨 UBM 结合使用。金凸点可通过电镀制造，也可使用金丝球焊提供的所谓的金钉头凸点（即短尾丝焊球）的形式制造。导电胶可以是各向同性导电，也可以是各向异性导电。

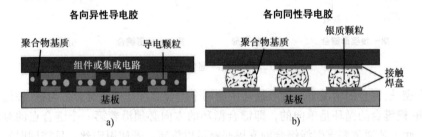

图 13.19　使用黏接剂的芯片倒装焊：

a）各向异性导电胶（Anisotripic Conductive Adhesive，ACA）；
b）各向同性导电胶（Isotropic Conductive Adhesive，ICA）

　　各向异性导电胶（见图 13.19a）由含有导电小球的聚合物基体组成，不仅可应用于接触点，还可作为黏接剂或薄膜材料用于整个芯片区域。当将芯片压在基板上时，导电小球被挤进 IC 焊点和基板焊盘之间并被捕获，在聚合物被固化时，便可形成可靠的电连接。各向异性导电胶的优点是可以同时充当底部填充料。

各向同性导电胶（见图 13.19b），比如充满银粉颗粒的环氧树脂，通过丝网印刷或浸渍转移到 IC 焊点或基板焊点上。在装配和固化后，各向同性导电胶便可在基板和 IC 焊点之间形成机械键合。

芯片堆叠

芯片的三维堆叠可以提高电气性能并减少封装面积，已成为日益增长的技术趋势。堆叠工艺对装配工艺和热管理提出了巨大的挑战。堆叠可细分为三种方法：

1) 芯片与芯片堆叠：在一片 ASIC 上放置一片 IC 或传感器（见图 13.20）。

2) 芯片与晶圆片堆叠：单个芯片安装在晶圆的芯片上。

3) 晶圆与晶圆堆叠：两个或多个晶圆进行堆叠键合，然后切割成三维器件。

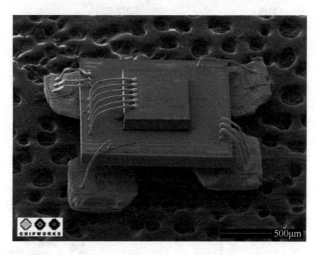

图 13.20　基于芯片堆叠 iPhone4 的陀螺仪电镜照片

包封

与集成电路不同，大多数 MEMS 器件与它们所处的环境存在交互作用。不仅电信号需要通过封装传递，其他能量形式的信息也需要封装：例如麦克风的封装必须能将声音信息传递到传感元件中。光学 MEMS 器件与外部世界之间的声频入口或光学入口的技术需求是微系统封装的主要挑战之一。为了防止在储存和操作过程中的热冲击、机械冲击、振动、高加速度、粒子和其他物理损伤，大多数 MEMS 器件必须气密性密封，方法通常是键合一个微型帽或顶盖。

微型帽或顶盖是由金属或玻璃制成的。有机包封材料通常是环氧树脂，用于球形顶封装以便保护集成电路和电气连接。MEMS 器件的无机薄膜包封外壳采用 PVD 和 CVD 两种方法。此类外壳由氧化硅、氮化硅或聚对二甲苯组成。

13.5　MEMS 及其传感器的应用

MEMS 的应用可分为三类：物理、生物以及医学和化学应用（见图 13.21a）。MEMS 行业的传统驱动因素是汽车、国防、航空和工业应用。最近，智能手机的成功导致消费类应用主导了 MEMS 市场，苹果和三星目前是 MEMS 组件的最大买家。预计需要 "无处不在" 智能 MEMS 和传感器（智能家居、可穿戴装置等）的物联网（IoT）将在未来成为 MEMS 的主要驱动力。此外，医疗应用（智能健康、保健、诊断等）预计将在未来几年内极大地推动 MEMS 的发展。MEMS 变得越来越普及，我们的智能手机中有多种器件可以测量惯性力、大地磁场方向、声压、环境压力、温度甚至湿度，或者在我们的汽车中提供舒适性、发动机控制和安全。图 13.21b 显示了 MEMS 技术的发展，即哪些产品现已达到成熟的商业化阶段，哪些基于 MEMS 技术的产品才刚刚进入市场。

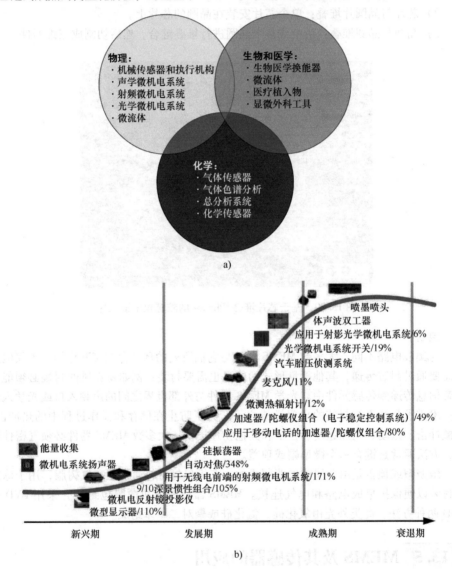

图 13.21 MEMS 应用类型与 MEMS 装置的发展历程：

a）微机电系统的应用；b）微机电系统装置的发展进程

　　消费电子行业目前是基于 MEMS 的传感器开发的主要驱动力，因此在最著名的消费电子设备（智能手机）中查看 MEMS 组件是很有意义的。例如，Apple iPhone 6 配备了六轴 MEMS 惯性测量单元（IMU），该单元具有集成的三轴加速度计和三轴陀螺仪、独立的三轴加速度计、MEMS 气压传感器、三轴电子罗盘、三个 MEMS 麦克风和几个基于 MEMS 的射频（RF）组件。此外，iPhone 6 具有指纹传感器、环境光传感器、接近传感器，以及可能集成在各种集成电路上的许多温度传感器。考虑到 2014 年全球智能手机的销售量超过 10 亿部（同期约有 7000 万辆汽车），消费电子市场对于 MEMS 的重要性显而易见。伴随着大批量生产，巨大的价格压力要求 MEMS 制造商不断创新和小型化，以降低封装和测试设备的成本。当然，人们只能推测哪些 MEMS 器件将在未来的智能手机中找到应用，但例如，湿度/温度传感器组合、基于 MEMS 的微型投影仪和心率传感器已经在三星智能手机中实现；红外传感器、MEMS 扬声器、不同类型的（生物）化学传感器、MEMS 能量收集器、超声传感器，以及越来越多的基于 MEMS 的 RF 组件，都是其中的一些可能性。其他集成了 MEMS 的消费电子装置包括数码/运动相机、智能/运动手表、游戏机、音乐/媒体播放器等。在以下部分中，我们将简要介绍选定的 MEMS 传感器类别及其主要的应用领域。

13.5.1　压力传感器

　　MEMS 压力传感器测量压力差并根据该压力差输出相应的电信号，最常见的是电压。基于 MEMS 的压力传感器已经在 20 世纪 60 年代和 20 世纪 70 年代开发并商业化，通常包括微机械加工的硅膜，该膜会被压差偏转（见图 13.22）。膜的挠曲可以使用压敏电阻间接检测，该压敏电阻可感测由膜的挠曲引起的机械应力，也可以直接通过测量偏转的膜与固定反电极之间的电容来检测。最常见的是，使用批量微机械加工（参见第 13.3.4 节）来释放方形或圆形硅膜。形成应力敏感型惠斯通电桥的四个硅压敏电阻嵌入膜中以进行检测。当对其施加适当的机械应力时，压敏电阻会改变其电阻。通常将包含已释放膜的硅晶片安装到玻璃或硅支撑晶片上，从而获得绝对压力传感器（见图 13.22a）和压力计（见图 13.22b）的参考腔或次级压差传感器的压力端口（见图 13.22c）。

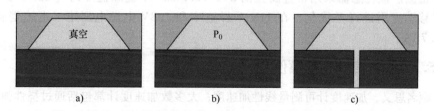

图 13.22　整体微机械硅压力传感器的横截面示意图：
a）带有真空腔的绝对压力传感器；b）腔内具有基准压力 P_0 的压力计；
c）在玻璃支撑片中带有附加压力端口的压差传感器

然后，根据应用情况，将压力传感器芯片安装在各种封装中：图 13.23a 显示了安装在预成型模塑封装中的压力传感器的示意图，而图 13.23b 显示了与介质兼容的压力传感器，其中压力传感器安装在充满油的金属封装内，该封装由不锈钢膜包裹，以将外部压力传递到充满油的腔中。汽车行业的示例应用包括用于发动机控制的歧管气压（MAP）传感器、轮胎压力监测系统（TPMS）或用于检测与侧面碰撞相关的压力波的压力传感器，以用于侧面安全气囊展开。在医疗领域，MEMS 压力传感器用于血压计、呼吸机/呼吸器或用作导管应用的一次性设备。在工业领域，压力传感器用于供暖、通风和空调应用中，用于液位测量和过程控制中。消费者应用包括白色家电应用、洗衣机、气象站中的水位传感器以及运动表（高度计）、驾驶计算机和智能手机中的移动应用。

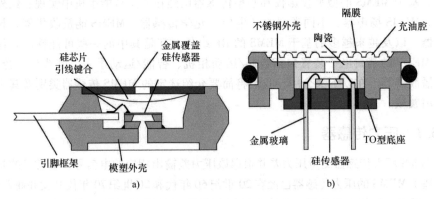

图 13.23　a）预成型模塑封装的压力传感器横截面图；b）介质兼容的压力
传感器横截面积，嵌入在充油不锈钢腔内，由柔性膜包裹

对于大批量的消费类应用而言，上述传统的制造和封装方案通常太昂贵。因此，近年来，有几家公司基于表面微加工技术开发了压力传感器，通常将传感器与用于信号处理的 CMOS 电路进行单片集成。一个例子是博世 Sensortec 的气压传感器 BMP280，该传感器用在 Apple iPhone 6；该传感器基于 CMOS 兼容的先进多孔硅膜（APSM）工艺，可在表面微加工中实现气密密封的空腔，并使用硅压敏电阻器进行检测。该传感器采用带金属盖的 $2.0 \times 2.5 mm^2$ 小型焊盘阵列（LGA）封装。针对移动应用进行了优化，在 $1 Hz$ 采样速率和 $1.8 V$ 电源电压下，电流消耗仅为 $2.7 \mu A$。

13.5.2　加速度计和陀螺仪

顾名思义，加速度计可测量线性加速度；大多数加速度计都包括通过挠性弹簧 k 连接到框架（或芯片）的检测质量块 m。如果将加速度施加到框架（芯片）上，则质量块运动会滞后于框架运动，并且在稳态条件下，证明质量块偏差 x 是所施加加速度 a 的线性函数，其灵敏度是质量和弹簧常数的比：$x/a = m/k$。为了防止振铃，通过将气体甚至液体引入封装中来阻尼弹簧质量系统的振动。图 13.24 显示了由此产生的弹簧、质量、阻尼系统的示意图。可以通过以下方法检测质量块的偏移：1）压敏电阻传感，将压敏电阻器嵌入连接质量块和框架的弹簧中；2）电容传感，测量质量块与框架之间的电容变化；3）压电传感，将压电材料与弹簧一起嵌入，将弹簧中的应力变化转换为电极化。由于良好的噪声性能、低功耗和易于集成，大多数商用加速度计都基于电容式传感。

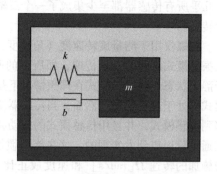

图 13.24　由质量块 m 组成的 MEMS 加速度计原理图，使用弹簧 k 和阻尼元件 b 连接到框架上

加速度计可以是单轴或多轴器件。尽管可以使用单质量块来实现三轴加速度计，但许多商用三轴加速度计是将两轴 x-y 加速度计与一个带 z 轴加速度计结合在一起。因此，两轴装置包括可在芯片平面内沿两轴移动的检测质量块，并且使用叉指式电极结构以电容方式感应偏转（见图 13.25）。z 轴加速度计可以在相同的制造过程中通过扭力弹簧非对称悬挂的检测质量块来实现，并使用传感器结构下方的平行板电容器再次以电容方式感应偏转。

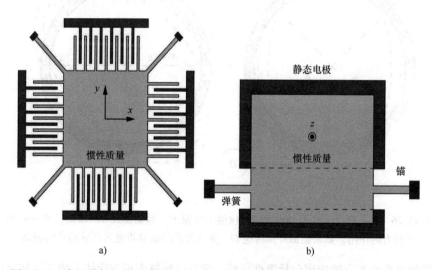

a)　　　　　　　　　　　　b)

图 13.25　表面微加工的示意图：a）对芯片平面中的加速度敏感的两轴加速度计；
b）对离开芯片平面中的加速度敏感的单轴加速度计

MEMS 加速度计的经典应用是汽车工业中的气囊传感器。汽车行业仍然是一个相当可观的市场，由于许多汽车都配备了多个气囊传感器，结合加速计以解决轮胎旋转对压力测量的影响的胎压感测系统，主动悬挂系统中的加速计等。到目前为止，现在最大的应用领域是消费电子市场。从最初用于游戏机的运动传感器开始，长期以来一直扩展到智能手机、平板电脑、手持游戏设备、音乐/视频播放器、数码相机等，现在几乎所有传感器都至少集成了一个三轴加速度计。其中许多还使用三轴陀螺仪来测量转速。

　　陀螺仪用于测量旋转速度（角速度），大多数 MEMS 陀螺仪基于微结构的两个正交振动模式之间的能量传递，即所谓的驱动和传感模式（见图 13.26）。如果装置处于静止状态，则两种模式在理想情况下是完全解耦的，即在驱动模式被激发时，传感模式仍处于静止状态。然而，当传感器绕其敏感轴旋转时，能量从激发的驱动模式转移到传感模式，并且用传感模式的振动幅度来度量所施加的转速。旋转时模式的耦合是通过科里奥利力实现的，这在旋转惯性系统中会遇到。科里奥利力 $F = -2m(\Omega v)$ 与施加的转速 $\Omega [\text{rad/s}]$ 和速度成正比驱动模式方向上的标准质量 $m [\text{kg}]$ 的速度 $v[\text{m/s}]$。从叉积"×"可以看出，科里奥利力垂直于旋转轴和驱动模式轴，从而激发传感模式振动。虽然可以再次使用不同的转换机制来激发和传感微结构的振动，但最常见的是静电激励和电容检测，尤其是在消费电子应用中，其次是压电激励和传感。

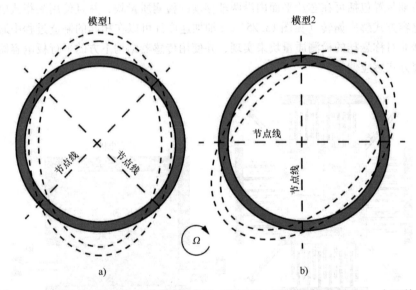

图 13.26　具有两个正交振动模式陀螺仪的工作原理，振动模式 a）和 b）。由于科里奥利力的作用，如果施加外部转速 Ω，驱动模式的振动将激发传感模式的振动

　　陀螺仪在汽车上的应用包括惯性导航，即通过测量作用在物体上的线性加速度和旋转速度来推算物体的位置，以及翻车检测。消费类应用与加速度计类似，范围从数码相机中的图像稳定到启用游戏功能再到惯性导航。由于惯性导航对于例如增加 GPS 信息的重要性，因此三轴加速计、三轴陀螺仪和用于复杂运动处理的复杂 ASIC 越来越多地组合成所谓的惯性测量单元（IMU）。例如，iPhone 6 具有 InvenSense 的六轴 IMU。IMU 通常在单个封装中包含多个芯片（一个或多个传感器芯片加一个或多个 ASIC 芯片）。最近，IMU 概念已经扩展到包括三轴磁力计以形成九轴 IMU，并为其高度计功能添加压力传感器。

最后，值得一提的是，从封装的角度来看，惯性传感器可以被气密性包装，并且不需要与环境直接接触。尽管仍然经常使用晶圆键合技术将精致的 MEMS 结构嵌入保护腔内，但是类似于集成电路的封装方式，在芯片组装后可以用环氧树脂完全包封起来。

13.5.3　投影显示器

本节最后介绍的 MEMS 器件是用于投影显示器的德州仪器（TI）的数字微镜装置（DMD）。投影图像是由从光源照亮的大量小镜子反射的光形成的。每个镜子创建图像的一个像素的信息。DMD 芯片由微制造的光开关的大阵列组成（见图 13.27a）。使用静电驱动，扭转微镜可以倾斜 10°~12°或 -10°~-12°，直到反射镜碰撞着陆点。一个位置对应于"开"位置，从镜子反射的光进入投影透镜，并在屏幕上显示为明亮的像素。如果将镜子旋转到第二个"关"位置，则光将反射到一个光阱中，屏幕上的像素保持黑暗。格雷刻度是通过非常快速地切换反射镜并控制开/关占空比循环来产生的。另外，多个光源被多路复用以形成彩色图像。

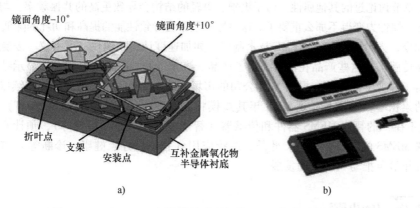

镜面角度-10°　　镜面角度+10°

折叶点　支架　安装点　互补金属氧化物半导体衬底

a)　　　　　　　　　　　b)

图 13.27　a）CMOS 存储器单元顶部的 DMD 像素示意图（TI）；
b）封装的 DMD 芯片的照片

使用表面微机械加工技术在用于各个像素寻址阵列的 CMOS 存储单元顶部制造微镜阵列。制造需要在平坦化的 CMOS 衬底顶部上沉积和构图几个金属层和牺牲层，以形成电极和铰链结构，最后形成镜面。多年来，像素尺寸已得到相当大的缩小，目前，可用的最小像素节距为 5.4μm。在此节距下，对应于 1080p 分辨率的 1920×1080 像素阵列的对角线仅为 0.47 英寸。分辨率较低的 DMD 芯片可在三星公司 Galaxy Beam 和其他所谓的微型投影仪中找到。另一方面，当今大多数电影院都使用基于 DMD 芯片的数码光处理（DLP）技术以数字方式播放电影。由于其对电影业的重要性，德州仪器（TI）的工程师 Larry Hornbeck 在 2015 年因 DMD 的开发而获得了学院科学技术奖（或奥斯卡奖）。图 13.27b 显示了封装的 DMD 芯片的示例。

13.6　总结和未来发展趋势

　　封装为 MEMS 技术提供了电源和信号通道、热管理、机械支撑以及外界环境保护。MEMS 技术对封装提出了很多挑战，我们通过洞悉其结构和用途的本质，为其定制解决方案。因此，MEMS 封装对微系统的商业化至关重要，封装成本占总成本的 75%~95%。与集成电路硅加工技术紧密结合，MEMS 封装便可利用这些成熟的芯片级封装技术。由于其多样性，MEMS 封装技术仍十分复杂。MEMS 技术的发展使人们对晶圆级的 MEMS 封装越来越感兴趣，以便降低封装和测试的成本。

　　当使用集成电路制造工艺生产 MEMS 器件时，这些工艺需要处理多种材料的沉积和采用具有良好表征过的机械性能的材料。薄膜的应力控制对操作的可靠性非常重要，尤其在器件使用和存储过程中所必然经历的热循环中。因此，MEMS 器件的热机械建模是成功完成设计制造的关键。尺寸按比例缩小的几何图形使传感器的设计理念产生变化，不但能降低功耗，还可以优化以提高性能。随着质量明显下降，单位体积的表面积会增加。这将导致较小的弹簧常数、电阻和电容量随几何尺寸缩小而变化，以及前面章节讨论过的其他属性。由于更硬、更轻的结构会导致更高的共振频率，与表面力相比，惯性力变得不那么重要了。这些影响通常会导致性能的提高和功耗的降低。

　　如今，大量商品基于 MEMS 技术制造，如加速度计、陀螺仪、磁力仪、麦克风和超声波传感器。这些产品在消费类电子产品、汽车工业、医疗设备和光学显示技术方面取得了商业上的成功。根据 Yole 公司的市场调研，MEMS 行业已经并将继续以每年 17% 的累积增长率增长，到 2025 年其规模将超过 300 亿美元。物联网（IoT）需要"无处不在"的智能 MEMS 器件和传感器（智能家居、可穿戴装置等），预计它将成为未来 MEMS 的主要驱动力。此外，医疗应用（智能医疗、健康、诊断等）有望在未来几年显著推动 MEMS 的发展。

13.7　作业题

　　1. 描述制造 MEMS 麦克风所需的工艺步骤。指出先采取哪些步骤以最大程度地减小热应力，然后选择随后需要进行的工艺步骤，以便通过引线键合到封装。考虑由硅制成传感层，由于硅是压阻性的，因此是检测由声音信号产生的应变变化的理想选择。

　　2. 微型热板气体传感器必须在高于 20℃ 的环境温度的 320℃ 温度下工作。正方形氮化硅加热板每边的尺寸为 250μm，厚度为 2μm。假设电子电路在整个工作时间必须保持低于 85℃ 才能可靠运行，提出热隔离所需的合适尺寸，以最大限度地减少从传感器到 ASIC 的热传导。假设通过氮化硅支撑梁的传导，装置表面的对流可以模拟为通过环境空气的传导。假设 ASIC 和散热器之间的接触热电阻为 1℃·cm^2/W，散热器的表面积为 100cm^2。

　　3. 光学 CCD 相机以最高帧速率运行时会产生 500mW 的热量。你需要集成一个产生 2W 热量的图像处理器芯片。在稳态条件下，封装上需要多少表面积才能将传感器和处理器芯片的工作温度保持在 85℃以下？假设封装由热导率为 2W/mK 的陶瓷材料制成，并且在稳态条件下对流系数为 10W/m²K。

4. CMOS 相机读取视频信号的引线数量为 16 加上四个额外的电源、时钟、复位和接地连接。你将考虑哪些因素以允许将此数据传输到 USB 端口以将图像下载到计算机上，并使用相机供应商提供的软件进行分析？

5. 对于光学器件（如 DMD、加速度计或麦克风）而言，保护其传感器功能的最佳（理想）封装材料和技术是什么？与加速度计封装相比，这对光学器件封装的成本和可制造性有什么影响？

6. 除了集成电路封装的基本要求外，MEMS 或传感器封装还需要哪些特定的特性。请列出下列器件的要求：a）陀螺仪；b）霍尔效应传感器；c）射频开关；d）气体传感器；e）压力传感器。

7. 许多 MEMS 传感器需要与它们感测的环境/介质直接接触。这就需要保护涂层或介质隔离，以保护 MEMS 器件免受其环境的影响。请讨论在暴露于涡轮机腐蚀性气体的环境中高温应用（400℃）压力传感器的设计。

8. 玻璃封装为光学 MEMS 和生物 MEMS 提供了独特的功能，即在特定的波长范围内需要透射。请讨论用于血液氧和压力监测的光学传感器的玻璃封装的优势。

13.8　推荐阅读文献

Peterson, K. E. "Silicon as a mechanical material." *Proceedings of the IEEE,* vol. 70, 1982. (https://www.infineon.com/cms/en/about-infineon/press/market-news/2006/211773.html).

Saile, V., Wallrabe, U., Tubata, O., and Korvink, J. G. *LIGA and Its Applications.* Wiley-VCH Verlag, 2009.

Bergveld, P. "Development of an ion-sensitive solid state device for neurophysiological measurements." *IEEE Transactions on Biomedical Engineering,* vol. 17, pp. 70–71, 1970.

Lundstrom, I., Shivaraman, S., Svensson, C., and Lundkvist, L. "A hydrogen-sensitive MOS field-effect transistor." *Journal of Applied Physics,* vol. 26, 2, pp. 55–57, 1975.

Madou, M. J. *Fundamentals of Microfabrication and Nanotechnology.* 3rd ed. Boca Raton, FL: CRC Press, 2011.

Campbell, S. A. *Fabrication Engineering at the Micro and Nanoscale.* Oxford, UK: Oxford University Press, 2007.

Liu, C. *Foundation of MEMS.* 2nd ed. Upper Saddle River, NJ: Prentice Hall/Pearson, 2011.

Wong, C. P., et al. *Nano-Bio-Electronic, Photonic and MEMS Packaging.* Springer-Verlag: Springer US, 2010.

Lu, D. and Wong, C. P. "Materials for Advanced Packaging." Springer Nature: Springer 2009.

Ghodssi, R. and Lin, P. "MEMS Materials and Processes Handbook." Springer Science+Business Media, NY: Springer, 2011.

Fischer-Hirchert, U. H. P. "Photonic Packaging Sourcebook." Springer-Verlag, Berlin: Springer, 2015.

Senturia, S. D. *Microsystem Design.* Springer Science+Business Media, NY: Springer, 2004.

Korvink, J. G. and Paul, O. *MEMS: A Practical Guide to Design, Analysis, and Applications.* William Andrew/Springer, 2005.

Mack, C. *Fundamental Principles of Optical Lithography: The Science of Microfabrication.* West Sussex, GB: Wiley, 2008.

Ramm, P., Lu, J. Q., and Taklo, M. V. *Handbook of Wafer Bonding.* Weinheim, Germany: Wiley-VCH, 2012.

第14章

包封、模塑和密封的基础知识

C. P. Wong 教授
美国佐治亚理工学院
Treliant Fang 博士
美国摩托罗拉公司

Pengli Zhu（朱鹏莉）博士
中国科学院深圳先进技术研究院

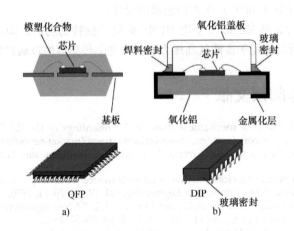

a) QFP　　b) DIP

本章主题

- 解释包封和密封的必要性
- 描述包封和密封的基本技术
- 讨论气密性和非气密性封装及密封工艺
- 描述不同的气密性封装方法
- 讨论塑料封装在非气密性下怎样实现可靠性

本章简介

　　包封和密封是保护封装件中芯片的两种方式。他们用来保护集成电路（IC）器件免受不利的环境和机械方面的损伤。本章提供一个在 IC 封装中包封和密封工艺的基本理解。在本章的包封部分，提及了常用的包封化学材料，包括塑封料、液封、球顶加注包封，以及底部填充胶等。然后，综述了这些材料的主要性能。最后，比较了气密封装和非气密封装的不同，以及怎样在非气密条件下实现器件的可靠性。

14.1　什么是密封和包封，为什么要这么做

电子器件只有在封装后才能实现其设计的功能。在 20 世纪 80 年代，封装被定义的作用是提供互连、供电、冷却和保护 IC。每一项都包括设计、材料、工艺、测试或特性。因此，对任何封装而言，对器件的保护都是其最重要的功能之一。在消费类产品和应用中，最常见的保护技术就是包封，通常是通过聚合物来实现，理由有两个：低温和低成本。在超高可靠性应用中，例如医疗、汽车或航空航天等，气密性封装或者说密封是必要的。包封提供了一种比较经济的保护器件的方式，将有源器件与环境中的或化学的污染物隔离。与此同时，通过器件与包封材料在结构上的结合形成稳健的封装，并提供机械保护。

以下因素决定了包封的性能：封装尺寸的稳定性、抗热波动的能力、抗环境污染物渗透的能力，以及对封装器件产生热量的耗散能力。近二十年来，得益于包封技术的进步，塑料包封微电路得以作为一种经济高效的器件保护手段，在一些最迫切需要的系统中使用，其中包括星载电子系统。

14.2　包封和密封封装的结构

包封对提供 IC 的化学保护和机械保护来说是必要的，这样在消费品、通信、计算机及其他行业等的使用条件下，器件才能达到所要求的寿命。由于智能手机的到来，包封可以在跌落测试中提供对器件的额外保护。

图 14.1a 展示了一种最常见的器件封装形式，四面引线扁平封装（QFP），器件通过模塑工艺得到保护。所有的这些封装类型都需要包封或密封来保护内部芯片。这种保护可以是有机保护层，这种情形称为包封，如图 14.1a 所示；也可以是无机保护层，如图 14.1b 所示，这种情形称为密封。典型情况是包封材料注模在 IC 上面，或者涂覆在芯片下面，例如倒装芯片陶瓷球栅阵列（CBGA）封装。有机保护层是一种非常低廉的器件保护方式，但是这种保护不是永久性的，通常由所使用的树脂的渗透性能决定。而这种无机物的密封，则通过气密性达到永久性的保护，但是这种工艺的成本很高。

14.2.1　包封和密封的基本功能

化学保护

通过包封保护电子器件免受环境的污染，是封装应用中必不可少的部分。水汽连同其他的大气污染物，是严重降低器件服役寿命的关键因素。腐蚀性成分包括环境中存在的许多有害化学物质，如盐和生物分泌物等。例如，像钠离子这样的可动离子，可以迅速扩散到器件的结，捕获电子，然后破坏器件。电压偏置下的氯离子将相对容易地加速铝金属化层的腐蚀。必须防止这些污染物扩散到 IC 中。

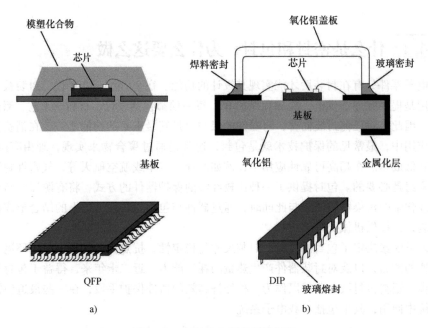

图 14.1　密封和包封的封装结构

a）包封样例　b）气密性的陶瓷熔封

隔离水汽

在电子产品中，水汽是导致 IC 和封装件失效的一个主要促成因素，会降低它们的性能和可靠性。在板级组装期间，由于聚合物封装材料的快速水分吸附性质，是导致器件表面和塑模表面分层的一个主要原因，称为表面组装器件的爆米花效应，通常发生在器件表面和模塑料之间。封装体内积聚的水汽压力会使塑封件显现出裂纹。在这种情况下，在电路板上装配后，封装的分层和开裂可能就会严重降低器件的可靠性。这些情况已经迫使 IC 制造商采用干燥的包装方法，以及系统制造商在进行板级组装之前进行水汽烘烤。众所周知，如果未固化的包封在室温下有水汽存在时老化，然后再固化，会导致其性能如玻璃化转变温度（T_g）、弹性模量（E）显著下降。已经证明，原来在干燥状态下存储的完全固化的包封，在高温高湿下会发生水解。有明确的迹象表明水汽会侵蚀固化的和未固化的环氧树脂材料，削弱它们原本用来保护电子封装的固有的机械性能。在潮湿条件下老化时，焊料球和环氧底部填充包封料之间的黏接强度也会下降。

由于吸湿引起的封装体膨胀和由此产生的湿应力，是互连级失效的主要驱动力。环氧树脂水分的吸收与其暴露时间的平方根呈简单线性关系。这种线性关系表明水分吸收是受扩散控制的。

菲克扩散定律（Fick's Law of Diffusion）指出，在达到平衡之前，时间 t 时的吸水量 W_t 与时间的平方根成正比，与膜厚 L 成反比，见式（14.1）：

$$\frac{W_t}{W_e} = \frac{4}{L}\sqrt{\left(\frac{Dt}{\pi}\right)} \tag{14.1}$$

式中，W_e 是包封体的平衡含水率，是湿度的指数函数，见式（14.2）：

$$W_e = KH^{\alpha} \tag{14.2}$$

式中，K 和 α 是与温度相关的常数。相对于纯树脂来说，环氧树脂典型的平衡含水率是 $1.5\% \sim 2\%$，而水在环氧树脂中的扩散常数 D 为 $1.5 \times 10^{-13} \, \mathrm{m^2/s}$。水分能相对容易地吸附进塑料成型部件内部。然而，当这些部件进行回流焊时，吸收的水分发生汽化，并产生巨大的压力，使部件开裂。这就是塑封表面组装中所说的"爆米花效应"，如图 14.2 所示。

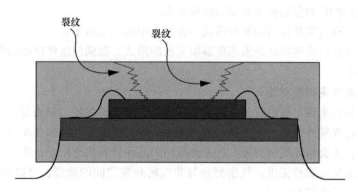

图 14.2　塑封中的爆米花效应

隔离盐类

离子污染物，如钠离子、钾离子和氯离子，会影响包封 IC 器件的可靠性，在某些情况下，还会影响其电气性能。盐的来源可以是生物产生的（例如汗水），也可以是非生物产生的（例如来自海水或划片操作）。这些盐类的存在，加速了 IC 金属的腐蚀。选择封装材料时，往往只考虑它们的电性能，而不考虑其抵抗腐蚀的性能。随着工作电压的施加，足够在大多数器件上引起电化学腐蚀。由于大多数芯片上互连的导体处于亚微米级的线宽和微米级甚至更窄的节距，极少量的局部腐蚀也足以导致器件的开路或改变其电特性，引起信号的噪声或错误。最具破坏性的腐蚀作用来自亚微米大小的离子颗粒，如空气中的硫酸铵颗粒。如果没有进行充分的包封，这些盐类粒子会引起铜严重腐蚀。包封的涂覆厚度、器件所处的环境的 pH 值和器件的施加电压，都是决定其加速腐蚀的重要因素。

隔离生物有机体

昆虫可以被一个工作的电子设备产生的电场所吸引，由于火蚁的腐蚀性分泌物和残留在交换盒上的粪便，曾经导致外场一些电话交换机的损坏。频率依赖性研究表明，昆虫对高频产生的电场更敏感。

隔离大气污染物

大气中包括氮氧化物（NO_x）和二氧化硫（SO_2）在内的其他腐蚀性气体，对电子设备的危害更大；这两种物质作为化石燃料燃烧的副产品，都存在于空气中。当氮氧化物和二氧化硫与空气中的水分反应时，会形成腐蚀性的酸。雨中有这些氧化物存在时，pH 值可低至 5，形成酸雨，会对所有暴露在外的设备产生极强的腐蚀性，显著降低它们的有效使用寿命。

机械保护

包封对电子封装提供的第二个重要保护功能是机械保护。引线键合和倒装芯片器件以引线（对引线键合器件来说）或凸点（对倒装芯片器件来说）的形式，都具有非常好的输入-输出（I/O）互连功能。引线直径可以细至 $25\mu m$，凸点直径可以小至 $50\mu m$。因此，这些 I/O 形式几乎不能为下一级封装提供完整的结构。

机械保护通过以下两种方式实现：

1）通过对 IC 的包封防止其受到机械损害。

2）使 IC 和封装基板间的底胶形成的连接点中的应变最小化。

包封不管是以模塑料还是液态底部填充胶的形式，都能使这些精细的结构融入更稳定的结构中。

气密与非气密封装对比

对任何器件来说，气密封装可以为其提供最大限度的保护，但通常价格昂贵。只有在足以支付起额外成本、需要最大限度的可靠性的情况下，例如在某些汽车和航空航天应用中，才会采用气密封装。在大多数消费品和计算机应用中，非气密封装可以达到并持续满足可靠性需求。气密封装与非气密封装之间的选择，可以看作是成本、性能和应用需求之间的折衷。

无机材料是气密的，有机材料则不然。气密封装的理论定义为阻止氦的扩散，并且漏率低于 $10^{-8}atm \cdot cm^3/s$。无机和有机材料的根本区别与固体、液体和气体的原子结构有关，图 14.3 阐明了以渗透率描述这种行为的工程特性。气密性从玻璃开始，一直延伸到金属。如图 14.3 左边所示，聚合物和气体显然是非气密的。

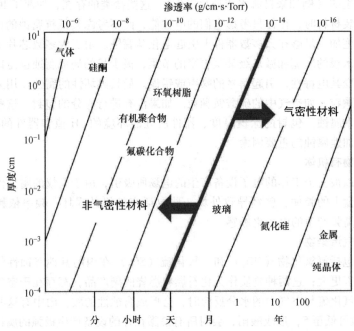

图 14.3　水通过有机（非气密）和无机（气密）材料的渗透率

在半导体发展的早期时候，有两种方法来保护 IC。一种是在芯片上用氮化硅密封，或者将芯片密封在金属外壳中，以保护芯片免受环境的应力。水汽问题促使军事和航空航天领域要求器件气密封装，以达到长期可靠性。气密封装利用一个不受气体和水汽影响的封闭环境来保护器件。最后的密封通过使用玻璃或金属封接的帽或盖板来完成。封装体内的水汽含量被限制在体积比最大不超过 5000ppm，选择这一含量是为了消除发生在封装体内任何水汽凝结的可能性。对于极敏感的器件，水汽含量要求进一步降低，这增加了生产这些气密封装器件的时间和成本。

气密封装被证明是一种实现长期使用寿命的稳健方法，以至于近年来气密封装技术几乎未发生改变。在经过缓慢的发展和初期的可靠性问题之后，气密的封装器件让步于低成本非气密的塑料封装，尤其是那些为商业和工业市场而设计的电子产品。然而，现在的非气密也并不意味着不可靠。塑料封装并不是气密的，但它们显示出了可接受的可靠性，现在大概占据了封装的 90% ~ 95%。

水汽对塑料封装的影响

水汽对有机材料和被保护的基板间的长期黏附性强度造成不利影响。水汽通过以下机制的组合扮演了脱合剂的作用：1）水汽与金属表面反应，形成一个脆弱的水合氧化物表面；2）水汽促进了化学键的断裂；3）与水汽有关的分解或解聚。实际上，在潮湿环境中，金属及表面氧化物的先天保护对聚合物黏接的耐久性是不利的。金属和氧化物都是相对极性的。水（H_2O）会优先吸附在氧化物表面，在金属-聚合物界面上形成一个薄弱的边界层，从而导致黏接问题。在潮湿的环境中，聚合物的长期防腐蚀性能会受到界面区域弱化的不利影响。此外，水汽扩散率取决于材料、厚度和扩散时间，如图 14.3 所示。在塑封大规模应用之前，对与其相关的材料和工艺的研究，还有许多困难需要去克服。有机材料是非气密的，允许水汽渗透和吸收。不同的有机材料族系有大量的材料性能，这与水汽渗透率和水汽吸收特性有关。在塑料封装的早期，由于较差的黏附力和材料中大量的可动离子污染物，腐蚀是导致其失效的主要原因。水汽连同可动离子的存在，被确定为腐蚀及其他失效机制的主要促成因素。塑封材料和工艺的进步几乎消除了腐蚀这一失效根源。材料和工艺的进步，使得塑封服役寿命期间阻止水汽在封装边缘的进入和逸出方面，已经接近气密封装的可靠性，达到了极佳的长期可靠性。气密这个词被定义为通过熔接、软钎焊等实现完全的密封，达到隔绝空气、水汽或其他气体的目的；换句话说，也就是不透气的意思。在实际气密封装应用上，做到绝对气密是不现实的。

随着时间的推移，小的气体分子通常通过扩散和渗透进入封装体内。最终，这些气体将会在封装腔体内达到平衡。尽管存在渗透，但由于这种活动极其缓慢的性质，在使用中仍然可以得到较长的寿命。在美军标 MIL-STD-883 中规定了筛选和鉴定的加速试验和检漏试验，这些试验代表了气密封装可靠性测试的基础和行业接受的方法。

聚合物包封的趋势

多年来，由于用于包封的高纯度聚合物原材料的获得问题，非气密封装的普及一直紧随气密封装之后。传统的模塑封装电路和聚合物包封电路均处于这种境地。这些早期的聚合物不足以延缓水汽的不利影响，不管在加速试验还是在现场应用中，水汽一旦到达 IC 和其组装后脆弱的表面，就会导致性能变差。较差的黏附力、材料本身含有的污染物、不匹配的热膨胀系数（CTE）和由此产生的与应力相关的问题，以及对填充物技术的相对不成熟的认识，所有这些的叠加，使得塑封不能被立即接受。经过在树脂、填料、材料配方和工艺开发方面的大量努力，聚合物包封最终在 20 世纪 70 年代初开始为人类所接受。在这期间，作为阻挡水汽问题的第一道防线，在提高器件有源区域玻璃钝化层质量方面，也取得了重大进展。这些技术进步的结合是聚合物封装被接受所需要的重要基础，最终导致其广泛应用。

在塑封的早期阶段，许多失效模式已被明确，材料相关问题也得到了处理，使得不同的聚合物和聚合物配方更符合应用要求。这也使塑封在许多应用和环境中因接近气密封装的可靠性而得到接受。显然，模塑封装是目前用于商业和工业级电子产品的最主要的封装方法。据估计，90% 以上在市面销售的 IC 是以这种形式封装的。非气密封装不仅包括模塑封装，也包括塑料和陶瓷腔体使用聚合物而非昂贵的无机材料密封的封装。最近，板上芯片（见图 14.3）和多芯片组件（MCM）也已转向了非气密封装。大多数正在生产的高性能 MCM，例如 MCM-C（共烧陶瓷型多芯片组件）和 MCM-D（淀积薄膜型多芯片组件），主要采用气密封装；低成本的 MCM-L（叠层型多芯片组件），其采用引线键合、TAB 或倒装芯片连接到印制电路板上，往往采用有机聚合物在上表面的包封形式，通常这被称为板上芯片（COB）。

在使用聚合物保护半导体器件上，还有许多地方需要研究。现在已经知道了所要求的材料属性的概况以及如何避免与之相关的失效，但是具体的降解过程和在材料表面界面上的反应仍然是当前研究的目标。如先前提到的，腐蚀是早期聚合物封装失效的主要原因。具有低含量可动离子如 Na^+、K^+ 和 Cl^- 的高纯度树脂，改善了这些材料的性能。新配方及更好的填料技术使得材料不再引起芯片及互连发生应力相关的失效。在 COB 和 MCM 的新技术中，腐蚀再次成为现有的包封材料失效的主要原因，特别是对于引线键合器件，在大多数塑模封装中，芯片铝键合焊盘均为薄层结构，直接暴露在覆盖界面。

黏接强度

聚合物与封装之间良好的界面黏接是很重要的。金属-有机物界面之间的黏接强度是通过机械互锁、化学和物理键的综合作用来实现。如果聚合物和基板间原子结合的密度和强度不够高，不能防止非晶相的形成，就有可能发生腐蚀。不同的材料有不同的方法来实现防腐和可靠性。例如，尽管典型的环氧树脂的黏接强度不比硅树脂高多少，但它们的模量要大得多，这将获得更高的界面应力和降解。腐蚀防护与黏接性能息息相关，长期的可靠性要求持久的黏接能力。这种聚合物基质密度的观点也适用于块状材料。硅烷偶联剂的使用大大改善了聚合物的黏接性能。我们当然希望一种聚合物材料在一开始就完全没有各种离子，但我们也非常希望这种材料能够限制各种离子从周围环境中迁入。

加速试验

加速试验通常是制造过程中在筛选和鉴定时对非气密封装进行评定的方法。温度循环是最常见的热机械环境试验。温度循环测试的不是封装和聚合物体系的耐腐蚀性能，而是构成器件、互连和聚合物包封的各种材料承受施加应力的性能。加速试验与现场寿命的精确关系正在研究中。随着越来越多的这种相关性被理解为与包封中聚合物使用的基本原理有关，它的使用量预计会增加。在更苛刻的市场，例如军用领域，将成为重要的应用场所。实际上，军方已经选择接受符合 MIL-STD-883 标准的塑料部件，该标准包括：

1）热冲击：测试方法：$-65 \sim 150℃$；转换时间 $< 10s$；停留时间：每个峰值 5min，共 1000 次循环。

2）盐雾时间：24h、48h、96h、240h；盐浓度：$0.5\% \sim 3\%$（NaCl）pH $6.0 \sim 7.5$，$95℉$；沉积率：在 $35℃$ 下，24h $10000 \sim 50000mg/m^2$。

3）高压蒸煮：$121℃$，相对湿度（RH）100%，30psi（2atm），带或不带偏压（加压槽）。

基于慎重选材和工艺的高性能塑封有望通过上面的新标准，实现非气密可靠性（Reliability Without Hermeticity，RWOH）。

14.2.2　术语

黏附力（Adhesion）：两个界面之间强度的量度。

球栅阵列（BGA）：一种连接到 SCM 或 MCM 上的焊锡球区域阵列，用于连接到下一级封装上形成电连接和物理连接，下级封装通常是印制电路板。

硬钎焊接头（Braze）：两种不同材料之间通过在界面上形成液相融合而形成的连接。

硬钎焊（Brazing）：通过熔化填充钎焊金属的合金，如金锡共晶合金而将金属连接在一起，其熔点低于基材金属的熔点。类似于软钎焊，但使用更高的温度。

包封（Encapsulation）：封闭或覆盖一个元件或电路实现机械和环境的保护。

玻璃化转变温度（T_g）：在聚合物或玻璃化学中，玻相向液相转变的温度低于此温度时，CTE 较低。

球顶加注包封（Glob top）：在板上芯片组装过程中，封装在芯片周围的一团材料。由于在最终固化后不能返工，在此之前，黏接的芯片必须通过预测试和检查。

气密（Hermetic）：密封使物体密闭不透气。气密性的测试方法是将测试对象填充测试气体，一般常用氦气，然后放在真空中检测泄漏率。

界面（Interface）：任何物理或化学的表层，通常指原子尺度上的两种材料之间的位置。

塑料封装（Plastic Sealing）：一种聚合物材料（如环氧树脂、聚酰亚胺），用于覆形、封装或覆盖。

四面扁平封装（QFP）：陶瓷或塑料的芯片载体，其引线从方形封装体四周引出来并向外延伸。

软钎焊（Soldering）：采用熔化和凝固熔点在 $300℃$ 以下的黏接合金的方法来连接金属材料的过程。

传递模成型（Transfer molding）：一种自动化的模压成型工艺，在这一过程中，塑料的预成型体（通常是环氧树脂）从料池中灌入装有 IC 条带的预热模具腔体中。

底部填充胶（Underfill）：一种用来填充焊点之间空隙的聚合物复合材料，以减小由于 IC 和衬底之间的 CTE 不匹配而产生的应变。

底部填充（Underfilling）：分配底部填充胶的过程。

熔焊（Welding）：通过加热熔化和熔合来连接两种金属。可以使用或不使用焊料金属。

14.3 包封材料的性能

包封材料必须具备所需的机械、热学和化学性能。流动性和黏附力是两个主要的物理性质，任何包封材料都应对其优化。理想范围的 CTE 对于坚固的包封封装是至关重要的，其玻璃转化温度（T_g）需要在可靠性测试窗口（$-65 \sim 150℃$）之外。我们期望包封材料与焊接连接处具有相近的 CTE，具有在可靠性测试中能够保证尺寸稳定的玻璃化转变温度，具有在温度循环中不会产生较大应力的弹性模量，具有大于百分之一的断裂伸长率，以及较低的吸湿率。然而，这些性能并不能通过单一的环氧树脂来实现。因此，由环氧树脂和填料的混合物组成的环氧配方提供了一种实用的方法来满足大多数封装需求。表 14.1 列出了一些重要的倒装芯片底部填充材料要求，这些要求也适用于大多数其他包封材料。

表 14.1 倒装芯片填充材料要求

性　　能	期　望　值	说　　明
流速	>0.5mm/s	快速流动，无气泡夹持
黏附力	剪切力>50MPa	元器件保护的关键
CTE	18~30ppm/℃	与焊料 CTE 匹配（26ppm/℃）
伸长率	>1%	抗 CTE 失配应力
模量	5~8GPa	提供机械耦合
T_g	>130℃	保持尺寸稳定性
固化应力	<10MPa	使聚合物收缩引起的内应力最小化
吸水量	<1%	减少水汽诱发的失效
离子杂质（Na^+，K^+，Cl^-，Br^-）	<10ppm	防止腐蚀和金属电迁移
热稳定性，减重1%	>260℃	防止焊料回流过程中的底部填充料分解
160℃固化时间	<0.5h	保持良好的产品产量
固化损失	<1% 的减重	保持正确的化学计量
室温时贮存寿命，黏度增加20%	>8h	提供较长底部填充时间

14.3.1 机械性能

良好的包封材料最重要的力学性能之一是应该具备良好的应力-应变性能。

图 14.4 所示为两种包封材料的应力-应变曲线。一个理想的封装材料应该有 > 1% 的断裂伸长率，5 ~ 8GPa 的拉伸模量，以及在接近 T_g 的温度下性能的最小变化。图 14.4 中的材料 B 在低应变和低韧性下失效，是不可接受的材料。与之相反，材料 A 是理想的。

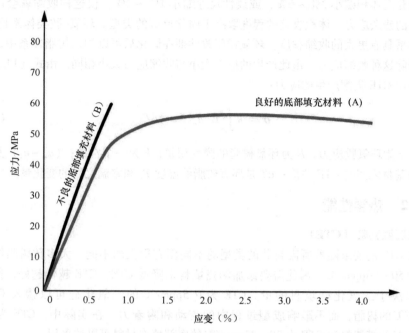

图 14.4　良好（材料 A）与不良（材料 B）包封材料的应力-应变曲线

表 14.2 列出了一些材料的物理性质。大多数填充的聚合物体系在高于其 T_g 温度时表现出 4 倍的 CTE 变化。填充后的包封材料，如底部填充材料和模塑料，在 T_g 范围之外时，其 CTE 变化在 2 ~ 5 倍范围内。理想情况下，模塑化合物的 CTE 应该尽可能接近硅（2.6ppm/℃），而底部填充材料的 CTE 应该尽可能接近焊球（25ppm/℃）。这些特性保证了芯片和底部填充料之间以及焊料和底部填充料之间的低应力。

表 14.2　一些材料的物理性质

材　料	CTE/（ppm/℃）	模量/GPa	密度/（g/cc）
硅	2.6	107	2.33
二氧化硅	0.5	119	2.60
氧化铝	6.6	345	3.90
焊料（63Sn/37Pb）	25	50	8.40
铝	23	79	2.90
模塑料	15	14.2	2.30
FR-4	16	20	1.85

残余应力

大多数用于包封的树脂体系在固化后会产生不同程度的残余应力。残余应力的两个主要来源是树脂的收缩和热机械载荷，这是由于组成材料的 CTE 在固化温度和储存（室温）温度之间不匹配造成的。聚合物固化时体积收缩非常普遍，例如，环氧树脂在固化后体积缩小 3% ~ 6%，或线性尺寸缩小 1% ~ 2%。仅这种收缩就会产生约 20MPa 的残余应力。体积收缩的程度取决于固化反应的类型。环氧-胺类体系比环氧-酸酐体系具有更大的收缩程度。环氧树脂改性剂在固化后可以加入树脂体系中，以减少或消除这种收缩应力。由此产生的应力大小与收缩应力大小相同。由式（14.3）可以估算出 CTE 失配产生的应力：

$$\sigma = k \int_{25}^{T_g} E(a_e - a_s) \mathrm{d}T \tag{14.3}$$

式中，σ 为环氧膜应力；E 为环氧树脂的弹性模量；k 为一个常数；$(a_e - a_s)$ 是环氧树脂与基材之间的 CTE 差值；$\mathrm{d}T$ 是环氧树脂的温度 T_g 和室温之间的变化量。

14.3.2 热学性能

热膨胀系数（CTE）

对 CTE 的要求随着所需封装的类型的不同而有很大的不同。大多数树脂体系的 CTE 为 50 ~ 80ppm/℃，因此需要添加陶瓷填料来降低 CTE。CTE 越低越好，但 CTE 通常取决于二氧化硅填料的量。CTE 为 0.5ppm/℃ 的二氧化硅可以掺入 CTE 为 60ppm/℃ 的树脂，而不影响成型过程中的流动和附着力。在实际中，CTE 为 10 ~ 15ppm/℃ 的模塑料和 CTE 为 20 ~ 35ppm/℃ 的底部填充材料可以被采用。

玻璃化转变温度（T_g）

T_g 是指材料从固相转变为液相的温度。在这个温度以上，模量很低，几乎是恒定的，在这个温度以下，模量几乎是其 3 个数量级，如图 14.5 所示。T_g 测量了封装材料中使用的聚合物相对于温度变化的相变。在 T_g 以上，大多数聚合物的 CTE 增加到 3 倍（或更多）。在一个有限的空间里，比如在一个倒装芯片的间隙里，CTE 的这种突然变化会导致灾难性的故障。由于这个特殊的原因，所有耐用的底部填充胶系统都应该有高于预期的可靠性测试温度（125℃ 或 150℃）的 T_g。对于表面涂层包封，如覆形涂层材料，T_g 要求可能不适用。事实上，大多数覆形涂层材料的 T_g 要比 125℃ 低得多。

包封过程中的流动性

模塑化合物的初始形态为固态预制体。在高产量的生产过程中，模具内熔融化合物的流动特性是非常关键的。所有其他液体形式的包封工艺，如底部填充、空腔填充、球顶加注和覆形涂层，在操作过程中都需要良好的流动性。良好的表面润湿性导致良好的流动特性，良好的流动特性又可获得包封的无空隙填充。下面的 Washburn 方程（14.4）描述了一个简单的模型，该模型由平行板流动公式推导而来，它描述了在芯片基板间隙中底填充流动所需的时间。

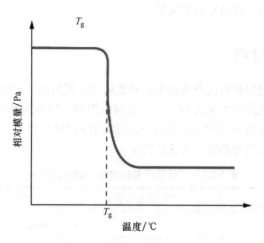

图 14.5　树脂的玻璃转化温度

$$t \cong \frac{3\eta L^2}{h\gamma\cos\theta} \tag{14.4}$$

式中，t 为流动时间；η 为黏度；L 为流动距离；h 为芯片基板间隙；γ 为表面张力；θ 为润湿角。

很明显，从底部填充时间的角度来看，对于给定的芯片衬底间隙和芯片尺寸，具有最低黏度、最高表面张力和最小润湿角的底部填充料是其最合适的选择材料。

14.3.3　物理性能

黏附力

黏附被定义为两个界面之间强度的度量。可靠的包封系统为器件包封界面提供了强大的黏附力，使得包封的机械完整性在热应力下得到保持。化学结合（共价键）和机械结合（范德华力）都可以融入这个体系中，得到理想的效果。黏附增强的例子包括在包封中添加黏附促进剂以改善化学结合，以及通过等离子蚀刻法使元件-基板界面表面粗糙化。电子封装的黏附失效可分为以下几个阶段：损伤起始阶段、微裂纹形成阶段、黏附脱离增长阶段，最后是界面分层阶段。在分层之前的任何干预都有可能延迟或消除黏附失效造成的结构损伤。黏附促进剂提供了良好的界面结合，使热机械载荷引起的损伤减小。在封装配方中加入的增韧剂等添加剂也有助于限制微裂纹的生长和剥离过程。

界面

界面被定义为两种材料之间的任何物理或化学层，通常以原子尺度表示。器件硬钝化（二氧化硅、氮化硅、氮氧化硅）或软缓冲层（硬钝化层上的聚酰亚胺或苯并环丁烯）以及包封材料，是防止黏附失效的第一道防线。包封材料与键合丝之间的黏附（对于引线键合器件）或焊料凸点（对于倒装芯片）是第二个需要关注的地方。封装体内包括焊料阻焊层、外露引线和基板（FR-4、BT、陶瓷）在内的所有界面，都需要良好的黏附力，以防止封装失效。

14.4 包封材料

最普遍采用的包封材料剂分为四类：环氧树脂、氰酸脂、硅树脂和聚氨酯。典型的倒装芯片底部填充胶配方见表 14.3。在包封应用中恰当的选择材料按照原型模型再成型的顺序进行，如图 14.6 所示。原型包封胶的原材料是容易获得的，通过实验测试研究其性能，通过模型能进一步优化性能。

表 14.3　倒装芯片底部填充剂配方的实例

成　　分	质量（%）	功　能　性
双酚 A 环二环氧树脂	5.8	树脂
环脂环氧树脂 ERL4221	12.5	稀释剂、交联剂
HMPA 酐	13.8	交联剂、硬化剂
2 甲基-4 乙基咪唑	0.3	固化加速剂
色素碳黑	0.1	着色剂
球形二氧化硅填料	67.5	降低 CTE

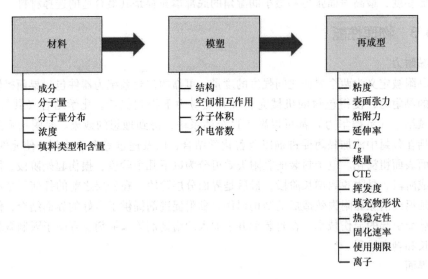

图 14.6　包封材料优化流程

所有包封材料都涉及某些形成的聚化物和交链反应，这能进一步提升封装系统的机械性能。不会产生挥发性的加成反应是常用的方式，这种化学反应是在提高温度为 80～180℃、时间为 0.25～3h 的条件下完成的。

14.4.1　环氧树脂和相关材料

本章描述的是包封技术中最常用的系统。环氧树脂聚合过程是快速和清洁的，而且没有挥发性，这些已经进行了较深入的研究。有三类催化剂（固化剂）被普遍用于环氧包封材料中：酸酐类、胺类、酚醛树脂类。

酸酐环氧树脂

这种系统中存在容易水解的聚酯键。在 150 ~ 175℃ 固化温度下，酸酐有相当高的蒸气压，产生蒸发，造成酸酐的流失，由此产生了化学计量问题。为避免此问题，包含酸酐的包封材料（底部填充料、腔体填充料、球顶加注包封料）在达到最终的较高固化温度前必须先在较低温度（约 125℃）进行中间胶凝阶段。尽管工艺较复杂，环氧树脂-酸酐系统仍然是液体封装工艺的重要方式。图 14.7 显示了通常采用的环氧酸酐包封料系统，它由两种环氧树脂和一种酸酐混合组成。

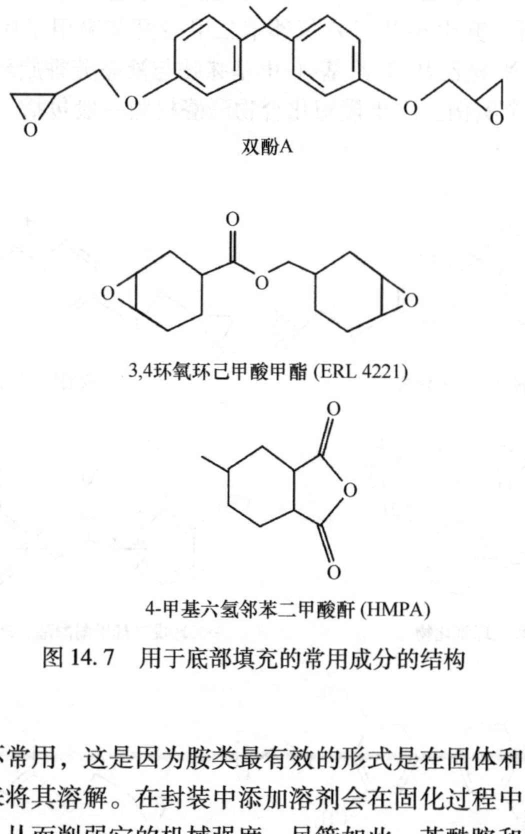

双酚A

3,4环氧环己酸甲酯 (ERL 4221)

4-甲基六氢邻苯二甲酸酐 (HMPA)

图 14.7　用于底部填充的常用成分的结构

胺类环氧树脂

这种系统比较不常用，这是因为胺类最有效的形式是在固体和黏性液体中，需要在配方中添加溶剂来将其溶解。在封装中添加溶剂会在固化过程中产生空洞，也可能塑化环氧树脂结构，从而削弱它的机械强度。尽管如此，芳酰胺和胺加合物已被用于某些底部填充料配方。

酚醛环氧树脂

这种系统的树脂由于其固态性质大多用于模塑化合物。在三种结构中酚醛固化反应最慢，经常需要在180℃温度下后固化数小时。由酚醛构成的环氧树脂聚合物也展示了最理想的机械性能，这是由于在环氧链中没有像酯类和胺类这样的易破裂结构。这些易破裂结构也会使聚合物产生较高的吸湿性。

常用的芳香族环氧树脂包括：双酚 A 二环氧化物、双酚 F 二环氧化物、甲酚酚醛二环氧化物、二环戊二烯甲酚酚醛二环氧化物、四甲基联苯双环氧化物、1,6-萘二酚双环氧化物（见图 14.8）。四甲基联苯双环氧化物和 1,6-萘二酚双环氧化物，这些化合物在室温下是固态，但升温后熔化成稀液体，使它们成为模塑配方中较好的起始材料。除了芳香族环氧树脂外，在要求溶解固态固化剂和调节黏性的配方中，液态酯类环氧树脂也被用作反应稀释剂，丁二醇二缩水甘油醚和环二环氧化物，例如 3,4 环氧环己甲酸甲酯（来自联合碳化合物公司的 ERL4221）可能出现于某些底部填充料配方中。这些脂类在聚合作用后展现出的机械性能不好，它们比芳香族对应物更容易吸收湿气。与环氧树脂相比，酸酐固化剂的选择是很有限的。一般仅采用 3 种液态酸酐：4-甲基六氢邻苯二甲酸酐（HMPA）、四氢-4-甲基邻苯二甲酸酐、5-甲基降冰片烯-2,3-二羧酸酐。其中 4-甲基六氢邻苯二甲酸酐普遍用于底部填充料中。液态咪唑基固化剂，如 N-氰乙基-2-乙基-4-甲基咪唑与液态芳香族环氧树脂混合是胺族环氧树脂体系的一个实例。用于模塑化合物酚醛树脂一般包括：甲酚酚醛树脂、烷基酚类化合物。

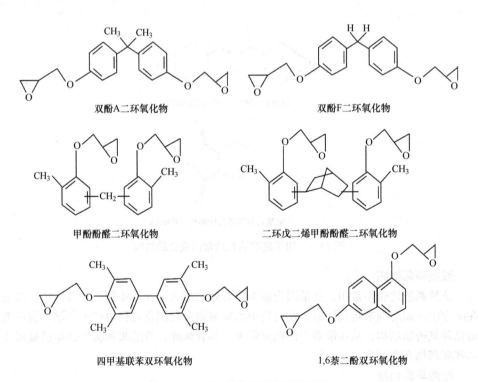

图 14.8　常用的芳香族环氧树脂结构

14.4.2 氰酸酯

氰酸酯是高性能三嗪聚合物的前体。在化学性质方面，这些聚合物显示出较高的 T_g（192～289℃），并且比环氧类参照物的吸水性低。由于原料成本较高，有时将其与环氧树脂混合以降低成本。氰酸酯进行聚合反应形成三嗪聚合物是一种独特的过程，需要三种氰酸盐基团的参与以形成树状聚合网络。在 OCN 端基团"咬合"后才能完成环化反应（见图 14.9）。氰酸酯聚合物的另一个优点是自动干燥特性：在气密封装中氰酸根端基团会与水反应，从而使封装中保持很低的潮湿度。在蒸汽弹试验中含氰酸酯配方的底部填料已经被证实可加强抗水性。

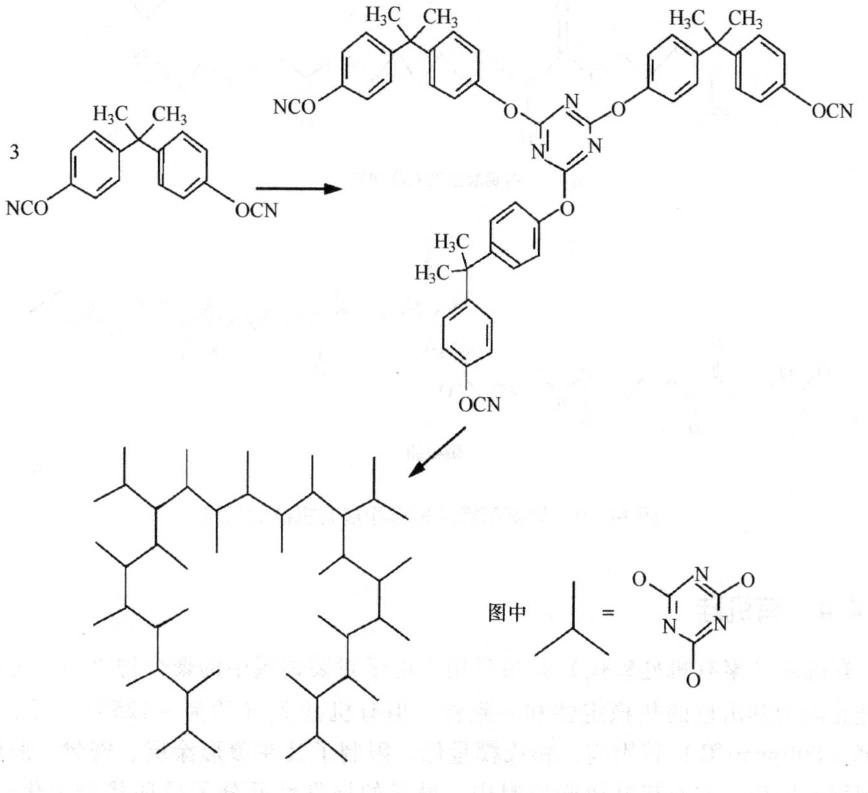

图 14.9 氰酸酯聚合物的结构

14.4.3 聚氨酯橡胶

聚氨酯橡胶是大多数覆形涂层的主要成分，被用来防护电路板避免热冲击、发动机流体泼溅、潮湿腐蚀气体和其他不利的环境。聚氨酯橡胶涂料与电路板的黏结性能良好，也可缓解电子封装的应力，与气密封装相比，在一些情况下可以提供同等器件保护。这些涂层由二异氰酸盐和羟基丙烯酸盐反应制得。羟基团为聚氨酯橡胶主链结构提供氢根，同时丙烯酸酯基团提供光敏交链能力，从而使涂料能被紫外辐射固化（见图 14.10）。聚氨酯橡胶涂层也可以填充一些无机填料以减少 CTE 从而获得良好的性能。事实上，聚氨酯在聚合物中的撕裂强度几乎是最高的。

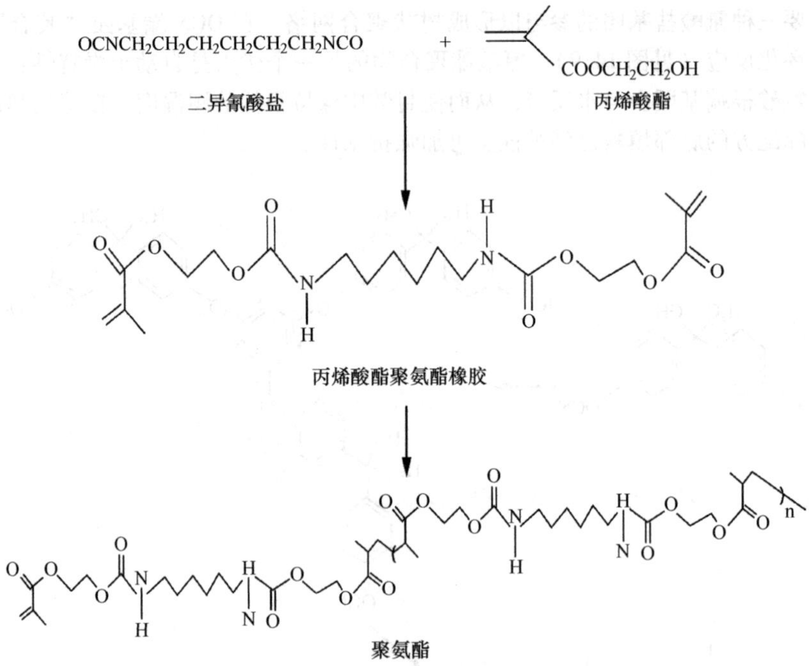

二异氰酸盐 + 丙烯酸酯

丙烯酸酯聚氨酯橡胶

聚氨酯

图 14.10　聚氨酯橡胶覆形涂层有机硅的结构

14.4.4　有机硅

有机硅（聚有机硅氧烷）是最早用于电子封装领域中的聚合物之一。选择有机硅是因为其出色的热稳定性和一致性。但有机硅 T_g（约为 -125℃）低，CTE（$300\sim800$ppm/℃）特别高，杨氏模量低，限制了其在覆形涂层、密封、腔体填充领域的应用。在有机硅树脂原料中，微量的挥发性低分子量环状分子化合物/低聚物（如 D3、D4、D5、D6 等）在封装物固化时可能对裸露的导体引线带来表面污染问题。图 14.11 描绘了耐热固化有机硅的固化机理，它可通过裁剪成预备弹性体或超低应力凝胶。这个级别的有机硅用于汽车发动机器件的罐装点火模块与稳压器和大多数汽车的引擎元件，以及硅基板上的倒装芯片和覆形混合印制电路板中。在选择了恰当的有机硅，且元件正确地清洁和固化后，就能提供适应大多数电子系统的 RWOH 封装。但是，耐溶性差、机械强度低是此材料的主要缺陷。

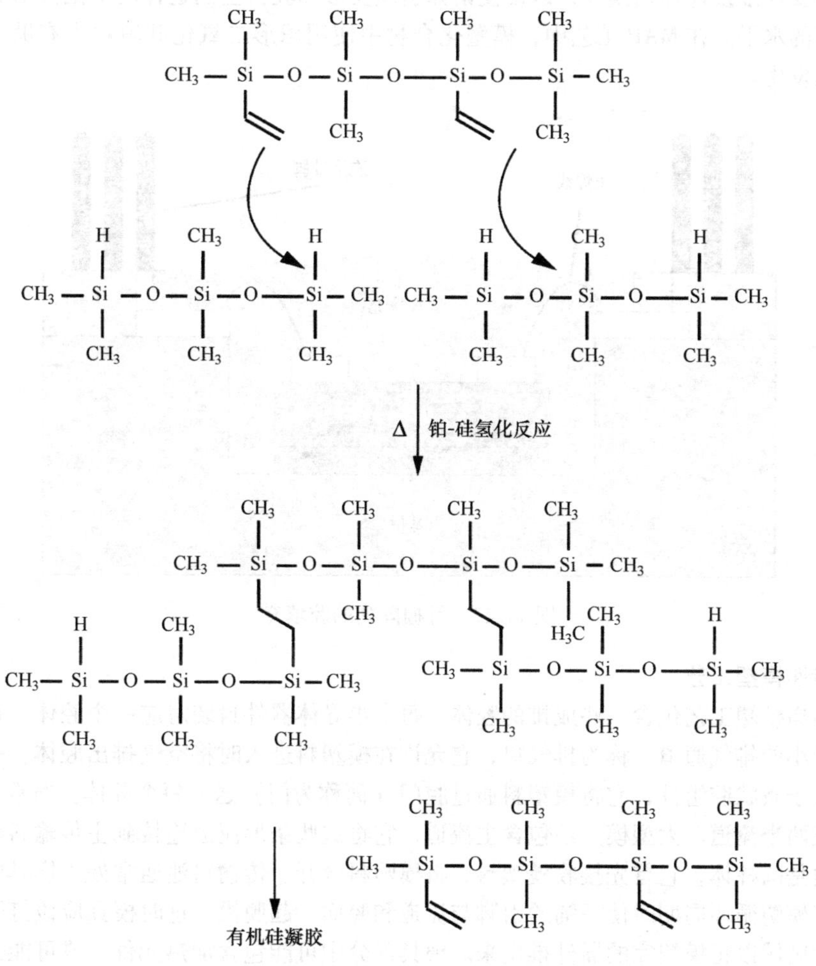

图 14.11　有机硅交链反应

14.5　包封工艺

包封工艺可以分为两大类：模塑和液体包封。

14.5.1　模塑

IC 封装市场中的大多数包封工艺是基于传递模塑法。通过施加压力，被加热的熔化模塑化合物从一个料池中（活塞）穿过流道，进入模塑腔。这是大多数器件包封过程所采用的，简便的大规模量产和低成本制造方法。但是，传递模塑法在一些新领域中很难得到应用，例如倒装芯片、腔体填充类型的针栅阵列（PGA）（见图 14.12）。模塑操作在单一器件或模塑阵列封装（Molded Array Package，MAP）中很容易进行。

后者需要仔细设计阵列模具，以便使诸如引线变形和驻留空洞这样的缺陷降低到单器件模塑的水平。在 MAP 工艺中，模塑化合物中使用球形二氧化硅填料也有助于减少缺陷的发生。

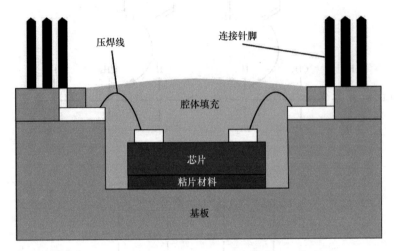

图 14.12　针栅阵列的腔填充

传递模塑工艺

传递模塑工艺包含一些成排的腔体，每个半导体器件封装对应一个腔体。每个腔体有极小的排气通道，称为排气口，它允许在模塑料进入时将空气排出腔体。一个流道平行于条状腔组件，它将模塑料通过腔门（简称为门）送入每个腔体。通常，流道被切成两半流道。大型模具还包含主流道，它将这些条形流道连接到主传输料池。传输料池是圆柱体，它首先接收模塑料，将模塑料分开。传输料池通常处于模具中心附近，在模塑循环周期时使平铺的引脚与流道和腔面一起脱模，这时模具应该打开并不断扩大区域以将模塑完的器件推出来。模具部分中可能包含加热元件，或可能需要依靠压力结构的热传递来加热。

有源硅器件常装在腔体中部，其操作过程一般是自动化的，比较简单：打开模具，将预先组装好的器件条带装入成行的腔体中；关闭模具，固态块状的模塑料放入传送料池。块料可以预热，也可以靠模具的热传递。然后传送活塞将料块压缩进流道系统。当材料开始进入腔体时，它充分熔化并且通常有最小的黏度。然后在接近大气压的条件下继续传递，直至全部腔体填满。接着增加压力到大约 6.4MPa 来"压紧"模塑料。压力的增加能将空洞直径压缩到原来的四分之一，并能确保腔体中狭小的腔体角落也能得到填充。这个压力保持到模塑料固化，硬度足以支撑器件和条带为止。最后打开模具，脱模销自动顶出，所有塑模封装件和流道料道件弹出进入收集系统，再用刷子清扫掉残留物或表面闪蒸的塑模料，设备开始新的循环。

在 20 世纪 70 年代到 20 世纪 80 年代"传统"模具占支配地位。这些巨大的复杂的模具带有单一巨大的料池，经常放置一个半公斤的 EMC 块。通常有数十个到上千个单独封装腔，因为模具结构复杂，条带安装、料块安装、器件的移除、清洁操作常常手工完成。这些模具成本不高，而且它们还"不均衡"，即一些腔要比另一些腔填充时间短。这种方案会出现金互连线移动（称为引线变形），也会出现各种级别和尺寸空洞，循环时间范围为 90～240s。

现在较新的模具采用几个较小的料池和活塞，众多腔体被对称定位，在填充期间它们是均衡的，所有腔体在填充时受到同样的流量和压力，因为活塞和料池的联动链对准，这些被称为联动料池模具。

压力机用来保持和操作模具，具有三个主要的功能：夹住闭合的模具、移动传送活塞、控制模具温度。自动化压力机中最典型的是联动料池模具，管理了其他所有功能，如元器件装载、元器件/流道料弹出、无人操作的机械手清洁模具。液压夹具和传送控制一般采用步进马达控制，步进马达不损失润滑油，需要的维护较少，用数字电子器件很容易控制。典型的循环周期在 1min 以内，一些操作甚至只需 15s。因为采用自动化精密技术，联动料池压力机的成本至少为几十万美元，图 14.13 所示为典型的模塑工艺。

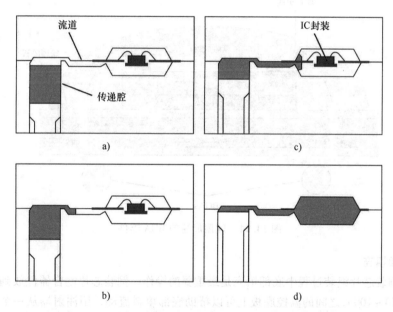

图 14.13　典型的传递模塑工艺过程：a）夹合和封闭的模具；
b～d）推动传递活塞填充模具。模具打开，取出器件

14.5.2　液体包封

确保细节距、低间隙器件可靠性的有效方式是首先以液体形式分配包封材料，然后固化形成固态包封封装。通过这种方法，包封材料的利用率能达到最大化，与之相比，采用传递模塑工艺的模塑材料利用率很低。液体包封材料被设计成不同的黏度等级，满足不同的流动要求。三种最常用的液封方式是腔体填充、球顶加注和底部填充。

腔体填充

腔体填充主要用于陶瓷芯片载体，但也适用于各种基板。在陶瓷基板上制成一个腔体，并预制焊盘容纳芯片和互连引线。在黏片和引线键合后，腔体用液体密封剂浸没从而保护器件避免环境的污染，并提供机械性保护。工艺很简单，但液体填充特性需要器件被放进一个预先确定尺寸和形状的腔中，它能像球顶加注封装那样适用广泛。如果期望获得更高的可靠性，封装需要采用金属盖密封。

球顶加注

与腔体封装类似，球顶加注如图 14.14 所示，这是一种围坝材料形成的包围，然后将液体包封材料分配到引线键合器件的顶部。如果球顶剖面形状不太重要，或者被保护的器件很小，键合线不容易暴露，也可以选择球形围坝。标准的球顶加注封装工艺包括黏片、引线键合、分配围坝和树脂固化、球顶加注及固化。与其他填充工艺相比，球顶加注是液体封装工艺中更容易实现的，同时对基板没有特殊要求。

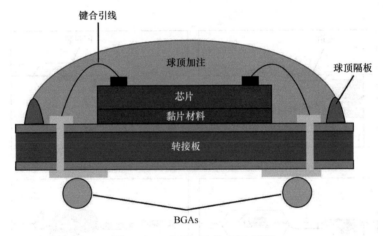

图 14.14　球顶加注的 BGA 器件

底部填充

在倒装芯片组装过程中底部填充是最重要的操作，倒装芯片键合器件放到一个温度处于 70～100℃之间的温控底板上可以帮助底部填料流动，用注射器从一个胶管中通过针头分配底部填充胶到芯片边缘。螺杆驱动阀或线性活塞泵都可用于分配底部填充胶，后者的胶量控制较好。可采用不同的分配线路，如单直行程、单 L 行程、双 L 行程和全封闭等，这由所需的填料尺寸和形状决定。其他的底部填充参数，如前进速度、针头尺寸和长度（L）、针头到基板距离（Z）和针头到芯片边缘距离（X）对成功的底部填充操作都非常关键。图 14.15 和图 14.16 分别阐明了底部填充工艺技术。

底部填充技术的开发，既包括底部填充材料也包括工艺，总是由需求和倒装芯片技术的进步驱动。底部填充工艺的发展推动了底部填充新材料的开发。底部填充工艺分为：毛细管底部填充、非流动底部填充、圆片级底部填充、模塑底部填充。图 14.17 展示了不同组装工艺和底部填充料的倒装芯片组装过程。

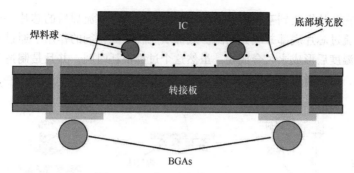

图 14.15　典型的倒装芯片 BGA

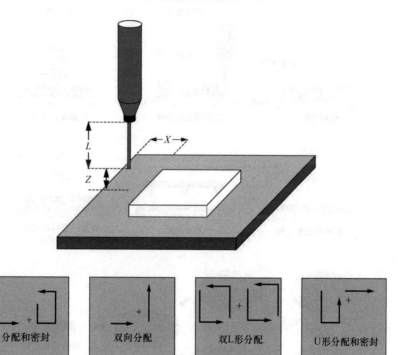

图 14.16　底部填充分配参数和选择

倒装芯片与引线键合互连技术相比具有许多优点，尤其是在高 I/O 数量需求方面很实用。对在有机物封装上获得可靠的倒装结构，底部填充是必需的，但技术上较复杂，这成为大规模生产的一个瓶颈。对常规底部填充材料的许多改变和新发明的许多处理过程解决了这个问题，包括新开发的非流动底部填充工艺、模塑底部填充工艺和圆片级底部填充工艺。

毛细管底部填充　毛细管底部填充（常规底部填充）是业界最成熟最广泛使用的底部填充工艺。我们可以从名称中知道，该工艺利用毛细作用力将底部填充料吸到芯片与芯片载板间的小间隙中。图 14.17a 展示了采用毛细管底部填充的倒装芯片的处理步骤。它在倒装焊互连后进行。在这项工艺中，芯片组装前后相应地需要分配焊剂和清洗。在芯片组装到基板后，底部填充胶沿着凸点回流焊后的芯片一边用针头分配，填充胶流过芯片底部并填充间隙。底部填充胶在固化剂的作用下通过加热并保持一个较高的温度后形成永久合成物。虽然这个过程很耗时间，并且是制造工艺中相对昂贵的步骤，但它对可靠性的改善很关键。

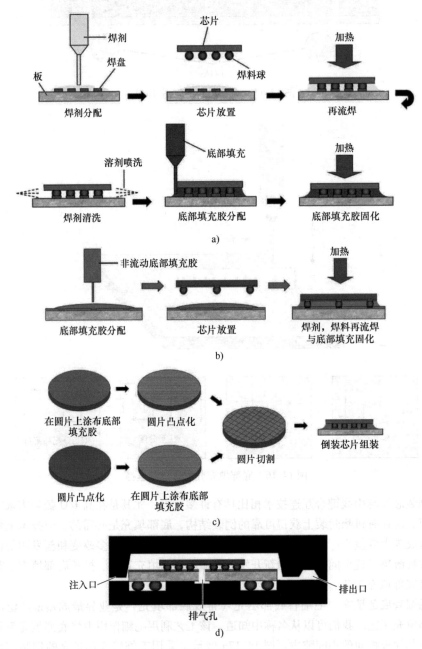

图 14.17　四种底部填充工艺流程图

a) 毛细管底部填充　b) 非流动底部填充　c) 圆片级底部填充　d) 模塑底部填充

非流动底部填充　通过将焊剂混合进底部填充胶，将再流焊和底部填充胶固化整合为一步，从而简化了传统的倒装芯片底部填充工艺。但是由于焊点结构对填料的妨碍，预先沉积底部填充胶不能包含高级的硅填料，底部填充胶具有的高 CTE 限制了封装的可靠性。已经研究了多种方法，通过改善填充材料的断裂韧度，降低 T_g 和填充胶的杨氏模量，采用其他工艺方法组合填料来提升可靠性。近年来纳米硅材料非流动底部填充胶的开发显示了巨大潜力，这一工艺如图 14.17b 所示。

圆片级底部填充　这一工艺是非流动底部填充的拓展，对圆片级尺寸硅片进行底部填充胶分配，伴随着部分固化（B-阶段固化）和划片工艺。圆片级底部填充的各步骤如图 14.17c 所示。它提出了在封装制造前端和后端结合技术，提供了一种低成本高可靠倒装芯片组装解决方案。使用的材料和工艺包括底部填充胶沉积、带底部填充胶状态下的划片、胶的工作寿命、视觉识别、芯片放置、底部填充胶状态下的焊料润湿等。这些材料和工艺问题，已经通过新材料开发和处理得到解决。虽然这些研究仍然处于早期阶段，还没有建立工艺标准，但是工艺的验证已经获得一定的成功，它在未来封装制造中很有前景。

模塑底部填充　将底部填充与压模成形结合在一起，对倒装芯片封装改善毛细作用底部填充胶的流动性和提高生产效率特别适合。这一工艺流程图如图 14.17d 所示。采用模塑底部填充工艺生产需要仔细选择材料，精心设计模具，并进行工艺优化以获得可靠的产品。

上述四种工艺方法都需要材料供应商、封装设计师、组装公司的合作，更需要芯片制造商的密切合作。为了获得成功的封装，则需要对材料和工艺以及它们的相互关系进行深入的理解。

14.6　气密性封装

14.6.1　密封工艺

密封是形成气密性的一种工艺，如图 14.3 所示，如前面所述，典型的聚合材料不是气密性的，但它们可以减缓化学物质的渗透，从而满足了消费领域电子封装产品的实际需求。然而它们不满足一些领域对电子产品严格的、长期性的需求，典型的如军事、宇航或汽车电子领域。对这些应用，必须采用气密封装产品。如图 14.3 所示，只有像金属、陶瓷、玻璃这样的无机材料能提供气密性，密封工艺有多种，包括：

1）熔融金属密封。
2）软焊料密封。
3）硬钎焊密封。
4）熔接密封。
5）玻璃熔封。

这些工艺将在下文描述。

熔融金属密封
密闭容积达到 0.1ml 或更大的金属气密封装，普遍采用熔接、软焊和硬钎焊，陶瓷封装还可以用玻璃熔封密封。为了便于采用焊料焊接或熔接进行陶瓷基板焊接，应在基板表面提供金属焊接带。若采用硬玻璃管壳，需要先将可伐（Kovar）合金（17% Co-29% Ni-53% Fe）或42号合金（42% Ni-58% Fe 合金）制造的焊接框架用硼硅酸盐玻璃黏到基板上。在陶瓷管壳中，通过对钼、钨合金进行共烧，制成厚膜从而形成焊接带，再对焊接框架进行恰当镀涂，然后通过软焊或熔接方式固定金属盖板。由于熔接技术体现的高产量、高成品率、高可靠性特点，正促进陶瓷封装从玻璃熔封到熔接的飞速变化（见图14.18a、b和c）。选择密封方法的主要考虑是可用的设备和混合电路的成本。由于具有高速的工艺产量和可重复性，因此熔接密封更经济。软焊或硬钎焊密封一般用于允许拆盖并再密封的产品中。总之，最常用的气密焊接方法是熔接密封。

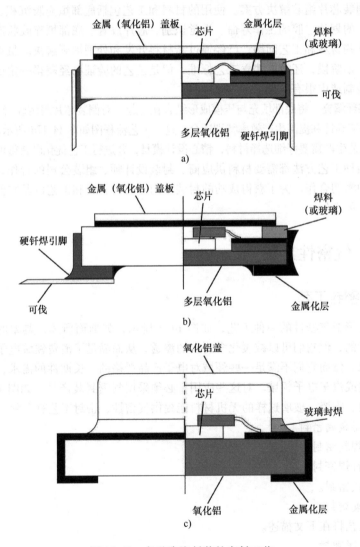

图14.18　各种陶瓷封装的密封工艺

a）侧面硬钎焊陶瓷封装　b）芯片载体　c）芯片载体（SLAM 授权）

软焊料密封

选择采用软焊的气密封焊器件基于所需的工艺温度范围，同时提供最低封装强度和成本。例如在芯片载体焊接到印制电路板时，需要盖板密封保持完好无损。因此，密封的焊料熔化温度应该比直接安装的焊料温度高。当 PGA 封装盖板需要返修时，密封焊料的熔点应该比引脚焊到基板上的软焊或硬钎焊焊料熔点低。虽然纯正的锡-铅焊料广泛用于气密封装，但合金添加物，如铟和银，有时被加入来改善强度或抗疲劳性能。已经推荐采用铋-锡合金（熔点比锡-铅共晶焊料低）进行密封。研究发现这些合金在凝固后体积略微增大，这有助于缩小在密封时产生的收缩气洞。

硬钎焊密封

当要求密封牢固、更耐腐蚀时，在焊区采用共晶（80∶20）金-锡合金的硬钎焊密封，这时不使用助焊剂。硬钎焊通常采用一个薄且窄的预成型件，这个预成型件定位焊接到镀金可伐盖上。基板的金属封焊带也经过镀金，有良好的润湿性和耐腐蚀性。在用低温炉焊接过程中，典型的回流时间为 2~4min（在共晶温度为 280℃ 以上），峰值温度大约为 350℃。也可以采取其他先进的密封方法进行硬钎焊低温焊接。

熔接密封

在军事应用上，高可靠封装密封最常用的方法是熔接密封。一次调查表明 80% 的军用封装是熔接密封。尽管设备成本较高，但熔接密封成为主流是因为其高成品率和良好的可靠性记录。在熔接密封中，高脉冲电流产生的局部加热达到 1000~1500℃，熔合了盖板和管壳的镀层，局部加热可防止内部元件损坏。

平行缝焊（见图 14.19）也称为串焊，这一工艺中，管壳和盖板在一对小的锥形铜电极轮下经过。变压器产生一串能量脉冲，这些脉冲从一个电极通过管壳盖板进入另一个电极。

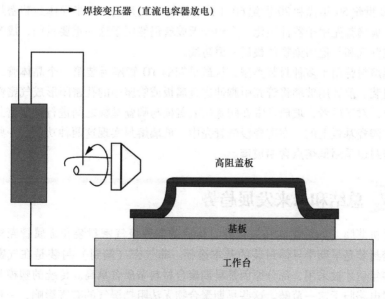

图 14.19　平行缝焊

对置电极焊接方式（见图 14.20）中，封焊的管壳在一对小圆锥铜电极轮下移动。电源通常是一个电容放电，产生一串焊接脉冲，从电极轮出发跨过盖板-管壳侧面交接处，回到工作台，对电极-盖板界面和盖板-管壳边界交界界面加热。这种焊接与软焊和硬钎焊相比，可以接受更大的平面度偏差。熔接界面由于高温蒸发了大多数污染物，所以与软焊和硬钎焊相比，清洁度并不是关键的因素。

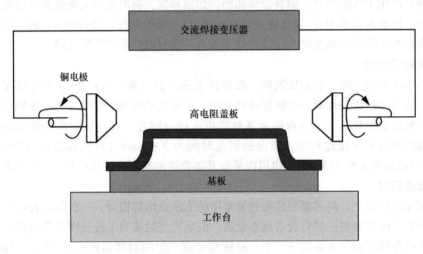

图 14.20　对置电极焊

其他不太常用的封装熔接方法还有电子束焊接和激光焊接，一般都能满足陶瓷管壳可靠气密封装要求。

玻璃熔封

从 20 世纪 50 年代和 20 世纪 60 年代晶体管时代开始，在半导体封装密封中就使用玻璃。玻璃首先用于器件钝化，直到今天玻璃仍然用于这一重要目的，成为半导体器件抵抗湿气和其他污染物的最后一道防线。

玻璃熔封曾用于多种封装类型，从最早期的 TO 管座封装第一个晶体管，到后来的陶瓷封装。前者用玻璃将管壳引脚伸进金属板或管座中的孔密闭形成气密性的玻璃金属密封；对于后者，玻璃常在陶瓷帽或盖板与陶瓷基板之间进行夹层密封，器件是安装在陶瓷基板上的。在陶瓷浸渍管壳中，玻璃熔封实现这两种功能。一些低温气密管壳密封也采用低熔点含铅玻璃。

14.7　总结和未来发展趋势

由无机薄膜（如氧化硅和氮化硅）构成的器件级气密封装和金属管壳构成的封装级气密封装是早期半导体封装的基本途径。非气密（塑封）封装是在气密性封装工艺很多年后才被采用，部分原因是早期聚合材料杂质含量高。传统的塑模封装和聚合物包封电路归于这一范畴。这些早期聚合物无法阻挡湿气的有害影响，一旦湿气达到易损的线路、互连线和基板的表面，无论在调试还是在现场使用都将导致器件性能变差。差的黏附力、原材料中的污染物、失配的热膨胀作用，结合与应力有关的问题，加上不成熟的控制 CTE 失配的填料知识，所有这些因素综合在一起延缓了非气密性塑料封装的使用。随着在树脂、填料、材料配方和工艺流程方面的积极努力，聚合物封装终于在 20 世纪 80 年代早期开始出现。聚合物封装或者说模塑封装终于成为主要的高产能和低成本生产方式，除了在高可靠的太空、深海和高温汽车领域外，塑封用量预计会继续增长。

14.8　作业题

1. 将一个 1.13cm 长的正方形芯片倒装焊接在基板上，间距为 $50\mu m$，采用黏度为 42.6cps。表面张力为 $23.0dyn/cm^2$，底部填充管壳的芯片和基板间的平均润湿角为 $15°$，如果填充遵循 Washburn 方程，那么预估的底部填充时间是多少？

2. 下列四种情况预估对底部填充时间的影响是什么？a）提高温度；b）增加填料量；c）缩小芯片和基板间距；d）向底部填充胶中添加表面活性剂。

3. 边长为 1.5cm 的正方形芯片有 2500 个凸点，假设凸点为直径 $130\mu m$ 的完美球形，焊接不改变这些凸点的体积，焊接后芯片和基板间保持 $60\mu m$ 间距，封装 5000 个器件需要密度为 1.82g/cc 的底部填充胶多少克？

4. 采用环氧树脂包封材料封装一个腔体填充管壳，包封材料扩散常数为 $2.5 \times 10^{11} m^2/s$，将 $625\mu m$ 厚的芯片埋入 3mm 的腔中，用上述材料填充。请预估当暴露于受控潮湿环境中，芯片表面达到水浓度平衡的时间。

5. 据估计包封器件比不包封器件疲劳寿命提高十倍。假设符合 Coffin-Manson 公式，估计在同等应力条件下，估算包封凸点的应变为未包封凸点应变的 1.8%。

6. 解释为什么是化学键合而不是范德华力是包封材料-芯片界面黏结强度改善的优选方法。

7. 估计采用底部填充胶封装的芯片从室温到 T_g CTE 失配的诱导应力，芯片 CTE 为 3ppm/℃，T_g 为 160℃，填充胶 CTE 为 30ppm/℃，弹性模量为 11GPa。

8. 解释为什么氰酸酯聚合物在高度聚合化（远大于 75%）后不能假定为一个平面结构。

9. 在大多数封装领域紫外线固化涂层比热固化应用更合乎需要，请解释原因。

10. 环氧树脂密封剂在相对湿度为 85% 温度为 85℃ 的条件下，平衡水含量为 1.8%，假设环氧树脂在 85℃ 时 $\alpha = 1.2$，一个球顶加注封装，总干重为 2.5g，含 8% 的环氧树脂，在 85℃，30% 相对湿度下均衡时，以毫克为单位重量增加多少？

11. 气密封装（陶瓷）和非气密封装（塑封）的区别是什么？

12. 气密封装（陶瓷）和非气密封装（塑封）的优缺点是什么？

13. 获得气密封装的难点是什么？特别是大于 6×6 平方英寸的管壳。

14. 用于电子封装军用标准认证的三种试验方法是什么？

14.9 推荐阅读文献

Bixenman, M. and Fang, T. "Wafer Solder Bumping." *Advanced Packaging*, vol. 6, p. 99, 1999.

Buchwalter, S. L. and Kosbar, L. L. "Cleavable epoxy resins: Design for disassembly of a thermoset." *Journal of Polymer Science Part A: Polymer Chemistry*, vol. 34, pp. 249–260, 1996.

Chane, L., Torres-Filho, A., Ober, C. K., Yang, S., Chen, J.-S., and Johnson, R. W. "Development of reworkable underfills, materials, reliability and processing." *IEEE Transactions on Components and Packaging Technologies*, vol. 22, pp. 163–167, 1999.

Fang, T. "Environmentally Sound Assembly Processes." *Wiley Encyclopedia of Electrical and Electronics Engineering*, New York: John Wiley & Sons, pp. 126, 1999.

Fang, T. and Shimp, D. A. "Polycyanate esters: science and applications." *Progress in Polymer Science*, vol. 20, pp. 61–118, 1995.

Gilleo, K. and Blumel, D. "Transforming flip-chip into CSP with reworkable wafer-level underfill." in *Proceedings of the Pan Pacific Microelectronics Symposium*, pp. 159–165, 1999.

Houston, P. N., Baldwin, D. F., Deladisma, M., Crane, L. N., and Konarski, M. "Low cost flip-chip processing and reliability of fast-flow, snap-cure underfills." in *1999 Proceedings 49th Electronic Components and Technology Conference (ECTC)*, pp. 61–70, 1999.

Joshi, M., Pendse, R., Pandey, V., Lee, T., Yoon, I., Yun, J., et al. "Molded underfill (MUF) technology for flip-chip packages in mobile applications." in *2010 Proceedings 60th Electronic Components and Technology Conference (ECTC)*, pp. 1250–1257, 2010.

Lau, J. H. *Chip on Board: Technology for Multichip Modules*. Springer Science & Business Media, 1994.

Lau, J., Nakayama, W., Prince, J., and Wong, C. P. *Electronic Packaging: Design, Materials, Process and Reliability*. New York: McGraw Hill, 1998.

Luo, S., Vidal, M., and Wong, C. P. "Study on surface tension and adhesion in electronic packaging." in *2000 Proceedings 50th Electronic Components and Technology Conference (ECTC)*, pp. 586–591, 2000.

Nguyen, L., Hoang, L., Fine, P., Shi, S., Vincent, M., Wang, L., et al. "High performance underfills development-materials, processes, and reliability." in *1997 Proceedings First IEEE International Symposium on Polymeric Electronics Packaging*, pp. 300–306, 1997.

Quinones, H., Babiarz, A., and Ciardella, R. "Why Encapsulate Chip Scale Package-To-Printed Circuit Board Interconnections." Technical Paper, www. Nordson. com, Headquarters Asymtek, CA, 1999.

Sarihan, V. and Fang, T. "Optimal design methodology for filled polymer systems." in Structural Analysis in Microelectronic and Fiber Optic Systems. 1995 *ASME International Mechanical Engineering Congress and Exposition (EEP-Vol.12)*, pp. 1–4, 1995.

Suryanarayana, D., Varcoe, J., and Ellerson, J. "Repairability of underfill encapsulated flip-chip packages." in *1995 Proceedings 45th Electronic Components and Technology Conference (ECTC)*, pp. 524–528, 1995.

Tummala, R. R. and Rymaszewski, E. J. *Microelectronics Packaging Handbook*. 2nd ed. New York: Chapman & Hall, 1997.

Wang, L. and Wong, C. "Epoxy-additive interaction studies of thermally reworkable underfills for flip-chip applications." in *1999 Proceedings 49th Electronic Components and Technology Conference (ECTC)*, pp. 34–42, 1999.

Wang, L. and Wong, C. P. "Novel thermally reworkable underfill encapsulants for flip-chip applications." *IEEE Transactions on Advanced Packaging*, vol. 22, pp. 46–53, 1999.

Wang, L. and Wong, C. "Novel thermally reworkable underfill encapsulants for flip-chip applications." in *1998 Proceedings 48th Electronic Components and Technology Conference (ECTC)*, pp. 92–100, 1998.

Wang, L. and Wong, C. "Syntheses and characterizations of thermally reworkable epoxy resins. Part I." *Journal of Polymer Science Part A: Polymer Chemistry*, vol. 37, pp. 2991–3001, 1999.

Wong, C. P. *Polymers for Electronic and Photonic Applications*. Boston: Academic Press, 1993.

Wong, C. P., Shi, S. H., and Jefferson, G. "High performance no-flow underfills for low-cost flip-chip applications: material characterization." *IEEE Transactions on Components, Packaging, and Manufacturing Technology: Part A*, vol. 21, pp. 450–458, 1998.

Wong, C. P., Wang, L., and Shi, S.-H. "Novel high performance no flow and reworkable underfills for flip-chip applications." *Material Research Innovations*, vol. 2, pp. 232–247, 1999.

Yang, S., Chen, J.-S., Körner, H., Breiner, T., Ober, C. K., and Poliks, M. D. "Reworkable epoxies: thermosets with thermally cleavable groups for controlled network breakdown." *Chemistry of Materials*, vol. 10, pp. 1475–1482, 1998.

Zhang, Z. and Wong, C. P. "Recent advances in flip-chip underfill: materials, process, and reliability." *IEEE Transactions on Advanced Packaging*, vol. 27, pp. 515–524, 2004.

第 15 章

印制线路板原理

Shinichi Iketani 先生
美国新美亚公司
Sundar Kamath 博士
美国新美亚公司

Koushik Ramachandran 博士
美国格罗方德公司
Rao R. Tummala 教授
美国佐治亚理工学院

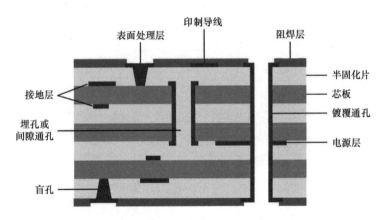

本章主题

- 定义印制线路板并描述其功能
- 展示印制线路板的剖切结构及其关键制造技术
- 描述印制线路板的常用材料和制造过程
- 展望印制线路板的发展趋势

本章简介

每个电子设备都包含至少一个印制线路板,以实现其单面或双面安装的元器件的电气互连。术语"印制线路板"(文中均称为 PWB)和"印制电路板"(PCB)是同义的,但前者可以指在元器件装配之前,后者可以指在装配之后。现今这两个术语在大多数情况下是可以通用的。

印制线路板是一个用于实现元器件互连、供电、冷却和保护功能的系统级板,这些印制板通常被称为母板、线卡、子板、系统板、背板或底板等。本章介绍印制线路板的专用材料和制造工艺。

15.1 什么是印制线路板

印制线路板（PWB），或印制电路板（PCB），包含了有机和无机材料及其外部和内部的布线，为电子元器件提供电气互连和机械支撑。此外，印制线路板还需为所有元器件供电，并在必要时散热。如果这些印制线路板安装了电子设备系统或子系统所需的所有元器件，则称这些板为主板；如果一些印制线路板连接到一个更大的主板时，则称这些板为中间板或背板（见图 15.1）。

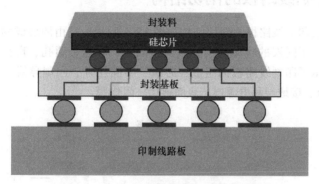

图 15.1　芯片、封装、板级三级封装层次

最早的"印制电路"是通过在铜表面印刷抗蚀剂图形，然后再进行化学蚀刻来制造的。这促进了覆铜导体纸基酚醛树脂层压材料的应用。在这些层压板上冲孔，将元器件引线穿孔安装到层压板上并与铜印制图形焊接，由此实现印制电路为元器件提供电气互连的功能。这种技术的最早发展要归功于 20 世纪 40 年代初的 Paul Eisler，当时他用明胶和氯化铁蚀刻剂来形成铜电路图形。然而，该技术在过去的几十年中发生了巨大的变化，图 15.2 展示了一个待装配的手机用印制线路板。手机中的印制线路板是组装密度最高的印制板之一，通过高度密集的线路和焊盘提供多种功能，如计算、通信、音频、视频、照相、陀螺仪、加速度计、其他传感器和显示。

图 15.2　最新的智能手机用印制线路板示例

因此，印制线路板的作用是提供以下五种功能：

1）实现一个电子设备所有元器件的电子互连。

2）给这些电子和机电元器件提供机械支撑。

3）为所有元器件供电。

4）提供连接各种设备的输入-输出接口。

5）耗散元器件产生的热量。

15.2 印制线路板的剖切结构

典型的多层印制线路板的剖切结构如图 15.3 所示。它由两层或两层以上的绝缘体和导体组成，不同层的导体间用介质材料隔离，并通过通孔、盲孔或埋孔相互连接。剖切图展示了印制线路板的组成：芯板、半固化片、印制导线、孔（埋孔和盲孔、镀覆通孔）、接地层和电源层、表面镀层、阻焊膜。

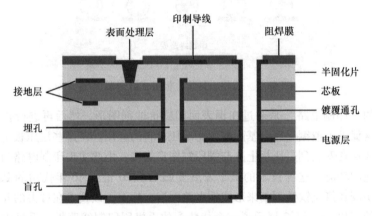

图 15.3　印制线路板剖切图

15.2.1　印制线路板的基本原理

印制线路板由两部分组成：导体和绝缘体。

(1) 导体

导体一般是铜制作的，具有极高的电导率和广泛的应用性。这些导体是用减成法或加成法制成的。减成法是有选择地蚀刻除去部分铜箔来获得导电图形的方法。相反，加成法通过电镀、溅射或者通过模板、光刻胶图像印刷铜导体形成导体图形。导体图形有以下两个作用：

1）在元器件之间传输信号。

2）为元器件供电。

(2) 绝缘体

绝缘体是具有高电绝缘性、低介电常数、低介质损耗的电介质材料。它们使同层或层与层之间的导体绝缘隔离。这些材料大多是以下类型的聚合物：

1）层压板：层压板也称为芯板，芯板材料是完全固化的，也称为 C 阶材料，可在其表面层压铜箔，以便后续通过减成法进行蚀刻形成导电图形。

2）B 阶材料：B 阶半固化片是半固化或部分固化状态，用于黏合芯板。半固化片是一种树脂浸渍材料，包含增强材料，如玻璃纤维布。半固化片是一种用于黏结的涂胶薄膜。印制线路板的设计必须考虑多方面的因素，包括：

① 绝缘板的刚性：刚性、挠性或刚挠组合。

② 导电层的数量：单面、双面或多层。

③ 孔的作用和类型：非金属化，镀覆通孔（PTH），盲孔或通孔。连接层与层的小孔称为微通孔。

④ 导电图形或电路的密度：低、高或非常高。

⑤ 组装器件：球栅阵列（BGA）、芯片级封装（CSP）、四面扁平封装（QFP）、表面安装器件（SMD）、无源器件、连接器、电源和机电元件。

15.2.2　印制线路板的类型

图 15.4 展示了三种基于材料刚性程度的印制线路板结构：刚性印制线路板、挠性印制线路板和刚挠印制线路板。

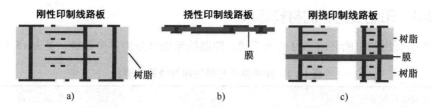

图 15.4　印制线路板类型：a）刚性印制线路板；
b）挠性印制线路板；c）刚挠印制线路板

刚性印制线路板

如图 15.4a 所示，刚性印制线路板是最常见和最传统的印制线路板类型。它由增强材料如玻璃布、树脂和铜箔组成。增强材料可以是纤维素纸、无纺玻璃布，或编织玻璃布。玻璃纤维布是最常用的增强材料。最常用的玻璃纤维是 E 级玻璃纤维，用于电气用途。其他类型的玻璃纤维，如 S 级玻璃纤维，也用于特殊用途。关于增强材料的选取必须考虑电性能，如介电常数和介质损耗；力学性能，如弹性模量、屈服应力；以及热性能，诸如 CTE 和热导率等。

挠性印制线路板

挠性印制线路板是一种可弯曲的印制线路板，常用于空间和形状有特殊要求的场合。它由柔性绝缘膜和薄铜箔组成，如图 15.4b 所示。与刚性印制线路板不同，薄铜箔表面必须光滑。光滑的铜表面有助于通过光刻法形成更精细的导线。挠性电路板受其尺寸和厚度的约束，限制了其应用场合。它们通常由少数几个布线层组成。这种挠性限制了印制线路板加工、装配和使用过程中的尺寸稳定性。

柔性薄膜基体材料主要是聚对苯二甲酸乙二醇酯（PET）和聚酰亚胺。由于 PET 树脂的热塑性，其可靠性有限，通常应用于低端的消费产品。聚酰亚胺薄膜适于高可靠性和高电气性能要求的应用，如汽车、航空航天、医疗、通信和计算领域。

刚挠印制线路板

如图 15.4c 所示，刚挠印制线路板是刚性板和挠性板的复合结构，其中柔性部分用于取代电缆和连接器实现刚性部分之间的互连。相对于传统的电缆、连接器互连形式，在可弯曲结构中采用刚挠板的优点是具有更好的信号完整性，缺点是增加了系统复杂度和成本。

陶瓷基印制线路板

如果尺寸足够大，可以像传统的印制线路板一样互连许多元器件，陶瓷基板也可以看作是一个印制线路板。这种印制线路板是由厚膜陶瓷介电材料如氧化铝和厚膜导体浆料组成，在第 6 章中有更详细的描述。陶瓷基印制线路板的工艺与印制线路板相似，都是由多层复合而成。氧化铝陶瓷印制线路板具有高介电常数（$D_k = 10$）、低介质损耗（$D_f = 0.0002$）、低热膨胀系数（CTE = 7ppm）的特点。陶瓷封装最适合高频射频应用，或作为硅 IC 和有机印制线路板之间的转接板。

15.2.3 印制线路板的材料等级

根据所用的树脂和增强材料的不同，印制线路板可分为许多等级，见表 15.1。

表 15.1 按照组成分类的印制线路板等级

印制线路板等级（ANSI）	树　脂	增强材料
FR1、FR2	酚醛树脂	纸
FR3	环氧树脂	纸
FR4、FR5	环氧树脂	玻璃纤维
CEM1	环氧树脂	玻璃纸（无纺玻璃）
CEM3	环氧树脂	玻璃纸 + 玻璃纤维
GPY	聚酰亚胺或双马来酰亚胺三嗪树脂	玻璃纤维

15.2.4 单面至多层板及其应用

印制线路板可制造为多种类型，如单面印制线路板、双面印制线路板、多层印制线路板和金属芯印制线路板，如图 15.5 所示。

单面印制线路板

单面印制线路板仅在一个表面上有导电图形。它用于无高密度布线需求的低成本消费产品。它们可以是刚性的，也可以是挠性的。

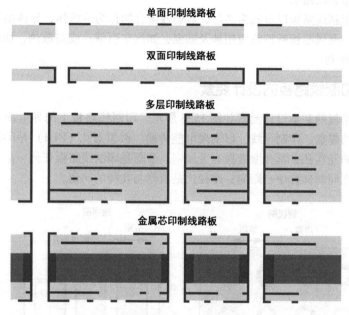

图 15.5　按结构分类的印制线路板类型

双面印制线路板

双面印制线路板是刚性和挠性应用中最常见的印制线路板类型之一。在双面印制线路板中，电路是通过导电的通孔来实现电连接的，如镀覆通孔或导电浆料填孔。与单面印制线路板相比，双面印制线路板具有双倍的电路化表面，使元件密度加倍。通过将元器件引脚穿过上述镀覆通孔插装到板上进行组装，这个过程称为通孔组装。

多层印制线路板

多层印制线路板由外层金属层和由绝缘层隔开的至少一层内金属层组成。多层板的表面积与双面板相同，然而，它们允许尽可能高的布线密度，以连接高密度元器件。多层板有时会连接到另外的印制线路板上。附加的导电层可用于给其他印制线路板上的其他元器件供电。

表面贴装技术（SMT）是将元器件安装到印制线路板表面的标准装配技术，将在第 16 章中详细描述。SMT 是当今最常用的技术，尤其是与多层印制线路板相配合，因为它可实现每秒数千个焊点的元器件布设和组装。

多层印制线路板通常以其层数来表征。例如，一个四层板意味着一个四层的印制线路板。采用标准制程制作的 4 ~ 12 层印制线路板通常用于低成本和低复杂度的电子设备，如消费电子、汽车或医疗电子。如果使用高密度互连（HDI）或微通孔制造技术，同样的 4 ~ 12 层板可以成为高端板，这是在智能手机中常用的。14 ~ 30 层的印制线路板用于高性能设备中，例如服务器和路由器，它们对 I/O 具有非常高的要求。32 ~ 70 层的印制线路板，经常被用作极高端计算和高端网络的背板或主板，如 IC 刻录板和 IC 测试板（也称为探针卡）。

金属芯印制线路板

金属芯印制线路板以金属为芯材，玻璃或聚合物作为绝缘体，导体由导电浆料或膜金属制成。金属芯板的特殊应用涉及高温，如汽车引擎；或高散热，如电源；或光源，如 LED 阵列。

15. 2. 5　印制线路板的设计要素

印制线路板的基本设计元素如图 15.6 所示。印制线路板上的导电图形包括基材上相互连接的焊盘、印制导线，以实现电能传输。镀覆通孔（PTH）是印制线路板导电图形层间的互连孔，其孔壁镀覆有金属铜；节距是印制线路板任何一层上的网格线或相邻要素之间的标称中心距离；厚径比是板厚与孔径的比值。

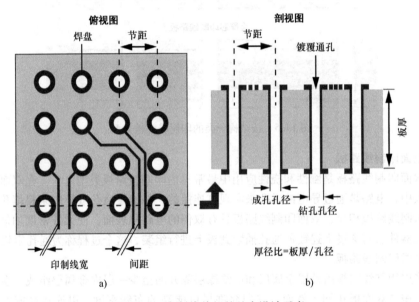

图 15.6　印制线路板的基本设计元素

布线密度是印制线路板设计的一个重要考虑因素。布线密度是指包含在一个单位面积内的布线总长度。其单位是英寸/平方英寸或厘米/平方厘米。更高的布线密度意味着更高的线路板集成度。导线的宽度、间距和层数决定了线路板上的布线密度。

布线能力是衡量封装或印制板能为元器件提供互连的能力。它是以每平方厘米上的布线长度（cm）来衡量。影响布线能力的主要因素是印制导线的形状和间距、通孔的大小和间距、层数。图 15.7 描述了印制导线形状对布线能力的影响。常规设计时，节距（孔间距）通常是 2.54mm（或 0.1 英寸）。节距为 2.54mm 的孔间布线数是衡量布线密度的指标。现在几乎所有的元器件都是用表面贴装技术来组装的，镀覆通孔已经不再用于元器件安装，因此孔间距、最小孔径、焊盘尺寸、线宽和间距都可用来表征布线密度。

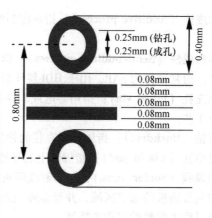

网格	外围通道（C）	内部I/O (IIO)	I/O比例 (IIO/C)
4×4	12	4	0.3
8×8	28	36	1.3
16×16	60	196	3.3
32×32	124	900	7.3
64×64	252	3844	15.3
$N \times N$	$(N-1) \times 4$	$(N-2)^2$	$\dfrac{(N-2)^2}{4(N-1)}$

图 15.7　布线能力基础原理

15.2.6　术语

在制板（Panel）：印制线路板制程中的标准尺寸板，其中包含一个或多个印制线路板。

导电图形（Conductive pattern）：指基材上导体图形，包括印制导线、连接盘和导通孔。

连接盘（Land）：指板面上用于连接和/或固定元器件的导电图形部分。连接盘可以仅有焊盘或为含互连孔的焊盘。

盲孔（Blind via）：指连接外层和内层的导通孔，而非连接两个外层的互连孔。

埋孔（Buried via）：指内层之间的互连导通孔。

导热孔（Thermal via）：指用于 IC 等元器件传导热量的通孔。

微通孔（Microvia）：指两个相邻层之间的高密度互连通孔。

节距（Pitch）：指印制导线中心距、孔中心距或其他相邻要素之间的中心距。

非镀覆通孔（NPTH）：指板上用于元器件插装和固定的任意形状的孔。

镀覆通孔（PTH）：指在印制板的导电图形之间起电气连接作用且其孔壁镀覆有金属铜的孔。PTH 还可用于组件的通孔组装。

厚径比（Aspect ratio）：指孔的长度与其直径之比，可表征孔的加工能力。

布线密度（Wiring density）：指单位面积（通常为平方厘米）内的布线总长度。

布线能力（Wireability）：衡量线路板上元器件间互连密度的能力，以每平方厘米上的布线长度（cm）来表征。

孔间导线数（Lines per channel）：指印制线路板上间距为 2.54mm 的两个孔之间的导线数。

FR-4：指一种由多层玻璃布/环氧树脂构成的复合材料。FR 代表阻燃型。

减成法（Subtractive process）：指选择性去除印制线路板上不需要的铜箔而形成导电图形的工艺。

加成法（Additive process）：指在印制线路板上需要形成导电图形的地方添加铜的工艺。

半加成法（Semi-additive process）：指用加成和减成相结合的方法形成导电图形的工艺，通常被称为 SAP，用于 HDI 层压板。

填充孔（Filled via）：指用导电或非导电材料填充的镀覆孔，通常采用电镀或浆料填充工艺。

背钻（Backdrill）：指用稍大直径的钻头对镀覆通孔进行二次钻削的工艺。

盘中孔（Via in pad）：指焊盘上的导通微孔，用于表贴器件的高密度互连。

阻焊膜（Solder mask）：指印制线路板表面导体的保护涂层。用光致成像技术制作到印制线路板的选定区域，并经紫外线光固和热固化后形成的环氧树脂膜，以防止在组装过程中焊料的沉积或摊铺。

字符（legend）：指印制线路板上的标识。

积层（Build-up）：指通过微通孔结构方式连接，实现高密度布线层的顺序组合。

子板（Subassembly）：指一种印制线路板制造工艺，其中两个或多个印制线路板分别作为子组件核心构建，然后通过层压和 PTH 提供连接形成系统板。

混压板（Hybrid board）：指用两种或两种以上的材料制作的印制线路板，如用低介电常数和低损耗因子的材料，以优化成本和性能。

特性阻抗（Characteristic impedance Z_0）：指印制线路板设计的一个重要电性能参数，通常需要考虑介电常数、厚度（D_t）、导体宽度（C_w）和高度（C_h）。

$$Z_0 = f(D_t) / (f(C_w) f(C_h) f(\sqrt{D_k}))$$

传输延迟（Propagation delay）：指信号在真空介质中的理想传输时间与在印制线路板中的实际传输时间的差值。

衰减（Attenuation）：指信号在印制线路板中传输时所产生的所有电损耗。

信号完整性仿真（Signal integrity simulation）：指印制线路板设计的关键步骤，用于验证线路板的高速信号性能。

15.3 印制线路板技术

15.3.1 印制线路板材料

用于印制线路板制造的层压板材料是由导体和绝缘介质构成的多层结构。该绝缘介质由树脂和无机填料构成。导体层通常是铜箔，由高绝缘性能的介质材料分隔，通过蚀刻工艺在导体层上形成布线图形。标准的印制线路板含三个主要要素：

1）导体。

2）绝缘体。

3）阻焊层和导体表面处理层。

导体

导体必须由具有极高导电性的材料制成，并具有可焊性、可蚀性和精细线宽/间距的可制造性。最常用的材料是铜。

绝缘体

绝缘体应满足以下的电气、热学、化学和力学性能：

1）高绝缘电阻和高击穿电压。

2）好的机械强度。

3）耐制程中各种化学腐蚀。

4）低吸水率。

5）阻燃性。

6）高热稳定性。

7）在加工和组装过程的工艺温度下性能稳定。

8）易于通过机械或激光加工方式钻孔。

9）X-Y 和 Z 方向上 CTE 稳定。

标准的印制线路板材料是一种多层的增强树脂材料。绝大部分的层压板采用环氧树脂生产，少部分使用酚醛、聚酰亚胺、双马来酰亚胺三嗪、氰酸酯环氧、聚苯醚（PPE）、烃类、液晶聚合物（LCP）、聚四氟乙烯树脂生产。增强材料或填料通常是玻璃布、纤维素纸、芳纶纸或纤维。表 15.2 列出了这些材料及其特性，包括玻璃化转变温度（T_g，指非晶聚合物从一种坚硬且相对脆的状态转变为粘流态或橡胶态的温度）。当这种转变发生时，许多物理和热性能，如硬度、脆性、弹性模量和 CTE 都会发生显著的变化。

表 15.2　印制线路板材料的关键特性

树脂/增强材料	T_g /℃	横向 CTE /(ppm/℃)	介电常数 （1GHz）	损耗因子	吸水率 （%）	剥离强度 /(kN/m)
苯酚/玻璃（FR、FR2）	125	15～25	4.4～4.8 （1MHz）	0.030～0.035 （1MHz）	0.70	2.0
环氧/玻璃（FR4）	140	12～16	4.0～4.4	0.016～0.021	0.06	2.0
环氧/玻璃（FR4、无卤素）	150	14～16	3.8～4.5	0.010～0.012	0.08	1.5
环氧/玻璃（高 T_g FR4）	170	11～15	3.8～4.3	0.016～0.021	0.10	1.3
环氧/芳纶	170	6～9	3.6	0.015 （1MHz）	0.30	0.6
双马来酰亚胺三嗪/玻璃	210	14～15	4.1～4.9	0.009～0.016	0.05	1.6
氰酸酯环氧/玻璃	200	10～14	3.7	0.007	0.07	1.2
聚酰亚胺/芳纶	250	6～9	3.4	0.014 （1MHz）	0.60	0.8
聚酰亚胺/玻璃	260	12～16	3.8～4.0	0.010～0.018	0.3	1.2

印制板上制造铜印制导线，用于连接印制板上表面贴装的元器件。由于铜具有优异的导电性能、导热性能，良好的力学性能，与环氧玻璃基材有充分的附着力，因此

电解铜箔是最常用的导体层。在挠性板中，如用于照相机和其他特殊设备的薄膜键盘，也有使用由填充银粉的厚膜浆料（PTF）制成的导体层。

标准印制线路板材料

FR-4 环氧玻璃纤维层压板因其较好的尺寸稳定性、耐热性、高铜箔附着力、大幅面可加工性、成本低等优点，成为大多数印制线路板选用的标准材料。FR-4 材料的主要成分包括环氧树脂、玻璃纤维和铜导体，如图 15.8 所示。其中的环氧树脂是一种溴化复合物（溴可作为阻燃剂），因此该材料具有"阻燃"特性。FR-4 中的"FR"即表示阻燃。

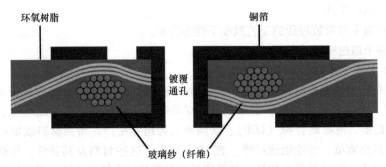

图 15.8　FR-4 基材的结构要素（横截面）

印制线路板层压工艺

这种板材在制造时即在一面或两面覆盖有铜箔，因此称为覆铜箔压板。铜箔通过在电解液中缓慢旋转的不锈钢滚筒上电解沉积的工艺制得，铜箔与滚筒接触的一面光滑有光泽，而另一面则是粗糙的颗粒状。最常用的铜箔厚度为 $35\mu m$，但对于精细线路，也有使用薄至 $5\mu m$ 的铜箔。铜箔与增强的有机半固化片的黏合在层压阶段完成，通过将铜箔的颗粒面层压到层压板的树脂上并在高温下固化来实现。层压板的制造过程如图 15.9 所示。生产 FR-4 级层压板所需的主要原料为：

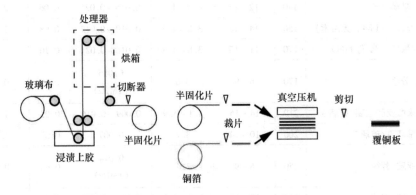

图 15.9　从玻璃布到覆铜箔层压板的制造过程

1）适当混合的环氧树脂。
2）玻璃纤维布形式的填料。

3）所需厚度的铜箔。

环氧树脂

环氧树脂是一系列树脂的统称，通常由双酚 A 和环氧氯丙烷与固化剂反应得到。层压板的制造过程有以下几个阶段：

A 阶段：这是第一步混合操作。它是在反应釜中，将精确数量的树脂组分混合在一起，使环氧树脂活化。

B 阶段：为了使最终层压板具有机械刚性，上述树脂混合物用玻璃纤维布作为填充材料进行增强。由于填充材料占层压板体积的 30%～60%，其对层压板的机械、电气和化学性能有着显著的贡献。

C 阶段：将铜箔铺贴到半固化片上经过加热固化形成最终的层压板。这是一个分批层压的过程，一次层压的产出量通常被定为一个生产批次。

先进的印制线路板基材

上述的标准 FR-4 材料因其较高的性价比，是使用最广泛的印制线路板材料，但不能满足高性能需求。标准 FR-4 材料的介电常数较高，吸水率也很高，其 CTE 达 12～20ppm/℃，相对于 CTE 为 3ppm/℃ 的硅基 IC，会产生较高应力，从而使印制线路板组件面临热机械性能挑战。FR-4 的 T_g 为 130～170℃，相对于 240～260℃ 的表面组装焊接温度，也会产生一系列的新挑战。

先进的印制线路板材料在制造高密度、高速互连系统中起着至关重要的作用。先进印制线路板材料的最新发展提供了新的自由度，如在热阻、超薄和小孔形成等方面。这些材料包括耐高温树脂如双马来酰亚胺三嗪环氧树脂、氰酸酯和聚酰亚胺。

图 15.10 给出了各种不同的印制线路板材料的 D_k 和 D_f 函数。

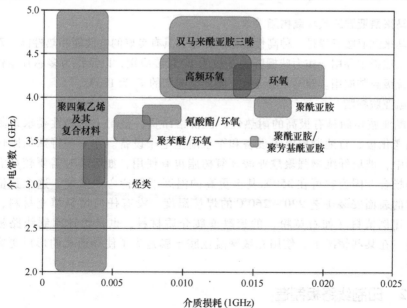

图 15.10　各种先进印制线路板介质材料的介电性能

先进树脂体系

树脂体系是铜箔和填料之间的黏合材料，对多层结构的最终电学、力学和物理性能有很大的影响。具有比传统环氧树脂更高 T_g 和更好介电性能的树脂体系正在不断开发。最好的环氧树脂 T_g 可以达到180℃，且在优化各种性能后仍具有较好的性价比，包括对导线键合和组装过程的耐热性。同时，相比于 T_g 为140℃的树脂，T_g 为180℃的树脂在热循环实验时可靠性更高。此外，在热冲击试验中，焊料对镀覆通孔的完好性影响较小。焊盘起翘以及层压空洞等其他缺陷也显著降低。然而，较高 T_g 的介质材料更脆，影响了印制线路板的加工性能。因此，可用无机填料来降低材料的热膨胀，而不是仅仅增加 T_g，以获得低 T_g 树脂材料所具有的性能。一些先进的树脂材料体系见表15.3。

表 15.3 典型树脂特性

树　脂	T_g/℃	介电常数（1MHz）	相 对 成 本
环氧树脂	125～135	3.5～3.6	1
多官能团环氧树脂	140～180	3.5～3.9	1+
双马来酰亚胺三嗪环氧树脂	182～200	3.2～3.3	3～6
聚酰亚胺环氧树脂	250～20	3.5～3.6	3～6
氰酸酯	240～250	2.8～3.0	3～6
聚酰亚胺	>260	3.3～3.4	5～10
聚四氟乙烯	327（m. p.）	2.0～2.1	10～15

双马来酰亚胺三嗪环氧树脂

双马来酰亚胺三嗪是一种高性能树脂体系，具有良好的电性能和热性能。双马来酰亚胺三嗪板主要用于作为球栅阵列基板的 IC 封装应用，以及作为多芯片组件层压板的系统级封装应用。双马来酰亚胺三嗪环氧树脂的 T_g 为180℃。

聚酰亚胺树脂

聚酰亚胺树脂具有极高的耐热性，但价格昂贵，被用于耐热性要求苛刻的地方，如老化板、石油勘探电子设备和军事航空电子设备。在一些特殊的刚性印制线路板中，玻璃纤维增强聚酰亚胺环氧树脂也有使用，如组装时需要较高温度稳定性的场合，因为它可在350℃甚至更高的温度下保持弯曲强度，这个数值远高于标准的表面安装工艺 220～260℃ 的焊接温度。没有任何增强填充材料，或只有很小比例填料（如石英粉）的聚酰亚胺介质材料，也是柔性印制线路板的主要材料。在某些情况下，使用光敏聚酰亚胺干膜是为了使导通孔的形成更容易和更经济。

15.3.2 印制线路板制造

标准的印制线路板制造可以用图15.11所示的工艺流程图来描述。

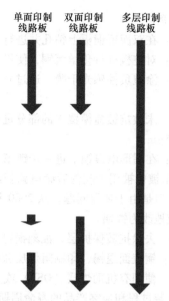

图 15.11 印制线路板制造工艺图

单面印制线路板制造

从一张覆铜箔层压板到一件印制线路板的制造工艺流程种类多种多样，导致这些多样化工艺流程的原因在于光刻、沉积和蚀刻等过程步骤工艺方法的不同。下面描述了五个过程步骤。对于单面板，通常使用简单的光刻和蚀刻技术，如图 15.12 所示。

步骤 1：在覆铜板上，采用丝网印刷方法将正性抗蚀剂印刷到铜箔表面。

步骤 2：使用光致抗蚀掩模技术来制作相同的图形。但是，通过可重复使用的网版进行丝网印刷更便宜，而且对普通单面板线路分辨率也足够好。

步骤 3：未被抗蚀剂覆盖的区域，用蚀刻法去除铜箔，然后将抗蚀剂去除。

步骤 4：钻通孔，然后印刷阻焊层和标识。

步骤 5：最后一步，使用大型冲压设备和冲裁工装冲裁出印制线路板。

双面印制线路板制造

制造双面镀覆通孔连接的印制线路板的基本工艺流程如图 15.13 所示。双面印制线路板工艺是大多数多层印制线路板的基础工艺，如

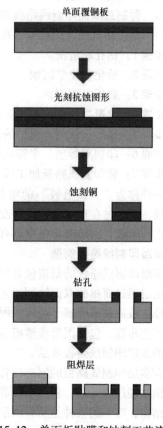

图 15.12 单面板贴膜和蚀刻工艺流程

525

下面的步骤所述：

步骤1：在双面覆铜板上钻孔并进行去毛刺和清洗。

步骤2：对整板进行化学沉铜，使得孔壁覆盖铜层，便于后续电镀。

步骤3：涂覆负性感光干膜，通过光刻版紫外光曝光进行图形转移，然后显影形成抗镀层。

步骤4：未被抗镀掩模覆盖的部分进行图形电镀铜，镀覆通孔的孔壁铜厚要求通常为 $20 \sim 25 \mu m$。

步骤5：在图形电镀铜上进一步镀第二种金属，通常是锡，作为蚀刻铜的抗蚀层。锡-铅焊料电镀曾被用于改善后续电路板组装过程的可焊性，并提供对镀铜层的腐蚀保护作用。但是由于环保问题，从2000年起锡铅焊料已经被无铅焊料所替代，抗蚀镀层也相应地改为镀锡。

步骤6：去除抗镀保护层，蚀刻铜得到所需的图形。

步骤7：铜表面退锡，印刷阻焊层和标识。

步骤8：使用有机助焊层（OSP）或其他表面处理方法来保护铜层免受腐蚀，并在后续的组装过程和最终产品的寿命周期间保护导体不受腐蚀。

步骤9：最后，通过模具冲裁或者铣加工得到单件印制线路板。

第二种制造双面印制线路板的方法被称为整板电镀法。它有时也被称为"掩蔽"法，因为是使用抗蚀掩蔽镀覆通孔。主要过程步骤如下：

步骤1：钻孔和清洗。

步骤2：活化和化学沉铜。

步骤3：整板电镀铜。

步骤4：涂覆抗蚀剂，使用负性光刻版曝光制作图形。

步骤5：显影，蚀刻未保护的铜，去除抗蚀层。

步骤6：印刷阻焊层、字符并进行表面处理。

步骤7：将印制线路板加工成产品尺寸。

一种称为"直接电镀"的电化学工艺也有使用，可替代化学镀和电镀，简化加工流程。它通过在直接电镀前的改性和敏化步骤使得孔壁表面具有微导电性，因此可直接进行电镀。这层微导电层具有较大的厚度，这一点与化学沉铜前的钯活化不同。

多层印制线路板制造

多层印制线路板的制造包含三个独立的过程，如图15.14所示。首先，内层单片的导电层通过简单的双面蚀刻工艺制成；接着，这些蚀刻后的芯板、半固化片与未蚀刻的外层板或铜箔叠层、层压、固化形成多层板；最后，通过一系列与双面板制造相同的工艺步骤，包括图形或整板电镀，印刷阻焊层、标识，表面处理和铣加工，获得最终的多层印制线路板成品。

在多层印制线路板的制造过程中，最重要的一步是将蚀刻后的芯板和未蚀刻的芯板或铜箔层压在一起。任何单面和双面芯板与半固化片的组合都可以用来形成所需的多层结构，唯一的条件是所有内层必须在叠板层压之前完成线路制作（见图15.14）。半固化片使用的树脂必须具有良好的流动性，以便黏接芯板和铜箔，填充内层金属层

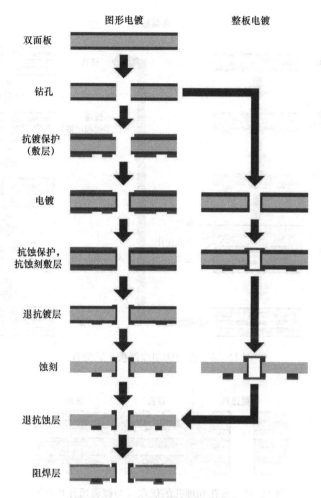

图形电镀　　　　　　整板电镀

双面板

钻孔

抗镀保护
（敷层）

电镀

抗蚀保护，
抗蚀刻敷层

退抗镀层

蚀刻

退抗蚀层

阻焊层

图 15.13　双面印制线路板工艺流程

蚀刻后形成的空隙，并补偿成品板厚的变化。多层板制造中的其他重要步骤是：层压后钻孔，使用化学镀和电镀工艺对通孔进行镀覆，以使内层和外层铜箔图形连接，如图 15.15 所示。

上述多层印制线路板工艺流程称为一次层压工艺。连接 A 层和 B 层的镀覆通孔同样占据了印制线路板中其他层的相同位置，从而限制了表面安装元器件的布置和内层布线。当这些通孔转换为盲孔或埋孔时，表面利用率大大提高，如图 15.15 所示。后续的多层板制造工艺将进行深入介绍。

高密度互连（HDI）

装配在印制线路板上元件的 I/O 间距和阵列排布决定了印制线路板的设计和加工工艺。IC 封装形式向阵列封装（如 BGA 和 CSPs）的演进，推动了 I/O 焊盘密度的极大提升，这些最初应用在高性能计算机上，随后应用在移动电话等手持电子设备中。

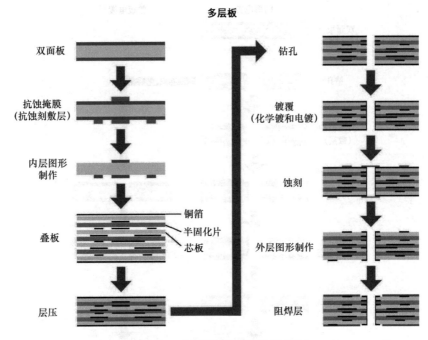

图 15.14　多层印制线路板工艺流程

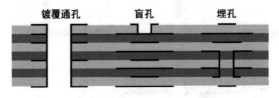

图 15.15　盲孔和埋孔的优点（与镀覆通孔相比）

通常，印制线路板的焊盘或 I/O 密度的增加是通过权衡基板层数、孔盘尺寸以及导线线宽/间距来实现。但是，当焊盘密度超过 50～100 个/cm² 时，大多数设计者不得不采用小直径盲孔结构，以获得更高的电路布线利用率。2015 年，先进便携式电子产品的焊盘密度已经达到 225～400 个/cm²，未来可能会超过 1000 个/cm²。这种需求推动了先进工艺的应用，以实现印制线路板特征的微型化，如积层式有机层压封装。更高的布线密度需要更细线宽和更小微通孔的先进工艺。

微通孔

高密度 I/O 元件的印制线路板需要通过微通孔或盲孔实现层与层之间的连接，如图 15.16 所示。此类微通孔一般是通过激光钻孔工艺实现。该技术可以在保持使用低成本材料和加工工艺的前提下（如层压）使用激光开孔。高密度 I/O 的另一个实现方案是第 6 章中描述的半加成工艺（SAP）。SAP 是使用薄介质板的加成工艺，如图 15.16 所示。

第一步：使用薄铜箔层压板，以减少蚀刻时间。

第二步：在薄铜箔层压板上制备抗镀膜（通常是干膜），并制作图形。

第三步：图形电镀铜。

第四步：去除抗镀膜，蚀刻去除非电镀区的铜箔。

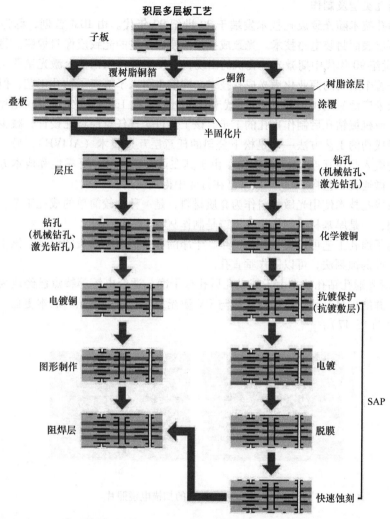

图 15.16 使用覆树脂铜箔、半固化片和铜箔的半加成积层多层板制造流程图

用 SAP 法制作含有微通孔的印制线路板具有很多优点，并且能够大批量生产。

高密度 I/O。微通孔可以组合到焊盘结构中。更高的孔密度和更小的微通孔尺寸可以实现更高的布线密度和 I/O 密度。SAP 可以获得更小、更细的线路。微通孔设计时其孔下有布线空间，而不像 PTH 孔下无法布线，这一特性给予高密度印制线路板更多设计灵活性。这种先进的印制线路板制造技术具有多种优势，例如：

1）先进封装，如 BGA 中高密度、细间距 I/O。

2）电性能更佳，微通孔不存在如信号通路上通孔无用部分形成的残端，减少了信号失真和寄生效应。

3）可靠性提升，与机械钻孔 PTH 相比，可靠性更高。

4）导热性更好，由于印制线路板厚度减小，散热性更好。

微通孔类型及制作

微通孔技术随光致成孔技术发端于 20 世纪 90 年代。由 IBM 首创，称为 SLC 工艺，即薄层表面封装电路技术。光致成孔技术使用先进的光致成像阻焊膜。另一个进步是 20 世纪 90 年代中期激光钻孔机的出现，引发了覆树脂铜箔上激光钻孔工艺的发展。这是首个成功的商业化激光成孔技术。同期也引入了等离子钻孔工艺，但由于加工时间长未广泛应用。20 世纪 90 年代末开发出的塞孔工艺，减少了半固化片和芯材激光钻孔或机械钻孔后制作盲孔的工步。该工艺可实现任意层盲孔设计，减少了层压过程。最成功的工艺方法一个是松下公司的任意层互连技术（ALIVH），另一个是东芝公司的嵌入凸块互连技术（B2IT）。由于其在可实现尺寸、可靠性和成本方面的优势，激光微通孔工艺自 2000 年以来已在行业中得到应用。

光致成孔技术使用光敏材料作为介质材料，是一种比较简单的成孔工艺，但存在两个局限，一是厚基材上制作小孔，二是制作 90°垂直孔。

等离子通孔工艺可以提供均匀一致、干净的孔，但需要昂贵的设备。该工艺是一种各向同性的蚀刻法，可以制作垂直孔。

UV 激光通孔钻孔技术由于其成孔后孔壁干净、适合电镀等特点已经成为行业标准技术，并能满足灵活设计的需求。与 UV 激光相比，CO_2 激光的成本更低，因此更常用（见图 15.17）。

 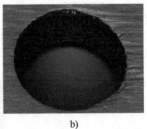

a)   b)

图 15.17　激光钻孔的扫描电镜照片

微通孔尺寸受限于激光、绝缘介质材料和电镀工艺等，其厚径比（即孔长度与孔径之比）一般为 1.0 以下（最好在 0.8 以下）。微通孔镀层中存在一个空洞即会导致印制线路板整板报废。图 15.17 是激光钻孔的示例图。

15.3.3　印制线路板应用

主板

目前大部分的主板由环氧玻璃布层压板制成，上一代主板则主要由酚醛树脂纸基层压板制成，厚度一般为 0.1～13mm。较薄的印制线路板用于手机和其他手持电子产品，中等厚度印制线路板（0.5～1mm）则用于便携计算机、摄像机和其他小型电子产品。更厚的 1.6mm 印制线路板主要用于打印机、电视显示器以及个人计算机和服务器。由于历史原因，考虑到如连接器设计、机架导轨规格以及其他规范等多种其他因素，1.6mm 厚度已成为事实上的印制线路板标准板厚。更厚的多层板主要应用在高端计算领域，如超级计算机、网络存储设备和通信基站等。主板的厚度通常与印制线路板的层数有关，而层数则由需互连的元器件的数量和 I/O 接口数量决定。例如，一个高端计算机板使用超过 70 层的印制线路板，因为它有超过 110000 个 I/O 接口需要互连。一个 50 层以上的大型背板的连接器孔超过 100000 个。

芯片载板（封装基板）

芯片载板是包括引线键合（见图 15.18）、倒装焊键合（见图 15.19）和载带自动键合 IC 封装（见图 15.20）的单芯片封装。基板有聚合物基板和陶瓷基板，其中聚合物基板因成本低、设计灵活而应用广泛。陶瓷基板的选用则主要考虑其损耗小、散热快、环境稳定性好等特性。

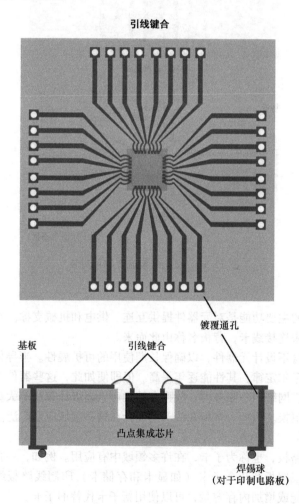

图 15.18 引线键合封装基板

倒装芯片封装

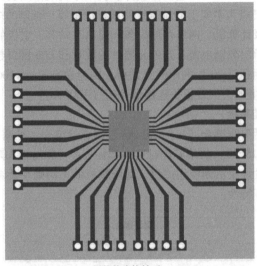

倒装芯片接触面

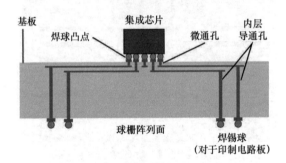

图 15.19　覆晶封装或者倒片封装

背板

印制线路板的主要功能是对元器件提供互连、供电和机械支撑。在背板一侧通常安装许多连接器来连接线卡，背板名称由此而来。

背板通常本身不设计元器件，以确保长期使用的可扩展性。半导体器件，如处理器，遵循传统的摩尔定律，其性能逐年提高。但即便如此，这些器件在几年内就会过时。在通信基站、网络中心服务器、数据存储机房、超级计算机等大型设施中，整个系统很难被完全更换。因此，背板和线卡的设计在这些领域应用广泛。

线卡（子卡）

线卡印制线路板，也称为子卡，在许多领域中有应用。例如，一台台式计算机就由一个主板印制线路板和几个子卡（如显卡和存储卡）印制线路板组成。如果用户想要提高显卡性能或增加内存容量，可以使用新子卡代替旧子卡。

载带自动键合

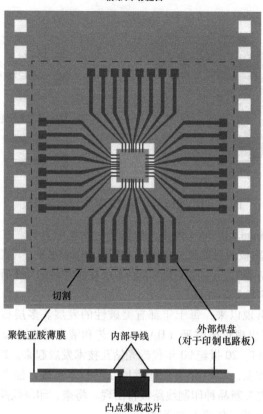

切割

聚铣亚胺薄膜　　内部导线　　外部焊盘
（对于印制电路板）

凸点集成芯片

图 15.20　载带自动键合（TAB）俯视图

15.4　总结和未来发展趋势

印制线路板是电子系统中电子元器件互连的重要基础，通过装配、互连电子元器件形成系统级电路板。2016 年印制线路板全球市场总额超过 540 亿美元，如图 15.21 所示。其中北美、欧洲、亚洲和日本的市场份额占比大约为：北美 5%、欧洲 5%、亚洲 79%、日本 11%。印制线路板的市场将继续增长，但从历史数据来看，其在市场总量中的占比可能不会增长。印制线路板的技术在进步，特征在变化，但用户不会为此支付额外的费用，即制造商需要在成本不变的情况下提高产品性能。随着封装技术不断进步，细引线间距发展，预计微通孔印制线路板的增长空间比其他的印制线路板要更大。封装元器件的特性由半导体的设计决定，这在半导体小型化达到技术极限之前不会改变。

当英特尔在 20 世纪 70 年代初开始生产第一代微处理器时，芯片上的特征尺寸是 $10\mu m$。目前，最新的处理器是用 10nm 工艺制造，即第一代特征尺寸的千分之一。

市场规模（以10亿美元计，2016年）

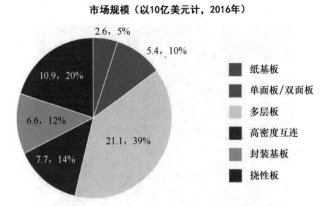

图 15.21　2016 年印制线路板全球市场规模

SMT 芯片通常是 0.4mm × 0.2mm 大小，相当于头发丝的直径。在第一个微处理器问世 40 年后，印制线路板的线宽尺寸也同样达到了 10μm 水平。尽管当前印制线路板工艺已可类比半导体制造工艺，但其布线层因需承载非常高的功率而更厚，而其材料的热稳定性和尺寸稳定性则不如硅。

印制线路板自出现以来，每十年都有突破性的发展。多层板始于 20 世纪 60 年代，20 世纪 70 年代出现热风整平（HASL）工艺和液态感光成像工艺（LPI），20 世纪 80 年代诞生了 SMT，20 世纪 90 年代激光钻孔技术发展起来。2000 年前后，HDI 和刚挠结合技术开始普及。2010 年左右任意层互连技术出现。随着技术的发展、可靠性和质量的提高，更多新品种印制线路板将出现。将来，印制线路板和封装可能会合而为一，形成 SOP 封装，如第 1 章所述。

15.5 作业题

1. 请描述覆铜箔层压板的结构。
2. 请描述玻璃布是如何制造的？
3. 什么是填充物？为什么要在层压树脂中掺入填充物？
4. 什么是 FR-4 级层压板？它的局限性是什么？
5. 印制线路板设计中选用材料应注重哪些电性能、热性能及机械性能？
6. 请简述印制线路板的加成法工艺和减成法工艺。
7. 阻焊膜的作用是什么？
8. 铜表面覆盖锡或锡铅合金的作用是什么？有什么替代方案？
9. 如果印制线路板节距、孔直径和焊盘直径分别为 0.80mm、0.20mm、0.30mm，那么可以设计几根线宽为 50μm、线间距为 60μm 的导线？
10. 请绘制双面印制线路板的制作工艺流程图。
11. 请绘制刚性多层印制线路板的制作工艺流程图。

12. 请简述化学镀和电镀（电解电镀）的区别。

13. 作为设计师，在选择印制线路板基板材料时，你会关注哪些重要参数？

14. 什么是印制线路板小型化的推动力？

15.6　推荐阅读文献

Clark, R. H. *Handbook of Printed Circuit Manufacturing*. New York: Van Nostrand Reinhold, 1985. Reprinted 2012 (ISBN-13: 978-9401170147)

Clark, R. H. *Printed Circuit Engineering—Optimizing for Manufacturability*. New York: Van Nostrand Reinhold, 1989. Reprinted 2013 (ISBN-13: 978-9401170055)

Coombs, C., Jr. *Printed Circuits Handbook*, Seventh Edition. New York: McGraw-Hill, 2015. (ISBN-13: 978-0071833950)

Harper, C.A. *High Performance Printed Circuit Boards*. New York: McGraw-Hill, 2000. (ISBN-13: 978-0070267138)

Tummala, R. R., et al. *Microelectronics Packaging Handbook*, Part III. New York: Chapman and Hall, 1997. (ISBN-13: 978-0412084515)

Bogatin, E. *Signal and Power Integrity–Simplified*. 2nd ed. Prentice Hall, 2009. (ISBN-13: 978-0132349796)

Jawitz, M. W. and Jawitz, M. J. *Materials for Rigid and Flexible Printed Wiring Boards* (Electrical and Computer Engineering). CRC Press, 2006. (ISBN-13: 978-0824724337)

Brooks, D. *Signal Integrity Issues and Printed Circuit Board Design*. Prentice Hall, 2003. (ISBN-13: 978-0133359473)

第 16 章

板级组装基本原理

Mulugeta Abtew 博士

美国新美亚公司

Sundar Kamath 博士

美国新美亚公司

Rao R. Tummala 教授

美国佐治亚理工学院

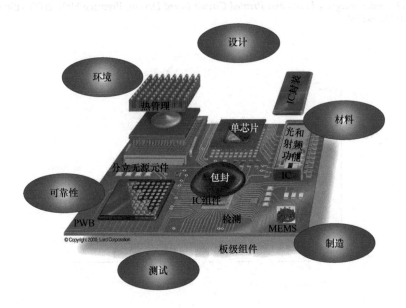

本章主题

- 对印制电路板组件（PCBA）进行定义和描述
- 阐述 PCBA 技术，包括材料、工艺和设备

16.1 印制电路板组件的定义和作用

印制电路板组件（PCBA）定义为用于互连、供电和冷却系统所需的所有系统单元的母板，组件将板上的所有单元电气互连。这些单元既包括有源预封装集成电路（IC），例如处理器、存储器、显卡、射频（RF）器件、光学器件和电源，也包括无源元件，例如电阻器、电容器、电感器和热结构。它还通过连接器将这些单元连接到外部单元或系统。所有这些单元都是通过 PCB 内部的多层铜线和电路板与各个封装或单元之间的焊点实现电气连接的。

本章所描述的焊接是一种建立具有低成本和高可靠性、可大量生产的永久电气连接的共晶键合过程。共晶键合或焊接通常以焊料合金作为键合介质，其熔化温度低于 260℃。通常用于印制电路板组装的焊料合金包括 63Sn37Pb 或 96.5Sn3.0Ag0.5Cu 等铅基或无铅合金。一个或多个 PCBA 连接在一起并安装在一个机箱中，从而形成诸如个人计算机、服务器、移动电话等产品。图 16.1 所示为含有许多单元的 PCBA 的简单说明。

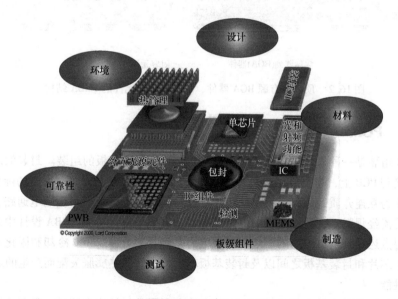

图 16.1 典型 PCBA 示例

PCBA 的作用

系统中的主 PCB，也称为母板，连接和组合了系统运行功能所需的所有单元。这些功能可以是数字、模拟、射频、光学、传感和供电等，既可以是单独功能，也可以是组合功能。母板通过板内的多层布线层实现这种互连功能。其顶层布置有金属表面焊盘，以通过焊点将这些单元和封装连接起来。

16.2 印制电路板组件结构

图 16.2 所示为 PCBA 的典型结构，显示了有源 IC 和无源元件是如何组装到 PCB 上的。在本例中，有源 IC 通过内部导线与陶瓷或层压焊球阵列（BGA）基板引线键合以实现输入输出（I/O），其一侧连接 IC，而另一侧连接 PCB。这个结构图还显示了电容器和电阻器是表面安装于印制电路板顶面和底面的。典型的 PCBA 由三个主要单元组成：

1）PCB 基板。

2）封装基板。

3）封装和电路板之间的焊料互连。

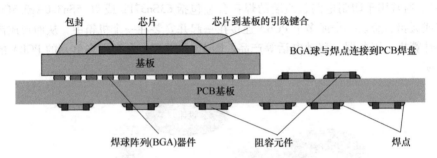

图 16.2　顶部有有源 BGA 器件、两侧有无源元件的 PCBA 结构

16.2.1　PCBA 的基本原理

PCB 组装是一种二级封装组装，第一级是芯片到封装基板的组装。封装的芯片通过电连接到 PCB 上，主要使用焊料合金和一种称为表面贴装技术（SMT）的标准组装工艺。作为互连介质，焊料提供了从芯片经过封装和焊点再到电路板的电通路，所有电流都将流经焊料。因此，焊料的电阻、电容和电感等电性能是 PCBA 设计中的重要变量。焊点还受到机械应力的影响。机械应力是当焊料在从 260℃ 冷却和固化到室温时，由于芯片和封装基板之间以及封装基板和主板之间的热膨胀失配而产生的。

电性能

焊料材料的导电性必须足够高，以使电流在所需几何结构中流动，且不会因电流流动而产生热阻。这也是焊点设计的一项主要作用。但是，在小型化至关重要的高集成度电路中，焊料的电阻率变得非常重要。焊点需承受电流从芯片流过互连点时所产生的阻性热以及工作过程中组件产生的热量，使得焊点处的温度有可能高达 125℃。因此，电阻温度系数（TCR）也成为 PCBA 设计中的一个需要关注的电性能。

微电子应用中常用焊料和封装材料的室温电阻率值见表 16.1。由于电阻率与微观结构、晶粒尺寸、位错密度等因素有关，焊料的电阻率测量值与纯金属及相同成分的合金有显著的差异。通常，焊料合金的电阻率相对较低。在大多数电子应用中，其对电路整体功能的影响微不足道。Bi-Sn 合金的电阻率明显高于其他焊料合金，其他焊料合金则具有相似的电阻率。Bi-Sn 的高电阻率值可归因于 Bi 元素的高电阻率，即 $115\mu\Omega cm$，而 Sn 的电阻率为 $10.1\mu\Omega cm$。电阻率测试数据不易获得。随着电子产品时钟频率的提高，交流阻抗特性变得比直流电阻率更为重要。在更高的频率下尤其如此。这种情况下，趋肤效应主导了导电性，焊点的表面特性变得比焊点本体更重要。

表 16.1 部分板级组装用焊料合金的室温电阻率值

焊料合金	电阻率 /($\mu\Omega cm$)	引线框架	电阻率 /($\mu\Omega cm$)	单组分	电阻率 /($\mu\Omega cm$)
63Sn-37Pb	10、14.4、15	52Ni-48Fe	43.2	Ag	1.59
96.5Sn-3.5Ag	10、12.3	42Ni-58Fe	57	Bi	115
58Bi-42Sn	30、34.4、34			Sn、Pb	10.1
50Sn-50ln	14.7、30	Cu-0.6Fe-0.05Mg-0.23Sn	2.65	Cu	1.73
48Sn-52ln	14.7				

机械性能

PCBA 的机械性能对于确保整个互连系统的电气性能不受损害非常重要。电路可能长时间发热。它们在使用过程中会经历反复的通电和断电循环，也就是温度循环。由于不同材料的热膨胀不同，当焊点从高温循环到低温时，就会产生应力。此外，产品在使用过程中也会受到振动和机械冲击。所有这些情况都会对 PCBA 工艺中的布线结构和焊点施加应力，最终导致呈现为裂纹或开口的失效。用于 PCB 组装的焊料合金的一些重要力学性能包括弹性模量、屈服强度、极限拉伸强度、疲劳强度、抗蠕变力和断裂韧性。设计师必须考虑到在室温和极端使用条件下的这些性能。

低温焊料组装

大多数 PCB 组装采用大约 220℃下熔化的无铅焊料合金或大约 183℃下熔化的共晶或近共晶铅基焊料。然而，有些产品使用的元件在组装过程中无法承受如此高的温度。因此，还需要有能处理最高温度不超过诸如 130℃的这类元件的组装工艺。这种低温组装的关键是能够在 130℃以下熔化并形成焊点的键合材料。这种低温组装的一个例子是使用低温熔化焊料，例如在 98℃左右熔化的铅、锡和铋三元合金，或使用导电环氧树脂，导电环氧树脂是环氧树脂和导电粒子的混合物。

高产量的可制造性

手机、照相机、电视机和笔记本计算机等电子产品每年销售百万台，属于消费类电子产品。这些产品中使用的 PCBA 必须以极高的产量生产，所以需要大产量的生产线。为了实现这些目标，所有的装配过程必须是高度自动化的，从拾取元器件和 PCB 上放置元器件到对完工焊点的检验和测试。这些自动化操作可以在无需人工干预的情况下以"熄灯"（lights out）方式运行，这也确保了为大众市场生产可靠产品所需的装配和测试过程的一致性和质量。除了自动化生产线外，设计 PCBA 时需考虑到高产量组装和测试的可制造性要求。PCB 组装中使用焊膏最大的优点之一就是便于自动化。焊膏可以在相对较短的时间内快速印刷在很大的组装表面上，从而实现电子组件的大规模生产。一条生产线上 24h 可生产多达 500000 个组件。

16.2.2 术语

印制电路板（PCB）：所有电子产品中都会用到的多层布线基板，它由图形化的铜布线和聚合物绝缘体组成。

印制电路板组件（PCBA）：PCBA 就是 PCB 基板上所有系统元件的组合。

电子元件：通常被称为元件，它们是具有独特电气特性的分立无源元件，其端子或引线可以让其组装到 PCB 上。

塑封焊球阵列（BGA）：一种将硅芯片贴装在封装基板上并且用聚合物包封的封装体，可通过其终端的焊球组装到基板或 PCB 上。

陶瓷焊球极阵列：一种将硅芯片贴装在陶瓷基板上并气密封装的器件，可通过其终端的焊球组装到基板或 PCB 上。

表面贴装技术（SMT）：一种在 PCB 基板表面连接元件的 PCBA 级互连技术。

镀覆通孔（PTH）技术：一种 PCBA 级互连技术，它通过将元件的引线插入 PCB 上形成的镀覆通孔来建立元件与 PCB 基板之间的连接。

双面组装：一种将电子元件安装于 PCB 的顶面和底面两面，PCB 夹在中间的组装。

混合组装：一种双面表面安装组装，从顶面将引线插入镀覆通孔，与表面安装元件混合并与之相邻。

润湿：润湿就是液体在固体上的扩散。

焊料：焊料是两种或多种金属的合金，通常在 400℃ 以下熔化，用于将两种或多种金属表面结合在一起。

钎焊（焊接）：钎焊是一种用焊料连接两个或多个金属表面以形成共晶键合的工艺。

助焊剂：助焊剂是一种用于焊接的化学物质，它能去除待焊接金属表面的变色和氧化层，以便进行共晶键合。

焊膏：焊膏是一种黏性和乳状物质，主要由助焊剂、直径 5 ~ 150μm 的焊料粉或焊料粉球以及一些能增强物理性能的添加剂组成。

回流焊：是一种采用印刷焊膏作为焊接材料、实现 SMT 元件与 PCB 基板共晶键合的焊接方法，这种焊接方法需要在回流炉中焊接温度环境下进行。

波峰焊：波峰焊是用熔化的焊料作为焊接材料，在插入 PCB 通孔的插装器件与 PCB 之间形成冶金焊接的一种焊接方法，焊接时 PCBA 要经过熔化的焊料槽。

贴片（拾取和放置）：贴片是指从容器中拾取元件并将其精确放置于 PCB 上的高速全自动过程。

返工：返工是指修复 PCBA 上的连接缺陷的过程。

DFX（Design For X）：DFX 就是面向 X 的设计，X 代表可制造性、可测试性、可靠性、成本、环境符合性等。

16.3　PCBA 技术

形成 PCBA 需要许多技术，如图 16.2 所示。

它们包括：

1）组装前的 PCB 基板；

2）封装和元件；

3）封装基板和 PCB 基板间的焊接互连。

16.3.1　PCB 基板

印制电路板（PCB）在第 15 章中已作描述。它们由一层或多层金属（通常是铜）电路组成，其间通常为聚合物或聚合物复合材料的绝缘层。PCB 是一种多层结构，通过在基板上钻孔或穿孔，然后镀铜，从而为这些电路层之间的电气连接提供连线。PCB 也被称为印制线路板（PWB）或蚀刻线路板。PCB 基板可以是柔性的或刚性的，分别如图 16.3a 和 16.3b 所示。

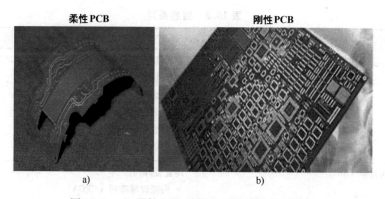

图 16.3　a）柔性 PCB 基板和 b）刚性 PCB 基板

PCB 采用光刻工艺制造，因此其布线尺寸和电气特性是一致的和可预测的。自 20 世纪 70 年代以来，PCB 的互连密度增加了两个数量级以上。这是因为有了很多材料和工艺上的进步，使得单层互连间距可以小于或等于 0.1mm（100μm），PTH 的直径可以小于 0.12mm。PTH 也被称为埋孔、半埋孔或通孔，它们用于电路层之间的互连。

PCB 有多种结构，即刚性、半柔性和柔性，以及单面和双面，用于如本章所述的 SMT 工艺、PTH 工艺或 SMT 与 PTH 混合工艺。

16.3.2　封装基板

封装也称为组装芯片载体。典型的封装包括了基板（如引线框架、层压板、陶瓷或硅等），芯片通过引线键合或倒装芯片工艺组装在基板上，如图 16.4 所示。

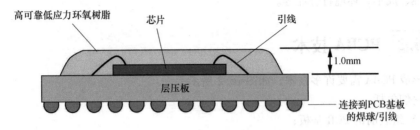

图 16.4　焊球阵列（BGA）封装示例

安装于印制板的封装基板类型

图 16.4 和表 16.2 说明了多种配置下的各种基板。

基板类型：

1）金属；

2）陶瓷；

3）塑料或层压材料；

4）硅和玻璃。

表 16.2　封装系列

封 装 系 列	封 装
晶体外形管壳（TO）	插栅阵列（PGA）和焊盘阵列封装（LGA）： • 塑封焊球阵列（PBGA） • 载带焊球阵列（TBGA） • 凹陷焊球阵列（DBGA） • 超级焊球阵列（SBGA） • 带散热焊球阵列（VBGA）等
单列直插封装（SIP）	陶瓷栅阵列： • 陶瓷焊球阵列（CBGA） • 陶瓷焊柱阵列（CCGA） • 焊锡球 • 带中阶层的焊柱（SCI）
小外形集成电路封装（SOIC）	芯片级封装（CSP） 微型焊球阵列（Micro-BGA） 芯片尺度焊球阵列（SLIC-BGA）
有引脚及无引脚的芯片载体（LCC）	多芯片封装（MCP）
陶瓷及金属四方扁平封装（QFP，热增强型 QFP）	载带封装（TCP）或载带自动键合（TAB）封装

　　金属封装由高温金属制成，如可伐合金、因瓦合金、铝和铜。金属封装是密封封装，可以在恶劣的环境下可靠工作，因而在军事领域得到广泛使用。

陶瓷封装由氧化铝或低温共烧陶瓷和氮化铝等陶瓷材料制成,这些在第 6 章中有详细的描述。这些材料用玻璃密封或者在某些应用中用合金钎焊金属盖密封,采用的材料如冲压因瓦合金 42 (58% Ni/42% Fe)。陶瓷封装是典型的高可靠性应用的气密性封装。陶瓷封装最初是在 20 世纪 70 年代到 20 世纪 80 年代为计算机封装应用而开发的,但由于其在高频下的低电损耗特性,而大多应用于射频领域。

塑料封装是由可塑塑料制成的。大多数塑料封装基于引线框架封装,它用金属丝与芯片键合后再注塑成型。塑料封装是非气密性封装。PCB 组装的一个最相关的特性是封装层之间的互连类型。这些类型见表 16.3,包括针型引脚、焊球和扁平端子(如焊盘阵列)。表面安装封装的类型包括翼形、J 形引脚、焊球阵列、焊柱阵列、针栅阵列和焊盘阵列。翼形能提供可靠的焊点,焊点可以很容易地用桌面显微镜进行目视检查。不过翼形引线容易弯曲,导致引线共面性问题。相对于鸥翼式器件,焊球阵列由于具有自对准能力,所以具有更高的组装焊接效率。但是焊球阵列焊点不能在显微镜下检查,因此需要 X 射线检查。由于增加了焊距高度,焊柱阵列比焊球阵列具有更好的焊点可靠性。焊柱阵列的缺点是焊柱易弯曲、焊柱的共面性不佳和返工较困难。

表 16.3　表面安装封装类型及其结构

SMT 封装类型	引线结构
翼形	
J 形引脚	
焊球阵列	
焊柱阵列	

（续）

SMT 封装类型	引线结构
针栅阵列	
焊盘阵列和四方扁平无引脚器件	
片式元件（电阻、电容等）	

封装和电路板之间的互连

封装和电路板之间使用三种互连机制：化学连接、机械连接和冶金连接。化学连接是由两个互连表面之间的化学反应形成的。这种类型的连接是不可逆的，几乎不可能对连接头进行修复或返工。机械连接是通过诸如螺钉紧固、压接、螺栓连接或其他类似的紧固等过程形成的。根据不同的连接机制，连接可以是可逆的或可修复的。一些机械连接可能需要破坏连接的硬件。

两种金属或合金之间通过金属互扩散或金属表面之间的反应形成共晶键合。这可以在固态或液态下发生，在中间加入一层低熔点合金，它可以熔化并形成液体。锡钎焊和铜钎焊是两种常用方式。共晶键合的独特优点是其具有可维修性，通过将焊点加热到熔点以上就可以维修。能对焊点进行返工和维修是钎焊的独特优势。

焊料

在 PCB 组装中，主要的互连材料技术是基于焊料的。焊料的使用有多种因素，其中包括通过熔化焊料和形成液态金属的低温组装、耐腐蚀性、丰富的供应、自对准和良好的电性能。锡钎焊接是一种低温冶金连接工艺，温度通常低于 260℃。它能提供优异的电气、热力和机械互连性能，并可以实现大批量的电子组装。

熔化温度为 183℃ 的共晶（63Sn37Pb）或近共晶（60Sn40Pb）锡铅（SnPb）焊料一直是 PCB 组装应用中最常用的焊接合金。除锡铅外，其他的如锡锑、锡铋、锡铟、铅铋和锡铅铋等合金也被用于某些特定用途。随着减少有害物质（ROHS）环境倡议的采用，铅已被禁止用于大多数电子应用，因此在 PCBA 焊接中引入了新型无铅焊料合金。最常见的合金是不同成分的 Sn-Ag-Cu 合金。用于 PCBA 焊接的大多数常用焊料合金及其熔化温度范围见表 16.4。

表 16.4　PCB 组装常用焊料合金

合　　金	熔化温度/℃
42Sn/58Bi	138
63Sn/37Pb	183
9Sn/9Zn	199
96.4Sn/3.5Ag	221
99.2Sn/0.7Cu	227
Sn/3Ag/0.5Cu	217～218

在焊接过程中，焊料合金经历了一个完整的固-液-固循环。焊点的性能随成分和相变而变化。例如，对于 SAC305 这种焊料合金，它从固体完全转变到液体的温度范围为 218～222℃。在 PCB 组装焊接工艺中，相图是确定焊接曲线的时间和温度的基本指南。共晶锡铅焊料和锡银铜（Sn3.5Ag0.5Cu）无铅焊料的相图分别如图 16.5 和图 16.6 所示。焊料有不同的形式，最常见的形式是焊膏、焊条、焊丝和其他预成形料。

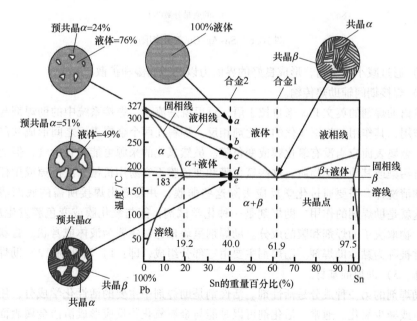

图 16.5　共晶 Sn-Pb 双相图

助焊剂

助焊剂是一种添加入焊料中的化学物质，它分布在焊盘上，起到三个作用：

1）去除基板金属上的变色和氧化膜，形成并保持新的清洁、无变色的金属表面，以便焊接。

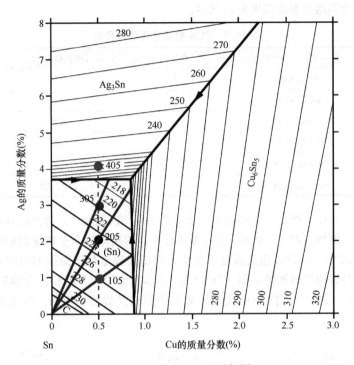

图 16.6   Sn-Ag-Cu 三元相图

2）通过减小润湿角，形成良好的界面力以利于润湿和扩散。

3）焊接期间辅助热传输。

术语助焊剂的英文 flux 来自拉丁语，意思就是流动。焊接系统中的助焊剂起还原剂的作用，其作用与将铜氧化的氧化剂相反。焊料在两个金属表面之间形成共晶键合之前，金属表面应当没有氧化膜或变色膜。虽然氧化的来源可能来自大气，但变色可能来自污染或其他化学物质。这些氧化膜和变色膜不容易用机械方法擦掉或用任何标准溶剂清洗掉，需要通过化学反应去除这些薄膜，并暴露出焊接所需的底部清洁表面。这就是助焊剂的作用。助焊剂是一种化学试剂，能与氧化膜或变色膜发生反应。反应产物取决于助焊剂和膜的成分。助焊剂呈琥珀色，主要为液体或膏状。膏状助焊剂通常被称为黏性助焊剂。助焊剂主要由三部分组成，即：1）活性剂；2）助焊剂溶剂载体；3）助焊剂基材。

助焊剂的第一种成分是活性剂。活性剂是助焊剂中主要的活性化学成分，用于去除变色或减少氧化。通常，活化剂可以是能与金属氧化物反应形成清洁金属表面的任何化学物质。活化剂可以是一种或一组化学物质。助焊剂活化剂有效去除氧化物和形成清洁金属表面用于焊接的能力称为助焊剂效能。

助焊剂的第二种成分是溶剂载体。溶剂载体通常是异丙醇，在某些情况下是水。溶剂载体的沸点低于焊接温度，因此会在达到焊接温度前蒸发。

助焊剂的第三种成分是基材，既可以是天然松香，也可以是合成松香。配置的松香应能在焊接温度下保持稳定。一旦从金属表面去除变色，松香助焊剂必须为清洁的金属表面提供保护层，以防止再次氧化或变色，直到焊接完成。因此，松香需要在焊接温度下保持热稳定性，而不会发生分解或蒸发。

根据联邦规范 QQ-S-571E，助焊剂分为 R 型、RMA 型、RA 型和 AC 型。

- R 助焊剂只含有松香，不含任何活性剂。这是一种温和的助焊剂。
- RMA 助焊剂含有松香和活化剂。顾名思义，它是一种适度活化松香（RMA）助焊剂。
- RA 助焊剂是一种侵蚀性助焊剂，它含有卤化物活化剂。
- AC 助焊剂含有高度侵蚀性的活化剂，包括有机酸和卤化物。

AC 助焊剂具有极强的腐蚀性，不允许在电子产品中使用。此外，还有 OA 助焊剂，即高通量活性有机酸助焊剂。其室温下 pH 值为 2～3，通常认为它具有腐蚀性，在焊接后必须从 PCBA 中予以去除或清洗。

PCB 组装焊接中常用的助焊剂有两种：即清洗型助焊剂和免清洗助焊剂。在禁止使用消耗臭氧层的氟氯烃（CFCs）之前，电子工业中主要是用 RMA 助焊剂，电子产品在焊接后用 TCA（1,1,1-三氯乙烷）或氟利昂类清洗溶剂进行清洗。在禁止使用这些清洗化学品之后，引入了免清洗助焊剂和水溶性助焊剂。一般来说，PCB 组装中若采用免清洗助焊剂，就不需要焊后清洗了，除非在某些特殊应用中需要对免清洗助焊剂的残留物进行清洗。

焊膏

焊膏为焊料合金粉末、助焊剂和溶剂载体的均匀且运动稳定的混合物，它涂覆在封装和 PCB 焊盘之间以实现焊接。它是一种黏性和乳状物质，主要由助焊剂、直径从 5～150μm 的焊料粉或焊料球体以及一些能增强物理性能的添加剂组成。在 PCB 组装中，通过网板印刷焊膏是最常见的焊料涂覆方式。因为焊膏是一种可变形和易成形的材料，它可以印刷、分布或形成任何想要的形状。因此，它非常适用于自动化 PCB 组装。其独特的黏性特性能使零部件和元件固定到位而无需黏合剂。

焊膏主要由三部分组成：焊料合金粉、溶剂载体和助焊剂。载体主要用于容载焊料。助焊剂如前所述用于去氧化或去变色。焊膏是一种比较复杂的材料。除了焊料、助焊剂和载体外，它还可能含有其他添加剂，以增强其流变性能和抗环境劣化能力。

焊膏通常含有88%～90%（重量百分比）的焊料粉末。这些焊料粉末的颗粒尺寸范围见表16.5。表16.5中的类别是由持续的产品小型化趋势所驱动的，这种趋势需要更小和更细的粉末尺寸。

表 16.5 焊膏类型

焊 膏 类 型	焊膏颗粒尺寸/μ
1 型	150～75
2 型	75～45
3 型	45～25
4 型	38～20

（续）

焊膏类型	焊膏颗粒尺寸/μ
5 型	25 ~ 15
6 型	15 ~ 5

3 型焊膏是 PCB 组装焊接工艺中最常用的。在需要较薄焊点的应用中，使用 4 型焊膏。5 型和 6 型焊膏主要用于晶圆级封装。除了颗粒尺寸外，焊料粉末的形状和形貌对控制焊料流变性和最终焊点尺寸也很重要。

焊料的润湿和扩散

焊料必须处于液态，才能润湿基板上的焊盘并形成共晶键合。润湿通常被定义为液体材料在固体表面的扩散。润湿是一种关键的表面行为，受表面能和表面张力的控制。蜡纸上的一滴水不会弄湿纸，但是，如果水掉在没有打蜡的纸上，水会立即弄湿纸，并会向外扩散。这与焊接非常相关，因为焊接系统也受相同的表面能的热力学现象控制。见式（16.1），自由能与表面张力有关：

$$\left(\frac{\delta G}{\delta A}\right)_{P,T} = \gamma \tag{16.1}$$

式中，G 是自由能；A 是面积；γ 是表面张力。

没有任何氧化物或变色的清洁金属表面，具有非常高的表面能。这种高表面能条件使得焊接过程中可以发生润湿和扩散。发生润湿或扩散的热力学条件为 $\Delta G < 0$。为了获得较高的表面能，必须去除变色和氧化膜，以便进行焊接。这是通过使用助焊剂去除这些变色和氧化膜来实现的。因此，除了 PCB 表面和焊料外，助焊剂是焊接系统中的第三个关键因素。

接下来分析如图 16.7 所示的三个部分：PCB 固体表面、液态焊料 L 和助焊剂 F，在有助焊剂的情况下的金属表面上一滴熔化的焊料。

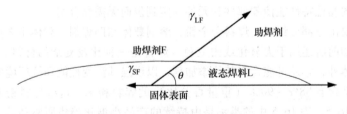

图 16.7　润湿和润湿力的平衡

在平衡状态下，没有进一步的化学反应或扩散，系统将有一个边界，此时所有的三态以一定的角度彼此相接。在基体金属（固体）、液态焊料（液体）和助焊剂之间形成的角度 θ 称为润湿角。这可以从界面能的平衡式中得到：

$$\gamma_{SF} = \gamma_{SL} + \gamma_{LF}\cos\theta \tag{16.2}$$

式中，SF 是固体与助焊剂之间的界面力；SL 是固体（基体金属）与液体（液态焊料）之间的界面力；LF 是液态焊料与助焊剂之间的界面力。如式（16.2）所示，γ_{SF}

是扩展力或润湿力。这意味着当 γ_{SF} 大于 γ_{SL} 和 $\gamma_{LF}\cos\theta$ 的界面力之和时，将发生扩散或润湿；当 $\theta = 0°$ 时，发生完全润湿；当 $\theta = 180°$ 时，是非润湿状态。非润湿状态意味着没有发生焊接，因此不会形成共晶键合。

16.4 印制电路板组装的类型

电子元件可以通过两种主要技术连接和焊接到 PCB 上，即表面安装技术（SMT）和镀覆通孔（PTH）方法，分别如图 16.8 和图 16.9 所示。根据器件应用要求，表面安装元件可以有引线端子（见图 16.8），也可以有焊球，即焊球阵列（BGA）（见图 16.9）。

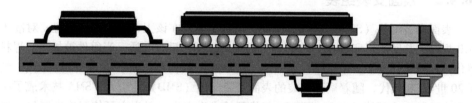

图 16.8 在 PWB 表面组装预封装元件的 SMT

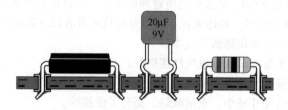

图 16.9 在 PWB 上组装插针式镀覆通孔元件的 PTH 技术

16.4.1 镀覆通孔组装

镀覆通孔（PTH）工艺就是将插针元件插入 PCB 基板上的通孔中并进行焊接，如图 16.9 所示。然而，随着对高互连密度需求的增加，PTH 组装因其局限性，而被表面安装组装（Surface Mount Assembly，SMA）工艺所取代。互连密度定义为每单位面积可进行的互连数量。随着电子电路功能的增加，需要更多的单位面积的输入/输出（I/O）端，通孔互连已不能满足这样的需求。通孔元件通常尺寸较大，会占据较大的封装空间。因此，该技术不适合更快、更小和更密集的封装。

虽然表面安装是大多数 PCB 组件的主要互连方法，但在许多需要大电流（大于5A）和高强度焊点才能保证较重部件可靠性能的应用中，仍然需要 PTH 互连模式。例如电源、大型变压器、电源连接器以及具有重复连接和断开循环的匹配连接器。最常见的 PTH 元件如图 16.10 所示。尽管 PTH 互连在互连密度、尺寸和功能方面存在局限性，但 PTH 互连仍具有自己的优势。

图 16. 10 不同类型的 PTH 元件：a）径向元件；b）轴向元件；
c）双列直插式元件；d）连接器

16. 4. 2 表面安装组装

　　表面安装组装（SMA）是一种电路板组装工艺，在该工艺中将元件放置、对准于 PCB 焊盘上并回流。印刷在 PCB 焊盘上的焊膏，用作键合介质。当组件被加热，焊料熔化、凝固形成连接，冶金结合就完成了。SMA 的最初概念始于 20 世纪 60 年代。到了 20 世纪 70 年代，随着扁平封装的表面安装器件（SMD）的引入，SMA 技术成了一种互连手段。这项技术在 20 世纪 80 年代开始成为主流，因为它可使互连密度显著增加，从而实现小型化。SMA 使电子产品的大批量生产成为可能，因为它可以以高度可重复的方式精确贴装 SMD，从而提高质量和可靠性，并且促进了成本效益高的小型和快速电子封装的快速发展。具体来说，表面安装技术具有以下优点：

　　1）批量生产和自动化降低了成本；

　　2）由于减少了互连长度，电气性能更好；

　　3）增加互连密度，实现小型化；

　　4）电子封装的尺寸减小、重量减轻，提升了便携性。

　　SMD 可以安装在 PCB 的顶面和底面，而且元件端子或者 SMD 的引线具有适合各种应用的结构，见表 16. 3。它们包括了翼形、J 形引脚、焊球、焊柱、表面安装针栅、平栅和无引脚等类型。区域阵列封装，例如焊球阵列和焊柱阵列（BGA、CGA），与周边引线 SMD 相比具有更高的互连密度，因为整个封装区域可用于端子。端子包括了焊球阵列、焊柱阵列和铜针阵列，这些阵列可以部分矩阵形式或全矩阵形式布置。陶瓷焊球阵列（CBGA）和陶瓷焊柱阵列（CCGA）的焊球和焊柱的材料通常为10Sn90Pb 高温焊料。

16. 5　组装焊接工艺类型

16. 5. 1　回流焊

　　PCB 组装工艺包括五个主要的工序，并在其间需要时进行检查和测试：

　　1）施加焊膏；

　　2）元件贴装；

3）回流焊；

4）插入 PTH 元件；

5）波峰焊。

图 16.11 展示了一个典型的 PCB 组装流程，包括表面安装和波峰焊组装，以及光学检查和电气测试。PCBA 可以是单面或双面表面安装，并有 PTH。

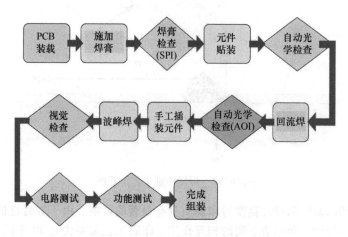

图 16.11　典型的 PCB 回流组装工艺

焊膏印刷

施加焊膏即焊膏印刷是最关键的表面安装工艺步骤，因为它要求以精确和可重复的方式在正确的元件焊盘位置上沉积合适数量的焊膏。焊盘位置由 PCB 设计确定，实际数据包含在设计文件中。焊膏通过金属网板中的开口沉积，金属网板也由设计确定。网板是一种不锈钢（或镍、镀镍黄铜）箔片，厚度从 0.1 ~ 0.3mm，通过激光切割、化学蚀刻或电铸方式形成开口。网板制作工艺取决于电铸所需的精度水平，只要能提供相对平整和均匀的孔口，从而能有效释放焊膏即可。

焊膏印刷首先要通过真空或机械方式将网板框架固定在印刷机的适当位置。如图 16.12 所示，使用刮板将膏体压入并推过网板孔，然后将其沉积到 PCB 焊盘上。使用称为基准点的 x-y 位置参考点或 PCB 上定义的校准目标点（设备视觉系统应用了这些数据点）将 PCB 与网板对准。将一行 3 ~ 5mm 厚的焊膏涂在与刮板刀片平行的网板上，刮板在穿过印刷区域时压下并推动焊膏。印刷过程会自动继续，只有在需补充焊膏或清洁网板时才会中断。对焊膏印刷工艺及其起作用的主要的力和变量有一个基本的了解是非常重要的。在焊膏印刷过程中有三种作用力在起作用，见式（16.3）。

$$F_{Net} = F_{Print} - F_{Lift}\cos\alpha \tag{16.3}$$

式中，F_{Net} 为刮板对网板的净力；F_{Print} 为刮板的安装压力；F_{Lift} 为焊膏对刮板的动水压力；r 为焊膏到网板/刮板接触点的距离（见图 16.12）；α 为刮板前进面和网板之间的角度。

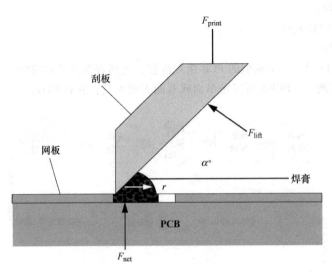

图 16.12　焊膏印刷工艺示意图

　　另外，印刷速度和焊膏黏度对印刷质量有显著的影响。由于焊膏性能、焊膏量、设备设置、网板设计和制造之间的相互作用，印刷工艺需要优化 39 个以上的工艺参数。焊膏量可以通过网板厚度及其开口来估计。成功印刷所需的三个主要因素是：a）焊膏；b）网板；c）焊膏印刷设备。

　　焊膏：焊膏作为一种胶黏剂，用以确保焊接前贴装元件的固定位置。与印刷质量相关的焊膏的主要流变特性是其黏度、塌陷性（即在元件贴装前其保持原位的能力）和工作寿命。焊料黏度会影响可印刷性、塌陷性和从网板落下的清洁度。

　　黏度：黏度定义为材料抵抗流动趋势的程度。焊膏是触变性的，这意味着它的黏度因施加了剪切力而会随时间变化。在印刷过程中，焊膏会受到来自印刷头或刮板的剪切应力，随着时间的推移，会失去黏度，使焊膏变薄，从而有助于焊膏很容易流经网板上的孔口。一旦刮板上的应力消除，焊膏就会恢复其形状并留在电路板上。为确保其黏度适合正确的印刷，锡膏使用前必须进行搅拌。

　　塌陷性：理想情况下，在贴装元件前，焊膏应以完整直立态保持其形状。焊膏塌陷性，即其扩散趋势并不是我们想要的，因为它会导致元件贴装后在两个相邻焊盘之间形成焊料桥接的潜在风险，从而产生短路。图 16.13 所示为一个良好印刷的例子，焊料没有任何扩散的迹象。

　　工作寿命：工作寿命是指焊膏在不影响印刷性能的情况下停留在网板上的时间。它通常是由焊膏制造商规定的。焊膏在网板上的停留时间一般不允许超过 30~45min，因为焊膏的某些化学成分会挥发，因而会改变焊膏的化学性质及其工作寿命。由于焊膏含有有害物质，因此处理焊膏是最关键的过程控制之一。处理焊膏时必须使用手套并适当通风。焊膏的处理和回收必须符合有害物质管理的适用标准和环境协议。

　　网板：PCB 设计文件规定了焊接到 PCB 上的每个电子元件的区域和位置。区域图详细说明了每个贴装元件的焊盘大小和几何形状。此 CAD 文件也用于制作网板。如

图16.13 良好的焊料印刷示例，边缘清洁、顶部平整、对齐良好、助焊剂无渗出

图16.14所示，网板有不同尺寸的开口，这些开口是PCB上焊盘的镜像。网板的两个重要物理属性包括：

1）表面处理，以抑制焊膏对模板表面的黏附或润湿。

2）网板孔壁的表面纹理，当网板和刮板从PCB焊盘上放开时，没有异物覆盖黏接剂到PCB上。

图16.14 典型框架式网板图像

电铸成形网板往往具有更平滑的孔，以实现良好的膏体释放，并且更适合于与小型无源元件相关联的精细特征，例如0201、01005和细节距（小于0.5mm）元件。

焊膏印刷完成后，应检查焊膏的涂覆情况和膏量，然后将PCB转至贴片作业。

元件贴片

元件贴片是通过从容器（例如，卷盘）中拾取一个元件，并将其放置在PCB上的正确位置上来完成的，该过程涉及加速、减速、急停、快速的元件检查、识别和精确放置，这一切要在0.1s内无瑕疵地完成。贴片设备包括一个x-y机器人或机架、一个配置有不同尺寸吸嘴的贴片头、摄像机、PCB的支撑夹具以及元件供料器固定装置或插槽。图16.15所示为一贴片机图。

图16.15　富士AIMX贴片机（由新美亚公司提供）

元件贴片程序： 贴片程序根据PCB的CAD文件，结合贴片机软、硬件来开发。程序使用X、Y和θ坐标定义PCB上每个元件的位置，包括补偿PCB制造过程中PCB尺寸变化、收缩或膨胀的偏置量。机器编译完成后，要对程序的准确性和可重复性进行验证，并在实际作业开始前进行适当的调整。该程序可以包括表面安装元件和PTH器件的贴放和插入。

供料器（胶带和卷盘）： 供料器是将不同类型的元件放置在适当位置上的容器，以使机器人能够精确、高速地将元件贴放在PCB上。这些供料器具有内置智能，可与贴片机就组件可用性状态进行通信。

胶带和卷盘是最常见的元件供料器类型，因为它们可以容纳许多类型的元件，包括裸芯片。元件固定于塑料腔中，并覆盖一层塑料薄膜或箔。元件通过塑料泡胶带传送。在元件拾取过程中，顶部膜被自动剥开，露出要被贴片机吸嘴拾取的元件。胶带宽度为8～56mm，可以容纳各种规格的元件。胶带和卷盘供料器由电、气或机械驱动。图16.16所示为胶带和卷盘供料器。

托盘是一种主要用于大面积阵列器件如BGA和重型器件的容器。这些器件无法装入胶带和卷盘中。如图16.17所示，元件存储在托盘式供料器的空腔中，托盘通常用硬塑料制成。

异形元件供料器是为处理异形元件而定制的供料器。异形元件，如电感、线圈和连接器，它们不符合表面安装和PTH元件的标准几何结构。

贴片设备和贴片工艺： 组装过程中的贴片步骤是在焊膏印刷完成后开始的，并且PCB应确保固定在原始位置上，以让贴片机内的摄像机能定位到基准标记（基准点），这对于精确放置元件的光学对准至关重要。标准基准点是直径至少为1.01mm

图 16.16　a）胶带和卷盘供料器；b）胶带和卷盘；c）安装在贴片机上的卷盘

图 16.17　区域阵列型器件的托盘

的实心蚀刻铜圆。基准标记周围应当是没有任何电路特性、焊接掩模或标记的清晰区域。为了能更好地检测，最好对目标基准点进行电镀。全局基准点通常是 PCB 的参考点，而局部基准点是电路板上某特定元件的参考点。有 SMT 器件的典型 PCBA 板的每面需要三个全局基准点。当电路板的尺寸超过 356mm×356mm 时，在原电路板尺寸的宽度或/和长度上每增加 305mm，就需要在电路板的每一面添加额外的基准点。对于 BGA 和节距小于 0.65mm 的器件则需要两个局部基准点。

　　一旦验证了元件和 PCB 位置已对准，机器人将按照编程顺序识别正确的吸嘴，从特定的供料器位置上真空拾取元件并将其放置到正确的 PCB 位置上。在放置之前，摄像机会验证元件和 PCB 的形貌是否匹配。当今的贴片机（见图 16.15）每小时可以贴片 40000~60000 个元件。最新的贴片机具有内置智能，可以执行一些缺陷预防和性能优化任务，其中包括元件可追溯性、测量机器停机时间、机器性能、插入和放置力控制，并具有闭环反馈，可动态进行调整。

回流焊

　　元件完成贴片并被焊膏固定在 PCB 基板上后，下一步就是回流焊。回流焊时，焊料在回流炉中熔化，在封装和电路板之间形成冶金焊接和坚固的机械互连。大约 90%（重量百分比）的焊膏是焊料粉末或焊料球，焊料球是通过熔化焊料并在凝固过程中使其具有不同直径的球体而形成的。当焊料在 PCB 组装中再次熔化时，它被称为回流焊（再流焊），因为这是第二次熔化过程。回流焊有三个主要方面，即：

　　1）回流炉；

　　2）时间-温度回流曲线；

3）回流焊环境。

回流炉： 回流炉的设计有多种传热机制，即强迫对流炉（最常见）、红外辐射（IR）炉和气相炉。强迫对流烘箱配有红外热源并通过强迫对流来传热。见式（16.4），强迫对流传热量 Q（W/cm^2）是热源与工件之间的温差 ΔT（℃）和对流系数 h（$W/cm^2℃$）的函数。

$$Q = h\Delta T \tag{16.4}$$

回流炉有多个加热区域，提供不同程度的加热，即预热区、保温区、回流区和冷却区。典型的回流炉有 10 个温区（见图 16.18）。特殊应用场合也有 8 个温区和 12 个温区的。

与强迫对流回流相比，红外辐射炉内的传热速度更快，因为它可以在短时间内传递大量热能。两个不同温度物体的辐射换热率由式（16.5）决定。

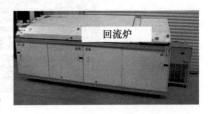

$$Q = VXE_sXA_tXK(T_s^4 - T_t^4) \tag{16.5}$$

图 16.18　10 温区强迫对流回流炉（由新美亚公司提供）

式中，Q 为红外热传递率（W/cm^2）；V 为几何因子（0~1）；E_s 为热源辐射因子（0~1，黑体（完全辐射体）为 1）；A_t 为目标吸收因子（0~1，黑体为 1）；K 为玻尔兹曼常数（$5.6 \times 10^{-12} W/cm^2/K^4$）；$T_s$ 为热源温度（K）；T_t 为目标温度（K）。

红外辐射（IR）利用红外光源将能量传递到 PCBA 的表面。电路板材料和焊料中的金属由于吸收红外辐射的方式不同而具有不同的加热速率，因此它们以不同的速率加热。分子表面结构、密度和颜色都会影响材料的加热速率。必须注意不能让电路板材料和元件的塑料结构过快、过多地吸收能量。过热可能会导致 PCB 基板的分解或分层，尤其是在潮湿的情况下。在 PCBA 回流焊中，加热速率的控制至关重要。由于红外热传递速度快且依赖于待焊材料，因此不适合大规模 PCB 组装，因其通常含有异质材料和特征，使加热速率控制困难。

第三种用于 PCB 组装的回流焊方法是气相（VP）回流焊，也称为凝热回流焊。气相回流焊系统将来自沸腾液体的蒸汽中的热量传到工件或 PCB 上。传热原理与对流相似，由式（16.6）决定。

$$Q = hA(T_v - T_s) \tag{16.6}$$

式中，Q 为蒸汽到零件的热传递率；h 为传热系数；T_v 为饱和蒸汽温度；T_s 为零件表面温度；A 为产品表面积。

气相焊接是基于来自靠近惰性沸腾液体表面的高能气相的蒸发潜热，当蒸汽凝结到工件上时，热量传递到 PCB 上。如图 16.19 所示，设备将加载的 PCBA 移动到底部有沸腾液体的工艺室中，然后将组件缓慢浸入从沸腾液体中蒸发出的气体中。峰值温度取决于液体的沸点。气相焊使用的液体主要是氟氯烃。高沸点（约 600℃）的高分子量氟氯烃是一种有机化学物质，具有化学惰性（非反应性），可以对其进行化学定制，使其沸点与所用焊料合金的熔点相匹配。与对流或红外相比，该工艺相对成本昂贵、工作速度慢，但在组件中使用的元件或材料不能耐受仅高于焊料熔点温度几摄氏度的情况下非常有用。气相设备可以是一个批量或传送的在线系统。

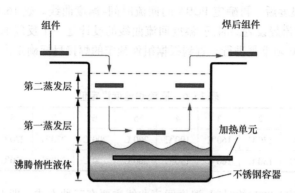

图 16.19　批次或单次气相焊工艺

时间-温度回流曲线：PCBA 焊接受两个因素的限制：

1）回流温度必须足够高，以保证所有端子完全熔化和连接，以形成良好的共晶键合。

2）焊接温度不应超过 PCB 基板和表面安装器件能够承受的不会造成其任何损坏的最大允许温度。

PCBA 使用的热力图，应确定正确的回流温度和时间，从而在不损坏 PCB 及其表面安装元件的情况下进行焊接。热力图包括测量电路板组件上几个点的温度，以确定和绘制焊接过程中的热分布、温差、加热速率（热梯度）、峰值温度和冷却梯度随时间的变化图。回流焊过程分为四个阶段，即预热、保温、回流和冷却。

预热是焊接过程的第一步，目的是防止对元器件和 PCB 的热冲击。加热速率（$\Delta T/dt$）必须最小化并加以控制，以使 PCBA 逐渐上升至回流炉温度。由于焊膏中含有一些挥发性化合物，因此也需要控制加热速度，以尽量减少气泡和微爆破。

保温是焊接过程的第二个阶段，目的是让整个 PCBA 上获得均匀的温度，而与元件的热容量和 PCB 上的位置无关。同时在这个阶段，助焊剂完全活化，在去除表面氧化物和变色后保护金属表面。在保温阶段，元件引线和焊盘开始可能会有一些初步的润湿。

回流是第三步，也是回流焊的主要阶段，该阶段发生实际的焊接和完全固-液转变。这时要采用快速温度变化，以确保所有区域达到焊料的熔化温度。峰值温度通常比焊料的熔化温度高 10 ~ 20℃，以确保整个 PCBA 的完全焊接。要让 PCBA 在此阶段停留一定时间，以确保完全回流，通常高于焊料液相线温度的持续时间为 60 ~ 90s。

冷却是最后一个阶段，在该阶段熔化的焊料开始凝固并经历从熔化态到固态的相变，通常伴随着热能的释放。凝固过程决定了焊点的最终微观组织，以及电子设备在现场使用寿命期间可能发生的微观组织的演变。微观结构体现了金属系统中相的形态、晶粒尺寸、晶界、形态和分布，进而决定了焊点的机械强度和长期可靠性。对于 Sn-Ag-Cu 系的无铅焊料，冷却速度尤为重要。为了确定某 PCBA 的最佳时间-温度回流曲线，首先，若采用 Sn- Ag-Cu 无铅焊料回流焊时，应如表 16.6 所示设置 10 温区烘箱的回流温度。在整个 PCBA 的选定位置上设置热电偶（或温度传感器），并且将 PCBA 经历回流温度后，再确定 PCBA 的回流时间-温度曲线。表 16.6 显示了 Sn- Ag-Cu 无铅合金的回流焊设置。时间-温度回流曲线的设计是一个反复的、一定程度上也是试错的过程，必须重复进行，直到根据组件预定的焊接目标确定出组件的最佳回流焊曲线为止。

表 16.6　回流炉温度设定值

温区	1	2	3	4	5	6	7	8	9	10
顶面温度	110℃	130℃	160℃	190℃	200℃	200℃	220℃	220℃	260℃	250℃
底面温度	110℃	130℃	160℃	190℃	200℃	200℃	220℃	220℃	260℃	250℃

确定任何 PCBA 的初始时间-温度回流曲线主要有三种方式，即 1) 以前为类似的 PCBA 开发的时间-温度回流曲线；2) 焊膏供应商推荐的时间-温度回流曲线；3) 参考目标设置值，见表 16.7。利用这些输入，以及回流炉的初始设置，工艺工程师开发出每种特定组件的时间-温度回流曲线。必须为双面表面安装组件开发两个回流曲线，每面一个。在批量回流焊开始之前，应进行验证运行以确定设置。新开发的时间-温度回流曲线应上传并存储在计算机系统中，该系统可根据需要控制焊接过程。图 16.20 所示为时间-温度回流曲线的一个示例。

表 16.7　Sn- Ag- Cu 无铅回流焊的一般目标设置值

焊膏	免清洗，Sn/3Ag/0.5Cu 合金，金属含量 89%，无铅
最低焊点峰值温度	229℃
最高焊点峰值温度	254℃
高于液化温度 217℃ 的时间	优选 30 ~90s，217℃ 以上
	最少 30s，最多 120s
保温	200 ~210℃ 之间少于 120s
	刚好低于 217℃ 时，20 ~30s
升温速率	0.5 ~2℃/s
冷却速率	3 ~6℃/s
氮气气氛（可选）	仅可选用于涂了 OSP（有机可焊性保护剂）的 PCBA
烘箱类型	10 温区强迫对流烘箱

回流焊环境： 回流焊炉中的环境对大多数组件来说就是空气，除非严重的氧化抑制了焊点的适当润湿。在回流焊时，通过向回流焊炉中泵入氮气形成惰性气氛，直到炉中的氧气水平降低到 1000PPM 以下，以降低氧化的可能性，并改善润湿和焊点的形成。由于氮气相对昂贵，在某些应用中，氧气含量可能高达 5000ppm，但也能使焊点有足够的润湿。诸如四方扁平无引线（QFN）器件通常容易产生非润湿问题，而在氮气气氛中焊接就可以改善。

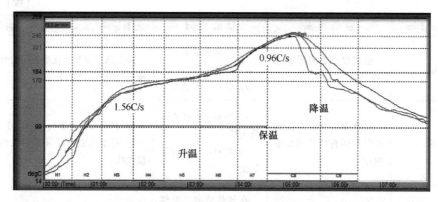

图 16.20　表示了回流焊不同阶段的时间-温度回流曲线示例（由新美亚公司提供）

　　回流焊环境也可能导致焊点中出现过多的空洞。空洞是由于焊料在液态时形成的气泡，凝固时在焊点内部形成了空腔，如图 16.21 所示。焊点中存在过多的空洞可能会削弱焊点强度，并导致其在应力下失效。焊点中的空洞也影响散热，因为空洞的存在会使传热路径变窄。空洞尤其不利于高速开关器件，如 QFN，以及小焊点元件，如 0.3mm 的芯片级封装。已经证明在焊点从熔融状态凝固过程中采用真空可以最大程度地减少甚至消除空洞。表 16.8 列出了常见的回流焊缺陷及其可能的原因。

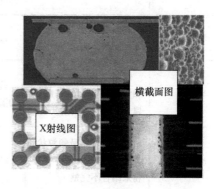

图 16.21　BGA 和 PTH 器件中空洞的 X 射线图和横截面图

表 16.8　常见的回流焊缺陷及其可能的原因

缺陷类型	缺陷现象	缺陷原因	可能的解决方案（调整回流曲线）
歪斜	元件未对准	片式元器件两端熔融焊料的表面张力不平衡	在接近焊料熔点的温度时降低升温速率，使芯片上的温度梯度最小化，停止使用氮气
立碑	无引线元件（电阻、电容）的一端抬起，另一端站立	片式元器件两端熔融焊料的表面张力不平衡	在接近焊料熔点的温度时降低升温速率，使芯片上的温度梯度最小化，停止使用氮气
爬锡（开口）	熔化焊料润湿了元件引线并沿引线向上流动，远离了焊点区，使焊点开口	在焊料熔化阶段，引线比 PCB 焊盘温度高	在接近焊料熔点的温度时降低升温速率，或使用更多底部加热，或降低峰值温度

（续）

缺陷类型	缺陷现象	缺陷原因	可能的解决方案（调整回流曲线）
桥接	相邻焊点之间形成了焊料桥	1）焊膏量过多 2）焊膏坍落 3）贴片压力过大	降低从室温到熔化温度间的升温速率（0.5~1℃/s）
锡球	回流焊后在焊点区域外有不同直径的球形小颗粒	1）升温速率过快导致飞溅 2）焊料结合前过度氧化	1）降低升温速率（<2℃/s） 2）减少保温时间（采用线性升温曲线）
锡珠	回流焊后在焊点外、元件周边形成大焊球	在预热阶段，助焊剂的气体逸出超过了焊膏的黏结力	回流前降低升温速率以减缓焊膏气体逸出速率
润湿不良	焊料覆盖小于预设的焊膏润湿区域	过度氧化	降低升温速率（采用线性升温曲线），使用氮气
半润湿	焊料呈现离散的球状和脊状，其余的基底金属表面保持焊料的灰色	焊料熔融温度之上的温度过高	降低峰值温度，减少液化后的时间
冷焊点	焊点头外观呈颗粒状，焊头形状不规则，焊料粉末结合不完整	结合不完整	提高峰值温度，增加液化后的时间
空洞	焊点中有空洞	过度氧化	减少保温时间（采用线性升温曲线），使用氮气，使用新助焊剂
开裂	元件开裂	因温度变化速率快导致内部应力过大	降低升温和降温时的温度变化速率
焦化	元件损坏	过热	降低峰值温度，缩短时间
PCB损坏	变色、起泡、翘曲	过热，内部应力过大导致分层	降低峰值温度，缩短时间，减缓温度变化

当控制好影响回流焊的关键因素时，回流焊后焊点的缺陷水平可以小于10个缺陷/百万次（DPMO）。为了获得最佳的回流焊效果，必须控制好的关键要素是焊膏印刷质量、元件贴片精度和优化的时间-温度回流曲线。回流焊完成后，用40倍的显微镜进行目视检查，可以很容易地检测到大多数回流焊后的焊接缺陷。此外，自动光学检测（AOI）可以检测出有缺陷的焊点。在线自动X射线检测（AXI）系统用于诊断和检测BGA焊点结构内部的焊接缺陷，如空洞和任何异常的焊点形态。

16.5.2　PTH 波峰焊

PTH 元件的波峰焊接使用在线波峰焊接机，如图 16.22 所示。

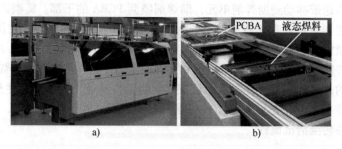

图 16.22　a）波峰焊接设备的图像；b）正在波峰焊接的 PCBA（由新美亚公司提供）

　　一般的波峰焊设备配置和相关参数如图 16.23 所示。波峰焊设备主要由三部分组成，即助焊剂单元、预热器和焊锡锅。助焊剂单元包含液体助焊剂，并且在 PCB 接近助焊剂区时根据编程施加助焊剂。下一部分是预热器区。波峰焊接设备通常配置有顶部和底部预热器，以红外灯作为热源，并使用安装在红外加热器附近的鼓风机通过强迫对流传递热量。第三部分是焊锡锅，一个熔化焊料的容器，将液态焊料用泵向上送至焊接位置。大多数泵配置了双波峰。泵有两个节流孔，焊料被泵入节流孔中而产生焊料波。一个节流孔泵送层流波，即 λ 波，通常用于大多数 PTH 元件的组装。另一个节流孔产生一个紊流的液体焊料，即 Ω 波，这只用于某些特定的 PCBA。

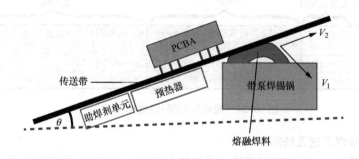

图 16.23　波峰焊工艺示意图

　　在开始波峰焊之前，对特定 PCBA 需要开发时间-温度曲线，并上传到监控波峰焊接设备的计算机。时间-温度曲线的开发需要一个定制化的设置，它规定了输送速度、预热温度和时间、保温时间、液态焊料与 PCB 的接触时间以及组件上表面安装元件的最高温度。图 16.24 所示为一波峰焊时间-温度曲线示例。

　　如图 16.23 所示，波峰焊工艺的一个关键参数是平衡传送带的速度（V_2）与熔化焊料从组件脱落并流回焊锡锅时的流速（V_1）。式（16.7）表示了最佳工艺设置的条件。

$$V_2 \approx V_1 \cos\theta \tag{16.7}$$

式中，θ是输送机的倾角，通常为7°。

待焊接的 PCBA 必须放置在一个称为波形托盘的夹具上。该夹具能选择性地暴露需要焊接的 PTH 引脚，同时保护底面其他的表贴元件免受热损伤。固定了 PCBA 的波形托盘通过传送带移动到助焊剂单元，助焊剂喷到 PCBA 的下部。需喷助焊剂的量涉及复杂的设置和验证周期。施加助焊剂后，PCBA 移动到预热区，并被加热到100℃以上，从而激活助焊剂并清除可焊表面上的所有污点和氧化物。PCBA 应逐渐加热，以防止在组件接触热熔焊料时对电路板和元件产生热冲击。当组件靠近焊锡锅时，启动泵将熔化的焊料送到节流孔，从而形成波。当组件从波上经过时发生焊接。然后，组件移动到冷却区，并在足够冷却后移除夹具或托盘。在少数情况下，如果需要清洗，则将组件转至清洗流程。

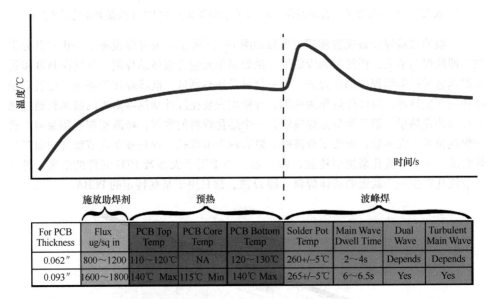

图 16-24　波峰焊时间-温度曲线示例

For PCB Thickness	Flux ug/sq in	PCB Top Temp	PCB Core Temp	PCB Bottom Temp	Solder Pot Temp	Main Wave Dwell Time	Dual Wave	Turbulent Main Wave
0.062″	800~1200	110~120℃	NA	120~130℃	260+/−5℃	2~4s	Depends	Depends
0.093″	1600~1800	140℃ Max	115℃ Min	140℃ Max	265+/−5℃	6~6.5s	Yes	Yes

一般波峰焊工艺及缺陷

在焊后检查期间，使用显微镜（通常放大40倍）和/或自动光学检查（AOI）设备或 X 射线对每个焊点进行目视检查。需要识别和修复的常见波峰焊缺陷是焊桥和 PTH 中的孔填充不足。除特殊情况外，PTH 的孔填充率至少应达75%，方可使用，分别如图16.25a 和 b 的横截面和 X 射线图像所示。其他常见的缺陷包括助焊剂污染和焊料飞溅。

PTH 元件的插入包括人工方式和自动过程。轴向和径向元件通常使用自动插入机插入。而诸如线圈、电感、连接器、端头等异形元件用人工方式插入。某些先进设备，如富士阿米克斯（FUJI AMIX），可以自动插入 PTH 元件和异形元件。要做到这一点，设备必须进行改装，要具有增强视觉系统（侧面摄像头）、专用吸嘴和夹持器以及特制的元件供料器。插装完成后，组件转到波峰焊作业。

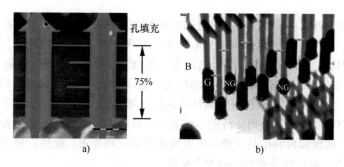

图 16.25　a）显示最小孔填充范围（75%）的横截面 PTH；b）显示 PTH 中的良好（G）和不良（NG）孔填充的 X 射线图像

16.6　总结和未来发展趋势

本章介绍了 PCB 组装工艺的基础方面，即焊膏印刷、元件贴片、回流焊和波峰焊。然而，由于受自动化、集成化、小型化、高性能的驱动以及更快、更小和更便宜的封装解决方案的出现，PCB 组装是一项快速发展的技术。PCB 组装领域有五大发展趋势。

直接芯片连接

直接芯片连接（DCA）就是经过常规的回流组装工艺将裸芯片直接连接到 PCB 基板上。这是 0 级封装与 2 级封装的结合，采用了板上芯片（COB）和板上倒装芯片（FCOB）技术。这些是随着 PCB 组装设备的进步应运而生的，以满足大批量、高度小型化组装的准确度和精度需求。

更小的元件

移动、便携式、可穿戴、柔性和可植入电子产品的成功可归因于微型电子元件和互连的封装和组装技术的进步，从而显著减小了尺寸和特征。这些进步包括能够组装 01005 分立元件、节距小于 0.2~0.25mm 的具有芯片级封装（CSP）或 BGA 结构的细间距元件、堆叠多个元件（通常称为叠层封装（POP））以及在基板内埋置有源和无源元件。在同一组件上使用具有不同熔化温度（低至 96℃ 和高达 260℃）的不同焊接合金，对传统的单合金焊接提出了挑战，需要引入复杂而独特的焊接技术。

自动化

封装小型化以及需要对组装性能进行实时过程控制的高速精密组装，加速了对全自动 PCB 组装线的需求。这在需要高质量、精密装配和测试的大批量个人诊断用医疗产品中尤其显得重要。对于这种产品装配，无接触、全自动化的装配线的趋势越来越明显。

集成化

新功能器件（如传感器、GPS、陀螺仪、摄像头等）、新材料（如 GaN、SiGe 等）和新技术（如硅光子学、OLED、堆叠存储器等）的引入，给 PCB 组装和封装工程师带来了额外的挑战，他们需要以低成本实现高产量生产。移动设备的持续更新换代将继续推动大批量 PCB 组装的创新。

环境

一直以来，PCB 组装使用了一些已知对环境有不利影响的材料。这些材料包括铅（Pb）、卤素、挥发性有机化合物（VOC）和一些用于 PCB 基板的材料。实施减少有害物质（ROHS）倡议和废弃电子电气设备（WEEE）指令、化学品注册评估和授权（REACH）、综合产品政策（IPP）、能源使用产品（EUP）、报废车辆（ELV）和冲突金属管理等，大大降低了 PCB 组装的环境风险。推动 PCB 组装过程完全符合环境要求是工程师的首要责任和必须坚持的不懈追求。该行业正沿着这条道路发展，并取得了切实成效。回收和再利用是正确的废弃物处置的一项要求。此外，努力减少碳排放量是 PCB 组装行业已经开始的一项重大举措。

16.7 作业题

1. 讨论电子封装的主要技术驱动力。
2. 简要描述封装和互联的层级。
3. 什么是电子互联用焊料的独特优点？
4. 焊接系统中助焊剂的作用是什么？
5. 列出至少三种器件引线形状及其各自优缺点：
- 翼形
- 球形
- 柱形
6. 将时间-温度回流曲线上的不同区域与提供的选项相匹配

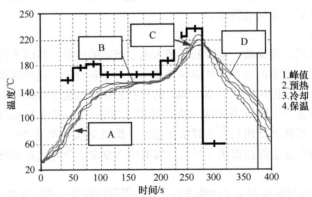

7. 描述以下概念
- 润湿
- 半润湿
- 表面张力
8. 表面安装组装和 PTH 组装有何不同？
9. 表面安装组装和 PTH 组装的优势和局限性是什么？
10. 分别列出三种 SMD 器件和 PTH 器件。

11. 什么是焊膏？
12. 回流焊有哪三个主要因素？
13. 回流焊时采用氮气有何好处？
14. 为什么环境因素很重要？
15. 根据 RoHS 规定，电子装联限制使用什么元素？

16.8 推荐阅读文献

Prasad, R. *Surface Mount Technology: Principles and Practice*. 2nd ed. New York: Chapman & Hall, 1997.

Wassink, K. and Verguld, M. *Manufacturing Techniques for Surface Mount Assembly*. GB-Port Erin, British Isles, Electrochemical Publications Ltd., 1995.

Manko, H. *Solder and Soldering*. McGraw-Hill, 1984.

Hawing, J. S. *Solder Paste in Electronic Packaging*. New York: Van Nostrand Reinhold, 1989.

Lee, N. C. *Reflow Soldering Process and Troubleshooting*. Burlington, MA: Newnes, 2010.

Lau, J. *Solder Joint Reliability*. Van Nostrand Reinhold, 1991.

Frear, D., R, Jones, R., and Kinsman, K. *Solder Mechanics*. Pennsylvania: TMS Publications, pp. 3–10, 1991.

Yu, H. and Kivilahti, J.K. "Thermal modeling of reflow process." Soldering and Surface Mount Technology, vol. 14, no.1, pp. 38–44, 2002.

Hansen, M. and Anderko, K. *Constitution of Binary Alloys*. McGraw Hill, pp. 52–101, 1958.

Frear, D. R. "The Mechanical Behavior of Interconnect Materials for Electronics Packaging." Journal of Materials, vol. 48, no. 3, 1966.

Lea, C. *A Scientific Guide for Surface Mount Technology*. GB-Port Erin, British Isles: Electrochemical Publications Ltd., 1988.

Abtew, M. and Selvaduray, G. "Pb-free Solders in Microelectronics." Material Science and Engineering, vol. 27, pp. 95–141, 2000.

IPC-9701, Performance Test Methods and Qualification Requirements for Surface Mount Solder Attachments.

IPC-SM-785, Guideline for Accelerated Reliability Testing of Surface Mount Attachment.

Tummala, R., Rymaszewski, E., and Klopfenstein, A., eds. *Microelectronics Packaging Handbook*. 2nd ed. New York: Chapman & Hall, 1997.

Porter, D. A. and Easterling, K. E. *Phase Transformations in Metals and Alloys*. 2nd ed. Delta Place, UK: Nelson Thornes Ltd, 1992.

Matin, M. A. "Microstructure Evolution and Thermomechanical Fatigue of Solder Materials." Dissertation prospectus, Eindhoven Technische Universiteit, Eindhoven, 2005.

Solder Paste Task Group (January 1995). "J-STD-005 Requirements for Soldering Pastes." Arlington, Virginia: Electronic Industries Alliance and IPC.

Lee, N. C. *Reflow Soldering Process and Troubleshooting*. Burlington, MA: Newnes, 2010.

Strauss, R. *SMT Soldering Handbook*. Oxford: Newness 1998.

ASTM International, Electronic Materials Handbook. Materials Park, OH 1989.

Wang, Q., William, F., Gail, R., and Johnson, W. "Mechanical Properties and Microstructure Investigation of Pb-free Solder." Auburn: Auburn University 2005.

Priest, W. J. *Engineering Design for Produceability and Reliability*. Marcel Dekker, Inc., p. 41, 1988.

Glazer, J. Metallurgy of low temperature Pb-free solders for electronic assembly. Int. Mater. Rev. vol. 40, no. 2, p. 67, 1995.

16.9 致谢

作者感谢美国新美亚公司的 Shane Lewis 博士对本章"回流焊"一节所做的贡献。

第 17 章

封装技术在未来汽车电子中的应用

Haksun Lee 先生

美国佐治亚理工学院

Rao R. Tummala 教授

美国佐治亚理工学院

Klaus-Juergen Wolter 教授

德国德累斯顿工业大学

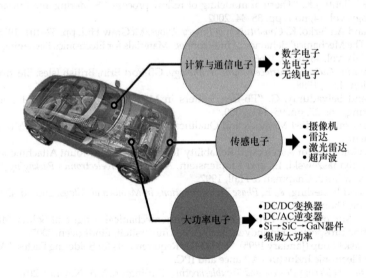

计算与通信电子
- 数字电子
- 光电子
- 无线电子

传感电子
- 摄像机
- 雷达
- 激光雷达
- 超声波

大功率电子
- DC/DC变换器
- DC/AC逆变器
- Si→SiC→GaN器件
- 集成大功率

本章主题

- 介绍未来汽车电子技术
- 描述三类未来汽车技术：
  - 计算与通信技术
  - 传感电子技术
  - 大功率电子技术

17.1 未来汽车电子：是什么，为什么

未来汽车是一种可以自动驾驶的电动车。作为一种新兴汽车，它将使用高效绿色能源，行驶安静，并具备比人更强的判断和自动驾驶功能。因此，预计它会成为有史以来最复杂的异构电子系统，如图 17.1a 所示。该系统包含了由量子器件支持的人工智能超高性能计算，用于超高速无线通信的 5G 通信，以及各种物联网（IoT）和传感技术等。基于包含上述技术在内的多种技术，我们可以在短期内完成高级驾驶员辅助系统（Advanced Driver Assistance Systems, ADAS），并最终实现全自动驾驶。此外，未来汽车将是由电力驱动的车辆，因此需要采用新型宽禁带（Wide Bandgap, WBG）半导体器件的超高功率电子设备，以处理各种电压和功率水平。由于汽车是自动驾驶的，考虑到老年乘客的需求，医疗保健电子产品也是未来汽车的一项重要功能。

在过去的 60 年中，汽车中的电子产品一直在持续增长，预计到 2030 年，电子产品的成本将增加到汽车总成本的 50%，如图 17.1b 所示。现在的高档汽车中有超过 11000 个电气部件，80 多个电子控制单元和 100 多个传感器。而随着图 17.1b 中给出的所有未来汽车技术全面投入应用，电气化和自动驾驶所用电气部件的增长趋势还将进一步加速。图 17.2 则反映了与此趋势相关的各种挑战，即需要开发和集成许多技术。这些挑战使汽车工业成为各种电子硬件和软件领域创新的沃土。

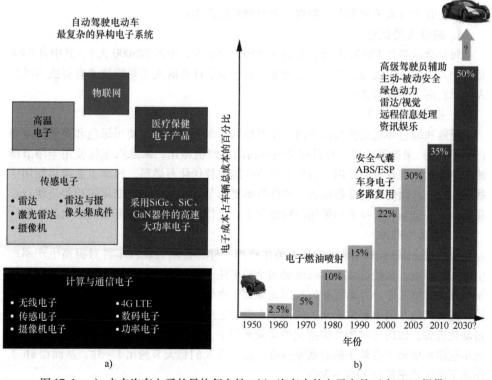

图 17.1　a）未来汽车电子的异构复杂性；b）汽车中的电子产品（由 NXP 提供）

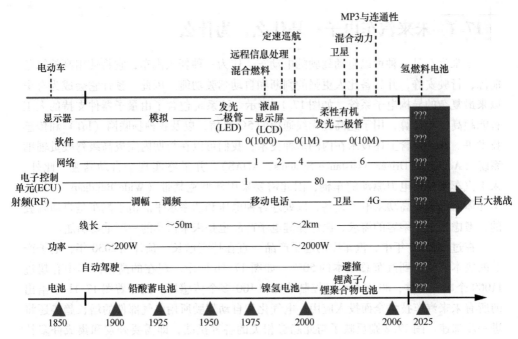

图 17.2 未来汽车电子的巨大挑战（由福特公司提供）

以上介绍的未来汽车电子能在三个方面帮助人类：

1. 减少人员死亡

每年全球共有 130 万人死于车祸（美国 33000 人，中国 225000 人），其中有 94%
是由于人为失误造成的。如第 1 章所述，基于量子计算的人工智能技术有望成为减少
人类死亡的主要技术之一。

2. 提高驾驶效率

能效和绿色环境是电气化的两个重要原因。未来汽车通过使用绿色和高效的能源
（例如电力）来改善环境。与目前使用汽油的内燃机相比，未来汽车将使用干净节能
的电力驱动。随着人们使用可再生和可持续能源替代化石燃料，汽车工业也将使用这
些新能源，从而使环境变得绿色，并使汽车更加节能。这些不断变化的趋势迫使行业
将重点放在创新和新技术的采用与标准化上，以使汽车的动力对环境的影响最小化。

3. 提高生产率

正如过去 50 年中计算机提高人类生产率一样，自动驾驶汽车将对提高生产率产
生巨大的影响。驾驶员和乘客以前必须全神贯注于道路状况，现在他们可以像在办公
室一样在车里工作。自动驾驶汽车因此变成了办公室。未来的汽车通过将驾驶员从关
注道路和其他车辆中解放出来，提高了人类的生产率。自动驾驶技术可以实现完全的
自动化驾驶，做出实时和非情绪化的决策来停车、换车道或加速。这样一来，未来的
汽车就很可能成为带轮子的起居室或办公室，为人们每天节约出 1~3h，从而在 8h 工
作制下将生产率提高 12%~36%。

17.2　未来汽车剖析

17.2.1　未来汽车的基本原理

图 17.3 展示了未来汽车的解剖结构，包括三种主要技术：1）计算与通信技术；2）传感技术；3）大功率电子技术。与过去以机械设备为主的汽车不同，未来汽车将成为一种"电子设备"。计算将是人工智能自主能力的基础，而量子计算有望成为这种类人工智能的基础。互联网、基于 5G 的通信和 IoT 预期将构成新的标准，与目前基于 4G 的通信相比，其速度将提高一百倍，延迟则只有其百分之一；更高的数据速率提高了汽车的连通性，实现了更快的数据处理与更快的传感器融合信息采集响应速度。超高带宽技术，如数字电子和光电子技术，以及无线通信技术将在未来汽车中被普遍采用。传感器是 ADAS 的基础，ADAS 大约在 2010 年左右开始出现，并有望在 2025 年完全成熟。实现车辆自动化所需的四种主要传感技术分别为摄像机、雷达、激光雷达和超声波传感器，详细介绍见后文。最后，未来汽车中的第三项技术是大功率电子，它可以通过多步功率转换，为动力传动系统和具有不同电压和功率水平的其他各种电子组件提供电源。这些大功率电子通常分为 DC/DC 变换器和 DC/AC 逆变器，详细介绍见后文。

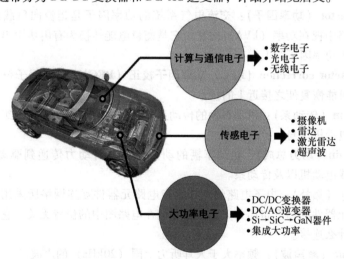

图 17.3　未来汽车剖析与三大技术：计算和通信、传感、大功率

17.2.2　术语

ADAS：高级驾驶员辅助系统。

RADAR：无线电探测与测距（雷达）。

LiDAR：激光探测和测距（激光雷达）。

ECU：电子控制单元。

CAN：控制器局域网。

CIS：CMOS 成像传感器。

Range（测距）：与探测到的障碍物之间距离的测量值，通过无线电、光或超声波信号被障碍物反射并由传感器接收测得。

Propagation delay 传播延迟：信号从源到达障碍物再折返所经历的时间。

FMCW：调频连续波。

SNR：信噪比。

EV/HEV：电动车/混合电动车。

AC/DC（整流器）：AC/DC 转换器，又称整流器，是一种将交流电（AC）转换为直流电（DC）的电气装置。

DC/DC：DC/DC 变换器是一种将直流电压源从一个电平变为另一个电平的电气装置。

DC/AC（逆变器）：DC/AC 变换器，也称为逆变器，是一种将直流电（DC）转换为交流电（AC）的电气装置。

Auxiliary：电动车中除了牵引动力系统以外的任何辅助性系统。

High-voltage（HV）高压（HV）：电动车中任何高于 60V 的电压系统均归类为高压。

Low-voltage（LV）低压（LV）：电动车中任何低于 60V 的电压系统均归类为低压。

Power factor（功率因子）：交流电气系统的功率因子是指流向负载的有功功率（kW）与电路中视在功率（kVA）之比。它是衡量电能转换为有用功输出的效率的一种度量，理想功率因子为 1。

Power factor correction（PFC）功率因子校正（PFC）：功率因子校正是一种将功率因子尽可能恢复使之接近 1 的技术。

Drivetrain（传动系）：机动车辆的传动系是将动力传递至驱动轮的组件，但不包括发动机或电动机本身。

Powertrain（动力总成）：机动车辆的动力总成是将动力传递到驱动轮的组件，包括发动机或电动机以及传动系。

Topology（拓扑）：电子电路的拓扑是指电路元器件互连网络所采用的形式。拓扑与电路中元器件的物理布局无关，也与它们在电路图中的位置无关。它只关心元器件之间存在什么连接。

Ultrasonic（超声波）：频率大于人耳听力上限（20kHz）的声波。

GPS：全球定位系统

17.3　未来汽车电子技术

17.3.1　计算与通信

设想一下，你在观看超高清的流媒体视频的同时，汽车自动驾驶载你去目的地。为实现这一情景，高带宽的计算与通信技术是必不可少的。高带宽计算使类人工智能成为可能，具备更高数据速率的无线和有线通信技术则增强了车辆的连通性。各种传感器能以各种可能的方式感知和监视车辆，使车载电子设备能够立刻做出即时决策。在这个例子中，我们将带宽定义为互连的总数乘以每个互连的比特率，如下式所示：

$$BW(\text{带宽}) = N \times s \tag{17.1}$$

式中，N 是总互连数；s 是每个互连的数据速率。带宽的另一个重要指标为功率。通常带宽性能由功率大小决定，而未来不仅关注带宽，更重视单位功率带宽。这会对互连材料、互连材料的特性，2.5D 和 3D 等封装结构以及互连的性质和质量产生重大影响。这种高带宽计算和通信可以通过车载网络的数字电子和光电子以及未来汽车内外的无线连接来实现。

数字电子

处理大量复杂的数据需要高性能计算。目前的方法是采用封装堆叠（PoP）或 2.5D 硅转接板技术，如图 17.4 所示。PoP 结构提供 25Gbit/s 的带宽，而硅转接板技术提供 512Gbit/s 的带宽。

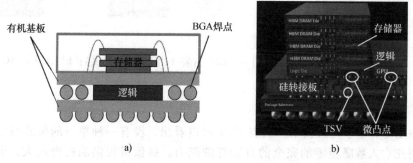

图 17.4　a）用于高带宽的封装堆叠；b）用于超高带宽的 2.5D 硅转接板技术

光电子

如第 12 章中所述，光电子系统是通过电-光或光-电转换来实现发光、探测和控制光的电子系统。车载通信中使用光电子的光链路可以实现通过光纤传输信息。光电子系统还具有尺寸更小、重量更轻、功耗更低等优势。图 17.5 给出了一个光电子系统的示例，该系统可以发送和接收光信号，并将其转换为电信号。

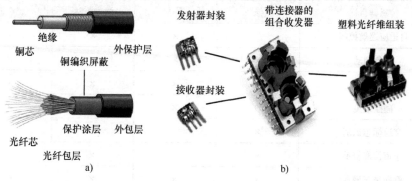

图 17.5　未来汽车中的光电子：a）铜电缆将被光电缆取代；b）光电子封装

无线通信

包括 5G 和毫米波等技术的无线通信是所有未来汽车技术中最重要的技术。对于更安全的智能导航、车载智能手机类信息娱乐、车辆与车辆避撞，以及车辆与基础设施之间的通信而言，无线通信都是必需的。据估计，无线通信将比现有的 4G LTE 网络提升 10 ~ 100 倍。预期具有至少 1Gbit/s 速度、工作频率为 6 ~ 10GHz 的 5G 网络将被广泛使用。目前有多种 5G 封装技术正在开发中，如采用超低损耗基板精密制造的集成天线阵列等。图 17.6 展示了一种正在开发的 5G 网络电子器件。

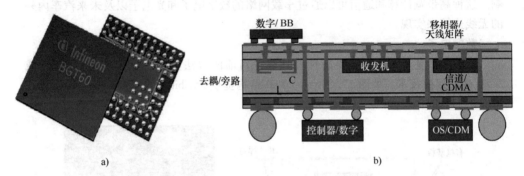

图 17.6　无线通信芯片封装示例：a）4G LTE 封装（由 Infineon 提供）；b）未来的 5G 模块

17.3.2　传感电子

自动驾驶始于传感技术。从表 17.1 可以看出，没有一种单一的传感技术能够提供将死亡人数降至零的完全的自动驾驶能力。摄像机提供的视野最大，但不完整。雷达、激光雷达和超声波也是实现自动驾驶的必要技术。无人驾驶需要汽车四周配备高鲁棒性的传感技术，在汽车周围进行实时检测，环视并避免碰撞。通过从所有这些传感器系统获得的信息，并通过机器学习和人工智能对数据进行实时处理，可以实现完全自主的自动车辆驾驶。表 17.1 列出了每种传感技术对自动驾驶汽车的作用。

表 17.1　无人驾驶汽车中的各种传感器技术

传感器目标	摄像机	雷达	激光雷达	超声波
自适应巡航控制		×	×	×
紧急制动	×	×	×	×
行人检测	×	×	×	×
碰撞避免	×	×	×	×
交通标志识别	×			
车道偏离警示	×		×	
侧向来车警示	×	×	×	

(续)

传感器目标	摄像机	雷达	激光雷达	超声波
环绕视野	×			
盲点侦测	×	×	×	
停车辅助	×	×	×	×
后方碰撞警示	×	×	×	×
后视镜	×			
疲劳检测	×			

摄像机

摄像机是一种能识别和记录物体的图像传感装置。如图 17.7 所示，汽车摄像机使用图像传感器看到物体，并通过计算机处理信息。摄像机可用于在驾驶时识别车道线、交通标志、交通信号灯、动物和行人。摄像机获得的信息经过数据处理，用于辅助车辆决断是否减速、改变车道或停车。摄像机在辨别和分类物体方面非常出色，但其性能通常会受到雨、云、无照明或光线变化等环境条件的限制。

图 17.7　车载摄像机原理

车载摄像机分为单目和立体两种。单目摄像机只有一个带图像传感器的镜头，而立体摄像机则有两个或多个各自带有独立图像传感器的镜头。立体摄像机的这些镜头和图像传感器能够提供三维图像，进而使摄像机能够获得 3D 景深信息。车辆上会搭载多个摄像头，以获取前、后和周围的景象。

摄像机模块中的图像传感器通常采用 CMOS（互补金属氧化物半导体）成像传感器（CIS），如图 17.8a 所示。这是一种将光子转换为电信号，并进行处理以生成数字图像的半导体器件。图 17.8b 所示为一个像素，它是 CMOS 成像传感器的基本单元块。当光通过微透镜并击中光电二极管时，光子被转换为电信号。

雷达

雷达（RADAR）是无线电探测和测距（Radio Detection and Ranging）的缩写。车载雷达是一种发送和接收毫米电磁波的系统。雷达发出的波信号在遇到物体后会反射回来，然后雷达系统捕获这些信号以识别物体的距离、速度和角度。雷达在探

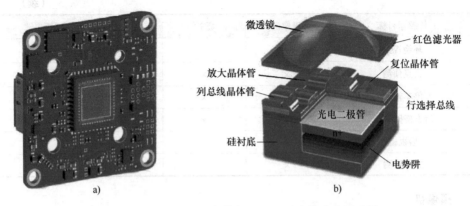

图 17.8　a）CMOS 成像传感器；b）一个像素的展开图

测大型物体、计算车辆相对障碍物的速度和距离时特别有用。摄像机等基于视觉的系统，在雨、雾或雪等恶劣驾驶条件下的性能会变差，但雷达与他们不同，无论白天还是晚上，在所有天气和光照条件下均可工作。然而，雷达无法辨别颜色或区分物体的差异；例如，所有相同大小的物体在雷达上看起来都是一样的。雷达的基本原理如图 17.9 所示。

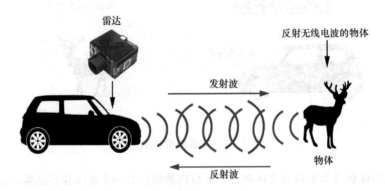

图 17.9　雷达系统原理

　　雷达系统是利用发射和反射无线电波的信息，在任何方向上能探测和测量到障碍物的最大距离。汽车雷达模块可以实时计算距离，以探测出静态或移动障碍物，如汽车、行人等，计算公式为

$$测试距离 = c \times \frac{\tau}{2}$$

式中，c 为无线电波在介质中的速度；τ 为传播延迟（发射波到达障碍物再返回所需的时间）。

　　图 17.10 所示为一个汽车雷达模块的示例。雷达模块中最重要的组件是射频印制电路板（PCB），PCB 中集成了天线和单片毫米波集成电路（MMIC）。MMIC 作为高频发射机和接收机，通过焊接在旁边的天线阵列发送和接收无线电波。

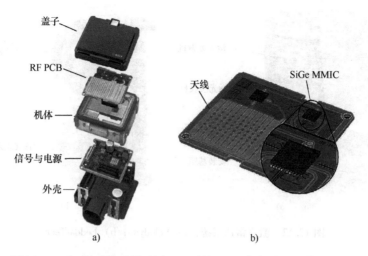

图 17.10　a）雷达模型展开图；b）射频 PCB 放大图（由博世提供）

激光雷达

激光雷达（LiDAR）是激光探测及测距（Light Detection and Ranging）的简称。它是一种原理与雷达相似的探测系统，但其使用的是激光二极管发出的光波，而不是毫米波。如图 17.11 所示，激光雷达发射光脉冲，并对从物体上反射回来的信号进行译码。激光雷达通过光子返回的时间来测量距离。利用多通道旋转镜等扫描装置，激光雷达可以检测的距离更大，识别物体的精度也更高。

图 17.11　激光雷达原理

摄像机探测受制于环境条件，而雷达探测不能区分物体，因此它们无法提供 100% 的自主功能。而当摄像机和雷达无法实现必要的功能时，激光雷达就会发挥重要作用。激光雷达可以不受光照条件影响昼夜工作，根据精确计算的距离进行物体的检测和分类。然而，其有效性与探测范围仍会因恶劣的天气条件（例如雨、雾或雪）的影响而下降。将激光雷达与摄像头、雷达等其他传感系统集成在一起，能够极大地提高车辆探测的准确性和安全性，从而提供更加完备的自动驾驶能力。图 17.12 显示了两个不同公司的激光雷达系统的产品示例。它们都将激光发射机和接收机并置在一个平台上。

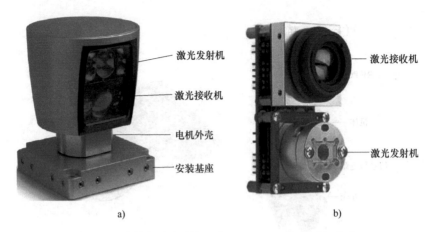

图 17.12　激光雷达系统：a）Velodyne；b）LeddarTech

超声波

超声波传感器是一种使用声波来测量到某个物体距离的装置。如图 17.13 所示，它通过发出一个特定频率的声波，并接收该声波的反射来测量距离。通过记录所发出声波与回弹声波之间经历的时间，就可以计算声呐传感器与物体之间的距离。超声波传感器由于其典型的短距离（<2m）检测特性而被广泛用于停车辅助功能。超声波传感器可以监控靠近车辆前方或后方的区域，并实时识别障碍物。如果检测到物体，传感器系统就会向驾驶员发送信号，指示该物体的距离。图 17.14 所示为用于汽车的超声波传感器示例。

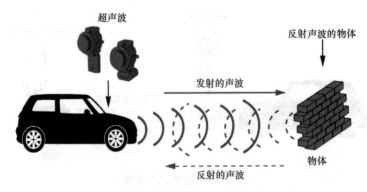

图 17.13　超声波传感器的原理

17.3.3　大功率电子

电动车被广泛采用归功于其两个优点：1）燃料经济性更高；2）更低的尾气排放量可满足严格的政府标准。由于电能的效率更高，因此电力驱动的能源效率可以达到内燃机驱动的三倍以上。而且与内燃机不同，电力驱动不会排放废气，是绿色能源。这两个特征构成了电动车发展的基础。

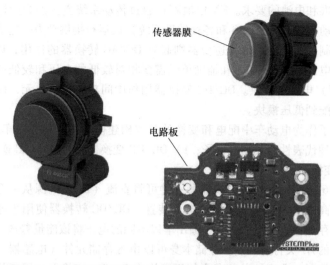

图 17.14　博世汽车超声波传感器示例（由 SystemPlus 咨询提供）

图 17.15 中描述了电动车的典型动力系统架构，它具有不同电压和额定功率下的多个功率转换级，适用于未来电动车构建各种模块功能。

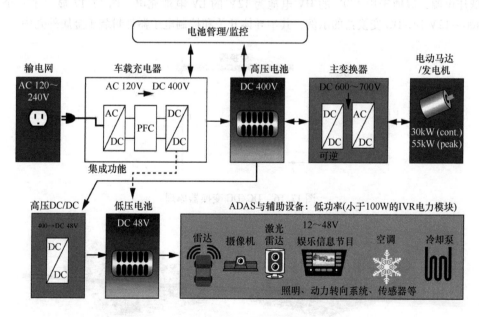

图 17.15　电动车的动力分配和转换功能解析图

配电的第一个环节是由电网为高压（HV）电池充电。电网的电力通常来自煤炭、核能、水力发电和可再生能源等发电厂。HV 电池通过车载充电器充电，该设备可提供必要的 AC/DC 或 DC/DC 电能转换，以满足电池的充电要求。由于来自电网的输入电源是交流电，因此需要经过功率因数校正（PFC）的 AC/DC 和 DC/DC 转换，以满足安全规范标准和电池的要求。HV 电池不仅通过传动系统逆变器为运行的电动机供电，还为非驱动负载（如 ADAS 和各种辅助系统）的运行提供动力。电动机通常通过三相交流电控制，而传动系统的逆变器则起到 DC/AC 转换器的作用，以从 HV 电池产生三相交流电。另外，ADAS 和辅助单元需要相对较低的电压和较低的功率，这通常由低压（LV）电池来提供。DC/DC 变换器用作中间功率转换单元，以帮助将功率从高压电池分配到低压模块。

大功率电子作为电动车中配电和变换的基本构建模块被应用在汽车的各个位置。下面描述了两种代表性的大功率电子：1）DC/DC 变换器；2）DC/AC 逆变器。

DC/DC 变换器

如图 17.16 所示，DC/DC 变换器是一种可将直流（DC）电源从一个电压电平转换到另一个更高或更低的电压电平的电子装置。DC/DC 转换器使用半导体开关进行转换，先暂时存储输入能量，然后在输出端以不同的电压将该能量释放。电能的存储由半导体开关的开/关行为控制，存储本身可以由磁存储元件（电感器、变压器）或电场存储元件控制。典型的电动车中使用了许多 DC/DC 变换器，用于将其电源输入升压或降压。例如，升压 DC/DC 变换器用于将来自 HV 电池电源的 400V 输入转换为向传动系统逆变器供电的 600V 输出。另外，需要用降压 DC/DC 变换器来连接高压和低压电源，以便于用 400V 的 HV 电池为 12V 的 LV 电池充电。图 17.17 显示了一个 400 ~ 12V DC/DC 变换器的示例，其半导体开关和控制电子器件封装于金属外壳中。

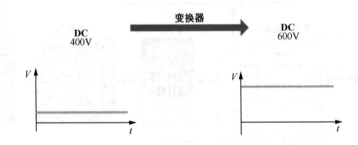

图 17.16　DC/DC 变换器原理

图 17.17　电动车上的 DC/DC 变换器示例（由 Prodrive 科技提供）

DC/AC 逆变器

逆变器是将直流电（DC）转换为交流电（AC）的电子装置或电路。与 DC/DC 变换器类似，逆变器也使用半导体开关从 DC 电源生成 AC 波形。如图 17.18 所示，逆变器可以将恒定值的 DC 波形改变为正弦波（或方波），具体结果则取决于生成输出波形时使用的不同开关控制技术。利用该原理，电动车辆中的传动系统逆变器可以从诸如 HV 电池之类的 DC 电源获取动力，并生成交流波形以驱动电动机。图 17.19 给出了一个带有控制的汽车传动系统逆变器的示例，传动系统电子器件是与功率半导体开关组装在一起的。半导体开关被集成在坚固的电源模块中，这些电源模块是专门为处理大电流的大功率电子设备设计的。图 17.20 显示了典型的电源模块封装和用于未来汽车的高级封装的示例。

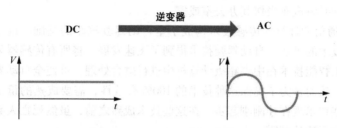

图 17.18 DC/AC 逆变器原理

图 17.19 汽车传动系统逆变器示例：a）控制和驱动器板；
b）带有半导体开关的电源模块封装

图 17.20 电源模块封装的示例：a）标准电源模块；
b）高级电源嵌入式封装（由视维德提供）

17.4 总结和未来发展趋势

本章的目的是介绍和描述未来自动驾驶电动车的结构解析。未来汽车主要包括三项技术：1）用于人工智能、车内通信和外部通信的计算与通信技术；2）用于自动驾驶的传感电子技术；3）用于节能环保推进的大功率电子技术。

- 计算是支撑自动驾驶汽车的最重要技术，旨在通过接收有关交通、天气或物体的关键信息，并与其他车辆通信以避免事故，从而减少人员伤亡。基于量子计算的超高性能计算有望创造出比人的判断和驾驶能力更强的计算机。另外，5G 和毫米波通信是未来自动驾驶汽车中第二个重要的技术。在一些高速通信并不重要甚至无法使用的地方，未来的汽车将采用完全不同的形式。5G 和毫米波通信技术将能让乘客在汽车自行驾驶时将汽车当作其办公室或家。

- 结合通信和计算的传感技术构成了全自动驾驶汽车的基础。近年来，由于传感器和通信技术的进步，自动驾驶技术得到了飞速发展。将所有传感器采集的全部信息，利用人工智能技术在中央超级计算机中进行融合处理，可使全自动驾驶成为一项完美的技术。然而，为了确保这种技术的 100% 有效性，需要成熟的量子器件与计算技术，但这些技术现在才刚刚起步。在这些技术成熟之前，虽然死亡人数预计会大幅减少，但仍然无法达到零。

- 对可替代、更加节能汽车的需求，刺激了电驱动的应用，而电驱动始于混合动力电动车，例如丰田于 2005 年推出的普锐斯，而特斯拉在 2015 年左右率先推出了有限的纯电动车。混合动力汽车和全电动汽车都在急剧增加。它们都需要高效、轻便的大功率电子器件，例如先进的 DC/DC 变换器和 DC/AC 逆变器。

17.5　作业题

汽车 A 和汽车 B 以不同的速度在直路上行驶。

1. 情况 1：在 $t = 0s$ 时，汽车 A 落后于汽车 B 200m，此时，雷达传感器发射脉冲以测量其距汽车 B 的距离。反射的脉冲在 $1.33\mu s$ 后由汽车 A 检测到。

2. 情况 2：在 $t = 1s$ 时，另一个脉冲被射向汽车 B，在 $0.67\mu s$ 之后被检测到。

3. 情况 3：第三个脉冲在 $t = 3s$ 时发射，并在 $0.33\mu s$ 后检测到。

如果汽车 A 的雷达中将汽车 A 和汽车 B 之间的最小安全距离设置为 100m，那么雷达会在哪种情况下发出警报？［假设 $c = 2.9 \times 10^8 m/s$。］

17.6　推荐阅读文献

Jurgen, R. K. *Automotive Electronics Handbook.* 2nd ed. McGraw-Hill, 2009.

Bosch, R., ed. *Automotive Electrics/Automotive Electronics.* Springer Vieweg, 2015.

Emadi, A. *Advanced Electric Drive Vehicles.* 1st ed. Taylor & Francis Group, CRC Press, 2014.

Scrosati, B., Garche, J., and Tillmetz, W. *Advances in Battery Technologies for Electric Vehicles.* 1st ed. Elsevier: Woodhead Publishing, 2015.

LaPedus, M. "Radar versus LiDAR," retrieved from https://semiengineering.com/radar-versus-lidar/, October 23, 2017.

第**18**章

封装技术在生物电子中的应用

Markondeya Raj Pulugurtha 教授
美国佛罗里达国际大学
Melinda Varga 博士
美国佐治亚理工学院

Rao R. Tummala 教授
美国佐治亚理工学院

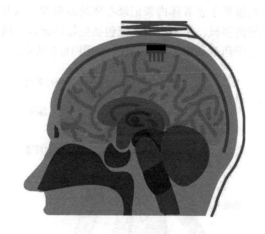

本章主题

- 定义并介绍用于医疗健康的生物电子学
- 介绍此类生物电子系统必需的电子封装技术
- 重点介绍植入式医疗器械的封装

本章简介

生物电子学通过感知和监测生理状况来改善医疗保健，还可以治疗某些慢性疾病或生理失调。生物电子装置也可以作为人造器官或义肢来替代残缺的身体。这些生物电子器件需具备传感、模拟和数字处理等功能，以处理信号、电源以及与外部单元进行数据交互功能。

生物电子学的另一个主要功能是发送具有足够时空分辨率的激励控制信号，以激励与神经元相连接的微电极阵列，从而使神经元产生足够的动作电位。这些电子器件还需要具备可靠性、并与佩戴或植入环境相兼容。因此，在这样的系统中，封装显得极其重要。

18.1 什么是生物电子学

生物电子学是电子学和生物学在医学上的应用。它也意味着使用生物分子来执行电子功能，就像半导体器件一样。本章将基于前面的定义展开。

生物电子学需要科学层面上的生物学、化学、物理学和材料学知识，以及工程层面上的电气工程、化工、机械工程、生物工程和材料工程知识。因此，它具有高度的跨学科交叉特点。开发用于医疗保健和生物技术的医疗器械需要对所有这些学科有广泛的了解。

18.1.1 生物电子学的应用

电子系统在生物医学产业中发挥着重要作用。电子装置与活体组织相接，成为提高临床诊断和治疗的必需品。20世纪以来，各种各样的电子系统应用陆续出现在人们的视野中，例如把电极置于患者体内来记录心率的心电仪，以及最近出现的植入物和假体等更为成熟尖端的器械。生物电子系统包括生物传感器、植入式医疗器械、假体装置、人工器官、电子药剂和电子手术器械，如图18.1所示。

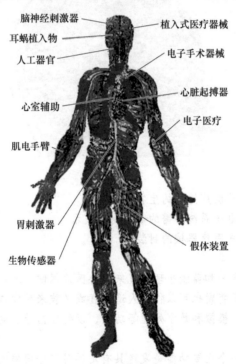

图18.1　医疗健康领域生物电子器械举例

生物电子传感器
生物传感器是一种通过将生物信号转换成电信号来选择性地检测目标物质的分析

器件。它由三部分组成：1）能够识别生物实体的敏感元件；2）将生物相互作用和识别反应转化为电信号的换能器；3）转换和解析信号并显示结果的信号处理元件。

生物传感器有许多种类。从被测物的角度看，生物传感器可检测化学物质、生物分子，如蛋白质（抗原、抗体）或核酸（DNA、RNA）、细胞器（线粒体）、细胞和组织。这里要着重说明一个重要环节，即生物成分的固定，该环节通常需要特殊的表面处理或三维基质来辅助固定生物成分。从换能器的类型来看，生物传感器可以应用电化学、光学、电子、压电、重量分析和热电效应等检测原理。生物传感器最具历史意义的案例是糖尿病患者的血糖监测，这仍然推动着生物传感器市场的发展。另一个著名的例子是孕检，生物传感器用来检测尿液中是否存在特定的激素。此外，生物传感器还可以用来检测胆固醇、毒素、毒品（如鸦片制剂、可卡因）、爆炸物、病原体（如沙门氏菌、李斯特菌、大肠杆菌）、病毒，或者非常特殊的生物分子，即所谓的生物标志物。生物传感器的应用领域包括：医疗和家庭诊断、个体化医疗、药物发现、环境监测、生物防御、食品加工和安全。

植入式医疗器械

此类生物电子器械包括脑神经刺激器、胃刺激器、足下垂植入物、耳蜗植入物、视网膜植入物、心脏除颤器和起搏器，以及胰岛素泵等。在这里植入是指通过外科手术或医学手段将医疗器械全部或部分嵌入人体，或通过医疗介入进入自然腔道，且术后保留在那里。植入式医疗器械在进入市场和手术之前必须遵守严格的标准和规定。本章第 18.3 节提供了这些方面的例子。

假体装置

假体装置是一种高度先进的医疗器械，旨在人为地替代人体的某一部分，并尽可能恢复人体的正常功能和效用。肌电手臂就是一个极好的例子。它是一种创新的人造手臂，工作时传感器从身体的运动系统接收信号，传输到计算机，然后计算机指挥手指运动，比如使用键盘。C 型腿是为腿部残疾人员穿戴设计的可以走路、下台阶、跨台阶或者爬山和上斜坡的义肢装置，这些动作对腿部残疾人员来说很难实现。

人工器官

人工器官是为了替换自然器官和恢复特定功能而植入或整合到人体内的医疗器械。许多人工器官技术还在发展阶段（如肺、肝脏、胰腺）。目前还没有独立的肾脏，人造心脏也仅用于治疗晚期患者。迄今为止最成功的人工眼是一个带有置于视网膜或视神经上的远端单项接口的小型的外部数码相机。

电子医疗

电子医疗是一种利用电来治疗身体组织的器械。通过向细胞输送一种安全的能量来减少疼痛，帮助细胞修复，减少损伤后的炎症。已有多种器械可以用于治疗肌肉骨骼疼痛和背部、膝盖或肘部的伤害，且有助于手术切口和慢性伤口的恢复。

电子手术器械

电子手术器械中有一种心室辅助设备，被用来部分或完全替代衰竭心脏的功能。不同于心脏起搏器和人工心脏，它们并不能完全接管心脏功能，但能够让病人从心脏病发作和心脏手术中恢复过来。

18.1.2　生物电子系统剖析

如图 18.2 所示，生物电子植入物的解剖结构主要由体外、体内两个主要部分组成。

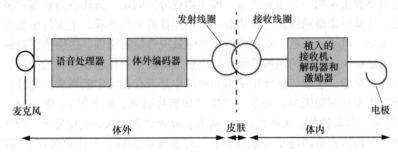

图 18.2　具有体内和体外组件的生物电子耳蜗植入物的解剖图

体外组件穿戴在身体外部，包括控制单元、电缆和发射线圈以及电池组。控制单元包括信号传感和处理信号的电子器件，以及外部解码器。

体内组件通过外科手术被置于皮肤下，包括接收线圈、带放大器的专用集成电路以及产生控制信号的模数控制器、激励器和电极阵列。

传感器

传感器是控制单元的第一个元件。它从环境中接收信号，然后通过电路连线将其发送到语音处理器（即控制单元的第二个元件）。该语音处理器将敏感到的信息转换为电信号，例如麦克风、照相机、压电器、压阻器等。这些例子已经在关于 MEMS 和传感器封装的第 13 章中描述。值得注意的是，传感器和模拟接口电子器件必须通过专注于对敏感信号进行处理来提高信噪比，且必须注重有用、无用信号之间的区分。这样的信号处理方式可以提高信号质量并减少噪声。此外，传感器的灵敏度在很大程度上取决于封装外壳。

信号处理器

传感器检测到的电信号被发送到处理器。信号被传感器接收，被处理器分解为离散的电脉冲，通过传输链路（即发送机和接收机）和电极发送到神经元。以上信号处理过程中，信号的分解是通过多种方法实现的，包括幅度调制、频率分解和频谱分析。

发射线圈

发射线圈通过电磁感应（即 RF 链路）将电能和经过处理的声音信息穿过皮肤传输到植入物的内部。这种射频信号也为接收/激励封装模块供电。该模块对信号进行解码，并通过连接该模块和电极的电缆激励电极阵列发射。发射机被悬置于体内接收/激励封装模块的上方，并在线圈中心附有一对外部和内部磁体。发射机使用 RF 链路，不需要物理连接，可以减少感染和疼痛。植入物的体内组件包括接收线圈、激励器和电极阵列，且均被嵌入人体内。

接收线圈

接收线圈是经皮传输链路的第二部分。接收机检测以特定频率发送的信号幅值变化，然后产生电信号，并将电信号同时发送到电极阵列的各个电极上。由于所有电极同时被激励，这种方法存在一个缺点，即一个受激电极有可能干扰另一个电极的激励。传送到电极的电流受到接收机的严格控制，防止损伤神经。

电极阵列

来自接收机的电脉冲流经电极并刺激神经元。神经元将电脉冲传送到大脑，并由大脑解析获取信息。电极的数量和信号处理算法因设备制造商而异。除此之外，没有两种设计是相同的，这是由于人们对具有不同特性和长度的电极阵列的需求。这些电极阵列由生物兼容的材料制成，被用于无创植入。当前，用于电极阵列的材料包括硅橡胶、铂或铂铱。然而，科学家一直在研究寻找替代方案以优化植入。电极激励包括三种模式：单极、双极和场导向。

18.2 生物电子系统封装技术

生物电子系统的封装是指此类医疗器械的包装、组装和封装。本节回顾了医疗器械的电子封装应用，并以耳蜗植入物为例重点介绍。

在电子封装和材料方面，医疗器械带来了独特的机遇和新的挑战。根据应用领域的不同，医疗器械能否被植入人体内或用于诊断需要考虑以下几个要求：小型化（尤其是植入式器械需要更好地适应可解剖空间的情况）、长期的可操作性和可靠性、可维修性、具有电磁兼容性的患者安全性、材料的生物兼容性和生物稳定性。

生物电子系统由三个基本部件构成：1）电子集线器，用于管理电源、接收和处理数据，将控制信号发送到与神经元相接的电极阵列；2）电极阵列，用于发射控制信号或接收记录的信号，将信号发送到电子集线器的信号放大器中；3）密封且生物兼容的保护套或保护层，可保护系统免受环境的影响。电子集线器 3D 集成在超薄封装体中，使其具备高密度特性以满足应用需求。图 18.3 显示了一个通用生物电子封装的横截面。集线器被封装密封并与电极阵列连接，且集线器最好与可更替的连接器相连，方便在外科手术中移除和更换。电极阵列由生物兼容的电极和介质层组成，在人体内具有化学惰性和可靠性。生物电子封装的关键目标是实现一个完全植入的、高密度的电极阵列，该电极阵列需具备自主启动或关闭的功能，并集成有数据处理功能。图 18.3 标明了本节中描述的关键组成部分。

18.2.1 生物兼容和生物稳定型封装

生物兼容和生物稳定型封装是指该包装或封装需覆盖暴露于生物组织的植入物，并保护器械免受生物环境的严苛条件影响。封装使用的材料必须严格遵守生物兼容性、生物稳定性和可靠性要求。生物电子器械因故障须承担很大的责任，因为器械的故障会直接导致病人死亡或昂贵的外科手术费用。由于零件和封装的故障，器械厂商还可能面临昂贵的诉讼费。在生物体液环境下，该封装体必须至少保持十年的可靠

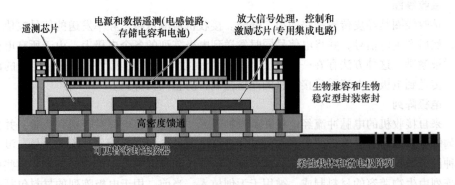

图 18.3　生物电子封装及其关键封装技术剖析

性。生物兼容性是指封装材料与生物系统接触并在一定时间内运行而不会引起任何伤害或副作用（例如组织中毒反应）的能力。封装材料必须具备短期或长期生物兼容的能力，具体取决于实际应用。例如，如果人工耳蜗的植入者是儿童，将会被终身佩戴。用于医疗器械封装的生物兼容性材料包括金属（钛、铱、铂）、氧化铝、钙陶瓷（羟基磷灰石）、玻璃和聚合物（硅橡胶、聚对二甲苯、聚四氟乙烯、尼龙、聚甲基丙烯酸甲酯）。它们中的大部分材料常用于微加工。

生物稳定性是指医疗器械在生理环境中随时间推移的相对稳定性。

密封

许多植入式医疗器械都含有精密的电子电路。为了保护植入物的电子电路不受人体严苛环境的影响，需要进行密封。密封意味着在植入过程中，使用硅、氧化硅、氮化硅和非生物兼容性金属等材料制造的芯片和封装不能与人体组织有直接接触。因此，这些器械应使用生物兼容性材料进行密封。在大多数情况下，这些材料必须保持长期稳定。对于器械的电气互连，也需要由生物兼容性材料组成密封的引脚连通。

《韦伯斯特新大学生词典》将密封定义为"不透气的状态或条件"。然而，在现实世界中，所有材料在某种程度上都具有气体渗透性。气密性用 cc/Torr·s 来表示。渗透率定义为通过固体的气体量，表示为 cc·mm（厚度）/(Torr·cm^2·s)。水分渗透率也可以通过标准吸湿材料（如钙）的质量增量（gm/cm^2 每天）来测量。渗透率的函数是质量（g）、距离（cm）、时间（s）和压力（Torr）的组合。水分渗透率通常用 Arrhenius 速率方程来定义，活化能约为 0.4eV。这意味着温度每升高 10℃，渗透速率会增加一倍或者说材料寿命会缩短一半。尽管没有完美的密封材料，但医疗器械的电子封装，包括其所有的电子元件仍使用金属、玻璃和陶瓷，因为这些材料具有低气体渗透性。聚合物也因其工艺简易性和低加工温度而被使用。然而，聚合物无法提供一个不渗透的屏障，也无法应用于高密度、高电压的电子电路。在这种电路中，水分可以渗透到聚合物层，导致电路短路、表面漏电、电子线路和元器件退化，最终导致医疗器械故障。近年来的研究表明，液晶聚合物（LCP）在医疗器械的封装中更加具有应用前景。

即使封装材料和密封过程本身成功地防止了泄漏，器械功能也会因析气这一问题遭到损害。封装后的体内材料（例如硅树脂、环氧树脂和芯片的绝缘体）经常会析气，这会增加封装内部的蒸气压力和水分含量，导致冷凝形成水滴，损害器械性能并导致故障。因此，控制封装内的污染源对保证医疗器械的长期可靠性十分重要。

为了避免任何污染物和随之引起的组织感染，医疗器械在植入前必须消毒灭菌。我们可以采用不同的消毒灭菌方法，如蒸汽灭菌、环氧乙烷灭菌或辐照灭菌。医疗器械及其所有电子元件必须能经受住消毒灭菌过程，并且所用消毒灭菌方法不能损伤电子元件的功能，即使是长期使用的电子元件也得满足消毒灭菌的要求。

18.2.2　异构系统集成

医疗器械内部具有与消费电子设备相同的常规组件，包括衬底、有源和无源元件、互连线以及电源。这些都将在下面的小节中提到。

衬底技术

衬底及其所用材料是医疗器械，尤其是植入物的电子封装中非常重要的一部分。衬底主要有以下三种：

1）刚性衬底。

2）可拉伸衬底。

3）柔性衬底。

具有高芯通孔密度的刚性 HDI 衬底（心脏起搏器为 8 层）经常被应用在医疗器械中。在某些情况下，分立的无源器件（例如电阻和电容）被嵌入衬底中，以减小封装尺寸和体积，这种小型化封装可使器械缩小并整合更多功能。

组装技术

为了将 IC 以电子专业方式连接到封装壳体上，IC 的组装是必不可少的。人们可以应用不同的 IC 组装技术，这些技术已在前面的章节中进行了介绍。用于生物电子学的组装技术包括引线键合、倒装焊和导电胶黏接技术。

倒装焊技术比其他互连技术更具优势，且已在许多实际应用中得到了验证。倒装焊封装需要对底部进行填充以保证其可靠性。倒装焊连接可使 IC 结构最小化，其节距可降至 $70\mu m$ 以下。

可更替连接器和柔性微电极阵列

电子集线器封装的终端与高密度电极阵列直接相连，而电极阵列直接接触神经元。但是，在许多应用中，电子集线器需要远离生物界面。因而，该集线器的封装被生物医学界称为"末梢封装"。电极系统需要具备柔韧性以适应器官的形状并承受较大的应力，这一目标可以通过使用生物兼容的介质和电极构成的柔性电极阵列连接器来实现。

热管理

封装工程师必须考虑的另一个问题是植入物附近的组织发热。在将金属材料用于主要封装体的情况下，热量是由吸收的电磁和射频信号产生的，而这些信号用于实现植入物与外部控制单元之间的可靠通信。在诸如视网膜植入物等的应用中，高密度电极也会引起发热问题。过多的热量会损伤植入物周围的生物组织，因此国际标准 ISO

14708-1：2014 E 规定了允许的热量。根据该标准，植入式医疗器械在植入后的正常运行期间，外表面温度应不高于植入区域周围人体温度（37℃）以上2℃。

电源和数据遥测

医疗植入物中含有集成电子电路和元件，需要电源才能运行。尽管人们努力减小植入物的尺寸，但与微加工的元件相比，电池尺寸仍然很大，这会显著增加整体植入物的尺寸和重量。此外，电池的寿命有限，如果发生泄漏，会给患者带来生命危险。用无线电源系统代替医疗植入物中的电池，可以减小植入物的尺寸和对患者的伤害。当然，也可以采用外部电源系统作为折衷方案。

例如，人工耳蜗中使用的无线电源系统被永久性地安置在皮肤上，并从电磁感应中获得电源。为此，导电线圈产生磁场，这个磁场又使在其周围的器件中感应出电流。然而，由于与生物组织间的相互作用，磁场随着与发电线圈间距离的增大呈指数衰减，因此该医疗器械必须非常接近皮肤。最后，值得注意的是，电池和无线电源系统都需要密封封装。

18.3 生物电子植入物举例

18.3.1 心脏起搏器和电子支架

心脏起搏器可以调节心律，通常用于防止心律过慢。传统的心脏起搏器的植入会造成较大的手术切口，并被放置在皮肤下的囊袋中。导线从起搏器中引出并伸入右心室，以传递所需的电脉冲。电子末梢封装包括用于传感信号放大的 IC、控制器、起搏和电源管理。起搏器与带有多个传感器的植入式心脏转复除颤器（Implantable Cardioverter Defibrillators，ICD）结合使用，以检测诸如心动过缓和心动过速之类的状况，同时起搏器使用 DC/DC 转换器、反激变压器、电压三倍增二极管等元件构成的升压转换电路将 3V 电池电压转换为 750V 电压。

引线型心脏起搏器在手术过程中会产生一些复杂问题。美敦力公司推出了一款超小型无引线起搏器来解决这些缺陷，其尺寸为引线型起搏器的 93%，且低功耗电路可使电池寿命达到 12 年，如图 18.4 所示。另一个重要的进步是无线供电、无线起搏和无痛心脏纤颤整合在一起。这种无电池和无线的起搏器的尺寸约为 16mm×3.8mm，内置无线电源遥测链路、AC/DC 整流器、电源管理单元、存储电容、CMOS 芯片和 PMOS 开关。在无线充电能力方面，起搏器不需要体积庞大的电感线圈，可从 8 ~ 10GHz 范围内的微波接收电能。起搏系统的频率可通过增加或减少发射到接收天线的功率来调节。

电子支架与 IC 相连，IC 可以感知动脉的状态，并实时监测动脉是否有再次变得狭窄或阻塞的迹象，或者监测动脉中是否存在能引起血管再次狭窄甚至闭塞的细胞生长减缓迹象。这些功能可通过集成微电子机械系统（MEMS）传感器和无线通信技术来实现。

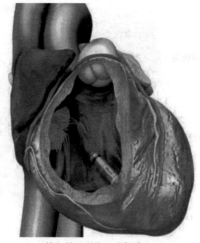

无引线器　　　　　　　　　植入的无引线心脏起搏器

图 18.4　无引线心脏起搏器及其植入

18.3.2　人工耳蜗

耳蜗是负责听力的内耳结构。当听力丧失时，人工耳蜗通过将声音从耳朵传递到大脑来恢复听力。人工耳蜗不同于助听器，后者只是放大声音。截至 2012 年 12 月，全球约有 324000 人接受了人工耳蜗的植入，其中包括美国 58000 名成人和 38000 名儿童。人工耳蜗将声音转换成电信号，然后将信号传输到大脑，大脑对其进行解读和理解。人工耳蜗通过直接插入耳蜗的电极阵列来刺激听觉神经。植入物由包含麦克风、声音处理器、发射机的一个体外单元和包含接收机和刺激器的一个体内单元组成。电源和数据通过电磁感应在两个单元之间进行无线传输。人工耳蜗的植入如图 18.5a 所示。信号处理和控制器芯片以及无源元件被组装到 PCB 上（见图 18.5b），芯片封装在钛金属外壳中并用硅树脂二次成型。

多通道电极（约 22 个）被排列集线并隔离在硅树脂中，然后插入斯卡拉鼓膜管中。裸露的尖端充当多个刺激部位（见图 18.5c），并与基底膜并排放置，且彼此之间保持固定距离。各个电极通过语音编码策略被映射到特定频率，用来将传入的音频信号隔离到频带中。

18.3.3　视网膜假体

视网膜假体系统对来自周围环境的入射光进行扫描和感知，获取图像数据，并对视觉信息进行处理。捕获的图像信息被编码为带有空间图案的时变电位，并传递给多电极阵列。通电的电极刺激视网膜细胞，并将视觉信息传递到大脑皮层。刺激视网膜神经节细胞的方法主要有两种：视网膜前刺激和视网膜下刺激，下面将介绍这两种方法。

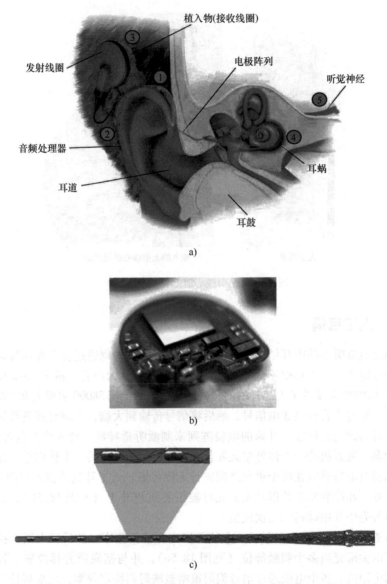

植入物(接收线圈)

发射线圈

电极阵列

听觉神经

音频处理器

耳道

耳蜗

耳鼓

a)

b)

c)

图18.5 a）人工耳蜗系统及其植入；b）人工耳蜗的封装；
c）具有多个刺激位点的电极阵列

典型的视网膜前视假体由两部分组成：体外系统收集视觉数据，即图像；体内系统由专用IC组成，该专用IC将视觉数据转换成电刺激阵列，并馈送到微电极网格。图像被神经元网络转换成适合于视网膜神经节细胞电刺激的相应信号。这些信号通过感应遥测传输到植入的接收单元。该单元的IC对信号进行解码，并将数据传输到刺激电路，刺激电路选择刺激电极并产生电流脉冲。由此，视网膜神经节细胞中的动作电位被诱发，引起视觉感觉。这种方法如图18.6所示。这些植入物的性能指标包括：

1）图像的高分辨率，关键性能指标（KPI）包括移动性、阅读速度和面部识别。

2）植入物的寿命（必须大于 10 年）。

3）低输入功率，以防止组织损伤。

4）长期可靠性。

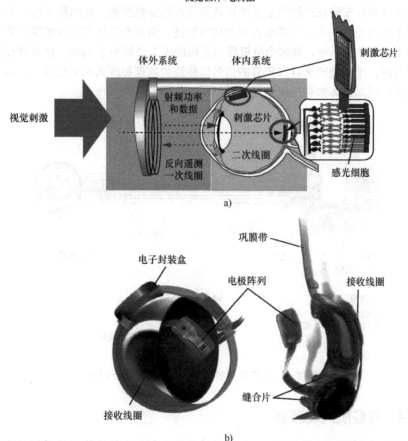

图 18.6　a）视网膜假体系统工作原理示意图；b）与视网膜前刺激法相集成的假体封装

植入的接收机由遥测感应器接收线圈（Rx），封装了放大器、模数转换器、刺激器和控制电路的密封电子外壳，以及与视网膜细胞连接的柔性电极阵列组成。密封封装是通过将芯片组装到具有密封引脚馈通的陶瓷衬底上，并通过与衬底板钎焊的钛或陶瓷帽密封起来实现的。电极用于视网膜刺激，其数量受到密封衬底中的密封引脚节距的限制，密封引脚由陶瓷厚膜共烧技术形成，由此限制了作用于视网膜的电极的数量并对保证传输到视网膜的图形信息质量带来了挑战。初始系统由 16 个电极阵列组成，在人体中进行测试时，可感知光明与黑暗、运动，识别大型物体。如果使用 60 个电极且节距小于 200μm 的电极阵列，便可获得更高的分辨率。随着封装技术的进步，集成上千电极的电极阵列系统正在得到发展。上述密封引脚封装可被焊接在柔性电极阵列上。

第二个方法是在视网膜下安装假视体，退化的感光器被替换为插入巩膜和视网膜神经细胞之间的刺激电极阵列。与视网膜前植入相反，视网膜下植入物使用一个植入的微型光电二极管阵列代替体外摄像机。体外系统由一个电源单元和一个发射机组成，用于发送电源和外部指令。体内系统由微型光电二极管阵列构成的一个芯片组成，该芯片可以安装在视网膜下腔中以代替受损的感光细胞。视网膜下腔中负压的存在简化了这些芯片在手术中的放置和结构完整性。微光电二极管阵列密度需要大于每平方毫米 40000 个电极，即两个电极阵列之间的距离必须小于 5μm。该芯片还具备信号调理电路，用来处理来自二极管的信号以传递被调理和放大的电脉冲。然后，这些脉冲被馈送到未损坏的视网膜信号处理细胞，如图 18.7 所示。

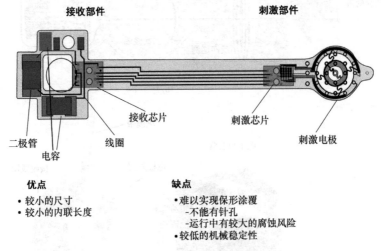

图 18.7　柔性视网膜下植入物的内部电子结构

18.3.4　神经肌肉刺激器

神经肌肉刺激系统的典型应用是诱导功能性电刺激来精确控制诱导肌肉收缩，以完成病人所需的特定动作。它还可用于其他功能，如疼痛管理和防止瘫痪肢体的萎缩。当由外部传输线圈供电和控制时，该系统还可通过双向遥测提供与刺激功能并行的感知功能。具有独立电极的神经肌肉刺激系统位于需要刺激或感知的位置。该系统由一个体外磁场供电，该体外磁场由体外发射线圈通过感应耦合的方式产生。遥测链路还通过射频载波的调制来传输数据。举例来说，我们可以将模拟和数字控制芯片组装在陶瓷电路板上，并密封在玻璃胶囊中。烧结于玻璃胶囊的铂/铱（Pt/Ir）和钽质电容电极引脚提供所需的电流脉冲（例如，在 0.5ms 的时间间隔内产生 30mA 的电流，并在每秒 20 次脉冲的情况下占空比为 1%）。钽电极经过阳极氧化处理，在高电压（例如 17V）下储存足够的电荷，并直接与组织接触以提供刺激脉冲。一个典型的系统如图 18.8 所示。

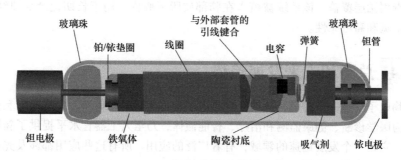

图 18.8　神经肌肉刺激植入物的主要部件

18.3.5　脑神经记录和刺激

脑神经记录和刺激系统可以刺激脑神经以实现恢复功能或提供治疗，或利用足够高的时空分辨率来检测并解码肌电图、运动学、任务等相关的参数。深度脑刺激（Deep Brain Stimulation，DBS）试图通过植入式器械来调节大脑神经活动。该植入式器械通过电极来刺激大脑，产生电刺激信号并传递到大脑中的特定目标区域，比如丘脑底核。该电极阵列有着高精确性，可定位在多个脑部区域，并且可以定位多种疾病。这种治疗技术主要用于缓解或治愈影响运动能力的疾病和相关症状，如帕金森病（PD）、肌张力障碍或原发性震颤。DBS 已被证明可以改善人们基本的生活质量，延长寿命，并且有可能减少与运动功能相关的药物的需求，同时减少药物副作用。该系统与心脏起搏器有许多相似之处。

电极通过颅骨两侧的小孔植入颅内，电极阵列与脉冲刺激器相互连接，刺激器通常位于胸部，电线从颅骨顶部延伸到颈部。未来小型化的一个主要方向是将神经刺激器芯片直接集成在电极阵列中。通过这种封装方式，人们不再需要分立的神经刺激器和与电极阵列相连的长互连线。这将最大限度地减少 DBS 器械的机械损坏和故障，而这些损坏和故障通常发生在皮下电线和连接器。

由 Howell 和 Hou 等人开发的三维超小型封装的神经记录系统中有着高密度电极阵列（见图 18.9），系统中的 ASIC 芯片倒装在顶部。该封装采用了低温玻璃键合技术，用一个玻璃帽盖将芯片密封。遥测电感和其他元件集成在此三维封装的顶部。电极阵列由微机械加工的硅探针组成，这些探针用聚对二甲苯涂层保护，只有裸

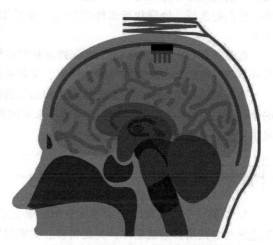

图 18.9　脑内植入询问或刺激节点

露的尖端用铂层覆盖。该系统被植入在脑部硬膜下腔内，用于长期记录脑神经活动，具有宽带宽和高可靠性。

18.4 总结和未来发展趋势

生物电子学是一个跨学科领域，它将电子学与生物学、化学、材料科学和医学相结合，为医学诊断、健康监测和治疗、智能假体，乃至人工器官水平提供了新颖的解决方案。它是一个发展迅速的领域，有着广泛的应用。所有这些应用都涉及先进的电子技术，旨在检测和监测疾病，改善健康和福祉。

将电子系统植入人体为医学带来了许多进步。例如，在人工耳蜗的帮助下，聋哑人（包括儿童）的听力可以恢复。半导体技术和电子技术的进步推动了所有这些医学进展，为毫米级或更小的具有理想特性的器械铺平了道路，同时这些器械可由在人体内部或外部工作的智能功能材料组成。然而，许多在技术和基础层面上的挑战仍然悬而未决。

尽管电子医疗植入物的大多数元件可以做得越来越小，但电池仍然体积庞大。在小型化方面，无线能量传输已被证明是最佳选择。然而，如何有效地将能量传递到植入体内或手术孔深处的植入物仍然是一个挑战。此外，人们应执行严格的测试以验证电子医疗植入物对患者产生的伤害程度。无线通信也为可能发生的篡改和信息盗窃打开了大门。除此之外，来自周围环境中无线通信的干扰也可能对患者构成风险。因此，应采取相应的安全措施。

由于生物学研究通常在水性介质中进行，因此仍然需要了解在水性介质中运行的器件的工作原理。此外，在电子器件和组织或生物环境的界面上发生的过程非常复杂，我们仍然需要深入理解。在这方面，构成生物电子器件的材料起着重要作用。因此，它们的选择、处理和与器件的集成对于长期可靠地与生活环境接触的性能至关重要。

在改进现有技术方面，植入式医疗器械的持续微型化给封装工程师带来了新的机会和挑战，特别是在可靠的气密性外壳、密封和封装方面。

未来的医疗植入物可能会结合监测和知情治疗，并根据病人需求进行调整（所谓的个性化）。微型化和无线操作能力将是未来的驱动因素。所有这些因素都是为了满足世界人口不断老龄化的需要而实施的。

18.5 作业题

1. 绘制一个实现神经记录系统密封封装的硬件示意截面图和俯视图。列出用于制造该封装的所有系统组件、关键材料、关键封装制造技术。

2. 说出并描述三种生物电子学应用。

3. 描述人工耳蜗的组成部分及其作用。

4. 生物电子系统构成要素中的关键封装技术是什么？

18.6　推荐阅读文献

Giszter, S., Grill, W., Lemay, M., Mushahwar, V., and Prochazka, A. "Neural Prostheses for Restoration of Sensory and Motor Function." J. K. Chapin and K. A. Moxon, eds. CRC Press, 2000.

https://eceweb.rice.edu/news/201706-Babakhani-Pacemaker (accessed on 12/30/2018).

Lyu, H., John, M., Burkland, D., Greet, B., Xi, Y., Sampaio, L. C., et al. "Leadless multisite pacing: A feasibility study using wireless power transfer based on Langendorff rodent heart models." Journal of Cardiovascular Electrophysiology, vol. 29, pp. 1588–1593, 2018.

Ohta, J., Tokuda, T., Sasagawa, K. and Noda, T. "Implantable CMOS biomedical devices." Sensors, vol. 9, pp. 9073–9093, 2009.

Powell, M. P., Hou, X., Galligan, C., Ashe, J., and Borton, D. A. "Toward multi-area distributed network of implanted neural interrogators." in *Biosensing and Nanomedicine X*, p. 103520H, 2017.

Rothe, J. "Fully integrated CMOS microelectrode array for electrochemical measurements." ETH Zurich, 2014.

Ruckenstein, M. J. *Cochlear implants and other implantable hearing devices.* Plural Publishing, 2012.

Weiland, J. D. and Humayun, M. S. "Retinal prosthesis." IEEE Transactions on Biomedical Engineering, vol. 61, pp. 1412–1424, 2014.

Yeon, P., Mirbozorgi, S. A., Ash, B., Eckhardt, H., and Ghovanloo, M. "Fabrication and microassembly of a mm-sized floating probe for a distributed wireless neural interface." Micromachines, vol. 7, p. 154, 2016.

第 19 章

封装技术在通信系统中的应用

Muhammad Ali 先生

美国佐治亚理工学院

Markondeya Raj Pulugurtha 教授

美国佛罗里达国际大学

Rao R. Tummala 教授

美国佐治亚理工学院

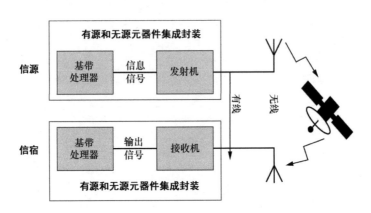

本章主题

- 定义和描述通信系统，以及演化过程
- 描述最近的两种通信系统技术
- 总结和预测未来趋势

19.1　什么是通信系统

通信系统是在发送方和接收方之间，以快速、安全、可靠的方式传输信息所需元器件技术的紧密集成。通信系统可能包括中继站、用户终端，以及有线或无线网络。通信是人类生活的组成部分，从古至今，信息传递一直起着至关重要的作用。本章特别专注于两种现代通信系统技术。

本章首先对两种通信系统进行剖析，重点介绍有线和无线媒体，其次，介绍有线和无线通信技术背后的技术。

19.2　两种通信系统剖析：有线和无线

通信系统包括发射机和接收机，发射机通过媒介或信道向接收机发送信息，这样的通信系统也被称为网络，通信媒介可能是有线的，也可能是无线的。

图 19.1 显示了一个通信系统的剖析。这样的一个通信系统根据信道或媒介类型分为有线和无线通信系统，一个信道可能被定义为一个通信系统的媒介。在有线通信系统中，发送的信息仅限于在电缆或光纤本身传播；在无线通信系统中，发送的信息在空中辐射，以至于任何接收机调谐到发送机频率就可能接收到信息。两种系统都有以下组件类型：输入/输出信号转换器、基带处理器、发射机、接收机和信道。转换器的功能是将语音、文本或视频信息转换为系统可以处理的信号。发射机和接收机，顾名思义，通过高保真度发送和接收处理信息，以保持信息的完整性。这些独立的组件基于多种技术，具体取决于通信系统的类型。在电路和系统层面，这些组件包括：基带处理器、放大器、中继器、滤波器和天线；在信道层面：基于铜、光纤或无线，将数据传送到目的地。另外一个重要的方面为图 19.1 所示的收发机模块的封装。本章概述了发射机和接收机模块的组件及它们的封装集成。

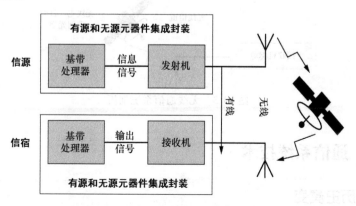

图 19.1　有线和无线媒介的通信系统剖析

19.2.1　有线通信系统剖析

有线通信系统由于其超高保真度和超高数据速率，一直以来都是最可靠的通信系统。有线通信系统主要有三种技术，铜线、激光通信和光纤通信，如图19.2所示。一般来说，发射机和接收机的作用是相似的，但它们的结构可能有很大的不同，这取决于有线通信系统的信道。下一节主要介绍这些技术。

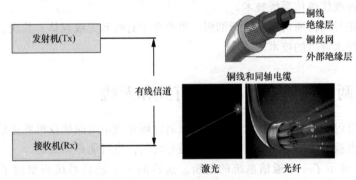

图19.2　有线通信系统剖析

19.2.2　无线通信系统剖析

无线通信系统结构与有线通信系统类似，但由于增加了几个子系统，如功分器、滤波器、放大器、混频器、本地振荡器和许多其他子系统，因此，结构更加复杂。无线通信的两种主要技术是无线电和自由空间光通信，如图19.3所示。无线电利用不同频率的电磁波传输数据，而自由空间光通信则利用点对点光（激光）通信技术在发送者和接收者之间建立高速链路。下一节将详细描述无线通信系统组件。

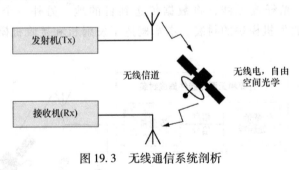

图19.3　无线通信系统剖析

19.3　通信系统技术

19.3.1　历史演变

在过去的两个世纪里，通信系统随着科技进步和技术发展呈指数级发展，例如有线系统的超纯光纤和激光器，无线系统的无线电发射机。本节介绍通信系统的历史演变。

从远古时代开始，人类就使用烟雾信号、信标和信号灯进行远距离通信。到 1838 年，第一次使用电报实现 40 英里距离的有线通信。电报这个词可以按字面翻译成"远方（tele）"和"书写（graph）"，这是电信系统发展的开始。自第一份电报出现以后，电信业在其发展过程中取得了显著的发展。在 19 世纪接下来的几十年和 20 世纪，有线和无线通信取得了显著进步：1848 年发明了电话，1876 年贝尔实现第一次电话呼叫，1877 年爱迪生发出了最著名的信息"Hello"，马可尼发明了无线电报，20 世纪 20 年代发明了晶体收音机，随后发明了光纤（一种细如人发的透明纤维），可以在光纤两端之间传输光用于通信。图 19.4 简要展示了通信发展史上具有重大意义的主要事件。

图 19.4　通信的历史演变

21 世纪，随着电视、手机、互联网和电子邮件等技术的发展，电信业出现爆炸性的发展。这些技术主要可以归功于贝尔实验室 20 世纪 80 年代在两个领域的进步：光纤（有线）和蜂窝电话（无线）技术。自从电话时代以来，有线通信一直占领主导地位。1876 年，贝尔致力于实现通信革新的梦想，想通过电线建立一种由粒子来回振动产生的纵波传输声音，他以电话的形式实现了这个梦想，使用铜线作为传输和接收电信号的媒介，铜线现在仍然用于固定电话和以太网电缆。作为有线通信的辅助，在 19 世纪末，无线技术随着无线电的发明而迅速发展。在无线通信系统中，通信媒介是空间，信号以电磁波辐射的形式在发送者和接收者之间传输，电磁波可以简单地看成是通过时空传播能量的电磁场。在 1914 年第一次世界大战期间，无线电作为一种业余广播的短程通信系统技术。无线电因其低成本和易用性很快被广泛采用，并在 20 世纪 30 年代经济大萧条时期成为一种极为重要的广播方式。20 世纪 20 年代和 20 世纪 30 年代分别出现了调幅（AM）和调频（FM）收音机，这段时期是"无线电的黄金时代"，这些无线电类型通常以其名称首字母缩写来表示，至今仍在使用。

19.3.2　通信系统技术

有线通信系统的关键技术是用于电子通信的铜线，和用于光子与激光通信的光纤。以下各节将讨论这几类通信技术。

铜线和同轴电缆

最早的有线通信系统是以铜线为基础。这个系统现在通常被称为普通老式电话系统（POTS），其中模拟信号通过铜线回路传输。在世界许多地区，POTS 仍然是住宅和商业区连接到电话网的基本服务形式。

自 1876 年电话问世以来，POTS 一直是标准电话服务，直到 1988 年被综合业务数字网（ISDN）取代。ISDN 能在同一线路上传输多路语音和数据，这在传统老式电话系统中不能实现。ISDN 发展成为公共交换电话网（PSTN），是世界范围内电路交换电话网的集合体。PSTN 由电话线、光缆和无线传输链路组成，如蜂窝网络、点对点通信微波链路、卫星和海底电话电缆。铜线由于其安装和维护成本低廉，在世界各地的居民区和商业区仍有广泛使用。

同轴电缆是一种内部和外部电导体被绝缘层包围的电缆。它是 19 世纪 80 年代由 Oliver Heaviside 发明的，常用作无线电频率信号、视频、有线电视分配、仪器和计算数据连接的传输线。同轴电缆屏蔽性好，因为信号只在内导体传输，可以通过外导体接地来减少信号泄漏的可能性。同轴电缆具有广泛的阻抗范围，最常见的阻抗为 50Ω 和 75Ω，并用于各种应用。

激光

术语"激光"是"受激辐射光放大"的缩写，由 T. H. Maiman 于 1960 年在贝尔实验室的 C. H. Townes 和 A. L. Schawlow 工作基础上首次建立，它是一种相干的时空发射光的装置，换言之，发射的光可以聚焦在一个很小的点上，在经过较远的距离后只有一个很小的光斑，并且光谱非常窄。激光器可分为连续模式或脉冲模式，分类取决于输出功率的连续性或脉冲性。

工作原理　在传统（非相干）光源如灯泡或 LED 中，由光源激发的每个原子随机发射一个光子，在各个方向产生辐射，各个光子之间相互独立没有关系。这种现象称为自发辐射。然而，正如前文所述，激光使用的是爱因斯坦预言的受激发射现象。他提出，激发原子可以通过受激发射过程将储存的能量转化为光。这个过程开始于一个被激发的原子通过自发辐射产生一个光子，或者较低能级（E_1）的电子通过吸收光子跃迁到较高能级（E_2）。激发态是一个不稳定的状态，因此电子跃迁回到低能级，并在这个过程中产生一个光子，这个光子可以激发原子中的另一个电子。这就导致临近原子产生光子的连锁反应。需要注意的是，这个过程是倍增的，并且产生的光子的物理性质比如方向、波长、相位和偏振，与初始光子相似。在激发的原子数量足够多的情况下，放大光的能力得到光学增益，这是激光的工作原理——受激发射。当我们考虑一组原子来放大光时，大多数原子需要处于更高的能级。假如这种情况，即处于较高能级的原子比处于较低能级的原子多，这种状态称为 E_2 和 E_1 之间的粒子数反转。这些现象如图 19.5 所示。

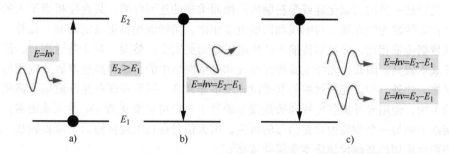

图 19.5　激光工作的基础：a）吸收；b）自发辐射；c）受激辐射

激光的核心叫作激光腔或谐振器。受激发射需要连续发生才能启动激光作用，这可在一个谐振腔中实现，增益通过介质的多次传输而增强。根据激光的类型和应用，激光介质可以是晶体、半导体或气室。腔体通常使用两个面对面放置的镜子，一个镜子是全反射镜，另一个是部分反射镜。光在镜子之间来回反射，光每次经过后都会增强强度。放大的相干光通过部分反射镜逸出腔体。激光腔的横截面如图 19.6 所示。

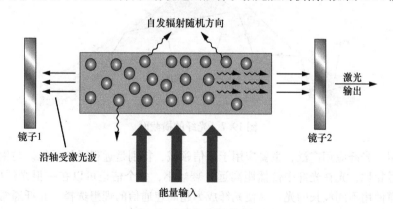

图 19.6　激光腔的横截面

应用　每种类型的激光应用是不同的，在通信领域，脉冲激光被用于光纤领域，脉冲由输入信号调制，通常是数据，这类激光器被称为光纤激光器，它们是固态激光器。在单模光纤中以全内反射的形式引导光。光纤激光器具有很高的光学品质，它们是有足够功率的相干光，能够让数据以快速可靠的速率穿越光纤。光纤激光器通常也是多模的，能够在不同的波长上切换传输，而无须使用多路复用器。除了通信，激光还广泛应用于激光切割、测距和测速、光刻和自由空间点对点通信等多种应用。

光纤

铜线由于受电阻率、电感和电磁干扰的影响，其通信有些基本限制，最明显的限制是随着数据传输需求的增加而无法提高处理的数据速率。光纤以其低损耗、零干扰和极高的数据速率成为解决这一问题的方法。在电子数据传输中，铜线产生的电场和磁场可用作获取数据的外部源，而光纤不会受外部截获的影响。在光纤的一端，发射机将电子数据转换成光脉冲，通过光纤传输，在另一端，接收机将光脉冲解码回电子数据。

光纤是一种由二氧化硅或塑料制成的细而柔软的透明纤维，其直径相当于人的头发，作为传输光的介质。与铜线和同轴电缆相比，光纤能提供更高的带宽。此外，与铜线数据传输相比，光数据传输不产生电磁场而更安全。然而，对于普通用户，使用光纤成本较高，因此，光纤主要用作商业和电信网络中的长途和高速率数据应用的骨干网络。此外，铺设光纤网络的基础设施成本非常高，甚至在现在光纤通信价格相当低的美国，使用光纤提供电视和数据服务的每个用户可能要花费 850 美元或更多。光纤网络中的另一个重要因素是信号的再生，因为信号在长距离传输后下降得较快，这使得商业应用的基础设施成本变得非常高。

工作原理 根据全内反射原理需要沿光纤轴线直射光，光纤结构中有一个被电介质镀层包围的电介质芯，与镀层相比，芯的折射率更高，因此，光被限制在光纤内部。当光线以较大的角度入射光纤时，会出现全内反射现象，光线被完全反射，并从芯和镀层的边界来回反弹。这种现象可在光纤的横截面内加以说明，如图 19.7 所示。

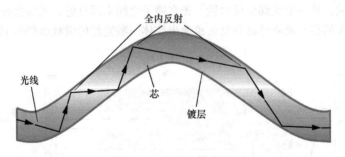

图 19.7　光纤的横截面

应用 光纤应用广泛，主要应用于通信领域，特别是远程通信系统。与铜线传输的电信号相比，光在光纤中传播距离远、衰减小，多个信道可以在一根光纤中复用，每个信道使用不同波长的光，这使光纤成为超高速通信的理想选择。光纤通常具有宽频带、低衰减和抗电磁干扰能力，是良好的电绝缘材料。

2012 年，日本电信公司（NTT）与康宁公司合作，通过一根光纤以 1.05×10^6 Gbit/s 的速度传输数据，传输距离超过 52.4km。由此，海底光缆网络，即海底通信电缆网络，由于能够支撑巨大的数据速率，形成了一个跨海传输电信信号连接世界的网络。第一条电缆在 19 世纪 50 年代铺设，用来传输电报。现代光缆同时承载着电话通信和数据通信。连接北美和世界的海底光缆图如图 19.8 所示。截至 2014 年，海底通信光缆有 285 根，其中 22 根留作备用。这些光缆的总带宽（数据速率）大约每秒 TB 数量级。

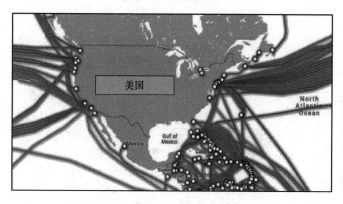

图 19.8　连接北美和世界的海底光缆图

19.3.3　无线通信系统技术

无线通信系统始于 19 世纪 80 年代无线电的出现，贝尔发明了第一部光电电话，这是一种通过光束传输音频数据的电话设备。19 世纪 90 年代初，马可尼开始研究无线电报，发明了商用无线电。20 世纪 20 年代，无线电一词开始流行，首次使用无线电发射和接收技术，并取代了无线电报。如今，无线技术已经遍布我们周围，如 GPS、Wi-Fi、蓝牙、蜂窝（LTE、LTE-Advanced 等）和卫星通信，无线通信是全球电信系统的基础技术。

硬件技术在推进无线通信发展中发挥了关键作用，随着晶体管的出现，由于其向纳米级尺度的可按比例缩小性，大规模和超大规模集成电路（VLSI）领域的蓬勃发展，IC 技术出现指数级增长。在无线通信系统技术的其他领域也取得了相应的发展，特别是在增强和支持晶体管可按比例缩小性的基板和元器件方面。

人们对快速安全地访问语音、文本和视频等信息或数据的需求越来越大，造成智能手机、平板计算机、健康和环境传感器以及家电等应用终端的激增。据估计，到 2020 年[⊖]，将有超过 500 亿个设备和传感器，通过 GPS、蓝牙、WLAN、Wi-Fi、Wi-Gig、GSM、4G LTE 和 5G 等射频通信标准连接到互联网，比 2017 年的约 350 亿个连接设备有所增加，如图 19.9 所示。

全球范围内万物相互连接的概念被称为物联网（IoT），需要各种技术和标准融合，如执行器、传感器、可穿戴计算、通信和协议、存储和计算基础设施、网络、各种数据，通过数据分析融合组成统一的系统。从整个工厂到各种家用电器，如微波炉，所有物品的自动化和集成都需要在大量终端设备之间传输数据包。在我们向 5G 通信过渡的过程中，系统对智能、快速、可靠、安全、低成本和高集成的连接要求越

　⊖　此处为原书作者预测的 2020 年的数据。——译者注

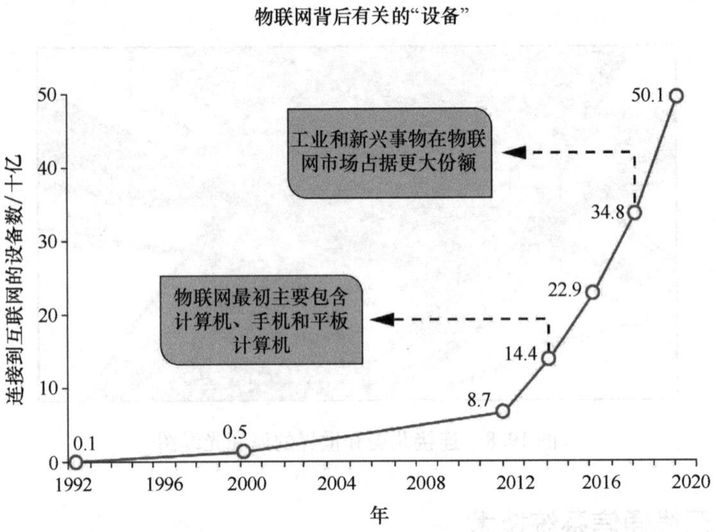

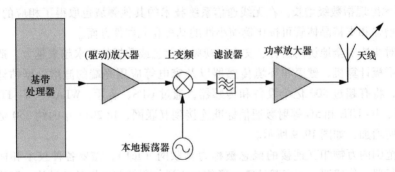

图 19.9 未来无线连接设备估计（来源：思科 SJR 组）

来越高，实现真正意义上的物联网给相关电子设备带来了很大的压力。如图 19.3 所示，展示了通用无线通信系统的构建模块。本章对各个模块进行简要讨论，并对主要封装技术进行比较。

发射机

顾名思义，发射机负责可靠传输信息。在电子和电信领域中，发射机是一种产生无线电波的电子设备，来自基带处理器的信息被输入发射机，经过发射机调制到更高的频率，并将其放大，然后发送到天线进行传输。发射机的框图如图 19.10 所示。

图 19.10 发射机的框图

发射机中的本地振荡器产生用于上变频或基带调制信息期望频率。功率放大器和驱动放大器也是发射机的重要组成部分，负责线性放大信号。功率放大器的研究和开发一直是一个非常活跃的领域，因为对于不同的应用，输入信号的增益、输出功率、效率、线性度、噪声系数、阻抗匹配和产生的谐波之间存在着权衡。因此，研究人员总是试着在这些参数之间达到最佳效果。现代射频放大器使用固态器件，如双极晶体管（BJT）和金属氧化物半导体场效应晶体管（MOSFET）。此外，现代射频放大器以不同的模式或"等级"工作，以帮助实现不同的设计和规格目标。一个发射机有几个阻抗匹配电路来调节放大器和天线阻抗的理想性匹配。

接收机

接收机是接收无线电波并将接收到的信号转换为基带信号以供进一步处理的电子子系统。接收机调谐到发射机频率上，以便将所需信号与不需要的信号分开。接收机的框图如图 19.11 所示。

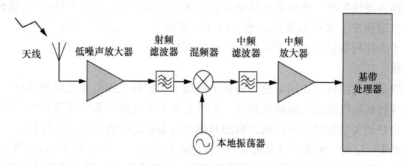

图 19.11　接收机的框图

信号接收从天线开始，天线设计成与发射机具有相同的频率以接收发射机发出的信号，然后使用低噪声放大器（LNA）放大接收到的信号。LNA 在保持信噪比（SNR）的同时，还具有放大低功率信号的能力。LNA 的设计目的是尽量减少附加噪声，具有非常低的噪声系数，通常用作接收机天线之后的第一个电路，以降低整个接收机的噪声系数。设计人员在偏压条件、选择合适的放大器技术和阻抗匹配之间进行权衡，将噪声降至最低。发射机其他参数权衡也会影响设计决策过程，但在 LNA 设计中，最小化噪声系数和提高增益被赋予更高的优先级。低噪声条件通常出现在非特征输入阻抗匹配条件下，因此，在接收机中通常采用阻抗匹配电路。

通过 LNA 放大信号后，使用 RF 带通滤波器滤出信号，以抑制不需要的频率和干扰。射频滤波器通常被设计成高品质因数（Q 因数），以有效地抑制不需要的频率。根据接收机的结构，射频滤波器也可以在 LNA 之前使用。一旦信号通过 RF 滤波器，将根据本地振荡器（LO）的频率下变频到基带或中频。当 LO 频率与 RF 频率相同时，直接下变频到基带的接收机称为零中频接收机。更常用的接收机将 RF 转换为中频，称为外差接收机，其中 LO 频率小于 RF 频率但高于基带频率。根据应用来选择外差接收机。例如，电视广播系统有多个频道，每个频道处于不同的频率，因此，它适合使用外差接收机。从成本角度来看，选择向下转换为中频成为优先考虑，因为，使用的部件更便宜。直接从射频变频到基带比变频到中频需要更贵的混频器、下变频器和解调器。在向下转换为中频之后，再次对其进行滤波以抑制混频器产生的谐波，并由中频放大器放大，最后，信号被送入基带处理器。

发射机和接收机统称为收发机。在通信系统中，从接收机的 LNA 到混频器级的 RF 到基带部分通常称为 RF 前端。

信道

信道是一种介质，例如无线电链路、光纤、同轴电缆或电线。通过信道将发射机的输出信号传递到接收机。信道会增加噪声，使信号波形衰减和失真。信号的衰减随信道长度的增加而增加，从短程通信的几个百分点到星际通信的几个数量级不等。例如，在自由空间通信中，信号的衰减与传播距离的平方（以米为单位）成反比，这意味着传播超过 1 km 的电波将衰减 100 万倍。信号的波形失真是因为信号的每个频率分量在通过信道时经历不同程度的衰减和延迟。如果波形的所有频率成分的失真都相同，则称为线性失真。如果衰减随通过信道的信号幅度而变化，则称为非线性失真。在接收机端研发了多种机理的技术，以在一定程度上"校正"了信号失真，保证能够在不丢失任何信息的情况下提取所传递的消息。

天线

天线是在电路域传播的电信号和在电磁域中传播的无线电波之间的接口。收发机要求天线将其电气连接与电磁场耦合。天线是每个无线通信系统的重要组成部分，一个设计良好的天线往往需要在收发机的其他系统参数之间进行灵活的权衡。

根据实际应用，天线可以是定向的，也可以是全向的。全向天线向各个方向辐射能量，而定向天线则将辐射能量集中在特定方向。天线参数中，最重要的是辐射方向图、带宽和增益。高增益的定向天线降低了路径损耗，提高了信息传输效率，提高了链路预算。天线的工作原理是共振，通常只限于一个共振频率。然而，现代通信应用要求天线在多个频率下谐振以支持不同的频带（例如 LTE）。现代智能手机的天线如图 19.12 所示。

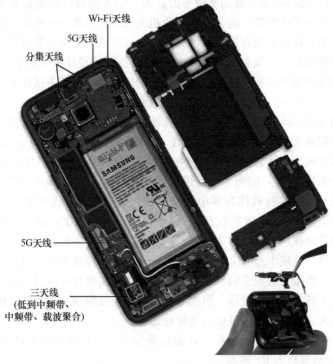

图 19.12　智能手机中的天线

基带处理器

基带处理模块负责将信息（文本、语音或视频）转换为发射器中的电信号，反之亦然。根据基带处理器的性质，电信号可以是模拟信号或数字信号。基带处理器具有转换器，将来自信号源的物理信号转换为适合通信系统的电信号。

在基带处理器完成的信号功能有编码、调制、加密和多路复用等，然后，信号送到发射器，将其上变频为 RF 发射频率。在接收器端，完成相反的过程：基带处理器译码、解调、解密和解复用，并最终将信息发送到输出转换器，通过该转换器将其转换成有物理意义的信息，例如文本、语音或视频。

无线系统封装

通信系统由多个功能模块组成，例如接收和发送无线信号的天线、具有确定频率和功率的 RF 收发端模块、模数转换器，以及将模拟数据转换为数字数据的基带处理器。典型通信系统的示意图如图 19.1 所示。功能模块由几个单独的元器件组成。例如，发射机由功率放大器和匹配网络组成，而接收机由 LNA、开关、滤波器和匹配网络组成。在传统通信系统中，每一个独立的元器件都被分开封装，并组装到电路板上，这被称为板级集成。性能和小型化需求推动了多个异构元器件集成到一个功能块或子系统中的封装级集成。大多数射频模块是单元器件分立封装和多元器件模块集成封装这两种方法的组合。这种通信系统的示意图如图 19.13 所示。图 19.13b 所示为苹果 iPhoneX 中通信子系统的示例。本节将介绍这两种方法。

射频元器件的分立封装与板级集成

在传统的通信系统中，像基带芯片、收发芯片、LNA、功率放大器、滤波器、开关等器件被封装成分立元器件。天线是最大的部件，位于板外，如前一节图 19.12 所示。这些离散元器件被分立封装和组装到基板或 PCB 上，形成二维通信系统。

对于 LNA 和功率放大器，引线框架封装仍然应用，而倒装芯片封装正成为主流。每种封装都是上模塑，并在上模塑上用金属盖或相同形状金属涂层进行保护。示意图没有显示上模塑和金属化，以便清楚地显示封装的细节。

一些无源元件需要完成滤波、阻抗匹配和去耦等功能，这些无源元件的数量通常比有源器件多 10 倍以上，因此，增加了封装的面积。射频无源元件通常制造在低温共烧陶瓷（LTCC）基板上，分立成单个组件，以表面安装方式组装到 LTCC 基板上或层压封装基板上。更高性能的滤波器由声波 MEMS 器件制造，并采用圆片级或芯片尺寸 MEMS 制造技术，表面安装到封装基板上。电源 MLCC（见第 7 章）也是表面安装器件。

无源元件的并排放置需要通过基板上长距离互连，会产生额外的损耗。它们的性能和外形也无法满足新兴消费电子产品的紧凑性和多功能性需求。在更先进的通信系统中，元件也被集成为相同性质的有源或无源功能模块。在每个模块中，类似的组件被集成到单个封装中，如图 19.14 所示，例如具有相同性质功能模块的有源功能模块，包括天线开关组和滤波器组。集成无源元件（IPD）已经被开发出来，可以将几个无源元件集成到一个单一的基板上，这样减少了封装成本、封装面积、路由和互连寄生等问题。这些技术在第 7 章中已有描述。

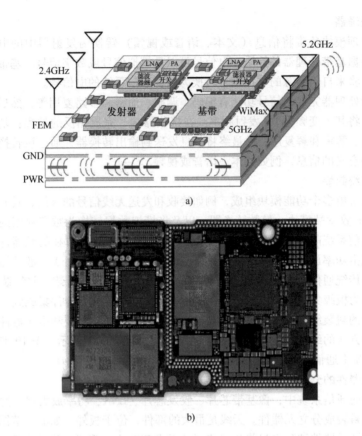

图 19.13　a）射频器件在二维分立器件中的封装，在 iPhoneX 中通信系统的例子；
b）来自 Avago 和 Skyworks 的射频模块

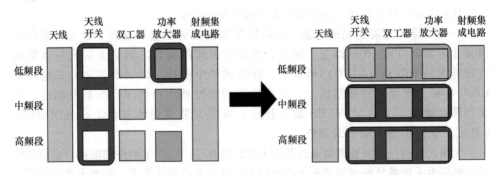

图 19.14　模块发展趋势从相似功能块集成到跨功能模块的系统集成（资料来源：TDK）

封装级集成

射频模块随着对尺寸缩减和功能需求的增加，跨低、中、高频带的功能模块异构集成封装，对于提高多频带前端模块（FEM）的性能至关重要。为了满足这种波段级集成的需求，各种封装集成 FEM 正在消费市场中出现，例如带集成双工器的前端模块

（FEMID）、带集成双工器的功率放大器（PAID）和分集前端模块（Div FEM），如图 19.15 所示。这些 FEM 是定制产品，以满足不同用户架构的功能需求，同时易于与系统的其他部分功能进一步集成，例如载波聚合（CA）、包络跟踪和多输入/多输出（MIMO）等。多频带前端模块必然会使元器件密度增加一个数量级，而没有增加物理尺寸和功耗，但它也加重了系统级散热、电磁干扰隔离，以及数字和射频器件之间的串扰问题。为了满足这些需求，制造商努力提高元器件的质量因数，以最小的干扰实现更高的元器件密度。无源元件的创新及其与有源器件的集成是未来射频系统的关键发展重点。

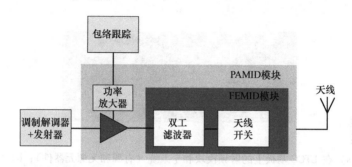

图 19.15　集成滤波器 + 开关（FEMID）或 PA + 滤波器 + 开关（PAMID）的射频模块

封装集成可以通过 LTCC 基板、层压基板或硅圆片或玻璃基板薄膜上等多种方式来实现，有源器件嵌入基板或组装到基板上。下面简要讨论这些问题。

基于 LTCC 的封装集成　传统的射频基板是由多层共烧陶瓷和导体层制成的。这种技术被称为低温共烧陶瓷（LTCC），在过去的几十年里已经十分成熟，用于无源元件和射频模块封装的基板。这项技术在第 6 章基板中有描述。利用 LTCC 模块基板，多层陶瓷层不仅可以为系统提供信号互连和功率传输，还可以用来嵌入无源元件，从而降低互连损耗。像开关等有源器件组装在顶层，图 19.16a 所示为一个 LTCC 模块的例子，该模块具有嵌入式双工器、匹配网络以及表面组装单极双通（SPDT）开关。双工器和匹配网络完全建立在多层 LTCC 基板内，使用多层陶瓷电介质和导体层，它们由通孔互连。有源器件安装在顶部。示意图仅显示导体层和焊盘，完整的模块如图 19.16b 所示。尽管 LTCC 在整体电气性能上具有优势，但在降低厚度和低成本大规模制造方面存在局限性。

基于层压封装的集成　如第 6 章所述，基于层压封装技术迅速发展，加上 700mm × 700mm 尺寸在制板的低成本和大面积制造，使其成为主流 IC 封装方案。分立器件在二维结构中并排组装在有机封装基板或 PCB 上。如图 19.17 所示为 HTC One 中使用的 Skyworks 2.4GHz WLAN/BT 前端模块。

由于无源元件是为有源器件提供各种功率和射频功能的，因此实现无源元件的小型化和与有源器件的集成是非常重要的。这使 3D 或嵌入式模块成为焦点。嵌入式封装的主要目的是减少封装所占基板的面积和厚度，并通过缩短互连长度以减少插装损耗和回路电感来提高电性能。此外，嵌入式封装也能实现在单个具有异构元器件的封装中完全集成单频带或多频带模块。

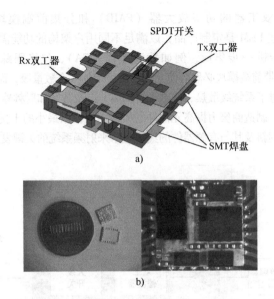

图 19.16 a）在 LTCC 基板上的射频模块和子系统（有源和无源元器件）；b）完整模块

图 19.17 HTC One 中的 Skyworks 85302-11 2.4GHz WLAN/BT 前端模块

正如 LTCC 模块一节所讨论的，嵌入式层压板模块最初也是从在基板上的薄膜无源元件开始，用于网络匹配。半导体芯片和其他分立元件组装到这些无源嵌入式基板上形成模块。之后，有源器件嵌入式发展成为主流技术，无论是作为层压板中的在制板级扇出，或者是作为使用模塑和重构晶圆的圆片级扇出（在下一小节中描述），多个半导体芯片并排嵌入一个完全模塑的层压板中，但背面器件表面易于冷却。嵌入 50μm IC 的基板可薄至 300μm 甚至更薄，分立元器件组装在这些基板上。佐治亚理工学院进一步推进了芯片后嵌入、扇出功率和射频模块这一概念。在这种方法中，基板的芯层和积成层还用于嵌入薄膜无源元件（例如滤波器），以及包括传输线的互连层，具有激光烧蚀空腔的积成层层堆到芯层上，在低温下将 IC 组装到这些空腔中，再将 LNA、PA 和开关嵌有机基板中的预制空腔中，形成 RF 模块。

图 19.18 所示为无源元件和模块集成中射频封装技术的演进。该图说明了射频封装技术从厚 LTCC 基板上的分立 2D 模块发展到薄层压板，最终演变成嵌入或扇出封装和基板。

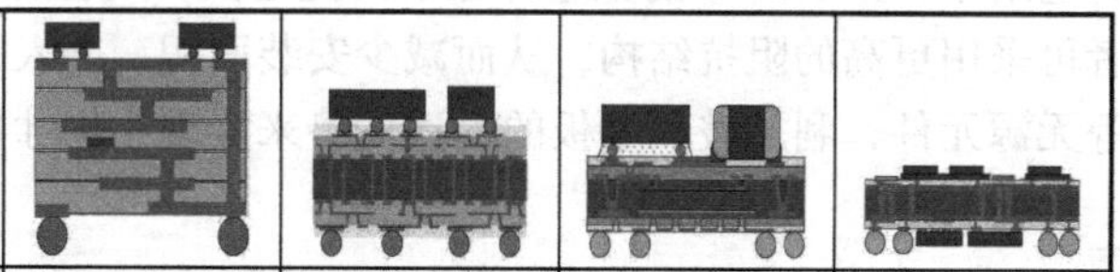

属性	LTCC	MCM层压板	嵌入模块层压板	玻璃上3D模块
性能	高	中等	高	高
厚度	厚	中等	薄	超薄
尺寸	安装面积小	安装面积中等	安装面积小	安装面积小
元器件密度	中等	低	中等	高
成本	中等	低	中等	低

图 19.18　射频无源元件与模块集成的发展

扇出型封装集成　对于毫米波，性能要求和相关基板设计上的挑战比射频应用更迫切，主要原因是毫米波性能对介质损耗、电路精度和基板寄生效应的敏感性。这导致了从传统的有机封装到嵌入晶圆扇出封装的演变和普及转变，形成扇出型晶圆级封装（FO-WLP）。该技术通过减少寄生效应和安装面积，不需要引线键合焊接，用更薄的基板替换厚基板和减少互连长度，增强了射频封装的性能。来自台积电的集成晶圆扇出封装（InFO WLP），如图 19.19 所示，以模塑料（MC）为介质设计了再分布层（RDL）。在本例中，从芯片焊盘到天线的互连损耗小于 0.7dB，与倒装芯片封装相比，功耗降低约 20%，低介质损耗和模塑料厚度也提高了天线增益，并具有更小的天线所占面积。

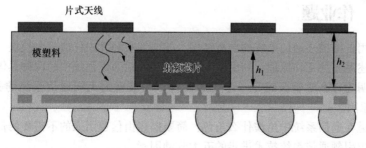

图 19.19　台积电晶圆扇出，有双面 RDL、嵌入式射频芯片和天线阵列

玻璃在制板嵌入封装　目前与 LTCC 和有机层压板相关的技术支持了 GSM、2G、3G 甚至 4G 和 LTE 通信系统的发展，但随着全球向 5G 过渡，无线通信数据流量不断

升级，来自高互连损耗和低元器件密度对通信系统设计的技术限制也随之升高。玻璃作为二维和三维封装的基板技术正逐渐成为高性能和超小型化射频模块的理想候选技术，这种技术可以减少高性能 5G 模块的安装面积和厚度。它结合了陶瓷和有机基板的优点，如超薄厚度、超低电损耗、低表面粗糙度、精密和窄节距电路所需的类硅尺寸稳定性、高玻璃化转变温度、高电阻率和可调热膨胀系数（CTE）等优点。由于玻璃基板的高电阻率，集成高 Q 射频组件显示出优越性，具有的精确的线间距积成层能力使设计者可采用更高的阻抗结构，从而减少安装面积。嵌入式电感、电容器和分布式滤波器等无源元件，利用玻璃基板的上述优势来实现小尺寸形状因子。

19.4 总结和未来发展趋势

消费者对高数据速率、低延迟、安全可靠的通信需求推动了通信系统的重大技术进步。本章简要介绍了有线和无线通信系统的发展历史，并考虑了支持这些系统未来对硬件的需求，详细介绍了通信系统主要有线通信技术的工作原理及其应用。同时，还讨论了通用无线通信系统中的重要组成部分，也介绍了主导有线和无线通信系统发展的封装技术。

当前通信系统集成技术面临着一些技术限制，一个主要限制是实现未来通信系统（如 5G）通信标准所需的集成度与成本之间的关系；另一个技术限制是由于更高频率下的更高密度集成要求而产生的相关电气、机械和热性能的制约。这种集成带来了一些新的挑战，如互连损耗和 EMI 兼容性。通信系统的最终目标是为终端用户提供可靠的超高速数据速率，这是推动通信系统进步的动力，特别是在材料和封装技术方面，需要满足新系统在限定空间内满足用户设备的需求。通过超薄低噪声有源器件、高密度有源和无源元器件封装集成、低损耗薄膜嵌入无源元件、有效散热解决方案和低损耗互连所提供的优异信号和电源完整性，实现了通信系统卓越的性能和小型化。玻璃封装作为一种新型封装技术，能为通信系统提供高集成度、低成本和高性能的模块，有可能成为未来封装技术的新模式。

19.5 作业题

1. 使用框图描述通信系统的剖析结构，并详细解释其中任何三个模块。

2. 描述激光的工作原理，列出激光在有线和无线通信系统中的两种具体应用。

3. 说明为什么尽管天线是一个无源元件，却被视为无线通信系统的关键部分，列出三个原因。

4. 信道在通信系统中扮演什么角色？简要描述由信道引入的不需要的信号类型。

5. 列出引领通信系统技术进步的五大驱动因素。

6. 描述无线通信系统三种基板技术（陶瓷、有机层压板和玻璃）的优缺点。哪种基板技术对汽车应用最为关键，为什么？

7. 画出嵌入式晶圆扇出封装和玻璃基 3D 封装的横截面，标记重要细节，并解释这两种封装技术的主要区别。

19.6　推荐阅读文献

Tummala, R. R., Rymaszewski, E. J., and Klopfenstein, A. G. *Microelectronics Packaging Handbook: Technology Drivers, Part 1.* Springer, 1996.

Dobkin, D. M. *RF Engineering for Wireless Networks: Hardware, Antennas and Propagation.* Elsevier Inc.: Newnes, 2009.

Yang, Y., Xu, J., Shi, G. and Wang, C.-X. *5G Wireless Systems: Simulation and Evaluation Techniques.* Springer International Publishing AG, 2018.

Lathi, B. P. *Modern Digital and Analog Communication Systems.* 4th ed., Oxford Series in Electrical and Computer Engineering, Oxford University Press, 2009.

Svelto, O. and Hanna, D. C. *Principles of Lasers.* 4th ed., Springer, 1998.

Barnoski, M. K. *Fundamentals of Optical Fiber Communications.* 2nd ed., Academic Press, 1981.

Lau, J., Li, M., Fan, N., Kuah, E., Li, Z., Tan, K. H., Chen, T., Xu, I., Li, M., Cheung, Y. M., and Kai, W. *Fan-Out Wafer-Level Packaging (FOWLP) of Large Chip with Multiple Redistribution Layers (RDLs).* Journal of Microelectronics and Electronic Packaging, vol. 14, no. 4, pp. 123–131, 2017.

第 20 章

封装技术在计算机系统中的应用

Ravi Mahajan 博士

美国英特尔公司

Sandeep Sane 博士

美国英特尔公司

Kashyap Mohan 博士

美国佐治亚理工学院

Rao R. Tummala 教授

美国佐治亚理工学院

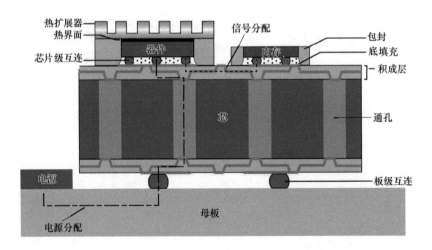

本章主题

- 定义并描述什么是计算机封装
- 描述主要的计算机封装技术

20.1　什么是计算机封装

计算机封装是指为实现计算功能而对数字器件进行的封装。计算通常要求高速信号处理能力，它需要通过大量互连与高功耗才能实现。互连数或引出端数（I/O）正是本章要讲述的两项内容。图 20.1 展示了 I/O 引出端数的演进历程：从 20 世纪 60 年代开始的数字计算的引线框架或塑料封装的约 16 个引出端，20 世纪 80 年代的单层或多层陶瓷封装中的 16~304 个引出端，121~1000 至 100000 个以上引出端的有机或积成叠层封装，到如今已达 2000000 个引出端的硅转接板。这一发展过程与 IC 摩尔定律十分类似，只是这里所针对的是引出端数。就像第 1 章中所描述的那样，这被称之为封装摩尔定律。与 IC 摩尔定律一样，封装摩尔定律有两个方面，即不断递增的引出端数和不断递减的单位封装成本。

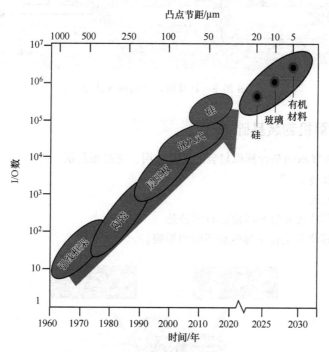

图 20.1　计算机封装的摩尔定律：引出端数指数增长与封装技术系列各节点的关系

20.2　对计算机封装的剖析

一个典型计算机封装的内部结构如图 20.2 所示，它展示了为实现计算功能所必需的主要技术，其中包括：

1）由芯和积成布线层组成的基板，其中积成布线层主要用于信号和电源分配。

2）芯片级和板级互连。

3）用于提供精确电量的电源部件，比如电容器。

4）散热的热技术。

5）包封、底填充等保护技术。

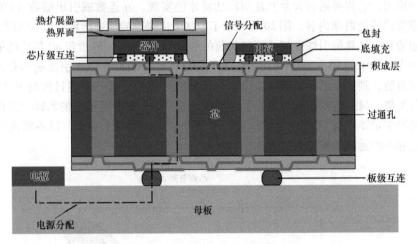

图 20.2　计算机封装的内部结构

20.2.1　计算机封装基础

图 20.3 所展示的是计算机封装的主要作用，它必须提供：

1）信号互连。

2）电源互连。

3）保持芯片可靠性和峰值运行的散热。

4）保护芯片免受化学与机械环境的影响。

图 20.3　计算机封装的作用

图 20.4 展示了通过芯片背面布线的数字器件是怎样最终成为计算系统的过程。芯片上的晶体管通过互连形成封装级电路连接，最终形成计算系统。因此，计算机封装扮演的是空间转换器角色，将数字器件同其他器件或元件互连进而形成计算机系统。在硅芯片上，它的特征尺度通常是亚微米级的，在封装上特征尺寸是小于 $10\mu m$ 级的，在系统母板上特征尺寸是约 $100\mu m$ 级的。

图 20.4　从数字器件到形成计算机系统的过程

20.2.2　计算系统的类型

如图 20.5 所示，计算系统非常众多，包括：

1）可穿戴。
2）物联网。
3）智能手机。
4）平板计算机。
5）便携式计算机。
6）台式机。
7）服务器。
8）大型机。
9）超级计算机。

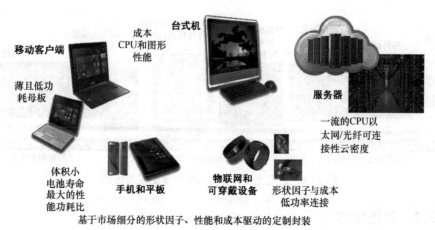

图 20.5　计算系统的种类

20.2.3 术语

BGA：Ball grid array，焊球阵列（也称球栅阵列）。

DIP：Dual in-line package，双列直插。

FLI：First-level interconnection，一级互连。

I/O：Input and output，输入/输出。

IVR：Integrated voltage regulator，集成稳压器。

LGA：Land grid array，焊盘阵列。

MCP：Multi-chip package，多芯片封装。

PDN：Power delivery network，电源分配网络。

PGA：Pin grid array，针栅阵列。

PTH：Plated through holes，镀覆通孔。

RDL：Redistribution layers，再分布层。

SAP：Semi-additive processes，半加成制程。

Servers：High-performance computer systems，服务器：高性能计算机系统。

SLI：Second-level interconnection，二级互连。

TAB：Tape automated bonding，载带自动焊。

20.3 计算机封装技术

20.3.1 演进历程

计算机封装在过去的几十年里经历了如图 20.6 所示的显著发展，从 DIP→QFP→PGA→BGA→硅转接板技术，I/O 引出端数也从 DIP 时的 16 个增加到了最近的硅转接板技术的多达 200000 个，增加了五个数量级。

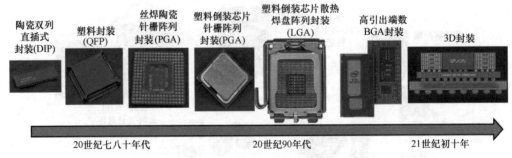

图 20.6　近七十年计算机封装技术的发展历程

20.3.2 互连技术

基板通常基于一个刚性芯来构造，此芯提供制造封装所必要的结构刚性。有许多芯能起到这一作用，比如 FR-4 是由玻璃纤维强化的多聚合物制成的，通常通过机械钻孔和镀通孔（PTH）来实现。芯层的两侧是积成层，通常是一次对称成对。积成层的构建，通常首先是一个相对薄（$30\mu m$ 左右）的绝缘层；其次，用各种手段（例如使用激光工艺）在它上面制作出微通孔（直径 $100\mu m$ 以下）；然后，再铺上 $15\mu m$ 左右厚的铜布线通过通孔与下面金属层连接形成互连层，积成层以成对的方式按照这样的顺序增加上去，直至达到所要层数；接下来，在外层表面加上一个保护性的阻焊层；再完成金属化处理，比如使用化镀的镍金（NiAu）或镍钯金（NiPdAu）形成的焊盘，焊盘用于芯片-封装、封装-母板的互连。这样一个芯层的通常厚度为 100 ~ $1000\mu m$，而其 PTH 的直径约为 $250\mu m$。

芯片级互连

封装技术中广泛采用以下两类芯片到封装的互连技术：

周边排列是将芯片边缘上的互连（通常有几排焊盘）连接到封装的技术。这类封装广泛用于所需互连数量少、产品性能要求不高的行业。常用的两类周边排列互连技术，比如引线键合（即将芯片和基板上的焊盘用金、银、铜做的细丝连接）和载带自动焊（TAB，将有金属布线的聚合物片与合适的金属化处理的芯片外围焊盘连接）。将引线或载带自动焊焊盘与芯片和封装焊盘焊接是用热超声实现的。传感器和 MEMS 技术最初主要使用这些类型的封装。这些类型的封装技术的关键优势有：工业基础设施可行、对设计团队具有高灵活性、并且成本低。不过，应重点关注的是，由于所有内部互连都要经过芯片边缘，使得互连长度增长，而在使用引线键合互连的情况下，长线将导致与面阵列相比更差的电气性能。

面阵列是将芯片大部分表面与封装体连接的技术。与周边排列相比，它在提供更高的 I/O 引出端数的同时显著缩短了互连线的长度。最常用的面阵列技术是倒装芯片封装，它通过基于焊点面阵列互连线将芯片与有机封装连接起来。倒装芯片封装技术使得高性能计算器件成为可能，且相比于周边排列封装会有显著的性能提升。

芯片上的凸点通过以下方法连接到封装表面或者从封装中穿过：

1）将积成层中的焊盘和布线连接起来的微孔。

2）穿透芯层连接的 PTH。

3）用于进一步扩展实现封装-母板间焊盘连接的微孔。

板级互连

封装-母板间的互连称为二级互连（SLI）或板级互连。主要的二级互连技术有三种，即针栅阵列（PGA）、焊盘阵列（LGA）和焊球阵列（BGA）技术。BGA 封装直接表面安装于母板，而 PGA 或 LGA 封装则插在已经表面安装于母板的插座中。像微处理器类的高端器件，通常都使用 PGA 或 LGA 设计，以便于实现现场可升级性以及满足其他业务需要。PGA 封装通过一种夹紧机构电连接到其插座上，该夹紧机构使单个插座接触夹紧，封装的插针实现电气互连。而 LGA 封装的电气连接是通过将封装压在带弹性的插座接触探针上来实现的，这样保持该连接的垂直压力由紧固机制提供。

20.3.3 信号和电源的互连设计

封装内涉及的电子技术大致分为两类：一类是使电信号能进入与输出硅芯片；另一类是电源的分配。这两项技术本身很复杂，在第2章中已对它们进行了详细描述。

电信号分配

随着时间的流逝，不同的电子器件的计算能力不断提高，更多的I/O数以及内部元器件间的更高的数据传输带宽要求不断提高，以此确保提升系统性能。几种协议，如DDR、GDDR、SATA、USB等通常用于在计算机系统的各个部分间通过电气连接来传输信息和指令。然而，当前的封装内集成显然是最有效的长期解决方案。例如，CPU内存的封装内集成比封装体外集成以较低的延时损耗获得了更高的带宽性能，且与封装外集成相比也更节能和紧凑。封装内集成在提供高带宽传输方面有两个主要考虑指标：I/O的密度（芯片边缘每毫米以及封装体每层的I/O数）以及芯片面上每平方毫米的I/O数（这里的I/O是指CPU和内存间的有效的物理凸点和印制线）。I/O数/mm是驱动封装特征尺寸缩小的关键指标。不同的封装架构，从传统的多芯片封装到2.5D技术（如硅转接板、嵌入式多芯片互连桥（EMIB）），再到当今可行的3D集成，它们的I/O数/mm能力是不一样的。

未来，我们需要将目前可实现约500GB/s带宽的每毫米100个量级I/O提升到1000个量级I/O，以满足未来超过1000GB/s带宽的需要，这将引起封装架构、基板材料、工艺和组装技术方面的显著革新。

电源：供给、分配及传送

硅器件的电源传递方案（也称为电源分配网络（PDN））的主要目的就是提供控制良好的电源，稳定地为芯片上的有源器件提供工作驱动的参考电压。如图20.7所示，电压在最终传送到微处理器之前，经过了多个电压调整器（VR）以逐级降低和整流。

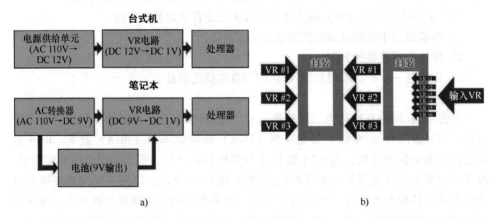

a)   b)

图20.7 a）台式机和便携式计算机的电源管理原理图；b）将电压调整器集成在封装上，通过硅片上的多电源通道和减少母板数量以缓解电源传送的挑战

PDN 设计的一个很重要的评判标准就是阻抗。阻抗是系统的电阻、电容及电感的组合，并严重依赖于工作频率。高阻抗会引起电压下降，这会进一步导致元器件功能的暂时丧失。因此，阻抗分布必须通过优化，将所关注频率范围内的电压的任何下降减少到最小。电容器通过在需时提供电荷和预防剧烈的电压变化，在管理电压下降中扮演了十分重要的角色。未来发展中的一个关键挑战就是在增加电容的同时需要保持低电感，以实现更高频率的性能。

PDN 的另一个挑战来自于硅内多核集成以及封装级实现多功能集成的发展趋势。它将导致电源通道数的不断递增，反过来要求有高精度的电源管理方法。对多核产品，应对其电源输送挑战的一种办法是：就像如图 20.7 所示的那样，通过单独的 VR（称为全集成稳压器（FIVR）），将 VR 集成到封装内以替代母板上的多个 VR，这种方法可以在一个芯片上提供多通道电压。这种方法所面临的关键挑战是设计能够充分接入高 Q 值的电感器及低寄生电容的高效 FIVR。

20.4 热技术

20.4.1 热管理

前面的内容着重于探讨硅集成电路的电源供给，这节将关注通过热技术的散热问题。热管理的目的是保持硅集成电路结温度（T_j）在或低于一个可接受的水平（通常是 85℃ 左右），以保证器件的性能和可靠性。通常的做法是将热管理解决方案分解成封装散热解决方案和系统散热解决方案，其中封装散热解决方案也就是将热管理功能作为封装过程的一部分，系统散热解决方案就是将系统级冷却解决方案尽可能地用于一个以上的封装。热管理以高功率器件为例可以很好地解释。图 20.8 所示为一个高功率器件的热管理架构。在这个例子中，我们有理由假设大量来自芯片的热量是按图示的方向传递的。

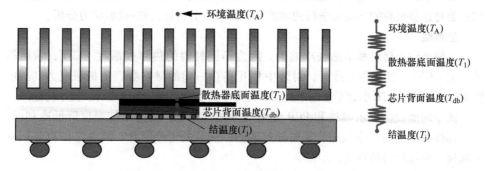

图 20.8 安装有热沉的裸芯片架构的热阻网络

热管理面临的挑战主要源于两个主要问题：

1）随着器件的更新换代，晶体管的不断缩小，引起的局部功率密度（亦称为热斑）增大。

2）伴随着封装中异构集成的需要，不同（堆叠或非堆叠的）管芯具有不同的高度/热变形轮廓，管芯无源面的处理也不一样，从而导致硅芯片内形成广泛的热斑区，这对优化封装热管理是一个重大挑战。

热阻模型通常用于优化封装和系统热管理配置。一般地，具有优异热管理的封装以标准化面积热阻来衡量，其定义为

$$R_{jc} = ((T_{jmax} - T_{case})/P) \times A_{die} \tag{20.1}$$

式中，P 是芯片上均匀耗散的热量；T_{jmax} 是最高芯片温度；T_{case} 是热扩展器或热沉的典型位置点的温度。

通过优化系统散热解决方案，比如像封装和热沉之间的热界面材料（亦称 TIM2）和系统的热沉，这是缓解热管理挑战的重要机会。图 20.9 展示了当前可用的热沉技术，以及它们在热管理方面演进式和革命性的改进。

　风冷散热器　　　　　　　　　　液冷　　　　　　　　　浸没冷却

图 20.9　不同系统可选的冷却解决方案

20.4.2　热-机械可靠性

机械技术对部件与最终系统的设计、制造和可靠性有着很重要和广泛的影响，这其中每个领域都面临着一系列各自不同的挑战和约束。机械设计的主要作用是帮助理解失效机理、过程相互作用，以及为封装设计者提供封装设计方向以从原理上降低失效风险、提高组装成品率，并提供材料选择方向以便优化可靠性和可制造性。

在一个封装生命期内，会经历两种产生应力的负载情况：热负载和机械负载。评估封装对这些负载的响应而进行的数值和试验应力分析称为热-机械应力分析。

热负载

一般来讲，材料都是热胀冷缩的。因为不同材料的热膨胀系数（CTE；希腊符号：α）不同，当遇热或冷时，封装中相互连在一起的材料会产生机械应力/应变。图 20.10 展示了 CTE 引起形变的示意图，此图中的模块可以是用任意封装技术构建的。

图中的虚线框表示模块和 PCB 受热时的几何形状，而当系统温度降低冷却时，不同部件以不同的速率收缩，从而导致了图中所示的弯曲形状。模块内和 PCB 的应力取决于系统经历的形变。

机械负载

在某些情况中，机械负载是我们想要的，例如，在 LGA 封装插座热沉构件中，封装上较大的静态压力负载可以保证合适可靠的电气接触。而在另一些情况中，机械负载是要避免的，比如，在装运、搬运以及封装过程中组装条件等封装所承受的机械

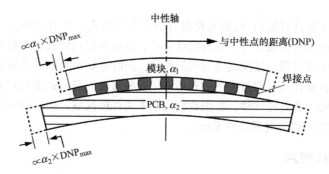

图 20.10 封装体与母板连接时因材料 CTE 的差异导致变形的示意图

负载。在这方面，目前业界所遇到的主要问题之一是在冲击和振动负载情况下的 BGA 可靠性。笔记本/无线连接、掌上计算机/智能手机等移动计算设备大量使用，加之 BGA 焊接向无铅焊料的过渡，使得封装必须面临由移动计算设备承受多次跌落或冲击事件而引发的突出的 BGA 可靠性问题。

失效模式

热负载与机械负载的存在，在组装（影响产品的成品率）和加速可靠性测试（影响产品的寿命）中，会导致不同类型的失效模式。图 20.11 列出了其中的几种。

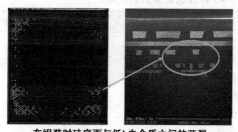

在组装时硅底面与低k电介质之间的开裂　　　　暴露在湿气中导致的界面分层

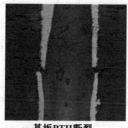

基板PTH断裂　　　　焊点开裂

图 20.11 在热负载和机械负载下的封装失效模式

理解并量化这些失效模式是必要的。根本原因分析不仅能够提高生产成品率，还能够帮助开发产品预期寿命模型。更进一步，它还能提供可用于优化设计以及影响产品成本构成的材料选择过程的途径。

机械分析

成功的电子器件封装热-机械分析包含以下几个要素：数值分析工具、材料特征描述方法论、边界及使用条件，以及确认技巧。分析师们利用实验工具和方法来描述材料的特征、失效极限，复现现场看到的失效。同时还要用到的有几何信息、材料响应特征以及与机械仿真过程有关的物理现象。这些方法为我们提供对封装内的应力和应变分布情况的一个对比评估，帮助我们识别出关注的区域，同时对安全边缘提供了一个评估（即我们离失效界限有多远）。

20.4.3　材料技术

如表 20.1 所示以及在第 2 章中所描述的，各种各样不同的材料用于计算机封装。它们包括：

1）基板芯，在它上面布线以提供 I/O 将一侧的 IC 和另一侧的板进行互连。
2）布线的电介质。
3）用于传导信号和电源的导体。
4）芯片级及板级互连，如所用的焊料。
5）为提供机械和化学防护，用于应力管理及包封的底部填充料。
6）用于散热的热界面材料和热扩展器材料。

表 20.1　用于计算机封装的各类材料

功　能	要求的主要参数	使用的不同材料
基板（芯）	• 高电阻率 • 低介电常数 • 高尺寸稳定性 • 良好的热导率 • 与硅匹配的 CTE	玻璃、硅和 FR-4 类似的有机复合材料
介质	• 低介电常数 • 低损耗角正切	含氟聚合物、环氧基聚合物
导体	• 低电阻率	铜、钨
互连	• 高电导率 • 高热导率 • 低工艺温度	共晶焊料，例如锡-银、锡-铅、纳米银浆
底部填充料和包封料	• 低收缩率和低 CTE • 适当的模量 • 固化温度低 • 附着力良好	带填料的环氧基材料
热界面材料	• 高热导率 • 对基板和芯片的附着力强	相变材料、银-环氧树脂

一个典型的计算机封装包含许多材料，就像本书从头到尾所提到以及图 20.12 所总结的那样。它们就像表 20.1 所总结的那样，它们扮演了许多角色。每一个封装都是从基板芯开始，例如陶瓷、玻璃、硅或者像 FR-4 那样的有机复合物。这个是为了能使单层或多层上的布线互连到所需的基板一侧的有源 IC 与另一侧的系统板。第二种最重要的材料是布线所用的导体。最理想的导体是铜，它具有高电导率且数量充裕容易获得。然而，也有一些其他材料用作导体，比如钨合金。一般情况下，硅基半导体器件通过焊接焊在封装体上。计算机中大多数现代的器件使用锡基无铅焊料（一般掺铜、银等用来调整物理特性）将硅芯片粘接在封装上。环氧基聚合物复合材料，在其内部加入二氧化硅调整它们的机械及流动特性，用来对芯片-封装体的互连进行包封以提供机械鲁棒性。这些复合材料称为底部填充料。除此之外，有几种封装结构采用模塑材料来提供机械防护。热界面面材料（一般是油脂、相变材料和填银的环氧树脂）用来为芯片提供散热通路。许多封装结构还使用铜基热扩展器，用黏合剂和热界面材料将它们用热和机械力耦合在封装上。许多无源元件（比如电容器和电阻）则是通过焊料粘接在封装体上。

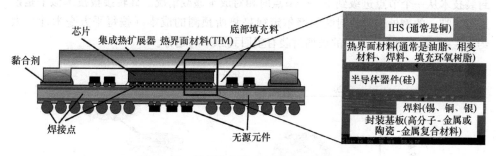

图 20.12　计算机封装所用部分材料示意图

除了上述能在最终的封装中看到的材料之外，在组装过程中也用到了许多其他材料，比如为了焊接成型所使用的助焊剂、水及其他用于清洗的材料。在封装构建过程中，为了保证性能以及可靠性，材料的机械和化学特性起到了十分重要的作用，这是一个毋庸置疑的事实，因此，认真选择封装所用的材料是封装中很重要的一环。

20.5　总结和未来发展趋势

20.5.1　封装摩尔定律的起点

参考图 20.1，封装的摩尔定律起始于 20 世纪 60 年代后期，从不到 16 个引出端的双列直插式封装，到 64 ~ 304 个引出端的周边引出的 QFP。接下来，是 20 世纪 90 年代早期的引出端数增加到 1000 个左右的陶瓷封装。陶瓷封装大多是厚膜浆料技术的产物，通常大约只能做到 100μm 的线宽，这限制了引出端的数量。并且，陶瓷材料的高介电常数和共烧金属（如钨、钼和金-钯合金）的低电导率也限制了封装的性能。所谓的低温共烧陶瓷（LTCC）能够处理其中的部分限制问题，特别是在它上面再分布层（RDL）薄膜布线时，可以实现超过 10000 个引出端。不过，有机压层封装能解决性能和成本问题，于是封装技术就转向采用积成薄膜材料和工艺，它可提供5000 个引出端阶段。为使封装的引出端突破性地达到 200000 个，唯一的方法是基于圆片的硅封装。人工智能、人脑模仿以及需要超过 50TB/s 超高带宽系统，在单位引出端成本持续降低的同时，或许对引出端数会有几个数量级提高的需求。要想继续沿这一摩尔定律的方向发展，大致有几种选择：

1）扩展硅封装互连。

2）研发大在制板、低电容、低阻抗的无机玻璃板嵌入（GPE）封装。

3）研发其他不需要模塑元器件和组装的在制板嵌入技术。

4）放弃快走到尽头的电互连技术，选择光电互连技术。

20.5.2　封装成本的摩尔定律

就像 IC 摩尔定律一样，成本也是封装摩尔定律的重要因素。图 20.13 展示了当封装技术从一个节点进级到下一个节点时相对成本递减情况。硅转接板技术似乎是该进程中唯一的例外，它比封装的摩尔定律趋势所预测的成本（按每平方毫米计）大约高 3~5 倍。图 20.13 中的玻璃封装有望回到原来的趋势。

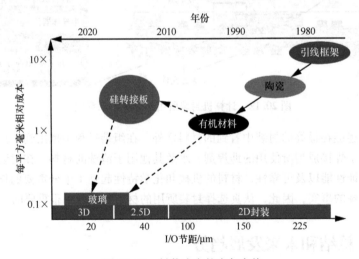

图 20.13　封装成本的摩尔定律

20.6　作业题

1. 分析过去三十年计算机封装技术的进步。具体描述任何两种引起引出端数显著提升的关键创新。

2. 分析芯片级互连以及板级互连之间的差别。当今用来实现这两种互连的凸点结构是什么？列出实现高性能和高可靠性互连所需要的关键材料特性。

3. 电子封装中的主要热源是什么？描述任何三种当今使用的有效散热技术。

4. 什么是可靠性设计？可靠性设计需要考虑哪些因素？

5. 计算机封装中典型的失效机理是什么？怎样消除它们？

20.7 推荐阅读文献

Tummala, Rao R. *Fundamentals of Microsystems Packaging*. McGraw-Hill, 2001.

Tummala, Rao R. *Introduction to System-On-Package (SOP)*. McGraw-Hill, 2008.

Mahajan, R., Sankman, R., Patel, N., et al. "Embedded Multi-Die Interconnect Bridge (EMIB) – A High Density, High Band-width Packaging Interconnect." Proc. 66th Electronic Components and Technology Conference, Las Vegas, NV, pp. 557–565, June 2016.

http://pc.watch.impress.co.jp/img/pcw/docs/740/790/html/1.jpg.html

Krishnamoorthy, A., Thacker, H., Torudbakken, O., et al. "From Chip to Cloud: Optical Interconnects in Engineered Systems." *Journal of Lightwave Technology*, vol. 35, no. 15, pp. 3103–3114, 2017.

Burton, E., Schrom, G., Paillet, F., et al. "FIVR—Fully integrated voltage regulators on 4th generation Intel® Core™ SoCs." 2014 Twenty-Ninth Annual IEEE Applied Power Electronics Conference and Exposition (APEC), DOI: 10.1109/APEC.2014.6803344.

Hammarlund, P., Martinez, A., Bajwa, A., et al. "Haswell: The Fourth-Generation Intel Core Processor." *IEEE Micro*, vol. 34, no. 2, pp. 6–20, Mar.-Apr. 2014.

Krishnan, S., Garimella, S., Chrysler, G., and Mahajan, R. "Towards a Thermal Moore's Law." *IEEE Transactions on Advanced Packaging*, vol. 30, no. 3, pp. 462–474, Aug. 2007.

20.8 致谢

作者感谢 KenBrown，Debendra Mallik， Kaladhar Radhakrishnan， Kemal Aygun，Jonathan Douglas，Ted Burton，Ram Viswanath，Bob Sankman，Chia-pin Chiu，和 Elah Bozorg-Grayeli 为本章内容所提供的帮助。

第21章

封装技术在柔性电子中的应用

Siddharth Ravichandran 先生

美国佐治亚理工学院

Markondeya Raj Pulugurtha 教授

美国佛罗里达国际大学

Vanessa Smet 博士

美国佐治亚理工学院

Rao R. Tummala 教授

美国佐治亚理工学院

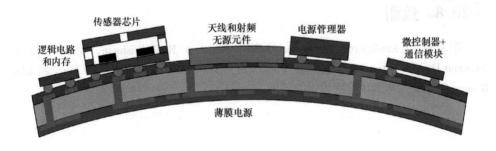

本章主题

- 介绍对柔性电子的需求
- 介绍组成柔性电子的材料、工艺、元器件和互连结构
- 总结和对未来发展趋势的展望

21.1　什么是柔性电子，为什么叫作柔性电子

柔性电子是功能性电子系统，它们可以弯曲、卷曲或者折叠而不损失它们的功能。它们通常适应于大面积柔性基板如聚酰亚胺薄膜或透明导电聚酯薄膜。薄膜材料、加工工艺、互连和器件与元件的装配技术的不断进步，推动了柔性电子的很多研究与应用。经过数十年的大力发展与不断优化，柔性电子材料与工艺如今已体现出低成本、大面积兼容性、高可缩放性、高一致性、设计灵活性与健壮性巨大的优势，同时还具有无缝异构集成的特性。

21.1.1　应用

柔性电子系统的需求来源于一些特定应用，它要求电子系统封装在一定范围内物理形变时可以弯曲但不会破裂。图 21.1 列举了部分应用场景。这些应用从根本上驱动了柔性电子封装需求。柔性电子还具有更薄更轻量的优势。卷到卷的加工技术，已被广泛应用于柔性电子系统的制造，为大规模制造提供了节省成本的解决方案。

可穿戴和可植入 生物电子	汽车和航空	显示器	物联网
●健康传感和通信 ●智能塑胶 ●触觉反馈 ●虚拟现实电子设备	●共形显示屏 ●仪表电子 ●仿形曲面上的通信模块 ●雷达	●液晶显示器 ●有源矩阵有机发光二极管 ●薄膜晶体管 ●聚乙烯涂层 ●环氧涂层	●所有之前提到的类别 ●结构检测 ●资产检测 ●食物存储和配送

图 21.1　柔性电子系统的应用

本章回顾了用于现代应用领域——可穿戴装置、显示器、汽车、航空和物联网（IoT）中的柔性电子封装材料和技术。下面将介绍这些领域中应用柔性电子的动机、优势以及局限性。

可穿戴和可植入装置　可穿戴装置是一类穿戴在身上的柔性电子系统，作为配饰或消费者衣物的组成部分。设计及工艺、超薄电子和光电子器件的进步，使柔性和可伸缩电子的应用领域从显示器拓展到与人体信息交流的柔性生物电子。除了计算和通信功能外，这些系统还可以对身体的健康与健身数据进行采集。由于电子装置通常是刚性的，而人的身体是柔软和易弯曲的，对于可穿戴电子装置来说，采用自上向下的方法来设计材料和工艺以实现如药物传送、医疗诊断和神经感知等的关键功能是非常必要的。

可穿戴装置可分为皮下植入（可植入到体内）、有源跟踪（佩戴在身上）和无源跟踪（环绕在身体周围）装置。通常在植入过程中，皮下设备会由于人体产生的排异反应被一层非特异性蛋白质包裹。这是一连串的事件，身体排异反应会导致植入装置被一层很厚的无血管纤维组织包裹，这可能会导致装置的失效。可植入装置如果封装得不合适，其内的 CMOS 电子器件的金属基体可能会析出，这会导致人体细胞死亡。相反，细胞外环境可能会析出高浓度盐离子，它们会穿过封装腐蚀器件互连或改变器件的掺杂分布而污染植入的电子装置（使电子装置失效）。为面对这一挑战，建立一层既能让生物传感器、微电极等与周围环境密切交互，同时也能避免人体细胞死亡或者其他类似故障的双向扩散阻挡层，这引起了行业的极大关注。采用在围绕硅边上加一层薄的覆盖层的圆片级封装解决方案，就可以避免有害元素扩散进入封装好的医学微系统植入装置或从该装置扩散出来。同样，基于水凝胶的仿生包装，是通过水凝胶基质中特定的固定肽去引发一般伤口愈合用的，它可以起到整体保护层的作用。

汽车与航空 现代汽车都装备有电子系统用于执行多种多样的功能，从感知、成像、计算和通信甚至在未来可以进行健康监控。这就需要将这些电子系统隐藏起来，或者是占用最小的空间。比如说，未来的汽车上显示器和计算系统将被集成到仪表盘上，这就对柔性电子提出了新的需求。微型传感器、天线阵列等就需要被安装在车体周围，并且不能影响汽车的有效阻力。柔性电子同样也被广泛地应用于汽车与航空中的储能和发电（比如超级电容器）、柔性太阳能电池板以及其他未来汽车上的光电器件。

显示器 显示器是柔性电子中最流行的一类。柔性显示器是基于固态器件，由在电场作用下能产生光的有机分子薄膜构成。这种技术能够为电子设备提供更明亮、更锐丽的显示器，同时相对于传统的发光二极管（LED）或液晶显示屏（LCD）更节能。非柔性的有机发光二极管（OLED）显示器传统上都是基于玻璃基板制造的，但是玻璃基板不具有柔性，除非将玻璃厚度降低到一个临界值（通常为 $100 \sim 200 \mu m$）之下，于是各种各样的塑料基板被开发用以促进柔性应用的发展。柔性显示器虽然有一些不足，但它也拥有自己独特的优势。柔性 OLED 只需要一张基板，与它的传统刚性对应物相比，它更轻更薄。这项技术的另一项优势在于它的健壮性，柔性塑料基板能够使器件在遭受外力时可以局部弯曲，这能够降低器件破裂或者损坏的可能性。随着 OLED 能够被喷墨打印或丝网印刷到任何可行的基板上时，这类显示器的生产成本未来会降低。但是，目前它的成本相对于同级别的 LCD 对应物会更昂贵，而且会一直持续到能够通过规模化批量生产方法来降低成本为止。

物联网（IoT） "物联网"同它的别名如"万物互连""智能物联网""机器与机器的通信""智能系统"以及其他一起，是指物体、机器或者系统能够互相交互的概念，产生了用于指令和控制万物的海量数据。应用的领域包括建筑、结构预测、汽车或航空系统、智能健康监测、智能射频识别（RFID），具备智能停车、智能照明与电力以及智能远程控制功能的智慧城市等。物联网中包含了前面提到的柔性电子的三类应用。

21.2　柔性电子系统的结构剖析

柔性电子系统的结构如图 21.2 所示，它包含了超薄柔性基板、有源器件（如印刷传感器、晶体管、处理器和内存 IC），无源元件（如电容、电阻器和电感器）、电源（如柔性电池和互连）等。

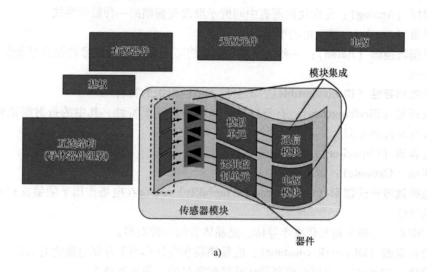

a)

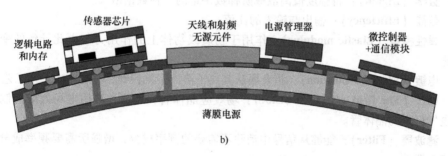

b)

图 21.2　a）顶视图；b）柔性电子系统及关键技术横截面图

21.2.1　柔性电子技术基础

一个柔性电子系统，在很多方面与传统 PWB 上的系统类似。然而，它采用了特定的设计和材料，使得系统具有柔性的同时还能保证可靠性。柔性电子核心是一个超薄可弯曲的材料，大部分互连以及无源元件被印刷在基板上，而一些特定的无源或者有源元器件以表面安装或镶嵌到基板上。柔性电子系统还包含了其他功能性器件例如传感器、电源、电源管理电路和显示器。构成柔性电子的上述每一个部件，以及它们的材料特性、设计、工艺方面的考虑都会在后续几节详细介绍。

柔性系统的关键功能元素是如图 21.2 中所示的感知、计算和通信。其中的关键构建模块是传感器件、逻辑和控制器件、射频（RF）通信前端（含天线与电源、电源管理和传送以及超级电容器和电源变换器）。

21.2.2　术语

有源器件（Active device）：通过使用其他信号或电源提供放大、开关或增益的三端器件。

模拟（Analog）：允许使用所有中间值平滑改变振幅的一种数据格式。

阳极（Anode）：带正电的电极。

平衡转换器（Balun）：一种转换器，能够将不平衡状态的信号转换为平衡信号，反之亦然。

生物相容性（Biocompatible）：不会损害活性组织的材料。

双折射（Birefringence）：有折射率材料的一种光学特性，其中的折射率依赖于光的偏振与传播方向。

电容器（Capacitor）：用于存储电荷的元件。

阴极（Cathode）：带负电的电极。

电荷载流子迁移率（Charge carrier mobility）：电荷在电场作用下能够在材料中移动的特性。

CMOS：互补金属氧化物半导体，是晶体管的一种类型。

介电常数（Dielectric constant）：度量物质在电场作用下存储电能能力的量。

数字（Digital）：将幅度值离散成阶梯数字量的一种数据格式。

效能（Efficiency）：输出与输入的比值。

弹性模量（Elastic modulus）：作用于物质或物体上的作用力与由此导致的变形的比。

电镀（Electrodeposition）：指金属从其离子溶液中沉积到导电表面的一种工艺。

FET（The field-effect transistor）：场效应晶体管，是一种利用电场效应控制器件电气行为的晶体管。

滤波器（Filter）：能够从信号中消除不需要的频率成分，增强所需要频率成分的电子元器件。

阻抗（Impedance）：电路或电子元器件对交流电的有效电阻。

电感器（Inductor）：电流流过时，能在磁场中存储电能的元件。

液晶显示器（LCD）：一种利用了液晶光学调制特性的光学器件。

发光二极管（LED）：一种作为低功率光源的半导体，波谱宽度大于激光。

内存（Memory）：一种能够临时或者永久存储信息的物理装置。

微米（Micron）：计算距离的单位，百万分之一米。

有机发光二极管（OLED）：一种平面发光技术，由在两个导体之间放置多层有机薄膜构成。

无源元件（Passive device）：无须借助另外电气信号或者电源，自身就可以调制、存储和传输信号、电源的双端元件。

渗透性（**Permeability**）：材料或薄膜能够让液体或气体通过的状态或特性。

光电二极管（**Photodiode**）：将光信号转换成电信号的半导体器件。

平面化（**Planarization**）：通过抛光或者薄膜层压技术使得表面变得光滑的一种工艺。

电源芯片（**Power die**）：电子系统中管理电源供应的芯片。

处理器（**Processor**）：响应、处理和驱动计算机基本指令的逻辑电路。

电阻器（**Resistor**）：具有设计好的电阻来控制电流通道的元件。

分辨率（**Resolution**）：仪器能测量的最小间隔。

传感器（**Sensor**）：可以探测或测量对象的物理特性，并且记录、指示，或者响应的一类器件。

固态（**Solid-State**）：完全基于半导体的电子元件、器件和系统。

应力（**Stress**）：用来表示物体内连续材料的相邻粒子间彼此相互作用所产生的内力的物理量，数值上等于力除以面积。

超级电容器（**Supercapacitor**）：一种双层电容器，拥有很高的电容，但有低电压限制。

薄膜晶体管（**TFT**）：一种特殊的场效应晶体管，通过在绝缘基板上沉积有源半导体薄膜层以及介电层和金属接触层而形成的晶体管。

热塑性（**Thermoplastic**）：加热时变得可塑，冷却后变得坚硬，并且能够重现这一过程的材料特性。

透射率（**Transmittance**）：指光通过一个物体，透射光通量与入射光通量之比。

通孔（**Via**）：基板上下两侧或基板上不同层之间从上到下垂直互连的导电通孔。

21.3　柔性电子技术

21.3.1　元器件技术

基板

柔性基板是在弯曲时不会破裂的一类基板。这类柔性基板，必须符合特定的热学、力学、光学、电气学、化学以及磁特性。比如，在选择柔性材料时，必须考虑其应具有适当的弹性模量以满足加工和操作时的刚度要求。同时，为了支持器件层能够承受一定的碰撞，基板应具有坚硬的表面。对于显示器而言，光学特性是很重要的。在 LCD 应用中，基板必须具有较低的双折射率，且是光学透明的。热学和热机械特性是设计基板需要考虑的重要因素。基板的制造温度须要兼容制造工艺的最高温度，基板与器件之间的热失配必须要最小化，否则会因为热循环导致薄膜破裂或者脱层。此外，为了使器件能够有效地散热，基板必须具备较高的热导率路径。对于塑料基板而言，在加工生产时，尺寸稳定性是另一个必须考虑的因素。考虑到化学特性，基板对加工过程中的化学物应该是惰性的，且不能排放化学污染物。从电、磁特性的角度来说，电磁干扰和电容耦合必须要最小化。此外，磁性基板能够黏附成品，便于组装时能够用来临时固定基板。最后，表面状态如表面粗糙度也是非常重要的，因为它们可能会影响到器件薄膜的电气性能。基于上述特性，常见的适合柔性应用的基板材料有四类。

聚合物箔基板　基于聚合物箔的柔性基板制造成本不高，具有很高的柔性，并且支持标准柔性电子制造技术如卷轴式工艺。但是这类基板的缺点是热稳定性和尺寸稳定性低，对于氧气和水分的渗透率高，并且弹性模量只有无机器件材料的 1/50～1/10，这可能会因为热失配应力导致平面层叠合时对不准。广泛应用于做柔性基板的塑料薄膜有：1）高玻璃化温度材料，如聚芳酯（PAR）、聚酰亚胺（PI）和多环烯烃（PCO）；2）热塑性的半结晶聚合物，如聚乙烯酸乙二酯（PEN）和聚乙烯对苯二酸酯（PET）；3）热塑性的纳米晶体聚合物如聚醚砜（PES）和聚碳酸酯（PC）。PAR、PCO 和 PES 相对于 PEN 和 PET 有更高的玻化温度，并且是高透明的，但是它们对工艺性化学品的抵抗力差，并且它们的 CTE 很大（大于 50ppm/℃）。由于 PI、PEN、PET 具有高弹性模量、相对小的 CTE，以及对工艺性化学品的高抵抗性，于是对它们开展了大量研究。PEN 和 PET 都只吸收很少的水分，并且都是光学透明的（透光率大于 0.85%[⊖]），但是它们的加工温度比较低（约 175℃）。另外，PI 拥有很高的玻化温度（约 350℃）和较高的吸水率（约 1.8%），颜色是黄色的，能够吸收蓝色的光。采用隔离层涂层技术是减少表面粗糙度、降低气体渗透率、增加对工艺性化学品抵抗性以及增强对器件薄膜黏附性的有效手段。

薄玻璃基板　另一类柔性基板材料是薄玻璃载体（约 100μm[⊖]）和薄玻璃箔（约 30μm[⊖]），目前被广泛用作平板显示技术的基板。薄玻璃基板拥有低应力和低双折射率、耐高温，能够抵抗大多数化学物质，对可见光具有高透光性（大于 90%），表面光滑，不会排出有害气体，电气绝缘，对氧气和水分不渗透，同硅器件材料匹配，具有低的 CTE，并且具有耐刮划的特性。这种柔性玻璃最大的缺陷在于它易碎的结构，使得它们难以处理。但是通过喷涂一层厚聚合物层或者层压一层塑料薄膜的方法来加工箔玻璃，使得它们能够防止玻璃裂纹的扩展，来降低操作过程中的碎裂。

金属箔基板　薄金属箔基板（约小于 125μm[⊖]）通常用于不需要透明基板的反射显示屏和放射显示屏。这一类基板最常见的材料是不锈钢，常用于非晶硅太阳能电池，它拥有以下特点：对化学物质的高抵抗性和防腐蚀性、加工过程的耐高温性（约 1000℃）、低透氧性与低透水性、高尺寸稳定性，并且具有提供电磁屏蔽的能力，也可以用作散热器。但是，金属箔基板最大的缺点在于它的高电导率，所以，为了在某些应用中能够实现电路绝缘，必须在金属箔基板上覆盖一层绝缘层。常用的两种绝缘层是氮化硅（SiN_x）和二氧化硅（SiO_2）。绝缘层的另外一个优势是它作为金属箔基板的黏附层还能够很好地抵抗化学物质。缺点是典型不锈钢箔上的微小杂质和尖锐的轧痕可能会导致器件的失灵，所以，必须使用薄膜进行平面化处理或者进行抛光处

⊖　原文如此，但这与文中的"光学透明"不符。——审校者注

⊖　原文为"mm"，是错的。应该是"μm"。30mm、110mm、125mm 厚就不是薄箔了。——审校者注

理。平面化层材料可能是无机的、有机的，或者是两者的结合。常用的商用平面化材料有：1）硅酸盐自旋玻璃；2）有机聚合物；3）玻璃上旋涂甲基硅氧。典型的平面化层加工工艺主要包括热板烘烤、旋涂以及高温固化。

纸基板　纸基板是基于传统的纤维素纤维材料，类似标准打印机的纸张。器件是化学镀和电沉积相结合工艺制造的。纸基板是多气孔的纤维状结构，对于放置在它上面的导体有很好的黏附性。纸基板在很多应用领域中是很有潜力的，一个典型应用场景是生物医学上廉价的、用完易处理的、一次性传感器的制造。但是对于使用纸基板来制作柔性器件也有一点需要说明：大多数电力电子器件要求制造材料具有阻燃性，显然，纸不具有阻燃性，所以需要开展研究来确定合适的材料用于制作阻燃涂层。而制作的阻燃涂层也必须考虑到柔性和导热性因素。

有源器件和无源元件　预先制造和组装在基板上或者作为基板一部分组成的功能性电路元器件在本章被统一当作元器件看待。根据它们的功能类型，可以将它们主要分为有源（晶体管、内存、处理器等）和无源（电阻器、电容器、电感器、天线等）元器件或元件。柔性电子系统中采用的最重要的器件将会在接下来的几节内详细介绍。

薄膜晶体管　薄膜晶体管（TFT）是一种特殊的场效应晶体管，是通过在绝缘基板上沉积有源半导体薄膜层、介电层和金属连接层而形成的晶体管。柔性薄膜晶体管是显示器、电源、传感器的关键元件。它们也可以用作通用的场效应晶体管（FET）当开关或者二极管应用。最常见的应用是将 FET 作为三端器件，它的工作原理是基于对特定半导体沟道内的电导率进行调制。电流从高电导率的源极和漏极端的沟道中注入和流出，沟道中的电导率是由栅极的电压决定。栅极通过栅极绝缘体与源极、漏极以及沟道分隔，但它与沟道是电容耦合，所以沟道中电荷载流子的浓度与栅极电压直接相关。通过改变栅极的电压，能够调节源极和漏极之间的电流。这些器件可以用作电路中的开关或者放大器，受激栅极也可以构成传感器件的基础。描述 FET 性能的关键参数有：电荷载流子迁移率（l）、电流在开关状态的比率（I_{on}/I_{off}）、阈值电压（V_{th}），以及描述器件在开关状态下对栅极电压微变化感应敏感度的亚阈值斜率。在柔性电子应用中，FET 对形变有一定容差是很重要的，这就意味着高电导率端、半导体沟道以及栅极绝缘体都必须具有能够抵抗机械形变的能力。尽管为了保证形变容差在可接受范围内以及制造温度与柔性基板兼容是必不可少的，通常来说，基于包括硅在内的无机半导体柔性 FET，都有着最佳的测量电气性能参数。

有源器件　有源器件借助外部电源提供了开关、增益和放大信号的功能，它们包括处理器、内存、射频和功率 IC。可以通过移除封装零件或者从基板外层移除较厚的裸芯片，或者将无源元件和有源电路（如 IC）合并成薄芯片和薄膜置于柔性基板之上或嵌入内部来提升柔性电子器件的微型化程度及可靠性。这项技术可能遇到的障碍包括嵌入前的芯片测试（也被称为已知好芯片测试问题）、裸片的精确放置，以及能够使内嵌 IC 芯片焊盘节距和具有非常精细节距的柔性基板相兼容。硅器件通常薄至 $20 \sim 30\,\mu m$，芯片厚度是发展更薄更小封装的关键要素：薄的芯片能够在堆叠芯片封装中在单位体积内提供更多的功能，并且能够减轻重量，甚至变得更具有柔性。使硅基体变得更薄的最有效的方式是采用商业化硅片研磨技术，然后通过抛光技术调整至合适的厚度。

射频和功率无源元件 不需要外部电信号或者电源就能够调节、存储和传输信号的元件称为无源元件。无源元件包括平衡转换器、耦合器、频率鉴别器、电容器和变压器。这些是决定柔性电子射频、功率应用质量和性能的重要元素。它们主要通过两种方式制造：分立的（无源元件单独封装）和集成的（多个无源元件共享一块基板或者封装）方式。为了使得柔性电子最小化，集成无源元件是未来的方向。集成无源元件能够提供更高的性能，并且能够通过减少焊接点以及消除与其相关的可靠性问题来提升电子系统的可靠性。大量的电容介电材料如氧化铝、五氧化二钽、二氧化钛以及钛酸钡已经被应用到柔性基板上的电容器中。铁电质材料如钛酸钡的介电常数要比顺电性的材料如二氧化硅、氧化铝、氧化二钽以及双对氯甲基苯（BCB）高出三个量级。然而，铁电体材料的介电特性是温度、频率、薄膜厚度、偏置的强相关函数，会表现出强烈的非线性特征。同时，一些铁电体的介电常量会随着电压、温度、时间而降低。这些因素是在特定的应用中，确定哪种介电材料最适合采用时必须要考虑的。举例来说，镍铬（NiCr）、钽氮化物（TaNx）和CrSi材料中，TaNx是电阻器最好的一类材料，因为它们的制造简单，具有低电阻温度系数以及稳定的特性。这三类材料都被证明能够作为有机基板上的集成电阻器。电感器通常以单线圈或者多线圈的形式集成到柔性基板上。

互连

柔性电子的出现对导电材料提出了能够经受机械形变并且仍能导电的要求。柔性并且能够弯曲的互连材料必须具有电气性能、机械性能以及某些应用中要求的光学特性。从制造的角度出发，这些材料必须是低成本的、能够进行大规模生产，并且在使用后不会有性能衰减。电气性能是指在最大操作应变时仍具有低电阻，并且在器件的寿命周期内，在整个应用范围内的应变不会造成电阻的太大变化。低电阻指具备较低的 RC 时间常数，当增大器件速度和效率时，功耗较低。因为薄膜的厚度比较难以精确测量，电阻通常表示为表面电阻 R_s（$\Omega/\square$），或者用电导率 σ 表示，单位为西门子/厘米（S/cm）。机械性能指可形变性和对基板良好的黏附性。此外，为了保证良好的力学响应时间，导体必须比基板具有低很多的黏弹性。最后这些导体应比基板更柔顺，以防止应变的限制。光电子器件如光伏电池、发光二极管要求导体是光学透明的，能够在单频或者一定的频率范围内其平均值具有较好的量化透射率。

金属 金属被用作导体，因为它们本身具有很高的电导率（10^5 S/cm），但是它们的高弹性模量（大于 $100 \sim 200$ GPa）与柔性电子应用场景不相符。将它们变为柔性印刷导体后，可以用于柔性器件中。金属纳米粒子的导电性油墨和涂料可喷射沉积到柔性基板上，应用黏性更强的溶液、涂料可被刷或印在基板上。金属粒子添加须在导电性、黏度、刚度、均匀性上进行优化。油墨、涂料和其复合物的传导机理是通过渗流方式。金属纳米粒子（NP）被嵌入弹性体基中，形成一种具有柔性和导电性的复合材料。金属粉末、金属纤维（如铝、铜、银、金）已经和聚合物（如聚氯乙烯、聚乙烯（PE）、聚甲基丙烯酸甲酯（PMMA）、聚二甲硅氧烷（PDMS）等）一同使用。金属离子注入也是柔性基板上嵌入金属颗粒的一种方法。银、铜金属纳米线

（NW）已用于制造柔性而透明的导电喷墨和复合物。铟锡氧化物是太阳能电池和发光二极管的一种理想的透明导体材料，但是由于铟的稀缺而变得昂贵。一些材料的脆性、较高的制造温度，使得它们并不适合用于柔性电子制造。纳米线是一个比较有吸引力的方案，纳米线的高纵横比，使得它们拥有很低的渗滤阈值，具备制造透明导体的能力。金属橡胶是一种金纳米复合材料聚合物，用作弹性模量在 1~100MPa 范围内的柔性透明导体。

碳　碳粉，也被称为炭黑，尽管它们本身的导电性不如金属粉末，但也用于制造柔性导体。小颗粒尺寸的松弛碳粉在遭遇到较大的应变时会导致颗粒从基板脱落，所以松散的碳粉通常会与胶带一起使用，通过黏附在弹性体中或者与硅油混合而形成碳油脂。松散碳粉的电气性能优于黏结碳粉或者碳油脂。石墨粉是碳粉的另外一种形式，可用作柔性电极。碳的低维同素异构体如碳纳米管（1D）和石墨烯（2D），具有理想的内在力学性能（高强度）和电气性能（高导电性），在柔性电子中成为有吸引力的导体。碳纳米管的高纵横比使得它具有低渗透阈值，且由于低加载而具有高柔性和高光学透明性。当碳纳米管分散在有机溶剂中用于喷射沉积时可改善溶液的处理，或者嵌入弹性体基质中使碳纳米管功能化而形成柔性复合材料。石墨烯在制作光电子器件的柔性透明电极方面引起了人们关注。

导电聚合物　导电聚合物如聚苯胺（PANI）、聚吡咯（PPy）、聚酯（3,4-乙烯二氧噻吩）——聚磺苯乙烯（PEDOT：PSS）已经开始用作柔性导体。高纵横比的 PANI 纳米纤维能够分散到溶剂中，通过喷射沉积制造出不透明到半透明（低加载）导体或电极。透明电极能够在无机溶剂中通过混合 PANI 然后喷射沉积。PPy 可以掺杂氧化物如二氯化铁或三氯化铁来增强导电性。导电聚合物 PEDOT：PSS 被用作柔性透明的电极。PEDOT：PSS 是一种掺杂了共轭聚合物（PEDOT）的平衡阴离子水溶液（PSS），它还可以进一步掺杂其他极性溶剂来提升导电性。PEDOT：PSS 是一种刚性聚合物，常常与弹性体混合来制造柔性复合材料。

混合导电油墨　对柔性印刷导体（FPC）互连的柔性与导电性优化时，要将破裂的可能性最小化，当采用例如铜等常见导体时这是一件非常艰巨的任务。为了加强互连性，针对可打印导电油墨的新技术提出并不断发展，一种方式是采用微米与纳米银粒子的结合来提供更好的工艺性和导电性，采用纳米粒子与其他多种非金属粒子的结合的研究也正在进行。银纳米粒子复合油墨通过将银粒子和有机溶剂与石墨烯混合剂混合合成，油墨被印刷到基板上，然后有机溶剂会被风干。可打印油墨的电阻变化一般在 300~3000 弯曲循环之间。对比纯银粒子墨水印制线对照组，银石墨烯混合物的电阻抗随着弯曲循环的变化更小，这就意味着加入石墨烯后，油墨的性能变得更好。石墨烯的高比表面积为纳米粒子提供了更好的互连，从而能够保持良好的电导率。采用石墨烯还会减少银的用量，从而降低油墨成本。像喷墨打印机那样的打印印制线能力，也降低了制作的复杂度以及制造成本。混合油墨显示出优良的电气性能与机械性能，显示出很大的希望来替代目前 FPC 技术中常用的标准导电互连。

印刷传感器

传感器是可以探测或测量对象的物理特性，记录、指示或者响应的一类器件，传感器形成了一个与外界环境交互的重要接口。传感器是柔性电子产品尤其是可穿戴和应用电子产品中重要的组成部分。用于生物医学、化学、物理学、光学的柔性基板传感器的许多形式已经开发出来，这些传感器基于环境的（温度、压力、湿度）、结构的（应力、振动等）、安全的（爆炸、毒气等）以及生物医学的（葡萄糖、血压、心电图）传感功能。传感器通常同模拟接口、读取电路结合，然后接到数字领域或无线领域。关键是实现这些低功耗小型化无线传感器网络。

传感原理是基于电导测试、电化学传感、阻抗感知或者光学位移感知。电导测试主要是基于半导体传感元素（如硅、二氧化锡、氧化锌纳米线）在传感过程中导电率的变化，现已广泛应用于气体检测领域。电化学传感是基于对化学物质（如葡萄糖）的电流感知（电化学反应中电子的释放），例如能够加速反应的催化剂（酶）采用纳米复合凝胶固定在工作电极上进行电流感知。阻抗感知是电导测定的一种变形，为了方便无线探测，阻抗变化被转化为射频域传导的变化。光学感知是基于分析物与识别元素的相互作用来检测光学强度、频率、相移、偏振或者其他特性变化。如果探测是光与探测物间直接相互作用，那么它被认为是无标记的探测。更常见的是，光学探测是基于在探测物上做荧光或其他标记，这被称为标记检测。

在印刷传感领域利用碳纳米管（CNT）或氧化锌（ZnO）特性也进行了很多研究。一些应用场景包括紫外线光探测器、气体传感器，采用了氧化锌或 CNT 纳米线（棒）的化学探测器。在氧化锌光学探测器中，氧气在氧化锌表面被吸收，然后从表面获取自由电子，形成氧离子。在紫外线的照射下，会产生电子空穴对，空穴与氧结合，然后从表面释放氧气，剩余的电子被用于导带，增加纳米棒的光学导电性，使得电路能够进行探测。氧化锌纳米棒用于开发癌症探测器。

柔性电源

电源主要包括电池、光伏电池和超级电容器。传统电池是刚性的，形状固定，而柔性电池便被设计得具有共形性，柔性电池用于多种便携式和柔性电子应用上（如智能卡、可穿戴电子产品、柔性显示器和透皮吸收药贴）。传统电池是由一个或多个原电池构成，每节电池包括阴极、阳极、隔极，以及很多应用场景的集电器。柔性电池中，所有元件都必须具有柔性，并且能够彼此相兼容，这些电池通过不同的制造工艺可以制造成不同的形状和大小。一种制造方式是采用聚合物黏合剂来制造复合电极，加入带有导电性质的添加物以增强导电性，这些电极材料能够被印刷或者涂覆在柔性基板上，电池被组装在柔性封装材料中以保证具有可弯曲的特性。另一种柔性电池的制造方式是将现有的锂离子、碳锌电池技术发展使其适用于柔性技术；还有一种方式是较新的纳米颗粒合成物与超级电容器相结合，这类似柔性电池上的高比表面积电极。举例来说，纳米碳可以引入柔性锂离子电池中，最常见的方式是，柔性电池采用柔性复合薄膜制造，薄膜采用 $Li_4Ti_5O_{12}$ 和 $LiFePO_4$ 分别作为阳极、阴极，以及基于石墨烯的集电器。

图 21.3 所示为柔性电池的原理图。电池有一个柔性电极，在电极中将一层薄的阴极材料印刷到薄的柔性不锈钢箔上。机械性能良好并且具有柔性的电路采集器（如导电聚合物）可以代替不锈钢箔。所有元件，包括聚合物封装，都能够被集成到卷到

卷工艺，卷到卷工艺会在后续几节介绍。

为了解决柔性基板上的能量存储和电源供应问题，采用纸作为制造柔性电池和超级电容器基板的一种新想法被提了出来。这里简单讨论一下基于纸基板的超级电容器制造。使用传统的纤维纸张，类似标准打印机上用的纸张。这种制造电池的方法是采用化学镀与电镀相结合的方式沉积出一层镍层到已加工的纸基板上，该纸是纤维状多气孔的，这种特性使得镍电极层能够对纸有很好的

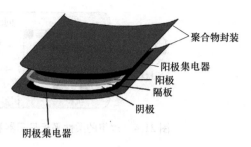

图 21.3　电极包封在聚合物封装
中的柔性电池原理图

黏附性，并能够增加电荷积聚的表面积，然后这两个电极被包含钴镍氧化物的电解质隔板分隔。这样的设计使得这种结构是非常柔性的，并且在弯曲折叠时没有明显的剥离和开裂迹象，这也表明了电极与纸之间有很强的黏附性。最近的研究进展表明，纸基板电池具有优秀的比电容以及低串联电阻特性，表明纸作为能量存储应用的柔性基板是非常有潜力的。

21.3.2　柔性电子技术的工艺集成

卷到卷工艺（R2R）

R2R 是基板制造工艺中很重要的一类制造加工技术，包括了柔性基板的连续加工过程。在 R2R 工艺中，基板在两个移动的辊之间传输，能够以连续的方式用加成工艺和减法工艺制造柔性基板。R2R 是当前最常见的柔性基板制造工艺，但也存在类似的方法如片到片、片到转贴膜、卷到片工艺等。对 R2R 制造描述的技术会延伸到其他基板的制造方法。相对其他批处理加工的方法，R2R 工艺最大的优势是高产出率。尽管在最初的生产线安装费用上比较昂贵，但是这项技术可实现自动化制造，能够减少大规模制造成本。

采用 R2R 工艺制造基板，可能会引入多种材料工艺，这取决于制造过程中所涉及的应用和加工步骤。塑料薄膜具有优良的透明性、柔性和韧性，但是它们在高温下容易退化和变形。在不需要透明性的场景下，不锈钢箔凭借比塑料更耐高温的优势被采用。其他材料，如铝铜合金，也是可采用的材料。柔性电子的电路图形可能会以多种多样的方式成型在柔性基板上，采用喷射技术用于基板上的材料沉积，类似于喷墨式打印机在纸上打印油墨，采用光刻技术对带图形的光刻胶进行曝光，再将基底上的部分图形刻蚀掉，然后填充上其他的材料，也可以采用紫外光、激光，在基板上刻蚀电路图形。其他各种各样的加工工艺也可以采用 R2R 工艺完成，除了布置电路图形外，还可进行管芯切割、叠层、放置标签、清洗等步骤。热封和各种涂覆层工艺也可以引入卷到卷工艺中进行。因为基板制作、器件印刻、芯片组装都可以通过 R2R 工艺完成。一个理想化的 R2R 系统是在一端接收原材料，然后滚动加工到另一端完成制造（见图 21.4）。

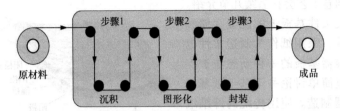

图 21.4　理想的柔性平板显示器卷到卷柔性电子制造工艺流程

　　R2R 制造工艺包含了很多的技术，当这些技术结合起来，能够以高效和低成本方式生产出大量的材料卷，能够在大规模生产下保证批产质量，实现高产。涉及的一些技术会在后续的几节讨论。

　　沉积　蒸发、溅射和化学气相沉积（CVD）在 R2R 工艺中都能够实现。多层溅射系统是最常见的沉积系统，整个轴卷装载到真空系统中，在真空系统中溅射或蒸发不同材料到基板上会相对简单，不会出现交叉污染，如图 21.5 所示。而在 CVD 中显得比较困难，因为真空系统中加入了活性气体，当基板移动通过沉积源时，材料的沉积率会发生变化，加工的速率会影响到多层涂覆层的厚度及顺序。这一过程也依赖于轴卷的旋转速度、基板初始位置以及基板的方向。CVD 可以将材料沉积于一卷连续的柔性金属箔、塑料或者其他材料上，代替单块基板。这项技术常常用于制造薄膜太阳能板。

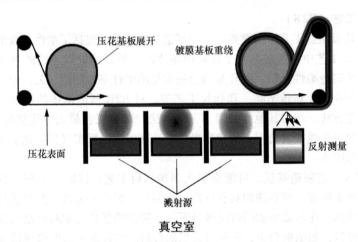

图 21.5　卷到卷式真空镀膜和溅射工艺（由 Inter Nano 提供）

　　压印与软光刻　软光刻（即自对准压印光刻）技术中，多掩模层被压印成一个三维结构，如图 21.6 所示。光聚合物层被加热到高于它的玻化温度，以便能够流入印模的缝隙中，印模或聚合物夹层被紫外线曝光固化，然后聚合物冷却变硬，使得印模能够很顺利地脱模。这个过程通过标准的湿法蚀刻或干法刻蚀工艺完成，在基板上留下精确的 3D 压印、高分辨率的图案。这项技术有着自对准的能力，因为在压花热处理过程中，掩模板可能会随着基板变形。

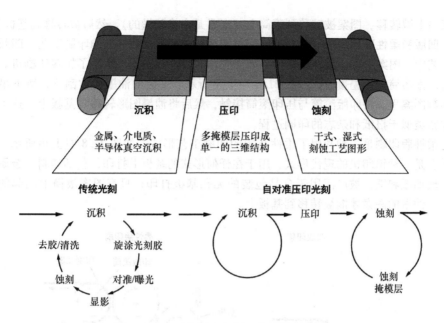

图 21.6　自对准压印光刻（惠普公司授权）

激光烧蚀　激光烧蚀是采用大功率激光直接写入聚合物层中。这项技术省略了光刻胶涂覆和湿法蚀刻过程，被称为激光烧蚀技术，如图 21.7 所示。激光烧蚀是通过打破聚合物层上的分子键，将聚合物分割成更短的单元，在去除时是"动态地弹出"。喷射弹出材料的量可以通过调节波长、能量密度、氟化氙（XeF）准分子激光器（一种紫外线激光，常常用于微电子器件生产上），它可用于烧蚀、并能在基板上大面积的烧蚀深度在 0.1mm 内的脉冲宽度来调节。能够被烧蚀的聚合物包括聚酰亚胺（如聚酰亚胺胶带）、聚对苯二甲酸乙二醇酯（PET）（如聚酯薄膜），这些材料常常用作柔性基板制造材料。

喷墨打印　激光烧蚀被称为减法技术，而喷墨打印被认为是加成技术。类似家用喷墨打印机，柔性基板的喷墨打印机采用了一组压电打印头，导电有机溶液或者金属悬浊液能够在准确的位置上沉积。

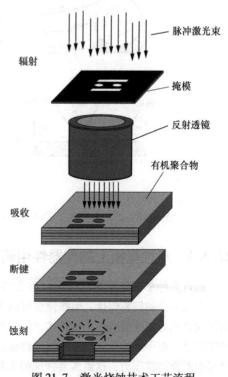

图 21.7　激光烧蚀技术工艺流程

胶印　胶印是另一种常见的技术，胶印的油墨图案从连接印版滚筒和基板上的橡皮滚筒上被转移，图案被转移到滚筒上（通常是由橡胶做的），然后被转移到基板上。

凹版和柔性版印刷 这是一种将雕刻图案转移到图像载体上的印刷工艺。凹版印刷工艺中，图案会被印刻在滚筒上，如同胶印和柔性版印刷，采用了轮转印刷机。整个有图案滚筒被油墨覆盖，如图21.8左上角所示。多余的油墨会被刮下，留下墨水在印刻图案里。将印版滚筒与压印滚筒接触，然后将油墨图形转移到基板上，这个过程非常类似于报纸和杂志的印刷过程。

柔性版印刷是一种利用了柔性凸版的印刷工艺形式，如图21.8右上角所示。它本质上是一种铅印机的现代形式，用于在任何形式的基板上打印，包括塑料、金属薄膜、玻璃纸和纸，被广泛用于食品包装的无孔基板打印，只有图案滚筒上凸起的区域，上油墨的图案才能被转移到基板上。

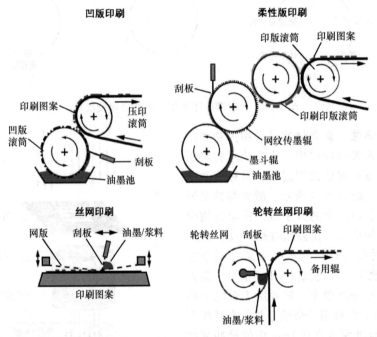

图21.8 柔性薄膜电子的凹版和柔性版印刷（先进工程材料通信提供）

21.3.3 柔性基板上的元器件组装

通过多种手段将元器件（也被称为芯片或器件）安装到基板上，主要采用两种技术：引线键合和倒装焊接。引线键合可以利用良好结构、生产效率高以及成本低，所以引线键合成为柔性组装的主流技术，倒装焊接技术有加速发展的势头，能够获得更高的功能密度、更小型的封装以及更好的性能。影响倒装焊接技术产量的最主要因素是组装过程中所施加的压力，这就需要特殊的工具（较昂贵）和批处理技术（如通常的回流向连续的芯片到基板工艺转变）。这两类柔性基板的组装技术会在下面详细讨论。

柔性基板上引线键合（Wire-Bonding on Flex） 柔性基板上的引线键合技术，也称为柔性板上芯片（COF），被认为是先进的封装技术，它也是一项非常成熟的技术，近 30 年来已应用于极大规模量化生产。引线键合的另一项优势是设计的柔性，可以调节引线的长度和在柔性电路上焊盘的位置，这相对于表面安装技术（SMT）能够有助于减少布线层的数量。

COF 主要有两种引线键合类型：金丝球焊和铝丝楔焊。尽管它是一个很长的加工过程，这往往会直接影响到成本，但铝丝楔焊仍是目前最常用的柔性基板集成方式，因为它能够在室温下进行，而不需要对基板进行加热。加热会使柔性基板上的聚合物层变得柔软，这会导致它从引线键合机上吸收超声波能量。而金丝球焊需要加热，它需要更厚的金层来形成良好的焊接，这会导致成本的增加，更可能对其他元器件的集成有不好的影响。

柔性板上倒装焊接（FCOF）　FCOF 近来发展势头良好，它能够提供比引线键合 COF 封装技术更高的功能密度。倒装芯片键合相对于引线键合支持更高的 I/O 数，并且电气性能更好。FCOF 主要采用的三种互连技术是：1）传统的 C4（可控塌陷芯片连接）回流；2）金-金热压焊；3）各向同性的或各向异性的导电薄膜/黏接剂黏接。

传统的倒装芯片回流焊：传统的 C4 焊球由无铅焊料合金如 SnAg 合金、SAC 合金构成。这类焊接合金有相对较高的熔点，大概为 220～230℃。回流焊过程中，焊料会熔化、变得湿润、并与柔性基板上的焊盘表面的金属产生反应。在元器件黏接过程中，焊料的自对准提供了很高的放置偏差的容限。为了具有良好的焊料润湿性，镀金焊盘是更好的选择，通常采用镍阻挡层放置于铜焊盘和镀金层之间，来控制界面反应和金属间化合物的形成。这类技术因此也需要类似 COF 组装的基板工艺。芯片在组装之后会采用环氧树脂进行底填充。需要一个临时的刚性载体用于保持芯片放置过程中柔性基板的平整，然后进行回流焊以达到良好的成品率。回流焊和底填料固化后，组装件已经足够坚固，这时可以将临时刚性载体移除。这项技术已经成熟，但是加工温度超出了部分柔性基板材料的承受范围。可选择的降低加工温度的焊凸点包括铟基焊凸点和银环氧胶凸点。银环氧胶焊凸点能够在窄节距下进行模板印刷，但是不具备焊料的自对准能力，这就对放置精确性提出了更严格的要求。进一步说，银环氧胶焊凸点提供了比焊料更低的电气性能。铟（In）基凸点近来获得了极大的发展，主要是基于可弯曲性的考虑，这得益于它们在 120～150℃之间的低熔点。铟的供应方可以提供合金浆料或球状形式。

金-金热压焊　金-金的互连（GGI）是另一种应用在 FCOF 组件上的可选技术。GGI 通过低温固态键合形式，此技术可直接来源于引线键合工艺。尽管 GGI 有着出色的性能，但是由于金的价格相对于传统 C4 互连成本更高。根据互连节距和焊凸点的分布（外围的和面阵排列），金凸点能够采用引线键合设备或通过电镀技术形成柱状焊抵销。金凸点不需要芯片上的凸点下金属化层，这与焊料焊盘正好相反，这降低了晶圆上制作凸点的成本。虽然倒装芯片一些额外的成本降低了，但是这仅仅抵销了金的高成本。

黏接剂黏接：导电黏接剂提供了良好的 FCOF 组装方案，这得益于它们的低成本、环境友好、低加工温度，所以直到今天，它仍是柔性板倒装焊接中最主要的集成技术。导电黏接剂通常是由绝缘的树脂黏接剂和导电填料构成的复合物。通过在键合焊盘和焊凸点之间捕获导电颗粒，各向异性的黏接剂或薄膜（ACA 或 ACF）只在 z 轴上是导电的。各向同性的导电黏接剂或薄膜（ICA 或 ICF）有着更多的导电填料，所以，能够在三个方向上都导电。银填充的 ICA（填银环氧树脂）已经在 SMT、倒装芯片、芯片级封装（CSP）中用于代替焊料。基于 ICA 和 ACA 的倒装芯片组装原理图如图 21.9 所示。

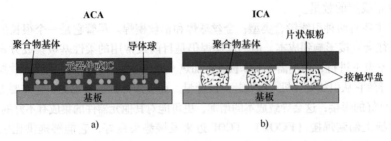

图 21.9　a）ACA 倒装芯片组装横截面图；b）ICA 倒装芯片组装横截面图

ICA　ICA 中的树脂体系包括热塑性树脂和热固性树脂，如环氧树脂、氰酸酯、硅树脂和聚酰亚胺。在固化过程中，树脂交连收缩，提供了环保的黏接强度。导电填料包括了银、金、镍、铜、锡、包覆 SnBi 铜球和包覆 SnIn 铜球。银具有高导电性且加工容易，被 ICA 选择为填充材料，但是对于需要有大量填充部分的 ICA 来说，它的高成本是一大问题。铜填料作为低成本填充引起关注和研究。ICA 需要有高导电性填充负载能够提供各向同性的导电性，因此，ICA 应用在有选择性的电路连通的区域，以避免短路。ICA 通常以浆料形式提供，以便能够轻松地用于丝网印刷或模板印刷。然而，这种点胶方案并不适合倒装芯片要求的特性。

为了突破印刷技术的节距限制，开发了一种转移方法，如图 21.10 所示。这种方式需要基板或芯片上具备焊凸点（金凸点、镍金、焊料、铜柱）。一个很薄的 ICA 膜通过模版印刷被转移到薄膜上，控制好印刷厚度，然后焊凸点被按压到 ICA 薄膜上，这保证了黏接剂转移到焊凸点上，然后在放置芯片时与芯片焊盘直接接触，键合这个工艺仍需要底部填充。在大规模生产中，可以采用 ICA 直接并高精度地丝网印刷到焊盘上。尽管 ICA 相对于传统的焊接有不少技术优势，但是它们在导电性和导热性方面受到根本性限制，见表 21.1，同样也面临着可靠性的挑战。一些材料的特点用于研究提高 ICA 的导电性，优化聚合物-金属复合物特性的方法有：增强树脂系统的固化收缩、去除氧化物、去除银片上的润滑剂层，以实现更紧密的金属接触，采用低熔点合金涂覆的导电粒子之间的共晶键合，以及采用纳米尺寸的银片。为了提高热机械可靠性以及防止 ICA 连接点界面分层，可以在环氧树脂基体中加入柔性聚合物分子来释放应力。

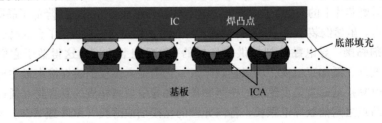

图 21.10　采用转移工艺的基于 ICA 的倒装芯片组装（J. Adhesion Sc. & Tech.，2008）

表 21.1　ICA 和共晶锡铅合金焊接性能比较（Electrochemical Pub. Ltd., 2001）

特　　性	SnPb 焊料	ICA
体电阻率/Ω·cm	0.0000015	0.00035
典型的接头电阻/mΩ	10 ~ 15	<25
热导率/[W/(m·K)]	30	3.5
剪切强度/MPa	15.2	13.8
最小工艺温度/℃	215	150 ~ 170
环境影响	负面的	很小

ACA 或 ACF：各向异性的导电黏合剂或薄膜只在垂直方向上提供导电性。这种特性是通过采用一个相对低容积负荷的导电填充物（5% ~ 20%）来实现。这种低导电粒子容积负荷防止了粒子间的接触，所以防止了平面方向上的传导。糊状或薄膜形式的 ACA 材料，被分发或层压在需要连接的表面之间，在热和压力的作用下，导电颗粒被捕获在两个导电表面之间并将它们桥接，形成导电通路。ACF 倒装芯片工艺如图 21.11 所示。

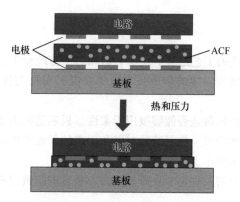

图 21.11　基于 ACF 的热压倒装芯片键合原理图（J. Adhesion Sc. & Tech., 2008）

因为各向异性的导电性，ACA 材料的使用不需要有选择性，它们可以覆盖整片键合区域，这就消除了图形化的需求。ACA 同样也与小节距应用兼容，通过采用几纳米大小的细填充料，这个工艺不需要底部填充，因为 ACA 本身就可作为底部填充料。在 ACA 键合中，金、镍-金、铜焊凸点通常用于器件上的焊盘，较坚硬的焊凸点比传统的焊料在捕获住导电颗粒方面更合适。

21.4　总结和未来发展趋势

柔性电子已经在提高性能、可靠性、降低成本与可制造性方面获得了显著的进步。然而，这个领域里仍有很大的提升空间。随着柔性电子在可穿戴装置、生物医学应用和一次性传感器中应用的发展，对具有低成本并且和工艺兼容基板的需求出现增长。目前，柔性电子系统主要的限制还是在给器件提供电源的能量存储。传统电池和超级电容器在拉伸或者弯曲等形变时的表现并不尽如人意，所以在纸基板上制造电源正在被探索。采用纸作为柔性基板的另一个优点是纸的低成本，并且纸是一次性的，环境可持续发展的。另一个柔性电子的限制是用于基板上印刷互连线和印制电路的材料。印刷铜导体在低温下很难加工成所需要的几何形状与性能，这些标准的印刷导体的延展性不是很好，所以它们的横截面厚度必须减少以提高柔性。而厚度的减少会使电阻增加，这就需在电导率与可弯曲性之间进行折衷，所以需要创新材料配方以及工艺方案。

柔性电子系统要求系统中所有的元器件都是柔性的，不仅仅是基板。此外，由于目前大多数柔性电子都是基于有机基板制造的，它们被限制在低温环境下的加工和应用。为了有一个商业上可行的市场，制造商需要适应用于刚性基板的现有装备基础设施。最后，现有柔性电子主要的限制因素之一是，现阶段正在开发的柔性电子产品不能与硅芯片上数以十亿计的晶体管或是每秒数以十亿计的开关周期速度相匹配。所以，为了在下一代柔性系统中实现全系统集成，在设计上、混合基板异构集成、制造、材料以及技术上都得转变。

21.5 作业题

1. 解释卷到卷制造的工艺过程。说明它们相对于传统板工艺的优点和缺点。
2. 用于柔性板上倒装焊接的集成技术有哪几类？对每类技术列出两种具体的柔性电子应用。
3. 什么是衡量一种材料是否能够被用于柔性基板制造的重要判据？举例说明。
4. 描述用于柔性生物植入物封装的材料和工艺的关键考虑因素。
5. 列举出三种用于汽车上的柔性电子装置。
6. 用在智能手机上的柔性电子在哪些地方？包含的关键材料和器件是什么？

21.6 推荐阅读文献

Wong, W. S. and Salleo, A. eds. *Flexible electronics: materials and applications*. Springer Science & Business Media, vol. 11, 2009.
Nathan, A. et al. "Flexible electronics: the next ubiquitous platform." *Proceedings of the IEEE* 100. Special Centennial Issue: pp. 1486–1517, 2012.
Suganuma, K. *Introduction to printed electronics*. Springer Science & Business Media, vol. 74, 2014.

第22章

封装技术在智能手机中的应用

Siddharth Ravichandran 先生

美国佐治亚理工学院

Rao R. Tummala 教授

美国佐治亚理工学院

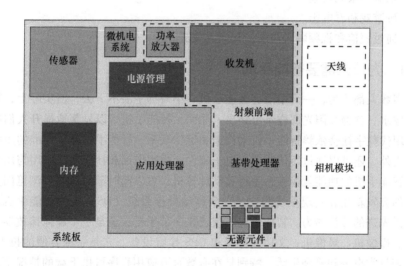

本章主题

- 定义和描述智能手机是什么
- 描述在智能手机中广泛应用的封装技术和架构
- 总结并预测未来趋势

22.1 什么是智能手机

智能手机是一种集成了多种功能的手持个人计算机，例如计算、通信、音频、视频、照相，以及其他多种功能，移动操作系统和集成移动宽带蜂窝网使语音通话、短信服务（SMS）和互联网数据通信得以实现。操作系统为设备配备了先进的计算能力，运行许多应用程序，从而使设备能够执行以下许多基本功能，例如：

1）利用 4G 数据网络和无线网，以及移动宽带、近距离通信和蓝牙的帮助接入并浏览网页。

2）与多个邮箱账户同步发送和接收邮件。

3）查看、编辑和分享文档。

4）下载文件。

5）创建音乐列表和播放音乐。

6）拍照和录制视频。

7）玩游戏和看电影。

8）通过短信和视频聊天与朋友和家人交流。

22.1.1 为什么需要智能手机

大多数人都认为，一天中没有智能手机一小时都生活不下去，但实际上，智能手机并不像水、食物和阳光那样不可缺少。然而，智能手机可以显著地提升人们的生活品质，现代数字社会依赖智能手机来沟通和保持联系。智能手机除了标准的短信和电话功能之外，还可以通过短信服务、电子邮件、视频电话和社交网络应用与用户保持联系。智能手机的功能就像一台手持移动计算机，可以随时随地访问和浏览网页，获取最新的突发新闻和实现在线购物。一个移动操作系统（OS）支持智能手机，并为设备提供先进的计算能力。智能手机不仅仅是一部手机，还是一个媒体播放器、游戏控制台、摄像机、录像机、文档编辑器和 GPS 导航设备。它是一种方便的技术工具，用于处理日常事务和管理生活，特别是在有数百万应用程序可供下载的情况下。在智能手机的触摸屏上，你只需轻轻一击，就可以实现以下功能：

1）预算、支付账单和监督财务状况。

2）企业经营。

3）观看电视节目和电影。

4）跟踪健康习惯和记录锻炼日志。

5）关注时事和运动队。

6）保持条理性和高效率。

7）规划行程。

没有智能手机，人一样可以生活。但是一旦你习惯了使用智能手机，你会想知道没有智能手机你如何能生存，这就像史前人类没有电一样。

22. 1. 2　智能手机的历史演进

　　智能手机由苹果公司于 2007 年推出，很快就流行起来，最初包括诺基亚、黑莓、谷歌和三星在内的许多公司都推出了这种手机，现在世界上还有许多其他公司也推出了这种手机。这种消费产品在科学、技术、制造业和市场上对人类繁荣的增长和影响是巨大的。一个直接的结果就是苹果成为世界上最大、最赚钱的公司。最新的手机除了支持 4K 和 VR 高质量视频的非凡图形功能外，还具有明亮、清晰的彩色显示。它们不仅可以用与单反相机类似的分辨率来捕获图像，还可以通过电话和视频会议功能来传输这些图像，并且在超过 300Mbit/s 的高带宽上可以实现无中断连接。一个关键的要求是，智能手机应该能够以低功耗和长电池寿命的方式完成所有这些任务，而且体积小巧、轻薄、便于携带。图 22.1 显示了智能手机的出货量。

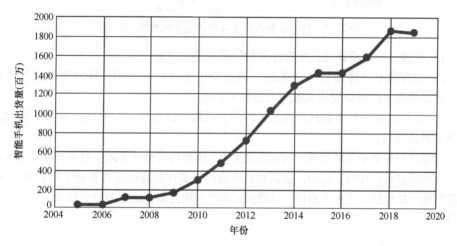

图 22.1　全球智能手机出货量（由互联网数据中心 IDC 统计提供）

22. 2　智能手机剖析

　　如今，智能手机系统是通过将不同的功能分别封装并组装到一个系统板上来制造的，如图 22.2 所示。根据不同的时代，功能可能有所不同，但是核心功能应包括计算、通信和电源管理，以及传感器和微机电系统（MEMS）。最新的智能手机具有更多的增值功能，例如高动态范围（HDR）摄像机、全球定位系统（GPS）、加速度计和陀螺传感器。

22. 2. 1　智能手机基础

　　智能手机是异构系统集成的一个完美例子，它将先进的蜂窝通信与先进的移动计算结合起来，从而实现无掉线音频和视频通话，实现即时互联网接入、视频导入和其他应用。智能手机的关键功能主要分为三类：

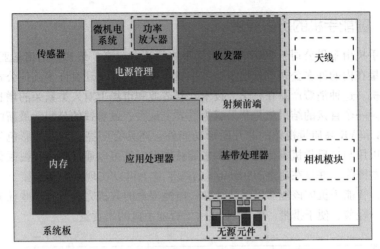

图 22.2　具有各种各样功能的智能手机系统的剖析

1）完成一台袖珍计算机所有任务的计算和感知应用。

2）射频前端与蜂窝塔（或基站）通过空中电波相互作用，接收和发射射频信号，这是智能手机负责完成无线连接的核心功能。

3）提供包括电池和电源管理芯片的供电系统，以及显示、前后摄像头和触摸屏控制等外部设备。

继续进行更多功能的集成，同时满足更小、更精巧的设计要求，就需要采用更先进的系统集成和封装技术。然而，这需要高密度的元器件封装以实现智能手机的小型化。高端智能手机包括上千种元器件，对降低元器件占用面积和厚度的封装技术一直是一个挑战。

22.2.2　术语

加速度计：一种基于对轴运动敏感的小型器件，用于检测移动物体的方向（纵向或横向）和速度，包括拿着手机的人的步履。

AMOLED：有源矩阵有机发光二极管（AMOLED）是一种比传统有机发光二极管（OLED）屏幕耗电更少的显示器技术，因此对于电池电量有限的手机来说，它是一个完美的显示器。

低能耗蓝牙（BLE）：也称为智能蓝牙，指的是智能设备之间的低功耗无线连接，例如，我们的活动跟踪器或智能手表如何连接到我们的智能手机。

电容式触摸屏：这种特殊类型的触摸屏显示器由一种像玻璃一样的绝缘体制成，表面涂覆一层像铟锡氧化物（ITO）一样的透明导电层。人触摸屏幕表面会扰动屏幕上的静电场，从而实现对移动装置的控制和操作。

载波聚合：载波聚合是一种先进的频谱技术，频谱被划分成 40 多个频段，用于 101 多个国家的 279 多个网络和 500 多个运营商。因此，每个载波或信道的最大带宽只有 20MHz。单载波无法满足消费者对视频流的高数据速率的需求。因此，允许载波聚合最多可以达到 5 个信道，通过这些信道，可以实现最大 100MHz 带宽、最高 300Mbit/s 的数据速率，并最终可达到 1Gbit/s。

CDMA（码分多址）：码分多址是一种移动/蜂窝技术，允许用户利用整个可用频谱的频率，提供更好的声音和数据通信。

CPU：也称为处理器或中央处理单元，CPU 是由晶体管构成的电子电路，可以执行软件指令，实现智能手机的各种功能。

双频：指的是智能手机可以在两个不同的频率上切换。

数字图像相关：是一种跟踪与图像配准技术相结合的光学方法，是用来精确地测量 2D 和 3D 图像变化。

指纹扫描器：由光学扫描器组成的光感系统，比较我们指纹的"脊"和"谷"，用我们的唯一指纹可以解锁我们的智能手机。

闪存：也叫快闪存储，这是一种可电子编程和重新编程的非易失性存储器。原始的内存使用 EEPROM；然而，最近的内存要么使用 NAND，要么使用 NOR 闪存。

GPU：简称为图形处理单元，是一种可以在显示屏上呈现高质量图像和视频的可编程逻辑芯片。

HDR：高动态范围（HDR）图像是一种复杂的成像技术，可以扩展对比度范围和色彩精度，使图像颜色看起来更"自然"和真实。

虹膜扫描仪：一种利用摄像机实现生物识别的方法，利用近红外照明支持的摄像机对单眼或双眼虹膜图案进行捕获和分析。这些图案为解锁手机增加了另一层安全性，它也被认为比指纹扫描仪更安全。

物联网（IoT）：是一种充满活力的技术，指的是可以连接到互联网或内部网的电子设备，通过手机、平板计算机和笔记本计算机等智能设备进行控制和监控。例如，智能灯具、车对车的连接、连接的扬声器和家庭安全系统。

卫星导航系统（NSS）：利用卫星通信为移动和导航发送和接收信号的导航系统。如今几乎所有的智能手机都拥有精密的卫星导航或卫星导航系统。

NFC：近场通信（NFC）是基于射频识别的一种技术，它通过感应耦合实现连接并在两个设备之间实现信息传输。它在 ISM 13.6MHz 频段上工作，覆盖距离非常短，通常为 4cm。

电阻式触摸屏：电阻式触摸屏是由多层非导电材料组成的，层间有气隙，可以加压实现功能操作。

射频前端：射频前端是一组处理无线连接、发射和接收无线电信号以便在处理器与基站之间进行数据交换的设备。

SD 卡：简称为安全数字（SD）卡，是一种超小型的基于闪存的外置存储卡，可以插入手机的指定插槽中以扩展内存容量。

触笔：是一种数字笔，它可以通过显示单元将用户命令输入智能手机系统中，也可以在智能手机屏幕上用来写字或绘画。

USB：通用串行总线的缩写，它是定义两个电子设备之间有线连接的一个工业标准，例如，移动电话和台式计算机之间的连接。

22.3 智能手机封装技术

智能手机不仅仅是带有晶体管的装置，它是最小型化的异构系统之一。这些器件几乎从未采用裸片，它们被单独封装，然后在一个或多个超薄柔性或刚性板上相互连接。制造芯片的过程惊人的复杂，始于一个类似餐盘大小的半导体晶圆，最典型的半导体材料是硅。制造者完成蚀刻、印刷、注入和各种其他操作，将空白晶圆变成一个矩形网格，每个大约有指甲大小，并且晶体管和互连的密集程度令人难以置信。分割开来看，那些独立的矩形被专家称为裸片。适当封装后，每个裸片成为一个芯片。在智能手机里面，我们看不到裸露的裸片，它们总是封装后装配在电路板上的。脆弱的裸片在芯片内部，在制造、使用和通过引脚和电路板印制线与其他芯片相连的过程中防止毁坏。当然，这些电路板对任何电子设备都很关键，但实际上它们并没有占据这些系统中的很多空间。在当今的智能手机中，分配给电子电路的空间相当小，电池占据了很大的面积。不同裸片的单独封装及其集成将在后面几节中讨论。

22.3.1 应用处理器封装

如今，应用处理器是作为一个嵌入式封装来制造的，其中有源裸片被嵌入在基板内，从而减小占用封装面积和厚度。嵌入式封装可以去掉一级封装，从而改善信号和电源质量，也以较小的外形实现更高的密度。嵌入式封装可以实现异构系统集成，在裸片附近放置无源元件，以提高热机械可靠性和获得更薄的封装。

在一个芯片先置的嵌入封装里面，裸片安装在一个载体上，类似于扇出型晶圆级封装（FOWLP）。但不像扇出型晶圆级封装技术，是遵循晶圆工艺，而有些嵌入式封装是在面板级加工的，通过 PCB 工艺来提高产量和降低成本。封装是用树脂包封制造的，电介质材料用于基板和 PCB 制造，类似于晶圆工艺使用化学气相沉积（CVD）电介质层来实现降低成本。

嵌入式面板级封装（PLP）的一个版本包括首先将裸片安装到金属板上，然后再将布线层（RDL）直接连接到裸片焊盘上，如图 22.3 所示。将裸片安装在金属板上，克服了由于在扇出型晶圆级芯片封装中遇到的模具收缩而引起的裸片移位，也提供了更好的热通道和电磁干扰防护。

22.3.2 内存封装

RAM 是随机存取存储器的简称，是所有智能手机的关键器件之一，此外还有处理内核和独立显卡。在任何类似这样的计算系统中，如果没有 RAM，将无法执行基本任务，因为访问文件将非常缓慢。用于智能手机的 RAM 在技术上是 DRAM，D 代表动态。DRAM 的结构是在 RAM 板上的每个电容存储一个比特，由于电容器漏电，需要不断刷新，因此是"动态"的过程。这也意味着 DRAM 模块的内容可以快速、轻松地更改以存储不同的文件。RAM 的优势不是静态，而是存储可以更改，以便处理系统试图执行的任何任务。

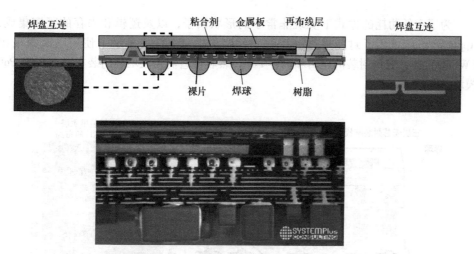

图 22.3　用于苹果 iPhone 的台积电扇入型嵌入式封装电路横截面显微图，
并展示芯片到封装和板至封装的互连

　　如今，大多数高端智能手机使用 3D 堆叠来实现板上内存。3D IC 堆积是以最低的成本在单位体积内实现最高晶体管或比特密度的一个基本设想。它通过两种方式来实现这些目标：1）用最短的互连长度将许多超薄 IC 堆叠起来；2）使用许多具有最高 IC 成品率的小的相似或不同的 IC。图 22.4 所示为高端智能手机中使用的高内存密度、低延迟的封装架构示意图。

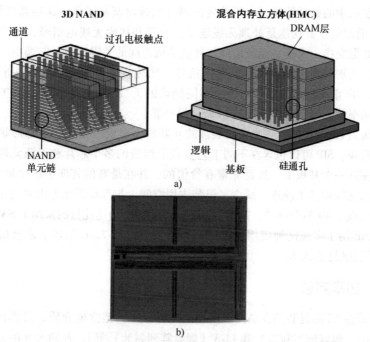

图 22.4　a）用很多薄内存裸片实现 3D 堆叠的智能手机内存架构；
b）用于苹果 iPhone7 的海力士 48 层 3D NAND 堆叠

为了在低功耗的方式下实现非常小的形状因子,以及逻辑和内存的紧密集成,Apple iPhones 采用了封装堆叠(PoP)模块结构。图 22.5 显示了使用晶圆级扇出(WLFO)技术分别封装的逻辑和内存 PoP,然后将它们相互堆叠组装在一起形成 PoP 模块。

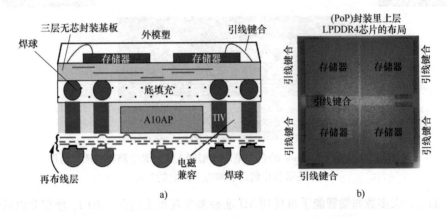

图 22.5 a)苹果 iPhone 8 逻辑内存 PoP 模块;b)内存封装俯视图

22.3.3 射频封装

智能手机中的处理器通过一组特定的器件与蜂窝基站通信,这些器件统称为 RF 前端,RF 前端的主要功能是处理无线连接,发送和接收无线电信号,用于器件与基站之间的数据交换。天线是无线信号与智能手机之间的关键接口。前端由一些元器件组成,主要负责处理天线接收到的原始信号,然后将原始信号馈送到基带站进行解码。因此,RF 前端通常包括:天线、不同频段的天线开关、双讯器、双工器、带通滤波器、功率放大器、功率检波器和 ESD 保护器。

系统级封装(SIP)允许集成封装级的元器件,形成一个具有超薄形状因子的密集的功能模块。SIP 可以包含在不同工艺节点上制造的多个芯片和无源元件,可以无缝地集成在同一个基板上。这是非常有价值的,并在最新的智能手机中被广泛使用,因为它们的功能得到了改进,减少了组装占用空间,与 SoC 相比上市时间更快。现代智能手机集成了 40 多个频段,需要更多的滤波功能。为达此目的采用了 SAW 和 BAW 滤波器。SIP 用于实现这种应用所需的高密度器件。图 22.6 描述了来自博通公司的 RF 前端系统级封装技术。

22.3.4 功率封装

WLP 是指 IC 的封装是在晶圆级实现的一种技术,建立电介质、薄膜再分布和互连等[BGA(焊球阵列封装)和 LGA(焊盘阵列封装)等]。晶圆尺寸的加工大大降低了成本,薄膜工艺还允许精细布线(≤2μm 的线宽和间距)。至今为止,在芯片尺

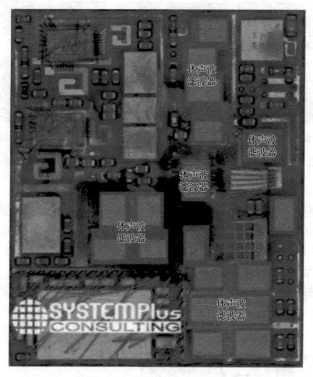

图 22.6 集成在一个封装中的包括有源和无源元器件的 SIPRF 前端模块

寸封装（CSP）下，这项技术实现了最小的形状因子。

在晶圆级芯片尺寸封装（WLCSP）中，封装和裸片尺寸是相同的，并且 I/O 在裸片的面积内。I/O 数、BGA 大小等由裸片决定。扇入型晶圆级封装（FIWLP）是晶圆级芯片尺寸封装的一个子类，其中 I/O 位于裸片的面积内，通常用于小型裸片和低 I/O 数的情形（2 ~ 6mm 裸片和 2 × 2 至 12 × 12 的 I/O 阵列）。尽管 WLCSP 用于小裸片封装，但暴露的裸片易损坏仍然是一个需要关注的问题。为了保护暴露的裸片，在 StatsChipPac（星科金朋）公司的一种称为包封的晶圆级芯片尺寸封装（eWLCSP）的变体中，在裸片的五个侧面有一层聚合物涂层，如图 22.7b 所示。图 22.7 展示了 iPhone 6s 中 dialog 电源管理芯片（PMIC）的底部视图，其尺寸为 7.2mm × 7.5mm，厚度小于 0.4mm。它有 380 个 I/O，利用了一个扇入型 WLP 和 15μm L/S（线宽/线间距）的金属层 RDL。如此大的裸片尺寸需要对主板进行底料填充。

22.3.5 MEMS 和传感器封装

MEMS 和传感器是为智能手机设计的器件，用于与外界进行交互以收集有用的信息。智能手机上的一些 MEMS 和传感器包括加速度计、陀螺仪、地图应用的 GPS 和用于调整显示亮度的环境光传感器等。

虽然每一种器件都有特定的封装需求，但目前四边无引线扁平（QFN）封装被广

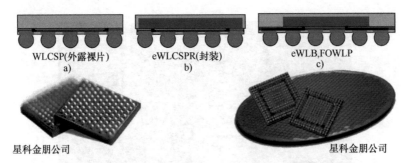

图 22.7　晶圆级封装视图：a）和 b）I/O 在扇入型 WLP 芯片面积内；
c）I/O 扇出超出 WLP（FOWLP）芯片面积

泛用于 MEMS 器件。QFN 也被称为微引线框（MLF）封装，它是一种表面贴装封装技术，IC 与 PCB 的连接不存在任何通孔。为了满足超薄外形和低成本，前端模块（FEM）通常采用占用空间小、I/O 数目低、QFN、TSLP（薄小型无引线封装）、TSNP（薄小型无引线封装）或薄双列扁平无引线（TDFN）封装。

　　一个代表性的 QFN 封装的原理图及其工艺流程如图 22.8 所示，这个图表示一个 3.2mm×3.2mm×0.6mmRF 前端模组的 QFN 封装。

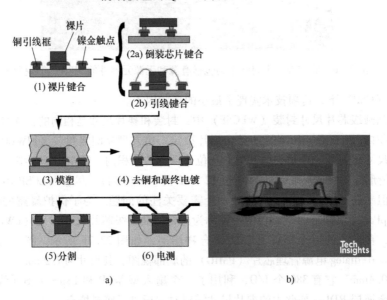

图 22.8　a）QFN 工艺流程示意图；b）苹果 iPhone 8 Plus 飞行时间传感器封装

22.4　智能手机中的系统封装

　　智能手机系统级集成的最终目标是一个高度集成的系统。这样的系统不仅需要集成异构有源 IC，而且还需要集成异构系统器件，例如，天线和滤波器之类的射频器

件、电容和电感之类的无源元件、电磁屏蔽、热结构及许多其他元器件。如今，智能
手机系统包括许多已封装的 IC、异构集成器件或其他安装到系统级板上的元件。这些
安装好的元器件包括无源元件、显示器接口和电源，以及各种通信装置的天线。苹果
iPhone 7 中系统级的集成框图被视为智能手机的硬件结构图典型，如图 22.9 所示。

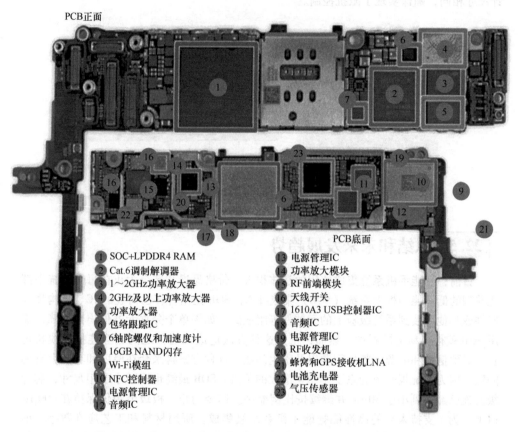

图 22.9⊖　智能手机电子系统板级集成

　　智能手机的多层印制板传统上采用便宜的减成蚀刻法制造。但是这种方法不适
用线间距超出 $30\mu m$ 的情况，如图 22.10 所示，主要是由于侧面蚀刻造成线的阻抗
很难控制。如今，智能手机的多层板采用半加成法工艺制造。半加成法印制板的制
造始于层压材料，它具有比最薄的传统铜箔还薄得多的覆铜层：$2\mu m$ 或 $3\mu m$ 厚，
与四分之一盎司的铜（厚度约为 $8.5\mu m$）类似。超薄铜板的背衬在箔材层压到基
板上后被去除。通过先钻通孔，再浸入镀槽在孔内和铜表面化学镀铜。应用抗蚀剂
有选择地去除，进而只留下印制线、通孔和其他导电特征的区域。那些暴露的区域

⊖　注：原书中此图注释就存在两个"16"和两个"6"。——译者注

被镀上了铜，去掉抗蚀剂，残留在导电体之间的极薄的铜箔被蚀刻掉。这个过程本质上与减法印制板制造过程相反。

印制线的几何形状取决于半加成法工艺过程中的光刻制版，是由化学确定的轮廓，这与减法印制板制造相反。因此，由半加成法制造的印制线宽度和间距几乎与设计尺寸相同，确保实现了阻抗控制。

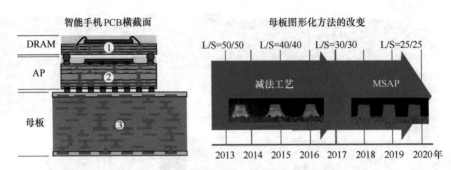

图 22.10　智能手机 PCB 横截面和高密度互连（HDI）技术趋势

22.5　总结和未来发展趋势

目前，智能手机系统集成使用的是体积大、价格昂贵和迄今为止在每个系统中都能看到的低性能的板上系统（SOB）集成技术。SOB 是由许多已封装的 IC、异构集成器件或其他组装到系统级板上的元器件等组成的。如果单个分立元器件出现故障，应用 SOB 就很容易更换器件。然而，正是这种方法造成元器件之间相互连接的线长过长，导致信号和电源完整性问题以及寄生问题。这种方案将来会在厚度和功能上有局限性，因为系统板会成为系统小型化最大的阻碍。SOB 最终也需减小节距尺寸，芯片级互连已经达到小于 $30\mu m$ 并继续按比例缩小。迄今为止，板级节距仍保持在 $400\mu m$ 以上。为了支持未来的高性能智能手机系统级集成，所用材料和工艺应在数字、射频、毫米波、微波及电源管理应用方面具有广泛适用性。许多基板包括有机层压板、硅和玻璃已经在前面章节中进行了详细的研究和描述。为了满足智能手机系统未来的需求，封装级系统集成，即系统级封装（SOP）已经开展研究。这样的概念远远优于板上系统，因为 SOP 的超短互连成就了超高密度的输入/输出端口，并具有超低信号和功率损耗的特点。

22.6　作业题

1. 列出当今智能手机中五种不同的器件，并简要描述它们是如何封装的。
2. 什么是 RF 前端，它是由什么组成的？
3. 智能手机 PCB 的制造有哪些不同方法？并描述每种方法。
4. 晶圆级扇出（WLFO）和晶圆级封装（WLP）技术有什么区别？列出每个技术

的应用。

　　5. 板上系统（SOB）技术的局限是什么？应该怎么克服？

22.7　推荐阅读文献

Yang, D., Weger, S., and Morrison, J. Apple iPhone X Teardown. TechInsights, 2017.

Lau, J. *Fan-out Wafer Level Packaging*. Springer Singapore, 2018.

Yole Développement. *Apple selected substrate-like PCBs for its latest iPhones. Who's next?* 3DInCites. March 25, 2018.

Yoshida, J. *5G to Alter RF Front-End Landscape*. EETimes, 2018.

Thomas, B. and Soukup, Bryan. *RF Architecture Choices for Next-Generation Handset Designs*. Qorvo, 2016.

图书在版编目（CIP）数据

器件和系统封装技术与应用：原书第 2 版/（美）拉奥 R. 图马拉（Rao R. Tummala）主编；李晨等译. —北京：机械工业出版社，2021. 3（2024. 7 重印）

（半导体与集成电路关键技术丛书）

书名原文：Fundamentals of Device and Systems Packaging：Technologies and Applications，2nd Edition

ISBN 978-7-111-67566-2

Ⅰ. ①器… Ⅱ. ①拉…②李… Ⅲ. ①微电子技术-电子器件-封装工艺 Ⅳ. ①TN405.94

中国版本图书馆 CIP 数据核字（2021）第 032280 号

机械工业出版社（北京市百万庄大街 22 号 邮政编码 100037）

策划编辑：付承桂 责任编辑：付承桂 翟天睿 杨 琼

责任校对：张晓蓉 封面设计：马精明

责任印制：邓 博

北京盛通数码印刷有限公司印刷

2024 年 7 月第 1 版第 4 次印刷

169mm×239mm·42.5 印张·952 千字

标准书号：ISBN 978-7-111-67566-2

定价：249.00 元

电话服务 网络服务

客服电话：010-88361066 机 工 官 网：www.cmpbook.com

010-88379833 机 工 官 博：weibo.com/cmp1952

010-68326294 金 书 网：www.golden-book.com

封底无防伪标均为盗版 机工教育服务网：www.cmpedu.com